철도운송
산업기사 필기+실기

SD에듀
(주)시대고시기획

Always with you

사람이 길에서 우연하게 만나거나 함께 살아가는 것만이 인연은 아니라고 생각합니다.
책을 펴내는 출판사와 그 책을 읽는 독자의 만남도 소중한 인연입니다.
SD에듀는 항상 독자의 마음을 헤아리기 위해 노력하고 있습니다.
늘 독자와 함께하겠습니다.

머리말

철도운송 분야의 전문가를 향한 첫 발걸음!

'시간을 덜 들이면서도 시험을 좀 더 효율적으로 대비하는 방법은 없을까?'

'짧은 시간 안에 시험을 준비할 수 있는 방법은 없을까?'

자격증 시험을 앞둔 수험생들이라면 누구나 한 번쯤 들었을 법한 생각이다. 실제로도 많은 자격증 관련 카페에서도 빈번하게 올라오는 질문이기도 하다. 이런 질문들에 대해 대체적으로 기출문제 분석 → 출제경향 파악 → 핵심이론 요약 → 관련 문제 반복 숙지의 과정을 거쳐 시험을 대비하라는 답변이 꾸준히 올라오고 있다.

윙크(Win-Q) 시리즈는 위와 같은 질문과 답변을 바탕으로 기획되어 발간된 도서이다.

그중에서도 윙크(Win-Q) 철도운송산업기사는 PART 01 핵심이론 + 핵심예제, PART 02 과년도 + 최근 기출복원문제 및 PART 03 실기로 구성되었다. PART 01은 과거에 치러 왔던 기출문제의 keyword를 철저하게 분석하고, 반복 출제되는 문제를 추려낸 뒤 그에 따른 핵심예제를 수록하여 빈번하게 출제되는 문제는 반드시 맞힐 수 있게 하였고, PART 02에서는 과년도 및 최신 기출복원문제를 수록하여 PART 01에서 놓칠 수 있는 최근에 출제되고 있는 새로운 유형의 문제에 대비할 수 있게 하였다. 또한 PART 03에는 실기를 수록하여 한 권으로 시험대비를 완성할 수 있게 하였다.

철도운송산업기사는 열차조작에 관한 기초적인 기술지식과 숙련기능을 바탕으로 철도 및 지하철을 이용하는 여객과 화물의 안전하고 정확한 시간 내 수송을 위한 제반업무를 수행한다. 주로 한국철도공사나 지하철공사, 도시철도공사의 운전, 역무, 수송관련 분야로 진출하며, 지하철공사, 도시철도공사의 운전직, 역무직 및 수송직의 고용규모는 향후 지하철 개통구간이 늘어나고 지방도시에서의 노선신설도 기대됨에 따라 다소 증가할 것으로 보인다.

자격증 시험의 목적은 높은 점수를 받아 합격하는 것이라기보다는 합격 그 자체에 있다고 할 것이다. 다시 말해 평균 60점만 넘으면 어떤 시험이든 합격이 가능하다. 효과적인 자격증 대비서로서 기존의 부담스러웠던 수험서에서 과감하게 군살을 제거하여 꼭 필요한 공부만 할 수 있도록 한 윙크(Win-Q) 시리즈가 수험준비생들에게 '합격비법노트'로서 함께하는 수험서로 자리 잡길 바란다. 수험생 여러분들의 건승을 기원한다.

편저자 씀

개 요

철도분야의 수송수요가 증가함에 따라 열차운행의 안전성을 도모하고 원활한 교통수송을 위해 철도운송에 관한 제반 지식과 특수한 열차운전기능을 갖고 있는 사람으로 하여금 여객 및 화물을 안전하게 수송하는 업무를 수행하도록 하기 위해 자격을 제정하였다.

수행직무

열차조작에 관한 기초적인 기술지식과 숙련기능을 바탕으로 철도 및 지하철을 이용하는 여객과 화물의 안전하고 정확한 시간 내 수송을 위한 제반업무를 수행한다. 이를 위해 열차 취급규칙, 수송관련 제반 절차, 여객운송절차, 화물취급절차에 따라 열차를 운전 조작하거나 환호응답, 입환작업(역구내에서 선로를 변경하는 작업) 및 각종 보안장치를 취급하는 업무를 수행하거나 이와 관련한 지도적인 기능업무를 수행한다.

시험일정

구 분	필기원서접수 (인터넷)	필기시험	필기합격 (예정자)발표	실기원서접수	실기시험	최종 합격자 발표일
제1회	1.23~1.26	2.15~3.7	3.13	3.26~3.29	4.27~5.12	6.18
제3회	6.18~6.21	7.5~7.27	8.7	9.10~9.13	10.19~11.8	12.11

※ 상기 시험일정은 시행처의 사정에 따라 변경될 수 있으니, www.q-net.or.kr에서 확인하시기 바랍니다.

시험요강

❶ 시행처 : 한국산업인력공단
❷ 관련 학과 : 대학 및 전문대학의 철도경영학 관련 학과
❸ 시험과목
  ㉠ 필기 : 1. 여객운송 2. 화물운송 3. 열차운전
  ㉡ 실기 : 열차조성실무
❹ 검정방법
  ㉠ 필기 : 객관식 4지 택일형, 과목당 20문항(과목당 30분)
  ㉡ 실기 : 복합형[필답형(1시간, 50점) + 작업형(1시간 정도, 50점)]
❺ 합격기준
  ㉠ 필기 : 100점을 만점으로 하여 과목당 40점 이상, 전 과목 평균 60점 이상
  ㉡ 실기 : 100점을 만점으로 하여 60점 이상

검정현황

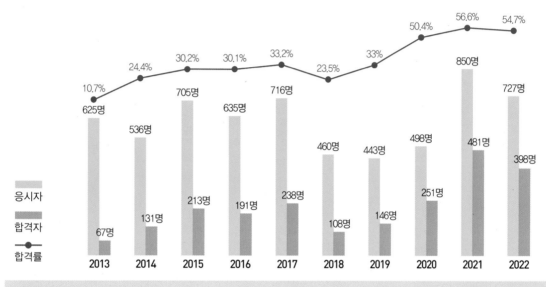

필기시험

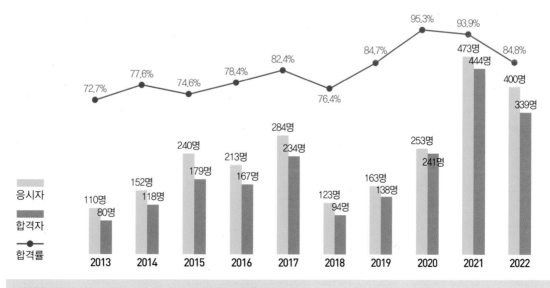

실기시험

시험안내

출제기준[필기]

필기 과목명	주요항목	세부항목	세세항목
여객운송	철도운송일반	철도운송	• 철도운송의 개요 • 철도운송의 종류 • 철도운송의 특성
		여객운송	• 일반 및 고속철도 여객운송 • 광역철도 여객운송 • 도시철도 여객운송
	운송계약일반	여객운송계약	• 여객운송계약의 정의 • 여객운송계약의 특성 • 여객운송계약의 효력
		철도여객 운송의무와 책임	• 여객운송조건 • 운임 · 요금 • 승차권
	철도여객 운송 관련법	철도안전법규	• 철도안전법 · 령 · 규칙 중 여객 관련 사항
		철도사업 관련 법규	• 철도사업법 · 령 · 규칙 중 여객 관련 사항
		도시철도 관련 법규	• 도시철도법 · 령 · 규칙 중 여객 관련 사항
		철도산업발전기본법	• 철도산업발전기본법 · 령 · 규칙 중 여객 관련 사항
화물운송	화물일반	화물운송	• 화물운송의 개요 • 화물운송의 수단 • 화물운송의 특성
		물류	• 물류의 정의 • 물류정보 • 철도와 물류
	철도화물운송	철도화물운송일반	• 철도화물운송의 개요 • 철도화물운송 형태 및 운임 · 요금 • 철도화차의 종류 및 운송능력 • 컨테이너 철도운송 • 철도화물운송의 절차
		연안화물운송	• 철도 관련 연안운송의 개요 • 철도 관련 연안운송의 특성 • 철도 관련 연안운송의 취급절차
		복합운송	• 복합운송의 개념 • 복합운송의 형태 및 종류 • 복합운송의 절차 • 복합운송수단별 연계 운송

필기 과목명	주요항목	세부항목	세세항목
화물운송	철도화물 운송 관련법	철도안전법규	• 철도안전법 · 령 · 규칙 중 화물운송 관련 사항
		철도사업 관련 법규	• 철도사업법 · 령 · 규칙 중 화물운송 관련 사항
열차운전	철도운전	운전일반	• 철도운전의 정의 • 운전속도
		운전취급	• 열차운전 • 열차조성 • 차량입환
	운전취급절차	신호취급	• 신호 • 전호 • 표지
		폐색취급	• 상용폐색식 • 대용폐색식 • 폐색준용법
	철도사고	철도사고	• 철도사고 분류 및 특성 • 철도사고의 조치 및 방호
		운행장애	• 운행장애의 분류 • 운행장애의 조치
	철도운전관련법	철도안전법규	• 철도안전법 · 령 · 규칙 중 운전취급 관련 사항
		철도차량운전규칙	• 철도차량운전규칙 중 운전취급 관련 사항
		도시철도운전규칙	• 도시철도운전규칙 중 운전취급 관련 사항

이 책의 구성과 특징

출제기준[실기]

실기 과목명	주요항목	세부항목	세세항목
열차조성 실무	입환	차량분리 · 연결하기	• 객차분리 · 연결을 할 수 있어야 한다. • 화차분리 · 연결을 할 수 있어야 한다.
		전호시행하기	• 입환전호를 시행할 수 있어야 한다. • 입환통고 전호를 시행할 수 있어야 한다.
		구름방지 조치하기	• 수제동기 체결을 할 수 있어야 한다. • 바퀴구름막이를 설치할 수 있어야 한다.
	신호보안장치	선로전환기 취급하기	• 전기 선로전환기(고속용 선로전환기 포함) 취급을 할 수 있어야 한다.
		선로전환기 점검하기	• 전기 선로전환기(고속용 선로전환기 포함) 점검을 할 수 있다.
	열차운행감시	열차운행계획 파악하기	• 관계 규정을 활용하여 열차 운행 감시 업무에 적용할 수 있다. • 운전명령을 통해 열차운행 기본계획과 변경 사항을 파악할 수 있다. • 열차운행 계획을 통하여 유효장, 승강장 구조, 예비선로 등의 현장 설비 적정 여부를 판단할 수 있다. • 열차운행 계획을 통하여 동력차 형식, 견인정수, 열차장, 조성형태, 열차속도 등의 열차 특성을 파악할 수 있다.
		열차운행 상황 확인하기	• 인수인계 절차를 통해서 열차 운행 상황을 확인할 수 있다. • 열차 운행 계획을 통하여 열차 출발 준비 상황을 확인할 수 있다. • 현장 역 · 소장으로부터 열차 운행 상황을 습득하고 파악할 수 있다.
	열차운행 통제	운전정리 적용하기	• 관계법령 및 사규 · 절차에 정해져 있는 운전정리의 종류와 내용을 파악하여 열차운행을 정상화시킬 수 있다.
	열차운행 제어	폐색방식 파악하기	• 업무절차서와 관련 법규 · 사규를 활용하여 폐색방식의 종류, 시행 방법, 시행시기를 파악하고 적용할 수 있다. • 상용폐색방식 시행에 필요한 운전보안장치 종류와 기능을 파악하고 적용할 수 있다. • 대용폐색방식과 폐색준용법을 적용할 때 열차운행에 가장 안전한 방법을 선택하여 적용할 수 있다.
	사고 수습 · 복구	사고 수습 · 복구 내용 파악하기	• 관련법령과 사규를 활용하여 철도 사고와 장애의 종류를 파악할 수 있다. • 사고와 장애 조치 매뉴얼을 통하여 복구 · 수습 절차를 파악할 수 있다. • 사고와 장애 조치 매뉴얼을 통하여 분야별 임무와 협동사항을 파악할 수 있다.
		급보 · 초동 조치하기	• 사고 · 장애 조치 매뉴얼에 의하여 급보의 범위와 방법을 파악하고 적용할 수 있다.

실기 과목명	주요항목	세부항목	세세항목
열차조성 실무	사고 수습 · 복구	유형별 대응 절차 적용하기	• 관련법령과 매뉴얼을 활용하여 유형별 사고 · 장애에 따른 복구와 수습 절차를 적용할 수 있다. • 매뉴얼을 활용하여 복구와 수습에 필요한 장비와 복구 인원을 신속하게 동원할 수 있다. • 관련법령과 매뉴얼을 활용하여 사고 · 장애 유형별 열차통제 방법을 적용할 수 있다. • 사고유형별 대응 절차에 따라 인명과 시설에 대한 보호 · 구호조치를 할 수 있다.
		운전정리하기	• 운전관계 사규를 활용하여 사고 · 장애 발생 시 지장열차에 대한 운전정리를 시행할 수 있다.
		사후 조치하기	• 현장사고 복구 책임자와 정보를 교환하여 열차정상운행여부를 확인할 수 있다. • 사고 발생 지점을 최초로 운행하는 기관사에게 선로나 차량상태 이상 유무를 확인할 수 있다. • 통신 설비를 활용하여 운전관계 사규와 매뉴얼에 따라 안전보호조치를 적용할 수 있다. • 열차운행정보시스템을 활용하여 지장열차와 지연현황을 파악할 수 있다.
	운전정리 · 운전 명령 관리	운전정리 종류 파악하기	• 관계 법령과 사규에 따라 발령하는 운전명령과 운전정리의 종류를 구분할 수 있다.
		운전명령 수신발신하기	• 사규에 따라 문서로 발령되는 정규운전명령의 정확한 내용을 확인할 수 있다. • 정규운전명령과 임시운전명령의 처리방법과 절차를 활용하여 운전정리에 적용할 수 있다.
		이상기후 시 조치하기	• 이상기후 발생 시 관련규정과 매뉴얼에 의하여 상황파악과 운전정리에 필요한 운전명령을 처리할 수 있다. • 이상기후 발생 시 현장 역 · 소장이 시행한 선제적 예방조치 사항을 확인하고 운전정리에 활용할 수 있다.
	신호 확인	폐색방식 확인하기	• 열차의 안전운행에 필요한 폐색의 개념을 확인할 수 있다. • 운행선별 상용폐색방식(자동폐색, 차내신호, 통표)의 종류에 따른 운전취급방법을 확인할 수 있다. • 운행선별 신호기 또는 폐색장치 고장 등으로 시행하는 대용폐색방식의 종류에 따른 운전취급방법을 확인할 수 있다. • 통신설비 고장 등으로 대용폐색방식을 시행할 수 없는 경우 시행하는 폐색준용법을 시행할 수 있다. • 이례사항 발생으로 폐색방식 변경 시 관제사의 승인을 확인하고 운전취급할 수 있다.
		신호방식 확인하기	• 열차운행을 위한 운행선별 신호기의 종류와 설치위치를 확인할 수 있다. • 신호방식에 따른 신호현시조건을 고려하여 열차운전취급을 할 수 있다.

CBT 응시 요령

전면 CBT 시행에 따른

CBT 완전 정복!

"CBT 가상 체험 서비스 제공"

한국산업인력공단
(http://www.q-net.or.kr) 참고

01　수험자 정보 확인

시험장 감독위원이 컴퓨터에 나온 수험자 정보와 신분증이 일치하는지를 확인하는 단계입니다. 수험번호, 성명, 생년월일, 응시종목, 좌석번호를 확인합니다.

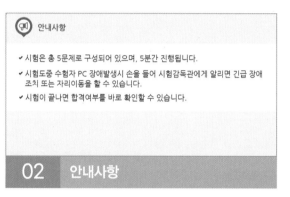

02　안내사항

시험에 관한 안내사항을 확인합니다.

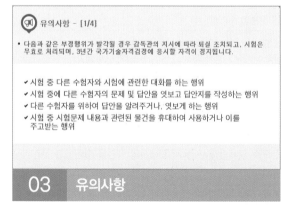

03　유의사항

부정행위에 관한 유의사항이므로 꼼꼼히 확인합니다.

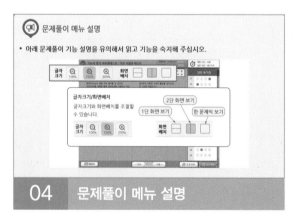

04　문제풀이 메뉴 설명

문제풀이 메뉴의 기능에 관한 설명을 유의해서 읽고 기능을 숙지해 주세요.

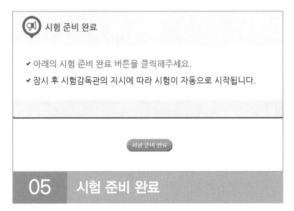

05 시험 준비 완료

시험 안내사항 및 문제풀이 연습까지 모두 마친 수험자는 시험 준비 완료 버튼을 클릭한 후 잠시 대기합니다.

06 시험 화면

시험 화면이 뜨면 수험번호와 수험자명을 확인하고, 글자크기 및 화면배치를 조절한 후 시험을 시작합니다.

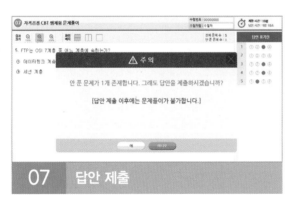

07 답안 제출

[답안 제출] 버튼을 클릭하면 답안 제출 승인 알림창이 나옵니다. 시험을 마치려면 [예] 버튼을 클릭하고 시험을 계속 진행하려면 [아니오] 버튼을 클릭하면 됩니다. 답안 제출은 실수 방지를 위해 두 번의 확인 과정을 거칩니다. [예] 버튼을 누르면 답안 제출이 완료되며 득점 및 합격여부 등을 확인할 수 있습니다.

CBT 완전 정복 Tip

내 시험에만 집중할 것
CBT 시험은 같은 고사장이라도 각기 다른 시험이 진행되고 있으니 자신의 시험에만 집중하면 됩니다.

이상이 있을 경우 조용히 손을 둘 것
컴퓨터로 진행되는 시험이기 때문에 프로그램상의 문제가 있을 수 있습니다. 이때 조용히 손을 들어 감독관에게 문제점을 알리며, 큰 소리를 내는 등 다른 사람에게 피해를 주는 일이 없도록 합니다.

연습 용지를 요청할 것
응시자의 요청에 한해 연습 용지를 제공하고 있습니다. 필요시 연습 용지를 요청하며 미리 시험에 관련된 내용을 적어놓지 않도록 합니다. 연습 용지는 시험이 종료되면 회수되므로 들고 나가지 않도록 유의합니다.

답안 제출은 신중하게 할 것
답안은 제한 시간 내에 언제든 제출할 수 있지만 한 번 제출하게 되면 더 이상의 문제풀이가 불가합니다. 안 푼 문제가 있는지 또는 맞게 표기하였는지 다시 한 번 확인합니다.

이 책의 구성과 특징

CHAPTER
02 화물운송

PART 01 핵심이론 + 핵심예제

화물운송에서는 세칙, 약관이 섞여서 나오며 4개의 보기에 각각 다른 조항이 적혀있고 이 중 틀린 것은? 라는 식의 문제가 나오므로 품목히 숙지하는 것이 좋다. 계산문제나 숫자만 살짝 바뀌서 내는 등의 지엽적인 문제도 출제되기 때문에 숫자에 유의하도록 한다. 여객운송과 마찬가지로 계산문제는 매우 단순하다. 철도사업법은 1과목 여객운송과 겹치는 부분이 많아서 추가적으로 더 화물에서 공부해야 하는 부분만 정리를 했다. 화물 기출을 풀다가 정리에서 못 본 부분이라고 생각하면 p41로 가서 철도사업법 파트를 다시 보자. 분량도 많고 생소한 법령과 용어에 많은 수험생들이 가장 어려워하는 과목이다. 60점 이상을 목표로 하여 중요한 것만 골라서 공부해보자.

제1절 | 화물운송론 및 철도물류관련법

핵심이론 01 화물운송론

(1) 이론 정리

① 쇼우(Arch W. Shaw) : 1912년, 경영활동을 생산활동, 유통활동, 조성활동으로 구분하고 이 가운데 유통활동의 구성요소로서 수요창조활동과 물적 공급 활동의 두 가지로 구분하였는데 물적 공급활동이 물류의 개념이다. 처음으로 물류의 개념제시, 물류활동의 중요성을 강조했다.

② 클라크(Fred E. Clark) : 1922년, 그의 저서 "Principle of Marketing"에서 "Physical Distribution"이란 용어를 처음으로 사용. 클라크는 마케팅 기능을 교환기능, 물적 공급기능, 보조 및 조성 기능으로 분류하면서 물적 공급이란 교환기능에 대응하는 유통의 기본적 기능이라고 설명하고 있다. 물류기능의 중요성을 강조했다.

③ 필립 코틀러(Philip Kotler) : 마케팅이란 첫째 구매를 자극하여 수요를 탐색하는 활동과 둘째 상품의 물류활동을 했다.

④ 피터 드러커(P. F. Drucker) : 물류를 '경제의 암흑대륙 또는 이윤의 보고'라고 표현했다. 물류는 마치 해가 비치지 않는 것과 같은 미개척 영역이기 때문에 여기에 진출하면 무궁무진한 기회가 열려 있다는 뜻이다. 그래서 1960년대 초 기업들에게 새로운 도전과 기회로서 물류분야에 경영의 초점을 맞추라고 역설했다.

⑤ 파커(D. D. Parker) : '물류는 비용절감을 위한 최후의 미개척분야'라고 발언했다.

⑥ 로크레매틱스(Rhocrematics) : 물류의 흐름을 중심으로 하여 생긴 개념으로 구매, 운수, 생산계획, 재고관리 및 기타 기능을 포함하는 의미로 사용한다. 부르어 교수는 로크레매틱스를 '조달물류를 포함한 '물의 흐름'을 정보의 흐름과 관련시킨 시스템을 관리하는 과학이다.'라고 정의했다.

(2) 물류관리

① 물류관리의 중요성
  ㉠ 물류비 절감
  ㉡ 양질의 서비스 제공 및 개선
  ㉢ 지역경제 발전으로, 인구의 대도시 집중현상 억제
  ㉣ 도로건설 등 사회 기간산업의 확충으로 국민경제 생활의 발전에 이바지
  ㉤ 자원의 효율적인 이용이 가능하고 생활환경의 개선
  ㉥ 선진국은 물류비중이 높음
  ㉦ 소비자의 제품 다양화 요구

② 물류관리의 필요성
  ㉠ 기업 활동에서 제조부분 원가절감의 한계
  ㉡ 운송시간과 비용의 상승
  ㉢ 고객 욕구의 다양화, 전문화, 고도화
  ㉣ 기술혁신으로 인한 물류환경 변화
  ㉤ 다품종 소량생산 체계의 등장
  ㉥ 물류비용의 지속적인 증가

PART 02 과년도 + 최근 기출복원문제

2023년 제3회 최근 기출복원문제

01 승차권의 구매에 대한 설명으로 가장 거리가 먼 것은?

① 여객은 여행 시작 전까지 승차권을 발행받아야 하며, 발행받은 승차권의 승차일시, 열차 구간 등의 운송조건을 확인하여야 한다.

② 2명 이상이 함께 이용하는 조건으로 운임을 할인하고 한 장으로 발행하는 승차권은 이용 인원에 따라 낱장으로 나누어 발행할 수 있다.

③ 할인승차권 또는 이용 자격에 제한이 있는 할인상품을 3회 이상 부정사용한 경우에는 해당 할인 승차권 또는 할인상품 이용을 1년간 제한할 수 있다.

④ 승차권을 발행할 때 정당 대상자 확인을 위하여 신분증 등의 확인을 요구할 수 있다.

해설
② 철도공사는 2명 이상이 함께 이용하는 조건으로 운임을 할인하고 한 장으로 발행하는 승차권은 인원에 따라 낱장으로 나누어 발행하지 않는다.

2024년 3회차
② 철도공사는 2명 이상이 함께 이용하는 조건으로 운임을 할인하고 한 장으로 발행하는 승차권은 인원에 따라 낱장으로 나누어 발행하지 않는다.
③ 할인승차권 또는 이용 자격에 제한이 있는 할인상품을 부정사용한 경우에는 해당 할인승차권 또는 할인상품 이용을 1년간 제한할 수 있다. (3회 이상 ×, 1회만 사용해도 제한 가능)

02 여객운송약관에서 분류한 일반열차에 속하지 않는 것은?

① KTX
② 새마을호
③ 무궁화호
④ 통근열차

해설
여객운송약관에서 분류한 일반열차의 종류에는 새마을호, ITX-새마을, 무궁화호, 누리로, 통근열차가 있다.

2024년 3회차
KTX는 고속열차에 속하여 가장 틀린 답에 해당하며, 통근열차는 2023년 12월 최종 퇴개하여 2024년 개정된 여객운송약관 이용종별에 따른 분류와 열차의 정의에서도 제외되었다. 따라서 ①, ④번이 정답에 해당한다. 위와 같은 문제는 더 이상 나오지 않고 변별력이 나늘 가능성이 높다. 주요 용어의 정의와 이용종별에 따른 열차의 분류를 숙지해둘자.

핵심이론 + 핵심예제

필수적으로 학습해야 하는 중요한 이론들과 출제빈도가 높은 기출문제 및 반드시 풀어보아야 할 문제를 각 과목별로 분류하여 수록하였습니다. 시험에 꼭 나오는 이론과 예제를 중심으로 효과적으로 공부하십시오.

과년도 + 최근 기출복원문제

지금까지 출제된 과년도 기출문제와 최근 기출복원문제를 수록하였습니다. 각 문제에는 자세한 해설이 추가되어 핵심이론만으로는 아쉬운 내용을 보충 학습하고 출제경향의 변화를 확인할 수 있습니다.

STRUCTURES

합격의 공식 Formula of pass · SD에듀 www.sdedu.co.kr

SD에듀

PART 03 실기(필답형)

2023년 제3회 최근 기출복원문제

01 다음 ( )에 들어갈 알맞은 내용을 쓰시오.

> 역장은 사용을 폐지한 지도표 및 지도권은 (㉠) 동안 보존하고 폐기하여야 하며, 사고와 관련된 지도표 및 지도권은 (㉡)간 보존하여야 한다.

정답
㉠ 1개월
㉡ 1년

해설
운전취급규정 제161조
• 발행하지 않은 지도표 및 지도권은 이를 보관함에 넣어 폐색장치 부근의 적당한 장소에 보관하여야 한다.
• 지도권을 발행하기 위하여 사용 중인 지도표는 휴대기에 넣어 폐색장치 부근의 적당한 장소에 보관하여야 한다.
• 역장은 사용을 폐지한 지도표 및 지도권은 1개월간 보존하고 폐기하여야 한다. 다만, 사고와 관련된 지도표 및 지도권은 1년간 보존하여야 한다.
• 역장은 분실한 지도표 또는 지도권을 발견한 경우에는 상대역장에게 그 사실을 통보한 후 지도표 또는 지도권의 앞면에 무효기호(×)를 하여 이를 폐지하여야 하며 그 뒷면에 발견일시, 장소 및 발견자의 성명을 기록하여야 한다.

02 다음 빈칸에 들어갈 알맞은 단어를 쓰시오.

> 철도종사자는 열차의 이상소음, 불꽃 및 매연발생 등 이상을 발견하면 해당 열차의 기관사 및 관계 ( )에게 즉시 연락하여야 한다.

정답
역장

해설
운전취급규정 제37조
• 철도종사자는 열차의 이상소음, 불꽃 및 매연발생 등 이상을 발견하면 해당 열차의 기관사 및 관계역장에게 즉시 연락하여야 한다.
• 열차감시 중 열차상태 이상을 발견하거나 연락받은 경우 정차조치를 하고 관계자(기관사, 역장 또는 관제사)에게 연락 및 보고하여야 하며 고장처리지침에 따라 조치하여야 한다.

396 ■ PART 03 실기(필답형)

CHAPTER 02 PART 03 실기(작업형)

작업형 안내

■ **복합형 : 필답형 50점 + 작업형 50점 = 100점**

1. 필답형 : 1시간 정도(50점)
① 출제문항 : 14~15 문항 출제
② 출제방식 : 단답형, 설명하기(주관식)
③ 출제범위 : 한국철도공사(코레일)의 사규에서 출제
   ㉠ 「운전취급규정」에서 12~13문항 정도 : 필기 CHAPTER 03 열차운전
   ㉡ 「철도사고조사 및 피해구상 세칙」에서 1~2문항 정도

2. 작업형 : 1시간 정도 작업수행 과정평가(50점)
① 전호(20점) : 입환전호(5점), 상황별전호(5점), 기적전호(5점), 버저전호(5점)
   ㉠ 각종 전호(7개) → 입환전호(16개) → 기적전호(17개) → 버저전호(12개)
   ㉡ 각 전호별로 3~4개(총 20개)를 실제로 전호시행 지시
      • 각종전호 : 6개(주간 및 야간 3개, 무선전호 3개)
      • 입환전호 : 6개(주간 및 야간 3개, 무선전호 3개)
      • 기적전호 : 5개
      • 버저전호 : 5개
      → 시험감독관에 따라 기적전호, 버저전호를 언제(왜) 시행하는지 질문할 수도 있음
② 선로전환기 취급(15점) : 외관점검(5점), 선로전환기 전환(5점), 키볼트 쇄정(5점)
   ㉠ 외관상 점검 시행 : 각 부위 명칭 및 점검방법(점검망치 있을 때는 사용)
   ㉡ 선로전환작업 시행
   ㉢ 잠금조치 : 키볼트 체결작업(몽키스패너 사용)
③ 차량해결(15점) : 연결작업(10점), 분리(해방)작업(3점), 구름막이 설치(2점)
   ㉠ 차량의 연결 · 분리(해방)작업 시행
   ㉡ 구름방지 조치작업 시행 : 수제동기, 수용바퀴 구름막이 사용법

402 ■ PART 03 실기(작업형)

실기(필답형)

시험에 자주 나온 실기 필답형 문제를 복원하여 실제 시행 문제에 대한 대비를 할 수 있도록 하였습니다. 가장 최신의 경향을 파악하고 새롭게 출제된 문제의 유형을 익혀 처음 보는 문제들도 풀이할 수 있도록 하였습니다.

실기(작업형)

실기 작업형에서는 작업별 주의사항 및 핵심설명을 일목요연하게 수록하여 최종 합격의 지름길을 제시하였습니다.

- 미승차확인증명, 도중역에서 여행을 중지한 사람
- 철도안전법 벌칙, 과태료
- 철도사업의 휴업, 폐업
- 복합운송인의 정의
- 호송인 휴대물품
- 화물 운임요금 중 최저기본운임
- 운전취급규정 풍속의 기준
- 상용폐색방식 및 대용폐색방식
- 상치신호기의 정의

- 승차권 할인, 예약, 결제, 취소
- 정기승차권
- 도시철도 채권 매입
- 연안운송 및 철도운송의 장단점
- NVOCC
- 일반화물 수수금액
- 철도안전종합계획 수립
- 관제사의 운전정리
- 폐색

2021년 1회

2021년 3회

2022년 1회

2022년 3회

- KORAIL PASS, KORAIL Membership 카드
- 부가운임 징수대상 및 부가운임 수준
- 광역전철 승차권 발매
- ICD의 효과 및 특징
- 물류정책기본법의 정의
- 철도화물운송약관 운송기간
- 운전취급규정 열차의 조성
- 운전취급규정 신호의 지시별 속도
- 철도차량운전규칙 시계운전

- 철도여객 운송계약의 성립시기
- 위약금 및 반환 수수료
- 철도사업법 전용철도
- 화물운송의 3요소
- 화물운송통지서 발급
- 특대화물 적재방법
- 화물의 비중
- 제동축비율에 따른 운전속도의 제한
- 전령법
- 철도차량 종류별 운전면허

- KORAIL PASS, KORAIL Membership 카드
- 승차권 할인, 예약, 결제, 취소
- 복합운송
- 국가물류기본계획과 지역물류기본계획의 차이점
- 운송제한 화물
- 화물의 운송기간
- 화물의 운임요금 계산 중 할증
- 국토교통부장관과 대통령령 비교
- 운전취급규정 및 일반철도운전세칙 용어의 정의
- 운전에 필요한 조건
- 철도사고
- 신호기의 정의 및 설명

- 승차권의 유효성
- 지연에 따른 배상
- 도시철도법의 제정목적
- 물류시설에 대한 설명
- 철도물류산업의 육성 및 지원에 관한 법률
- 철도화물운임 할증률
- 열차의 퇴행운전
- 신호, 전호, 표지의 주야간 현시방법

2023년
1회

2023년
3회

자주 출제되나
놓치기 쉬운 내용

- 여객운송약관 열차의 분류
- 단체승차권
- 광역철도 여객운임 및 승차권
- 철도사업법 여객운임 상한지정
- 물류정책기본법
- 화물운임요금 계산
- 왕복수송 할인의 조건
- 선로전환기의 정위
- 도시철도운전규칙 전차선로 순회점검
- 열차의 조성

이 책의 목차

PART

1

핵심이론 + 핵심예제

여객운송

여객운송에서는 용어, 승차권, 운임, 요금 계산에 대한 문제가 주로 출제되며 철도안전법과 사업법, 도시철도법 등에 대한 문제가 나온다. 이 과목에서는 광역철도약관과 여객운송약관에서 다루는 구분이나 정의가 다르므로 구별해야 한다. 운임, 요금 계산의 경우에는 계산방법만 알면 매우 쉽게 풀수 있으나 단수처리와 할인 및 위약금 적용에 대한 내용을 제대로 숙지하고 있어야 한다. 반입 가능한 계산기를 가져가길 추천한다. 철도안전법은 3과목 열차운전과 내용이 겹치기 때문에 3과목에서 함께 공부하기를 추천한다. 다만, 도시철도법, 철도사업법은 꼭 여객운송 파트에서 공부해야한다. 여객운송은 3과목 중 가장 기출 출제 빈도가 높은 과목이다. 생소한 화물, 운전보다 여객에서 높은 점수를 획득해야 시험에 합격하기 유리하다. 여객운송약관은 2024년 3회차 시험부터 개정될 예정으로 1회차와 3회차 이론과 문제가 상이하다. 구분한 내용을 참고하여 공부하길 바란다.

제1절 | 여객운송일반

핵심이론 01 여객운송

(1) 여객의 구분

① 유아 : 만 6세 미만

② 어린이 : 만 6세 이상 만 13세 미만

③ 어른 : 만 13세 이상

> **2024년 3회차**
>
> **(1) 여객의 구분**
>
> ① 유아 : 6세 미만
>
> ② 어린이 : 6세 이상 만 13세 미만
>
> ③ 어른 : 13세 이상

Tip 여객운송약관 여객의 구분에는 청소년이 없다. 청소년의 구분이 있는 것은 광역철도이다.

(2) 주요 용어 정의

① "역"이란 여객을 운송하기 위한 설비를 갖추고 열차가 정차하는 장소를 말한다.

② "간이역"이란 여객의 승하차 설비만을 갖추고 승차권 발행 서비스를 제공하지 않는 역을 말한다.

③ "승차권판매대리점"이란 철도공사와 승차권 판매에 관한 계약을 체결하고 철도 승차권을 판매하는 우체국, 은행, 여행사 등을 말한다.

> **2024년 3회차** "승차권판매대리점"이란 철도공사와 승차권 판매에 관한 계약을 체결하고 철도 승차권을 판매하는 은행, 여행사 등을 말한다.

Tip 우체국이 제외됨

④ "열차"란 철도공사에서 운영하는 고속열차, 준고속열차, 일반(새마을호, ITX-새마을, 무궁화호, 누리로, 통근)열차를 말한다.

> **2024년 3회차** "열차"란 철도공사에서 운영하는 고속열차, 준고속열차, 일반열차(광역 및 도시철도를 제외)를 말한다.

⑤ "차실"이란 일반실, 특실 등 열차의 객실 종류를 말한다.

⑥ "철도종사자"란 승무 및 역무서비스 등의 업무를 수행하는 사람을 말한다.

⑦ "운임"이란 열차를 이용하여 장소를 이동한 대가를 말한다.

> **2024년 3회차** "운임"이란 여객운송에 대한 직접적인 (열차를 이용하여 장소를 이동한) 대가를 말한다.

⑧ "요금"이란 열차에서 부가적으로 이용하는 서비스의 대가로 특실요금 등을 말한다.

> **2024년 3회차** "요금"이란 여객운송과 관련된 설비・용역에 대한 대가로 특실요금 등을 말한다.

⑨ "부가운임"이란 기준운임・요금 이외에 추가로 받는 운임을 말한다.

⑩ "위약금"이란 승차권 유효기간 이내에 운송계약 해지를 청구함에 따라 수수하는 금액을 말한다.

⑪ "승차권"이란 철도공사에서 발행한 운송계약 체결의 증표를 말한다.

> 2024년 3회차 "승차권"이란 철도공사(철도공사와 위탁계약을 체결한 업체 또는 기관을 포함)에서 발행한 운송계약 체결의 증표를 말하며, 승차권은 영수증(돈이나 물품 등을 받은 사실을 표시하는 증서)으로 사용 가능하다.

⑫ "좌석이용권"이란 지정 좌석의 이용 청구 권리만을 증명할 수 있도록 발행한 증서를 말한다.

⑬ "입장권"이란 역의 타는 곳까지 출입하는 사람에게 발행하는 증표를 말한다.

⑭ "할인승차권·상품"이란 관계 법령 또는 영업상 필요에 의해 운임·요금을 할인하는 대신에 이용대상·취소·환불을 제한하거나 수수료·위약금 등을 별도로 정하여 운영하는 상품을 말한다.

⑮ "운임구역(또는 유료구역)"이란 승차권 또는 입장권을 소지하고 출입하여야 하는 구역으로 운임경계선 안쪽을 말한다. 다만, 운임경계선이 설치되지 않은 장소는 열차를 타는 곳 또는 열차 내를 말한다.

> 2024년 3회차 "운임구역(또는 안전구역)"이란 승차권 또는 입장권을 소지하고 출입하여야 하는 구역으로 운임 경계선부터 역의 타는 곳 또는 열차 내를 말한다.

⑯ "여행시작"이란 여객이 여행을 시작하는 역에서 운임구역에 들어가는 때를 말한다.

⑰ "단체"란 승차일시·열차·구간 등 운송조건이 동일한 10명 이상의 사람을 말하며 한 장의 승차권으로 발행한다.

⑱ "환승"이란 도중 역에서 10분~50분(철도공사에서 맞이방, 홈페이지 등에 게시한 시간표 기준) 이내에 다른 열차로 갈아타는 것을 말하며, 한 장의 승차권으로 발행한다.

> 2024년 3회차 "환승"이란 도중 역에서 철도공사에서 홈페이지, 맞이방 등에 게시한 시간표 기준 이내에 다른 열차로 갈아타는 것을 말하며, 한 장의 승차권으로 발행한다.

(3) 입장권

① 배웅·마중을 목적으로 운임구역(열차 내 제외)에 출입하고자 하는 사람은 입장권을 소지하여야 하며, 관광·견학 등을 목적으로 타는 곳에 출입하고자 하는 사람은 방문기념 입장권을 구입(방문기념 입장권 발매역에 한함), 소지하여야 한다.

② 입장권과 방문기념 입장권을 소지한 사람은 열차 내에 출입할 수 없으며, 입장권에 기재된 발매역에서 지정 열차 시간대에 1회에 한하여 타는 곳에 출입할 수 있다.

③ 입장권을 소지하고 열차에 승차할 경우, 부정승차로 간주하여 부가운임을 수수한다.

④ 입장권과 방문기념 입장권은 환불하지 않는다.

> 2024년 3회차 방문기념 입장권은 환불하지 않는다.

Tip 입장권 제외됨

1-1. 철도여객운송 약관에 정한 여객의 구분으로 틀린 것은?

[16년 1회]

① 2세는 유아이다.　　② 6세는 유아이다.
③ 12세는 어린이다.　④ 34세는 어른이다.

1-2. 철도여객운송 약관에 정한 용어에 대한 설명으로 틀린 것은?

① "여행시작"이란 여객이 여행을 시작하는 역에서 운임구역에 들어가는 때를 말한다.
② "단체"란 승차일시, 열차, 구간 등 운송조건이 동일한 10명 이상의 사람을 말하며 한 장의 승차권으로 발행한다.
③ "운임구역"이란 승차권 또는 입장권을 소지하고 출입하여야 하는 구역으로 운임경계선 바깥쪽을 말한다.
④ 승차권은 운임구역을 벗어날 때까지 소지하여야 한다.

1-3. 입장권에 대한 설명으로 옳지 않은 것은?

[18년 1회]

① 입장권에 기재된 발매역에서 지정열차 시간대에 1회에 한하여 타는 곳에 출입할 수 있다.
② 입장권과 방문기념 입장권은 환불이 불가능하다.
③ 입장권을 소지하고 열차에 승차하였을 경우 입장권을 무효로 하며 기본운임을 수수한다.
④ 역의 타는 곳까지 출입하는 사람에게 발행하는 증표를 말한다.

|해설|

1-1
② 6세는 어린이다.

1-2
③ 운임구역이란 승차권 또는 입장권을 소지하고 출입하여야 하는 구역으로 운임경계선 안쪽을 말한다. 단, 운임경계선이 설치되지 않은 장소는 열차를 타는 곳 또는 열차 내를 말한다.

> **2024년 3회차**
> "운임구역(또는 안전구역)"이란 승차권 또는 입장권을 소지하고 출입하여야 하는 구역으로 운임 경계선부터 역의 타는 곳 또는 열차 내를 말한다.

1-3
③ 기본운임이 아니라 부정승차로 간주하여 부가운임을 수수한다.

정답 1-1 ② 1-2 ③ 1-3 ③

핵심이론 02 여객운송계약

(1) 운송계약이 성립하는 시기

① 승차권(또는 좌석이용권 포함. 이하 같음)을 발행받은 때(결제한 때)
② 운임을 받지 않고 운송하는 유아는 보호자와 함께 여행을 시작한 때
③ 승차권이 없거나 유효하지 않은 승차권을 가지고 열차에 승차한 경우에는 열차에 승차한 때

(2) 철도운송계약의 법적성질

① 낙성계약 : 계약 성립에 있어서 당사자의 합의만으로 성립하는 계약으로 계약 당사자 사이에 의사표시가 일치하기만 하면 성립하고 다른 형식이나 절차는 필요하지 않다.
② 쌍무계약 : 계약당사자 쌍방이 서로 상환으로 이행하여야 할 성질의 채무를 부담하는 계약이다. 여객운송계약이 체결되면 운송인인 철도경영자는 여객을 운송하여야 할 의무를 부담하고 여객은 대가적 의의를 갖는 운임 또는 요금을 지불하여야 할 의무를 부담하는 것이다.

Tip 운송인과 여객이 쌍으로 의무를 갖는다.

③ 유상계약 : 계약당사자가 대가로서의 의의를 가지며 경제적 부담을 하는 계약이다. 운송을 하는 대신 운임을 지불한다.

Tip 유상계약의 범위는 쌍무계약보다 넓다.

④ 부합계약(부종계약) : 계약 당사자의 일방이 정한 정형적 약관에 대하여 사실상 상대방이 포괄적으로 승인할 수밖에 없는 계약을 말한다. 운송, 수도, 가스, 보험, 전기, 근로자고용 등의 계약은 오늘날 부합계약으로 행해지고 있다.

(3) 운송의 거절 ★중요

① 철도종사자는 다음에 해당하는 경우에는 운송을 거절하거나, 다음 정차역에서 내리게 할 수 있다.

1. 「철도안전법」 제42조 및 제43조에 규정한 위해물품 또는 위험물을 휴대한 경우

제42조(위해물품의 휴대 금지)

1. 누구든지 무기, 화약류, 유해화학물질 또는 인화성이 높은 물질 등 공중(公衆)이나 여객에게 위해를 끼치거나 끼칠 우려가 있는 물건 또는 물질(이하 "위해물품"이라 한다)을 열차에서 휴대하거나 적재(積載)할 수 없다. 다만, 국토교통부장관 또는 시·도지사의 허가를 받은 경우 또는 국토교통부령으로 정하는 특정한 직무를 수행하기 위한 경우에는 그러하지 아니하다.

제43조(위험물의 운송위탁 및 운송 금지)

누구든지 점화류(點火類) 또는 점폭약류(點爆藥類)를 붙인 폭약, 니트로글리세린, 건조한 기폭약(起爆藥), 뇌홍질화연(雷汞窒化鉛)에 속하는 것 등 대통령령으로 정하는 위험물의 운송을 위탁할 수 없으며, 철도운영자는 이를 철도로 운송할 수 없다.

2. 「철도안전법」 제47조 및 제48조에 규정하고 있는 열차 내에서의 금지행위와 철도보호 및 질서유지를 해치는 금지행위를 한 경우

제47조(여객열차에서의 금지행위)

1. 정당한 사유 없이 국토교통부령으로 정하는 여객출입 금지 장소(운전실, 기관실, 발전실, 방송실 등)에 출입하는 행위
2. 정당한 사유 없이 운행 중에 비상정지버튼을 누르거나 철도차량의 옆면에 있는 승강용 출입문을 여는 등 철도차량의 장치 또는 기구 등을 조작하는 행위
3. 여객열차 밖에 있는 사람을 위험하게 할 우려가 있는 물건을 여객열차 밖으로 던지는 행위
4. 흡연하는 행위
5. 철도종사자와 여객 등에게 성적(性的) 수치심을 일으키는 행위
6. 술을 마시거나 약물을 복용하고 다른 사람에게 위해를 주는 행위
7. 그 밖에 공중이나 여객에게 위해를 끼치는 행위로서 국토교통부령으로 정하는 행위

제48조(철도 보호 및 질서유지를 위한 금지행위)

1. 철도시설 또는 철도차량을 파손하여 철도차량 운행에 위험을 발생하게 하는 행위
2. 철도차량을 향하여 돌이나 그 밖의 위험한 물건을 던져 철도차량 운행에 위험을 발생하게 하는 행위
3. 궤도의 중심으로부터 양측으로 폭 3미터 이내의 장소에 철도차량의 안전 운행에 지장을 주는 물건을 방치하는 행위
4. 철도교량 등 국토교통부령으로 정하는 시설 또는 구역에 국토교통부령으로 정하는 폭발물 또는 인화성이 높은 물건 등을 쌓아 놓는 행위
5. 선로(철도와 교차된 도로는 제외한다) 또는 국토교통부령으로 정하는 철도시설에 철도운영자 등의 승낙 없이 출입하거나 통행하는 행위
6. 역시설 등 공중이 이용하는 철도시설 또는 철도차량에서 폭언 또는 고성방가 등 소란을 피우는 행위
7. 철도시설에 국토교통부령으로 정하는 유해물 또는 열차운행에 지장을 줄 수 있는 오물을 버리는 행위
8. 역시설 또는 철도차량에서 노숙(露宿)하는 행위
9. 열차운행 중에 타고 내리거나 정당한 사유 없이 승강용 출입문의 개폐를 방해하여 열차운행에 지장을 주는 행위
10. 정당한 사유 없이 열차 승강장의 비상정지버튼을 작동시켜 열차운행에 지장을 주는 행위
11. 그 밖에 철도시설 또는 철도차량에서 공중의 안전을 위하여 질서유지가 필요하다고 인정되어 국토교통부령으로 정하는 금지행위

3. 「철도안전법」 제48조의2제1항에 규정하고 있는 보안검색에 따르지 않는 경우

제48조의2(여객 등의 안전 및 보안)

1. 국토교통부장관은 철도차량의 안전운행 및 철도시설의 보호를 위하여 필요한 경우에는 「사법경찰관리의 직무를 수행할 자와 그 직무범위에 관한 법률」 제5조제11호에 규정된 사람(이하 "철도특별사법경찰관리"라 한다)으로 하여금 여객열차에 승차하는 사람의 신체·휴대물품 및 수하물에 대한 보안검색을 실시하게 할 수 있다.

4. 「철도안전법」 제49조에 규정하고 있는 철도종사자의 직무상 지시에 따르지 않는 경우

제49조(철도종사자의 직무상 지시 준수)

1. 열차 또는 철도시설을 이용하는 사람은 이 법에 따라 철도의 안전·보호와 질서유지를 위하여 하는 철도종사자의 직무상 지시에 따라야 한다.
2. 누구든지 폭행·협박으로 철도종사자의 직무집행을 방해하여서는 아니 된다.

5. 「감염병의 예방 및 관리에 관한 법률」에서 정한 감염병 또는 정부에서 지정한 감염병에 감염된 환자이거나 의심환자로 지정되어 격리 등의 조치를 받은 경우

6. 「철도사업법」제10조에 정한 부가운임의 지급을 거부하는 경우

7. 질병 등으로 혼자 여행할 수 없는 사람이 보호자 또는 의료진 없이 여행하는 경우

8. 유아가 13세 이상의 보호자 없이 여행하는 경우

> **2024년 3회차**
> 9. 13세 이상 보호자 1명당 동반한 유아가 9명을 초과하여 여행하는 경우

② 철도종사자는 제1항제1호부터 제6호까지와 열차를 이용하지 않으면서 물품만 운송하는 경우 해당하는 사람 또는 물품을 역사 밖으로 퇴거시키거나 철거할 수 있다.

Tip 7, 8, 9는 퇴거가 아닌 운송의 거절

③ 운송을 거절하거나, 다음 정차역에 내리게 한 경우 승차하지 않은 구간의 운임·요금(할인한 경우 동일한 할인율로 계산한 금액)에서 제14조에 정한 위약금을 공제한 잔액을 환불한다.

(4) 운송계약 내용의 제한 또는 조정

① 사유 *색깔 글씨는 2024년 3회차부터 추가

  ㉠ 지진·태풍·혹서·혹한·폭우·폭설 등 천재지변(이하 "천재지변"이라 한다) 또는 악천후로 인하여 재해가 발생하였거나 발생할 것으로 예상되는 경우

  ㉡ 「철도안전법」제2조에 따른 철도사고 및 열차고장, 철도파업, 노사분규 등으로 열차운행에 중대한 장애가 발생하였거나 발생할 것으로 예상되는 경우

  ㉢ 기타 사유로 열차를 정상적으로 운행할 수 없는 경우

  ㉣ 신규 철도 노선 운행 등으로 예약·구매·환불과 관련된 사항 등의 조정이 필요한 경우

② 제한 및 조정사항 : 철도공사는 철도공사에서 따로 정한 설·추석·하계 휴가철 특별교통대책기간(이하 "명절 기간 등"이라 한다), 토요일·일요일·공휴일과 단체승차권, 할인승차권·상품에 대하여 다음의 사항을 별도로 정할 수 있다.

  ㉠ 운행시간의 변경

  ㉡ 운행중지

  ㉢ 출발·도착역 변경

  ㉣ 우회·연계수송

  ㉤ 승차권의 예약, 구매, 환불과 관련된 사항

③ 철도공사는 조정한 내용을 역 및 홈페이지 등에 공지하고 긴급하거나 일시적인 경우에는 안내방송으로 대신할 수 있다.

④ 여객은 운송계약의 내용의 제한 또는 조정으로 열차를 이용하지 못하였을 경우 승차권에 기재된 운임, 요금의 환불 청구가 가능하다.

핵심예제

2-1. 여객운송계약의 성립시기에 대한 대상이 아닌 것은?

[17년 1회]

① 승차권을 예약한 때
② 간이역에서 승차하는 경우에는 열차에 승차한 때
③ 후급결제에 관한 계약을 체결한 경우 승차권을 발급한 때
④ 운임을 받지 않고 운송하는 유아는 보호자와 함께 여행을 시작한 때

2-2. 여객운송 계약에 있어서 당사자의 합의만으로 성립하는 계약으로 계약 당사자 사이에 의사표시가 일치하기만 하면 성립하고 그 밖에 다른 형식이나 절차를 필요로 하지 않는 계약은?

[16년 2회]

① 쌍무계약
② 낙성계약
③ 유상계약
④ 부종계약

2-3. 운송을 거절하거나 다음 정차역에 하차시킬 수 있는 경우
가 아닌 것은? [17년 1회]

① 지정된 열차에 승차하지 않은 경우
② 여객열차 내에서 흡연하였을 경우
③ 유아가 만 13세 이상의 보호자와 함께 여행하지 않는 경우
④ 질병 등으로 혼자 여행하기 어려운 여객이 보호자 또는 의료
진과 함께 여행하지 않는 경우

2-4. 철도운송을 거절하거나 다음 정차역에 하차시킬 수 있는
경우의 설명으로 옳은 것은? [19년 1회]

① 운송거절로 강제하차 시 승차권 잔액은 환불받을 수 없다.
② 어린이가 만 13세 이상의 보호자 없이 여행하는 경우 운송을
거절하거나, 다음 정차역에서 내리게 할 수 있다.
③ 질병으로 치료 중인 여객이 보호자와 함께 여행하지 않은 경
우 운송을 거절하거나, 다음 정차역에서 내리게 할 수 있다.
④ 철도종사자와 여객 등에게 성적(性的) 수치심을 일으키는
행위를 한 경우 운송을 거절하거나, 다음 정차역에서 내리게
할 수 있다.

2-5. 천재지변으로 인하여 열차를 정상적으로 운행할 수 없는
경우에 운송계약의 조정사항이 아닌 것은? [16년 2회]

① 여객운임의 변경
② 운행시각, 순서의 변경
③ 운송계약의 변경 또는 해지
④ 반환 방법의 변경 또는 폐지

2-6. 철도안전법상 여객 출입 금지장소에 해당하는 곳은?
[19년 1회]

① 방송실   ② 식당차
③ 침대차   ④ 승무원 휴게실

| 해설 |

2-1
① 승차권(좌석이용권)을 발행 받거나, 결제한 때 약관이 적용되
며 예약만 했을 때는 성립되지 않는다.

2-2
② 합의, 의사표시 등 계약 성립에 관한 내용은 낙성계약에 해당
한다.

2-3
① 여객운송약관상 운송거절사유에 해당하지는 않는다.
* 운송거절사유와 퇴거를 구분할 줄 알아야 한다.

2-4
① 운송거절로 하차 시 승차하지 않은 구간의 운임, 요금(할인한
경우 동일한 할인율로 계산한 금액)에서 위약금을 뺀 잔액을
환불해 준다.
② 어린이가 아니라 유아다.
③ 질병 등으로 혼자 여행할 수 없는 사람만이 해당된다.

2-5
① 천재지변, 파업, 열차고장 등으로 열차를 정상적으로 운행할
수 없는 경우에도 운임의 변경이나 할인은 적용되지 않는다.

2-6
정당한 사유 없이 국토교통부령으로 정하는 여객출입 금지장소
(운전실, 기관실, 발전실, 방송실)에 출입하여서는 안 된다.

정답 2-1 ① 2-2 ② 2-3 ① 2-4 ④ 2-5 ① 2-6 ①

(1) 용어의 정의

① **환승승차권** : 환승하는 사람에게 1매로 발행한 승차권을 말한다.

② **4인동반석 승차권** : KTX-산천 비즈니스실 및 KTX 일반실 내 좌석 중앙에 테이블을 설치하고 마주보도록 배치된 좌석을 4명 이하의 일행이 함께 승차일시, 승차열차, 승차구간을 동일한 조건으로 이용하는 경우 1매로 발행한 승차권을 말한다.

③ **단체승차권** : 단체에 1매로 발행한 승차권을 말한다.

④ **병합승차권** : 승차구간 중 일부를 좌석으로, 나머지 구간은 입석(또는 좌석)으로 나누어 발행한 승차권을 말한다.

⑤ **정기승차권** : 일정기간 동안 지정된 경로를 이용하여 출발, 도착역간을 승차할 수 있는 승차권을 말하며, 정하여진 승차구간을 승차권에 표시된 본인에 한하여 이용할 수 있다.

⑥ **종이승차권** : 열차정보 등 운송에 필요한 사항을 열차 승차권 전용용지에 인쇄한 승차권을 말하며 역 승차권 단말기에서 발행한다.

⑦ **자기정보승차권(자성승차권)** : 앞면에는 운송계약에 관한 사항 및 열차정보 등 운송에 필요한 사항을 인쇄하고 뒷면에는 자기정보에 이를 기록한 승차권

⑧ **자가발권승차권** : 어플 또는 홈페이지를 통해 역직원을 거치지 않고 고객이 직접 구매한 승차권을 말한다.

  ㉠ 모바일 티켓 : 인터넷 통신과 컴퓨터 지원기능을 갖춘 스마트폰, 태블릿 PC 등으로 철도공사에서 제공 또는 승인한 전용프로그램에 열차정보 등 운송에 필요한 사항을 전송받은 승차권

  ㉡ 홈 티켓 : 인터넷 등의 통신매체를 이용하여 철도공사의 홈페이지에 접속한 후 운송계약에 관한 사항 및 열차정보 등 운송에 필요한 사항을 인쇄장치로 출력한 승차권

(2) 승차권의 구매 ★중요

① 여객은 여행 시작 전까지 승차권을 발행받아야 하며 구매한 승차권의 승차일시·열차·구간 등의 운송조건을 확인하여야 한다.

② 철도공사는 2명 이상이 함께 이용하는 조건으로 운임을 할인하고 한 장으로 발행하는 승차권은 인원에 따라 낱장으로 나누어 발행하지 않는다.

③ 철도공사는 승차권을 발행할 때 정당 대상자 확인을 위하여 신분증 등의 확인을 요구할 수 있다.

④ 철도공사는 승차권을 발행하기 전에 이미 열차가 20분 이상 지연되거나, 지연될 경우에는 여객이 지연에 대한 배상을 청구하지 않을 것에 동의를 받고 승차권을 발행한다.

> **2024년 3회차** 철도공사는 승차권을 발행하기 전에 이미 열차가 20분 이상 지연되거나, **지연이 예상되는 경우**에는 여객이 지연에 대한 배상을 청구하지 않을 것에 동의를 받고 승차권을 발행한다.

⑤ 철도공사는 할인승차권 또는 이용자격에 제한이 있는 할인 상품을 3회 이상 부정사용한 경우에는 해당 할인 승차권 또는 할인상품 이용을 1년간 제한할 수 있다.

> **2024년 3회차** 철도공사는 할인승차권 또는 이용 자격에 제한이 있는 **할인상품을 부정사용**한 경우에는 해당 할인승차권 또는 할인상품 이용을 1년간 제한할 수 있다.

(3) 승차권의 기재사항 ★중요

① 승차일자

② 승차구간, 열차 출발시각 및 도착시각

③ 열차종류 및 열차편명

④ 좌석등급 및 좌석번호(등급 및 번호가 정해진 열차 승차권에 한함)

⑤ 운임·요금 영수금액

⑥ 승차권 발행일

⑦ 고객센터 전화번호

(4) 승차권 등의 유효성

① 열차를 이용하고자 하는 사람은 운임구역에 진입하기 전에 승차권, 좌석이용권 또는 철도공사에서 별도로 발행한 증서를 소지하여야 하며, 도착역에 도착하여 운임구역을 벗어날 때까지 해당 증표를 소지해야 한다.

> **2024년 3회차** 열차를 이용하고자 하는 사람은 운임 구역에 진입하기 전에 운송계약 체결의 증표(승차권, 좌석이용권 또는 철도공사에서 별도로 발행한 증서, 정당 대상자 확인 필요시 신분증)를 소지하여야 하며, 도착역에 도착하여 운임구역을 벗어날 때까지 해당 증표를 소지해야 한다.

② 증표의 유효기간은 증표에 기재된 도착역의 도착시각까지이다.

> **2024년 3회차** 증표의 유효기간은 증표에 기재된 도착역의 도착시각까지(열차가 지연된 경우 지연된 시간만큼을 추가)로 하며, 도착역의 도착시각이 지난 후에는 무효로 한다.

③ 여러 명이 같은 운송조건으로 이용하는 단체승차권, 4인 동반석 승차권 등의 승차일시, 구간, 인원을 변경하는 경우에는 환불 후에 다시 구입하여야 한다.

> **2024년 3회차** 여러 명이 같은 운송조건으로 이용하는 4인 동반석 승차권 등의 승차일시·구간·인원 등을 변경하는 경우에는 환불 후에 다시 구입하여야 한다.

> `Tip` 단체승차권이 제외됨

④ 운임할인(무임 포함) 대상자의 확인을 위한 각종 증명서는 증명서의 유효기간 이내에 도착하는 열차에 한하여 사용할 수 있다.

(5) 부가운임 ★중요

열차를 이용하는 여객이 정당한 운임, 요금을 지불하지 아니하고 열차를 이용할 경우에는 승차구간에 해당하는 운임 외에 그의 30배 범위에서 부가운임을 징수할 수 있다.

① 승차권이 없거나 유효하지 않은 승차권을 가지고 승차한 경우 : 0.5배

> **2024년 3회차** 승차권이 없거나 제2조제10호에서 정한 승차권(캡처 또는 사진 촬영 등)을 소지하지 않고 승차한 경우 : 0.5배

> **제2조제10호(승차권의 정의)**
> "승차권"이란 철도공사(철도공사와 위탁계약을 체결한 업체 또는 기관을 포함)에서 발행한 운송계약 체결의 증표를 말하며, 승차권은 영수증(돈이나 물품 등을 받은 사실을 표시하는 증서)으로 사용 가능하다.

② 철도종사자의 승차권 확인을 회피 또는 거부하는 경우 : 2배

③ 이용 자격에 제한이 있는 할인상품 또는 좌석을 자격이 없는 사람이 이용하는 경우 : 10배

> **2024년 3회차** 이용 자격에 제한이 있는 할인승차권·상품 또는 좌석을 자격이 없는 사람이 이용하는 경우 : 10배

④ 단체승차권을 부정사용한 경우 : 10배

⑤ 부정승차로 재차 적발된 경우 : 10배

⑥ 승차권을 위·변조하여 사용하는 경우 : 30배

> `Tip` 명절기간에는 부가운임 기준을 최고 30배 범위 내에서 수수할 수 있다.

(6) 부가운임의 환불

운임할인 신분증 또는 증명서를 제시하지 못하여 부가운임을 지급한 사람은 승차한 날로부터 1년 이내에 역(간이역 및 승차권판매대리점 제외)에 제출하고 부가운임의 환불을 청구할 수 있다. 이때, 철도공사는 정당한 할인대상자임을 확인하고 최저수수료를 공제한 잔액을 환불한다.

① 해당 승차권

② 운임할인 대상자임을 확인할 수 있는 신분증 또는 증명서

③ 부가운임에 대한 영수증

(7) 승차권 분실 재발행

> 2024년 3회차 승차권을 분실하는 등 소지하지 않은 사람은 여행시작 전에 역에서 재발행을 청구할 수 있다.

① 재발행 할 수 없는 승차권

    ㉠ 좌석번호를 지정하지 않은 승차권

    ㉡ 분실한 승차권이 사용된 경우

    ㉢ 분실한 승차권의 유효기간이 지난 경우

    ㉣ 분실한 승차권을 확인할 수 있는 회원번호, 신용카드 번호, 현금영수증이 없는 경우

② 재발행한 경우 운임, 요금 2024년 3회차 삭제

    ㉠ 여행 시작 전 : 분실한 승차권과 같은 구간의 기준운임, 요금

    ㉡ 여행 시작 후 : 분실한 승차권과 같은 구간의 기준운임, 요금 및 이미 승차한 구간에 대한 부가운임(0.5배)을 합산한 금액

    ㉢ 재발행 받은 승차권의 좌석번호가 열차 내에서 중복되는 경우 좌석 이용에 대한 권리는 분실한 승차권을 소지한 사람에게 있다.

    ㉣ 좌석중복으로 입석, 자유석으로 여행한 사람은 도착역에서 좌석 운임요금 – 입석 자유석운임 – 최저수수료를 공제한 잔액의 환불을 청구할 수 있다.

③ 분실한 승차권을 찾았을 경우 환불청구

2024년 3회차 삭제

청구기한	승차한 날로부터 1년 이내
제출서류	분실한 승차권 + 재발행 받은 승차권
환불청구장소	역(간이역 및 승차권판매대리점 제외)에 제출
공제금액	최저수수료(400원)
환불조건	해당 승차권이 환불 변경되지 않았을 때
	다른 사람이 이용하지 않았음을 승무원이 확인했을 때

> 2024년 3회차 승차권을 재발행 받은 경우 분실 승차권은 무효로 하며 승차권의 사용, 환불청구 등을 할 수 없다.

3-1. 승차권 앞면에는 운송계약에 관한 사항 및 열차정보 등 운송에 필요한 사항을 인쇄하고 뒷면에는 자기정보에 이를 기록한 승차권을 무엇이라 하는가?

[17년 1회]

① 자성승차권   ② 바코드 승차권

③ 스마트폰 승차권   ④ 모바일 승차권

3-2. 승차권 분실에 대한 설명으로 가장 거리가 먼 것은?

[17년 1회]

① 좌석을 지정하지 않은 입석, 자유석 승차권은 재발급 받을 수 없다.

② 분실된 승차권이 변경 또는 환불되는 경우에는 재발급 받은 승차권의 환불이 불가능하다.

③ 승차권 분실로 재발급 받은 승차권을 환불 받을 때는 최저수수료를 공제하고 환불 받을 수 있다.

④ 현금을 지불하고 구입한 승차권을 분실한 경우에는 해당 운임, 요금의 5%를 지불하면 분실한 승차권을 재발급 받을 수 있다.

3-3. 승차권의 유효성에 대한 설명으로 틀린 것은?

① 운송계약 체결 증표의 유효기간은 증표에 기재된 도착역의 도착시간까지로 하며, 도착역의 도착시간이 지난 후에는 무효로 한다.

② 열차를 이용하고자 하는 사람은 운임구역에 진입하기 전에 운송계약의 체결의 증표를 소지하여야 하며, 도착역에 도착하여 운임구역을 벗어날 때까지 해당 증표를 소지해야 한다.

③ 운임할인(무임 포함) 대상자의 확인을 위한 각종 증명서는 증명서의 유효기간 이내에 도착하는 열차에 한하여 사용할 수 있다.

④ 여러 명이 같은 운송조건으로 이용하는 단체승차권, 4인 동반석 승차권 등의 승차일시, 구간, 인원 등을 변경하는 경우에는 해당 승차권을 환불한 후 다시 구입하여야 한다.

3-4. KTX 승차권의 부가운임을 받는 경우가 아닌 것은?

[20년 2회]

① 단체승차권을 부정사용한 경우

② 철도종사자의 승차권 확인을 거부하는 경우

③ 유효하지 않은 승차권을 가지고 승차한 경우

④ 13세 미만 어린이가 구입한 승차권을 다른 어린이가 사용하는 경우

3-5. 여객운송약관상 일반열차 승차권을 분실한 사람이 재발행을 청구할 수 있는 경우는? [19년 2회]

① 좌석번호를 지정한 승차권
② 분실한 승차권이 사용된 경우
③ 분실한 승차권의 유효기간이 지난 경우
④ 분실한 승차권을 확인할 수 있는 회원번호, 신용카드 번호, 현금영수증 등이 없는 경우

3-6. KTX 승차권의 분실 재발행에 대한 설명으로 틀린 것은? [20년 1회]

① 현금영수증을 발행한 자유석 승차권은 분실 재발행이 가능하다.
② 분실한 승차권을 확인할 수 있는 회원번호, 신용카드 번호, 현금영수증 등이 없는 경우 분실 재발행을 청구할 수 없다.
③ 여행 시작 후 승차권을 재발행하는 경우에는 분실한 승차권과 같은 구간의 기준운임, 요금 및 이미 승차한 구간에 대한 부가운임을 합산한 금액을 받는다.
④ 승차권을 분실하여 재발행 받아 여행을 마친 사람은 승차권 승차일로부터 1년 이내에 분실한 승차권 및 재발행 받은 승차권을 역에 제출하고 최저수수료를 공제한 잔액의 환불을 청구할 수 있다.

3-7. 승차권 분실에 대한 설명으로 틀린 것은? [16년 3회]

① 신용카드 또는 포인트로 결제한 승차권은 재발행 청구할 수 있다.
② 좌석번호를 지정하지 않은 승차권을 분실하였을 경우에는 승차권의 재발행을 청구할 수 없다.
③ 여행시작 전에 분실한 승차권을 재발행할 경우에는 분실한 승차권과 동일한 구간의 기준 운임, 요금과 최저수수료를 수수한다.
④ 승차권을 재발행 받아 도착역까지 여행을 마친 사람은 승차일로부터 1년 이내에 최저수수료를 공제한 전액의 환불을 청구할 수 있다.

|해설|

3-1

① 자성승차권 또는 자기정보승차권이라고 한다.

3-2

해당 승차권이 환불, 변경되지 않고, 다른 사람이 이용하지 않았음을 승무원이 확인한 후 최저수수료를 공제한 잔액의 환불을 청구할 수 있다. 현금의 경우에는 현금영수증이나 회원번호 등이 있어야 한다.

> **2024년 3회차**
> 승차권분실로 재발급 받은 승차권을 환불 받을 때에도 수수료를 공제하지 않는다.
> (제13조제2, 3, 4, 6항 삭제)

3-3

증명서의 유효기간 내에 출발하는 열차에 한하여 사용할 수 있다.

> **2024년 3회차**
> ③ 증명서의 유효기간 내에 출발하는 열차에 한하여 사용할 수 있다.
> ④ 단체승차권도 승차일시 · 구간 · 인원 등을 일부 변경 가능하도록 2024년 3회차 시험부터 개정되었기 때문에 옳은 답이 되려면 단체승차권은 제외되어야 한다.

3-4

④ 같은 할인을 받는 대상이 대신 사용하는 승차권은 문제가 되지 않는다.

3-5

① 좌석번호를 지정하지 않은 승차권은 재발행을 청구할 수 없다. ②, ③, ④는 재발행을 청구할 수 없는 경우에 해당한다.

3-6

① 좌석번호를 지정하지 않은 승차권 = 자유석, 입석은 재발행을 청구할 수 없다.

> **2024년 3회차**
> ① 좌석번호를 지정하지 않은 승차권 = 자유석, 입석은 재발행을 청구할 수 없다.
> ④ 승차권분실로 재발급 받은 승차권을 환불 받을 때에도 수수료를 공제하지 않는다. (제13조제2, 3, 4, 6항 삭제)

3-7

③ 여행 시작 전에는 분실한 승차권과 같은 구간의 기준운임, 요금만 수수하고, 동일한 구간의 기준 운임, 요금과 최저수수료를 수수하는 경우는 여행이 끝난 후 분실한 승차권을 찾았을 때이다.

정답 **3-1** ① **3-2** ④ / **2024년 3회차** ③, ④ **3-3** / **2024년 3회차** ③, ④
3-4 ④ **3-5** ① **3-6** ① / **2024년 3회차** ①, ④ **3-7** ③

(1) 기준운임 · 요금

① 철도공사는 승차구간 별로 기준운임, 기준요금을 국토교통부장관에게 신고하여야 한다.

② 만 13세 이상의 보호자 1명당 좌석을 지정하지 않은 유아 1명은 운임을 받지 않는다.

> 2024년 3회차 다만, 1명을 초과하는 경우에는 철도공사에서 따로 정한 유아 운임을 받는다.

③ 천재지변, 열차고장 및 선로고장 등으로 일부구간을 다른 교통수단으로 연계 운송하는 경우 전체 구간의 운임과 요금을 받는다.

④ 기준운임이란 공공할인과 영업할인 등 각종 할인을 적용하거나 특실요금을 계산할 때 기준이 되는 운임으로 기준운임에는 입석, 자유석 할인운임, 최저운임이 포함된다.

⑤ 최저운임이란 운행거리의 장단에 관계없이 열차가 설정되어 운행할 때 소요되는 최소한의 비용, 즉 수송원가가 반영되어 있는 운임으로 열차를 이용하는 경우 수수하는 기본운임의 성격이 반영되어 있는 운임이다.

⑥ **거리비례제** : 거리에 비례하여 운임이 증가되는 것으로 거리에 임률을 곱하여 계산한다(일반열차 운임요금 산출방식).

⑦ **시장가격제** : 거리, 소요시간 등 다른 교통수단과의 경쟁력을 비교하여 운임수준을 결정하는 방식이다(KTX 운임요금 산출방식).

> 2024년 3회차
> ⑧ 철도공사는 관계법령에 운임을 할인하도록 규정하고 있는 경우 또는 철도공사 영업상 필요한 경우에는 기준운임 또는 기준요금을 할인할 수 있다.

(2) 운임 · 요금의 결제

① 기준운임을 할인하거나 위약금 등을 계산할 때 발생하는 100원 미만의 금액에 대하여 50원까지는 버리고 50원 초과 시에는 100원으로 한다.

② 철도공사는 영업상 필요한 경우에 수표수취 · 신용(5만원 이상이면 할부 가능) · 마일리지 · 포인트의 혼용 결제 및 계좌이체 등을 제한할 수 있다.

> Tip 현금은 제한하지 않는다.

(3) 운임 · 요금의 환불 청구

① 운임 · 요금을 환불받고자 하는 사람은 승차권을 역(간이역 제외)에 제출해야 한다.

② 인터넷 · 모바일로 발행받은 승차권의 경우 승차권에 기재된 출발역 출발 전까지 인터넷 · 모바일로 직접 환불을 청구할 수 있다.

(4) 운임 · 요금의 위약금, 환불금액

① 일반승차권 위약금 공제

구분	출발 전			출발 후			
	1개월~출발 1일 전	당일~출발 3시간 전	3시간 경과 후~출발시간 전까지	20분까지	20~60분	60분~도착	도착역 도착시각 경과 후
월~목요일	무료		5%	15% (자동취소)	40%	70%	2024년 3회차 환불 금액 없음
금~일요일 공휴일	400원 (구매일로 부터 7일 이내 무료)	5%	10%				

② 단체승차권 위약금 공제

구분	2일 전까지	1일 전~출발시각 전까지	출발		
			20분 이내	60분 이내	도착시각 이전
인터넷, 역	400원 (좌석당)	10%	15% (자동취소)	40%	70%

(5) 운임 · 요금의 위약금 공제 기준

① 환불을 청구 받은 경우 청구시각, 승차권에 기재된 출발역 출발시각(환승승차권은 승차 구간별 각각의 출발역 출발시각) 및 영수금액을 기준으로 위약금을 공제한 뒤 환불한다.

② 운임·요금을 지급하지 않고 승차권을 발행받은 사람(국가유공자, 교환권, 카드 등)은 승차구간의 운임·요금을 기준으로 위약금을 지급하고 차감한 무임횟수 복구 또는 교환권이나 카드의 재사용을 청구할 수 있다.

③ 철도공사는 위약금을 감면할 수 있다.

구분	대상	절차	기한	금액
승차하지 않은 승차권	1. 일부인원이 승차하지 않은 경우(2명 이상에게 1장의 승차권으로 발행한 경우 제외) 2. 승차권을 이중으로 구입한 경우(좌석번호를 지정하지 않은 승차권 제외)	승무원에게 미승차 확인 증명을 받아 역에 제출(간이역 및 승차권판매대리점 제외) **2024년 3회차** 승무원에게 증명을 받은 후 바로 환불 가능	승차한 날로부터 1년 이내 **2024년 3회차** 없음. 다만, 현금결제 시에는 1년 이내에 역(간이역 및 승차권 판매대리점 제외)에 제출	승차권 가격 - 출발 후 기준에 정한 위약금
환불을 청구하지 못한 경우	천재지변으로 열차이용 또는 환불을 청구하지 못한 사람	승차권과 승차하지 못한 사유를 확인할 수 있는 증명서를 역에 제출(간이역 및 승차권판매대리점 제외)	승차한 날로부터 1년 이내	운임·요금의 50%에 해당하는 금액 환불
도중역 여행중지 시 환불	승차구간 내 도중역에서 여행을 중지한 사람		승차권에 기재된 도착역 도착시간 전까지	(승차권 가격 - 이미 승차한 역까지의 운임·요금) × 위약금 15%

(6) 열차운행중지 배상

① 철도공사 책임 있는 환불, 배상 금액

기준	환불 및 배상 금액
1시간 이내 출발열차	영수금액 환불 + 10% 배상
1시간~3시간 이내 출발열차	영수금액 환불 + 3% 배상
3시간 초과 출발열차	영수금액 환불 + 배상 없음
출발 후 운행중지	미승차 구간 운임, 요금 환불 + 잔여구간 10% 배상

Tip 운행중지 공지를 역, 홈페이지 등에 게시한 시각 기준

② 철도공사의 책임 없는 환불, 배상 금액(자연재해, 악천후 등)

출발 전	영수금액의 전액 환불
출발 후	이용하지 못한 구간의 운임, 요금 환불

Tip 배상 금액은 없다.

(7) 지연으로 인한 환불, 배상

① 열차 지연배상

지연시간	배상금액 KTX / 일반열차	비고
20분 이상~40분 미만	12.5%	**Tip** 승차한 날로부터 1년 이내에 해당 승차권을 역(간이역 및 승차권판매대리점 제외)에 제출
40분 이상~60분 미만	25%	
60분 이상	50%	

Tip 특실요금은 배상 금액에 미포함

② 예외사항

　㉠ 천재지변 또는 악천후로 인한 재해

　㉡ 열차 내 응급환자 및 사상자 구호 조치

　㉢ 테러위협 등으로 열차안전을 위한 조치를 한 경우

③ 지연시각 기준

　㉠ 여행시작 전 : 승차권에 기재된 출발역 출발시각

　㉡ 여행시작 후 : 도착역 도착시각(환승승차권은 승차구간별 각각의 도착역 도착시각)

④ 여행을 시작하기 전에 20분 이상 지연됐을 경우 : 여행을 포기한 사람은 운임, 요금 전액 환불 받을 수 있다.

(8) 환불방법

① 신용카드, 마일리지, 포인트로 결제한 승차권의 운임, 요금은 현금으로 환불하지 않고 결제내역을 취소한다.

② 취소된 운임, 요금에서 공제되는 위약금과 수수료를 현금, 포인트, 마일리지, 신용카드 중에 선택할 수 있으며, 따로 선택하지 않는 경우 철도공사에서 정한 순서에 따라 수수한다.

③ 단, 혼용결제의 경우는 현금 → 마일리지(포인트) → 신용 → 후급의 수수한다.

> **Tip** 후급결제란 철도공사와 정부기관, 지방자치단체, 기업체 등과의 계약에 의하여 운임, 요금 및 위약금을 따로 정산하는 결제방식을 말한다.

핵심예제

4-1. 승차권 운임·요금에 대한 설명으로 틀린 것은?

[19년 3회]

① 철도공사는 영업상 필요한 경우에는 기준운임·요금을 할인할 수 있다.
② 철도공사는 영업상 필요한 경우 신용·포인트·혼용결제 및 계좌이체 등을 제한할 수 있다.
③ 철도공사는 기준운임을 할인하거나 취소·반환수수료 등을 계산할 때 발생하는 100원 미만의 금액에 대하여 50원까지는 버리고 51원 이상은 100원으로 한다.
④ 철도공사는 혼용결제한 승차권의 취소·반환 등으로 발생하는 수수료를 철도이용자가 지급수단을 지정하는 경우를 제외하고 현금결제, 포인트결제, 신용결제, 후급결제의 순서로 받는다.

4-2. 일요일에 출발하는 무궁화호 승차권을 열차 출발 30분전에 반환할 경우 위약금(반환수수료)은 얼마인가? [18년 1회]

① 무료
② 영수금액의 5%
③ 최저위약금(400원)
④ 영수금액의 10%

4-3. 열차지연에 대한 설명으로 틀린 것은? [16년 1회]

① 신용카드로 결제한 승차권의 지연보상은 신용카드 계좌로 반환된다.
② ITX-새마을 열차가 60분 지연 도착하였을 때 지연보상은 승차권 운임의 12.5%이다.
③ 특실요금은 지연배상금액에 미포함된다.
④ 지연된 열차의 승차권을 할인증으로 사용하는 경우에는 지연된 날부터 1년 이내에 지연승차권을 제출하고 할인 받을 수 있다.

4-4. 미승차확인증명에 대한 사항으로 가장 거리가 먼 것은?

[17년 1회]

① 좌석번호를 지정하지 않은 승차권은 미승차확인증명을 청구할 수 없다.
② 승차권을 이중으로 구입한 경우에도 미승차확인증명의 발행을 청구할 수 있다.
③ 미승차확인증명을 받은 승차권의 출발역 출발시각을 기준으로 반환수수료를 공제한다.
④ 일행 중 일부가 승차하지 않았을 경우 열차 내에서 미승차확인증명의 발행을 청구할 수 있다.

4-5. 지연에 따른 배상의 예외사항으로 옳지 않은 것은?

① 천재지변으로 인한 지연
② 열차 내 응급환자 및 사상자 구호 조치에 의한 지연
③ 철도공사 책임으로 인한 지연
④ 테러위협 등으로 열차안전을 위한 조치를 한 경우에 지연

4-6. 일반열차 승차권에 대한 설명으로 틀린 것은?

[19년 2회]

① 열차지연 시 환승승차권은 최종 도착역 도착시간을 기준으로 지연시각을 적용한다.
② 철도공사는 승차권을 발행할 때 정당 대상자 확인을 위하여 신분증 등의 확인을 요구할 수 있다.
③ 철도공사는 할인승차권 또는 이용 자격에 제한이 있는 할인상품을 3회 이상 부정사용한 경우에는 해당 할인승차권 또는 할인 상품 이용을 1년간 제한할 수 있다.
④ 철도공사의 책임으로 승차권에 기재된 도착역 도착시각보다 40분 이상 늦게 도착한 사람은 승차한 날로부터 1년 이내에 해당 승차권을 역에 제출하고 지연배상금을 청구할 수 있다.

4-7. KTX 운임·요금의 산출방식으로 가장 적절한 것은?

[16년 2회]

① 지대법
② 거리비례제
③ 원거리 체감법
④ 시장가격제

|해설|

4-1
① 운임은 할인할 수 있으나 요금은 할인할 수 없다.

4-2
① 월~목요일 출발 3시간 전까지 위약금이다.
② 금~일요일, 공휴일 당일 ~ 출발 3시간 전까지 위약금이다.
③ 금~일요일, 공휴일 1개월 ~ 출발 1일 전까지의 위약금이다.

4-3
② 철도공사 책임으로 인한 지연 시 승객은 다음과 같이 배상 받을 수 있다.

지연시간	배상금액
	KTX / 일반열차
20분 이상~40분 미만	12.5%
40분 이상~60분 미만	25%
60분 이상	50%

4-4
③ 반환수수료 공제 기준은 미승차 신고시각을 기준으로 한다.

4-5
③ 철도공사 책임으로 인한 지연 시 철도공사는 고객에게 배상을 해야 한다.

4-6
① 환승승차권은 승차구간별 각각의 출발역 출발시각이 기준이다.

4-7
④ 거리비례제는 일반열차 운임요금 산출방식이고 시장가격제는 KTX 운임·요금 산출방식이다.

정답 4-1 ① 4-2 ④ 4-3 ② 4-4 ③ 4-5 ③ 4-6 ① 4-7 ④

핵심이론 **05** 운임·요금 계산 및 할인

(1) 핵심요약

종류		KTX	일반철도		비고
			새마을	무궁화	
기본 할인	자유석	5%	5%	–	KTX 월~금 자유석 운영
	입석	15%			요일 관계없이 일괄 적용
	환승할인	30%			
공공 할인	노인	30% (월~금)	30% (월~금)	30%	통근열차는 50% 할인
	장애인 중증	50%			KTX, 새마을은 경증장애인 월~금만 할인(주말 ✕)
	장애인 경증	30%	30%	50%	
	국가유공자	6회 무임, 6회 초과 시엔 전 열차 50% 할인			
	어린이	50%			어린이 : 6세 이상 13세 미만
	유아	무임 (보호자 1명당 유아 1명)			유아 2명 이상 동반하는 경우 → 최초유아 : 무임 또는 승차권 구매 (75% 할인) 나머지 유아 : 승차권 구매(75% 할인)
영업 할인	정기 일반 10일용 (10일~20일)	45%			• 1일 1회 기준(토,일,공휴일 제외한 일수로 계산) • KTX 및 새마을은 자유석, 무궁화, 통근열차는 입석 운임기준
	정기 일반 1개월용 (21일~1개월)	50%			
	정기 청소년 10일~1개월	60% (25세 미만)			
	단체할인	10%			• 10명 이상 • 예약과 동시에 결제해야 함
	4인 동반석	15%~35%			

Tip • 2 이상의 할인조건에 해당하는 경우 유리한 할인율을 적용
• 중증 장애인의 국가유공자(1~2급)의 보호자는 어른운임의 50% 할인 적용

CHAPTER 01 여객운송 ■ 15

(2) 특실 승차권의 운임 · 요금

열차종별	특실 · 우등실 요금 계산방법	최저 특실요금
KTX	기준운임의 40%	4,800원
KTX-이음	기준운임의 20%	3,000원

① 단체의 특실운임 · 요금 : 사용인원을 기준으로 계산
② 전세의 특실운임 · 요금 : 좌석정원을 기준으로 계산
③ 단체 · 전세 인원이 특실 좌석정원을 초과하는 경우 초과한 인원에 대하여는 특실요금은 받지 않으며 운임의 입석 · 자유석 운임을 받는다.
④ KTX 전동휠체어 이용석, 휠체어 이용석을 장애인, 유공자 및 교통사고 등으로 휠체어를 이용하는 사람에게 판매하는 경우 특실요금을 면제한다.

(3) 운임할인 적용순서 및 중복할인

① 운임할인 적용순서 : 좌석운임 → 기본할인 → 공공할인 → 영업할인

할인그룹	할인종류	비고
기본할인	자유석, 입석, 환승	최저운임 이하로 할인 가능
공공할인	유아, 어린이, 노인, 장애인, 유공자, 군장병, 의무경찰	최저운임 이하로 할인 가능
영업할인	정기승차권, 단체, 할인쿠폰, 인터넷 특가, 청소년드림, 힘내라청춘, 다자녀 행복, 맘편한KTX, KTX 4인동반석, 기차누리	정기승차권만 최저운임 이하로 할인 가능

② 운임할인의 중복적용 : 운임할인은 중복되어 할인하지 않으며, 중복되는 경우 유리한 할인 1개만 적용하는 것이 원칙이다.
   ㉠ 기본할인 ↔ 영업할인 = 중복할인 가능
   ㉡ 기본할인 ↔ 공공할인 = 중복할인 가능
   ㉢ 공공할인 ↔ 영업할인 = 중복할인 불가능

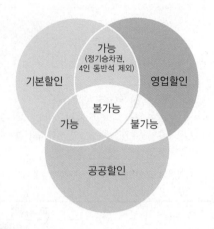

핵심예제

5-1. 무궁화호 열차 단체승차권 구입에 대한 설명으로 틀린 것은? [16년 1회]
① 최저운임구간을 여행하는 경우 단체할인을 받을 수 없다.
② 단체할인 승차권은 예약과 동시에 결제를 완료하여야 한다.
③ 10명 이상이 동일한 여행조건으로 함께 여행하면 단체할인을 받을 수 있다.
④ 노인 10명이 단체로 여행하는 경우 경로할인과 단체할인을 중복하여 받을 수 있다.

5-2. A역에서 B역간 무궁화호 열차로 어른 1명, 어린이 1명, 노인 1명이 승차권을 구입하여 열차출발 30분 전에 역창구에서 반환할 때 반환수수료는 얼마인가? (단, A~B역 간 기준운임 18,300원, 일요일 출발, 좌석속성 미적용할 경우) [16년 1회]

① 2,000원   ② 4,000원
③ 36,200원   ④ 38,200원

5-3. A역에서 B역까지 KTX 특실로 어른 3명, 어린이 1명이 승차권을 구입하여 열차 출발 25분 후에 역 창구에서 환불할 때 승차권 구입금액과 환불금액은 각각 얼마인가?(단, A~B 기준운임은 34,300원, 예매일별 할인 및 좌석속성 배제할 경우) [18년 1회]
① 구입금액 : 174,800원, 반환금액 : 148,600원
② 구입금액 : 174,900원, 반환금액 : 148,700원
③ 구입금액 : 174,800원, 반환금액 : 104,900원
④ 구입금액 : 174,900원, 반환금액 : 104,900원

5-4. A역에서 C역까지 KTX 자유석 이용고객이 B역에 도중하차하였을 경우 B역에서 환불받을 수 있는 금액은 얼마인가?(단, A~C역 기준운임은 53,500원, A~B역 기준운임은 43,500원이다)

[18년 1회]

① 7,600원   ② 8,100원
③ 8,500원   ④ 9,000원

5-5. A역에서 B역까지 무궁화호 열차로 어른 3명, 어린이 1명, 노인 1명이 B역에 50분 지연 도착하였을 때 승차권 구입금액과 지연보상금액은 각각 얼마인가?(단, A~B역 기준운임 26,700원, 승차일은 토요일, 좌석속성 및 예매일별 할인 미적용할 경우)

[18년 2회]

① 승차권 구입금액 : 112,100원 지연보상금액 : 14,900원
② 승차권 구입금액 : 112,100원 지연보상금액 : 15,000원
③ 승차권 구입금액 : 120,100원 지연보상금액 : 30,000원
④ 승차권 구입금액 : 120,100원 지연보상금액 : 30,100원

5-6. KTX 및 일반열차의 할인에 대한 설명으로 틀린 것은?

[16년 1회]

① KTX 열차의 1개월용 일반인 정기승차권 할인율은 입석운임에서 50%를 할인한 금액으로 계산한다.
② 국가유공자는 모든 열차를 5회까지 무임으로 이용할 수 있으며 초과 시부터는 50%를 할인하여 준다.
③ 입석승차권은 KTX, 일반열차 모두 일반실 좌석운임의 15%를 할인한다.
④ KTX 및 새마을호의 자유석 승차권 운임은 일반실 좌석운임의 5%를 할인한다.

5-7. A역에서 B역까지 KTX열차로 어른 12명, 어린이 4명이 단체로 여행할 경우 운임은 얼마인가?(단, A~B 기준운임 19,700원)

[16년 3회]

① 248,000원
② 248,600원
③ 251,600원
④ 252,600원

5-1
① 단체할인은 영업할인에 속한다. 기본할인과 공공할인만 최저운임 이하로 할인이 가능하다.
④ 노인은 공공할인, 단체할인은 영업할인이나. 영업할인과 공공할인은 중복할인이 불가능하다.

5-2
운임·요금
어른 18,300원
어린이 18,300 × 0.5 = 9,150 ≒ 9,100원
노인 18,300 × 0.7 = 12,810 ≒ 12,800원
위약금
※ 금~일요일, 공휴일 출발 3시간 경과 후 출발시간 전까지 : 10%
어른 1명 수수료 : 18,300 × 0.1 = 1,830 ≒ 1,800원
어린이 1명 수수료 : 9,100 × 0.1 = 910 ≒ 900원
노인 1명 수수료 : 12,800 × 0.1 = 1,280 ≒ 1,300원
반환수수료 : 1,800 + 900 + 1,300 = 4,000원
Tip 위 계산문제들은 반드시 단수처리를 해야 한다.

5-3
KTX 특실은 기준운임의 40%
특실요금 34,300 × 0.4 = 13,720 ≒ 13,700원
어른(34,300 + 13,700) × 3 = 144,000원
열차출발 20~60분 이후 위약금 40%
어른 48,000 × 0.6 = 28,800 × 3 = 86,400원
어린이 34,300 × 0.5 = 17,150 ≒ 17,100원
17,100 + 13,700 = 30,800원
구입금액 144,000 + 30,800 = 174,800원
어린이 30,800 × 0.6 = 18,480 ≒ 18,500원
환불금액 : 86,400 + 18,500 = 104,900원
Tip 단수계산에 따라 답이 달라지므로 반드시 단수계산을 하는 것이 중요하다.

5-4
승차구간 내 도중역에서 여행을 중지한 승객
환불 기준 = (승차권 가격 − 이미 승차한 역까지의 운임·요금) × 위약금 15%
자유석 운임 : 5% 할인
A~C역 : 53,500 × 0.95 = 50,825 ≒ 50,800원
A~B역 : 43,500 × 0.95 = 41,325 ≒ 41,300원
(50,800 − 41,300) × 0.85 = 8,075 ≒ 8,100원

5-5

무궁화호 금~일요일, 공휴일은 노인할인 없음

어른, 노인 26,700 × 4 = 106,800원

어린이 26,700 × 0.5 = 13,350 ≒ 13,300원

13,300 + 106,800 = 120,100원

40분 이상~60분 미만 25% 배상

26,700 × 0.25 = 6,675 ≒ 6,700 × 4 = 26,800원

13,300 × 0.25 = 3,325 ≒ 3,300원

26,800 + 3,300 = 30,100원

5-6

① KTX 및 새마을 정기승차권은 자유석 운임에서 50%를 할인한다. 입석 운임에서 50%를 할인하는 것은 무궁화, 통근열차 정기승차권이다.

5-7

단체 할인 10%, 어린이 할인 50%

단체는 영업할인, 어린이 할인은 공공할인으로 어린이 할인과 단체할인은 중복 불가

어른 19,700 × 0.9 = 17,730 ≒ 17,700 × 12명 = 212,400원

어린이 19,700 × 0.5 = 9,850 ≒ 9,800 × 4명 = 39,200원

212,400 + 39,200 = 251,600원

정답 **5-1** ④ **5-2** ② **5-3** ③ **5-4** ② **5-5** ④ **5-6** ① **5-7** ③

제2절 | 여객부속약관 및 광역약관

핵심이론 01 정기승차권

(1) 개요

① **정의** : 지정된 승차구간을 유효기간 동안 1일 2회(왕복) 이용 가능한 승차권이다.

② **사용횟수** : 정기승차권의 유효기간 중에서 토요일, 일요일, 공휴일을 제외(토요일, 일요일, 공휴일 사용을 선택한 경우는 포함)한 일수를 기준으로 1일 2회로 계산한 횟수이다.

③ **이용종별에 따른 구분**

　㉠ KTX(KTX-산천)

　㉡ ITX-새마을(새마을호)

　㉢ 무궁화호(누리로)

　㉣ 통근열차

> **2024년 3회차**
>
> ㉠ KTX
>
> ㉡ KTX-이음
>
> ㉢ ITX-마음
>
> ㉣ ITX-새마을(새마을호 포함)
>
> ㉤ 무궁화호(누리로 포함)

④ **이용대상에 따른 구분**

　㉠ 일반

　㉡ 청소년(만 25세 미만, 단, 이용 중에 나이를 초과하게 되어도 유효기간 종료일까지 사용 가능)

　Tip 노인, 학생용은 없다.

⑤ **판매시작일 및 유효기간**

　㉠ 판매시작일 : 사용 시작 5일 전부터 판매(간이역 및 승차권판매대리점 제외)

　㉡ 유효기간 : 사용 시작 일부터 10일에서 1개월 이내 (승차권에 표시)

(2) 이용방법 및 유효성

① 승차권에 표시된 승차구간(같은 경로)을 이용해야 한다.

② 같은 등급의 열차(하위열차 포함)를 입석 뜨는 자유석으로 이용가능(관광전용열차 이용 불가)하다.

③ 승차구간 내의 도중역에서 내릴 경우 운임차액의 반환 청구가 불가능하다.

(3) 정기승차권 등의 확인

① 철도종사자가 정기승차권의 정당 사용자 확인을 요구하는 경우에 사용자는 확인에 응해야 한다.

② 정기승차권을 발행 받은 사람이 정기승차권을 소지하지 않고 열차에 승차하는 경우 출발 5분 전까지 신분증을 제시하고 정기승차권 발급확인서의 발행을 청구할 수 있다.

(4) 변경·분실 및 환불

① 정기승차권을 변경할 경우 유효기간 시작일 전에 역(간이역 및 승차권판매대리점 제외)에 제출해야 한다.

> Tip 변경 전후 정기승차권운임 차액과 최저수수료 공제 후 환불

② 유효기간이 남아있는 정기승차권을 분실 또는 삭제한 경우 1회에 한하여 재발행할 수 있다.

> Tip 정기승차권 발행내역을 확인할 수 있는 경우에는 최저수수료를 받고 정기승차권 분실확인서 재발행

③ 정기승차권을 환불할 경우

㉠ 유효기간 시작일 전 : 최저수수료 공제

㉡ 유효기간 시작일부터 : (승차구간의 기준운임 × 청구 당일까지의 사용횟수) + 최저수수료 공제

> Tip 본인여부 확인 후 환불받을 수 있다(단순 소지로 환불 ×).

(5) 부가운임 ★중요

① 정기승차권을 위조하거나 기록된 사항을 변조하여 사용한 경우 : 30배

② 다른 사람의 정기승차권(정기승차권발급확서, 정기승차권분실확인서)을 사용하거나 어른이 청소년 정기승차권을 사용한 경우 : 10배

③ 유효기간이 종료된 정기승차권을 사용한 경우 : 10배

④ 유효기간 시작 전의 정기승차권을 사용한 경우 : 10배

⑤ 분실 또는 삭제된 정기승차권을 재발행하여 부정사용한 경우 : 10배

⑥ 철도종사자가 정당사용자임을 확인하기 위해 신분확인을 요구하였으나, 신분증 제시 거부 또는 정당사용자임을 증명하지 못하는 경우 : 10배

⑦ 정기승차권의 이용구간을 초과하여 사용한 경우(다만, 이용구간을 초과하기 전에 승무원에게 신고한 경우는 제외) : 10배

> Tip 승무원에게 사전 신고한 경우에는 기준운임·요금만 별도로 받음(위약금 및 부가운임 ×)

⑧ 그 밖에 정기승차권을 부정사용한 경우 : 10배

> Tip 부정 사용한 사람은 유효기간 종료일로부터 6개월간 정기승차권 판매 제한

(6) 운행중지 및 열차지연

① 열차가 운행중지 되어 정기승차권을 사용하지 못한 기간이 1일 이상인 경우 정기승차권의 유효기간 이내에 사용하지 못한 기간에 대한 운임의 환불 또는 유효기간의 연장을 청구할 수 있다.

② 정기승차권을 이용하는 사람이 천재지변 또는 악천후로 인한 재해 등 불가항력적인 사유와 병원 입원으로 인해 정기승차권을 사용하지 못한 기간이 1일 이상인 경우, 유효기간 종료 후, 1년 이내에 정기승차권과 사용하지 못한 사유를 확인할 수 있는 증명서를 역(간이역 및 승차권판매대리점 제외)에 제출하고 운임의 환불 또는 유효기간의 연장을 청구할 수 있다.

③ 정기승차권에 표시된 도착역(또는 출발역)에 지연 도착한 때에는 정기승차권지연확인증을 교부받고, 1회 운임을 기준으로 지연배상금액을 청구할 수 있다.

1-1. 정기승차권에 대한 설명 중 틀린 것은? [19년 3회]

① 유효기간은 승차권에 표시하며, 사용 시작 일부터 10일에서 1개월 이내로 구분한다.
② 정기승차권의 "사용횟수"란 정기승차권의 유효기간 중에서 토요일·일요일·공휴일을 제외(토요일·일요일·공휴일 사용을 선택한 경우는 포함)한 일수를 기준으로 1일 2회로 계산한 횟수를 말한다.
③ 정기승차권의 변경은 정기승차권 유효기간 시작일 전에 청구할 수 있다.
④ 정기승차권은 사용 시작 5일 전부터 판매(간이역 및 승차권 판매대리점 포함)한다.

1-2. KTX 정기승차권에 대한 설명으로 옳은 것은?(단, 기간자유형은 제외한다) [20년 2회]

① 일반인 10일용 정기승차권의 할인율은 50%이다.
② 청소년 정기승차권은 20세 미만의 청소년만 사용할 수 있다.
③ 분실 또는 삭제된 정기승차권을 재발행하여 부정사용한 경우 부가운임을 10배 받을 수 있다.
④ 유효기간 시작일 부터는 승차구간의 기준운임과 청구 당일까지의 사용횟수를 곱한 금액을 공제하고 반환받을 수 있다.

1-3. KTX 정기승차권에 대한 설명으로 틀린 것은? [18년 1회]

① 정기승차권의 유효기간은 승차권에 표시하며 사용시작일로부터 10일에서 1개월 이내로 구분한다.
② KTX 정기승차권을 이용하는 사람은 새마을호, 무궁화호, 통근열차를 이용하거나 승차구간 내의 도중역에서 승차(또는 하차)할 수 있으며 이 경우 운임차액의 반환을 청구할 수 없다.
③ 철도공사는 정기승차권을 위조하거나 기록된 사항을 변조한 경우 이용한 열차종별에 따른 승차구간의 기준운임과 사용횟수를 곱한 금액의 30배에 해당하는 부가운임을 합산한 금액을 받는다.
④ 정기승차권을 발행받은 사람이 정기 승차권을 소지하지 않은 경우에는 승차할 열차의 출발 3분전까지 출발역에서 정기 승차권 발행내역을 확인할 수 있는 공공기관에서 발행한 신분증을 제시하고 정기승차권 발급확인서의 발행을 청구할 수 있다.

1-4. 정기승차권 사용에 있어서 부가운임이 다른 것은?

① 정기승차권을 위조하거나 기록된 사항을 변조하여 사용하는 경우
② 다른 사람의 정기승차권을 사용한 경우
③ 유효기간이 종료된 정기승차권을 사용한 경우
④ 유효기간 시작 전의 정기승차권을 사용한 경우

1-5. 정기승차권의 반환 및 분실에 관한 설명으로 가장 먼 것은?

① 유효기간 시작일 전까지는 여객운송약관 별표에 정한 최저수수료를 공제한 잔액을 반환한다.
② 유효기간 시작일 부터는 승차구간의 기준운임과 청구당일까지의 사용횟수를 곱한 금액 및 여객운송약관 별표에 정한 최저수수료를 공제한 잔액을 반환한다.
③ 유효기간이 남아 있는 정기승차권을 분실(휴대폰 분실, 변경 포함) 또는 삭제한 사람은 정기승차권의 재발행을 청구할 수 있다.
④ 정기 승차권의 발행내역을 확인할 수 있는 경우에는 정기승차권 분실확인서를 재발행 한다.

| 해설 |

1-1
④ 간이역 및 승차권판매대리점에서는 판매되지 않는다.

1-2
② 25세 미만이다.

1-3
④ 출발 5분 전까지 정기승차권 발급확인서의 발행을 청구해야 한다.

1-4
①번만 30배 부가운임이고 나머지는 10배이다.

1-5
③ 1회에 한하여 라는 단서가 붙어야지만 옳은 답이라고 볼 수 있다. 문제에서 가장 먼 것을 찾으라고 했음에 주목하자.

정답 1-1 ④ 1-2 ② 1-3 ④ 1-4 ① 1-5 ③

(1) 정의

① 회원 : 철도공사가 제공하는 승차권 구매 및 여행사업 등과 관련한 서비스를 제공받기 위하여 KORAIL Membership에 회원으로 가입한 사람

② 휴면회원 : 1년 동안 연속하여 승차권을 구매하지 않고 회원정보로 철도공사 홈페이지 및 앱에 접속하지 않아 철도공사가 별도의 계정으로 분리하여 관리하는 회원

③ KORAIL Membership 카드 : 승차권 구매 및 이와 관련한 서비스, 제휴된 서비스 등을 제공받을 수 있도록 철도공사가 고유번호를 부여하여 발행한 카드(코레일톡 멤버십 QR코드 · 바코드 포함) **2024년 3회차 삭제**

④ 제휴사 : 코레일이 제휴 사업을 위해 따로 지정한 업체

(2) 회원가입 및 서비스 제공

① 대한민국 국민이면 누구나 회원으로 가입할 수 있다. 다만, 철도공사는 회원의 관리 및 운영에 필요한 경우 가입을 제한할 수 있다. **2024년 3회차 삭제**

② 철도공사는 회원에 대하여 별도의 서비스를 제공할 수 있으며 회원의 철도승차권 구입 실적에 따라 회원의 등급을 분류하고 마일리지 적립 또는 할인쿠폰 등 서비스를 다르게 제공할 수 있다.

> **2024년 3회차** KORAIL Membership으로 가입하고자 하는 사람은 철도공사 홈페이지 또는 모바일앱에 접속하여 가입절차에 따라 필요한 사항을 입력하여야 한다. 다만, 철도공사는 회원의 관리 및 운영에 필요한 경우 가입을 제한할 수 있다.

③ 회원이 제공받은 마일리지는 적립일을 기준으로 5년간 유효하다.

④ 회원이 마일리지는 부당한 방법으로 적립, 사용하는 경우 해당 회원의 서비스를 제한하거나 중지할 수 있다.

⑤ 회원 서비스를 변경, 중지할 경우 해당 변경내용을 철도공사 홈페이지에 1주일 전부터 공지해야 한다.

⑥ 회원은 철도공사 홈페이지를 통하여 언제든지 본인의 개인정보를 열람하고 수정할 수 있다.

⑦ 카드를 분실한 경우 재발급하지 않고 회원번호를 이용한 서비스 이용이 가능하다.

(3) 개인정보를 제 3자에게 제공 시 회원의 동의를 받지 않아도 되는 경우

① 관련 법령에 특별한 규정이 있는 경우

② 범죄 수사상의 목적으로 정부기관의 요구가 있는 경우

③ 정보통신윤리위원회의 요청이 있는 경우

④ 특정개인을 식별할 수 없는 통계작성, 홍보자료 및 학술연구 등의 목적으로 사용하는 경우

⑤ 그 밖의 회원서비스 제공 등 제휴 사업을 수행하는 경우

(4) 자격상실 및 서비스 이용제한

① 회원정보(제4조) 및 회원가입제(9조)에 정한 사항을 거짓으로 입력한 경우

② 부정승차로 적발되어 부가운임 납부를 거부한 경우

③ 다른 사람의 회원번호 및 비밀번호를 도용한 경우

④ 다른 사람에게 회원번호 및 비밀번호를 대여한 경우

⑤ 승차권을 다량으로 구입하여 취소함으로써 다른 고객의 승차권 구매에 지장을 주는 경우

⑥ 컴퓨터로 지정된 명령을 자동 반복하고 입력하는 프로그램을 이용해 다른 고객의 승차권 구매에 지장을 주거나 철도공사의 정당 서비스 제공을 방해한 경우

⑦ 그 밖의 관계법령이나 철도공사가 정한 약관을 위반하거나 철도공사의 서비스 제공을 방해한 경우

회원 자격을 상실한 사람은 자격 상실 3년이 경과한 후부터 철도공사에 재가입을 요청할 수 있으며, 철도공사는 이를 심의하여 재가입 여부를 결정한다. 다만, 개인정보 도용에 따른 피해사실이 명확하게 입증된 경우로서 철도공사의 재가입 승낙을 얻은 경우는 예외로 하며, 회원정보(제4조) 및 회원가입제(제9조)에 정한 사항을 거짓으로 입력한 경우로 2회 이상 회원 자격을 상실한 경우에는 재가입을 제한한다.

핵심예제

2-1. KORAIL Membership카드에 대한 설명으로 틀린 것은?

① 회원이 제공받은 마일리지는 사용일을 기준으로 5년간 유효하다.

② 회원의 철도승차권 구입 실적에 따라 회원의 등급을 분류하고 마일리지를 적립할 수 있다.

③ 회원은 철도공사 홈페이지 회원정보관리 화면을 통하여 언제든지 본인의 개인정보를 열람하고 수정할 수 있다.

④ 회원 서비스 및 회원등급별 서비스를 변경 또는 중지할 수 있으며, 이 경우 철도공사는 해당 변경 내용을 철도공사 홈페이지에 1주일 전부터 공지하여야 한다.

2-2. KORAIL Membership 회원의 개인정보를 제3자에게 제공할 때 회원의 동의를 받지 않아도 되는 경우로 가장 거리가 먼 것은?

① 관련 법령에 특별한 규정이 있는 경우

② 제휴회원의 운임 및 위약금 정산이 필요한 경우

③ 범죄 수사상의 목적으로 정부기관의 요구가 있는 경우

④ 특정개인을 식별할 수 있는 통계분석, 홍보자료, 학술연구 등의 목적으로 사용하는 경우

|해설|

2-1

① 적립일을 기준으로 5년간 유효하다.

2-2

④ 특정개인을 식별할 수 없을 경우에는 사용가능하다.

정답 2-1 ① 2-2 ④

핵심이론 03 KORAIL PASS ★중요

(1) KORAIL PASS의 정의 2024년 3회차

① "KORAIL PASS"란 외국인이 국내에서 일정 기간 지정된 열차를 이용할 수 있는 상품을 말한다.

② "좌석지정권"이란 KORAIL PASS 이용 시 좌석을 지정하여 이용할 수 있는 승차권을 말한다.

(2) 이용대상자 및 종류

① 국내 입국 외국인 본인 한정(대한민국 국적 소유자 불가능, 타인 양도 불가능)

② 종류

사용형태 및 기간에 따른 구분	나이에 따른 구분			SAVER (2~5인 동반)
	일반 ADULT (28세 부터)	청소년 (YOUTH 만 13세~27세)	어린이 CHILD (만 6세 ~만 12세)	
선택 2, 4일권	유효기간 10일 이내에 임의로 여행날짜 선택 가능			어린이, 청소년이 포함된 경우도 모두 어른 운임
연속 3, 5일권	–			

* 2024년 1월 코레일 홈페이지 참고

Tip 13세 이상의 보호자와 함께 여행하는 만 6세 미만의 유아의 경우 보호자 1명당 유아 1명에 한정하여 무료, 보호자 1명당 유아 1명을 초과하거나 좌석을 지정하는 경우 어린이 운임 수수

③ **구입처** : 철도공사 외국인 홈페이지 또는 해외 여행사에서 직접 구입

2024년 3회차

① KORAIL PASS의 종류는 이용 기간, 이용 연령, 이용 조건 등에 따라 구분한다.

② KORAIL PASS의 종류 및 판매가격 등은 판매처나 인터넷 등에 게시하며 이용조건에 동의한 경우에 한하여 판매한다.

(3) 유효성

① 구입 시 본인이 지정한 사용개시일(패스 구입일로부터 31일 이내)부터 PASS 사용기간까지

② 사용개시일 이전 또는 좌석 예약을 하지 않았은 경우 1회에 한정하여 변경 가능하다.

③ 철도공사가 운영하는 KTX를 포함한 모든 열차(단, 광역철도, 임시관광열차 제외)의 일반실(특실 이용 시 특실요금의 50% 추가지급)을 이용해야 하며, 좌석 매진 시에는 입석으로 이용해야 한다.

④ 좌석지정권을 발급한은 이용자가 좌석지정을 취소하고자 하는 경우에는 열차 출발 전에 지정좌석을 취소해야 한다.

2024년 3회차

(3) 유효성

① KORAIL PASS의 유효기간은 구입 시 본인이 지정한 이용시작일부터 이용종료일까지로 한다. 다만, 이용종료일에 운행하는 열차를 이용한 경우에는 열차 도착 전에 이용기간이 종료되더라도 열차 도착 시간까지는 유효한 것으로 간주한다.

② KORAIL PASS를 이용하는 사람(이하 '이용자'라 한다)은 KORAIL PASS의 종류에 따라 철도공사가 운행하는 열차의 입석(자유석)을 이용하거나 열차의 좌석을 지정(좌석지정권 발행)하여 이용할 수 있다. 다만, 특실을 이용하는 경우에는 특실 요금의 50%를 추가로 지급해야 한다.

③ 이용자는 KORAIL PASS 이용시작일 전일까지는 1회에 한하여 구입처 또는 철도공사 홈페이지에서 이용시작일을 변경할 수 있다. 다만, 좌석지정을 받았을 경우에는 좌석지정권을 먼저 반환한 후 변경할 수 있다.

---

④ 역 또는 철도공사 홈페이지에서 KORAIL PASS 좌석지정권을 발급받은 이용자가 좌석지정을 취소하고자 하는 경우에는 열차 출발 전에 지정좌석을 취소하시어야 한다. 나란, 억에서 발급받은 좌석지정권은 역에서만 좌석지정을 취소할 수 있다.

⑤ KORAIL PASS는 패스에 표기된 본인에 한하여 이용할 수 있으며, 다른 사람에게 양도할 수 없다.

(4) 부가운임

① 위조하거나 기록된 사항을 변조한 경우 : 30배(무효처리)

② 훼손, 유효기간이 지난 경우 등 그 유효성을 인정할 수 없을 때 : 10배(무효처리)

③ 본인에 한정하여 사용할 수 있는 KORAIL PASS를 다른 사람이 사용한 경우 : 10배(무효처리)

④ KORAIL PASS를 소지하지 않은 경우 : 10배

⑤ KORAIL PASS의 확인을 거부하는 경우 : 10배

⑥ 신분증(여권) 확인에 응하지 않는 경우 : 10배

⑦ KORAIL PASS의 유효성을 인정할 수 없는 경우 : 10배

⑧ 그 밖에 부정승차 또는 부정 사용하였을 때 : 10배

2024년 3회차

(4) 부가운임

① KORAIL PASS를 위조하거나 기록된 사항을 변조한 경우 : 30배(무효처리)

② KORAIL PASS를 훼손, 유효기간이 지난 경우 등 그 유효성을 인정할 수 없을 때 : 10배(무효처리)

③ 타인의 KORAIL PASS를 이용한 경우 : 10배(무효처리)

④ KORAIL PASS 또는 신분증(여권)의 확인에 응하지 않는 경우 : 10배

⑤ 그 밖에 KORAIL PASS를 부정 사용하였을 때 : 10배

(5) 반환

① KORAIL PASS는 본인이 지정한 사용개시일 이전에 반환 가능하다.

② 사용개시일부터는 반환을 청구할 수 없다.

③ 열차 지연이나 취소에 대한 보상이 없다.

2024년 3회차

(5) 반환

① KORAIL PASS는 본인이 지정한 이용시작일 전까지 전액 환불할 수 있으며, 이용시작일부터는 환불할 수 없다. 단, 좌석지정을 받았을 경우에는 좌석지정권을 먼저 반환한 후 환불할 수 있다.

② KORAIL PASS 이용시작일 이후부터 철도공사의 책임 또는 천재지변으로 열차운행이 전면 중지되어 유효기간 내 KORAIL PASS를 이용하지 못한 경우 이용자는 이용시작일로부터 1년 이내에 KORAIL PASS 지정 구입처에 영수금액 전액의 환불을 청구할 수 있다.

③ KORAIL PASS로 여행 시, 도중 여행중지, 열차 지연이나 운행 중지에 대하여 철도공사는 책임지지 않는다.

핵심예제

3-1. KORAIL PASS에 대한 설명으로 틀린 것은?

① KORAIL PASS는 철도공사 외국어 홈페이지 또는 해외여행사에서 직접 구입 가능하다.

② KORAIL PASS의 유효기간은 본인이 지정한 사용개시일부터 PASS 사용기간까지로 하며, 사용개시일은 패스 구입일로부터 90일 이내로 한다.

③ KORAIL PASS는 본인이 정한 사용개시일 이전에 반환 가능하다.

④ 특실을 이용하는 경우에는 특실요금의 50%를 추가로 지급하여야 한다.

3-2. KR PASS에 대한 설명으로 맞는 것은? [16년 1회]

① KR PASS는 15일권도 있다.

② KR PASS로 KTX 특실을 이용할 때에는 요금의 30%를 추가로 지급해야 한다.

③ KR PASS는 대한민국 국적 소유자도 구입 가능하다.

④ KR PASS SAVER 경우 동행 중 어린이, 청소년이 포함된 경우라도 모두 어른 운임을 받는다.

3-3. KORAIL PASS의 부정승차자로 부가운임을 받는 경우가 아닌 것은?

① 여권 확인을 하지 않는 경우

② KORAIL PASS의 유효성을 인정할 수 없는 경우

③ KORAIL PASS의 확인을 거부하는 경우

④ KORAIL PASS를 소지하지 않은 경우

| 해설 |

3-1

② 사용개시일은 패스 구입일로부터 31일 이내이다.

3-2

① KR PASS는 선택 2, 4일권 / 연속 3, 5일권으로 구분된다.

② 특실 이용 시 특실요금의 50%를 추가지급 해야 한다.

③ 국내 입국 외국인 본인 한정으로 나오는 PASS로 대한민국 국적 소유자는 불가능하고, 타인양도도 불가능하다

3-3

① 여권 확인에 응하지 않은 경우가 해당된다.

2024년 3회차

① 여권 확인에 응하지 않은 경우가 해당된다.

④ KORAIL PASS를 소지하지 않은 경우는 2024년 3회차부터 부정승차자에서 제외됐다.

정답 3-1 ② 3-2 ④ 3-3 ① / **2024년 3회차** ①, ④

★중요 2024년 1회차 시험은 여객운송약관(2019.7.5.)에 기재되어 있는 자유여행패스(내일로, 하나로, 팔도레일패스)가 운영 중지되고 새로운 자유여행패스(내일로 2.0, 문화누리패스)가 생겼다. 이의제기 우려로 출제율이 매우 낮을 것으로 예상되이 본 책에는 자유여행패스 관련 내용을 기재하지 않았다.
참고 : 여객운송약관부속 자유여행패스 이용에 관한 약관

`2024년 3회차`

핵심이론 `04` 자유여행패스

(1) 정의

① "자유여행패스"란 철도공사가 정한 규정 및 이용 방법에 따라 유효기간 내 지정된 열차를 자유롭게 이용할 수 있는 상품을 말한다.

② "자유여행패스바우처"란 철도공사가 정한 규정 및 이용 방법에 따라 "자유여행패스" 1매 단위로 교환할 수 있는 교환권을 말한다.

③ "좌석지정권"이란 자유여행패스를 이용하여 지정한 좌석, 입석, 자유석 등의 승차권을 말한다.

(2) 자유여행패스 종류 및 판매가격

① 자유여행패스의 종류는 이용 기간, 이용 연령, 이용 조건 등에 따라 구분한다.

② 자유여행패스의 종류 및 판매가격 등은 판매처나 인터넷 등에 게시하며 이용 조건에 동의한 경우에 한하여 판매한다.

(3) 유효성

① 자유여행패스의 유효기간은 구입 시 본인이 지정한 이용시작일로부터 이용종료일까지로 하며, 유효기간 내에 열차를 이용할 수 있다.

② 자유여행패스를 이용하는 사람은 자유여행패스의 종류에 따라 철도공사가 운행하는 열차의 입석(자유석)을 이용하거나 열차의 좌석을 지정하여 이용할 수 있다.

③ 자유여행패스는 패스에 기재된 본인에 한하여 이용할 수 있으며, 양도하거나 타인이 이용하게 할 수 없다.

(4) 부정승차

① 자유여행패스를 위조하거나 기록된 사항을 변조한 경우 : 30배(무효처리)

② 자유여행패스를 훼손, 유효기간이 지난 경우 등 그 유효성을 인정할 수 없는 경우 : 10배(무효처리)

③ 타인의 자유여행패스를 이용한 경우 : 10배(무효처리)

④ 자유여행패스 또는 신분증의 확인에 응하지 않는 경우 : 10배

⑤ 그 밖에 자유여행패스를 부정 사용한 경우 : 10배

(5) 환불 및 분실

① 자유여행패스는 변경할 수 없다.

② 자유여행패스는 다음에 따라 환불을 청구할 수 있다. 다만, 반환 가능한 좌석지정권이 있는 경우에는 좌석지정권을 먼저 반환한 후 자유여행패스를 환불할 수 있다.

㉠ 좌석지정권 없이 이용할 수 있는 자유여행패스

ⓐ 패스 구매 후 10분 이내 : 전액환불

ⓑ 이용시작일 전일까지 : 최저위약금을 공제하고 환불

ⓒ 이용시작일 이후 : 환불불가. 다만, 철도공사의 책임 또는 천재지변으로 열차 운행이 전면 중지된 경우 유효기간 내 자유여행패스를 이용하지 못한 일 수만큼 이용기간을 연장

㉡ 좌석지정권이 있어야 이용할 수 있는 자유여행패스

ⓐ 패스 구매 후 30분 이내 : 전액환불

ⓑ 이용시작일 전일까지 : 최저위약금을 공제하고 환불

ⓒ 이용시작일 이후부터 좌석지정권의 열차출발시각 전까지 : 영수금액의 5%를 공제하고 환불

ⓓ 좌석지정권의 열차출발시각 이후 : 환불불가

ⓔ 철도공사의 책임 또는 천재지변으로 열차 운행이 중지되어 좌석지정권을 이용하지 못했을 경우 : 이용시작일부터 1년 이내 환불을 청구할 수 있으며 기사용 좌석지정권의 기준 운임을 공제하고 환불

③ 좌석지정권은 이용할 열차의 출발시각 전까지 반환(사용횟수 복구)할 수 있다. 단, 열차 출발시각 이후라도 철도공사의 책임 또는 천재지변으로 좌석지정권을 이용하지 못했을 경우에는 역에서 사용횟수를 복구할 수 있다.

④ 자유여행패스로 여행 시 도중 여행중지, 열차 지연이나 운행 중지에 대하여 철도공사는 책임지지 않는다.

⑤ 자유여행패스를 분실하거나 도난당한 경우라도 구입금액에 대한 환불 및 재발행을 하지 않는다.

⑥ 모바일로 발행한 자유여행패스(좌석지정권 포함)를 분실한 경우 유효기간 내 1회에 한하여 역에서 재발행을 청구할 수 있다.

4-1. 다음 중 자유여행패스에 대한 설명으로 가장 먼 것은?

① "자유여행패스바우처"란 철도공사가 정한 규정 및 이용 방법에 따라 "자유여행패스" 1매 단위로 교환할 수 있는 교환권을 말한다.

② 자유여행패스의 종류는 이용 기간, 이용 연령, 이용 조건 등에 따라 구분한다.

③ 자유여행패스는 패스에 기재된 본인에 한하여 이용할 수 있으며, 양도하거나 타인이 이용하게 할 수 없다.

④ 자유여행패스의 유효기간은 구입한 날로부터 이용종료일까지로 하며, 유효기간 내에 열차를 이용할 수 있다.

4-2. 다음 중 자유여행패스의 환불에 대한 설명으로 가장 먼 것은?

① 좌석지정권 없이 이용할 수 있는 자유여행패스는 패스 구매 후 30분 이내에 환불해야 전액 환불된다.

② 좌석지정권 없이 이용할 수 있는 자유여행패스는 이용시작일 이후에는 환불이 불가능하다.

③ 좌석지정권이 있어야 이용할 수 있는 자유여행패스는 패스 구매 후 30분 이내에 환불하면 전액 환불된다.

④ 좌석지정권은 이용할 열차의 출발시각 전까지 반환(사용횟수 복구)할 수 있다. 단, 열차 출발시각 이후라도 철도공사의 책임 또는 천재지변으로 좌석지정권을 이용하지 못했을 경우에는 역에서 사용횟수를 복구할 수 있다.

| 해설 |

4-1
④ 자유여행패스의 유효기간은 구입 시 본인이 지정한 이용시작일로부터 이용종료일까지로 하며, 유효기간 내에 열차를 이용할 수 있다.

4-2
① 좌석지정권 없이 이용할 수 있는 자유여행패스는 패스 구매 후 10분 이내에 환불해야 전액 환불된다.

정답 4-1 ④ 4-2 ①

(1) 용어의 정의

① "광역철도"란 철도공사가 운영하는 광역철도노선(이하 "광역철도 구간"이라 한다) 및 이에 속한 설비와 그 노선을 운행하는 광역전철과 'ITX-청춘'을 말한다.

② "도시철도"란 「도시철도법」에 따라 광역철도구간과 연락운송 또는 연계운송 하는 노선(이하 "도시철도구간"이라 한다) 및 이에 속한 설비와 열차 등을 말한다.

③ "연락운송"이란 「도시철도법」 제34조에 따라 광역철도구간과 도시철도구간을 서로 연속하여 여객을 운송하는 것을 말한다.

④ "연계운송"이란 운임체계가 다른 전철기관 간에 해당운임을 배분하는 것을 전제로 각각의 운임을 합산하여 적용한 후, 서로 연속하여 여객을 운송하는 것을 말한다.

⑤ "역"이란 여객을 운송하기 위한 설비를 갖추고 열차가 정차하는 장소를 말한다.

⑥ "열차"란 광역철도구간을 운행하는 광역전철과 ITX-청춘을 말한다.

⑦ "여행시작"이란 여객이 여행을 시작하는 역에서 역무자동화기기 또는 직원에게 승차권확인을 받았을 때를 말한다.

⑧ "환승"이란 광역전철, 도시철도 및 버스 간 서로 갈아타는 것을 말한다.

⑨ "승차권"이란 광역철도구간 및 도시철도구간에서 사용할 수 있는 1회용승차권, 교통카드·단체승차권 및 정기승차권을 말하며, 철도공사와 여객 간의 운송계약에 관한 증표를 말한다.

⑩ "1회용승차권"(이하 "1회권"이라 한다)이란 여객이 광역철도 및 광역철도구간과 연락 또는 연계운송 하는 구간을 1회 이용할 수 있는 승차권을 말하며, 형태에 따라 다음과 같이 구분한다.

　㉠ 카드형 1회권 : 이용 후 보증금을 환급받는 형태로 운영하는 공용 카드를 말하며, 일반·어린이·우대용으로 구분한다.

　㉡ 토큰형 1회권 : 이용 후 자동개집표기에 반납하는 형태로 운영하는 승차권을 말하며, 일반·청소년·어린이·우대용으로 구분한다.

⑪ "교통카드"란 무선주파수(RF ; Radio Frequency) 방식을 이용하여 교통운임을 지급할 수 있는 IC카드(Integrate Circuit card)로서 광역철도구간에서 사용되는 카드로 다음과 같이 구분한다.

　㉠ 후급교통카드 : 운임·요금을 결제할 수 있도록 카드사업자가 발급한 신용카드

　㉡ 선급교통카드 : 카드사업자가 여객으로부터 대금을 미리 받은 후 이에 상응하는 금액을 전자적 방법으로 카드에 입력(이하 "충전"이라고 한다)하여 그 충전한 금액의 범위 안에서 운임을 자동적으로 결제할 수 있도록 발행한 카드(카드사업자와 제휴한 다른 카드(전자화폐 및 휴대전화 등)를 포함한다)

　㉢ 우대용교통카드 : 광역철도구간을 무임으로 이용할 수 있는 대상자가 승차할 때마다 발급절차 없이 지속적으로 이용가능 하도록 지방자치단체 등에서 발급하는 카드

⑫ "정기승차권"(이하 "정기권"이라 한다)이란 일정기간 동안 정해진 구간을 1매의 승차권으로 이용할 수 있는 승차권으로서 광역전철 및 도시철도구간에서 정해진 기간 또는 횟수를 이용한 후 계속 충전하여 사용할 수 있는 선급교통카드 형태의 승차권을 말한다.

⑬ "단체승차권"(이하 "단체권"이라 한다)이란 일정 수 이상의 여객이 같은 구간을 이용하는 조건으로 운임을 할인받은 승차권을 말한다.

⑭ "수도권 내 구간"이란 「수도권정비계획법」 제2조에 정한 서울특별시, 인천광역시, 경기도에 있는 광역철도 및 도시철도구간을 말한다.

⑮ "수도권 외 구간"이란 ⑭에 정한 구간을 제외한 구간으로 경부선 평택역~천안역, 장항선 천안역~신창역, 경춘선 가평역~춘천역 간을 말한다.

⑯ "경계역"이란 수도권 내·외 구간의 경계가 되는 평택역과 가평역을 말한다.

> **Tip** 열차, 여행시작, 환승은 여객운송약관에서의 정의와 광역철도여객운송약관에서의 정의가 다르니 헷갈리지 않고 구별할 줄 알아야 한다.

(2) 여객의 구분

① 유아 : 만 6세 미만의 사람
② 어린이 : 만 6세 이상 만 13세 미만의 사람. 단, 만 13세 이상의 초등학생은 어린이다.
③ 청소년 : 「청소년복지 지원법」에 따라 운임이 감면되는 만 13세 이상 만 19세 미만의 사람과 「초·중등교육법」의 적용을 받는 학교에 재학 중인 만 19세 이상 만 25세 미만의 사람
④ 어른 : 만 13세 이상 만 65세 미만의 사람
⑤ 노인 : 「노인복지법」의 적용을 받는 만 65세 이상의 사람
⑥ 장애인 : 「장애인복지법」의 적용을 받는 사람
⑦ 유공자
　㉠ 국가유공상이자 : 「국가유공자 등 예우 및 지원에 관한 법률」 제66조제1항에 정한 전상군경, 공상군경, 4·19혁명부상자, 공상공무원 및 특별공로상이자
　㉡ 독립유공자 : 「독립유공자 예우에 관한 법률」의 적용을 받는 애국지사
　㉢ 5·18민주유공상이자 : 「5·18민주유공자 예우에 관한 법률」 제58조제1항에 정한 5·18민주화운동부상자
　㉣ 보훈보상대상자 : 「보훈보상대상자 지원에 관한 법률」 제54조의4제1항에 정한 재해부상군경, 재해부상공무원, 지원공상군경, 지원공상공무원

> **Tip** 2023년 신설

⑧ 유아라도 어린이로 보는 경우
　㉠ 보호자 1명이 동반하는 유아가 3명을 초과할 때 그 초과된 유아
　㉡ 유아가 단체로 여행할 때

(3) 여객운임

① 단수처리
　㉠ 1회권 및 단체권은 30원 미만은 버리고, 30원 이상 70원 미만은 50원으로 하며, 70원 이상은 100원으로 한다.
　㉡ 교통카드는 5원 미만은 버리고, 5원 이상은 10원으로 한다.
　㉢ 정기권은 50원 미만은 버리고, 50원 이상은 100원으로 한다.
② 운임의 계산
　㉠ 기본운임 : 10km까지는 별표 1에 정한 기본운임
　㉡ 추가운임 : 10km 초과 50km까지는 5km마다, 50km를 초과하는 구간은 8km마다(다만, 동해선의 경우 10km 초과 시 10km마다) 추가운임을 가산한다.
③ 단체 할인 : 수도권 내·외 구간 : 여객 구분별 교통카드 운임을 기준으로 20퍼센트 할인한 운임에 해당 인원수를 곱한 후 단수처리한 금액(다만, 할인율을 적용하여 산출된 1명의 운임이 교통카드 기본운임보다 낮을 때에는 기본운임을 적용)

> **Tip** 2023년 개정

④ 조조할인 : 선후급 교통카드를 이용하여 영업시작부터 당일 06:30까지 승차하는 경우 기본운임의 20%를 할인하여 단수처리 한다. 단, 다른 교통수단 먼저 이용 후 환승승차 하는 경우는 제외한다.

(4) 승차권의 이용

① 1회권

    ㉠ 발매일과 상관없이 이용 가능하다(단, 우대용은 발매일에 발매한 여에서만 승차 가능).

    ㉡ 광역철도구간과 연락운송 또는 연계운송 하는 구간 내를 1회 승차할 때 이용할 수 있다.

    ㉢ 카드형 1회권을 이용할 때에는 해당 구간의 운임과 보증금을 합산하여 지급하여야 하고, 무임대상자도 우대용 1회권 이용 시 보증금을 지급하여야 한다.

② 단체권

    ㉠ 20명 이상의 여객

    ㉡ 같은 구간과 경로를 동시에 여행

    ㉢ 책임이 있는 사람이 인솔하는 조건

    Tip 위 세 가지 조건이 충족되어야 단체권을 구매할 수 있다.

③ 정기권

    ㉠ 일정기간 동안 광역철도 및 도시철도구간을 이용하는 여객

    ㉡ 이용기간이 만료되면 운임을 반복적으로 충전하여 사용 가능

    Tip 1회권, 단체권, 정기권 모두 동해선 구간에는 동해선 승차권만 이용가능하다.

④ 승차권의 사용조건 : 청소년 또는 어린이가 청소년카드 또는 어린이카드를 사용하기 위해서는 당사자 또는 보호자가 직접 카드발급사에 생년월일 등을 등록을 하여야 하며, 등록하지 않은 경우에는 최초 사용 후 10일이 지나면 어른운임을 받는다.

(5) 승차권의 유효성

① 1회권 : 운임 변경 전까지

② 교통카드

    ㉠ 선급카드 : 카드 내 남은 금액이 소진될 때까지

    ㉡ 후급카드 : 카드 유효기간까지

    ㉢ 우대용 1회권 : 발매 당일

    ㉣ 정기권 : 사용시작일부터 30일 이내에 편도 60회까지

    ㉤ 단체권 : 승차권의 발매일부터 열차 승차일까지

③ 승차권은 개표 후 5시간까지 이용한 수 있다. 다만, 동해선의 경우 개표 후 3시간까지 이용할 수 있다.

④ 승차권의 이용기간을 계산할 때 당일은 영업시작 시간부터 다음날 02시까지로 한다.

(6) 신분증명서의 제시 ★중요

① 청소년용 1회권 및 청소년용 교통카드 : 청소년증, 학생증 등 나이를 확인할 수 있는 신분증명서

② 우대용 1회권 및 우대용 교통카드

    ㉠ 노인 : 주민등록증, 재외국민주민등록증, 운전면허증

    ㉡ 국가유공자 : 국가유공자증

    ㉢ 독립유공자 : 독립유공자증

    ㉣ 5 · 18민주유공상이자 : 5 · 18민주유공자증

    ㉤ 장애인 : 장애인복지카드

    ㉥ 그 밖에 신분을 확인할 수 있는 공인된 증명서

(7) 승차권의 무효

① 무임대상이 아닌 사람이 우대용 1회권 또는 우대용 교통카드를 사용하였을 때

② 어른이 청소년용 · 어린이용 · 우대용 1회권, 우대용 교통카드, 청소년카드 및 어린이카드를 사용하였을 때

③ 청소년이 어린이용 및 우대용 1회권, 우대용 교통카드, 어린이카드를 사용하였을 때

④ 승차권의 원형 및 표시사항을 고의로 훼손 또는 변조하였을 때

⑤ 이용기간이 지난 승차권을 사용하였을 때

⑥ 신분증명서를 제시하지 않을 때

⑦ 그 밖에 할인승차권을 사용할 자격이 없는 사람이 사용하거나 부정승차의 수단으로 사용하였을 때

5-1. 광역철도여객운송 약관에 정한 용어의 설명 중 틀린 것은? [16년 1회]

① "경계역"이란 수도권 내·외 구간의 경계가 되는 평택역과 가평역을 말한다.

② "환승"이란 광역전철, 도시철도, 통합거리비례제 운임이 적용되는 버스 간 서로 갈아타는 것을 말한다.

③ "카드형 1회권"이란 여객이 운임을 지급하고 구입하여 연락 및 연계운송 하는 구간을 1회 이용 후 보증금을 환급받는 형태로 운영하는 공용 카드를 말하며, 일반, 청소년, 어린이, 우대용으로 구분한다.

④ "여행시작"이란 여객이 여행을 시작하는 역에서 승차권을 개표한 때를 말하며, ITX의 경우 운임구역에 진입한 때 또는 열차에 승차한 때를 말한다.

5-2. 광역철도여객운송약관에서 규정하고 있는 여객의 구분으로 맞지 않는 것은? [17년 1회]

① 유아 : 만 6세 미만의 사람

② 어른 : 만 13세 이상 만 65세 미만의 사람

③ 노인 : 「노인복지법」의 적용을 받는 만 65세 이상의 사람

④ 청소년 : 「청소년복지 지원법」 제6조에 의하여 운임이 감면되는 만 13세 이상 만 25세 이하의 사람과 「초·중등교육법」의 적용을 받는 학교에 재학 중인 만 19세 이상 만 25세 미만의 사람

5-3. 다음은 광역철도 여객운임을 계산할 때 거리에 대한 내용이다. ( ) 안에 들어갈 내용으로 맞는 것은? [16년 3회]

> 광역철도의 여객운임을 계산할 때 거리산정은, 기본운임은 10km까지이고 추가운임은 10km 초과 (㉠)km까지는 (㉡)km마다, (㉠)km를 초과하는 구간은 (㉢)km마다 추가운임을 가산한다.

① ㉠ 20 ㉡ 5 ㉢ 5

② ㉠ 20 ㉡ 5 ㉢ 8

③ ㉠ 50 ㉡ 5 ㉢ 5

④ ㉠ 50 ㉡ 5 ㉢ 8

5-4. 광역철도 여객운송약관에서 광역전철 승차권의 발매에 대한 설명으로 틀린 것은? [20년 2회]

① 동해선 구간에서는 동해선 단체권만 이용할 수 있다.

② 우대용은 발매일에 승차할 수 있으며 별도로 승차역은 지정하지 않는다.

③ 20명 이상의 여객이 같은 구간과 경로를 동시에 여행할 때 단체권을 구입할 수 있다.

④ 카드형 1회권을 이용할 때에는 해당 구간의 운임과 보증금을 합산하여 지급하여야 한다.

5-5. 광역철도 여객운송약관에 정한 승차권의 유효성에 대한 설명으로 가장 거리가 먼 것은?

① 우대용 1회권 : 발매 당일

② 선급카드 : 카드 내 남은 금액이 소진될 때까지

③ 정기권 : 사용시작일부터 1개월 이내에 편도 30회까지

④ 단체권 : 승차권의 발매일부터 열차승차일까지

5-6. 광역철도여객운송약관에 정한 광역전철 및 도시철도구간에서 할인 또는 무임승차권을 사용하는 여객의 신분증명서로 틀린 것은?

① 독립유공자 : 국가유공자증

② 장애인 : 장애인복지카드

③ 노인 : 주민등록증, 재외국민거소신고증, 운전면허증

④ 5·18 민주유공상이자 : 5·18민주유공자증

5-7. 광역전철 및 도시철도구간을 이용하는 여객이 소지한 승차권을 무효로 하는 경우로 틀린 것은? [19년 1회]

① 어린이가 청소년 카드를 사용하였을 때

② 이용기간이 지난 승차권을 사용하였을 때

③ 승차권의 원형 및 표시사항을 고의로 훼손 또는 변조하였을 때

④ 무임대상이 아닌 사람이 우대용 1회권 또는 우대용 교통카드를 사용하였을 때

| 해설 |

5-1

카드형 1회권은 일반, 어린이, 우대용 3가지로 구분하고, 토큰형 1회권이 일반, 어린이, 청소년, 우대권 4가지로 구분한다.

5-2

④ 청소년이란, 「청소년복지 지원법」 제6조에 의하여 운임이 감면되는 만 13세 이상 만 19세 미만의 사람과 「초·중등교육법」의 적용을 받는 학교에 재학 중인 만 19세 이상 만 25세 미만의 사람이다.

5-3

p28 (3) 여객운임의 ② 운임의 계산 참고

5-4

② 우대용은 발매일에 발매한 역에서만 승차 가능하다.

5-5

③ 정기권은 사용시작일부터 30일 이내에 편도 60회까지 가능하다.

5-6

① 국가유공자는 국가유공자증이 필요하고 독립유공자는 독립유공자증이 필요하다.

5-7

① 청소년이 어린이 교통카드를 이용하였을 때 승차권을 무효로 한다. 어린이가 청소년 카드는 사용한 경우에는 예외적으로 승차권을 사용가능한 경우에 해당하며 잔여운임은 반환하지 않는다.

정답 5-1 ③ 5-2 ④ 5-3 ④ 5-4 ② 5-5 ③ 5-6 ① 5-7 ①

핵심이론 06 여객업무편람

(1) 모바일 티켓

① 기재사항

　㉠ 승차일자

　㉡ 승차구간, 출발시각 및 도착시각

　㉢ 열차종류 및 열차편

　㉣ 좌석등급 및 좌석번호

　㉤ 운임, 요금 영수액

　㉥ 승차권 발행일

② 기능

　㉠ 캡처방지 기능(캡처한 승차권은 유효하지 않은 승차권으로 부정승차로 간주)

　㉡ 정당승차권 동적 이미지 흐름

　㉢ QR코드

　㉣ 승차권 정보 일정공유, 전달하기, 여행변경 기능

　㉤ 열차정보

　㉥ 부가정보 및 서비스

③ 모바일 티켓으로 구매할 수 있는 승차권 : 모든 열차의 좌석승차권과 KTX 자유석, 입석승차권(병합 포함)

④ 모바일 티켓으로 발권 받을 수 없는 승차권 : 단체 승차권, 통근열차 승차권, 각종 할인증, 무임증을 제출해야 하는 승차권

⑤ 모바일 티켓의 재발매는 역 창구에 한하여 가능하다(승차권판매대리점 제외).

(2) 승차권의 예약

① 기한

　㉠ 출발 1개월 전 07:00부터 출발 20분 전까지(승차일자가 설, 추석수송기간인 경우 제외)

　㉡ 스마트폰에서는 출발시각 전까지 구입 가능

② 1회 예약매수는 9매까지이며, 예약매수는 여객사업본부장이 별도로 정할 수 있다.

③ 1회당 9매, 최대 20회까지 예약 가능(단, 최대 90매)하고 예약대기 신청자에게 좌석을 배정한 경우는 예약 매수에 포함되며, 결제한 승차권은 누적 예약횟수에 포함하지 않는다.

④ 결제기한

매체	예약접수 기한	예약건의 결제기한
홈페이지 예약	출발 1개월~20분 전까지	예약 후 20분 이내
스마트폰 예약	출발 1개월~20분 전까지	예약 후 10분 이내
	출발 20분~출발시각 전까지	예약 후 5분 이내
예약대기	열차 출발 2일 전까지	좌석배정 당일 24시까지
회원 전화예약	출발 1개월~20분 전까지	예약 후 20분 이내
장바구니	출발 1개월~20분 전까지	예약 후 20분 이내

(3) 예약대기

① 좌석이 매진된 열차는 인터넷으로 출발 2일전까지 예약대기를 접수 받는다.

② 예약대기를 접수 받은 경우 승차권 결제기한이 경과하여 취소된 좌석이나 예약변경으로 복구된 좌석을 예약대기 신청자에게 우선 배정한다.

③ 예약대기 신청자에게 좌석을 배정한 경우 좌석을 배정한 당일 24:00까지 승차권 결제기한을 적용하며 승차권 결제기한까지 결제하지 않는 경우 구입할 의사가 없는 것으로 보아 배정한 좌석을 취소한다.

핵심예제

6-1. 모바일 티켓에 대한 설명으로 틀린 것은?

① 스마트폰 어플 코레일톡에서 승차권을 구매한 후 발권한 승차권이다.

② 캡처한 모바일 티켓을 유효하지 않은 승차권으로 부정승차로 간주되어 부가운임을 징수한다.

③ 모바일 티켓을 분실한 경우 사용 기간 중 1회에 한하여 스마트폰 어플 코레일톡에서 재발행을 청구할 수 있다.

④ 통근열차승차권, 단체승차권, 각종 할인증 무임증을 제출해야 하는 승차권을 제외한 좌석을 지정하는 모든 열차의 승차권을 모바일 티켓으로 발권할 수 있다.

6-2. 승차권 예약 및 결제기한에 관한 설명으로 가장 거리가 먼 것은?

① 스마트폰 코레일 톡 예약은 열차출발 5분 전까지 가능하다.

② 홈페이지 예약 승차권은 예약 후 20분 이내 결제하여야 한다.

③ 예약대기 신청자는 좌석을 배정 받은 후 배정당일 24시까지 결제하여야 한다.

④ 출발 1개월 전 07:00부터 출발 20분 전까지 승차권 예약을 접수한다.

6-3. 승차권 예약대기에 관한 사항으로 틀린 것은?

① 좌석이 매진된 열차에 대하여는 인터넷으로 출발 3일 전까지 예약대기를 접수받는다.

② 예약대기를 접수받은 경우 승차권결제기한이 경과하여 취소된 좌석이나 예약변경으로 복구된 좌석을 예약대기 신청자에게 우선 배정한다.

③ 복구된 좌석이 예약대기 신청 내용과 맞지 않은 경우 다음 예약대기 신청자에게 순차 배정한다.

④ 예약대기 신청자에게 좌석을 배정한 경우 좌석을 배정한 당일 24:00까지 승차권결제기한을 적용하며 승차권결제기한까지 결제하지 않는 경우 구입할 의사가 없는 것으로 보아 배정한 좌석을 취소한다.

| 해설 |

6-1
③ 모바일 티켓의 재발매는 역 창구에 한하여 가능하다(승차권 판매대리점 제외).

6-2
① 스마트폰 코레일 톡 예약에서는 출발시각 전까지 승차권 구입(발권)이 가능하다.

6-3
① 예약대기의 출발 접수 기한은 출발 2일 전까지이다.

정답 6-1 ③ 6-2 ① 6-3 ①

제3절 | 철도여객 운송 관련법

> **Tip** 3과목 열차운전에서 더 자세히 설명하기 때문에 1과목 여객운송에서는 주로 나오는 부분만 간단하게 설명하고 넘어간다.

핵심이론 01 철도안전법 및 철도산업발전기본법 (이하 철산법)

(1) 목적(안전법 제1조)

철도안전을 확보하기 위하여 필요한 사항을 규정하고, 철도안전관리체계를 확립함으로써 공공복리의 증진에 이바지함을 목적으로 한다.

(2) 용어의 정의(안전법 제2조, 철산법 제3조)

① 철도 : 여객 또는 화물을 운송하는 데 필요한 철도시설과 철도차량 및 이와 관련된 운영 · 지원체계가 유기적으로 구성된 운송체계를 말한다.

② 철도시설 : 다음의 어느 하나에 해당하는 시설(부지를 포함한다)을 말한다.

  ㉠ 철도의 선로(선로에 부대되는 시설을 포함한다), 역시설(물류시설 · 환승시설 및 편의시설 등을 포함한다) 및 철도운영을 위한 건축물 · 건축설비

  ㉡ 선로 및 철도차량을 보수 · 정비하기 위한 선로보수기지, 차량정비기지 및 차량유치시설

  ㉢ 철도의 전철전력설비, 정보통신설비, 신호 및 열차제어설비

  ㉣ 철도노선 간 또는 다른 교통수단과의 연계운영에 필요한 시설

  ㉤ 철도기술의 개발 · 시험 및 연구를 위한 시설

  ㉥ 철도경영연수 및 철도전문인력의 교육훈련을 위한 시설

  ㉦ 그 밖에 철도의 건설 · 유지보수 및 운영을 위한 시설로서 대통령령으로 정하는 시설

③ 철도운영 : 철도와 관련된 다음의 어느 하나에 해당하는 것을 말한다.

  ㉠ 철도 여객 및 화물 운송

  ㉡ 철도차량의 정비 및 열차의 운행관리

  ㉢ 철도시설 · 철도차량 및 철도부지 등을 활용한 부대사업개발 및 서비스

④ 철도차량 : 선로를 운행할 목적으로 제작된 동력차 · 객차 · 화차 및 특수차를 말한다.

⑤ 선로 : 철도차량을 운행하기 위한 궤도와 이를 받치는 노반 또는 공작물로 구성된 시설을 말한다.

(3) 철도종사자의 종류(안전법 제2조)

① 철도차량의 운전업무에 종사하는 사람(이하 "운전업무종사자"라 한다)

② 철도차량의 운행을 집중 제어 · 통제 · 감시하는 업무(이하 "관제업무"라 한다)에 종사하는 사람

③ 여객에게 승무(乘務) 서비스를 제공하는 사람(이하 "여객승무원"이라 한다)

④ 여객에게 역무(驛務) 서비스를 제공하는 사람(이하 "여객역무원"이라 한다)

⑤ 철도차량의 운행선로 또는 그 인근에서 철도시설의 건설 또는 관리와 관련한 작업의 협의 · 지휘 · 감독 · 안전관리 등의 업무에 종사하도록 철도운영자 또는 철도시설관리자가 지정한 사람(이하 "작업책임자"라 한다)

⑥ 철도차량의 운행선로 또는 그 인근에서 철도시설의 건설 또는 관리와 관련한 작업의 일정을 조정하고 해당 선로를 운행하는 열차의 운행일정을 조정하는 사람(이하 "철도운행안전관리자"라 한다)

⑦ 그 밖에 철도운영 및 철도시설관리와 관련하여 철도차량의 안전운행 및 질서유지와 철도차량 및 철도시설의 점검 · 정비 등에 관한 업무에 종사하는 사람으로서 대통령령으로 정하는 사람

(4) 철도안전 종합계획(안전법 제5조)

① 철도안전 종합계획에 포함될 사항

  ㉠ 철도안전 종합계획의 추진 목표 및 방향

  ㉡ 철도안전에 관한 시설의 확충, 개량 및 점검 등에 관한 사항

  ㉢ 철도차량의 정비 및 점검 등에 관한 사항

  ㉣ 철도안전 관계 법령의 정비 등 제도개선에 관한 사항

  ㉤ 철도안전 관련 전문 인력의 양성 및 수급관리에 관한 사항

  ㉥ 철도종사자의 안전 및 근무환경 향상에 관한 사항

  ㉦ 철도안전 관련 교육훈련에 관한 사항

  ㉧ 철도안전 관련 연구 및 기술개발에 관한 사항

  ㉨ 그 밖에 철도안전에 관한 사항으로서 국토교통부장관이 필요하다고 인정하는 사항

② 안전관리체계(안전법 시행규칙 제2조) : 철도운영자 또는 철도시설관리자는 철도운용 또는 철도시설 개시예정일 90일 전까지 철도안전관리체계 승인신청서를 첨부하여 국토교통부장관에게 제출하여야 한다.

(5) 철도종사자의 관리 및 안전교육(안전법 제23,24조)

① 철도차량 운전·관제업무 등 대통령령으로 정하는 업무에 종사하는 철도종사자는 정기적으로 신체검사와 적성검사를 받아야 한다.

② 신체검사·적성검사의 시기, 방법 및 합격기준 등에 관하여 필요한 사항은 국토교통부령으로 정한다.

③ 철도운영자 등은 철도종사자가 같은 항에 따른 신체검사·적성검사에 불합격하였을 때에는 그 업무에 종사하게 하여서는 아니 된다.

④ 철도종사자로서 적성검사에 불합격한 사람 또는 적성검사 과정에서 부정행위를 한 사람은 정해진 일정 기간 동안 적성검사를 받을 수 없다.

⑤ 철도운영자 등은 신체검사와 적성검사를 신체검사 실시 의료기관 및 운전적성검사기관·관제적성검사기관에 각각 위탁할 수 있다.

⑥ 철도운영자 등은 자신이 고용하고 있는 철도종사자가 적정한 직무수행을 할 수 있도록 정기적으로 직무교육을 실시하고 사업주의 안전교육 실시여부를 확인하여야 하며 실시하지 아니한 경우 실시하도록 조치하여야 한다.

⑦ 철도운영자 등 및 사업주가 실시하여야 하는 교육의 대상, 내용 및 그 밖에 필요한 사항은 국토교통부령으로 정한다.

(6) 철도운영자의 열차운행 일시중지(안전법 제40조)

① 지진, 태풍, 폭우, 폭설 등 천재지변 또는 악천후로 인하여 재해가 발생하였거나 재해가 발생할 것으로 예상되는 경우

② 열차운행에 중대한 장애가 발생하였거나 발생할 것으로 예상되는 경우

(7) 철도종사자의 음주 제한(안전법 제41조)

① 음주 제한 철도종사자(실무수습 중인 사람 포함)
   ㉠ 운전업무종사자
   ㉡ 관제업무종사자
   ㉢ 여객승무원
   ㉣ 작업책임자(음주기준 0.03%)
   ㉤ 철도운행안전관리자(음주기준 0.03%)
   ㉥ 정거장에서 철도신호기 · 선로전환기 및 조작판 등을 취급하거나 열차의 조성업무를 수행하는 사람(음주기준 0.03%)
   ㉦ 철도차량 및 철도시설의 점검 · 정비 업무에 종사하는 사람

② 술을 마시거나 약물을 사용하였다고 판단하는 기준
   ㉠ 술 : 혈중 알코올농도가 0.02%(①의 ㉣~㉥까지의 철도종사자는 0.03%) 이상인 경우
   ㉡ 약물 : 양성으로 판정된 경우

③ 철도종사자의 음주여부를 검사할 수 있는 사람
   국토교통부장관 또는 시 · 도지사(지자체로부터 도시철도의 건설과 운영을 위탁받은 법인이 건설, 운영하는 도시철도의 경우에 해당)

(8) 국토교통부령으로 정한 여객출입금지철도시설(안전법 제48조, 시행규칙 제83조)

① 위험물을 적하하거나 보관하는 장소
② 신호 · 통신기기 설치장소 및 전력기기 · 관제설비 설치장소
③ 철도운전용 급유시설물이 있는 장소
④ 철도차량 정비시설

(9) 철도사고 발생 시 조치(안전법 제60조)

① 철도운영자 등은 철도사고 등이 발생하였을 때에는 사상자 구호, 유류품관리, 여객 수송 및 철도시설 복구 등 인명피해 및 재산피해를 최소화하고 열차를 정상적으로 운행할 수 있도록 필요한 조치를 하여야 한다.

② 철도사고 등이 발생하였을 때의 사상자 구호, 여객 수송 및 철도시설 복구 등에 필요한 사항은 대통령령으로 정한다.

③ 국토교통부장관은 사고 보고를 받은 후 필요하다고 인정하는 경우에는 철도운영자 등에게 사고 수습 등에 관하여 필요한 지시를 할 수 있다. 이 경우 지시를 받은 철도운영자 등은 특별한 사유가 없으면 지시에 따라야 한다.

④ 철도운영자 등은 사상자가 많은 사고 등 대통령령으로 정하는 철도사고 등이 발생하였을 때에는 국토교통부령으로 정하는 바에 따라 즉시 국토교통부장관에게 보고하여야 한다.

> **Tip** 대통령령으로 정하는 철도사고이면서 국토교통부장관에게 보고해야 하는 철도사고(시행령 제57조)
> ㉠ 열차의 충돌이나 탈선사고
> ㉡ 철도차량이나 열차에서 화재가 발생하여 운행을 중지시킨 사고
> ㉢ 철도차량이나 열차의 운행과 관련하여 3명 이상 사상자가 발생한 사고
> ㉣ 철도차량이나 열차의 운행과 관련하여 5천만원 이상의 재산피해가 발생한 사고

⑤ 철도운영자 등은 제1항에 따른 철도사고 등을 제외한 철도사고 등이 발생하였을 때에는 국토교통부령으로 정하는 바에 따라 사고 내용을 조사하여 그 결과를 국토교통부장관에게 보고하여야 한다.

(10) 벌칙(안전법 제78,79조) ★중요

위반자	위반내용
무기징역 또는 5년 이상의 징역(사람을 사망하게 이르게 할 경우 사형 또는 무기징역, 7년 이하의 징역)	사람이 탑승하여 운행 중인 철도차량에 불을 놓아 소훼한 사람
	사람이 탑승하여 운행 중인 철도차량을 탈선 또는 충돌하게 하거나 파괴한 사람
10년 이하의 징역 또는 1억원 이하의 벌금	철도보호 및 질서유지를 위한 금지행위인 철도시설 또는 철도차량을 파손하여 철도차량 운행에 위험을 발생하게 한 사람
5년 이하의 징역 또는 5천만원 이하의 벌금	폭행, 협박으로 철도종사자의 집무집행을 방해한 자(열차운행에 지장을 줄 경우 형의 2분의 1 가중)
3년 이하의 징역 또는 3천만원 이하의 벌금	업무상 과실이나 중대한 과실로 사람이 탑승하여 운행 중인 철도차량에 불을 놓아 소훼한 사람
	업무상 과실이나 중대한 과실로 사람이 탑승하여 운행 중인 철도차량을 탈선 또는 충돌하게 하거나 파괴한 사람
	안전관리체계의 승인을 받지 아니하고 철도운영을 하거나 철도시설을 관리한 자
	철도종사자가 술을 마시거나 약물을 사용한 상태에서 업무를 한 사람
	철도사고 등 발생 시 국토교통부령으로 정하는 조치사항 이행을 위반하여 사람을 사상에 이르거나 철도차량 또는 철도시설을 파손한 자
	철도사고 등 발생 시 철도차량의 운전업무 종사자와 여객승무원이 철도현장 이탈 및 후속 조치 이행을 위반하여 사람을 사상에 이르거나 철도차량 또는 철도시설을 파손한 자
	운송 금지 위험물의 운송을 위탁하거나 그 위험물을 운송한 자
	운송취급주의 위험물은 운송 중의 위험방지 및 인명보호를 위하여 안전하게 포장, 적재하고 운송하여야 하는 규정을 위반하고 위험물을 운송한 자
	철도보호 및 질서유지를 위한 금지행위를 위반한 자 • 철도차량을 향하여 돌이나 그 밖의 위험한 물건을 던져 철도차량 운행에 위험을 발생하게 하는 행위 • 궤도의 중심으로부터 양측으로 폭 3미터 이내의 장소에 철도차량의 안전운행에 지장을 주는 물건을 방치하는 행위
	철도교량 등 국토교통부령으로 정하는 시설 또는 구역에 국토교통부령으로 정하는 폭발물 또는 인화성이 높은 물건 등을 쌓아놓는 행위

위반자	위반내용
2년 이하의 징역 또는 2천만원 이하의 벌금	업무상 과실이나 중대한 과실로 철도보호 및 질서유지를 위한 금지행위인 철도시설 또는 철도차량을 파손하여 철도차량 운행에 위험을 발생하게 한 사람
	거짓이나 그 밖의 부정한 방법으로 안전관리체계의 승인을 받은 자
	안전관리 체계의 유지를 위반하여 철도운영이나 철도시설의 관리에 중대하고 명백한 지장을 초래한 자
	철도차량의 설계에 관한 형식승인을 받지 아니한 철도차량을 운행한 자
	정당한 사유 없이 운행 중 비상정지버튼을 누르거나 승강용 출입문을 여는 행위를 한 사람
	철도운영의 중지를 요청한 철도종사자에게 불이익한 조치를 한 자
	위해물품을 휴대하거나 적재한 사람
1년 이하의 징역 또는 1천만원 이하의 벌금	과실로 사람이 탑승하여 운행 중인 철도차량에 불을 놓아 소훼한 사람
	과실로 사람이 탑승하여 운행 중인 철도차량을 탈선 또는 충돌하게 하거나 파괴한 사람
	영상기록을 목적 외의 용도로 이용하거나 다른 자에게 제공한 자
	안전성 확보에 필요한 조치를 하지 아니하여 영상 기록장치에 기록된 영상정보를 분실·도난·유출·변조 또는 훼손당한 자
	여객열차에서 술을 마시거나 약물을 복용하고 다른 사람에게 위해를 주는 행위
	철도차량을 운행하는 자는 국토교통부장관이 지시하는 이동, 출발, 정지 등의 명령과 운행기준, 방법, 절차 및 순서 등에 따라야 한다는 법률의 지시에 따르지 아니한 자
1천만원 이하의 벌금	과실로 철도보호 및 질서유지를 위한 금지행위인 철도시설 또는 철도차량을 파손하여 철도차량 운행에 위험을 발생하게 한 사람
5백만원 이하의 벌금	철도종사자와 여객 등에게 성적 수치심을 일으키는 행위

Tip 고의성, 과실, 업무상 과실이나 중대한 과실에 따라 같은 위반내용이라도 벌칙이 달라질 수 있으니 앞에 붙은 단서에 유의하여야 한다.

(11) 과태료(시행령 제64조, 안전법 제47,82조) ★중요

위반자	위반내용			
1천만원 이하의 과태료	안전관리체계의 변경승인을 받지 아니하고 안전관리체계를 변경한 자			
	안전관리체계의 유지를 위반하여 정당한 사유 없이 시정조치 명령에 따르지 아니한 자			
	철도종사자의 직무상 지시에 따르지 아니한 사람	1회 위반	2회 위반	3회 이상 위반
		300	600	900
	철도사고 등 의무보고 및 철도차량 등에 발생한 고장 등 보고 의무에 따른 보고를 하지 아니하거나 거짓으로 보고한 자			
5백만원 이하의 과태료	안전관리체계의 변경신고를 하지 아니하고 안전관리체계를 변경한 자			
	철도종사자에게 대한 정기적인 의무교육을 실시하지 아니한 자			
	철도종사자에게 정기적으로 직무교육을 실시하지 아니한 자			
	정당한 사유 없이 국토교통부령으로 정하는 여객출입 금지 장소(운전실, 기관실, 발전실, 방송실)에 출입하는 행위	1회 위반	2회 위반	3회 이상 위반
	여객열차 밖에 있는 사람을 위험하게 할 우려가 있는 물건을 여객열차 밖으로 던지는 행위	150	300	450
	철도시설에 유해물 또는 오물을 버리거나 열차운행에 지장을 준 경우			
	철도차량의 형식승인 변경신고를 하지 아니한 자			
	철도차량 개조신고를 하지 아니하고 개조한 철도차량을 운행한 자			
	철도차량 이력사항을 입력하지 아니한 자			
300만원 이하의 과태료	허위로 철도안전 우수운영자로 지정되었음을 나타내는 표시를 하거나 이와 유사한 표시를 한 자			
100만원 이하의 과태료	여객열차에서 흡연하는 행위	1회 위반	2회 위반	3회 이상 위반
	선로(철도와 교차된 도로를 제외) 또는 국토교통부령으로 정하는 철도시설에 철도운영자 등의 승낙 없이 출입하거나 통행하는 행위	30	60	90

위반자	위반내용			
	철도보호지구에서의 행위 제한 조치 명령을 따르지 아니한 자			
50만원 이하의 과태료	안전법 제47조 공중이나 여객에게 위해를 끼치는 행위를 할 사람으로 국토교통부령으로 정하는 행위 철도안전법 시행규칙 제80조 • 여객에게 위해를 끼칠 우려가 있는 동물을 안전조치 없이 여객열차에 동승하거나 휴대하는 행위 • 타인에게 전염의 우려가 있는 법정 감염병자가 철도종사자의 허락 없이 여객열차에 타는 행위 • 철도종사자의 허락 없이 여객에게 기부를 부탁하거나 물품을 판매, 배부하거나 연설, 권유 등을 하여 여객에게 불편을 끼치는 행위	1회 위반	2회 위반	3회 이상 위반
		15	30	45

(12) 철도산업위원회

① 철도산업에 관한 기본계획 및 중요정책 등을 심의·조정하기 위하여 국토교통부에 철도산업위원회(이하 "위원회"라 한다)를 둔다.

② 위원회 심의·조정 사항

㉠ 철도산업의 육성발전에 관한 중요정책 사항

㉡ 철도산업구조개혁에 관한 중요정책 사항

㉢ 철도시설의 건설 및 관리 등 철도시설에 관한 중요정책 사항

㉣ 철도안전과 철도운영에 관한 중요정책 사항

㉤ 철도시설관리자와 철도운영자간 상호협력 및 조정에 관한 사항

㉥ 이 법 또는 다른 법률에서 위원회의 심의를 거치도록 한 사항

㉦ 그 밖에 철도산업에 관한 중요한 사항으로서 위원장이 회의에 부치는 사항

③ 위원회는 위원장을 포함한 25인 이내의 위원으로 구성한다.

④ 위원회에 상정할 안건을 미리 검토하고 위원회가 위임한 안건을 심의하기 위하여 위원회에 분과위원회를 둔다.

⑤ 이 법에서 규정한 사항 외에 위원회 및 분과위원회의 구성·기능 및 운영에 관하여 필요한 사항은 대통령령으로 정한다.

(13) 특정노선 폐지 등의 승인

① 철도시설관리자와 철도운영자는 다음의 어느 하나에 해당하는 경우에 국토교통부장관의 승인을 얻어 특정노선 및 역의 폐지와 관련 철도서비스의 제한 또는 중지 등 필요한 조치를 취할 수 있다.

- 승인신청자가 철도서비스를 제공하고 있는 노선 또는 역에 대하여 철도의 경영개선을 위한 적절한 조치를 취하였음에도 불구하고 수지균형의 확보가 극히 곤란하여 경영상 어려움이 발생한 경우
- 공익서비스 제공에 따른 보상계약체결에도 불구하고 공익서비스비용에 대한 적정한 보상이 이루어지지 아니한 경우
- 원인제공자가 공익서비스비용을 부담하지 아니한 경우
- 원인제공자가 공익서비스 제공에 따른 보상계약 체결에 관하여 철도산업위원회의 조정에 따르지 아니한 경우

대통령령	국토교통부령
철도시설, 철도종사자 지정	철도안전종합계획 수립
	안전관리체계
즉시 보고해야 하는 철도사고 지정	철도사고 보고 받음
철도사고 발생 시 필요한 사항	철도사고에 필요한 조치를 하라는 지시내림
금지행위를 한 사람을 대통령령이 지정한 곳 밖으로 퇴거	여객열차에서의 금지행위
	철도보호지구 내에서의 금지행위

Tip 1과목 여객운송에서 헷갈릴 수 있는 대통령령, 국토교통부령 구분

핵심예제

1-1. 철도안전법에서 용어를 정의한 철도종사자로 틀린 것은?

[17년 1회]

① 철도차량의 운전업무에 종사하는 사람
② 여객에게 역무서비스를 제공하는 사람
③ 철도시설의 관리에 관한 업무를 수행하는 사람
④ 철도차량의 운행을 집중 제어 통제 감시 하는 업무에 종사하는 사람

1-2. 다음 중 철도안전종합계획 포함 사항이 아닌 것을 모두 고른 것은?

A. 철도안전 종합계획의 추진 목표 및 방향
B. 철도안전에 관한 시설의 확충, 개량 및 점검
C. 철도안전 관련 대국민 홍보 방안
D. 철도안전 관련 전문 인력의 양성 및 수급관리

① A
② B
③ C
④ 없음

1-3. 철도 안전법에 정한 안전관리체계 승인 신청 절차에 대한 내용으로 ㉠, ㉡에 들어갈 용어로 맞는 것은?

철도운영자가 철도운용 개시 예정일 (㉠)일 전까지 철도안전관리체계 승인신청서를 첨부하여 (㉡)에게 제출하여야 한다.

① ㉠ 60 ㉡ 국토교통부장관
② ㉠ 60 ㉡ 행정안전부장관
③ ㉠ 90 ㉡ 행정안전부장관
④ ㉠ 90 ㉡ 국토교통부장관

1-4. 열차운행을 일시 중지시킬 수 있는 자는?

① 국토교통부장관
② 시·도지사
③ 철도운영자
④ 대통령

1-5. 철도종사자의 음주여부를 검사할 수 있는 사람은?

① 국토교통부장관
② 행정안전부장관
③ 철도운영자
④ 시·도지사

1-6. 철도안전법에서 국토교통부령으로 출입을 금지하는 철도시설로 가장 거리가 먼 것은?
[17년 1회]

① 철도교량 및 터널
② 철도차량 정비시설
③ 위험물을 적하하거나 보관하는 장소
④ 철도운전용 급유시설물이 있는 장소

1-7. 철도안전법에서 철도사고 등이 발생한 때의 사상자 구호, 여객수송 및 철도시설 복구 등에 필요한 사항을 정하는 있는 법령으로 맞는 것은?
[18년 1회]

① 국토교통부령
② 국무총리령
③ 대통령령
④ 산업통상자원부령

1-8. 철도안전을 확보하기 위하여 필요한 사항을 규정하고 철도안전관리체계를 확립함으로써 공공복리의 증진에 이바지함을 목적으로 제정된 법은?
[17년 2회]

① 철도사업법
② 철도안전법
③ 한국철도공사법
④ 철도산업발전기본법

1-9. 철도안전법에서 정한 벌칙 및 과태료에 대한 설명으로 틀린 것은?
[18년 2회]

① 철도차량 설계에 관한 형식승인을 받지 아니한 철도차량을 운행한 자는 2년 이하의 징역 또는 2천만원 이하의 벌금에 처한다.
② 정당한 사유 없이 국토교통부령으로 정하는 여객출입 금지 장소에 출입하는 행위를 한 사람은 5백만원 이하의 과태료를 부과한다.
③ 폭행·협박으로 철도종사자의 직무집행을 방해하여 열차운행에 지장을 일으키게 한 자는 3년 이하의 징역 또는 3천만원 이하의 벌금에 처한다.
④ 여객열차 밖에 있는 사람을 위험하게 할 우려가 있는 물건을 여객열차 밖으로 던지는 행위를 한 사람은 5백만원 이하의 과태료를 부과한다.

1-10. 철도안전법에 정한 벌칙 및 과태료에 대한 설명으로 틀린 것은?
[20년 1회]

① 여객열차에서 철도종사자와 여객 등에게 성적 수치심을 일으키는 행위를 한 자는 500만원 이하의 과태료에 처한다.
② 운송취급주의 위험물은 운송 중의 위험방지 및 인명보호를 위하여 안전하게 포장, 적재하고 운송하여야 하는 규정을 위반하고 위험물을 운송한 자는 2년 이하의 징역 또는 2천만원 이하의 벌금에 처한다.
③ 여객승무원이 혈중알코올 0.02퍼센트 이상인 음주상태에서 근무한 경우에는 3년 이하의 징역 또는 3천만원 이하의 벌금에 처한다.
④ 운행 중 비상정지버튼을 누르거나 승강용 출입문을 여는 행위를 한 사람은 2년 이하의 징역 또는 2천만원 이하의 벌금에 처한다.

1-11. 철도안전법에서 정한 과태료 및 벌칙에 대한 설명으로 틀린 것은?
[18년 1회]

① 과실로 사람이 탑승하여 운행 중인 철도차량에 불을 놓아 소훼한 자에게는 1년 이하의 징역 1천만원 이하의 벌금에 처한다.
② 안전관리체계의 승인을 받지 아니하고 철도운영을 하거나 철도시설을 관리한 자는 3년 이하의 징역 또는 3천만원 이하의 벌금에 처한다.
③ 여객열차 안에서 정당한 사유 없이 운행 중에 비상정지버튼을 누르거나 승강용 출입문을 여는 행위를 한 자는 2년 이하의 징역 또는 2천만원 이하의 벌금에 처한다.
④ 철도종사자가 술을 마시거나 약물을 사용한 상태에서 업무를 한다면 2년 이하의 징역 또는 2천만원 이하의 벌금에 처한다.

1-12. 철도산업발전기본법에 의하여 국토교통부에 두는 철도산업위원회의 심의·조정사항이 아닌 것은?

① 철도산업의 육성·발전에 관한 중요정책 사항
② 철도산업의 운임·요금에 관한 중요정책 사항
③ 철도안전과 철도운영에 관한 중요정책 사항
④ 철도시설관리자와 철도운영자간 상호협력 및 조정에 관한 사항

1-1

③ 철도시설을 관리에 관한 업무를 수행하는 사람은 철도안전법에 해당하는 철도종사자가 아니다. 헷갈릴 수 있으므로 작업책임자와 철도운행안전관리자의 정의를 제대로 숙지하자.

1-2

① 철도안전 종합계획은 총 9개로 홍보 방안은 해당되지 않는다.

1-3

철도운영자 또는 철도시설관리자는 철도운용 또는 철도시설 개시예정일 90일 전까지 철도안전관리체계 승인신청서를 첨부하여 국토교통부장관에게 제출하여야 한다.

1-4

철도운영자는 지진, 태풍, 폭우, 폭설 등 천재지변 또는 악천후로 인하여 재해가 발생하였거나 재해가 발생할 것으로 예상되는 경우, 열차운행에 중대한 장애가 발생하였거나 발생할 것으로 예상되는 경우로서 열차의 안전운행에 지장이 있다고 인정하는 경우에 열차운행을 일시 중지할 수 있다.

1-5

철도종사자의 음주여부를 검사할 수 있는 사람은 국토교통부장관과 시·도지사가 있다. 단, 시·도지사는 지자체로부터 도시철도의 건설과 운영을 위탁받은 법인이 건설, 운영하는 도시철도의 경우에 해당된다. 문제에서는 해당 단서가 없으므로 시·도지사는 오답이다.

1-6

① 철도교량과 터널, 철도역사는 폭발물 등 적치금지 구역에 해당하지 출입을 금하는 철도시설은 아니다(시행규칙 제81조).

1-7

철도사고 등이 발생하였을 때의 사상자 구호, 여객 수송 및 철도시설 복구 등에 필요한 사항은 대통령령으로 정하고 그 철도사고에 대한 보고를 받고, 지시를 하는 것은 국토교통부장관이 한다.

1-8

지문은 철도안전법의 정의다. '안전'관리체계가 들어가면 안전법이라고 외우자.

1-9

③ 폭행, 협박으로 철도종사자의 집무집행을 방해한 자는 5년 이하의 징역 또는 5천만원 이하의 벌금에 처한다(열차운행에 지장을 줄 경우 형의 2분의 1 가중).

1-10

② 운송취급주의 위험물은 운송 중의 위험방지 및 인명보호를 위하여 안전하게 포장, 적재하고 운송하여야 하는 규정을 위반하고 위험물을 운송한 자는 3년 이하의 징역 또는 3천만원 이하의 벌금에 처한다. 위험물은 3년, 위해물품은 2년이라고 외우면 쉽다.

1-11

철도종사자가 술을 마시거나 약물을 사용한 상태에서 업무를 한 사람은 3년 이하의 징역 또는 3천만원 이하의 벌금에 처한다.

1-12

② 운임·요금 등 돈에 관련된 내용은 철산위에서 다루지 않는다.

정답 1-1 ③ 1-2 ③ 1-3 ④ 1-4 ① 1-5 ① 1-6 ① 1-7 ③
1-8 ② 1-9 ③ 1-10 ② 1-11 ④ 1-12 ②

핵심이론 02 철도사업법

(1) 목적

철도사업에 관한 질서를 확립하고 효율적인 운영 여건을 조성함으로써 철도사업의 건전한 발전과 철도 이용자의 편의를 도모하여 국민경제의 발전에 이바지함을 목적으로 한다.

(2) 용어의 정의(사업법 제2조)

① **사업용 철도** : 철도사업을 목적으로 설치하거나 운영하는 철도를 말한다.
② **전용철도** : 다른 사람의 수요에 따른 영업을 목적으로 하지 아니하고 자신의 수요에 따라 특수 목적을 수행하기 위하여 설치하거나 운영하는 철도를 말한다.
③ **철도사업** : 다른 사람의 수요에 응하여 철도차량을 사용하여 유상(有償)으로 여객이나 화물을 운송하는 사업을 말한다.
④ **철도운수종사자** : 철도운송과 관련하여 승무(乘務, 동력차 운전과 열차 내 승무를 말한다. 이하 같다) 및 역무서비스를 제공하는 직원을 말한다.

(3) 사업용 철도노선의 고시(사업법 제4조)

① 국토교통부장관은 사업용철도노선의 노선번호, 노선명, 기점, 종점, 중요 경과지(정차역을 포함한다)와 그 밖에 필요한 사항을 국토교통부령으로 정하는 바에 따라 지정·고시하여야 한다.
② 운행지역과 운행거리에 따른 분류
　㉠ 간선철도
　㉡ 지선철도
③ 운행속도에 따른 분류
　㉠ 고속철도노선
　㉡ 준고속철도노선
　㉢ 일반철도 노선

④ 사업용철도노선 분류의 기준이 되는 운행지역, 운행거리 및 운행속도는 국토교통부령으로 정한다.

(4) 면허

① 면허의 기준(사업법 제6조)
　㉠ 해당 사업의 시작으로 철도교통의 안전에 지장을 줄 염려가 없을 것
　㉡ 해당 사업의 운행계획이 그 운행 구간의 철도 수송 수요와 수송력 공급 및 이용자의 편의에 적합할 것
　㉢ 신청자가 해당 사업을 수행할 수 있는 재정적 능력이 있을 것
　㉣ 해당 사업에 사용할 철도차량의 대수(臺數), 사용연한 및 규격이 국토교통부령으로 정하는 기준에 맞을 것
② 사업계획서에 포함할 내용(사업법 시행규칙 제3조)
　㉠ 운행구간의 기점·종점·정차역
　㉡ 여객운송·화물운송 등 철도서비스의 종류
　㉢ 사용할 철도차량의 대수·형식 및 확보계획
　㉣ 운행횟수, 운행시간계획 및 선로용량 사용계획
　㉤ 당해 철도사업을 위하여 필요한 자금의 내역과 조달방법(공익서비스비용 및 철도시설 사용료의 수준을 포함한다)
　㉥ 철도역·철도차량정비시설 등 운영시설 개요
　㉦ 철도운수종사자의 자격사항 및 확보방안
　㉧ 여객·화물의 취급예정수량 및 그 산출의 기초와 예상 사업수지

(5) 운임 및 요금

① 여객 운임·요금의 신고(사업법 제9조)
　㉠ 철도사업자는 여객에 대한 운임·요금을 국토교통부장관에게 신고하여야 한다. 이를 변경하려는 경우에도 같다.

ⓛ 철도사업자는 여객 운임·요금을 정하거나 변경하는 경우에는 원가와 버스 등 다른 교통수단의 여객 운임·요금과의 형평성 등을 고려하여야 한다. 이 경우 여객에 대한 운임은 사업용철도노선의 분류, 철도차량의 유형 등을 고려하여 국토교통부장관이 지정·고시한 상한을 초과하여서는 아니 된다.

ⓒ 국토교통부장관은 여객 운임의 상한을 지정하려면 미리 기획재정부장관과 협의하여야 한다.

ⓔ 국토교통부장관은 신고 또는 변경신고를 받은 날부터 3일 이내에 신고수리 여부를 신고인에게 통지하여야 한다.

ⓜ 철도사업자는 신고 또는 변경신고를 한 여객 운임·요금을 그 시행 1주일 이전에 인터넷 홈페이지, 관계 역·영업소 및 사업소 등 일반인이 잘 볼 수 있는 곳에 게시하여야 한다.

ⓗ 철도사업자는 사업용철도를 「도시철도법」에 의한 도시철도운영자가 운영하는 도시철도와 연결하여 운행하려는 때에는 법 제9조제1항에 따라 여객 운임·요금의 신고 또는 변경신고를 하기 전에 여객 운임·요금 및 그 변경시기에 관하여 미리 당해 도시철도운영자와 협의하여야 한다(사업법 시행령 제3조).

② 여객 운임·요금의 감면(사업법 제9조의2)

ㄱ 철도사업자는 재해복구를 위한 긴급지원, 여객 유치를 위한 기념행사, 그 밖에 철도사업의 경영상 필요하다고 인정되는 경우에는 일정한 기간과 대상을 정하여 신고한 여객 운임·요금을 감면할 수 있다.

ㄴ 철도사업자는 여객 운임·요금을 감면하는 경우에는 그 시행 3일 이전에 감면 사항을 인터넷 홈페이지, 관계 역·영업소 및 사업소 등 일반인이 잘 볼 수 있는 곳에 게시하여야 한다. 다만, 긴급한 경우에는 미리 게시하지 아니할 수 있다.

③ 여객 운임의 상한 지정(사업법 시행령 제4조)

ㄱ 국토교통부장관은 여객에 대한 운임의 상한을 지정하는 때 고려해야 하는 것

> 물가상승률, 원가수준, 다른 교통수단과의 형평성, 사업용철도노선의 분류, 철도차량의 유형

Tip 여객 운임의 상한을 지정한 경우에는 이를 관보에 고시하여야 한다.

ㄴ 국토교통부장관은 여객 운임의 상한을 지정하기 위하여 철도산업위원회 또는 철도나 교통 관련 전문기관 및 전문가의 의견을 들을 수 있다.

ㄷ 국토교통부장관이 여객 운임의 상한을 지정하려는 때에는 철도사업자로 하여금 원가계산 그 밖에 여객 운임의 산출기초를 기재한 서류를 제출하게 할 수 있다.

ㄹ 국토교통부장관은 사업용철도노선과 「도시철도법」에 의한 도시철도가 연결되어 운행되는 구간에 대하여 ㄱ에 따른 여객 운임의 상한을 지정하는 경우에는 특별시장·광역시장·특별자치시장·도지사 또는 특별자치도지사가 정하는 도시철도 운임의 범위와 조화를 이루도록 하여야 한다.

(6) 부가운임의 징수(사업법 제10조)

① 철도사업자는 열차를 이용하는 여객이 정당한 운임·요금을 지급하지 아니하고 열차를 이용한 경우에는 승차 구간에 해당하는 운임 외에 그의 30배의 범위에서 부가운임을 징수할 수 있다.

② 철도사업자는 송하인(送荷人)이 운송장에 적은 화물의 품명·중량·용적 또는 개수에 따라 계산한 운임이 정당한 사유 없이 정상 운임보다 적은 경우에는 송하인에게 그 부족 운임 외에 그 부족 운임의 5배의 범위에서 부가운임을 징수할 수 있다.

③ 철도사업자는 부가운임을 징수하려는 경우에는 사전에 부가운임의 징수 대상 행위, 열차의 종류 및 운행구간 등에 따른 부가운임 산정기준을 정하고 철도사업약관에 포함하여 국토교통부장관에게 신고하여야 한다.

④ 국토교통부장관은 ③에 따른 신고를 받은 날부터 3일 이내에 신고수리 여부를 신고인에게 통지하여야 한다.

⑤ 부가운임의 징수 대상자는 이를 성실하게 납부하여야 한다.

(7) 사업계획의 변경

① 사업계획의 대통령령으로 정하는 중요한 사항의 변경(국토교통부 장관의 인가필요)(사업법 시행령 제5조)

　㉠ 철도이용수요가 적어 수지균형의 확보가 극히 곤란한 벽지 노선으로서 공익서비스비용의 보상에 관한 계약이 체결된 노선의 철도운송서비스의 종류를 변경하거나 다른 종류의 철도운송서비스를 추가하는 경우

　㉡ 운행구간의 변경(여객열차의 경우에 한한다)

　㉢ 사업용 철도노선별로 여객열차의 정차역을 신설 또는 폐지하거나 10분의 2 이상 변경하는 경우

　㉣ 사업용 철도노선별로 10분의 1 이상의 운행횟수의 변경(여객열차의 경우에 한한다). 다만, 공휴일·방학기간 등 수송수요와 열차운행계획상의 수송력과 현저한 차이가 있는 경우로서 3월 이내의 기간 동안 운행횟수를 변경하는 경우를 제외한다.

② 대통령령으로 정하는 사업계획의 변경을 제한할 수 있는 철도사고의 기준(사업법 시행령 제6조) 사업계획의 변경을 신청한 날이 포함된 연도의 직전 연도의 열차운행거리 100만 킬로미터당 철도사고로 인한 사망자수 또는 철도사고의 발생횟수가 최근(직전연도를 제외) 5년간 평균보다 10분의 2 이상 증가한 경우를 말한다.

(8) 공동운수협정

① 공동운수협정의 체결(사업법 13조)

　㉠ 철도사업자는 다른 철도사업자와 공동경영에 관한 계약이나 그 밖의 운수에 관한 협정을 체결하거나 변경하려는 경우에는 국토교통부령으로 정하는 바에 따라 국토교통부장관의 인가를 받아야 한다. 다만, 국토교통부령으로 정하는 경미한 사항을 변경하려는 경우에는 국토교통부령으로 정하는 바에 따라 국토교통부장관에게 신고하여야 한다.

　㉡ 국토교통부장관은 공동운수협정을 인가하려면 미리 공정거래위원회와 협의하여야 한다.

　㉢ 국토교통부장관은 단서에 따른 신고를 받은 날부터 3일 이내에 신고수리 여부를 신고인에게 통지하여야 한다.

> 철도사업자 → 국토교통부장관 → 공정거래위원회인가 및 신고 협의

② 공동운수협정의 인가(사업법 시행규칙 제9조) : 철도사업자는 공동운수협정을 체결하거나 인가받은 사항을 변경하고자 하는 때에는 다른 철도사업자와 공동으로 공동운수협정(변경)인가신청서에 서류를 첨부하여 국토교통부장관에게 제출하여야 한다.

　㉠ 공동운수협정 체결(변경)사유서

　㉡ 공동운수협정서 사본

　㉢ 신·구 공동운수협정을 대비한 서류 또는 도면(공동운수협정을 변경하는 경우에 한한다)

③ 공동운수협정의 신고(경미한 사항의 변경) : 철도사업자는 공동운수협정의 변경을 신고하고자 하는 경우에는 철도사업자와 공동으로 공동운수협정(변경)인가신청서에 서류를 첨부하여 국토교통부장관에게 제출하여야 한다.

　㉠ 공동운수협정의 변경사유서

　㉡ 신·구 공동운수협정을 대비한 서류 또는 도면

　㉢ 당해 철도사업자 간 합의를 증명할 수 있는 서류

(9) 사업의 휴업·폐업

① 철도사업자가 그 사업의 전부 또는 일부를 휴업 또는 폐업하려는 경우에는 국토교통부령으로 정하는 바에 따라 국토교통부장관의 허가를 받아야 한다. 다만, 선로 또는 교량의 파괴, 철도시설의 개량, 그 밖의 정당한 사유로 휴업하는 경우에는 국토교통부령으로 정하는 바에 따라 국토교통부장관에게 신고하여야 한다.

② 휴업기간은 6개월을 넘을 수 없다. 다만, 선로 또는 교량의 파괴, 철도시설의 개량, 그 밖의 정당한 사유로 휴업의 경우에는 예외로 한다.

③ 허가를 받거나 신고한 휴업기간 중이라도 휴업 사유가 소멸된 경우에는 국토교통부장관에게 신고하고 사업을 재개할 수 있다.

④ 국토교통부장관은 신고를 받은 날부터 60일 이내에 신고수리 여부를 신고인에게 통지하여야 한다.

⑤ 철도사업자는 철도사업의 전부 또는 일부를 휴업 또는 폐업하려는 경우에는 대통령령으로 정하는 바에 따라 휴업 또는 폐업하는 사업의 내용과 그 기간 등을 인터넷 홈페이지, 관계 역·영업소 및 사업소 등 일반인이 잘 볼 수 있는 곳에 게시하여야 한다.

⑥ 휴업 신고 시 게시 내용(사업법 시행령 제7조)
  ㉠ 휴업 또는 폐업하는 철도사업의 내용 및 그 사유
  ㉡ 휴업의 경우 그 기간
  ㉢ 대체교통수단 안내
  ㉣ 그 밖에 휴업 또는 폐업과 관련하여 철도사업자가 공중에게 알려야 할 필요성이 있다고 인정하는 사항이 있는 경우 그에 관한 사항

(10) 과징금 처분(사업법 제17조)

① 국토교통부장관은 철도사업자에게 사업정지처분을 하여야 하는 경우로서 그 사업정지처분이 그 철도사업자가 제공하는 철도서비스의 이용자에게 심한 불편을 주거나 그 밖에 공익을 해칠 우려가 있을 때에는 그 사업정지처분을 갈음하여 1억원 이하의 과징금을 부과·징수할 수 있다.

② 과징금을 부과하는 위반행위의 종류, 과징금의 부과기준·징수방법 등 필요한 사항은 대통령령으로 정한다.

③ 국토교통부장관은 과징금 부과처분을 받은 자가 납부 기한까지 과징금을 내지 아니하면 국세 체납처분의 예에 따라 징수한다.

(11) 철도사업자의 준수사항(사업법 제20조)

① 철도사업자는 국토교통부령으로 정하는 바에 따라 실무수습을 이수하지 않은 사람을 운전업무에 종사하게 하여서는 아니 된다(안전법 제21조).

② 철도사업자는 사업계획을 성실하게 이행하여야 하며, 부당한 운송 조건을 제시하거나 정당한 사유 없이 운송계약의 체결을 거부하는 등 철도운송 질서를 해치는 행위를 하여서는 아니 된다.

③ 철도사업자는 여객 운임표, 여객 요금표, 감면 사항 및 철도사업약관을 인터넷 홈페이지에 게시하고 관계 역·영업소 및 사업소 등에 갖추어 두어야 하며, 이용자가 요구하는 경우에는 제시하여야 한다.

④ 운송의 안전과 여객 및 화주의 편의를 위하여 철도사업자가 준수하여야 할 사항은 국토교통부령으로 정한다.

(12) 사업의 개선명령(사업법 제21조)

① 국토교통부장관은 원활한 철도운송, 서비스의 개선 및 운송의 안전과 그 밖에 공공복리의 증진을 위하여 필요하다고 인정하는 경우에는 철도사업자에게 다음 사항을 명할 수 있다.

    ㉠ 사업계획의 변경

    ㉡ 철도차량 및 운송 관련 장비·시설의 개선

    ㉢ 운임·요금 징수 방식의 개선

    ㉣ 철도사업약관의 변경

    ㉤ 공동운수협정의 체결

    ㉥ 철도차량 및 철도사고에 관한 손해배상을 위한 보험에의 가입

    ㉦ 안전운송의 확보 및 서비스의 향상을 위하여 필요한 조치

    ㉧ 철도운수종사자의 양성 및 자질향상을 위한 교육

(13) 철도운수종사자의 준수사항(사업법 제22조)

① 정당한 사유 없이 여객 또는 화물의 운송을 거부하거나 여객 또는 화물을 중도에서 내리게 하는 행위

② 부당한 운임 또는 요금을 요구하거나 받는 행위

③ 그 밖에 안전운행과 여객 및 화주의 편의를 위하여 철도운수종사자가 준수하여야 할 사항으로서 국토교통부령으로 정하는 사항을 위반하는 행위

(14) 철도서비스의 품질평가(사업법 제26조)

① 국토교통부장관은 공공복리의 증진과 철도서비스 이용자의 권익보호를 위하여 철도사업자가 제공하는 철도서비스에 대하여 적정한 철도서비스 기준을 정하고, 그에 따라 철도사업자가 제공하는 철도서비스의 품질을 평가하여야 한다.

② 철도서비스의 기준(사업법 시행규칙 19조)

    ㉠ 철도의 시설·환경관리 등이 이용자의 편의와 공익적 목적에 부합할 것

    ㉡ 열차가 정시에 목적지까지 도착하도록 하는 등 철도이용자의 편의를 도모할 수 있도록 할 것

    ㉢ 예·매표의 이용편리성, 역 시설의 이용편리성, 고객을 상대로 승무 또는 역무서비스를 제공하는 종사원의 친절도, 열차의 쾌적성 등을 제고하여 철도이용자의 만족도를 높일 수 있을 것

    ㉣ 철도사고와 운행장애를 최소화하는 등 철도에서의 안전이 확보되도록 할 것

(15) 우수 철도서비스 인증(사업법 제28조)

① 국토교통부장관은 공정거래위원회와 협의하여 철도사업자 간 경쟁을 제한하지 아니하는 범위에서 철도서비스의 질적 향상을 촉진하기 위하여 우수 철도서비스에 대한 인증을 할 수 있다.

② ①에 따라 인증을 받은 철도사업자는 그 인증의 내용을 나타내는 표지(이하 "우수서비스마크"라 한다)를 철도차량, 역 시설 또는 철도 용품 등에 붙이거나 인증 사실을 홍보할 수 있다.

③ 인증을 받은 자가 아니면 우수서비스마크 또는 이와 유사한 표지를 철도차량, 역 시설 또는 철도 용품 등에 붙이거나 인증 사실을 홍보하여서는 아니 된다.

④ 우수 철도서비스 인증의 절차, 인증기준, 우수서비스마크, 인증의 사후관리에 관한 사항과 그 밖에 인증에 필요한 사항은 국토교통부령으로 정한다.

⑤ 우수철도서비스 인증기준(사업법 시행규칙 제20조)

    ㉠ 당해 철도서비스의 종류와 내용이 철도이용자의 이용편의를 제고하는 것일 것

    ㉡ 당해 철도서비스의 종류와 내용이 공익적 목적에 부합될 것

    ㉢ 당해 철도서비스로 인하여 철도의 안전확보에 지장을 주지 아니할 것

    ㉣ 그 밖에 국토교통부장관이 정하는 인증기준에 적합할 것

(16) 철도시설의 공동 활용(사업법 제31조)

> Tip 화물에서도 비슷한 문제 출제

① 철도역 및 역 시설(물류시설, 환승시설 및 편의시설 등을 포함한다)
② 철도차량의 정비·검사·점검·보관 등 유지관리를 위한 시설
③ 사고의 복구 및 구조·피난을 위한 설비
④ 열차의 조성 또는 분리 등을 위한 시설
⑤ 철도 운영에 필요한 정보통신 설비

(17) 전용철도

① 등록(사업법 제34조)

> Tip 화물에서도 비슷한 문제 출제

㉠ 전용철도를 운영하려는 자는 국토교통부령으로 정하는 바에 따라 전용철도의 건설·운전·보안 및 운송에 관한 사항이 포함된 운영계획서를 첨부하여 국토교통부장관에게 등록을 하여야 한다. 등록사항을 변경하려는 경우에도 같다. 다만 대통령령으로 정하는 경미한 변경의 경우에는 예외로 한다.
㉡ 전용철도의 등록기준과 등록절차 등에 관하여 필요한 사항은 국토교통부령으로 정한다.
㉢ 국토교통부장관은 환경오염, 주변 여건 등 지역적 특성을 고려할 필요가 있거나 그 밖에 공익상 필요하다고 인정하는 경우에는 등록을 제한하거나 부담을 붙일 수 있다.

② 대통령령으로 정하는 전용철도 등록사항의 경미한 변경(사업법 시행령 제12조)

㉠ 운행시간을 연장 또는 단축한 경우
㉡ 배차간격 또는 운행횟수를 단축 또는 연장한 경우
㉢ 10분의 1의 범위 안에서 철도차량 대수를 변경한 경우
㉣ 주사무소·철도차량기지를 제외한 운송관련 부대시설을 변경한 경우
㉤ 임원을 변경한 경우(법인에 한한다)

㉥ 6월의 범위 안에서 전용철도 건설기간을 조정한 경우
③ 전용철도의 운영을 양도·양수하려는 자는 국토교통부령으로 정하는 바에 따라 국토교통부장관에게 신고하여야 한다.
④ 전용철도의 등록을 한 법인이 합병하려는 경우에는 국토교통부령으로 정하는 바에 따라 국토교통부장관에게 신고하여야 한다.
⑤ 국토교통부장관은 신고를 받은 날부터 30일 이내에 신고수리 여부를 신고인에게 통지하여야 한다.

(18) 벌칙(사업법 제49조)

위반자	위반내용
2년 이하의 징역 또는 2천만원 이하의 벌금	면허를 받지 아니하고 철도사업을 경영한 자
	거짓이나 그 밖의 부정한 방법으로 철도사업의 면허를 받은 자
	사업정지처분기간 중에 철도사업을 경영한 자
	사업계획의 변경명령을 위반한 자
	타인에게 자기의 성명 또는 상호를 빌려주거나 철도사업을 경영하게 한 자
	철도사업자의 공동활용에 관한 요청을 정당한 사유 없이 거부한 자
1년 이하의 징역 또는 1천만원 이하의 벌금	등록을 하지 아니하고 전용철도를 운영한 자
	거짓이나 그 밖의 부정한 방법으로 전용철도의 등록을 한 자
1천만원 이하의 벌금	국토교통부장관의 인가를 받지 아니하고 공동운수협정을 체결하거나 변경한 자
	우수서비스 마크 또는 이와 유사한 표지를 철도차량 등에 붙이거나 인증 사실을 홍보한 자

(19) 과태료(사업법 제51조)

위반자	위반내용
1천만원 이하의 과태료	여객 운임, 요금의 신고를 하지 아니한 자
	철도사업약관을 신고하지 아니하거나 신고한 철도사업약관을 이행하지 아니한 자
	인가를 받지 아니하거나 신고를 하지 아니하고 사업계획을 변경한 자
	상습 또는 영업으로 승차권 또는 이에 준하는 증서를 자신이 구입한 가격을 초과한 금액으로 다른 사람에게 판매하거나 이를 알선한 자
500만원 이하의 과태료	사업용 철도차량의 표시를 하지 아니한 철도사업자
	회계를 구분하여 경리하지 아니한 자
	정당한 사유 없이 전용철도 운영에 따른 보고나 서류 제출 명령을 이행하지 아니하거나 장부의 검사를 거부, 방해 또는 기피한 자
100만원 이하의 과태료	철도사업자의 준수사항을 위반한 자 (11) 참고 사업법 제20조
50만원 이하의 과태료	철도운수종사자의 준수사항을 위반한 자 (13) 참고 사업법 제22조

(20) 수리가 필요한 내용 및 수리기한

수리여부 통지기한	신고사항
3일 이내	여객 운임·요금의 신고 또는 변경신고
	여객·화물의 부가운임 산정기준을 정하고 철도사업약관에 포함하여 신고
	철도사업약관의 신고 또는 변경신고
	사업계획의 변경신고
	공동운수협정의 경미한 사항 변경신고
10일 이내	전용철도 운영의 상속 신고
30일 이내	전용철도 양도·양수·합병 신고
1개월 이내	사업계획 변경 신청
2개월 이내	인가된 사업계획 변경 신청(대통령령으로 정하는 중요 사항)
	사업의 휴업·폐업 시 허가 신청
60일 이내	정당한 사유로 휴업하려는 경우의 신고
	휴업사유가 소멸된 경우의 신고

인가	신고	승인	등록
• 공동운수협정 • 대통령령으로 정하는 사업계획의 중요한 사항의 변경	• 공동운수협정의 경미한 사항 • 여객에 대한 운임, 요금 • 부가운임 산정기준 • 사업계획 변경	휴업, 폐업	전용철도 운영

Tip 각 항목들의 세부내용이 무엇인지 구별하기

대통령령	국토교통부령 / 국토교통부장관
과징금 부과기준, 징수방법 등을 정함	과징금을 철도사업자에게 부과, 징수함
휴업, 폐업 시 사업이 내용과 기간을 게시	그 외 휴업, 폐업에 관한 모든 것
사업계획의 변경을 제한할 수 있는 철도사고의 기준	공동운수협정의 인가, 신고
사업계획의 중요한 사항의 변경	부가운임의 징수
품질평가 결과 공표	그 외 품질평가에 관한 모든 것
전용철도 등록사항의 경미한 변경	

핵심예제

2-1. 철도사업에 관한 질서를 확립하고 효율적인 운영여건을 조성함으로써 철도사업의 건전한 발전과 철도이용자의 편의를 도모하여 국민경제의 발전에 이바지함을 목적으로 제정된 법은? [20년 1회]

① 철도건설법
② 철도사업법
③ 철도안전법
④ 철도산업발전기본법

2-2. 철도사업법에서 정한 용어의 설명으로 틀린 것은?
[15년 2회]

① 사업용 철도라 함은 철도사업을 목적으로 설치하거나 운영하는 철도를 말한다.
② 철도운수종사자란 철도운송과 관련하여 승무 및 역무서비스를 제공하는 직원을 말한다.
③ 철도사업이란 다른 사람의 수요에 응하여 철도차량을 사용하여 유상으로 여객이나 화물을 운송하는 사업을 말한다.
④ 사유철도란 다른 사람의 수요에 따른 영업을 목적으로 하지 아니하고 자신의 수요에 따라 특수 목적을 수행하기 위하여 설치하거나 운영하는 철도를 말한다.

2-3. 철도사업법 상 국토교통부장관은 사업용 철도노선에 대한 필요한 사항을 지정, 고시하여야 한다. 그 내용과 가장 거리가 먼 것은? [18년 1회]

① 기점, 종점
② 운임 및 요금
③ 중요 경과지(정차역 미포함)
④ 노선번호, 노선명

CHAPTER 01 여객운송 ■ 47

2-4. 철도사업의 면허기준에 해당되지 않는 것은?

① 신청자가 해당 사업을 수행할 수 있는 재정적 능력이 있을 것
② 해당 사업의 시작으로 철도교통의 안전에 지장을 줄 염려가 없을 것
③ 해당 사업의 운행계획이 그 운행 구간의 철도 수송 수요와 수송력 공급 및 이용자의 편의에 적합할 것
④ 해당 사업에 사용할 철도차량의 대수, 사용연한 및 규격이 대통령령으로 정하는 기준에 맞을 것

2-5. 철도사업법령에서 국토교통부장관이 여객에 대한 운임의 상한을 지정·고시함에 있어 고려할 사항이 아닌 것은?

[20년 1회]

① 원가수준
② 물가상승률
③ 최저임금법
④ 다른 교통수단과의 형평성

2-6. 철도사업법에서 철도운임·요금 변경 시 상한지정과 관련하여, 국토교통부장관이 해야 할 일로 틀린 것은?

[16년 2회]

① 다른 교통수단과의 형평성 등을 고려한다.
② 철도산업위원회를 설치하여 의견을 들을 수 있다.
③ 철도사업자가 제출한 원가계산 등을 고려한다.
④ 운임·요금의 상한선을 지정한 내용은 관계역에 게시한다.

2-7. 철도사업법에서 정의한 운임·요금의 신고에 관한 설명으로 틀린 것은?

① 철도사업자는 운임·요금을 국토교통부장관에게 신고하여야 한다.
② 국토교통부장관은 여객 운임의 상한을 지정하려면 미리 기획재정부장관과 협의하여야 한다.
③ 철도사업자는 신고 또는 변경신고를 한 운임·요금을 그 시행 1주일 이전에 인터넷 홈페이지, 관계역·영업소 및 사업소 등 일반인이 잘 볼 수 있는 곳에 게시하여야 한다.
④ 철도사업자는 긴급한 경우를 제외하고 철도사업의 경영상 필요하다고 인정되어 운임·요금을 감면하는 경우에는 그 시행 5일 이전에 감면 사항을 인터넷 홈페이지, 관계역·영업소 및 사업소 등 일반인이 잘 볼 수 있는 곳에 게시하여야 한다.

2-8. 철도사업법에서 철도사업자의 부가운임 징수에 관한 내용으로 틀린 것은?

[16년 3회]

① 여객의 부가운임은 승차구간에 상당하는 운임 외에 그의 30배의 범위에서 징수할 수 있다.
② 여객이 정당한 승차권을 소지하고 열차를 이용한 경우에 부가운임을 징수할 수 있다.
③ 부가운임에 관한 사항은 철도사업약관에 포함하여 국토교통부장관에게 신고하여야 한다.
④ 송하인이 운송장에 적은 화물의 품명·중량·용적 또는 개수에 따라 계산한 운임이 정당한 사유 없이 정상 운임보다 적은 경우에는 송하인에게 그 부족 운임 외에 그 부족 운임의 5배의 범위에서 부가운임을 징수할 수 있다.

2-9. 철도사업자가 부가운임을 징수하고자 하는 경우 미리 정할 사항으로 틀린 것은?

[16년 3회]

① 열차 종별 부가운임
② 운행 시간별 부가운임
③ 운행 구간별 부가운임
④ 부가운임의 징수대상 행위

2-10. 다음 ( )에 들어갈 내용으로 맞는 것은?

> 철도사업법에서 철도사업자는 다른 철도사업자와 공동경영에 관한 계약이나 그 밖의 운송에 관한 협정을 체결하거나 변경하려는 경우에는 국토교통부장관의 (㉠)을(를) 받아야 한다. 이때 국토교통부장관은 공동운수협정을 (㉠)하려면 미리 (㉡)와 협의하여야 한다.

① ㉠ 승인   ㉡ 기획재정부
② ㉠ 인가   ㉡ 기획재정부
③ ㉠ 인가   ㉡ 공정거래위원회
④ ㉠ 승인   ㉡ 공정거래위원회

2-11. 철도사업법 시행령에 정한 사업계획의 변경을 제한할 수 있는 철도사고의 기준에 관한 다음의 내용에서 ( ) 안에 들어갈 내용으로 맞는 것은?

[16년 1회]

> "대통령령이 정하는 기준"이라 함은 사업계획의 변경을 신청한 날이 포함된 연도의 직전연도 열차운행거리 (㉠)만 킬로미터당 철도사고로 인한 사망지수 또는 철도사고의 발생횟수가 최근(직전 연도를 제외한다) (㉡)년간 평균보다 10분의 (㉢) 이상 증가한 경우를 말한다.

① ㉠ 100   ㉡ 3   ㉢ 1
② ㉠ 100   ㉡ 3   ㉢ 2
③ ㉠ 100   ㉡ 5   ㉢ 1
④ ㉠ 100   ㉡ 5   ㉢ 2

2-12. 철도사업법령상 철도사업자는 공동운수협정의 변경을 신고하고자 하는 경우에는 공동운수협정 변경신고서에 첨부하여야 하는데, 그 서류가 아닌 것은? [17년 3회]

① 공동운수협정의 변경 사유서
② 철도 사업자 간 수입·비용의 배분 기준
③ 신·구 공동운수협정을 대비한 서류 또는 도면
④ 당해 철도사업자간 합의를 증명할 수 있는 서류

2-13. 철도사업법에서 국토교통부령으로 정하는 사항으로 틀린 것은? [18년 1회]

① 철도서비스 기준, 품질평가의 항목·절차 등에 필요한 사항
② 전용철도사업의 운영에 관하여 검사를 하는 공무원의 증표에 관한 사항
③ 운송의 안전과 여객 및 화주의 편의를 위하여 철도사업자가 준수하여야 할 사항
④ 철도사업자에게 과징금을 부과하는 위반행위의 종류, 부과기준, 징수방법 등 필요한 사항

2-14. 철도사업법에서 철도사업자의 준수사항으로 틀린 것은? [20년 1회]

① 정당한 사유 없이 운송계약의 체결을 거부하는 등 철도운송질서를 저해하는 행위를 하여서는 아니 된다.
② 운송의 안전과 여객 및 화주의 편의를 위하여 철도사업자가 준수하여야 할 사항은 대통령령으로 정한다.
③ 운전업무 실무수습 이수 등 철도차량의 운전업무수행에 필요한 요건을 갖추지 아니한 자를 운전업무에 종사하게 하여서는 아니 된다.
④ 철도사업자는 여객 운임표, 여객 요금표, 감면 사항 및 철도사업약관을 인터넷 홈페이지에 게시하고 관계 역·영업소 및 사업소 등에 갖추어 두어야 하며, 이용자가 요구하는 경우에는 제시하여야 한다.

2-15. 국토교통부장관은 원활한 철도운송 서비스의 개선 및 공공복리의 증진을 위해 필요하다고 인정하는 경우에는 철도사업자에게 사업의 개선명령을 할 수 있다. 이 개선사항에 해당되지 않는 것은? [18년 1회]

① 사업계획의 변경 및 철도사업약관의 변경
② 철도사업자에 대한 자질향상을 위한 교육
③ 안전운송의 확보 및 서비스 향상을 위하여 필요한 조치
④ 철도차량 및 철도사고의 관한 손해배상을 위한 보험에 가입

2-16. 철도사업에 종사하는 철도운수종사자의 금지행위로 틀린 것은? [17년 1회]

① 부당한 운임 또는 요금을 요구하거나 받는 행위
② 정당한 사유 없이 여객 또는 화물의 운송을 거부하는 행위
③ 여객과 화주의 요구로 여객 또는 화물을 중도에서 내리게 하는 행위
④ 안전운행과 여객 및 화주의 편의를 위하여 국토교통부령으로 정하는 사항을 위반하는 행위

2-17. 철도서비스의 품질평가에 정한 철도서비스의 기준에 대한 설명으로 틀린 것은? [18년 1회]

① 철도의 시설·환경관리 등이 이용자의 편의와 공익적 목적에 부합할 것
② 운송책임 및 배상책임에 대한 기준이 명확하게 정해져 있을 것
③ 철도사고와 운행장애를 최소화하는 등 철도에서의 안전이 확보되도록 할 것
④ 열차가 정시에 목적지까지 도착하도록 하는 등 철도이용자의 편의를 도모할 수 있도록 할 것

2-18. 우수철도서비스 인증 시 협의자로 맞는 것은? [17년 3회]

① 국토교통부장관 - 시·도지사
② 국토교통부장관 - 철도사업자
③ 공정거래위원회 - 철도사업자
④ 국토교통부장관 - 공정거래위원회

2-19. 철도사업법에서 철도사업자의 요청으로 공동사용시설관리자와 협정을 체결한 경우 이용할 수 있는 공동사용 시설이 아닌 것은? [16년 1회]

① 철도 구내매점 영업 등을 위한 시설
② 사고의 복구 및 구조, 피난을 위한 설비
③ 열차의 조성 또는 분리 등을 위한 시설
④ 철도차량의 정비, 검사, 보관 등 유지관리를 위한 시설

2-20. 다음은 철도사업법령상 등록에 관한 내용이다, 내용 중 경미한 변경에 해당하지 않는 것은?　　　[18년 1회]

> 전용철도를 운영하려는 자는 전용철도의 건설·운전·보안 및 운송에 관한 사항이 포함된 운영계획서를 첨부하여 국토교통부장관에게 등록(등록변경 포함)을 하여야 한다. 다만 대통령령으로 정하는 경미한 변경의 경우에는 예외로 한다.

① 운행시간 및 운행구간을 연장 또는 단축한 경우
② 배차간격 또는 운행횟수를 단축 또는 연장한 경우
③ 6월의 범위 안에서 전용철도 건설기간을 조정한 경우
④ 10분의 1의 범위 안에서 철도차량 대수를 변경한 경우

2-21. 철도사업법에서 정한 벌칙으로 2년 이하의 징역 또는 2천만원 이하의 벌금에 해당하는 경우로 틀린 것은?　　　[15년 1회]

① 사업정지처분기간 중에 철도사업을 경영한 자
② 거짓 그 밖의 부정한 방법으로 철도사업의 면허를 받은 자
③ 철도사업자의 공동활용에 관한 요청을 정당한 사유 없이 거부한 자
④ 국토교통부장관의 인가를 받지 아니하고 공동운수협정을 체결하거나 변경한 자

2-22. 철도사업법에서 정한 벌금 또는 과태료 금액으로 가장 적은 것은?　　　[17년 1회]

① 신고하지 않고 운임·요금을 변경하였을 때
② 정당한 사유 없이 여객운송을 거부하였을 때
③ 운임·요금표를 관계 역에 게시하지 않았을 때
④ 철도차량에 사업자의 명칭을 표시하지 않았을 때

2-1
문제에 '사업'이라는 단어가 들어가면 사업법이다.

2-2
④ 전용철도에 대한 설명이다.

2-3
③ 국토교통부장관은 사업용 철도노선의 노선번호, 노선명, 기점, 종점, 중요 경과지(정차역을 포함한다)와 그 밖에 필요한 사항을 국토교통부령으로 정하는 바에 따라 지정, 고시하여야 한다.

2-4
④ 국토교통부령이다.

2-5
국토교통부장관이 여객에 대한 운임의 상한을 지정·고시함에 있어 고려할 사항은 물가상승률, 원가수준, 다른 교통수단과의 형평성, 사업용철도노선의 분류, 철도차량의 유형이 있다.

2-6
④ 운임·요금의 상한선을 지정한 경우에는 이를 관보에 고시하여야 한다. 감면하는 경우에는 그 시행 3일 전에 감면사항을 관계 역·영업소 및 사업소 등 일반인이 잘 볼 수 있는 곳에 게시하여야 한다.

2-7
④ 그 시행 3일 이전에 감면 사항을 인터넷 홈페이지, 관계역·영업소 및 사업소 등 일반인이 잘 볼 수 있는 곳에 게시하여야 한다.

2-8
② 철도사업자는 열차를 이용하는 여객이 정당한 운임·요금을 지급하지 아니하고 열차를 이용한 경우에 부가운임을 징수할 수 있다.

2-9
철도사업자가 부가운임을 징수하려는 경우에는 사전에 부가운임 징수 대상 행위, 열차 종류 및 운행 구간 등에 따른 부가운임 산정기준을 정하고 철도사업약관에 포함하여 국토교통부장관에게 신고하여야 한다(사업법 제10조).

2-10
• 철도사업자는 다른 철도사업자와 공동경영에 관한 계약이나 그 밖의 운수에 관한 협정을 체결하거나 변경하려는 경우에는 국토교통부령으로 정하는 바에 따라 국토교통부장관의 인가를 받아야 한다. 다만, 국토교통부령으로 정하는 경미한 사항을 변경하려는 경우에는 국토교통부령으로 정하는 바에 따라 국토교통부장관에게 신고하여야 한다.
• 국토교통부장관은 공동운수협정을 인가하려면 미리 공정거래위원회와 협의하여야 한다.
• 국토교통부장관은 단서에 따른 신고를 받은 날부터 3일 이내에 신고수리 여부를 신고인에게 통지하여야 한다.

2-11

사업법 시행령 제6조에서 대통령령으로 정하는 사업계획의 변경을 제한할 수 있는 철도사고의 기준이란 사업계획의 변경을 신청한 날이 포함된 연도의 직전 연도의 열차운행거리 100만 킬로미터당 철도사고로 인한 사망자수 또는 철도사고의 발생회수가 최근(직전연도를 제외) 5년간 평균보다 10분의 2 이상 증가한 경우를 말한다.

2-12

공동운수협정 변경신고서에 첨부해야 하는 서류
- 공동운수협정의 변경사유서
- 신·구 공동운수협정을 대비한 서류 또는 도면
- 당해 철도사업자간 합의를 증명할 수 있는 서류

2-13

④ 대통령령으로 정한다.

2-14

② 국토교통부령으로 정한다.

2-15

② 철도운수종사자의 양성 및 자질향상을 위한 교육이다.

2-16

③ 정당한 사유 없이 여객 또는 화물을 중도에서 내리게 하는 행위가 금지행위다.

2-17

철도서비스의 기준(사업법 시행규칙 제19조)
- 철도의 시설·환경관리 등이 이용자의 편의와 공익적 목적에 부합할 것
- 열차가 정시에 목적지까지 도착하도록 하는 등 철도이용자의 편의를 도모할 수 있도록 할 것
- 예·매표의 이용편리성, 역 시설의 이용편리성, 고객을 상대로 승무 또는 역무서비스를 제공하는 종사원의 친절도, 열차의 쾌적성 등을 제고하여 철도이용자의 만족도를 높일 수 있을 것
- 철도사고와 운행장애를 최소화하는 등 철도에서의 안전이 확보되도록 할 것

2-18

사업법 제28조 국토교통부장관은 공정거래위원회와 협의하여 철도사업자 간 경쟁을 제한하지 아니하는 범위에서 철도서비스의 질적향상을 촉진하기 위하여 우수 철도서비스에 대한 인증을 할 수 있다.

2-19

철도시설의 공동 활용(사업법 제31조)
- 철도역 및 역 시설(물류시설, 환승시설 및 편의시설 등을 포함한다)
- 철도차량의 정비·검사·점검·보관 등 유지관리를 위한 시설
- 사고의 복구 및 구조·피난을 위한 설비
- 열차의 조성 또는 분리 등을 위한 시설
- 철도 운영에 필요한 정보통신 설비

2-20

① 운행구간을 연장 또는 단축한 경우는 경미한 변경에 해당하지 않는다.

2-21

④는 1천만원 이하의 벌금에 처한다.

2-22

① 1천만원 이하의 과태료
② 50만원 이하의 과태료(철도운수종사자의 준수사항 위반에 해당)
③ 100만원 이하의 과태료(철도사업자의 준수사항 위반에 해당)
④ 100만원 이하의 과태료(철도사업자의 준수사항 위반에 해당)

정답 2-1 ② 2-2 ④ 2-3 ③ 2-4 ② 2-5 ② 2-6 ④ 2-7 ④ 2-8 ②
　　 2-9 ② 2-10 ② 2-11 ④ 2-12 ② 2-13 ④ 2-14 ② 2-15 ②
　　 2-16 ③ 2-17 ② 2-18 ④ 2-19 ① 2-20 ① 2-21 ④ 2-22 ②

(1) 목적(도시법 제1조)

① 도시교통권역의 원활한 교통 소통
② 도시철도의 건설을 촉진
③ 운영의 합리화
④ 도시철도차량 등을 효율적으로 관리
⑤ 도시교통의 발전과 도시교통 이용자의 안전 및 편의 증진에 이바지

(2) 국가 및 지방자치단체의 책무(도시법 제3조의2)

① 도시철도 이용자의 권익보호를 위한 홍보·교육 및 연구
② 도시철도 이용자의 생명·신체 및 재산상의 위해 방지
③ 도시철도 이용자의 불만 및 피해에 대한 신속·공정한 구제조치
④ 그 밖에 도시철도 이용자 보호와 관련된 사항

(3) 도시철도망구축계획의 수립(도시법 제5조)

① 기본계획에 포함될 사항
　㉠ 해당 도시교통권역의 특성·교통상황 및 장래의 교통수요 예측
　㉡ 도시철도망의 중기·장기 건설계획
　㉢ 다른 교통수단과 연계한 교통체계의 구축
　㉣ 필요한 재원의 조달방안과 투자 우선순위
　㉤ 그 밖에 체계적인 도시철도망 구축을 위하여 필요한 사항으로서 국토교통부령으로 정하는 사항
② 시·도지사는 도시철도망계획을 수립하거나 변경하려면 국토교통부장관의 승인을 받아야 한다.
③ 시·도지사는 도시철도망계획이 수립된 날부터 5년마다 도시철도망계획의 타당성을 재검토하여 필요한 경우 이를 변경하여야 한다.

(4) 노선별 도시철도기본계획의 수립(도시법 제6조)

① 시·도지사는 도시철도망계획에 포함된 도시철도 노선 중 건설을 추진하려는 노선에 대해서는 관계 시·도지사와 협의하여 노선별 도시철도기본계획을 수립하여야 한다. 이를 변경하려는 경우에도 또한 같다.
② 다만, 민간투자사업으로 추진하는 도시철도의 경우에는 시·도지사가 국토교통부장관과 협의하여 기본계획의 수립을 생략할 수 있다.
③ 기본계획에 포함될 사항
　㉠ 해당 도시교통권역의 특성·교통상황 및 장래의 교통수요 예측
　㉡ 도시철도의 건설 및 운영의 경제성·재무성 분석과 그 밖의 타당성의 평가
　㉢ 노선명, 노선 연장, 기점·종점, 정거장 위치, 차량기지 등 개략적인 노선망
　㉣ 사업기간 및 총사업비
　㉤ 지방자치단체의 재원 분담비율을 포함한 자금의 조달방안 및 운용계획
　㉥ 건설기간 중 도시철도건설사업 지역의 도로교통대책
　㉦ 다른 교통수단과의 연계 수송체계 구축에 관한 사항
　㉧ 그 밖에 필요한 사항으로서 국토교통부령으로 정하는 사항

(5) 도시철도의 건설 및 운영을 위한 자금조달(도시법 제19조)

① 도시철도건설자 또는 도시철도운영자의 자기자금
② 도시철도를 건설·운영하여 생긴 수익금
③ 제20조에 따른 도시철도채권의 발행
④ 국가 또는 지방자치단체로부터의 차입 및 보조
⑤ 국가 및 지방자치단체 외의 자(외국 정부 및 외국인을 포함)로부터의 차입·출자 및 기부
⑥ 「역세권의 개발 및 이용에 관한 법률」에 따른 역세권 개발사업으로 생긴 수익금

⑦ 도시철도부대사업으로 발생하는 수익금

(6) 도시철도채권

① 도시철도 채권의 발행(도시법 제20조)

　㉠ 도시철도 채권을 발행할 수 있는 자 : 국가, 지방자치단체, 도시철도공사

　㉡ 지방자치단체의 장은 도시철도채권을 발행하기 위하여 행정안전부장관의 승인을 받으려는 경우에는 미리 국토교통부장관과 협의하여야 한다.

　㉢ 도시철도공사는 도시철도채권을 발행하려면 관계 지방자치단체의 장 및 국토교통부장관과 협의하여야 한다.

　㉣ 도시철도채권의 원금 및 이자의 소멸시효 : 상환일부터 기산하여 5년

　㉤ 도시철도채권은 기본계획이 확정된 연도부터 그 연도의 도시철도 운영수입금이 그 연도의 도시철도 운영비용(원리금 상환액을 포함한다)을 최초로 초과하는 연도까지 발행할 수 있다.

② 도시철도채권의 발행 방법 및 이율(도시법 시행령 제13조)

　㉠ 국가가 발행하는 경우 : 기획재정부장관이 국토교통부장관과 협의하여 정하는 이율

　㉡ 지방자치단체가 발행하는 경우 연 10퍼센트의 범위에서 해당 지방자치단체의 조례로 정하는 이율

　㉢ 도시철도공사가 발행하는 경우 연 10퍼센트의 범위에서 관계 지방자치단체의 장과 협의하여 해당 도시철도공사의 규칙으로 정하는 이율

③ 도시철도채권을 매입해야 하는 사람(도시법 제21조)

　㉠ 국가나 지방자치단체로부터 면허·허가·인가를 받는 자

　㉡ 국가나 지방자치단체에 등기·등록을 신청하는 자. 다만, 국토교통부령으로 정하는 경형자동차(이륜자동차는 제외한다)의 등록을 신청하는 자는 제외한다.

　㉢ 국가, 지방자치단체 또는 공공기관과 건설도급계약을 체결하는 자

　㉣ 도시철도건설자 또는 도시철도운영자와 도시철도 건설·운영에 필요한 건설도급계약, 용역계약 또는 물품구매계약을 체결하는 자

(7) 도시철도부대사업의 승인

① 도시철도운영자는 도시철도의 건설 및 운영에 드는 자금을 충당하기 위하여 시·도지사의 승인을 받아 도시철도부대사업을 할 수 있다(도시법 제28조의 2).

② 국토교통부령으로 정하는 신청 시 사업계획서 기재 내용(도시법 시행규칙 제5조의 2)

　㉠ 도시철도부대사업의 명칭 및 목적

　㉡ 사업기간

　㉢ 사업비

　㉣ 자금조달 방안

　㉤ 도시철도부대사업에서 발생한 수익금의 활용계획

(8) 운임

① 도시철도 운임의 신고(도시법 제31조)

　㉠ 도시철도운송사업자는 도시철도의 운임을 정하거나 변경하는 경우에는 원가와 버스 등 다른 교통수단 운임과의 형평성 등을 고려하여 시·도지사가 정한 범위에서 운임을 정하여 시·도지사에게 신고하여야 한다.

　㉡ 신고를 받은 시·도지사는 그 내용을 검토하여 이 법에 적합하면 신고를 받은 날부터 국토교통부령으로 정하는 기간 이내에 신고를 수리하여야 한다.

　㉢ 도시철도운영자는 도시철도의 운임을 정하거나 변경하는 경우 그 사항을 시행 1주일 이전에 예고하는 등 도시철도 이용자에게 불편이 없도록 필요한 조치를 하여야 한다.

② 도시철도운임의 조정 및 협의(시행령 제22조)
- ㉠ 시·도지사는 도시철도 운임의 범위를 정하려면 해당 시·도에 운임조정위원회를 설치하여 도시철도 운임의 범위에 관한 의견을 들어야 한다.
- ㉡ 운임조정위원회는 민간위원이 전체 위원의 2분의 1 이상이어야 한다.
- ㉢ 도시철도운송사업자가 해당 도시철도를 다른 도시철도와 연결하여 운행하려는 경우에는 도시철도의 운임을 신고하기 전에 그 운임 및 시행 시기에 관하여 미리 한국철도공사 또는 다른 도시철도운영자와 협의하여야 한다.
- ㉣ 시·도지사는 운임의 신고를 받으면 신고 받은 사항을 기획재정부장관 및 국토교통부장관에게 각각 통보하여야 한다.

(9) 연락운송(도시법 제34조)
① 도시철도운영자가 다른 도시철도운영자 또는 철도사업자와 연계하여 운송을 하는 경우 노선의 연결, 도시철도시설 운영의 분담, 운임수입의 배분, 승객의 갈아타기 등에 관한 사항은 당사자 간의 협의로 정한다.
② 협의가 성립되지 아니하거나 협의 결과를 해석하는 데 분쟁이 있을 때에는 당사자의 신청을 받아 국토교통부장관이 결정한다.
③ 도시철도운영자 또는 철도사업자는 운임수입의 배분에 관한 사항에 대하여 해당 운임수입이 발생한 날이 속하는 연도의 다음 연도 12월 31일까지 협의를 완료하거나 결정을 신청하여야 한다.
④ 다만, 운임수입의 배분과 관련되는 모든 도시철도운영자 및 철도사업자가 동의하는 경우에는 1회에 한하여 6개월의 범위에서 그 기간을 연장할 수 있다.

⑤ 도시철도운영자 또는 철도사업자가 운임수입을 배분하는 경우에는 제1항에 따른 협의가 완료된 날(국토교통부장관이 제2항에 따라 운임수입의 배분을 결정한 경우에는 그 결정이 있은 날을 말한다)에서 30일이 경과한 날부터 운임수입을 배분하는 날까지의 기간에 대하여 배분하여야 하는 운임수입에 대한 이자를 가산하여 지급하여야 한다.

(10) 사업의 휴업·폐업
① 도시철도운송사업자가 사업의 전부 또는 일부를 휴업 또는 폐업하려면 국토교통부령으로 정하는 바에 따라 시·도지사의 허가를 받아야 한다(도시법 제36조).
  > Tip 양도·양수는 시·도지사의 인가
② 사업의 휴업 또는 폐업 절차(도시법 시행규칙 제6조)
  : 도시철도운송사업자가 도시철도운송사업의 전부 또는 일부에 대하여 휴업 또는 폐업의 허가를 받으려는 경우에는 휴업 또는 폐업예정일 3개월 전에 도시철도운송사업휴업(폐업) 허가신청서를 시·도지사에게 제출하여야 한다.

(11) 면허의 취소 또는 사업정지(도시법 제37조)

면허 취소 (반드시 취소해야 함)	거짓이나 그 밖의 부정한 방법으로 도시철도운송사업 면허를 받은 경우
면허를 취소하거나 6개월 이내의 기간을 정하여 그 사업의 정지를 명할 수 있는 경우	도시철도운송사업의 면허기준을 위반한 경우
	도시철도운송사업자가 결격사유에 해당하는 경우. 단, 법인의 임원 중에 그 사유에 해당하는 사람이 있는 경우로서 3개월 이내에 그 임원을 개임하였을 때는 제외
	시·도지사가 정한 날짜 또는 기간 내에 운송을 개시하지 아니한 경우
	인가를 받지 아니하고 양도·양수하거나 합병한 경우
	허가를 받지 아니하거나 신고를 하지 아니하고 도시철도운송사업을 휴업 또는 폐업하거나 휴업기간이 지난 후에도 도시철도운송사업을 재개하지 아니한 경우
	도시교통의 원활화와 도시철도 이용자의 안전 및 편의 증진을 위한 사업개선명령을 따르지 아니한 경우
	사업경영의 불확실 또는 자산상태의 현저한 불량이나 그 밖의 사유로 사업을 계속함이 적합하지 아니한 경우
	도시철도차량에 CCTV(폐쇄회로 텔레비전)을 설치하지 아니한 경우

(12) 벌칙(도시법 제47조)

2년 이하의 징역 또는 2천만원 이하의 벌금	면허를 받지 아니하고 도시철도운송사업을 경영한 자
	거짓이나 그 밖의 부정한 방법으로 도시철도운송사업의 면허를 받은 자
	사업정지 기간에 도시철도운송사업을 경영한 자
	타인에게 자신의 상호를 대여한 자
	도시철도운영자의 공동활용에 관한 요청을 정당한 사유 없이 거부한 자
1년 이하의 징역 또는 1천만원 이하의 벌금	설치 목적과 다른 목적으로 폐쇄회로 텔레비전을 임의로 조작하거나 다른 곳을 비춘 자 또는 녹음기능을 사용한 자
	영상기록을 목적 외의 용도로 이용하거나 다른 자에게 제공한 자
1천만원 이하의 벌금	사업개선명령을 위반한 자
	우수서비스마크 또는 이와 유사한 표지를 도시철도차량 등에 붙이거나 인증사실을 홍보한 자

(13) 과태료(도시법 제49조)

500만원 이하의 과태료	회계를 구분하여 경리하지 아니한 자
300만원 이하의 과태료	도시철도차량에 폐쇄회로 텔레비전을 설치하지 아니한 자
100만원 이하의 과태료	도시철도운영자의 준수사항 위반, 도시철도차량의 점검·정비에 관한 책임자를 선임하지 아니한 자
50만원 이하의 과태료	도시철도종사자의 준수사항 위반

3-1. 도시철도법상 노선별 도시철도기본계획의 수립에 포함되어야 할 내용이 아닌 것은? [18년 1회]
① 필요한 재원의 조달방안과 투자 우선순위
② 다른 교통수단과의 연계 수송체계 구축에 관한 사항
③ 도시철도의 건설 및 운영의 경제성·재무성 분석과 그 밖의 타당성의 평가
④ 노선명, 노선 연장, 기점, 종점, 정거장 위치, 차량기지 등 개략적인 노선망

3-2. 도시철도채권을 발행할 수 있는 자를 모두 열거한 것으로 맞는 것은? [16년 2회]
① 국가
② 국가 및 지방자치단체
③ 지방자치단체 및 도시철도공사
④ 국가, 지방자치단체 및 도시철도공사

3-3. 도시철도법령상 도시철도채권의 발행방법 및 이율에 대한 설명으로 틀린 것은? [17년 1회]
① 도시철도채권은 「공사채 등록법」 제3조에 따른 등록기관에 등록하여 발행한다.
② 국가가 발행하는 경우에는 기획재정부장관이 국토교통부장관과 협의하여 정하는 이율을 적용한다.
③ 도시철도공사가 발행하는 경우에는 연 10퍼센트의 범위에서 관련지방자치단체의 장과 협의하여 해당 도시철도공사의 규칙을 정하는 이율을 적용한다.
④ 지방자치단체가 발행하는 경우에는 연 10퍼센트의 범위에서 국토교통부장관의 승인을 받아 해당 지방자치단체의 조례로 정하는 이율을 적용한다.

3-4. 도시철도운영자는 도시철도부대사업의 승인을 받으려는 경우 사업계획서를 시·도지사에게 제출하여야 한다. 이에 사업계획서에 포함되는 내용이 아닌 것은? [16년 1회]
① 자금조달 방안
② 사업자 선정방안
③ 도시철도부대사업의 명칭 및 목적
④ 도시철도부대사업에서 발생한 수익금의 활용계획

3-5. 도시철도법상 운임조정위원회의 민간위원의 수는 얼마이어야 하는가? [17년 2회]
① 전체 위원의 1/2 이상   ② 전체 위원의 1/3 이상
③ 전체 위원의 1/4 이상   ④ 전체 위원의 2/3 이상

3-6. 도시철도법령상 도시철도운임의 조정 및 협의에 관한 내용으로 틀린 것은? [19년 2회]

① 운임조정위원회는 민간위원이 전체 위원의 3분의 1 이상이어야 한다.

② 시·도지사는 운임의 신고를 받으면 신고 받은 사항을 기획재정부장관 및 국토교통부장관에게 각각 통보하여야 한다.

③ 시·도지사는 도시철도 운임의 범위를 정하려면 해당 시·도에 운임조정위원회를 설치하여 도시철도 운임의 범위에 관한 의견을 들어야 한다.

④ 한국철도공사가 운영하는 철도 또는 다른 도시철도운영자가 운영하는 도시철도와 연결하여 운행하려는 경우에는 도시철도의 운임을 신고하기 전에 그 운임 및 시행시기에 관하여 미리 한국철도공사 또는 다른 도시철도운영자와 협의하여야 한다.

3-7. 도시철도법에서 도시철도운송사업자가 운임을 정하거나 변경 시 시행할 사항으로 옳은 것은? [20년 1회]

① 원가와 버스 등 다른 교통수단 운임과의 형평성을 고려, 국토교통부장관이 정한 범위 안에서 운임을 결정하여 시·도지사에게 인가를 받아야 한다.

② 원가와 버스 등 다른 교통수단 운임과의 형평성을 고려, 시·도지사가 정한 범위 안에서 운임을 결정하여 시·도지사에게 신고하여야 한다.

③ 원가와 버스 등 다른 교통수단 운임과의 형평성을 고려, 대통령령이 정한 범위 안에서 운임을 결정하여 국토교통부장관에게 인가를 받아야 한다.

④ 원가와 버스 등 다른 교통수단 운임과의 형평성을 고려, 국토교통부령이 정한 범위 안에서 운임을 결정하여 국토교통부장관에게 인가를 받아야 한다.

3-8. 도시철도법에서 도시철도운영자가 다른 도시철도운영자와 연계하여 운송을 하는 경우, 노선의 연결, 도시철도시설의 건설·운영의 분담, 운임 수입의 배분, 승객의 갈아타기 등에 관한 사항의 협의 대상은 누구인가? [16년 3회]

① 당사자　　　　　　② 시·도지사
③ 철도사업자　　　　④ 국토교통부장관

3-9. 도시철도법상 둘 이상의 자가 같은 도시교통권역에서 도시철도를 각각 건설·운영하는 경우 당사자 간의 협의로 결정할 수 있는 내용에 해당되지 않는 것은? [17년 1회]

① 노선의 연결　　　　② 승객의 갈아타기
③ 차량규격의 변경　　④ 도시철도시설 운영의 분담

3-10. 도시철도법에서 정한 벌칙에 대한 설명으로 맞는 것은? [16년 3회]

① 사업정지 기간에 도시철도운송사업을 경영한 자는 1년 이하의 징역 또는 1천만원 이하의 벌금에 처한다.

② 면허를 받지 아니하고 도시철도운송사업을 경영한 자는 1년 이하의 징역 또는 1천만원 이하의 벌금에 처한다.

③ 도시교통의 원활화와 도시철도 이용자의 안전 및 편의증진을 위한 사업개선명령을 위반한 자는 1년 이하의 징역 또는 1천만원 이하의 벌금에 처한다.

④ 설치목적과 다른 목적으로 폐쇄회로 텔레비전을 임의로 조작하거나 다른 곳을 비춘 자 또는 녹음기능을 사용한 자는 1년 이하의 징역 또는 1천만원 이하의 벌금에 처한다.

3-11. 도시철도법에 대한 설명 중 틀린 것은? [16년 1회]

① 시·도지사는 도시철도망계획이 수립된 날부터 5년마다 도시철도망계획의 타당성을 재검토하여 필요한 경우 이를 변경하여야 한다.

② 기본계획에 따라 도시철도를 건설하려는 자가 사업계획의 승인을 신청할 때에는 미리 그 뜻을 공고하고 관계 서류 사본을 20일 이상 일반인이 열람할 수 있게 하여야 한다.

③ 도시철도건설자가 도시철도건설사업을 위하여 타인 토지의 지하부분을 사용하려는 경우 지하부분 사용에 대한 구체적인 보상의 기준 및 방법에 관한 사항은 대통령령으로 정한다.

④ 국가, 지방자치단체 및 도시철도공사는 도시철도채권을 발행할 수 있으며, 지방자치단체의 장은 도시철도채권을 발행하기 위하여 기획재정부장관의 승인을 받으려는 경우에는 미리 국토교통부장관과 협의하여야 한다.

3-12. 도시철도법에 대한 내용의 설명으로 가장 거리가 먼 것은? [16년 2회]

① 도시철도의 건설 및 운전에 관한 사항은 국토교통부령으로 정한다.

② 외국정부 및 외국인으로부터의 차입, 출자 및 기부로 도시철도의 건설 및 운영에 드는 자금을 조달할 수 없다.

③ 지방자치단체의 장이 도시철도채권을 발행하기 위하여 행정안전부장관의 승인을 받으려는 경우에는 미리 국토교통부장관과 협의하여야 한다.

④ 국가나 지방자치단체 소유의 토지로서 도시철도건설사업에 필요한 토지는 도시철도건설사업 목적 외의 목적으로 매각하거나 양여할 수 없다.

3-1

노선별 도시철도기본계획의 수립에서 재원에 관련된 것은 지방자치단체의 재원 분담비율을 포함한 자금의 조달방안 및 운용계획이 있다.

3-2

도시철도법 제20조 도시철도채권의 발행

3-3

④ 연 10퍼센트의 범위에서 해당 지방자치단체의 조례로 정하는 이율을 적용한다. 이때, 국토교통부의 승인은 필요 없다. 도시철도채권에서의 국토교통부장관의 역할은 '협의'다.

3-4

국토교통부령으로 정하는 신청 시 사업계획서 기재 내용(도시법 시행규칙 제5조의 2)
• 도시철도부대사업의 명칭 및 목적
• 사업기간
• 사업비
• 자금조달 방안
• 도시철도부대사업에서 발생한 수익금의 활용계획

3-5

도시철도법 시행령 제22조 도시철도운임의 조정 및 협의

3-6

① 운임조정위원회는 민간위원이 전체 위원의 2분의 1 이상이어야 한다.

3-7

도시철도 운임의 신고 등(도시철도법 제31조)

3-8

연락운송(도시철도법 제34조)

3-9

연락운송(도시철도법 제34조)

3-10

① 2년 이하의 징역 또는 2천만원 이하의 벌금
② 2년 이하의 징역 또는 2천만원 이하의 벌금
③ 면허를 취소하거나 6개월 이내의 기간을 정하여 그 사업의 정지를 명할 수 있는 경우

3-11

④ 기획재정부장관의 승인이 아닌 행정안전부장관의 승인을 받아야 한다.
① 도시철도법 제5조
② 도시철도법 제7조
③ 도시철도법 제9조
Tip 제7,9조는 문제출제빈도가 높지 않아 본 책에서는 제외했으나 해당 지문은 숙지해놓는 것이 좋다.

3-12

국가 및 지방자치단체 외의 자(외국 정부 및 외국인을 포함)로부터의 차입·출자 및 기부를 받아 자금을 조달할 수 있다[도시철도의 건설 및 운영을 위한 자금조달(도시법 제19조)].
① 도시철도법 제18조
③ 도시철도법 제20조
④ 도시철도법 제11조
Tip 제11,18조는 문제출제빈도가 높지 않아 본 책에서는 제외했으나 해당 지문은 숙지해놓는 것이 좋다.

정답 3-1 ① 3-2 ① 3-3 ④ 3-4 ② 3-5 ① 3-6 ① 3-7 ②
3-8 ① 3-9 ③ 3-10 ④ 3-11 ④ 3-12 ②

화물운송에서는 세칙, 약관이 섞여서 나오며 4개의 보기에 각각 다른 조항이 적혀있고 이 중 틀린 것은? 라는 식의 문제가 나오므로 꼼꼼히 숙지하는 것이 좋다. 계산문제나 숫자만 살짝 바꿔서 내는 등의 지엽적인 문제도 종종 출제되기 때문에 숫자에 유의하도록 한다. 여객운송과 마찬가지로 계산문제는 매우 단순하다. 철도사업법은 1과목 여객운송과 겹치는 부분이 많아서 추가적으로 더 화물에서 공부해야 하는 부분만 정리를 했다. 화물 기출을 풀다가 정리에서 못 본 부분이라고 생각하면 p41로 가서 철도사업법 파트를 다시 보자. 분량도 많고 생소한 법령과 용어에 많은 수험생들이 가장 어려워하는 과목이다. 60점 이상을 목표로 하며 중요한 부분만 골라서 공부해보자.

제1절 | 화물운송론 및 철도물류관련법

핵심이론 01 화물운송론

(1) 이론 정리

① 쇼우(Arch W. Shaw) : 1912년, 경영활동을 생산활동, 유통활동, 조성활동으로 구분하고 이 가운데 유통활동의 구성요소로서 수요창조활동과 물적 공급 활동의 두 가지로 구분하였는데 물적 공급활동이 물류의 개념이다. 처음으로 물류의 개념제시, 물류활동의 중요성을 강조했다.

② 클라크(Fred E. Clark) : 1922년, 그의 저서 "Principle of Marketing"에서 "Physical Distribution"이란 용어를 처음으로 사용. 클라크는 마케팅 기능을 교환기능, 물적 공급기능, 보조 및 조성 기능으로 분류하면서 물적 공급이란 교환기능에 대응하는 유통의 기본적 기능이라고 설명하고 있다. 물류기능의 중요성을 강조했다.

③ 필립 코틀러(Philip Kotler) : 마케팅이란 첫째 구매를 자극하여 수요를 탐색하고 환기하는 활동과 둘째 상품의 물류활동을 했다.

④ 피터 드러커(P. F. Drucker) : 물류를 '경제의 암흑대륙 또는 이윤의 보고'라고 표현했다. 물류는 마치 해가 비치지 않는 것과 같은 미개척 영역이기 때문에 여기에 진출하면 무궁무진한 기회가 열려 있다는 뜻이다. 그래서 1960년대 초 기업들에게 새로운 도전과 기회로서 물류분야에 경영의 초점을 맞추라고 역설했다.

⑤ 파커(D. D. Parker) : '물류는 비용절감을 위한 최후의 미개척분야'라고 발언했다.

⑥ 로크레매틱스(Rhocrematics) : 물류의 흐름을 중심으로 하여 생긴 개념으로 구매, 운수, 생산계획, 재고관리 및 기타 기능을 포함하는 의미로 사용한다. 부르어 교수는 로크레메틱스를 "조달물류를 포함한 '물의 흐름'을 정보의 흐름과 관련시킨 시스템을 관리하는 과학이다."라고 정의했다.

(2) 물류관리

① 물류관리의 중요성

  ㉠ 물류비 절감

  ㉡ 양질의 서비스 제공 및 개선

  ㉢ 지역경제 발전으로, 인구의 대도시 집중현상 억제

  ㉣ 도로건설 등 사회 기간산업의 확충으로 국민경제 생활의 발전에 이바지

  ㉤ 자원의 효율적인 이용이 가능하고 생활환경의 개선

  ㉥ 선진국은 물류비중이 높음

  ㉦ 소비자의 제품 다양화 요구

② 물류관리의 필요성

  ㉠ 기업 활동에서 제조부분 원가절감의 한계

  ㉡ 운송시간과 비용의 상승

  ㉢ 고객 욕구의 다양화, 전문화, 고도화

  ㉣ 기술혁신으로 인한 물류환경 변화

  ㉤ 다품종 소량생산 체계의 등장

  ㉥ 물류비용의 지속적인 증가

(3) EDI(Electronic Data Interchange)

① 구성요소

   ㉠ 응용프로그램

   ㉡ 네트워크 소프트웨어

   ㉢ 변환소프트웨어

② 도입효과

   ㉠ 종이서류 없는 업무환경으로 오류의 감소, 비용절감

   ㉡ 업무처리시간 단축, 사무인력 생산성 향상

   ㉢ 업무의 정확성 증대

   ㉣ 적정재고 유지 및 재고관리비 감소

   ㉤ 거래상대방과의 정보공유로 협력관계 증진

   ㉥ 통관절차의 간소화

(4) 운송

① 운송의 개념

   ㉠ 교통수단을 이용하여 장소적 효용 창출을 위해 인간과 물자를 한 장소에서 다른 장소로 공간적으로 이동시키는 물리적 행위이다.

   ㉡ 현재 운송을 단순한 재화의 장소적·공간적 이동이란 개념에서 탈피하여 마케팅 관리상 수주, 포장, 보관, 하역, 유통가공을 포함함으로써 토털 마케팅 비용의 절감과 고객 서비스 향상이라는 관점에서 물류시스템 합리화의 한 요소로서 인식되고 있으며, 물류활동 중 가장 큰 비중을 차지하고 있다.

② 화물운송의 3요소

   ㉠ 운송경로(LINK) : 도로, 철도, 해상항로, 항공로 등

   ㉡ 운송수단(MODE) : 자동차, 열차, 선박, 항공기 등

   ㉢ 운송상의 연결점(NODE) : 트럭터미널, 역, 물류센터, 유통센터, 항만 등(공항, 도로의 교차점 등 상호 간의 중계기지)

③ 화물운송의 조건

   ㉠ 유체물일 것

   ㉡ 이동이 가능할 것

   ㉢ 합법적으로 운송할 수 있을 것

   ㉣ 운송설비의 능력한계 내일 것

④ 운송수단 간 속도와 비용

   ㉠ 속도가 빠른 운송수단일수록 운송 빈도가 높아져 운송비가 증가한다.

   ㉡ 속도가 느린 운송수단일수록 운송 빈도가 낮아져 보관비가 증가한다.

   ㉢ 수송비와 보관비는 상충관계로 총 비용 관점에서 운송수단을 선택해야 한다.

   ㉣ 운송수단의 선정 시 운송비용과 재고유지비용을 고려하여야 한다.

   ㉤ 운송수단별 운송물량에 따라 운송비용에 차이가 있다.

⑤ 화물운송수단 선택 시 검토요소

   ㉠ 화물의 종류와 특징

   ㉡ 화물의 규격

   ㉢ 이동경로

   ㉣ 운송거리

   ㉤ 발송, 도착 시기

   ㉥ 운송비와 재고유지비용

   ㉦ 수화인 요구사항

(5) 운송수단별 기능비교

구분	철도	자동차	선박	항공기
화물중량	대량화물	소·중량화물	대·중량화물	소·경화물
운송거리	원거리	중·근거리	원거리	원거리
운송비용	중거리운송 시 유리	단거리 운송 시 유리	원거리 운송 시 유리	가장 높음
기후영향	없음	조금 받음	많이 받음	아주 많이 받음
안정성	높음	조금 낮음	낮음	낮음
일관운송체계	미흡	용이	어려움	어려움
중량제한	없음	있음	없음	있음
화물수취 용이성	불편	편리	불편	편리
운송시간	길다	길다	매우 길다	짧다
하역·포장 비용	보통	보통	비싸다	싸다

(6) 연안운송

① 정의 : 국내 내수로를 통하여 국내 항만 간 화물을 수송하는 것을 말하며 순수 국내 화물 또는 수출입화물의 피더운송을 한다.

② 특징

ㄱ 국내 연안 운송업체만 연안화물의 운송이 가능하다.

ㄴ 운송단계가 복잡하다.

ㄷ 적하장소와 전용부두시설이 부족하여 물량처리가 힘들다.

ㄹ 운송시간과 가격경쟁력이 타 교통수단에 비해 떨어져 국내에서는 거의 운송되지 않고 있다.

ㅁ 육상운송에 비하여 속도는 느리지만 대량운송이 가능하여 유류, 석탄, 시멘트 등 벌크화물 운송에 활용한다.

③ 필요성

ㄱ 운송비가 저렴하다.

ㄴ 공로의 혼잡도를 완화시킬 수 있다.

ㄷ 철도운송과 연계할 수 있다.

ㄹ 통관이 쉽다.

ㅁ 육로운송보다 대형화물을 쉽게 운송할 수 있다.

ㅂ 에너지를 절약할 수 있다.

④ 항만시설 및 용어

ㄱ 부두(wharf) : 선박이 접안하여 화물을 하역하고 여객이 승하강하는 장소

ㄴ 잔교(pier) : 선박이 접안하고 계류하여 화물의 하역을 용이하게 만든 목재나 철재 또는 콘크리트로 만든 교량형 구조물

ㄷ 안벽(quay) : 화물의 하역이 직접 이루어질 수 있도록 해안선에 평행하게 축조된 석조 또는 콘크리트로 된 선박의 접안을 위하여 해저로부터 수직으로 만들어진 벽. 특히 전면 수심이 4.5m 이상인 접안시설로서, 1천톤 이상의 선박이 접안하는 부두시설

(7) 철도운송

① 장단점

장점	단점
• 대량운송 및 장거리 운송 • 운임 저렴 및 환경성 우수 • 정시성 확보로 계획운송 가능 • 안전성 우수 • 전천후 운송수단 • 저렴한 운임과 운송비	• 문전운송이 낮음 • 타 운송수단과 연계가 필요 • 운임이 비탄력적 • 적절한 시기에 배차하기 어려움 • 운행경로의 제약 • 철도터미널과 철도시설 부족 • 진입비용 높음 • 장비의 현대화, 표준화 미흡

② 블록트레인(block train) : 자체 화차와 터미널을 가지고 항구 또는 출발지 터미널에서 목적지인 내륙 터미널 또는 도착지점까지의 선로를 빌려 철도·트럭 복합운송을 제공하는 운송 시스템. 최초 출발지로부터 최종 도착지까지 중간역을 거치지 않고 직송 서비스를 제공하며, 복합운송에서 많이 이용되는 서비스 형태다.

③ 철도화차의 종류

구분	화차의 종류
유개화차	차장차, 유개차, 유개코일차, 유개보선용발전차
무개화차	무개차, 자갈차(호퍼차)
평판화차 (flat car)	일반 평판차, 곡형 평판차, 유개 평판차, 무개 평판차, 철판 코일차, 컨테이너차, 자동차 수송차, 컨테이너겸용차
조차	아스팔트차, 시멘트차, 황산차, 유차, 프로필렌차
더블스택카 (double stack car)	컨테이너 화차의 일종으로 컨테이너를 2단으로 적재하여 운반할 수 있도록 설계된 화차

(8) 컨테이너 운송

① 크기 : 20ft(TEU), 40ft(FEU) 해운용 컨테이너를 표준으로 하며, ISO series 1의 컨테이너 규격은 길이 40ft, 높이 8ft, 폭 8ft, 최대 총중량 30t을 기준으로 한다.

Tip ISO(국제표준화기구) : 국제적으로 통일된 표준을 제정하는 기구이다.

② 특징

ㄱ 화물의 유닛화가 목적

ㄴ 환적이 용이하게 이루어질 수 있는 구조

ⓒ 수송수단 간 연계의 효율성

ⓓ 화물크기의 제한(표준화에 따른 컨테이너 규격에 맞는 화물만 취급 가능)

ⓔ 내구성과 반복사용에 적합

ⓕ 수송비, 포장비 및 하역비 절감 가능

ⓖ 장비사용의 효율성 및 노동생산성 향상 가능

③ 종류

컨테이너의 종류	특징
일반(건화물)	일반 건화물 수송용의 대표적인 표준 컨테이너로서 가장 많이 사용
플랫랙(flat-rack)	목재, 승용차, 기계류 등과 같은 중량화물을 운송하기 위한 컨테이너로 지붕과 벽을 제거하고 기둥과 버팀대만 두어 전후좌우 및 쌍방에서 하역할 수 있는 컨테이너
오픈톱(open-top)	중량화물이나 장척화물운송에 적합한 천장이 개방된 컨테이너, 화물을 컨테이너 윗부분으로 넣거나 하역할 수 있음
솔리드 벌크 (solid bulk)	소맥분이나 가축사료 등의 수송을 위한 것으로 천장에 세 개의 뚜껑이 있음
냉동(refrigerated)	온도조절장치가 있어 과일, 야채, 생선, 육류 등을 운송할 수 있음
탱크(tank)	액체상태의 유류, 주류, 화학제품 등을 운반하는 탱크 구조형 컨테이너

④ 컨테이너터미널의 주요시설

㉠ 선석(berth) : 항구에 컨테이너선이 접안해서 컨테이너 용기를 선적 또는 하화하기 위해 설치된 구조물로 바다와 맞닿아 있는 부분

㉡ 에이프런(apron) : 안벽에 접한 야드 부분에 일정한 폭으로 나란히 뻗어 있는 공간으로서 컨테이너의 적재와 양륙작업을 위하여 임시로 하치하거나 크레인이 통과주행을 할 수 있도록 레일을 설치한 곳

㉢ 마샬링 야드(Marshalling Yard) : 컨테이너 선적 전 대기장소. 컨테이너선에 선적하거나 양륙하기 위하여 컨테이너를 정렬시켜 놓은 공간

㉣ CY(Container Yard) : 컨테이너 적치장. 철도 및 해상운송 등과 관련된 화물처리시설로서 컨테이너를 효율적으로 배치, 회수, 보관하는 시설

㉤ CFS(Container Freight Station) : 컨테이너 수송을 위한 시설 중 하나로 수출화물을 용기에 적화시키기 위하여 화물을 수집하거나 분배하는 장소

⑤ 철도 컨테이너 하역방식 → TOFC와 COFC 비교

㉠ TOFC(Trailer On Flat Car) : 평판화차 위에 컨테이너를 실은 트레일러를 적재하는 방식으로 철도역에서 별도의 하역장비 없이 선로 끝부분에 설치된 램프를 이용하여 화차에 적재하는 방식

방식	특징
피기백 (piggy back)	컨테이너를 실은 트레일러나 트럭을 철도화차 위에 적재하여 운송
캥거루 (kangaroo)	터널 높이 제한이나 법규상 높이 제한이 있을 경우 피기백 방식보다 높이가 낮게 바퀴가 화차에 삽입되는 형식
프레이트 라이너 (freight liner)	대형 컨테이너를 적재하고 터미널 사이를 고속으로 운행하는 화물컨테이너. 하역시간 단축과 문전수송 가능

㉡ COFC(Container On Flat Car) : 평판화차 위에 컨테이너 차제만을 적재하고 트레일러는 싣지 않는 방식으로 철도운송의 중량을 작게 하고 하역도 용이하여 가장 많이 이용되는 보편화된 철도하역방식

지게차에 의한 방식	지게차, 리치스태커를 이용한 적재
크레인에 의한 방식 (매달아 싣는 방식)	트랜스퍼 크레인 또는 일반 크레인을 이용한 적재
플렉시 밴 방식 (flexi-van)	트럭이 화차에 직각으로 후진하여 적재하고 화차의 회전판을 이용하여 회전 후 고정

⑥ 컨테이너 하역방식

㉠ 섀시방식 : 육상 및 선박에서 직접 섀시에 적재하므로 별도의 장비가 필요 없고 저 숙련 직원도 사용 가능하며 넓은 공간이 필요하다.

㉡ 스트래들 캐리어 방식 : 선박에서 에이프런에 직접 내리고 스트래들 캐리어로 운반하는 방식으로 토지의 효율성이 높다.

㉢ 트랜스 테이너 방식 : 선박에서 야드섀시에 탑재한 컨테이너를 마샬링 야드에 이동시켜 트랜스퍼 크레인에 장치하는 방식이다.

⑦ ICD : 내륙에 설치된 통관기지 및 컨테이너 기지
  ㉠ 컨테이너 화물의 통관업무
  ㉡ 컨테이너의 수리, 보전, 세정
  ㉢ 컨테이너화물의 집하, 분류
  ㉣ 컨테이너화물의 장치, 보관
  ㉤ 복합운송을 통한 대량운송, 공차율 감소, 운송회전율 향상

(9) 국제복합운송 : 두 가지 이상의 운송수단으로 화물이 목적지에 운반되는 것

① **종류**
  ㉠ 피기백(piggy back) : 화물자동차의 기동성과 철도의 중장거리 운송에 있어서 장점을 결합한 혼합운송방식, 피기패커(piggy-packer)라는 하역장비 필요
  ㉡ 피시백(fish back) : 선박과 화물자동차의 결합 이용방법
  ㉢ 버디백(birdy back) : 항공기에 화물차를 연계한 일괄운송시스템
  ㉣ 레일 워터(rail water) : 철도와 해운을 활용한 혼합운송방식으로 대중량 화물과 저가품의 장거리 운송 시에 가장 경제적
  ㉤ road railer : 고무타이어(트럭)와 철바퀴(철도용) 모두를 가지고 있으며 고속도로나 일반도로에서는 트레일러에 의해 운반되고, 도로를 달리다 철도를 만나면 고무로 된 바퀴가 사라지고 철도를 달릴 수 있는 철로 된 바퀴가 나오는 것
  ㉥ sea-land-sea : 해륙 일관수송. 선박으로 우회하는 것보다 해상운송과 육상운송을 조합시켜 운항시간을 단축하고 경비를 절감하는 운송
    ⓐ 랜드브리지(land bridge) : 철도나 도로를 해상과 해상을 잇는 교량처럼 활용하는 운송. sea-land-sea를 통한 복합운송

㉦ modal shift : 기존에 이용하고 있는 운송수단을 보다 효율성이 높은 운송수단으로 교체하는 것을 의미하며, 현재는 주로 운송비용을 절감하기 위한 한 방편으로 이용되고 있는 것

② **기본요건(특징)**
  ㉠ 전 구간 운송인 단일책임
  ㉡ 송하인은 단일의 운송인과 단일운송계약 체결
  ㉢ 운송인은 화주에 대한 유가증권으로서 복합운송증권(BL)의 발행
  ㉣ 전 운송구간 단일운임
  ㉤ 컨테이너 운송의 보편화
  ㉥ 운임부담의 분기점은 송하인이 물품을 내륙운송인에게 인도하는 시점
  ㉦ 운송수단은 단일이 아닌 복합으로 진행(반드시 두 가지 이상 서로 다른 운송방식으로 운송)

③ **복합운송 조건**
  ㉠ 일관운임의 설정
  ㉡ 일관운송증권 발생
  ㉢ 단일운송인 책임

④ **복합운송인(freight forwarder)** : 복합운송서류를 발행하는 자를 말한다. CTO(Combined Transport Operator)라고도 부른다. 전 운송과정을 효율적으로 관리하고, 총비용을 절감하는 것을 목표로 한다.
  ㉠ 복합운송인 분류기준

운송수단의 보유 여부		
○	×	
실제운송인(캐리어, carrier operator)	계약운송인 (포워더, forwarder)	무선박 운송인 (NVOCC)

  ㉡ 실제운송인(캐리어, carrier) : 자신이 직접 보유하고 있는 선박, 항공기, 트럭 등을 이용하여 복합운송을 수행하는 실제 운송인

ⓒ 계약운송인(포워더, forwarder) : 운송수단을 직접 소유하지 않은 채 고객을 위하여 화물운송의 주선이나 운송행위를 수행하는 운송인. 화주에게는 운송인이고 실제 운송인(선사, 항공사)에게는 화주가 됨
  ⓐ 해상운송주선업자(가장 대표적)
  ⓑ 항공운송주선업자
  ⓒ 통관업자

ⓔ NVOCC형 복합운송인(Non Vessel Operation Common Carrier) : 1984년 미국 신해운법에서 기존의 포워더형 복합운송인을 법적으로 확립한 해상 복합운송주선인이다. 정기선박 등을 운항하는 해운회사에 대비되는 용어다.
  ⓐ 선박을 소유하지 않고 운송하는 운송인
  ⓑ 직접 선박을 소유하지는 않으나 화주에 대해 일반적인 운송인으로서 운송계약
  ⓒ 선박의 소유나 지배 유무에 관계없이 수상운송인을 하도급인으로 이용하여 자신의 이름으로 운송하는 자

⑤ 책임원칙
  ㉠ 과실책임원칙(liability for negligence) : 선량한 관리자로서 적절한 주의를 다하지 못하였을 경우 발생한 화물의 손해에 대해서만 책임을 지는 것으로 운송인의 과실 책임을 화주가 입증해야 함. 해상운송계약과 UN 국제물품 복합운송조약 등에 적용
  ㉡ 무과실책임원칙((liability without negligence) : 운송인이나 사용인의 무과실에 의해 사고 발생 시 운송인이나 사용인에게는 면책을 적용
  ㉢ 절대(엄격)책임원칙(strict liability) : 운송인의 면책이 인정되지 않고 화물 손해에 대해 절대적인 책임을 지는 것으로 항공운송에 관한 몬트리올 협정 등에 적용

⑥ 책임체계
  ㉠ 이종책임체계(network liability system) : 손해가 발생하면 손해발생구간에 따라 복합운송인과 운송업자와 책임을 분담
  ㉡ 단일책임체계(uniform liability system) : 손해발생구간이 어떤 운송구간이었는지에 관계없이 복합운송인이 책임 부담
  ㉢ 절충책임체계(flexible liability system)[변형(=수정) 단일책임체계] : 위의 두 책임체계를 절충한 것으로 단일책임체계를 따르되 손해발생구간이 판명되면 해당 운송구간을 규율하는 규칙의 한도액과 복합운송계약을 규율하는 규칙의 한도액을 비교하여 높은 쪽을 적용

핵심예제

1-1. 물류는 경제의 이윤의 보고라 했으며 1960년대 초에 기업들에게 새로운 도전과 기회로서 물류분야에 경영 정책의 초점을 맞추어야 한다고 역설한 사람은? [18년 2회]
① 쇼우(Arch W. Shaw)
② 클라크(Fred E. Clark)
③ 필립 코틀러(Philip Kotler)
④ 피터 드러커(P. F. Drucker)

1-2. 물류의 중요성이 부각되는 이유와 거리가 먼 것은? [16년 2회]
① 물류비용의 지속적 증가
② 고객욕구의 다양화, 전문화, 고도화
③ 재고비 감소, 운송시간과 비용의 증가
④ 기업 활동에서 제조부분의 원가절감이 한계에 부딪힘

1-3. EDI(Electronic Data Interchange)의 구성요소가 아닌 것은? [18년 2회]
① 변환 소프트웨어
② 네트워크 소프트웨어
③ 표준문서 소프트웨어
④ 애플리케이션 소프트웨어

1-4. EDI의 특징으로 가장 옳은 것은?

① EDI로 작성한 문서를 인쇄할 수 없다.
② 물류비용이 감소된다.
③ 컨테이너 화물은 EDI로만 신청이 가능하다.
④ 통관절차가 복잡하다.

1-5. 화물운송의 3요소로 틀린 것은?

① 운송경로
② 운송인원
③ 운송수단
④ 운송상의 연결점

1-6. 화물운송의 3요소에 포함되지 않는 것은?

① MODE   ② LINK
③ NODE   ④ EDI

1-7. 화물운송의 조건으로 맞지 않는 것은? [20년 2회]

① 운송설비의 능력한계 내일 것
② 이동이 가능할 것
③ 유체물일 것
④ 포장이 가능할 것

1-8. 화물운송수단의 선택에 대한 설명으로 맞는 것은?

[15년 2회]

① 물류비는 화물운송수단과는 관계가 없다.
② 화물운송수단은 시간적인 제약을 받지 않는다.
③ 화물운송수단에는 지리적인 영향을 받지 않는다.
④ 화물운송수단의 선택에 따라 물류비가 달라진다.

1-9. 운송수단 간의 속도와 비용에 관한 내용으로 옳지 않은 것은?

① 속도가 빠른 운송수단일수록 운송 빈도가 높아져 운송비 증가
② 운송수단 선정 시 운송비용과 재고유지비용을 고려
③ 항공운송은 운송비용이 비싼 편이다.
④ 속도가 느린 운송수단일수록 운송 빈도가 더욱 낮아져 통관비 증가

1-10. 화물운송수단에 대한 설명으로 틀린 것은? [16년 3회]

① 철도운송은 중량이 무겁거나 중거리 운송에 적합하다.
② 항공운송은 대량화물에 적합하고 기후의 영향을 별로 받지 않는다.
③ 화물자동차는 주로 근거리운송을 담당하고 있고 취급 품목이 다양하다.
④ 연안해상운송은 대량화물을 장거리 운송으로 가장 저렴하게 운송할 수 있다.

1-11. 화물운송수단별 특성에 대한 것 중 틀린 것은?

[20년 2회]

① 자동차는 일관수송이 가능하나, 대량운송이 부적합하다.
② 파이프라인은 유지비가 저렴하나 초기 시설비가 많이 소요된다.
③ 철도는 원거리 대량수송이 가능하며, 근거리 운송 시 운임이 저렴하다.
④ 선박은 크기나 중량에 제한을 받지 않으나 운송기간이 많이 소요된다.

1-12. 철도와 연계한 연안운송의 설명으로 틀린 것은?

[16년 3회]

① 물류비 절감형 운송수단이다.
② 중요 원자재의 안정적 운송수단이다.
③ 단순한 유통과정을 거치므로 운송시간이 절감된다.
④ 철도운송에서 연안화물운송은 점차 확대하여야 할 운송수단이다.

1-13. 연안운송에서 화물의 하역이 직접 이루어질 수 있도록 해안선에 평행하게 축조된 석조 또는 콘크리트로 된 선박의 접안을 위하여 해저로부터 수직으로 만들어진 벽은? [17년 2회]

① Quay
② CFS
③ Wharf
④ Marshalling Yard

1-14. 연안운송에 대한 설명으로 틀린 것은?

① 연안 해송은 운송단계가 비교적 단순하고 전용 선복이 충분하여 현재 시멘트선이나 정유선 등으로 활성화되고 있는 상황이다.
② 운송비면에서 철도와 선박이 경합하고 있으나 경부선 및 중앙선 철도의 경우 철도운송능력이 이미 한계 용량에 달하여 연안해송이 필요하다.
③ 연안 해송은 오늘날 도로와 철도를 이용한 운송이 포화상태를 보이고 있는 상황에서 한계점에 도달한 공로운송과 철도운송을 대체할 수 있는 운송수단이다.
④ 연안 해송은 국가기간산업에 필수적인 원자재인 유류, 시멘트, 철강제품, 모래 등의 안정적인 수송으로 국가기간산업 발전에 없어서는 안 될 중요한 동맥이다.

1-15. 연안운송의 필요성과 관련된 설명으로 적절하지 않는 것은?

① 항만에서 근거리에 위치한 화물을 운송할 경우에는 연안운송이 경제적이다.
② 화주들이 연안운송을 회피하고 육상운송을 택하는 이유는 공로운송은 기후의 영향을 많이 받지만 운임이 저렴하기 때문이다.
③ 운송경비 면에서는 일반적으로 철강제품과 시멘트는 철도운송이 유리하나 컨테이너와 서규제품은 연안운송이 저렴하다.
④ 육상교통이란 해소의 일환으로 대량화물의 연안운송 유도가 적극적으로 이루어질 필요성이 있다.

1-16. 다른 운송수단에 비해 철도운송의 장점인 것은?

[18년 1회]

① 일관수송이 가능하다.
② 계획수송이 가능하다.
③ 운임의 탄력성이 있다.
④ 근거리 운송 시 운임이 저렴하다.

1-17. 철도운송의 형태 중 다음 설명에 해당하는 것은?

이 방식은 자체 화차와 터미널을 가지고 항구 또는 출발지 터미널에서 목적지인 내륙터미널 또는 도착지점까지 선로를 빌려 철도, 트럭 복합운송을 제공하는 운송시스템이다.

① unit train
② block train
③ freight liner
④ TOFC(Trailer On Flat Car)

1-18. 화차의 종류로 올바르게 짝지어지지 않은 것은?

① 유개화차 - 차장차
② 무개화차 - 자갈차
③ 평판차 - 곡형 평판차
④ 조차 - 컨테이너카

1-19. 철도 컨테이너 화물운송에 대한 설명으로 맞는 것은?

① ICD는 항만 또는 공항에 고정설비를 갖추고 컨테이너의 일시적 저장과 취급에 대한 서비스를 제공한다.
② 현재 사용되고 있는 해상컨테이너라 함은 국제 간 화물 운송에 사용되는 한국철도공사 소유의 컨테이너를 말한다.
③ 냉동컨테이너는 과일, 야채, 생선 따위와 같이 이용되는 온도조절장치가 붙어있는 컨테이너를 말한다.
④ TEU라 함은 컨테이너 수량을 나타내는 단위(Twenty foot Equivalent Unit)의 약자로 20ft 컨테이너 1개를 1CBM으로 환산하여 표시하는 것을 의미한다.

1-20. 컨테이너 철도운송에 대한 설명으로 맞는 것은?

[16년 1회]

① TOFC방식의 대표적인 예는 플렉시 밴(Flexi-van)이다.
② 피기백(piggy back)방식은 피기 패커(piggy packer)라는 하역장비가 필요하다.
③ 컨테이너에 적입된 화물이 운송 중 이동하지 않도록 컨테이너 내에 고정시켜 주는 것은 elevanning이라고 한다.
④ 우리나라의 컨테이너 운송의 시작은 1960년대 초 부산진역과 용산역 간 컨테이너 전용열차가 최초로 운행되면서 시작되었다.

1-21. COFC 방식이 아닌 것은?

① 플렉시 밴
② 캥거루 방식
③ 매달아 싣는 방식
④ 지게차에 의한 방식

1-22. 도로와 철도를 결합한 복합운송의 형태는?   [16년 1회]

① birdy back
② piggy back
③ fishy back
④ mini-bridge

1-23. 대륙을 횡단하는 철도를 가교로 하여 sea-land-sea 방식을 취하는 복합운송의 형태는?

[18년 1회]

① 랜드브리지
② 피시백(fish back) 방식
③ 피기백(piggy back) 방식
④ 화물-해운(freight-water) 방식

1-24. 복합운송에 대한 설명으로 틀린 것은? [16년 1회]

① 복합운송인 중 계약운송인형은 자신이 운송수단을 보유하면서 복합운송인이 역할을 수행한다.
② 피기백 방식, 철도-해운(train-water)방식, 랜드브리지 방식은 대표적인 복합운송 방식이다.
③ 품목별 무차별 운임(FAK rake)은 컨테이너 한 개당 또는 트레일러 및 화차 등의 개당 운임이 얼마라는 식으로 정해지는 운임이다.
④ 복합운송의 궁극적 목적은 규격화 및 표준화된 컨테이너로 운송수단을 연계하여 일관된 운송을 통해 문전에서 문전으로 화물을 수송하는 것이다.

1-25. 포워더형 복합운송주선업에 해당되지 않는 것은?
[16년 2회]

① 트럭회사　　　　② 해상운송주선업자
③ 통관업자　　　　④ 항공운송주선업자

1-26. 복합운송인의 책임이 아닌 것은?
① 절대책임　　　　② 부실책임
③ 무과실책임　　　④ 과실책임

|해설|

1-1
① 쇼우(Arch W. Shaw) : 1912년, 경영활동을 생산활동, 유통활동, 조성활동으로 구분하고 이 가운데 유통활동의 구성요소로서 수요창조활동과 물적 공급 활동의 두 가지로 구분하였는데 물적 공급활동이 물류의 개념이다. 처음으로 물류의 개념 제시, 물류활동의 중요성을 강조했다.
② 클라크(Fred E. Clark) : 1922년, 그의 저서 "Principle of Marketing"에서 "Physical Distribution"이란 용어를 처음으로 사용. 클라크는 마케팅 기능을 교환기능, 물적 공급, 보조 및 조성 기능으로 분류하면서 물적 공급 기능이란 교환기능에 대응하는 유통의 기본적 기능이라고 설명하고 있다. 물류기능의 중요성을 강조했다.
③ 피터 드러커(P. F. Drucker) : 물류를 '경제의 암흑대륙 또는 이윤의 보고'라고 표현했다. 물류는 마치 해가 비치지 않는 것과 같은 미개척 영역이기 때문에 여기에 진출하면 무궁무진한 기회가 열려 있다는 뜻이다. 그래서 1960년대 초 기업들에게 새로운 도전과 기회로서 물류분야에 경영의 초점을 맞추라고 역설했다.

1-2
③ 재고비가 증가하고 있기 때문에 감소를 위해 물류의 중요성이 부각되고 있다.

1-3
EDI란 전자문서교환(Electronic Data Interchange)을 말하며 어플리케이션 소프트웨어, 변환 소프트웨어, 네트워크 소프트웨어로 구성되어 있다.

1-4
① EDI는 전자문서로 종이서류가 없는 업무환경을 만들어주긴 하지만 인쇄할 수 없는 것은 아니다.
③ 업무의 정확성이 증대된다.
④ 통관절차의 간소화가 가능하다.

1-5, 1-6
운송경로(LINK), 운송수단(MODE), 운송상의 연결점(NODE) 자주 출제되는 문제로 영어로도 나오고 한글로도 나오기 때문에 모두 숙지해야 한다.

1-7
화물운송의 조건에는 운송설비의 능력한계 내 일 것, 이동이 가능할 것, 유체물일 것, 합법적으로 운송할 수 있을 것 총 4가지이다.

1-8
④ 화물운송수단 선택 시 검토요소에는 화물의 종류와 특징, 화물의 규격, 이동경로, 운송거리, 발송·도착 시기, 운송비 부담능력, 수화인 요구사항 등이 있다.

1-9
④ 속도가 느린 운송수단일수록 운송 빈도가 더욱 낮아져 보관비가 증가한다.

1-10
② 항공운송은 기후의 영향을 많이 받는 대표적인 운송수단이다.

1-11
③ 철도는 중장거리 대량운송 시 적합하며 근거리 운송 시 운임은 비싸다.

1-12
철도와 연계한 연안운송은 운송과정이 복잡하고 시간이 오래 걸린다.

1-13
안벽에 대한 설명이다. 영어와 한글이 혼재되어 문제가 출제되니 다 숙지 해놓는 것이 좋다.
① 안벽
② 컨테이너 장치장
③ 부두
④ 마샬링 야드

1-14
① 운송단계가 복잡하고 적하장소와 전용부두시설 등이 부족하여 국내에서는 거의 운송되지 않고 있다.

1-15
② 연안운송이 공로운송보다 더 저렴하다.

1-16
① 철도운송은 타 운송수단과 연계가 필요하다.
③ 운임이 비탄력적이다.
④ 중장거리 운송 시 저렴하다.

1-17
블록트레인에 대한 설명이다.

1-18
④ 컨테이너차는 평판차에 속한다.

1-19
① ICD는 내륙에 설치된 통관기지 및 컨테이너 기지를 말한다.
② 선박회사의 소유의 컨테이너다.
④ CBM은 화물의 용적을 계산하는 단위다.

1-20
① 플렉시 밴은 COFC에 속한다.
③ 컨테이너가 움직이지 않도록 고정 및 고박하는 작업을 shoring, lashing이라고 한다.
④ 1972년부터 부산지역과 용산역 간의 컨테이너 수송이 시작됐다.

1-21
②는 TOFC 방식이다.

1-22
① 항공기에 화물차를 연계한 일괄운송시스템
③ 선박과 화물자동차의 결합 이용방법

1-23
랜드브리지란 철도나 도로를 해상과 해상을 잇는 교량처럼 활용하는 운송으로 sea-land-sea 방식을 사용한다.

1-24
자신이 직접 운송수단을 보유하면서 복합운송인의 역할을 하는 운송인은 실제운송인형(캐리어, carrier)이다.

1-25
실제 운송인처럼 운송주체자로서 영업을 행하는 사람을 포워더형이라고 하는데 해상운송주선업자, 항공운송주선업자, 통관업자 등이 있다.

1-26
① 절대(엄격)책임 : 운송인의 면책이 인정되지 않고 화물 손해에 대해 절대적인 책임을 지는 것
③ 무과실 책임 : 운송인이나 사용인의 무과실에 의해 사고 발생 시 운송인이나 사용인에게는 면책을 적용
④ 선량한 관리자로서 적절한 주의를 다하지 못하였을 경우 발생한 화물의 손해에 대해서만 책임을 지는 것으로 운송인의 과실 책임을 화주가 입증해야 함. 복합운송인의 책임은 절대, 무과실, 과실 총 3개다.

정답 1-1 ② 1-2 ③ 1-3 ③ 1-4 ② 1-5 ② 1-6 ④ 1-7 ④ 1-8 ④
1-9 ④ 1-10 ② 1-11 ③ 1-12 ③ 1-13 ① 1-14 ① 1-15 ②
1-16 ② 1-17 ② 1-18 ④ 1-19 ③ 1-20 ② 1-21 ② 1-22 ①
1-23 ① 1-24 ① 1-25 ① 1-26 ②

(1) 용어의 정의(물류정책기본법(이하 물류법) 제2조)

① **물류** : 재화가 공급자로부터 조달·생산되어 수요자에게 전달되거나 소비자로부터 회수되어 폐기될 때까지 이루어지는 운송·보관·하역 등과 이에 부가되어 가치를 창출하는 가공·조립·분류·수리·포장·상표부착·판매·정보통신 등을 말한다.

② **물류사업** : 화주의 수요에 따라 유상으로 물류활동을 영위하는 것을 업으로 하는 것이다.

　㉠ 자동차·철도차량·선박·항공기 또는 파이프라인 등의 운송수단을 통하여 화물을 운송하는 화물운송업

　㉡ 물류터미널이나 창고 등의 물류시설을 운영하는 물류시설운영업

　㉢ 화물운송의 주선, 물류장비의 임대, 물류정보의 처리 또는 물류컨설팅 등의 업무를 하는 물류서비스업

　㉣ ㉠부터 ㉢까지의 물류사업을 종합적·복합적으로 영위하는 종합물류서비스업

구분	종류
화물운송업	육상화물운송업, 해상화물운송업, 항공화물운송업, 파이프라인운송업
물류시설 운영업	창고업(공동집배송센터운영업 포함), 물류터미널 운영업
물류서비스업	화물 취급업(하역업 포함), 화물 주선업, 물류장비임대업, 물류정보처리업, 물류컨설팅업, 해운부대사업, 항만운송관련업, 항만운송사업
종합물류서비스업	종합물류서비스업

③ **물류체계** : 효율적인 물류활동을 위하여 시설·장비·정보·조직 및 인력 등이 서로 유기적으로 기능을 발휘할 수 있도록 연계된 집합체

④ **물류시설**

　㉠ 화물의 운송·보관·하역을 위한 시설

　㉡ 화물의 운송·보관·하역 등에 부가되는 가공·조립·분류·수리·포장·상표부착·판매·정보통신 등을 위한 시설

　㉢ 물류의 공동화·자동화 및 정보화를 위한 시설

　㉣ ㉠부터 ㉢까지의 시설이 모여 있는 물류터미널 및 물류단지

⑤ **물류공동화** : 물류기업이나 화주기업들이 물류활동의 효율성을 높이기 위하여 물류에 필요한 시설·장비·인력·조직·정보망 등을 공동으로 이용하는 것을 말한다.

⑥ **물류표준화** : 원활한 물류를 위하여 다음의 사항을 물류표준으로 통일하고 단순화하는 것을 말한다.

　㉠ 시설 및 장비의 종류·형상·치수 및 구조

　㉡ 포장의 종류·형상·치수·구조 및 방법

　㉢ 물류용어, 물류회계 및 물류 관련 전자문서 등 물류체계의 효율화에 필요한 사항

⑦ **단위물류정보망** : 기능별 또는 지역별로 관련 행정기관, 물류기업 및 그 거래처를 연결하는 일련의 물류정보체계를 말한다.

⑧ **제3자 물류** : 기능별 또는 지역별로 관련 행정기관, 물류기업 및 그 거래처를 연결하는 일련의 물류정보체계를 말한다.

⑨ **국제물류주선업** : 타인의 수요에 따라 자기의 명의와 계산으로 타인의 물류시설·장비 등을 이용하여 수출입화물의 물류를 주선하는 사업을 말한다.

(2) 국가물류정책위원회와 지역물류정책위원회(물류법 제11,14,18,20조)

국가물류기본계획과 지역물류기본계획의 차이점 구별

구부	국가물류기본계획	지역물류기본계획
수립권자	국토교통부장관 및 해양수산부장관 공동으로 수립	특별·광역시장(필요시 특별자치시장·도지사 및 특별자치도지사 수립가능)
수립주기	10년 단위 국가계획을 5년마다 공동으로 수립	10년 단위 계획을 5년마다 수립
계획내용	1. 국내외 물류환경의 변화와 전망 2. 물류정책의 목표와 전략 및 단계별 추진계획 3. 국가물류정보화사업에 관한 사항 4. 운송·보관·하역·포장 등 물류기능별 물류정책 및 도로·철도·해운·항공 등 운송수단별 물류정책의 종합·조정에 관한 사항 5. 물류시설·장비의 수급·배치 및 투자 우선순위에 관한 사항 6. 연계물류체계의 구축과 개선에 관한 사항 7. 물류 표준화·공동화 등 물류체계의 효율화에 관한 사항 8. 물류보안에 관한 사항 9. 물류산업의 경쟁력 강화에 관한 사항 10. 물류인력의 양성 및 물류기술의 개발에 관한 사항 11. 국제물류의 촉진·지원에 관한 사항 12. 환경친화적 물류활동의 촉진·지원에 관한 사항	1. 지역물류환경의 변화와 전망 2. 지역물류정책의 목표·전략 및 단계별 추진계획 3. 운송·보관·하역·포장 등 물류기능별 지역물류정책 및 도로·철도·해운·항공 등 운송수단별 지역물류정책에 관한 사항 4. 지역의 물류시설·장비의 수급·배치 및 투자 우선순위에 관한 사항 5. 지역의 연계물류체계의 구축 및 개선에 관한 사항 6. 지역의 물류 공동화 및 정보화 등 물류체계의 효율화에 관한 사항 7. 지역 물류산업의 경쟁력 강화에 관한 사항 8. 지역 물류인력의 양성 및 물류기술의 개발·보급에 관한 사항 9. 지역차원의 국제물류의 촉진·지원에 관한 사항 10. 지역의 환경친화적 물류활동의 촉진·지원에 관한 사항
위원 구성인원	위원장 포함 23명	위원장 포함 20명
위원장	국토교통부장관	해당 지역 시·도지사
임기	공무원이 아닌 위원의 임기는 2년, 연임 가능	공무원이 아닌 위원의 임기는 2년, 연임 가능
소속	국토교통부	시·도지사
구성 및 운영에 관하여 필요한 사항	대통령령으로 정함	대통령령으로 정함
신분위천	1. 5명 이내의 비상근 전문위원을 둘 수 있다. 2. 국토교통부장관이 위촉한다. 3. 신분위천의 임기는 3년 이내로 하되, 연임할 수 있다. 4. 전문위원은 위원회와 분과위원회에 출석하여 발언할 수 있다.	

(3) 전자문서 및 물류정보의 보안

→ 대통령령(○), 국토교통부령(×)

① 금지행위(물류법 제33조)

  ㉠ 단위물류정보망이나 전자문서를 위작 또는 변작하거나 행사하여서는 안 된다.

  → 10년 이하 징역 또는 1억원 이하 벌금

  ㉡ 국가물류통합정보센터 또는 단위물류정보망에 의하여 처리·보관 또는 전송되는 물류정보를 훼손하거나 그 비밀을 침해·도용 또는 누설해서는 안 된다.

  → 5년 이하 징역 또는 5천만원 이하 벌금

  ㉢ 단위물류정보망 전담기관 또는 국가물류통합정보센터 운영자는 전자문서 및 물류정보의 보안에 필요한 보호조치를 강구하여야 한다.

  ㉣ 누구든지 불법 또는 부당한 방법으로 보호조치를 침해하거나 훼손하여서는 안 된다.

② 전자문서 및 물류정보의 보관기간 : 2년 → 1년 이하 징역 또는 1천만원 벌금

③ 전자문서 및 물류정보의 공개(물류법 제34조)

  ㉠ 원칙 : 단위물류정보망 전담기관 또는 국가물류통합정보센터 운영자는 대통령령으로 정하는 경우 이외에는 전자문서 또는 물류정보를 공개하여서는 안 된다.

  ㉡ 단위물류정보망 전담기관 또는 국가물류통합정보센터 운영자가 전자문서 또는 물류정보를 공개하려는 때에는 신청이 있는 날부터 60일 이내에 서면(전자문서)으로 이해관계인의 동의를 받아야 한다.

(4) 국제물류주선업(물류법 제43,44조)

① 국토교통부령으로 정하는 바에 따라 시·도지사에게 등록하여야 한다. → 위반 시 : 무등록 경영(1년 이하 징역 또는 1천만원 이하의 벌금)

② 등록기준 : 3억원 이상의 자본금(법인이 아닌 경우 6억원 이상 자산평가액 보유) 1억원 이상의 보증보험 가입

③ 보증보험 가입 제외 가능자
  ㉠ 자본금 또는 자산평가액이 10억원 이상인 경우
  ㉡ 컨테이너장치장을 소유하고 있는 경우
  ㉢ 은행으로부터 1억원 이상의 지급보증을 받은 경우
  ㉣ 1억원 이상의 화물배상책임보험에 가입한 경우

④ 등록의 결격사유
  ㉠ 피성년후견인 또는 피한정후견인 → 미성년자, 파산자는 사업 가능!
  ㉡ 「물류정책기본법」, 「화물자동차 운수사업법」, 「항공사업법」, 「항공안전법」, 「공항시설법」 또는 「해운법」을 위반하여 금고 이상의 실형을 선고받고 그 집행이 종료(집행이 종료된 것으로 보는 경우를 포함한다)되거나 집행이 면제된 날부터 2년이 지나지 아니한 자
  ㉢ 「물류정책기본법」, 「화물자동차 운수사업법」, 「항공사업법」, 「항공안전법」, 「공항시설법」 또는 「해운법」을 위반하여 금고 이상의 형의 집행유예를 선고받고 그 유예기간 중에 있는 자
  ㉣ 「물류정책기본법」, 「화물자동차 운수사업법」, 「항공사업법」, 「항공안전법」, 「공항시설법」 또는 「해운법」을 위반하여 벌금형을 선고받고 2년이 지나지 아니한 자
  ㉤ 등록이 취소(㉠에 해당하여 등록이 취소된 경우는 제외한다)된 후 2년이 지나지 아니한 자
  ㉥ 법인으로서 대표자가 ㉠부터 ㉤까지의 어느 하나에 해당하는 경우
  ㉦ 법인으로서 대표자가 아닌 임원 중에 ㉡부터 ㉤까지의 어느 하나에 해당하는 사람이 있는 경우

(5) 철도물류산업법

① 용어의 정의(철도물류산업법 제2조)
  ㉠ 철도물류 : 철도차량을 이용한 화물의 운송과 이와 관련하여 이루어지는 물류를 말한다.
  ㉡ 철도화물운송업 : 철도차량으로 화물을 운송하는 사업
  ㉢ 철도물류시설운영업 : 물류터미널·창고 등 철도물류시설을 운영하는 사업
  ㉣ 철도물류서비스업 : 철도화물 운송의 주선, 철도물류에 필요한 장비의 임대, 철도물류 관련 정보의 처리 또는 철도물류에 관한 컨설팅 등 철도물류와 관련된 각종 서비스를 제공하는 사업

② 철도물류산업 육성계획 수립(철도물류산업법 제6조)
  ㉠ 수립권자 : 국토교통부장관
  ㉡ 수립주기 : 철도물류산업 육성계획을 5년마다 수립하여 시행
  ㉢ 심의 : 철도산업위원회

③ 철도화물역의 거점화(철도물류산업법 제9조)
  ㉠ 거점역 지정권자 : 국토교통부장관
  ㉡ 거점역 지정기준, 방법 등 필요한 사항 : 대통령령

④ 국제철도화물운송사업자(철도물류산업법 제18조)
  ㉠ 지정권자 : 국토교통부장관
  ㉡ 지정기준
    ⓐ 자본금이 50억 이상일 것
    ⓑ 부채총액이 자본금의 2배를 초과하지 아니할 것
    ⓒ 최근 5년 이내에 철도화물의 운송실적이 있을 것
  ㉢ 지정을 취소할 수 있는 경우
    ⓐ 거짓이나 그 밖의 부정한 방법으로 지정을 받은 경우 → 1천만원 이하의 과태료 부과
    ⓑ ⓐ에 따른 지정기준에 미달된 경우로서 그 날부터 90일 이내에 미달된 사항을 보완하지 아니한 경우
    ⓒ 「철도사업법」 제5조에 따른 철도사업면허가 취소되었거나 철도화물운송업의 폐업이 확인된 경우

2-1. 물류정책기본법에서의 물류(物流)에 대한 정의로 맞는 것은?
[16년 3회]

① 효율적인 물류활동을 위하여 시설·장비·정보 등과 인력 등이 서로 유기적으로 기능을 발휘할 수 있도록 연계된 집합체를 말한다.
② 화주가 소비자로부터 회수되어 폐기될 때까지 이루어지는 운송·보관·하역 등과 이에 부가 되어 가치를 창출하는 가공·조립·분류·수리·포장·상표부착·판매·정보통신 등을 말한다.
③ 재화가 수요자로부터 조달·생산되어 공급자에게 전달되거나 공급자로부터 회수되어 폐기될 때까지 이루어지는 운송·보관·하역 등과 이에 부가되어 가치를 창출하는 가공·조립·분류·수리·포장·상표부착·판매·정보통신 등을 말한다.
④ 재화가 공급자로부터 조달·생산되어 수요자에게 전달되거나 소비자로부터 회수되어 폐기될 때까지 이루어지는 운송·보관·하역 등과 이에 부가되어 가치를 창출하는 가공·조립·분류·수리·포장·상표부착·판매·정보통신 등을 말한다.

2-2. 다음은 물류정책기본법에 의한 물류시설에 대한 정의를 설명한 것이다. ( ) 안에 들어갈 용어가 맞는 것으로만 구성된 것은?
[20년 2회]

> "물류시설"이란 화물의 운송, 보관, ( ) 등에 부가되는 가공, 조립, ( ), 포장, ( ), ( ), 정보통신 등을 위한 시설을 말한다.

① 하역, 분류, 수리, 상표부착, 판매
② 하역, 분류, 수선, 상표부착, 배송
③ 적재, 분리, 수리, 상표부착, 판매
④ 적재, 분리, 수선, 상표부착, 배송

2-3. 물류정책기본법상 물류사업의 종류 중 화물운송업의 세분류에 해당하지 않는 것은?
[20년 2회]

① 창고업
② 해상화물운송업
③ 파이프라인운송업
④ 육상화물운송업

2-4. 국가물류정책위원회의 전문위원에 대한 설명 중 틀린 것은?
[17년 2회]

① 5명 이내 비상근 전문위원을 둘 수 있다.
② 국토교통부장관이 전문위원을 위촉한다.
③ 전문위원의 임기는 3년이며, 연임할 수 없다.
④ 전문위원은 위원회와 분과위원회에 출석하여 발언할 수 있다.

2-5. 물류정책기본법상 지역물류기본계획수립 시 포함되어야 할 사항이 아닌 것은?
[16년 2회]

① 지역물류의 수요예측
② 지역물류환경의 변화와 전망
③ 지역차원의 국제물류의 촉진, 지원에 관한 사항
④ 지역물류정책의 목표, 전략 및 단계별 추진계획

2-6. 국가물류통합정보센터운영자 또는 단위물류정보망 전담기관이 전자문서 또는 물류정보를 대통령령으로 정하는 기간 동안 보관하지 아니한 자에 대한 벌칙으로 맞는 것은?
[17년 1회]

① 1년 이하의 징역 또는 1천만원 이하의 벌금에 처한다.
② 2년 이하의 징역 또는 2천만원 이하의 벌금에 처한다.
③ 3년 이하의 징역 또는 3천만원 이하의 벌금에 처한다.
④ 4년 이하의 징역 또는 4천만원 이하의 벌금에 처한다.

2-7. 철도물류산업의 육성 및 지원에 관한 법률에 정의된 내용으로 틀린 것은?
[19년 1회]

① 철도물류산업 육성계획은 5년마다 수립하여 시행하여야 한다.
② 철도물류서비스업이란 물류 터미널, 창고 등 철도물류시설을 운영하는 사업을 말한다.
③ 철도화물의 거점역의 지정기준, 방법 및 비용지원 등에 관한 사항은 대통령령으로 정한다.
④ 거짓이나 그 밖의 방법으로 국제철도물운송사업자로 지정을 받은 경우 1천만원 이하의 과태료를 부과한다.

2-1
① 물류체계에 대한 설명이다.
② 틀린 설명이다.
③ 물류는 공급자로부터 생산되어 수요자에게 전달되는 것이 원칙이다.

2-2
물류시설의 정의는 총 4가지가 있다.
1. 화물의 운송·보관·하역을 위한 시설
2. 화물의 운송·보관·하역 등에 부가되는 가공·조립·분류·수리·포장·상표부착·판매·정보통신 등을 위한 시설
3. 물류의 공동화·자동화 및 정보화를 위한 시설
4. 1번부터 3번까지의 시설이 모여 있는 물류터미널 및 물류단지

2-3
① 창고업은 화물운송업이 아닌 물류시설 운영업의 세 분류에 해당한다.

2-4
③ 전문위원의 임기는 3년이며, 연임할 수 있다.

2-5
물류정책기본법 제14조 지역물류기본계획의 수립 참고

2-6
전자문서 및 물류정보의 보관기간은 2년이며 이를 어길 시 1년 이하 징역 또는 1천만원 이하의 벌금에 처한다.

2-7
② 물류 터미널, 창고 등 철도물류시설을 운영하는 사업은 철도물류시설운영업이다.
* 철도물류서비스업 : 철도화물 운송의 주선, 철도물류에 필요한 장비의 임대, 철도물류 관련 정보의 처리 또는 철도물류에 관한 컨설팅 등 철도물류와 관련된 각종 서비스를 제공하는 사업

정답 2-1 ④　2-2 ①　2-3 ①　2-4 ③　2-5 ①　2-6 ①　2-7 ②

제2절 | 철도화물운송

핵심이론 01 철도 화물운송 일반

(1) 용어의 정의(약관 제1조)

① **고객** : 철도를 이용하여 화물을 탁송할 경우의 송·수화인
② **역** : 국토교통부에서 고시하는 「철도거리표」의 화물 취급역
③ **화물운송장** : 고객이 탁송화물의 내용을 적어 철도공사에 제출하는 문서(EDI 전자교환문서 포함)
④ **화물운송통지서** : 철도공사가 탁송화물을 수취하고 고객에게 발급하는 문서
⑤ **탁송** : 고객이 철도공사에 화물운송을 위탁하는 것
⑥ **수탁** : 철도공사가 고객의 탁송신청을 수락하는 것
⑦ **수취** : 철도공사가 적재 완료한 탁송화물을 인수하는 것
⑧ **적하** : 화물을 싣고 내리는 것
⑨ **살화물** : 석탄, 광석 등과 같이 일정한 포장을 하지 않는 화물
⑩ **화차표기하중톤수** : 화차에 적재할 수 있는 최대의 중량
⑪ **특대화물** : 일반화물 중 다음에 해당하는 것(단, 갑종 철도차량 제외)
　㉠ 화물의 폭이나 길이, 밑 부분이 적재화차에서 튀어나온 화물
　㉡ 화물적재 높이가 레일 면에서부터 4,000밀리미터 이상인 화물
　㉢ 화물 1개의 중량이 35톤 이상인 화물
⑫ **전용화차** : 철도공사의 소유화차를 특정고객에게 일정기간 동안 전용시킨 화차

> **Tip** 자주 나오는 틀린 용어
> 전용화차란 철도공사의 소유가 아닌 화차를 특정 고객에게 전용시킨 화차

⑬ **EDI** : 전자문서교환(Electronic Data Interchange)
⑭ **운임** : 화물의 장소적 이동에 대한 대가로 수수하는 금액 → 요금과 비교

⑮ 요금 : 장소적 이동 이외의 부가서비스 등에 대한 대가로 수수하는 금액

⑯ 기본운임 : 할인·할증을 제외한 임률, 중량, 거리만으로 계산한 운임(단, 최저기본운임에 미달할 경우에는 최저기본운임을 기본운임으로 함)

⑰ 최저기본운임 : 철도운송의 최저비용을 확보하기 위하여 정한 기본운임

⑱ 물류지원시설 : 물류시설 내에서 철도화물수송을 위한 사무공간, 회의실, 휴게실 등 부대시설을 말한다.

(2) 운송조정(약관 제7조)

① 운송조정이 필요할 때

㉠ 천재지변 또는 악천후로 인하여 재해가 발생하였거나 발생이 예상되는 경우

㉡ "철도사고" 또는 "운행장애", 파업 및 노사분규 등으로 열차운행에 중대한 장애가 발생하였거나 발생할 것으로 예상되는 경우

Tip 화물운송을 제한하거나 정지할 때에는 해당 역에 게시하거나 고객에게 통보

② 운송의 제한 또는 정지

㉠ 발송역, 도착역, 품목, 수량 등에 따른 수탁의 제한 또는 정지

㉡ 탁송변경 요청의 제한 또는 정지

(3) 탁송신청

① 신청방법(약관 제11조) → 위험물 컨테이너를 제외한 나머지는 화물운송장을 제출

철도물류정보서비스(인터넷, 모바일 웹)를 통하여 직접 신청하는 것을 원칙으로 하고 필요시 EDI, 구두, 전화, 팩스(fax) 등으로 할 수 있으며, 운송제한 화물은 위험물 컨테이너를 제외하고 화물운송장을 제출해야 한다. 다만, 전용열차는 탁송신청을 생략할 수 있다.

약관 제15조(운송제한 화물)
1. 「위험물 철도운송 규칙」에서 정한 운송취급주의 위험물
2. 동물, 사체 및 유골
3. 귀중품
4. 부패변질하기 쉬운 화물
5. 갑종설노차량
6. 열차 및 운송경로를 지정하여 운송을 청구하는 화물
7. 전세열차로 청구하는 화물
8. 속도제한 화물
9. 운송에 적합하지 않은 포장을 한 화물
10. 화물취급역이 아닌 장소에서 탁송하는 화물
11. 차량한계를 초과하는 화물 등 철도로 운송하기에 적합하지 않은 화물

② 화물 탁송 시 알려야 할 사항

㉠ 발송역 및 도착역(화물지선에서 탁송할 경우 그 지선명)

㉡ 송·수화인의 성명(상호), 주소, 전화번호

㉢ 화물의 품명, 중량, 부피, 포장의 종류, 개수

㉣ 운임·요금의 지급방법

㉤ 화차종류 및 수송량수

㉥ 화물운송장 작성자 및 작성연월일(운송제한 화물에 한정함)

㉦ 컨테이너화물로 위험물을 탁송할 경우 그 위험물 종류

㉧ 특약 조건 및 그 밖에 필요하다고 인정되는 사항

Tip 고객은 화물 탁송신청 시 정확한 정보를 제공할 의무가 있으며, 부정확한 정보 제공으로 발생하는 모든 손해에 대하여 철도공사는 책임지지 않는다.

③ 탁송화물 확인

㉠ 철도공사는 필요한 경우 고객이 화물탁송 시 알린 내용에 대해 고객과 함께 진위여부를 확인 할 수 있다.

㉡ 비용 처리

ⓐ 알린 내용과 같은 경우 : 철도공사 부담

ⓑ 알린 내용과 다른 경우 : 고객 부담

(4) 취급화물의 범위(약관 제12조)

> **Tip** 자주 나오는 틀린 용어
> 철도공사는 1개 열차를 1건으로 취급한다.

① 철도공사는 화차 1량을 1건으로 하여 취급한다. 다만, 갑종철도차량은 1량을 1건으로, 컨테이너화물은 컨테이너 1개를 1건으로 취급한다.

② 취급화물의 범위

　㉠ 송화인, 수화인, 발송역, 도착역, 탁송일시, 운임·요금 지급방법이 같은 화물

　㉡ 위험물에는 다른 화물을 혼합하지 않을 것

　㉢ 1량에 적재할 수 있는 부피 및 중량을 초과하지 않을 것. 다만, 2량 이상에 걸쳐 적재하는 특대화물(중간에 보조차를 공동 사용하여 그 앞뒤의 화차에 적재한 화물 포함) 및 이와 다른 화물을 함께 탁송하는 경우에는 그 사용차에 적재할 수 있는 부피 및 중량

(5) 화물의 수취(약관 제19, 20조)

① 수취시기 : 송화인이 탁송화물을 적하선에서 화차에 적재 완료한 후 운송에 지장이 없을 경우(단, 전용철도 운영자가 탁송하는 화물의 수취는 별도협약을 따름)

② 화물운송통지서 발급 시기 : 화물을 수취하고 화물운임·요금을 수수할 때(후급취급 화물은 화물을 수취할 때). 단, 고객의 동의가 있는 경우 화물운송통지서 발급을 생략할 수 있다.

> **Tip** 화물운송통지서는 화물운송 수취증으로서 유가증권적 효력이 없다.

(6) 적재중량 및 부피(약관 제21조)

① 화차에 적재할 화물의 중량은 화차표기하중톤수를 초과할 수 없다. 다만, 화약류는 화차표기하중톤수의 100분의 80을 초과할 수 없으며, 레일의 적재중량은 세칙에서 정한 기준을 따른다.

② 화물의 폭, 길이 등을 화차 밖으로 튀어나오게 적재할 수 없다.

③ 화물의 최고높이는 레일 면에서 화차중앙부는 4,000밀리미터, 화차양쪽 옆은 3,800밀리미터 이내로 적재하여야 한다.

④ 단, 안전 수송에 지장이 없어 철도공사가 특별히 승낙할 경우에는 예외로 한다.

(7) 호송인

① 호송인 승차(약관 제25조)

　㉠ 운송 도중 특별한 관리가 요구되는 화물은 송화인의 비용으로 호송인을 승차시켜 보호·관리하여야 한다.

　㉡ 호송인 승차를 위해 차장차를 연결하는 경우에는 갑종철도차량에 해당하는 운임을 수수할 수 있다.

　㉢ 호송인은 화물에 사고가 발생한 경우 응급조치를 할 수 있는 사람으로서 철도공사가 지정한 물품을 휴대하여야 한다.

세칙 제19조(호송인 휴대품)

1. 화약류 : 소화기(A·B·C형)
2. 산류 : 방독면, 보호의, 장갑, 중화제(소석회 10킬로그램), 밸브용 공구
3. 압축 및 액화가스류 : 방독면, 보호의, 누설탐지기, 소화기(A·B·C형), 밸브용 공구
4. 휘산성독물 : 해독제, 보호의, 장갑
5. 그 밖의 화물 : 화물의 성질에 따른 관리, 보호 및 사고가 있을 때 응급조치에 필요한 물품

---

② 호송인 승차화물(세칙 제18조)

　㉠ 호송인이 승차해야 하는 경우 : 운송 도중 특별한 관리가 요구되는 화물 취급 시 고객 또는 철도공사의 요청

위험물철도운송규칙 제17조(호송인의 동승 요구)

① 철도운영자는 1개 화차를 전용하여 적재할 화약류의 운송을 수탁한 때에는 탁송인에게 호송인을 동일열차에 동승시킬 것을 요구할 수 있다.
② 철도운영자는 위험물을 철도로 운송함에 있어 필요하다고 인정하는 경우에는 탁송인에게 해당 위험물에 대한 안전관리자의 동승을 요구할 수 있다.
③ 제1항 및 제2항의 규정에 의하여 호송인 또는 안전관리자가 동일열차에 동승하는 경우에는 호송인 또는 안전관리자는 해당 위험물을 적재한 화차에 승차하여서는 아니 된다.

ⓛ 호송인 승차비용 : 송화인 부담(단, 호송인이 부득
이한 사유로 직무를 수행할 수 없을 경우에는 철도
공사 직원이 대리호송인으로 승차할 수 있다. 이
경우에는 별도로 대리호송인료를 수수한다)

ⓒ 호송인의 역할 : 화물의 멸실·훼손방지 등 화물을
보호하고 관리

ⓔ 호송인의 위치 : 그 화물을 적재한 열차의 차장차
또는 차장차 대용 차량에 승차

(8) 탁송변경

① 고객이 탁송변경을 요청할 수 있는 경우(약관 제27조)
ⓖ 탁송 취소
ⓛ 도착역 변경
ⓒ 발송역 회송
ⓔ 열차 및 운송경로 지정변경(이 경우는 발송역 발송
전에 한정함)
ⓜ 수화인변경 등 그 밖의 탁송변경

② 탁송변경 요금(세칙 제20조)
ⓖ 탁송취소
　ⓐ 전세 및 임시열차 : 탁송취소, 다만 예납금을
　　수수한 경우는 제외
　ⓑ 전세 및 임시열차 이외의 화물 : 발송역에서
　　화물을 수취하기 전 탁송취소
ⓛ 도착역변경 또는 발송역 회송(도착역의 인도 전
화물에 한정함)

Tip 화물수취 후 열차출발 전 탁송취소를 하는 경우에는
구내운반운임을 수수

(9) 적하 및 운송

① 화물의 운송기간(약관 제29조)
ⓖ 발송기간 : 화물을 수취한 시각부터 12시간
　Tip 자주 나오는 틀린 용어
　　수취한 날로부터 12시간

ⓛ 수송기간 : 운임계산 거리 400킬로미터까지마다
24시간
ⓒ 인도기간 : 도착역에 도착한 시각부터 12시간
　　→ 도착한 날로부터 12시간 (✕)
ⓖ + ⓛ + ⓒ = 운송기간

Tip 단, 천재지변, 기상악화 등 미리 예상치 못한 사유로
운송기간이 지연되는 경우에는 그 기간만큼 연장하는
것으로 본다.

② 화물의 적하시간(세칙 제8조) : 화차를 적하선에 차입
하고 적하통지를 한 시각부터 적하작업을 완료하여
화차인출이 가능한 상태를 통보받은 시각까지 화주의
책임으로 적하한다.
ⓖ 화약류 및 컨테이너화물은 3시간
ⓛ 그 밖의 화물은 5시간. 다만, 당일 18:00 이후부터
다음날 06:00까지 적하통지를 한 화물은 다음날
11:00까지

③ 적하시간 미포함(세칙 제8조)
ⓖ 열차지정 화물이 예정된 시각보다 일찍 도착하여
적하선에 차입한 경우 지정열차 도착시각까지의
하화시간
ⓛ 철도공사의 책임 등으로 적하시간을 연장한 경우
그 연장시간

Tip 화물의 적하는 고객책임, 다른 화물 운송 시에도 지장
이 없어야 함

(10) 화물 인도 및 반출

① 인도시기 및 화물반출(약관 제30,31조)
ⓖ 인도시기 : 탁송화물을 적하선에 차입한 뒤, 봉인
등 화차상태에 이상이 없음을 확인하고 화물운송
통지서 또는 화물인도명세서에 수화인의 인장이
나 서명을 받고 인도하는 때를 말한다. 다만, 전용
철도운영자가 탁송하는 화물의 인도시기는 별도
협약을 따른다.

ⓛ 화물반출 : 고객은 인도한 화물을 정한 시간 내에 하화를 완료하고 당일 내에 역 구내에서 반출하여야 한다. 다만, 18시 이후에 하화를 완료하는 화물은 다음날 11시까지 반출하여야 한다.

② 화물인도 증명(약관 제33조) : 철도공사는 고객이 화물을 인도한 후 1년 이내에 화물 인도증명을 청구할 경우 이에 응해야 한다.

(11) 화물 적재

① 적재기준(세칙 제10,13조)

　ㄱ 화물의 적재는 차량한계 및 화차표기하중톤수를 초과하지 않는 범위에서 차체의 중심선과 화물의 중심선이 일치되도록 적재하되, 하중의 균형을 유지할 수 있도록 하고, 무너져 떨어지거나 넘어질 염려가 없도록 적재하여야 한다.

　ㄴ 덮개, 로프 등을 사용할 경우에는 연결기 분리레버, 수제동기 등의 사용에 방해되지 않도록 주의하고, 운전 중 덮개가 날리어 뒤집히거나 로프 등이 풀어지지 않도록 하여야 한다.

　ㄷ 지주는 지주포켓의 안쪽 치수와 같은 굵기의 것으로서 부러질 염려가 없는 단단한 나무제품의 것을 사용하고 그 길이는 화차 상판면 위로 2.55미터를 초과하지 않도록 하여야 한다.

　ㄹ 무연탄 등 살화물은 미세먼지가 날리지 않도록 표면경화제 살포 등 필요한 조치를 하여야 한다.

② 적재방법(세칙 제13~16조)

일반 특대화물의 적재	1. 화물의 길이가 화차의 머리판에서 바깥쪽으로 튀어나오는 경우에는 평판차 2량 이상을 사용하여야 하며, 표기하중톤수의 비율에 따라 하중을 부담하게 하여야 한다. 다만, 3량 이상에 하중을 부담할 수 없다. 2. 2량에 하중을 부담하는 화차는 하중톤수가 같은 평판차를 사용한다. 3. 전환침목을 사용할 때에는 원활한 회전을 유지하기 위하여 먼지나 티끌이 덮여 쌓이지 않도록 사용 전에 이를 청소하여야 한다. 4. 2량에 하중을 부담시킨 경우 버팀대는 하중부담차의 침목에 근접하는 위치에 2대씩 세우고 보조차에는 사용하지 않아야 한다. 5. 철재 또는 철강 위에 철제품을 적재할 때에는 얇은 나무판 또는 거적류를 깔아야 한다. 6. 화물 중에서 길이 및 중량이 큰 것부터 화차 중앙에 적재하고 차례로 짧고 작으며 가벼운 것을 좌우에 위쪽으로 적재하여야 한다. 7. 전주 및 원목류를 적재할 경우에는 굵은 부분과 가는 부분을 엇바꿔 적재하여야 한다. 8. 화차 상판면 위로 1.5미터를 초과하여 적재할 경우에는 3분의 1을 적재한 후 버팀대가 약간 안쪽으로 기울도록 버팀대 중간을 단단히 동여매고 상대 버팀대 사이에 남은 화물을 적재하여야 한다. 9. 도중 분리를 방지하기 위하여 화차 상호 간의 연결기 분리레버를 고정시켜야 한다.
전철구간을 통과하는 특대화물 적재	1. 화물의 높이는 레일 면에서 4,000밀리미터를 초과할 수 없다. 다만, 특대화물 운송승인을 받은 경우는 예외로 한다. 2. 전철 고상홈 구간을 수송하는 평판차의 옆판을 돌출하는 화물은 화차의 상판 높이가 1,370밀리미터 이상의 화차를 사용하여야 한다. 3. 고상홈 통과 시에는 50km/h 이하로 주의운전하여야 한다.
레일적재 방법	1. 레일 상·하를 서로 엇바꿔서 적재하여 간격이 없도록 하여야 한다. 2. 적재 레일 전체를 한 개의 화물과 같이 8번선 철사(지름 4밀리미터) 5가닥 이상으로 3군데 이상 단단히 동여매야 한다. 3. 레일 결박은 턴버클 및 잭을 사용하여 지름 18밀리미터 이상의 와이어로프를 4군데 이상 단단히 동여매야 한다. 4. 레일의 무너짐 방지를 위하여 반드시 화차의 앞뒤 양측 4군데에 큰못을 박고 양측에 받침목 또는 버팀대를 사용하여야 한다.

철판코일 적재반법	1. 적재하중은 차량 중심에서 앞뒤 대칭이 되도록 적재하여 야 하며, 앞뒤 대차 간의 적재중량 차이는 가벼운 것을 기준으로 100분의 15 이내로 한다. 2. 화차 중앙에 화물 1개만 적재 시 코일 1개의 최대 중량은 27톤 이하여야 한다. 다만, 62.6톤 컨테이너 화차인 경우 1개의 최대 중량은 34톤 이하여야 한다. 3. 철판코일은 풀림방지를 위한 묶음(band)처리를 반드시 하여야 하며, 운송 도중 탈락하지 않도록 턴버클이 장착 된 벨트로 견고히 결박하여야 한다.
P.C 침목의 적재방법	1. 6단 이내로 적재하되 피라미드식으로 1단은 10개, 2단은 9개, 3단은 8개, 4단은 7개, 5단은 6개, 6단은 5개씩 적재 하고, 서로 공간이 없도록 밀착시켜야 한다. 2. 각 단 사이(화차 상판과 1단 사이 포함)에는 소나무 등 유연성이 있는 각목(6×6센티미터 이상)을 적재폭에 20 센티미터를 더한 길이의 받침목을 사용하고, 받침목 양쪽 끝부분(10센티미터)에는 버팀목(6×6×10센티미터 이 상)을 박되 10센티미터 길이의 못 2개를 사용하여야 한다. 다만, 단목의 사용은 엄격히 금지한다. 3. 각 단마다 8번 철선 4가닥으로 2군데 이상 화차 지주포켓 에 팽팽하게 동여매야 한다. 4. "돌방금지" 차표를 사용하고 돌방을 금지해야 한다.

핵심예제

1-1. 철도화물운송약관에서 정한 용어의 설명으로 틀린 것은?

① "탁송"이란 철도공사가 고객의 탁송신청을 수락하는 것을
   말한다.
② "화차표기하중톤수"란 화차에 적재할 수 있는 최대의 중량을
   말한다.
③ "전용화차"란 철도공사의 소유화차를 특정고객에게 일정기
   간 동안 전용시킨 화차를 말한다.
④ "최저기본운임"이란 철도운송의 최저비용을 확보하기 위하
   여 철도공사에서 따로 정한 기본운임을 말한다.

**1-2. 화물운송약관에서 화물운송장에 관한 설명으로 맞는 것
은?**　　　　　　　　　　　　　　　　　　　　　　　[18년 2회]

① 공사가 탁송화물을 수취하고 고객에게 발행, 교부하는 문서
   를 말한다.
② 고객이 탁송화물을 수취하고 철도공사에게 발행, 교부하는
   문서를 말한다.
③ 고객이 탁송할 화물내용을 기재하여 제출하는 문서(EDI 전
   자교환문서 포함)를 말한다.
④ 철도공사가 반송할 화물내용을 기재하여 제출하는 문서
   (EDI 전자교환문서 포함)를 말한다.

**1-3. 철도화물운송약관에서 규정하고 있는 탁송신청에 대한
설명으로 적절하지 않은 것은?**　　　　　　　　　　[19년 4회]

① 고객은 화물지선에서 탁송할 경우 탁송할 그 지선 명을 알려
   야 한다.
② 고객은 화물낙송 시 컨테이너화물은 EDI로 신청하는 것이
   원칙이다.
③ 고객은 운송제한 화물에 한하여 화물운송장 작성 자 및 작성
   년·월·일을 알려야 한다.
④ 고객은 화물탁송 시 알린 내용의 부정확 또는 불완전으로
   인하여 발생한 모든 손해와 결과에 대해 책임을 져야 한다.

1-4. 1건으로 취급할 수 있는 화물의 구비조건으로 틀린 것은?
　　　　　　　　　　　　　　　　　　　　　　　　[19년 1회]

① 위험물에는 다른 화물을 혼합하지 않을 것
② 1량에 적재할 수 있는 부피 및 중량을 초과하지 않을 것
③ 송화인, 수화인, 발송역, 도착역, 탁송일시, 운임·요금 지
   급방법이 같은 화물일 것
④ 갑종철도차량은 1개를 1건으로, 컨테이너화물은 1량을 1건
   으로 취급할 것

1-5. 후급취급 화물의 화물운송통지서 발급시기로 옳은 것은?
　　　　　　　　　　　　　　　　　　　　　　　　[20년 2회]

① 화물을 수취할 때
② 화물을 수탁할 때
③ 화물운임요금을 수수할 때
④ 화물을 수취하고 화물운임요금을 수수할 때

1-6. 화물의 적재중량 및 부피에 대한 설명 중 틀린 것은?
　　　　　　　　　　　　　　　　　　　　　　　　[17년 2회]

① 화약류는 화차표기하중톤수의 100분의 70을 초과할 수 없다.
② 화물의 폭, 길이 등을 화차 밖으로 튀어나오게 적재할 수
   없다.
③ 화차에 적재할 화물의 중량은 화차표기하중톤수를 초과할
   수 없다.
④ 화물의 최고높이는 레일 면에서 화차중앙부는 400밀리미
   터, 화차양쪽 옆은 3,800밀리미터 이내로 적재하여야 한다.

1-7. 호송인 승차에 관한 설명으로 틀린 것은? [20년 1회]

① 호송인은 호송인임을 증명하는 증명서(화물운송통지서 등)와 운송구간 내 운전취급역 연락처를 소지하고 화물호송서약서를 작성하여 철도공사에 제출하여야 한다.

② 호송인은 그 화물을 적재한 열차의 차장차 또는 차장차 대용차량에 승차하여야 하며, 호송인 승차를 위하여 차장차를 연결하는 경우에는 갑종철도차량에 해당하는 운임을 수수할 수 있다.

③ 호송인이 부득이한 사유로 직무를 수행할 수 없을 경우에는 철도공사 직원이 대리호송인으로 승차할 수 있다. 이 경우에는 별도로 대리호송인료를 수수한다.

④ 호송인이 응급조치에 필요한 방독면을 휴대해야 하는 화물은 화약류, 산류, 압축 및 액화가스류 화물이다.

1-8. 탁송 변경에 해당하지 않는 것은? [20년 2회]

① 탁송 취소
② 도착역 변경
③ 수화인 변경
④ 발송역 변경

1-9. 화물의 운송기간에 대한 설명 중 틀린 것은? [19년 4회]

① 인도기간은 도착역에 도착한 시각부터 12시간이다.
② 화물의 운송기간은 화물을 수취한 시각부터 24시간이다.
③ 컨테이너 수송기간은 운임계산거리 400km까지마다 24시간이다.
④ 화물의 운송기간은 발송기간, 수송기간, 인도기간을 합산한 것으로 한다.

1-10. 화물의 적하시간에 대한 설명으로 틀린 것은? [17년 2회]

① 화약류 및 컨테이너 화물은 3시간이다.
② 철도공사의 책임 등으로 적하시간을 연장한 경우 그 연장시간은 적하시간에 포함하지 않는다.
③ 일반화물 중 당일 18시 이후부터 다음날 06시까지 적하통지를 한 화물은 다음날 10시까지이다.
④ 화물의 적하시간은 화차를 적하선에 차입하고 적하통지를 한 시각부터 적하작업을 완료하여 화차인출이 가능한 상태를 통보받은 시각까지이다.

1-11. 철도화물운송약관에서 정하고 있는 철도화물운송에 대한 설명으로 틀린 것은? [18년 2회]

① 전용철도운영자가 탁송하는 화물의 수취는 별도협약을 따른다.
② 화물의 적하는 고객의 책임으로 하며, 세칙에서 정한 경우는 예외로 한다.
③ 철도공사는 필요한 경우 고객이 화물탁송을 알린 내용에 대하여 고객과 함께 진위여부를 확인할 수 있다.
④ 운송제한 화물의 운송신청은 별도협약에 의하며, 컨테이너 화물은 EDI로 신청하는 것을 원칙으로 하고 있다.

1-12. 화물의 적재방법으로 틀린 것은?

① 화물의 적재는 차량한계 및 화차표기하중톤수를 초과하지 않는 범위에서 차체의 중심선과 화물의 중심선이 일치되도록 적재하되, 하중의 균형을 유지할 수 있도록 하고, 무너져 떨어지거나 넘어질 염려가 없도록 적재해야 한다.
② 덮개, 로프 등을 사용할 경우에는 연결기 분리 레버, 수제동기 등의 사용에 방해되지 않도록 주의하고, 운전 중 덮개가 날리어 뒤집히거나 로프 등이 풀어지지 않도록 하여야 한다.
③ 지주는 지주포켓의 안쪽 치수와 같은 굵기의 것으로서 부서질 염려가 없는 단단한 나무제품의 것을 사용하고 그 길이는 화차 상판면 위로 3,800밀리미터를 초과하지 않도록 하여야 한다.
④ 무연탄 등 살화물은 미세먼지가 날리지 않도록 표면경화제 살포 등 필요한 조치를 하여야 한다.

1-13. 평판차에 P.C 침목 적재 시 주의사항으로 틀린 것은? [16년 2회]

① 6단 이내 피라미드식으로 적재할 것
② 각 단 사이에는 소나무 등 유연성이 있는 각목을 적재폭에 20cm를 더한 길이의 받침목을 사용할 것
③ 적재 시 침목 간 충분한 공간을 확보하고 균형 적재할 것
④ 각 단마다 8번 철선 4가닥으로 2개소 이상 화차 지주포켓에 팽팽하게 동여맬 것

1-14. 철판코일 화차에 철판코일을 적재할 경우의 설명으로 틀린 것은?

① 62.6톤 컨테이너 화차인 경우 1개의 최대중량은 27톤 이하여야 한다.

② 철판코일은 풀림방지를 위한 묶음(band) 처리를 반드시 하여야 한다.

③ 적재하중은 차량 중심에서 앞뒤 대칭이 되도록 적재하여야 하며 앞뒤 대차 간의 적재중량 차이는 가벼운 것을 기준으로 100분의 15 이내로 한다.

④ 화차 중앙에 화물 1개만 적재 시 코일 1개의 최대 중량은 27톤 이하여야 한다.

|해설|

1-1

① 탁송이란 고객이 철도공사에 화물운송을 위탁하는 것을 말하고, 철도공사가 고객의 탁송신청을 수락하는 것은 수탁이라고 한다.

1-2

① 화물운송통지서에 대한 설명이다.

②, ④ 화물운송장과 화물운송통지서의 잘못된 설명이다.

1-3

② 철도물류정보서비스(인터넷, 모바일 웹)를 통하여 직접 신청하는 것을 원칙으로 하고 필요시 EDI, 전화, 구두, 팩스 등을 할 수 있다.

1-4

④ 컨테이너화물은 1개를 1건으로 취급한다.

1-5

④ 후급취급 화물이 아닌 일반 화물들은 화물을 수취하고 화물운임요금을 수수할 때 화물운송통지서를 발급한다. 단, 고객의 동의가 있는 경우 화물운송통지서 발급을 생략할 수 있다.

1-6

① 화약류는 화차표기하중톤수의 100분의 80을 초과할 수 없다.

1-7

④ 화약류 화물 시 호송인의 휴대품으로는 소화기(A, B, C)가 있다. 방독면이 필요한 화물은 산류, 압축 및 액화가스류 화물 총 2가지이다.

1-8

고객이 탁송변경을 요청할 수 있는 경우는 탁송 취소, 도착역 변경, 발송역 회송, 열차 및 운송경로 지정 변경, 수화인 변경 등 그 밖의 탁송 변경이다.

1-9

② 화물의 운송기간은 발송기간 + 수송기간 + 인도기간의 합이다.
- 발송기간 : 화물을 수취한 시각부터 12시간
- 수송기간 : 운임계산거리 400킬로미터까지마다 24시간
- 인도기간 : 도착역에 도착한 시각부터 12시간

1-10

③ 일반화물 중 당일 18시 이후부터 다음날 06시까지 적하통지를 한 화물은 다음날 11시까지이다.

1-11

④ 철도물류정보서비스(인터넷, 모바일 웹)를 통하여 직접 신청하는 것을 원칙으로 하고 필요시 EDI, 전화, 구두, 팩스 등을 할 수 있다.

1-12

③ 지주의 길이는 화차 상판면 위로 2.55미터를 초과하지 않도록 한다.

1-13

③ 적재 시 침목 간 서로 공간이 없도록 밀착시켜야 한다.

1-14

① 화차 중앙에 화물 1개만 적재 시 코일 1개의 최대 중량은 27톤 이하여야 한다. 다만, 62.6톤 컨테이너 화차인 경우 1개의 최대 중량은 34톤 이하여야 한다.

정답 1-1 ① 1-2 ③ 1-3 ② 1-4 ④ 1-5 ① 1-6 ① 1-7 ④ 1-8 ④
1-9 ② 1-10 ③ 1-11 ④ 1-12 ③ 1-13 ③ 1-14 ①

(1) 구내운반 화물

① 정의(약관 제34조) : 역 구내 및 역 기점 5킬로미터 이내를 철도공사 기관차로 운반하는 화물은 구내운반 화물로 취급

② 운임, 요금(세칙 제26조) : 최저기본운임의 80퍼센트를 수수

③ 구내운반운임을 수수하는 경우(세칙 제20조)
　㉠ 화물수취 후 열차출발 전 탁송취소를 하는 경우에는 구내운반 운임을 수수한다.
　㉡ 도중역 등에서 적재화물을 하화하거나 다시 적재할 경우 발생하는 적하비용 이외의 비용은 1건마다 구내운반운임을 수수한다.

④ 화물운임할인(약관 제28조)
　왕복수송 할인 : 도착화물의 수화인이 송화인이 되어 운송구간 및 차종이 같고 인도일부터 2일 안에 화물을 탁송할 경우 복편운임을 20퍼센트 할인한다(단, 컨테이너화물 미적용).

(2) 철도물류시설(약관 제35조)

① 철도물류시설의 사용
　㉠ 고객은 철도를 이용하여 탁송할 화물 또는 인도완료한 화물을 철도공사와 협약을 통해 철도물류시설에 일시 또는 장기 유치할 수 있다.
　㉡ 유치한 화물의 보관 책임은 고객에게 있다.
　㉢ 협약 해지 시 고객에게 발생한 손해는 철도공사가 부담하지 않는다.

② 협약을 해지할 수 있는 경우
　㉠ 사용목적을 위반한 경우
　㉡ 법령이나 철도관계 규정에 위반하여 사용한 경우
　㉢ 철도선로의 이설 또는 폐지로 화물취급을 할 수 없는 경우
　㉣ 철도공사의 사업 목적상 부득이한 경우

　㉤ 타인에게 양도하거나 임대한 경우

③ 사용료(세칙 제22조)
　㉠ 일시사용료는 일단위로 매일 수수한다.
　㉡ 1개월 단위로 장기사용 협약을 맺는 경우에는 장기사용 협약일에 수수한다.
　㉢ 철도물류시설 사용료는 공시지가 및 주변의 토지이용 상황에 따라 별도협약으로 정할 수 있다.
　㉣ 화물창고 사용료는 자산임대료 및 주변의 창고임대료 등을 감안하여 별도협약으로 정한다.
　㉤ 일 단위로 수수하는 철도물류시설 사용료는 탁송 전 화물은 탁송당일을 제외하고 수수하고, 인도 완료한 화물은 인도 당일을 제외하고 수수한다. 다만, 오후 6시 이후 하화 완료한 화물은 다음날 오전 11시 이후부터 수수한다.
　㉥ 철도공사는 화물유치를 통한 영업수지 개선 또는 철도공사의 책임 등 특별한 사유가 있는 경우에는 철도물류시설 사용료를 감면할 수 있다.
　㉦ 철도물류시설 사용료는 발송역에서는 유치를 신청한 고객 또는 탁송변경을 요청한 고객에게 수수하고, 도착역에서는 수화인에게 수수한다.
　㉧ 철도수송을 하지 않는 물류시설, 유휴부지 등을 활용하여 물류사업을 할 경우에는 별도협약으로 사용료를 정할 수 있다.

(3) 화차유치료

① 수수 조건(약관 제36조)
　㉠ 탁송 전후 및 탁송 중인 철도공사 화차를 고객이 요청할 때
　㉡ 고객의 귀책사유로 인하여 선로에 유치될 때

② 수수 방법(세칙 제24조) : 사용화차 표기하중톤수를 기준으로 초과시간에 대하여 1시간마다(1시간 미만인 경우 1시간으로 본다) 수수

③ 수수자
　㉠ 탁송 전 화물 및 탁송 중 : 송화인

ⓛ 탁송 후 : 수화인

ⓒ 탁송변경 : 탁송변경을 요청한 고객

④ 화차유치료를 수수할 수 있는 경우

　ⓐ 탁송화물 적재를 위해 화차를 적하선에 차입한 후 제8조에서 정한 화물 적하시간을 초과한 경우 그 초과시간

　ⓑ 탁송화물 인도 후 제8조에서 정한 화물 적하시간을 초과한 경우 그 초과시간

　ⓒ "도착통지 필요 없음"의 면책특약을 한 경우에는 화물이 도착역에 도착한 때를 기준으로 제8조에서 정한 화물 적하시간을 초과한 경우 그 초과시간

　ⓓ 화물적재 통지 후 탁송취소를 할 경우에는 적하선 차입시각부터 탁송취소 청구를 받은 때까지. 다만, 화물적재 후일 경우에는 화물하화 완료한 시각까지

　ⓔ 고객의 귀책사유로 도착역에서 도착화차를 유치할 경우에는 도착통지를 한 때부터 적하선에 차입할 때까지

　ⓕ 도착역에 도착한 화물의 탁송변경에 응한 경우는 도착역 도착시각부터 탁송변경에 응한 시각까지

　ⓖ 고객의 요청 또는 귀책사유로 인하여 유치할 경우에는 유치역 도착시각부터 유치 종료시각까지

(4) 선로유치료

① 수수 조건(약관 제36조, 세칙 제24조)

　ⓐ 사유화차(전용화차, 갑종철도차량 포함) 소유 고객의 요청 또는 귀책사유로 인하여 사유화차가 철도공사 운용선로에 유치될 때

② 수수 방법(세칙 제24조) : 1량 1시간마다(1시간 미만인 경우 1시간으로 본다)

③ 수수자 : 사유화차, 전용화차, 갑종철도차량 등의 소유고객

④ 요금의 100퍼센트를 가산하는 조건

　ⓐ 사유화차의 길이가 20미터를 초과할 때

　ⓑ 유화차에 화물이나 그 밖의 부속품 등을 적재하여 유치 시

(화물운송세칙 별표 1) → 각 요금마다 수수기준 외우기 ★

1. 화차유치료(세칙 제24조)	1톤 1시간마다
2. 선로유치료(세칙 제24조)	1량 1시간마다
3. 탁송변경료(세칙 제20조)	가. 탁송취소 　(1) 일반화물(1량당) 　(2) 전세열차(1열차당) 나. 착역변경 및 발역송환(1량당)
4. 대리호송인료(세칙 제18조)	운임계산거리 1킬로미터당
5. 화차계중기사용료(약관 제37조)	1량당
6. 화차전용료(약관 제40조)	1일 1량당
7. 기관차사용료(약관 제41조)	시간당

⑤ 화물헛간 일시사용료

　ⓐ 특지 : 서울특별시, 인천광역시, 수원시 소재 지역

　ⓑ 갑지 : 특지 이외의 시 소재 지역, 다만 도농복합읍, 면지역은 '을지'에 포함

　ⓒ 을지 : 특지 및 갑지 이외의 소재 지역

(5) 화차임대사용료

① 화차임대 사용(약관 제39조) : 고객은 철도공사와 별도의 협약을 맺어 철도공사의 화차를 화물수송 이외의 목적으로 사용할 수 있다.

② 운임, 요금(세칙 제25조) : 1량 1일마다 최저기본운임의 80퍼센트를 수수

(6) 운송책임(약관 제56조)

① 운송책임 : 철도공사는 화물을 수취한 이후 탁송화물에 대한 보호·관리 책임을 진다. 단, 호송인이 승차한 화물은 예외다.

② 책임이 소멸하는 경우 : 화인이 화물을 조건 없이 인도받은 경우에 소멸한다. 단, 즉시 발견할 수 없는 훼손 또는 일부 멸실 화물을 화물수령일부터 2주일 안에 철도공사에 알린 경우에는 예외다.

(7) 면책(약관 제57조)

① 철도공사가 책임을 지지 않는 경우

　㉠ 천재지변이나 그 밖에 불가항력적인 사유로 발생한 화물의 멸실, 훼손 또는 연착으로 인한 손해

　㉡ 화물의 특성상 자연적인 훼손·부패·감소·손실이 발생한 경우의 손해

　㉢ 고객이 품명, 중량 등을 거짓으로 신고하여 발생한 사고의 손해

　㉣ 고객의 책임으로 적재한 화물이 불완전하여 발생한 사고의 손해

　㉤ 고객의 불완전 포장으로 인하여 발생한 손해

　㉥ 수취 시 이미 수송용기가 밀폐된 컨테이너 화물 등의 내용물에 대한 손해. 다만, 철도공사의 명백한 원인행위로 인한 손해는 제외한다.

　㉦ 화차 봉인 생략 및 미비로 인한 손해

　㉧ 봉인이 완전하고 화물이 훼손될 만한 외부 흔적이 없는 경우의 손해

　㉨ 호송인이 승차한 화물에 대하여 발생한 손해

　㉩ 면책특약 화물의 면책조건에 의해 발생한 손해

　㉪ 그 밖에 고객의 귀책사유로 인하여 발생한 손해

(8) 손해배상(약관 제59조 사업법 제24조)

① 화물의 멸실, 훼손 또는 인도의 지연으로 인한 손해배상책임은 상법에서 정한 규정을 적용한다.

② 철도공사가 인도기간 만료 후 3개월이 경과하여도 화물을 인도할 수 없을 경우에는 해당 화물을 멸실된 것으로 보고 손해배상을 한다. 다만, 철도공사의 책임이 없는 경우에는 예외로 한다.

③ 고객의 고의 또는 과실로 철도공사 또는 다른 사람에게 손해를 입힌 경우에는 고객이 해당 손해를 철도공사 또는 다른 사람에게 배상하여야 한다.

④ 철도공사와 고객 간의 손해배상 청구는 그 사고발생일부터 1년이 경과한 경우에는 소멸한다.

(9) 파업 보상(세칙 제33조)

① 조건 : 철도공사의 파업으로 전용열차 운행이 어려울 경우

② 보상 기준 : 파업한 날부터 6일까지는 면책하고, 7일부터는 초과일수에 따라 미수송 협약물량 운임의 20퍼센트 이내에서 보상한다.

(10) 지연 보상(세칙 제34조)

① 조건 : 전용열차 계약을 체결한 열차에 적용(단, 파업 시에는 파업보상으로 갈음하고 별도의 지연보상은 없다)

② 보상 기준

　㉠ 지연시간 : 도착역 도착시각 기준 3시간 이상

　㉡ 지연보상률 : 전용열차 운영협약서 내 해당열차 수수운임의 10퍼센트

핵심예제

2-1. 구내운반에 관한 설명으로 틀린 것은? [17년 1회]

① 구내운반화물은 역 기점 5킬로미터 이내를 철도공사 기관차로 운반하는 화물이다.

② 구내운반화물은 철도공사에서 운송상 부득이한 경우 취급을 제한할 수 있다.

③ 구내운반화물의 운임은 최저기본운임의 80퍼센트를 수수한다.

④ 구내운반화물은 역 기점 5킬로미터 이내를 사유 기관차로 운반하는 화물이다.

2-2. 철도화물운송약관에 의하여 고객과 철도물류시설 사용협약을 체결한 경우 협약을 해지할 수 있는 사유가 아닌 것은?

① 사용목적에 위반하였을 경우

② 고객의 사업목적상 부득이한 경우

③ 타인에게 양도하거나 임대한 경우

④ 법령이나 철도관계규정에 위반하여 사용하였을 경우

2-3. 철도화물운송 부대업무에 대한 설명으로 맞는 것은?

[17년 2회]

① 고객의 귀책사유로 인하여 철도공사 화차를 선로에 유치할 경우 화차유치료를 수수할 수 있다.
② 고객이 물류시설료를 지불하고 인도 완료한 화물을 일시 또는 장기 유치할 경우 화물의 보관 책임은 공사에 있다.
③ 철도공사는 사유화차(전용화차 제외) 고객의 귀책사유로 인하여 사유화차가 철도공사 운용선로에 유치될 경우 선로사용료를 수수할 수 있다.
④ 철도물류시설 사용 중 철도선로의 이설 또는 폐지로 화물취급을 할 수 없는 경우 계약해지에 따른 손해에 대하여 철도공사가 부담한다.

2-4. 화물에 부대되는 제요금 중 운임계산거리 1킬로미터당 수수하는 것으로 맞는 것은?

[20년 1회]

① 화차유치료
② 선로유치료
③ 대리호송인료
④ 화차전용료

2-5. 화차임대사용료는 1량 1일마다 최저기본운임의 몇 퍼센트를 수수하는가?

[19년 2회]

① 60%
② 70%
③ 80%
④ 100%

2-6. 철도화물운송의 책임에 대한 설명으로 틀린 것은?

① 화물의 멸실이나 훼손 또는 인도의 지연으로 인한 손해배상책임은 상법에서 정한 규정을 적용한다.
② 철도공사와 고객 간의 손해배상 청구는 그 사고발생일로부터 1년이 경과하는 경우에 소멸한다.
③ 손해배상책임에 관하여 화물이 인도 기한 만료 후 1개월 이내에 인도되지 아니한 경우에는 그 화물은 멸실된 것으로 본다.
④ 즉시 발견할 수 없는 훼손 또는 일부 멸실 화물을 화물수령일로부터 2주일 안에 철도공사에 알린 경우에는 손해배상을 청구할 수 있다.

2-7. 철도화물운송과 관련하여 철도운영자가 책임을 져야 하는 경우로 맞는 것은?

① 면책특약 화물의 면책조건에 의해 발생한 손해
② 화물의 특성상 자연적인 훼손, 부패, 감소, 손실이 발생한 경우의 손해
③ 봉인이 불완전하고 화물이 훼손될 만한 외부 흔적이 있는 경우의 손해
④ 수취 시 이미 수송용기가 밀폐된 컨테이너 화물 등의 내용물에 대한 손해

2-8. 지연보상 및 파업보상에 관한 설명으로 틀린 것은?

① 지연보상의 지연시간 : 3시간 이상
② 지연보상률 : 전용열차 수수운임의 10%
③ 파업한 날부터 6일까지 파업보상 면책
④ 파업보상률 : 협약물량 운임의 10% 이내에서 보상

2-9. 익산역의 500평방미터 화물헛간에 화물을 3일간 유치한 경우 부가가치세를 제외하고 수수해야 할 철도물류시설 사용료는?(단, 일시사용료는 1m²당 1일마다 특지 286원, 갑지 220원, 을지 115원)

[16년 3회]

① 172,500원
② 220,000원
③ 330,000원
④ 429,000원

2-10. 화물을 규정 시간 내에 적하작업을 하지 못한 경우 수수하는 요금으로 가장 타당한 것은?

① 화차 사용료
② 화물 적하료
③ 화차 유치료
④ 화물 보관료

2-11. 화물운송약관에서 규정하고 있는 운송책임 및 손해배상에 대한 설명으로 틀린 것은?

[19년 3회]

① 면책특약 화물의 면책조건에 의해 발생한 손해에 대하여 철도공사는 책임을 지지 않는다.
② 철도공사는 호송인이 승차하는 경우 고객의 탁송화물에 대하여 보호, 관리책임을 지는 경우가 있다.
③ 철도공사의 명백한 원인행위로 인한 손해를 제외하고 수취 시 이미 수송용기가 밀폐된 컨테이너 화물 등의 내용물에 대한 손해는 철도공사는 책임을 지지 않는다.
④ 화주가 발견할 수 없는 훼손 또는 일부 멸실 화물을 화물수령일부터 2주일 안에 철도공사에 알린 경우를 제외하고 수화인이 화물을 조건 없이 인도받은 경우에는 철도공사의 운송책임은 소멸된다.

2-12. 화물의 멸실, 훼손 또는 인도의 지연으로 인한 손해배상 책임에 관한 적용 법령은?

[20년 1회]

① 민법   ② 화물운송약관

③ 철도사업법   ④ 상법

|해설|

2-1

구내운반화물이란 역 구내 및 역 기점 5킬로미터 이내를 철도공사 기관차로 운반하는 화물을 말한다.

2-2

협약을 해지 할 수 있는 사유에는 ①, ③, ④ 외에도 철도선로의 이설 또는 폐지로 화물취급을 할 수 없는 경우, 철도공사의 사업 목적상 부득이한 경우가 있다.

2-3

② 유치한 화물의 보관 책임은 고객에게 있다.

③ 선로사용료를 수수하는 사유화차에는 전용화차를 포함한다.

④ 철도선로의 이설 또는 폐지로 화물취급을 할 수 없는 경우 손해는 철도공사가 부담하지 않는다.

2-4

① 1톤 1시간마다

② 1량 1시간마다

④ 1일 1량당

2-5

화차임대사용료는 1량 1일마다 최저기본운임의 80%를 수수한다.

2-6

철도공사가 인도기간 만료 후 3개월이 경과하여도 화물이 인도되지 아니한 경우에는 는 해당 화물을 멸실된 것으로 보고 손해배상을 한다.

2-7

봉인이 완전하고 화물이 훼손될 만한 외부 흔적이 없는 경우의 손해일 때 철도운영자가 책임을 지지 않는다.

2-8

파업한 날부터 6일까지는 면책하고, 7일부터는 초과일수에 따라 미수송 협약물량 운임의 20퍼센트 이내에서 보상한다.

2-9

특지 이외의 시 소재 지역은 갑지에 해당하기 때문에 익산시는 갑지다.

220원×500m²×3일 = 330,000원

2-10

화물을 규정 시간 내에 적하작업을 하지 못했다는 것은 고객의 귀책사유에 해당되기 때문에, 고객의 귀책사유로 인하여 선로에 유치될 때에는 화차 유치료를 수수하여야 한다.

2-11

철도공사는 화물을 수취한 이후 탁송화물에 대한 보호와 관리 책임을 진다. 단, 호송인이 승차한 화물은 예외로 한다.

2-12

화물운송약관 제54조 화물의 멸실, 훼손 또는 인도의 지연으로 인한 손해배상 책임은 상법에서 정한 규정을 적용한다.

정답 2-1 ④ 2-2 ② 2-3 ① 2-4 ② 2-5 ② 2-6 ③ 2-7 ③
2-8 ④ 2-9 ③ 2-10 ③ 2-11 ② 2-12 ④

운임 계산하기

1. 거리 : 최단경로의 거리(거리가 100km 미만일 경우 100km 로 계산)
2. 중량
   가. 화차표기하중톤수보다 적재중량이 적을 경우 최저톤수를 계산(화차표기하중톤수 × 최저톤수계산 100분 비율)
   나. 계산된 최저톤수와 적재중량을 비교하여 더 큰 수를 적용
3. 할증 : 할증대상 품목 여부 판단하여 할증률 계산
4. 할인 : 사유화차 10%, 등할인 작용

---

(1) 운임 · 요금 계산

① 일반화물 운임(세칙 제26조, 별표 1) : 중량(톤) × 거리 (km) × 임률(문제에 기재되어 있음)

② 컨테이너 화물 : 거리(km) × 임률(문제에 기재되어 있음)

③ 최저기본운임(약관 제45조) : 1건 기본운임이 최저기본운임에 미달할 경우 최저기본운임을 기본운임으로 한다.

　ㄱ 일반화물 : 화차표기하중톤수 100킬로미터에 해당하는 운임

　ㄴ 컨테이너화물 : 규격별, 영·공별 컨테이너의 100 킬로미터에 해당하는 운임

　ㄷ 하중을 부담하지 않는 보조차와 갑종철도차량 : 자중톤수의 100킬로미터에 해당하는 운임

④ 할증(약관 제50조, 세칙 제30조) : 철도공사는 운송에 특별한 설비나 주의가 필요한 위험물, 특대화물, 열차 및 운송경로 지정화물 등 운송제한 화물에 대해서는 운임·요금을 할증할 수 있다.

Tip1 할증은 중복 가능, 2개 이상 혼합적재할 경우 높은 할증 적용

Tip2 전세열차 할증운임은 전세열차 운임에서 할증

　1. 귀중품(화폐류, 귀금속류, 골동품류) : 100퍼센트

2. 위험물
　가. 나프타, 솔벤트, 휘발유, 황산 : 10퍼센트
　나. 가스류 : 20퍼센트(단, 프로필렌은 40퍼센트)
　다. 방사능물질류 : 100퍼센트
　라. 화약류, 폭약류, 화공품류 : 150퍼센트
　마. 위험물 컨테이너 : 20퍼센트(단, 화약류·폭약류·화공품류는 150퍼센트)

3. 화물취급 장소가 아닌 곳에서의 임시취급 화물 : 300퍼센트

4. 선로차단 또는 전차선로의 단전·철거가 필요한 임시취급 화물 : 200퍼센트

5. 특대화물
　가. 화물의 폭이나 길이, 밑 부분이 화차에서 튀어나온 화물, 화물 적재 높이가 레일 면에서 4,000밀리미터 이상인 화물 : 50퍼센트
　나. 화물 1개의 길이가 20미터 이상이거나, 중량이 35톤 이상인 화물 : 100퍼센트
　다. 화물 1개의 길이가 30미터 이상이거나, 중량이 50톤 이상인 화물 : 250퍼센트
　라. 화물 1개의 길이가 50미터 이상이거나, 중량이 70톤 이상인 화물 : 500퍼센트
　마. 화물 중량이 130톤 이상인 화물 : 600퍼센트
　바. 차량한계를 초과하는 화물 : 250퍼센트
　사. 안전한계를 초과하는 화물 : 500퍼센트, 다만 50밀리미터를 초과할 때마다 100퍼센트 할증을 더할 수 있다.

6. 속도제한 화물. 다만, 전 수송구간의 수송가능 속도가 제한속도 이내일 경우에는 할증을 하지 않는다.
　가. 시속 30킬로미터 이하 600퍼센트(단, 수송 기간 2일 이상인 경우 650퍼센트)
　나. 시속 40킬로미터 이하 300퍼센트
　다. 시속 50킬로미터 이하 200퍼센트

라. 시속 60킬로미터 이하 100퍼센트

마. 시속 70킬로미터 이하 50퍼센트

바. 시속 80킬로미터 이하 20퍼센트(「열차운행선로지장작업 업무세칙」에서 정한 철도시설장비 이동에 한정함)

7. 철도공사 직원이 감시인으로 승차하는 화물 : 50퍼센트

8. 열차·경로지정 및 전세열차 화물

　가. 열차·경로지정 화물 : 20퍼센트

　나. 전세열차 수송화물 : 20퍼센트(다만, 갑종철도차량은 30퍼센트)

9. 컨테이너형 다목적용기 수송화물 : 10퍼센트

10. 고객 요구에 따른 임시열차 운행화물 : 20퍼센트

	위험물	특대화물	속도제한 화물	기타
10%	위험물(나프타, 솔벤트, 휘발유, 황산)			컨테이너형 다목적용기 수송화물
20%	가스류, 위험물 컨테이너		80km/h 이하	열차·경로지정 화물, 전세열차 수송화물, 고객 요구에 따른 임시열차 운행화물
30%				갑종철도차량
40%	가스류(프로필렌)			
50%		• 화물의 폭이나 길이, 밑 부분이 화차에서 튀어나온 화물 • 화물 적재 높이가 레일 면에서 4,000밀리미터 이상인 화물	70km/h 이하	철도공사 직원이 감시인으로 승차하는 화물
100%	방사능 물질류	화물 1개의 길이가 20미터 이상이거나, 중량이 35톤 이상인 화물	60km/h 이하	귀중품(화폐류, 귀금속류, 골동품류)
150%	화약류, 폭약류, 화공품류			
200%			50km/h 이하	선로차단 또는 전차선로의 단전·철거가 필요한 임시취급 화물
220%		차량한계를 초과하는 군 화물		
250%		화물 1개의 길이가 30미터 이상이거나 중량이 50톤 이상인 화물, 차량한계를 초과하는 화물		
300%			40km/h 이하	화물취급장소가 아닌 곳에서의 임시취급 화물
500%		화물 1개의 길이가 50미터 이상이거나 중량이 70톤 이상인 화물, 안전한계를 초과하는 화물(다만, 50밀리미터를 초과할 때마다 100퍼센트 할증을 더할 수 있음)		
600%		화물 중량이 130톤 이상인 화물	30km/h 이하	

⑤ 중량적용(약관 제48조, 세칙 별표)

　㉠ 화물운임을 계산하는 중량은 화물 실제중량을 따른다(최저기본운임 제외). 다만, 실제중량이 세칙에서 정한 「화물품목 분류 및 화물품목 운임계산 최저톤수 기준표」에 미달할 경우에는 최저톤수를 적용

ⓛ 화물품목 분류 및 화물품목 운임계산 최저톤수 기준표

품목	최저톤수계산 100분 비율
종이류	70
철근, 철관	80
철도선로용품(침목 등)	80
화약, 폭약, 화공품류 등	80
포대시멘트(포대양회)	80
유연탄, 수입무연탄	90
국내무연탄	96
철광석, 석회석, 백운석, 경석	96
석탄류	96
벌크시멘트(벌크양회)	100
클링커	100
자갈	100

(2) 단수처리(약관 제46조)

① 운임·요금 계산 단위(반환의 경우도 동일)

　ⓞ 1건의 운임 또는 요금 최종 계산금액 : 100원 미만인 경우 50원 미만은 버리고 50원 이상은 100원으로 올림

　ⓛ 거리(km), 중량(톤), 부피(m^3), 넓이(m^2) : 1 미만인 경우 0.5 미만은 버리고 0.5 이상은 1로 올림

　ⓒ 시간단위 : 시간단위 미만은 1시간으로 올림

　ⓔ 일단위 : 일단위 미만은 1일로 올림

(3) 예납금 수수(약관 제47조)

① 예납금을 수수하는 화물 : 전세열차로 신청하는 화물(운임의 10%를 예납금)

② 예납금을 수수하지 않는 화물 : 철도화물운임·요금 후급취급을 하는 경우

③ 예납금을 기일까지 납부하지 않을 경우

　ⓞ 탁송신청 취소

　ⓛ 탁송신청을 한 후 예납금은 반환하지 않는다.

(4) 운임계산 거리

① 기준 : 국토교통부에서 고시하는「철도거리표」의 화물 영업거리에 의해 운송 가능한 최단경로를 적용

② 최단경로가 아닌 실제경로를 적용하는 경우(세칙 제27조)

　ⓞ 송화인이 운송경로를 지정한 경우

　ⓛ 특정경로로만 수송이 가능한 화물이나, 최단경로의 수송력 부족 등으로 수송경로를 지정하여 운송을 수락한 경우

　ⓒ 하화작업에서 화차의 방향변경이 필요하여 특정경로 운송을 송화인이 수락한 경우

　ⓔ 도착역 선로여건이 일반적인 경로로 이어지지 않아서 탁송화물을 직접 도착시킬 수 없는 경우에는 실제 경유한 역을 운임계산거리에 포함

(5) 운임·요금의 추가수수 및 반환(약관 제51조)

① 탁송변경에 응한 경우 : 이미 수수한 운임·요금과의 차액을 추가 수수하거나 반환(단, 고객의 귀책사유 제외)

② 화물의 취급착오로 인한 운임·요금 : 그 차액을 추가 수수 또는 반환

③ 화물열차가 철도공사의 귀책사유(천재지변, 기상악화 등 미리 예상치 못한 사유 제외)로 도착역에 일정시간 이상 지연 도착하는 경우 : 지연 보상

④ 운임·요금의 소멸시효(약관 제53조) : 운송계약을 체결한 날부터 1년 안에 화물운임·요금을 청구

(6) 부가운임·요금(약관 제52조)

① 부가운임 수수대상 : 송화인의 화물운송장 거짓기재 또는 거짓신청을 발견한 경우

② 부가운임 수수

　ⓞ 위험물은 부족운임과 그 부족운임의 5배에 해당하는 부가운임을 수수

　ⓛ ⓞ 이외의 화물은 부족운임과 그 부족운임의 3배에 해당하는 부가운임을 수수

© 화물의 탁송 또는 반출을 재촉하였으나 이행하지 않을 경우에는 화차유치료 및 철도물류시설 사용료를 요금 외에 3배의 범위에서 부가요금을 수수

② 송하인이 운송장에 적은 화물의 품명·중량·용적 또는 개수에 따라 계산한 운임이 정당한 사유 없이 정상운임보다 적은 경우 부족운임과 그 부족운임의 5배에 해당하는 부가운임을 수수

핵심예제

3-1. 오봉역 구내에서 50톤 적재화차 1량을 3km 구내운반 시 수수운임은?(단, 임률 45.9원/km)

① 125,000원   ② 137,700원
③ 160,700원   ④ 183,600원

3-2. 전차선공사를 위해 일반 평판차 2량(화차표기하중톤수 50톤, 자중톤수 20톤)을 2일간 임대 사용하고자 할 경우 화차 임대사용료는?(단, 일반화물 임률 1톤 1km마다 50원일 경우, 부가가치세는 제외)

① 500,000원   ② 600,000원
③ 800,000원   ④ 1,000,000원

3-3. 철도화물운송에 특별한 설비나 주의가 필요한 위험물에 대하여 적용하는 할증률이 다른 것은?

① 나프타   ② 솔벤트
③ 가스류   ④ 황산

3-4. 운임 및 중량의 단수처리로서 틀린 것은?   [15년 1회]

① 50원 미만은 버린다.
② 500km는 1km로 올린다.
③ 500cm³ 미만은 버린다.
④ 중량 계산 시 500kg 미만은 1톤으로 올린다.

3-5. 화물운임할증에 관한 사항 중 100% 할증률이 아닌 것은?

① 위험물 중 방사선 물질류 귀금속류
② 시속 50km/h 이하 속도제한 화물
③ 귀금속류
④ 특대화물 1개의 길이가 20미터 이상이거나, 중량이 35톤 이상인 화물

3-6. 특대화물로서 화물운임 할증률에 대한 사항으로 틀린 것은?   [15년 2회]

① 화물 1개의 중량이 50톤 이상 되는 화물은 250% 할증
② 화물 1개의 길이가 50미터 이상 되는 화물은 300% 할증
③ 화물적재 높이가 레일 면으로부터 4,000mm 이상 되는 화물은 50% 할증
④ 안전한계를 초과하는 화물은 500% 할증, 다만 50mm를 초과할 때마다 100% 할증

3-7. 열차 경로 지정화물의 화물운임 할증률로 맞는 것은?   [16년 3회]

① 100분의 20
② 100분의 30
③ 100분의 40
④ 100분의 50

3-8. 철도화물운송약관에서 규정하고 있는 예납금 수수에 대한 설명으로 틀린 것은?   [18년 1회]

① 예납금은 탁송취소를 한 경우 수수료를 공제한 후 반환한다.
② 철도화물 운임, 요금 후급취급을 하는 경우에는 예납금을 수수하지 않는다.
③ 예납금을 지정한 기일까지 납부하지 않을 경우에는 탁송신청을 취소한 것으로 본다.
④ 철도공사는 전세열차로 신청하는 화물에 대해서는 운임의 10%를 예납금으로 수수할 수 있다.

3-9. 철도화물의 운송경로가 둘 이상일 경우 운임계산거리의 적용방법으로 틀린 것은?

① 특정경로로만 수송이 가능한 화물이나, 최단경로의 수송력 부족 등의 경우에는 실제경로에 따른다.
② 화물영업거리에 의해 운송 가능한 최단경로를 적용한다.
③ 송화인이 운송경로를 지정한 경우에는 실제경로에 따른다.
④ 하화작업에서 화차의 방향변경이 필요하여 특정경로 운송을 송화인이 수락한 경우에는 실제경로에 따른다.

3-10. 조건이 다음과 같을 때, 화물품목 운임계산 최저톤수를 적용하여 산출한 화물운임은 얼마인가? [18년 1회]

- 임률 : 45.9/km
- 품목 : 신문용롤지
- 운임계산거리 : 200km
- 화차표기하중톤수 : 50톤
- 화차자중톤수 : 30톤
- 적재중량 : 32톤

① 293,800원
② 321,300원
③ 367,200원
④ 459,000원

3-11. 철도 A역에서 철도 B역까지 벌크양회(중량 : 52,450kg)를 사유화차로 운송하고자 할 때 부가가치세를 제외하고 수수해야 할 철도화물 운임은?(단, 임률 42.50원, 거리 310.9km, 사용화차 표기하중톤수 53톤, 사유화차 할인 10%, 최저톤수산출 100분 비율 100%이다) [15년 2회]

① 311,700원
② 623,400원
③ 630,500원
④ 624,200원

3-12. 다음은 부가운임 및 요금의 징수에 관한 설명이다. 빈칸 안에 들어갈 내용으로 맞는 것은?

철도공사는 화물을 수취한 후 (㉠)의 화물운송장 거짓기재 또는 거짓신청을 발견한 경우에는 위험물은 (㉡)과 그 (㉡)의 (㉢)배에 해당하는 부가운임을 징수한다.

① ㉠ 수화인 ㉡ 정상운임 ㉢ 3
② ㉠ 송화인 ㉡ 정상운임 ㉢ 3
③ ㉠ 수화인 ㉡ 부족운임 ㉢ 5
④ ㉠ 송화인 ㉡ 부족운임 ㉢ 5

3-13. 철도화물운송약관에서 규정하고 있는 철도화물운임요금의 추가 수수 및 환불 방법을 설명한 것으로 틀린 것은? [16년 1회]

① 화물의 취급착오로 인한 운임, 요금은 그 차액을 추가수수 또는 반환한다.
② 탁송변경에 응한 경우에는 이미 수수한 운임, 요금과의 차액을 추가로 수수하거나 반환한다.
③ 고객에게 책임이 돌아갈 사유로 변경한 경우에는 이미 소요된 요금(예납금 제외) 또는 비용은 환불한다.
④ 화물열차가 철도공사의 귀책사유(천재지변, 기상악화 등 미리 예상치 못한 사유 제외)로 도착역에 일정시간 이상 지연 도착하는 경우 따로 기준을 정하여 지연에 대한 보상을 할 수 있다.

3-14. 화물운임 할증에 관련된 내용 중 틀린 것은?

① 특대화물 중 중량이 130톤 이상인 화물 : 600%
② 컨테이너형 다목적용기 수송 화물 : 20%
③ 귀중품(화폐류, 귀금속류, 골동품류) : 100%
④ 철도공사 직원이 감시인으로 승차하는 화물 : 50%

3-15. 화물운임 할증률로 틀린 것은?

① 차량한계를 초과하는 특대화물 : 250%
② 나프타, 솔벤트, 휘발유, 항공유, 황산 : 10%
③ 선로차단 또는 전차선로의 단전, 철거가 필요한 화물 : 200%
④ 화물 1개의 길이가 50m 이상이거나, 중량이 70톤 이상인 특대화물 : 300%

3-16. 화물운임 할증에 대한 설명으로 맞는 것은?

① 위험물 중에서 가스류는 20% 할증을 적용
② 귀중품(화폐류, 귀금속류, 골동품류)은 200% 할증을 적용
③ 철도공사 직원이 감시인으로 승차하는 화물은 10% 할증을 적용
④ 운임할증은 중복하여 적용할 수 없고, 할증이 다른 화물 또는 할증을 하지 아니하는 화물을 1량에 혼합 적재하는 경우에는 낮은 할증을 적용

3-1
구내운반

일반화물 운임(세칙 제26조, 별표 1) : 중량(톤)×거리(km)×임률
거리 : 최단경로의 거리(100km 미만일 경우 최저기본운임)
구내운반 화물은 최저기본운임의 80%를 수수

$\underline{50톤×100km×45.9}$ = 229,500원 ×0.8 = 183,600원
　　　최저기본운임

3-2
화차임대사용료, 최저기본운임

화차임대사용료는 최저기본운임의 80%를 수수

$\underline{50톤×100km×50}$ = 250,000원 ×0.8×2량×2일
　　　최저기본운임
　　　　　　　　= 800,000원

3-3
할증률

• 나프타, 솔벤트, 휘발유, 황산 : 10퍼센트
• 가스류 : 20퍼센트(단, 프로필렌은 40퍼센트)

3-4
④ 중량 계산 시 500kg 미만은 버린다.
500kg 이상일 때 1톤으로 올린다.

3-5
② 시속 50km/h 이하 속도제한 화물은 200% 할증률이다.

3-6
② 화물 1개의 길이가 50미터 이상 되는 화물은 500% 할증이다.

3-7
열차·경로지정 화물은 20퍼센트, 즉 100분의 20이다.

3-8
① 예납금은 탁송취소를 한 경우 반환하지 않는다.

3-9
① 특정경로로만 수송이 가능한 화물이나, 최단경로의 수송력
부족 등으로 수송경로를 지정하여 운송을 수락한 경우에는
실제경로에 따른다.

3-10
1. 최저톤수 계산하기
50톤(화차표기하중톤수)×0.7 = 35톤
(종이류의 최저톤수계산 100분 비율 70%)
적재중량 32톤 < 최저톤수 35톤
35톤으로 계산
2. 공식대로 계산식 넣기
35톤×200km×45.9원 = 321,300원
3. 신문용롤지는 할증 대상 아님

3-11
1. 최저톤수 계산하기
53톤(사용화차 표기하중톤수)×1 = 53톤
(벌크양회의 최저톤수계산 100분 비율 100%)
벌크양회 중량 52.450 < 최저톤수 53톤
53톤으로 계산
거리 단수처리 310.9km → 311km
2. 공식대로 계산식 넣기
53톤×311km×42.5 = 700,527.5
3. 할인 적용 계산
0.9(사유화차 10% 할인)
4. 문제에 제시된 단서로 최종 답안선택
700,527.5×0.9 = 630,474.75
단수처리 = 630,500원

3-12
화물약관 제52조 부가운임·요금 참고

3-13
③ 고객의 귀책사유로 변경한 경우에는 이미 사용된 요금과 비용
은 반환하지 않을 수 있다.

3-14
컨테이너형 다목적용기 수송 화물 : 10%

3-15
화물 1개의 길이가 50m 이상이거나, 중량이 70톤 이상인 특대화물
: 500%

3-16
② 귀중품(화폐류, 귀금속류, 골동품류) : 100% 할증
③ 철도공사 직원이 감시인으로 승차하는 화물 : 50% 할증

정답 3-1 ④ 3-2 ③ 3-3 ③ 3-4 ① 3-5 ② 3-6 ② 3-7 ①
3-8 ① 3-9 ① 3-10 ② 3-11 ③ 3-12 ④ 3-13 ③
3-14 ② 3-15 ④ 3-16 ①

제3절 | 철도화물 관련법 및 내규

핵심이론 01 철도사업법(p41 핵심이론 02 참고)

(1) 용어의 정의

① 철도사업자 : 「한국철도공사법」에 따라 설립된 한국 철도공사(이하 "철도공사"라 한다) 및 철도사업 면허를 받은 자를 말한다.

② 전용철도운영자 : 전용철도 등록을 한 자를 말한다.

(2) 면허

① 결격사유(사업법 제7조)

  ㉠ 법인의 임원 중 다음의 어느 하나에 해당하는 사람이 있는 법인

   ⓐ 피성년후견인 또는 피한정후견인

   ⓑ 파산선고를 받고 복권되지 아니한 사람

   ⓒ 이 법 또는 대통령령으로 정하는 철도 관계 법령을 위반하여 금고 이상의 실형을 선고받고 그 집행이 끝나거나(끝난 것으로 보는 경우를 포함한다) 면제된 날부터 2년이 지나지 아니한 사람

   ⓓ 이 법 또는 대통령령으로 정하는 철도 관계 법령을 위반하여 금고 이상의 형의 집행유예를 선고받고 그 유예 기간 중에 있는 사람

  ㉡ 철도사업의 면허가 취소된 후 그 취소일 부터 2년이 지나지 아니한 법인

  ㉢ 전용철도의 경우 전용철도의 등록이 취소된 후 그 취소일 부터 1년이 지나지 아니한 자

(3) 준수사항

① 철도운수종사자의 준수사항(사업법 제22조)

  ㉠ 정당한 사유 없이 여객 또는 화물의 운송을 거부하거나 여객 또는 화물을 중도에서 내리게 하는 행위

  ㉡ 부당한 운임 또는 요금을 요구하거나 받는 행위

  ㉢ 그 밖에 안전운행과 여객 및 화주의 편의를 위하여 철도운수종사자가 준수하여야 할 사항으로서 국토교통부령으로 정하는 사항을 위반하는 행위

(4) 전용철도

① 전용철도 운영의 양도 · 양수(사업법 제36조)

  ㉠ 전용철도의 운영을 양도 · 양수하려는 자는 국토교통부령으로 정하는 바에 따라 국토교통부장관에게 신고하여야 한다.

  ㉡ 전용철도의 등록을 한 법인이 합병하려는 경우에는 국토교통부령으로 정하는 바에 따라 국토교통부장관에게 신고하여야 한다.

  ㉢ 국토교통부장관은 ㉠ 및 ㉡에 따른 신고를 받은 날부터 30일 이내에 신고수리 여부를 신고인에게 통지하여야 한다.

  ㉣ 신고가 수리된 경우 전용철도의 운영을 양수한 자는 전용철도의 운영을 양도한 자의 전용철도운영자로서의 지위를 승계하며, 합병으로 설립되거나 존속하는 법인은 합병으로 소멸되는 법인의 전용철도운영자로서의 지위를 승계한다.

② 전용철도 운영의 휴업 · 폐업(사업법 제38조) : 전용철도운영자가 그 운영의 전부 또는 일부를 휴업 또는 폐업한 경우에는 1개월 이내에 국토교통부장관에게 신고하여야 한다.

③ 국토교통부장관의 전용철도 운영의 개선명령(사업법 제39조)

  ㉠ 사업장의 이전

ⓛ 시설 또는 운영의 개선

국토교통부장관에게 등록	전용철도를 운영하려는 자는 국토교통부령에 정하는 바에 따라 전용철도의 건설, 운전, 보안 및 운송에 관한 사항이 포함된 운영계획서를 첨부하여 국토교통부장관에게 등록
	등록사항 변경 시에도 국토교통부장관에게 등록
	전용철도의 등록기준과 등록절차 등에 관하여 필요한 사항은 국토교통부령으로 정함
국토교통부장관에게 신고	전용철도의 운영을 양도, 양수하려는 자는 국토교통부령으로 정하는 바에 따라 국토교통부장관에게 신고
	전용철도운영자가 그 운영의 전부 또는 일부를 휴업 또는 폐업한 경우에는 1개월 이내에 국토교통부장관에게 신고
	전용철도의 등록을 한 법인이 합병하려는 경우에는 국토교통부령으로 정하는 바에 따라 국토교통부장관에게 신고
	전용철도운영자가 사망한 경우 상속인이 그 전용철도의 운영을 계속하려는 경우에는 피상속인이 사망한 날부터 3개월 이내에 국토교통부장관에게 신고

1-1. 철도사업법에서 규정하고 있는 용어의 설명으로 맞는 것은?　　　　　　　　　　　　　　　　　　　　　[18년 2회]
① 철도란 「철도안전법」 제3조제1호에 규정한 철도를 말한다.
② 철도차량이란 정거장 외 본선을 운전할 목적으로 제작된 동력차·객차·화차 및 특수차를 말한다.
③ 사업용철도란 철도사업 및 철도관련 부대사업을 목적으로 설치 또는 운영하는 전용철도를 말한다.
④ 철도사업이란 다른 사람의 수요에 응하여 철도차량을 사용하여 유상으로 여객이나 화물을 운송하는 사업을 말한다.

1-2. 철도사업법상 철도사업의 면허를 받을 수 없는 경우가 아닌 것은?　　　　　　　　　　　　　　　　　　[17년 1회]
① 법인의 임원 중 파산선고를 받고 복권되지 아니한 자
② 법인의 임원 중 피성년후견인 또는 피한정후견인 자
③ 철도사업법에 따라 전용철도의 등록이 취소된 후 그 취소일로부터 1년이 경과한 자
④ 거짓이나 그 밖의 부정한 방법 등으로 취득한 철도사업의 면허가 취소된 후 그 취소일로부터 2년이 경과하지 아니한 법인

1-3. 철도사업법에서 규정하고 있는 화물운송과 관련하여 철도운송종사자의 준수사항 및 사업의 양도·양수에 관한 사항 중 틀린 것은?　　　　　　　　　　　　　[17년 1회]
① 부당한 운임 또는 요금을 요구하거나 받는 행위를 하여서는 안 된다.
② 정당한 사유 없이 화물을 중도에서 내리게 하는 행위를 하여서는 안 된다.
③ 정당한 사유 없이 여객 또는 화물의 운송을 거부하는 행위를 하여서는 안 된다.
④ 다른 철도사업자 또는 철도사업 외의 사업을 경영하는 자와 합병 시 국토교통부장관의 인가 없이 가능하다.

1-4. 철도사업법에서 규정하고 있는 공공교통을 목적으로 공동활용할 수 있는 철도시설 기준으로 틀린 것은?　　[18년 1회]
① 철도운영에 필요한 정보통신 설비
② 편의시설을 제외한 역시설 및 철도역
③ 열차의 조성 또는 분리 등을 위한 시설
④ 철도차량의 정비·검사·점검 등 유지관리를 위한 시설

1-5. 철도사업법에서 규정하고 있는 전용철도에 대한 설명으로 틀린 것은?

① 전용철도를 운영하고자 하는 자는 전용철도의 건설, 운송 등 등록사항을 변경하고자 하는 경우 국토교통부령이 정하는 바에 따라 신고하여야 한다.

② 전용철도의 운영을 양도·양수하고자 하는 자는 국토교통부령이 정하는 바에 의하여 국토교통부장관에게 신고하여야 한다.

③ 전용철도운영자가 그 운영의 전부 또는 일부를 휴지 또는 폐지한 때에는 1개월 이내에 국토교통부장관에게 신고하여야 한다.

④ 전용철도의 등록을 한 법인이 합병하고자 할 때에는 국토교통부령이 정하는 바에 의하여 국토교통부장관에게 신고하여야 한다.

|해설|

1-1
① 철도란 「철도산업발전 기본법」 제3조제1호에 따른 철도를 말한다.
② 열차란 정거장 외 본선을 운전할 목적으로 조성한 차량을 말한다.
철도차량이란 선로를 운행할 목적으로 제작된 동력차·객차·화차 및 특수차를 말한다.
③ 사업용 철도란 철도사업을 목적으로 설치하거나 운영하는 철도를 말한다.

1-2
③ 철도사업법에 따라 전용철도의 등록이 취소된 후 그 취소일로부터 1년이 지나지 아니한 자가 면허를 받을 수 없는 경우에 해당된다.

1-3
④ 철도사업자는 그 철도사업을 양도·양수·합병하려는 경우에는 국토교통부장관의 인가를 받아야 한다.

1-4
② 철도시설의 공동활용(철도사업법 제31조)에서 정한 공동 사용시설은 철도역 및 역시설(물류시설, 환승시설 및 편의시설 등을 포함)이 있다.

1-5
① 전용철도를 운영하려는 자는 국토교통부령으로 정하는 바에 따라 전용철도의 건설·운전·보안 및 운송에 관한 사항이 포함된 운영계획서를 첨부하여 국토교통부장관에게 등록을 하여야 한다. 등록사항을 변경하려는 경우에도 같다. 다만 대통령령으로 정하는 경미한 변경의 경우에는 예외로 한다.

정답 1-1 ④ 1-2 ③ 1-3 ④ 1-4 ② 1-5 ①

핵심이론 02 철도안전법 및 위험물철도운송규칙

* 벌칙 : p36 안전법 제78,79조 참고
* 운송 금지 사항 : p5 안전법 제42,43조 참고

(1) 위험물

Tip 위험물과 위해물품은 다르다.

① 위험물의 운송(안전법 제44조, 위험물철도운송규칙 제9조)

ㄱ 대통령령으로 정하는 위험물을 철도로 운송하려는 철도운영자는 국토교통부령으로 정하는 바에 따라 운송 중의 위험 방지 및 인명 보호를 위하여 안전하게 포장·적재하고 운송하여야 한다.

ㄴ 위험물의 운송을 위탁하여 철도로 운송하려는 자는 위험물을 안전하게 운송하기 위하여 철도운영자의 안전조치 등에 따라야 한다.

위험물철도운송규칙 제9조

1. 철도운영자는 위험물을 위험물운송전용화차 또는 유개화차로 운송하여야 한다. 다만, 위험물운송전용화차 또는 유개화차에 적재할 수 없다고 판단하는 경우에는 내화성 덮개를 설치하는 등 적정한 안전조치를 한 후 무개화차로 운송할 수 있다.
2. 위험물은 도착 정거장까지 직통하는 열차로 운송하여야 한다. 다만, 직통열차가 없는 경우에는 운행시간이 이르거나 중간정차역이 적은 열차로 운송하여야 한다.
3. 철도운영자는 위험물을 운송하기 전에 안전한 운송에 지장이 없는지에 대하여 위험물을 적재한 화차를 철저하게 검사하여야 하며, 필요하다고 인정되는 경우에는 당해 화차 안의 위험물에 나무판·가죽·헝겊 또는 거적류 등을 덮는 등의 보호조치를 하여야 한다.

② 위탁 및 운송할 수 없는 위험물의 종류(안전법 제43조)

Tip 부패변질하기 쉬운 화물은 운송금지 화물이 아니다.

ㄱ 점화류 또는 점폭약류를 붙인 폭약

ㄴ 니트로글리세린

ㄷ 건조한 기폭약

ㄹ 뇌홍질화연에 속하는 것

③ 위험물 운송(위험물철도운송규칙 제3조)
  ○ 철도운영자는 위험물을 철도로 운송하고자 하는 때에는 운송을 의뢰하는 자(이하 "탁송인"이라 한다) 또는 당해 위험물을 도착역에서 받는 자(이하 "수화인"이라 한다)의 신분을 확인하여야 한다.
  ○ 위험물을 정거장으로 반입하여 적재하거나, 위험물을 반출하기 위하여 화차에서 내리는 작업을 할 때에는 철도운영자가 지정하는 위험물취급담당자와 탁송인·수화인 또는 그 대리인이 참관해야 한다.
  ○ 위험물 화약류를 반입하거나 반출하는 경우에는 작업의 일시·장소 및 방법 등에 관하여 철도운영자의 지시에 따라야 한다.

④ 일출 전·일몰 후의 화약류 취급(위험물철도운송규칙 제4조)
  ○ 화약류는 관할 경찰관서의 승인을 얻지 않고는 일출 전이나 일몰 후에는 탁송을 받거나 적하 하지 못한다.
  ○ 경찰서에 신고 후 적하가 가능한 것들
    ⓐ 총용화약 5킬로그램 이내
    ⓑ 총용실포 1,000개 이내
    ⓒ 총용공포 1,000개 이내
    ⓓ 총용의 뇌관 또는 뇌관부 화약통 각 20개 이내

⑤ 위험물의 탁송(위험물철도운송규칙 제5조)
  ○ 철도운영자는 위험물의 안전한 운송을 위하여 탁송인이 운송을 의뢰한 내용과 운송하는 내용이 일치하는지의 여부, 위험물이 포장의 방법 등에 적합하게 포장되었는지의 여부를 확인하여야 한다.
  ○ 철도운영자는 확인을 위하여 필요한 경우에는 탁송인에게 위험물운반과 관련된 관계증명서류, 위험물 포장방법 설명서 그 밖의 관계 서류 또는 자료 등의 제출을 요구할 수 있다.
  ○ 철도운영자는 위험물의 포장상태 등을 확인한 결과 위험물의 안전한 운송에 부적합하다고 판단한 경우에는 이의 보완을 요구하여야 한다.

  ○ 철도운영자는 당해 위험물을 운송하기 전에 반출·반입의 일시·장소 및 취급방법 등을 탁송인에게 알려주어야 한다.
  ○ 위험물 중 화약류의 탁송인이 「총포·도검·화약류 등 단속법」 규정에 의하여 관할 경찰서장의 화약류운반신고필증을 교부받은 경우에는 탁송 4시간 전에 운송장에 화약류운반신고필증을 첨부하여 발송정거장의 역장에게 제출하여 철도로의 운송여부에 대한 승낙을 얻어야 한다.

⑥ 위험물의 적재(위험물철도운송규칙 제8조)
  ○ 위험물이 마찰 또는 충돌하지 아니하도록 할 것
  ○ 위험물이 흔들리거나 굴러 떨어지지 아니하도록 할 것
  ○ 화약류[초유(硝油)폭약, 실포와 공포를 제외한다]의 적재중량이 화차 적재적량의 80퍼센트에 상당하는 중량(외장의 중량을 포함한다)을 초과하지 아니하도록 할 것
  ○ 2종 이상의 화약류를 동일한 화차에 적재할 때에는 다음 각 화약류마다 상당한 간격을 두고 나무판·가죽·헝겊 또는 거적류 등으로 10센티미터 이상의 간격막을 설치하여야 한다.
    ⓐ 유연화약을 장전한 총용실포·총용공포, 유연화약만을 장전한 그 밖의 화공품, 질산염·염소·산염 또는 과염소염산을 주성분으로 한 폭약으로서 유기초화물을 함유하지 아니하는 것
    ⓑ 무연화약을 장전한 총용실포·총용공포, 무연화약만을 장전한 화공품
    ⓒ 폭약
    ⓓ 화공품

⑦ 철도차량의 연결(위험물철도운송규칙 제13조)
  ○ 위험물을 적재한 화차는 여객이 승차한 차량에 연결해서는 안 된다.

ⓛ 위험물을 적재한 화차는 동력을 가진 기관차 또는 이를 호송하는 사람이 승차한 화차의 바로 앞 또는 바로 다음에 연결해서는 안 된다.

ⓒ ⓐ 및 ⓛ의 규정에 불구하고 군사적인 목적으로 운행하는 군용열차에 위험물을 적재한 화차를 연결하는 경우에는 다른 철도차량과 격리하지 아니할 수 있다. 이 경우 화약류를 적재한 화차를 동력차 또는 발전차와 연결하는 경우에는 적어도 1량 이상의 빈차를 그 사이에 연결하여야 한다.

ⓡ 화물열차를 운행하지 아니하는 노선 또는 운송상 특별한 사유가 있는 경우에는 화약류를 적재한 화차는 1량에 한하여 이를 객차에 연결할 수 있다. 이 경우 객차로부터 3량 이상의 빈차를 그 사이에 연결하여 객차와 격리하는 등의 필요한 안전조치를 하여야 한다.

ⓜ 위험물을 적재한 화차와 다른 철도차량을 연결하여 열차를 조성하는 경우

ⓐ 동력차 또는 발전차에 위험물을 적재한 화차를 연결하는 때에는 3량 이상의 빈차를 그 사이에 연결하여야 한다.

ⓑ 발화 또는 폭발의 염려가 있는 화물을 적재한 화차에 위험물을 적재한 화차를 연결하는 때에는 3량 이상의 빈차를 그 사이에 연결하여야 한다.

ⓒ ⓐ 및 ⓑ 외의 철도차량에 위험물을 적재한 화차를 연결하는 때에는 1량 이상의 빈차를 그 사이에 연결하여야 한다.

ⓗ ⓡ 내지 ⓜ의 경우 위험물을 적재한 화차에 충격을 줄 염려가 없는 불연성화물을 적재한 무개화차와 발화 또는 폭발의 위험이 없는 화물을 적재한 유개화차는 이를 빈차에 갈음할 수 있다.

ⓢ 화공품을 적재한 화차와 화약 또는 폭약을 적재한 화차는 이를 동일한 열차에 연결하여서는 아니 된다.

ⓞ 위험물을 적재한 화차를 다른 철도차량과 연결하거나 분리하는 때에는 위험물을 적재한 화차에 충격을 주지 아니하도록 주의하여야 한다.

1량	군용연차에 화약류를 적재한 화차와 반전차 또는 동력차가 연결할 때
	철도차량에 위험물을 적재한 화차를 연결하는 때
3량	화물열차가 운행하지 않고 운송상 특별한 사유가 있을 때
	동력차 또는 발전차에 위험물을 적재한 화차를 연결하는 때
	발화 또는 폭발의 염려가 있는 화물을 적재한 화차에 위험물을 적재한 화차를 연결하는 때

Tip 하나의 열차에 화약류만을 적재한 화차를 5량을 초과하여 연결할 수 없다.

(2) 위해물품의 운송

① 위해물품을 휴대하거나 적재할 수 있는 직무수행자(시행규칙 제77조)

ⓐ 철도공안 사무에 종사하는 국가공무원

ⓛ 경찰관 직무를 수행하는 사람

ⓒ 경비원법에 따른 경비원

ⓡ 위험물품을 운송하는 군용열차를 호송하는 군인

② 위해물품의 종류(시행규칙 제78조)

ⓐ 화약류 : 「총포·도검·화약류 등의 안전관리에 관한 법률」에 따른 화약·폭약·화공품과 그 밖에 폭발성이 있는 물질

ⓛ 고압가스 : 섭씨 50도 미만의 임계온도를 가진 물질, 섭씨 50도에서 300킬로파스칼을 초과하는 절대압력을 가진 물질, 섭씨 21.1도에서 280킬로파스칼을 초과하거나 섭씨 54.4도에서 730킬로파스칼을 초과하는 절대압력을 가진 물질이나, 섭씨 37.8도에서 280킬로파스칼을 초과하는 절대가스압력을 가진 액체상태의 인화성 물질

ⓒ 인화성 액체 : 밀폐식 인화점 측정법에 따른 인화점이 섭씨 60.5도 이하인 액체나 개방식 인화점 측정법에 따른 인화점이 섭씨 65.6도 이하인 액체

ⓔ 가연성 물질류 : 다음에서 정하는 물질

   ⓐ 가연성고체 : 화기 등에 의하여 용이하게 점화
되며 화재를 조장할 수 있는 가연성 고체

   ⓑ 자연발화성 물질 : 통상적인 운송 상태에서 마
찰·습기흡수·화학변화 등으로 인하여 자연
발열하거나 자연발화하기 쉬운 물질

   ⓒ 그 밖의 가연성물질 : 물과 작용하여 인화성
가스를 발생하는 물질

ⓜ 산화성 물질류 : 다음에서 정하는 물질

   ⓐ 산화성 물질 : 다른 물질을 산화시키는 성질을
가진 물질로서 유기과산화물 외의 것

   ⓑ 유기과산화물 : 다른 물질을 산화시키는 성질을
가진 유기물질

ⓗ 독물류 : 다음에서 정하는 물질

   ⓐ 독물 : 사람이 흡입·접촉하거나 체내에 섭취한
경우에 강력한 독작용이나 자극을 일으키는 물질

   ⓑ 병독을 옮기기 쉬운 물질 : 살아 있는 병원체
및 살아 있는 병원체를 함유하거나 병원체가
부착되어 있다고 인정되는 물질

ⓢ 방사성 물질 : 「원자력안전법」 제2조에 따른 핵물
질 및 방사성물질이나 이로 인하여 오염된 물질로
서 방사능의 농도가 킬로그램당 74킬로베크렐(그
램당 0.002마이크로큐리) 이상인 것

ⓞ 부식성 물질 : 생물체의 조직에 접촉한 경우 화학
반응에 의하여 조직에 심한 위해를 주는 물질이나
열차의 차체·적하물 등에 접촉한 경우 물질적 손
상을 주는 물질

ⓩ 마취성 물질 : 객실승무원이 정상근무를 할 수 없
도록 극도의 고통이나 불편함을 발생시키는 마취
성이 있는 물질이나 그와 유사한 성질을 가진 물질

ⓩ 총포·도검류 등 : 「총포·도검·화약류 등의 안
전관리에 관한 법률」에 따른 총포·도검 및 이에
준하는 흉기류

ⓚ 그 밖의 유해물질 : ㉠부터 ㉯까지 외의 것으로서
화학변화 등에 의하여 사람에게 위해를 주거나 열
차 안에 적재된 물건에 물질적인 손상을 줄 수 있는
물질

③ 적재 허가 시 조건 : 철도운영자 등은 위해물품에 대하
여 휴대나 적재의 적정성, 포장 및 안전조치의 적정성
등을 검토하여 휴대나 적재를 허가할 수 있다. 이 경우
해당 위해물품이 위해물품임을 나타낼 수 있는 표지를
포장 바깥 면 등 잘 보이는 곳에 붙여야 한다.

핵심예제

**2-1. 철도안전법에서 규정하고 있는 위험물의 운송에 대한 설
명으로 틀린 것은?**
[18년 1회]

① 철도운영자는 점화류 또는 점폭약류를 붙인 폭약, 니트로글
리세린 등 위험물은 철도로 탁송할 수 없다.

② 철도로 위험물을 탁송하는 자는 위험물의 안전한 운송을 위
하여 철도운영자의 안전조치 등에 따라야 한다.

③ 위해물품의 종류, 휴대 또는 적재허가를 받은 경우 안전조치
등에 관하여 필요한 사항은 국토교통부령으로 정한다.

④ 대통령령으로 정하는 위험물을 철도로 운송하려는 철도운영
자는 대통령령이 정하는 바에 따라 운송 중의 위험 방지 및
인명 보호를 위하여 안전하게 포장·적재하고 운송하여야
한다.

**2-2. 철도안전법상 운송위탁 및 운송 금지에 해당하는 위험물
이 아닌 것은?**
[19년 1회]

① 뇌홍질화연에 속하는 것
② 화약류, 산류, 압축 및 액화가스류
③ 니트로글리세린과 건조한 기폭약
④ 점화류 또는 점폭약류를 붙인 폭약

2-3. 위험물철도운송규칙에서 정하고 있는 위험물 탁송에 대한 설명 중 맞는 것은?
[19년 1회]

① 총용공포 1,000개를 관할 겸찰서에 신고하고 일몰 후에 하화작업을 하였다.

② 총용의 뇌관 50개를 관할 경찰서에 신고한 후 일출 전에 적재작업을 시행하였다.

③ 철도운영자는 당해 위험물을 운송한 후에 반출·반입의 일시·장소 및 취급방법 등을 수하인에게 알려 주었다.

④ 관할 경찰서장의 화약류 운반신고필증을 교부받아 탁송 2시간 전에 운송장에 화약류 운반 신고필증을 첨부하여 발송정거장의 역장에게 제출하여 철도로 운송 승낙을 얻었다.

2-4. 철도안전법에서 정하고 있는 위해물품의 종류가 아닌 것은?(단, 절대가스압력은 진공을 0으로 하는 가스압력이다)
[18년 3회]

① 화기 등에 의하여 용이하게 점화되며 화재를 조장할 수 있는 가연성 고체

② 총포·도검·화약류 등의 안전관리에 관한 법률에 의한 화약·폭약·화공품과 그 밖의 폭발성이 있는 물질

③ 섭씨 50도 미만의 임계온도를 가진 물질로서 섭씨 40.0도에서 280킬로파스칼을 초과하는 절대가스압력을 가진 액체상태의 인화성 물질

④ 밀폐식 인화점 측정법에 희나 인화점이 섭씨 60.5도 이하인 액체나 개방식 인화점 측정법에 따른 인화점이 섭씨 65.6도 이하인 액체

2-1
④ 대통령령이 아니라 국토교통부령이 정하는 바에 따라야 한다.

2-2
철도안전법 제43조 참고

2-3
② 총용의 뇌관 또는 뇌관부 화약통 약 20개 이내는 일출 전이나 일몰 후에 경찰서의 신고 후 적하가 가능하다. 50개는 20개가 넘기 때문에 해당하지 않는다.

③ 철도운영자는 당해 위험물을 운송하기 전에 반출·반입의 일시·장소 및 취급방법 등을 탁송인에게 알려주어야 한다.

④ 관할 경찰서장의 화약류 운반신고필증을 교부받은 경우에는 탁송 4시간 전에 운송장에 화약류운반신고필증을 첨부하여 발송정거장의 역장에게 제출하여 철도로의 운송여부에 대한 승낙을 얻어야 한다.

2-4
섭씨 50도 미만의 임계온도를 가진 물질, 섭씨 50도에서 300킬로파스칼을 초과하는 절대압력을 가진 물질, 섭씨 37.8도에서 280킬로파스칼을 초과하는 절대가스압력을 가진 액체상태의 인화성 물질

정답 2-1 ④ 2-2 ② 2-3 ① 2-4 ③

(1) 수송

① 수송제한(내규 제9조)

㉠ 물류사업본부장은 천재지변, 사변 또는 기타 운송상 지장으로 일시 화물의 운송을 제한할 필요가 있을 경우에는 화차의 사용을 금지 또는 제한하거나, 화물의 수탁 및 발송업무를 정지할 수 있다.

㉡ 역장은 수송제한의 내용을 화주에게 통고할 필요가 있다고 인정될 때에는 이를 게시하거나 기타의 방법으로 알려주어야 한다. 다만, 역장은 화물의 수탁정지가 필요한 경우에는 물류상황팀과 사전 협의하여야 한다.

㉢ 통신장애 기타 부득이한 때에는 관계 역장이 관련 역장과 협의하여 신속히 조치하고 장애복구 후 물류상황팀에게 보고한다.

② 수송조정(내규 제10조) : 수송제한 이외에 사고, 수송력 부족 또는 기타 운송상 지장으로 일시 수송을 조정할 필요가 있을 경우

㉠ 사용조정 : 기준을 정하여 화차의 사용을 조정한다.

㉡ 발송조정 : 화차의 발송량수를 일시 조정한다.

㉢ 우회수송 : 소정 수송경로 이외의 경로에 의하여 수송한다.

③ 화차의 수송순서(내규 제108조)

㉠ 위험물 적재화차

ⓐ 화약류 적재화차

ⓑ 압축 또는 액화가스 적재화차

ⓒ 기타 위험물 적재화차

㉡ 사체 적재화차

㉢ 동물 적재화차

㉣ 부패 변질하기 쉬운 화물 적재화차

㉤ 기타 화물 적재화차

㉥ 빈 화차

④ 화차의 수송순서 변경

㉠ 출발역에서는 발송준비를 완료한 순서, 중계역에서는 도착한 순서에 의하여 수송한다.

㉡ 화차의 수송순서는 공익 또는 운송상 정당한 사유가 있는 경우에는 수송순서를 변경할 수 있다.

> 1. 다음 화물을 적재한 화차로서 신속히 수송하여야 할 정당한 사유가 발생한 화차
>   가. 국민생활 필수품으로 급송을 요하는 화물
>   나. 공익상 수송의 보호를 필요로 하는 화물
>   다. 전시 또는 사변 등으로 급송을 요하는 화물
>   라. 천재지변 등 재해지에 급송을 요하는 구호품 또는 복구자재 등의 화물
>   마. 시급히 선적을 필요로 하는 수출화물
>   바. 급송을 요하는 철도사업용품
>   사. 화차운용 촉진상 특별작업을 요하는 화물
>   아. 지정역으로 회송하여야 할 빈 화차에 회송구간 방면 착 적재화물
> 2. 수송열차를 지정하여 수송하는 화차
> 3. 직송, 집결열차에 의하여 수송하는 화차
> 4. 열차의 종별 또는 열차계열 등 관계로 필요하다고 인정되는 화차
> 5. 기타 물류사업본부장이 필요하다고 지정한 화차

(2) 화차

① 화차의 종류(내규 제14조)

㉠ 유개화차 : 유개차, 차장차, 전개형유개차, 유개코일차, 유개보선용발전차

㉡ 무개화차 : 일반무개차, 호퍼형무개차, 무개컨테이너차, 자갈차

㉢ 평판차 : 일반 평판차, 곡형 평판차, 철판코일차, 컨테이너차, 자동차수송차, 컨테이너겸용차

㉣ 조차 : 유조차, 아스팔트조차, 프로필렌조차, 황산조차, 시멘트조차

② 화차의 종류별 코드 및 약호(별표 1)

코드	약호	비고	코드	약호	비고
	B : 유개화차			F : 평판차	
BKA	소화물	소화물차	FC	컨테이너	컨테이너전용
BS	유씽사	유개씽문			
BSJ	유전개	유개전개차	FD	컨겸	컨테이너겸용
BSS	유쌍쌍	유개쌍쌍문차			
BLC	유개코일	철판코일수송차	FDE	컨겸평판	컨테이너겸용평판차
BLG	보선발전	유개보선발전차	FJ	자동차	자동차차
	G : 무개차		FP	평평판차	평평판차
GG	무개일반	무개일반차			
GC	무개컨테이너	무개컨테이너차	FA	평판미군	평판미군
			FAH	고상평판	고상평판
			FAL	저상평판	저상평판
GH	홉퍼차	홉퍼차			
			FG	곡형평판	곡형평판차
	T : 조차			J : 자갈차	
TA	아스팔트차	아스팔트차			
TB	시멘트차	시멘트차	JD	자갈50	홉퍼자갈 50톤대
TH	황산차	황산차		K : 침식차	
TJ	중질유차	중질유차			
TK	경질유차	경질유차	KH	침식차	침식차
TP	프로필렌차	프로필렌차			
	C : 차장차				
CE	차장차	호송인승무용			

③ 화차의 사용방법(내규 제15조)

㉠ 유개화차(5종류)

종류	사용 방법	기타
유개차(목재)	봉인을 하여야 하는 것, 비를 맞으면 안 될 화물 또는 불 타기 쉬운 화물과 무개화차 대용	생석회로서 밀폐된 용기에 넣지 않거나, 밀봉하지 않은 것은 사용할 수 없음
유개차(철재)		동물의 수송에 사용할 때에는 깔판을 화주부담으로 시설하여 사용할 수 있음
전개형 유개화차	팰릿(pallet)형 화물수송과 유개차 대용	
차장자	화물호송인 승차용, 필요시 해당열차의 관계자가 승차할 수 있음	
유개코일	냉연 또는 열연 철판코일 수송	

㉡ 무개화차(3종류)

종류	사용 방법	기타
일반무개차	봉인이 필요 없고 비에 젖거나 또는 불이 날 우려가 없는 화물, 유개화차 및 컨테이너화차 대용	건설화물을 제외하고 위험물, 가연성 고체, 흡습 발열물(밀봉한 카바이드는 제외한다), 산화 부식제, 휘산성 독물, 사체 및 동물 수송에는 사용할 수 없음
호퍼형 무개차	봉인이 필요 없고 비에 젖거나 또는 불이 날 우려가 없는 화물, 적하시설이 되어 있는 역이나 인력작업으로 하화가 가능한 역에만 사용	
자갈차	흙, 모래, 자갈, 석재 등의 수송, 홉퍼형 무개차 대용으로 사용할 수 있음	

© 평판차(6종류)

종류	사용 방법	기타
일반 평판차	• 특대화물 • 컨테이너차 대용	
곡형 평판차	• 일반 평판차에 적재할 수 없는 특대화물 • 중량이 무거운 화물	
철판코일차	철판코일	
컨테이너차	컨테이너	단, 냉동 컨테이너는 용도에 맞는 화차에 적재
컨테이너 겸용차	컨테이너, 레일, 전차 등	
자동차 수송차	자동차	

② 조차(5종류)

종류	사용 방법
유조차	유류
아스팔트 조차	아스팔트
프로필렌 조차	프로필렌
시멘트 조차	벌크 시멘트
황산 조차	황산

④ 화차의 배정순서(내규 제23조)

㉠ 열차를 지정하여 수송하는 화물

㉡ 특수구조의 화차를 필요로 하는 화물 또는 특수 적재방법을 요하는 화물

㉢ 운수상 필요에 의하여 사용차수를 한정한 구간착의 화물

㉣ 직송, 집결열차에 의하여 수송하면 속달할 수 있는 화물 또는 배정순서를 변경하여도 예정 도착시각에 변동이 없고 착지에 적합한 열차에 의하여 수송할 수 있는 화물

㉤ 화물의 톤수와 화차의 적재톤수 관계 및 화차의 종별에 따라 배정순서를 변경하면 화주 상호 간에 유리한 경우

㉥ 화차의 배정이 한 화주에게만 편중하여 다른 화주 간에 불공평한 경우 또는 화주의 적재능력이 부족한 경우

㉦ 계획화물을 배정할 경우

* 단, 물류사업본부장이 영업상 필요하다고 인정할 경우 우선순위를 변경 조정가능

⑤ 열차종별에 의한 조성(내규 제119조)

㉠ 급행 화물열차 : 그 열차의 종착역 및 종착역을 지나 도착하는 화차로 조성한다. 다만, 열차운전 시행세칙에 정한 차량최고속도 110km/h 미만의 화차는 연결할 수 없다.

㉡ 일반 화물열차

• 직통열차 : 그 열차의 종착역 및 종착역을 지나 도착하는 화차로 조성한다. 다만, 종착역 및 종착역을 지나 도착하는 화차가 부족할 경우에는 될 수 있는 대로 원거리착 화차로 조성한다.

• 구간열차 : 그 열차의 운행구간에 적당한 화차로 조성한다.

(3) 화차의 운용

① 비영업차의 종류(특수화차)(내규 제32조) : 공사 차적에 편입된 화차로서 특수목적을 위하여 개조 또는 지정한 화차는 화물영업용으로 사용할 수 없다.

㉠ 기중기 부수차

㉡ 수해복구용 지정화차

㉢ 기타 비영업용으로 지정한 화차

② 특수관리 화차의 운용(내규 제35조)

㉠ 종류 : 곡형 평판차, 철판코일차와 그 밖에 별도로 지정한 화차

㉡ 운용 및 특수 관리 지시자, 담당자 지정자 : 물류사업본부장

③ 화차의 청소(내규 제36조) : 화차는 도착역에서 고객이 잔류물 없이 하화하여야 한다.

㉠ 필요하지 않은 표시류는 제거하고 낙서 등을 지워야 한다.

㉡ 차내에 필요하지 않은 것은 남겨서는 안 된다.

ⓒ 생선의 썩은 물 또는 동물이 배설한 오물을 제거하고, 될 수 있는 대로 물로 청소하여야 한다.

② 사체 또는 중병환자, 기타를 적재하였던 화차는 필요에 따라 소독하여야 한다

ⓜ 화차청소에 특수조치를 하여야 하는 것은 물류사업본부장의 지시를 받아야 한다.

④ 컨테이너 수송(내규 제111조)

ⓐ 컨테이너는 컨테이너 열차로 수송이 원칙이다.

ⓑ 수송할 수 없을 경우에는 역장은 물류사업본부장(물류상황팀)과 협의·지시를 받아 도착역에 가장 빨리 도착할 수 있는 열차로 수송할 수 있다.

ⓒ 컨테이너화차는 취급역 이외의 도중역에 분리해서는 안 된다(부득이할 경우 즉시 관계처 통보).

② 컨테이너 적재화차의 적재상태 검사는 역장이 시행한다.

ⓜ 역장은 적재검사 결과 적재상태 등이 불완전하다고 인정할 때는 즉시 송화인으로 하여금 보완토록 하고 그 사유를 관계 장표에 기재하고 서명 후 필요하다고 인정할 때에는 관계 화주에게 통보하여야 한다.

ⓑ 컨테이너화물의 중량계산에 있어 기관차의 견인력 산정(환산)에 필요한 경우에는 컨테이너화물의 실중량으로 계산하여야 한다.

(4) 위험물

① 위험물의 작업 장소(내규 제56조)

ⓐ 위험물 취급 장소 : 작업장 보기 쉬운 곳에 경계표를 설치하고 작업에 관계없는 자의 출입을 금지시켜야 한다.

ⓑ 위험물 작업 장소 : A·B·C형 소화기를 갖춰 놓아야 한다.

② 특수 위험물 취급 시 주의할 점

ⓐ 일반화물 취급 장소와 격리된 장소를 지정할 것

ⓑ 작업장소의 보안거리는 30m 이상 유지되도록 할 것

ⓒ LPG 등 액화가스류는 전용선 또는 특히 지정한 지선에서 취급되도록 지정할 것

② 작업장 보기 쉬운 곳에 경계표를 설치하고 작업 중에는 다음과 같이 "위험물 작업 중"이라고 표지를 반드시 게출할 것

③ 특수 위험품 운송 시 경찰서에 신고하여야 하는 경우(내규 제63조)

ⓐ 화약류 적재신청이 있을 때 – 발송역장

ⓑ 화약류를 적재완료 했을 때 – 발송역장

ⓒ 화약류 화차의 체류 시 – 중계 및 대피역장

② 화약류 도착 즉시

ⓜ 화약류 적재화차의 위해 등 사고 염려가 있을 때

ⓑ 하화한 후 5시간이 경과하여도 수화인이 하화를 하지 않을 때

위험물철도운송규칙 제16조(위험물의 도착 후 조치)

1. 철도운영자는 화약류의 탁송신청을 받은 때와 화약류를 적재한 화차가 도중역에 체류·정류하는 때 및 도착역에 도착하는 때에는 지체 없이 관할경찰관서에 그 사실을 신고하여야 한다.
2. 위험물의 수화인은 위험물이 도착하면 지체 없이 이를 역외에 반출하여야 한다. 다만, 도착역에 특별한 설비를 갖춘 경우에는 그러하지 아니하다.
3. 화약류의 수화인이 화약류 도착 후 5시간이 경과하여도 화약류를 반출하지 아니하는 때에는 철도운영자는 관할경찰관서에 그 사실을 신고하고, 당해 그 화약류를 적재한 화차를 격리된 선로로 이동시킨 후 위험방지에 필요한 조치를 하여야 한다.

---

④ 특수위험물의 접수(내규 제65조)

ⓐ 종류 : 화약류, 압축가스 및 액화가스

ⓑ 서류 제출 기한 : 탁송 4시간 전까지 제출

ⓒ 운송신청의 접수 : 역장 및 화물취급 책임자(단, 특수위험물취급자로 지정된 자가 접수 시는 역장에게 그 취급방법을 지시받아야 함)

(5) 살화물의 비중산정에 의한 중량환산 방법(내규 제 87조)

① 비중계산

ⓐ 공식 : 비중(D)=중량(G)÷용적(V)

ⓑ 단위 환산 : $t=1m^3$ $(D=t/m^3)$

ⓒ 비중산정 예시

[예시 1]
- 용기 및 중량 : 50cm(가로), 35cm(세로), 30cm(높이), 실중량 : 75kg
- 단위 환산 : 중량 75kg = 0.075t, 용적 52,500cm^3 = 0.0525m^3
- 비중(D) = 중량 0.075t ÷ 용적 0.0525m^3 = 1.43(t/m^3)

[예시 2]
- 용기 및 중량 : 50cm(가로), 50cm(세로), 30cm(높이), 실중량 : 110kg
- 단위 환산 : 중량 110kg = 0.11t, 용적 75,000cm^3 = 0.075m^3
- 비중(D) = 중량 0.11t ÷ 용적 0.075m^3 = 1.47(t/m^3)

② 중량계산

ⓐ 공식 : 비중(D)=중량(G)÷용적(V)에서 중량(G)= 비중(D)×용적(V)

ⓑ 단위 환산 : t=1m^3 (D=t/m^3)

ⓒ 중량계산 예시

[예시 1]
- 비중 및 용적 : 비중 1.43, 용적 53m^3
- 중량 : $D = G ÷ V$ 식에서 1.43 = $G ÷ 53$,
  ∴ $G = 53 × 1.43 = 75.79$t

[예시 2]
- 비중 및 용적 : 비중 1.47, 용적 49m^3
- 중량 : $D = G ÷ V$ 식에서 1.47 = $G ÷ 49$,
  ∴ $G = 49 × 1.47 = 72.03$t

* 중량 = 비중 × 용적 = 무게는 비용이다.

3-1. 천재지변, 사변 또는 기타 운송상 지장으로 일시 화물의 운송을 제한할 필요가 있을 경우 화차의 사용금지, 제한, 화물 수탁 및 발송업무를 정지할 수 있는 사람은? [15년 2회]
① 관계역장
② 물류사업본부장
③ 지역본부장
④ 화물취급담당자

3-2. 화물 수송제한의 설명으로 틀린 것은?
① 사용조정이란 기준을 정하여 화차의 사용을 조정하는 것이다.
② 수송제한으로는 수송조정과 수송제한이 있다.
③ 우회수송이란 소정 수송경로 이외의 경로로 수송하는 것이다.
④ 발송조정이란 화차의 발송시간을 일시 조정하는 것이다.

3-3. 화차의 수송순서에 대한 설명으로 맞는 것은? [18년 2회]
① 화차 수송순서는 절대로 변경할 수 없다.
② 출발역에서는 도착한 순서에 의하여 수송한다.
③ 사체 – 부패 변질하기 쉬운 화물 – 동물 – 위험물 – 기타화물 – 빈 화차 순으로 수송한다.
④ 물류사업본부장이 지시한 긴급물자 등 특히 급송할 필요가 있는 것은 타 화물에 우선하여 수송할 수 있다.

3-4. 화차의 운송순서를 맞게 나열한 것은? [16년 2회]

ⓐ 사체 적재화차
ⓑ 부패변질하기 쉬운 화물 적재화차
ⓒ 액화가스 적재화차
ⓓ 동물 적재화차

① ⓒ→ⓐ→ⓑ→ⓓ
② ⓒ→ⓑ→ⓐ→ⓓ
③ ⓒ→ⓑ→ⓓ→ⓐ
④ ⓒ→ⓐ→ⓓ→ⓑ

3-5. 화차의 수송순서에 대한 설명으로 적절하지 않은 것은? [20년 1회]
① 출발역에서는 발송준비를 완료한 순서에 따라 수송한다.
② 중계역에서는 원칙적으로 도착한 순서에 따라 수송한다.
③ 사체 적재화차는 위험물 적재화차보다 우선하여 수송한다.
④ 동물적재화차는 부패변질하기 쉬운 화물 적재화차보다 우선하여 수송한다.

3-6. 다음 중 화차의 종류로 올바르게 짝지은 것이 아닌 것은?

① 유개화차 - 차장차
② 무개화차 - 자갈차
③ 조차 - 컨테이너차
④ 평판차 - 철판코일차

3-7. 화물열차를 조성함에 있어 열차종별에 의한 조성에 대한 설명으로 틀린 것은?

① 일반 화물열차의 구간열차는 그 열차의 운행구간에 적당한 화차로 조성한다.
② 급행 화물열차는 그 열차의 종착역 및 종착역을 지나 도착하는 화차로 조성한다.
③ 급행 화물열차는 열차운전시행세칙에 정한 차량최고속도 100km/h 미만의 화차는 연결할 수 없다.
④ 일반 화물열차의 직통열차는 그 종착역 및 종착역을 지나 도착하는 화차가 부족할 경우에는 될 수 있는 대로 원거리 도착 화차로 조성한다.

3-8. 화차의 종류별 약호에 따른 코드가 잘못된 것은?
[19년 1회]

① 조차 : TB(시멘트차)
② 평판차 : FG(자동차)
③ 무개차 : GH(홉퍼차)
④ 유개화차 : BSJ(유개전개차)

3-9. 철도화차 중에 평판화차의 종류에 포함되지 않는 것은?

① 호퍼형무개차
② 컨테이너차
③ 곡형평판차
④ 자동차수송차

3-10. 화물수송내규에서 정하고 있는 화차 중 유개화차가 아닌 것은?

① 차장차
② 유개곡물차
③ 유개보선용발전차
④ 유개코일차

3-11. 유개화차가 아닌 것은?

① 홉퍼차
② 차장차
③ 유개보선용발전차
④ 유개코일차

3-12. 화차의 종류 중 가장 무거운 물품의 수송에 적합한 화차는?
[17년 2회]

① 유류 등을 수송하기 위한 조차
② 석탄 등을 수송하기 위한 무개화차
③ 곡물류 등을 수송하기 위한 유개화차
④ 중량품 등을 수송하기 위한 평판화차

3-13. 화차의 청소에 대한 설명으로 틀린 것은?

① 역장은 화차청소에 특수조치를 하여야 하는 경우 특수청소 직원을 부를 수 있다.
② 역장은 필요하지 않은 표시류는 제거하고 낙서 등을 지워 수송에 지장이 없는지 확인하여야 한다.
③ 역장은 생선의 썩은 물 또는 동물이 배설한 오물을 제거하고, 될 수 있는 대로 물로 청소하여 수송에 지장이 없는지 확인하여야 한다.
④ 역장은 사체 또는 중병환자, 그 밖에 적재하였던 화차는 필요에 따라 소독하여 수송에 지장이 없는지 확인하여야 한다.

3-14. 홉퍼차의 적재기준이 다음과 같은 때, 과적중량계산으로 맞는 것은?
[19년 1회]

• 표기하중톤수 : 51톤	• 용적 : 42m³
• 적재함 길이 : 12m	• 폭 : 3m
• 비중 : 1.47	

① 10.74톤
② 11.74톤
③ 12.74톤
④ 13.74톤

3-15. 다음의 무개화차에 화물을 가득 실었을 경우에 화물의 중량을 계산하시오.
[18년 1회]

• 하중 : 54톤	• 자중 : 21.7톤
• 용적 : 50m³	• 화물의 비중 : 1.4

① 54톤
② 21.7톤
③ 70톤
④ 49톤

3-16. 다음 화물의 비중을 계산하시오.
[20년 1회]

• 용기의 크기 : 가로 50cm, 세로 40cm, 높이 30cm
• 화물의 실중량 : 75kg

① 1.25
② 1.35
③ 1.45
④ 1.5

3-1

수송 내규 제9조
물류사업본부장은 천재지변, 사변 또는 기타 운송상 지장으로 일시 화물의 운송을 제한할 필요가 있을 경우에는 화차의 사용을 금지 또는 제한하거나, 화물의 수탁 및 발송업무를 정지할 수 있다.

3-2

④ 발송조정이란 화차의 발송량수를 일시 조정하는 것이다.

3-3

① 수송순서에도 불구하고 물류사업본부장이 지시한 긴급물자 등 특히 급송할 필요가 있는 것은 타 화물에 우선하여 수송할 수 있다.
② 출발역에서는 발송준비를 완료한 순서, 중계역에서는 도착한 순서에 의하여 수송한다.
③ 위험물 - 사체 - 동물 - 부패 변질하기 쉬운 화물 - 기타화물 - 빈 화차

3-4

화차의 수송순서는 위험물→사체→동물→부패 변질하기 쉬운 것→기타→빈 화차 순이다.

3-5

③ 위험물 적재화차는 최우선으로 수송한다.

3-6

조차의 종류 : 유조차, 아스팔트조차, 프로필렌 조차, 시멘트 조차, 황산 조차
컨테이너차는 평판차에 해당한다.

3-7

③ 급행 화물열차에 차량최고속도 110km/h 미만의 화차는 연결할 수 없다.

3-8

② FG는 곡형 평판차다.

3-9

① 호퍼형무개차는 무개화차에 속한다.

3-10

② 유개곡물차는 화물수송내규에 없는 화차이다.

3-11

① 홉퍼차 = 호퍼차 = 자갈차는 무개화차에 해당한다.

3-12

유류, 석탄, 곡물류, 중량품 중에 가장 무거운 것은 중량품이다.

3-13

화차청소에 특수조치를 하여야 하는 경우 물류사업본부장의 지시를 받아야 한다.

3-14

중량계산 공식 비중(D) = 중량(G) ÷ 용적(V)에서
중량(G) = 비중(D) × 용적(V)
$G = 1.47 \times 42\text{m}^3 = 61.74$톤
과적중량 : 61.74톤(중량) − 51톤(화차표기 하중톤수) = 10.74톤

3-15

중량계산 공식 비중(D) = 중량(G) ÷ 용적(V)에서
중량(G) = 비중(D) × 용적(V)
$G = 1.4 \times 50\text{m}^3 = 70$톤

3-16

중량계산 공식
비중(D) = 중량(G) ÷ 용적(V)에서
용적$(V) = 0.5 \times 0.4 \times 0.3 = 0.06\text{m}^3$
중량$(G) = 75\text{kg} = 0.075$톤
$D = 0.075$톤 ÷ $0.06\text{m}^3 = 1.25$

정답 3-1 ② 3-2 ④ 3-3 ④ 3-4 ④ 3-5 ③ 3-6 ③ 3-7 ③
3-8 ② 3-9 ① 3-10 ② 3-11 ① 3-12 ④ 3-13 ①
3-14 ① 3-15 ③ 3-16 ①

철도운전에서는 열차의 운전에 관련된 운전취급규정 및 일반철도운전세칙에서 용어의 정의, 열차의 구성원리, 운전에 필요한 조건, 운행방식, 신호, 폐색 및 철도사고 등이 출제되고 있다. 또한 철도안전법에서는 열차운전과 관련된 조문, 철도차량운전규칙, 도시철도운전규칙의 조문 중에 운전과 관련하여 이해를 묻는 문제가 함께 출제되고 있다

I   철도운전

제1절 | 운전일반

운전일반에서는 철도운전 관련 용어의 정의, 그리고 열차의 조성에서부터 운행 및 정차와 관련된 사항을 다루고 있다. 각 조항마다 원칙과 예외사항을 잘 정리하여야 한다.

핵심이론 01 용어의 정의

① **열차** : 선로를 운행할 목적으로 조성하여 열차번호를 부여한 철도차량

② **철도차량**
  ㉠ 동력차 : 기관차, 전동차, 동차 등 동력원을 구비한 차량을 말하며, 동력집중식(이하 '기관차')과 동력분산식(이하 '동차')으로 구분
  ㉡ 객차 : 여객을 운송할 수 있는 구조로 제작된 차량(우편차, 발전차 포함)을 말하며, 고정편성 차량에서 동력원을 구비하지 않은 차량을 "부수차"라고 함
  ㉢ 화차 : 화물을 운송할 수 있는 구조로 제작된 차량
  ㉣ 특수차 : 특수사용을 목적으로 제작된 사고복구용차·작업차·시험차 등으로서 동력차와 객차 및 화차에 속하지 아니하는 차량. 다만, 원격제어가 가능한 장치를 설치한 동력차를 입환작업 등 특수차 용도로 사용하는 경우에는 해당 동력차를 특수차로 볼 수 있음

③ **정거장**
  ㉠ 역 : 열차를 정차하고 여객 또는 화물의 취급을 위하여 설치한 장소
  ㉡ 조차장 : 열차의 조성 또는 차량의 입환을 위하여 설치한 장소
  ㉢ 신호장 : 열차의 교행 또는 대피를 위하여 설치한 장소

④ **신호소** : 상치신호기 등 열차제어시스템을 조작·취급하기 위하여 설치한 장소

⑤ **운전취급역** : 해당 정거장에 운전취급담당자가 배치되어, 상례적 또는 이례적으로 신호 및 폐색취급 등의 운전취급업무를 수행하는 정거장 또는 신호소를 말하며, 해당 정거장에 운전취급직원 1명만 근무하는 정거장을 1명 근무역이라 함

⑥ **운전취급생략역**
  ㉠ 역원배치간이역 : 직원은 배치되어 있으나, 당해 정거장에서 신호 및 폐색취급 등의 운전취급업무를 수행하는 운전취급담당자가 배치되지 않은 정거장 또는 신호소
  ㉡ 역원무배치간이역 : 직원이 배치되지 않은 정거장 또는 신호소

⑦ **관제사** : 철도안전법 제21조의3에 따른 관제자격증명을 받은 자로서 국토교통부장관의 위임을 받은 사장의 책임으로 열차 운행의 집중제어, 통제·감시 등의 업무를 수행하는 자

⑧ **운전취급담당자** : 정거장, 신호소, 철도차량정비단(차량사업소를 포함한다)에서 운전취급 업무를 담당하는 자로 다음에 해당하는 자

　㉠ 운전취급책임자 : 해당 소속(피제어역 포함)에서 운전취급 업무를 책임지고 관리하는 자로서 "역장"으로 칭함

　㉡ 운전취급자 : 해당 소속에서 폐색 및 신호취급업무를 담당하는 자

⑨ **운전보안장치** : 열차 안전운행에 필요한 각종 장치로서 다음에 해당하는 장치를 말하며, ⓐ부터 ⓓ까지를 통칭하여 "열차제어장치"라고 함

　㉠ 열차제어장치

　　ⓐ 열차자동정지장치(ATS ; Automatic Train Stop) : 열차가 지상에 설치된 신호기의 현시 속도를 초과하면 열차를 자동으로 정지시키는 장치

　　ⓑ 열차자동제어장치(ATC ; Automatic Train Control) : 선행열차의 위치와 선로조건에 의한 운행속도를 차상으로 전송하여 운전실 내 신호현시창에 표시하며 열차의 실제 운행속도가 이를 초과하면 자동으로 감속시키는 장치

　　ⓒ 열차자동방호장치(ATP ; Automatic Train Protection) : 열차운행에 필요한 각종 정보를 지상장치를 통해 차량으로 전송하면 차상의 신호현시창에 표시하여 열차의 속도를 감시하여 일정속도 이상을 초과하면 자동으로 감속·제어하는 장치

　　ⓓ 한국형 열차제어장치(KTCS-2 ; Korean Train Control System Level 2) : 열차운전에 필요한 각종 정보를 지상장치로부터 철도통합무선통신망을 통해 차량으로 전송하여 허용속도 초과 정도에 따라 자동으로 감속 또는 정차시키는 장치

　㉡ 폐색장치 : 폐색구간의 폐색신호방식을 구성하기 위한 신호제어기기

　㉢ 신호연동장치 : 열차 또는 차량의 운행을 위하여 신호기, 선로전환기, 궤도회로 등의 제어·조작을 일정한 순서에 따라 기계적·전기적 또는 전자적으로 상호 쇄정하는 장치

　㉣ 제동장치 : 공기, 전기 등을 이용하여 열차 또는 차량을 정지시키기 위한 장치

　㉤ 건널목보안장치 : 열차가 건널목을 접근할 때 차량 및 보행자를 차단하거나, 경보하는 장치

　㉥ 운전경계장치 : 기관사의 심신 장애, 졸음 등으로 역행제어핸들에서 손을 떼거나, 일정시간 내에 스위치를 동작하지 않을 경우에 경보 또는 열차에 자동으로 제동을 체결시키는 장치

　㉦ 열차무선방호장치 : 열차 또는 차량운행 중 사고발생으로 전차량 탈선, 인접선로 지장 등으로 병발사고 우려 시 인접선로를 운행하는 열차에 방호신호를 송출하여 자동으로 경보 또는 열차를 정지시키는 장치

　㉧ 운전용통신장치 : 각종 무선전화기, 관제전화기, 폐색전화기 등 열차 또는 차량의 운행과 관련된 직원 간의 운전정보 교환을 위하여 사용하는 통신장치

　㉨ 지장물검지장치(ID ; Intrusion Detector) : 선로 내에 열차의 안전운행을 지장하는 낙석, 토사, 차량 등의 물체가 침범되는 것을 감지하기 위해 설치한 장치

　㉩ 차축온도검지장치(HBD ; Hot Box Detector) : 고속선을 운행하는 열차의 차축온도를 검지하는 장치

　㉪ 끌림물검지장치(DD ; Dragging Detector) : 고속선의 선로 상 설비를 보호하기 위해 기지나 일반선에서 진입하는 열차 또는 차량 하부의 끌림물체를 검지하는 장치

　㉫ 기상검지장치(MD ; Meteorological Detectors) : 고속선에 풍향, 풍속, 강우량을 검지하는 장치

ⓒ 신호보안장치 : 신호기장치, 선로전환기장치, 궤도회로장치, 폐색장치, 신호원격제어장치(RC), 고속철도신호설비, 고속철도 안전설비 등을 말하며, 열차 또는 차량이 안전운행과 수송능력 향상을 목적으로 설치한 종합적인 설비를 통칭함

ⓗ 무선폐색센터(RBC ; Radio Block Center) : 지상장치(CTC, 해당구간 전자연동장치, 인접 RBC 등)와 차상장치에서 수신한 정보를 바탕으로 열차운행 가능범위를 연산하여 차상에 전송하는 장치

⑩ 선로전환기 : 열차 또는 차량의 운행선로를 전환하는 장치

⑪ 본선 : 열차의 운전에 상용하는 선로로서 정거장 내 선로에 대해서 일반선은 주/부본선으로 고속선은 통과/정차본선으로 구분

　ㄱ 주본선 : 동일 방향에 대한 본선이 2 이상 있을 경우 가장 주요한 본선

　ㄴ 부본선 : 주본선 이외의 본선

　ㄷ 통과본선 : 동일방향의 본선 중 열차통과에 상용하는 본선

　ㄹ 정차본선 : 동일방향의 본선 중 열차정차에 상용하는 본선

⑫ 측선 : 본선이 아닌 선로

⑬ 안전측선 : 정거장 또는 신호소에 열차가 진입할 때 정지위치를 지나더라도 대향열차 또는 입환차량과 충돌사고를 방지하기 위하여 설치한 선로

⑭ 건넘선 : 선로의 도중에서 다른 선로의 도중으로 통하는 선로

⑮ 인상선 : 입환작업 또는 구내운전 시 차량의 인상에 전용하는 선로

⑯ 고속선 : 국토교통부장관이 그 노선을 지정·고시한 선로를 말하며 「열차운전 시행세칙」에 따로 정함

⑰ 연결선 : 고속선과 일반선이 서로 연결되는 구간

⑱ 전차선로 : 전기차에 전력을 공급할 수 있는 전차선, 급전선, 귀선 및 이에 부속하는 설비

⑲ 유효장 : 선로에 열차 또는 차량을 수용함에 있어서 그 선로의 수용가능 최대길이

⑳ 추진운전 : 열차 또는 차량을 맨 앞쪽 이외의 운전실에서 운전하는 경우를 말하며, "밀기운전"이라고도 함

㉑ 주의운전 : 특수한 사유로 인하여 특별한 주의력을 가지고 운전하는 경우

㉒ 퇴행운전 : 열차가 운행도중 최초의 진행방향과 반대의 방향으로 운전하는 경우를 말하며, "되돌이운전"이라고도 함

㉓ 감속운전 : 신호의 이상 또는 재해나 악천후 등 이례사항발생 시 규정된 제한속도보다 낮추어 운전하는 것

㉔ 양방향운전 : 복선운전구간에서 하나의 선로를 상·하선 구분 없이 양방향 신호설비를 갖추고 차내신호폐색식에 의하여 열차를 취급하는 운전방식

㉕ A.T.C운전 : 궤도회로를 통하여 열차운행에 필요한 정보를 연속적으로 전송하는 ATC에 따라 운전하는 방식

㉖ 구내운전 : 정거장 또는 차량기지 구내에서 입환신호기, 입환표지, 선로별표시등의 현시 조건에 의하여 동력을 가진 차량을 이동 또는 전선하는 경우에 운전하는 방식

㉗ 입환 : 사람의 힘에 의하거나 동력차 또는 특수차를 사용하여 차량을 이동, 교환, 분리, 연결 또는 이에 부수되는 작업으로 "차갈이"라고도 하며, 입환작업을 수행하는 자를 "입환작업자"라 함

㉘ 완급차 : 비상변·공기압력계 및 수제동기를 갖추고 공기제동기를 사용할 수 있는 차량으로서 열차승무원이 집무할 수 있는 차량

㉙ 관통제동 : 열차를 조성한 전 차량의 제동관에 공기를 관통시켜 제동관 내의 공기를 대기로 배출시킬 경우 자동적으로 제동 작용을 하는 장치

㉚ **정거장 내** : 장내신호기 또는 정거장경계표지를 설치한 위치에서 안쪽을, "정거장 외"란 그 위치에서 바깥쪽을 말하며, 동일 선로에 대하여 2 이상의 장내신호기가 있는 경우에는 맨 바깥쪽의 신호기를 기준으로 함

㉛ **차량접촉한계표지 내** : 차량이 접촉하지 않는 방향을 말하고, "차량접촉한계표지 외"라 함은 차량이 접촉하는 방향

㉜ **신호기의 안쪽** : 그 신호기의 위치에서 신호현시로 방호되는 뒷면의 방향을 말하고, "신호기의 바깥쪽"이란 앞면의 방향을 말함

㉝ **신호**

　㉠ 신호 : 모양, 색 또는 소리 등으로서 열차 또는 차량에 대하여 운행의 조건을 지시하는 것

　㉡ 전호 : 모양, 색 또는 소리 등으로서 직원상호 간의 상대자에 대하여 의사를 표시하는 것

　㉢ 표지 : 모양 또는 색 등으로서 물체의 위치, 방향 또는 조건을 표시하는 것

㉞ **수신호** : 신호기가 설치되지 않은 경우 또는 이를 사용할 수 없는 경우 열차에 대하여 신호를 현시하는 것을 말함

㉟ **진행 지시신호** : 진행신호·감속신호·주의신호·경계신호·유도신호("안내신호"라고도 한다. 이하 같다) 및 차내신호(정지신호 제외) 등 진행을 지시하는 신호를 통칭하여 말함

㊱ **차내신호** : 열차 및 차량의 진로정보를 지상장치로부터 차상장치로 수신하여 운전실 내에 설치된 신호현시장치에 의해 열차의 운행조건을 지시하는 신호방식

㊲ **폐색구간** : 2 이상의 열차를 동시에 운전시키지 않기 위하여 정한 구역을 말하며 "운전허용구간"이라고도 함

㊳ **운전관계승무원**

　㉠ 동력차승무원 : 철도차량 또는 열차의 운전을 담당하는 기관사(KTX기장, 장비운전원을 포함한다. 이하 같다)와 부기관사, 지시에 따른 운전업무수행자

　㉡ 열차승무원 : 열차팀장, 여객전무, 전철차장, 지시에 따른 열차승무업무 수행자

㊴ **고속화구간** : 일반선 구간에서 열차가 시속 170킬로미터 이상의 속도로 운행하는 구간

㊵ **열차집중제어장치(CTC ; Centralized Traffic Control)** : 1개소의 철도교통관제센터에서 각 역을 직접 제어하여 열차운전취급 및 감시를 수행하는 신호보안 설비를 말하고, CTC에 의하여 제어하는 방식을 CTC 제어방식, CTC 제어방식에 의하는 구간을 CTC구간이라고 함

㊶ **원격제어방식(RC ; Remote Control)** : 소규모의 열차집중제어 장치로서 제어역과 피제어역으로 구분하여, 제어역에서 피제어역의 폐색취급·신호취급 및 선로전환기를 원격제어하는 방식을 말하고, 제어역과 피제어역간을 원격제어 구간(RC구간)이라 함

㊷ **로컬(LOCAL) 제어** : CTC 또는 제어역에서 취급할 수 없거나, 피제어역으로 제어권을 이전하는 경우에 피제어역 자체적으로 신호 및 진로를 제어할 수 있는 제어방식

㊸ **자동제어방식(AUTO ; Central Computer Auto Mode)** : CTC computer system에 따라 자동으로 제어하는 방식

㊹ **콘솔제어방식(C.C.M ; Console Control Mode)** : CTC 콘솔에서 keyboard 및 mouse를 사용하여 수동으로 제어하는 방식

1-1. 열차제어장치의 종류로 맞는 것은? [16년 2회]

① 운전경계장치
② 열차무선방호장치
③ 열차자동제어장치
④ 운전용통신장치

1-2. 운전보안장치로 틀린 것은?

① 열차제어장치
② 폐색장치
③ 신호연동장치
④ 통신장치

1-3. 운전취급규정에서 정하고 있는 용어의 설명으로 틀린 것은? [16년 2회, 17년 1회, 19년 4회]

① 신호장이란 열차의 교행 또는 대피를 하기 위하여 설치한 장소를 말한다.
② 운전허용구간이란 2 이상의 열차를 동시에 운전시키지 않기 위해 정한 구역을 말한다.
③ 정거장 외란 장내신호기 또는 정거장경계표지를 설치한 위치에서 바깥쪽을 말한다.
④ 추진운전이란 열차가 운행도중 최초의 진행방향과 반대의 방향으로 운전하는 경우를 말하며, 되돌이운전이라고도 한다.

1-4. 운전취급 규정에서 사용되는 용어의 설명으로 맞는 것은? [16년 2회, 17년 1회, 19년 4회]

① 추진운전이란 열차 또는 차량을 맨 앞쪽 이외의 운전실에서 운전하는 경우를 말하며, 밀기운전이라고도 한다.
② 주의운전이란 신호의 이상 또는 재해나 악천후 등 이례상황 발생 시 관제사의 지시로 규정된 제한속도보다 낮추어 운전하는 것을 말한다.
③ 운전보안장치 중 열차제어장치는 열차자동정지장치, 열차자동제어장치, 열차자동방호장치, 운전자경계장치를 통칭하여 말한다.
④ 단선운전구간에서 하나의 선로를 양방향 신호설비를 갖추고 자동폐색식 또는 차내신호폐색식에 의하여 열차를 취급하는 운전방식을 양방향운전이라고 말한다.

|해설|

1-1
운전취급규정 제3조
열차자동제어장치(열차자동정지장치, 열차자동방호장치 등)를 포함하여 보기의 내용들은 모두 운전보안장치이다.

1-2
운전용통신장치 : 각종 무선전화기, 관제전화기, 폐색전화기 등 열차 또는 차량의 운행과 관련된 직원 간의 운전정보 교환을 위하여 사용하는 통신장치
운전보안장치는 열차운전과 관련 있는 것만을 말함

1-3
운전취급규정 제3조
"추진운전"이란, 열차 또는 차량을 맨 앞쪽 이외의 운전실에서 운전하는 경우를 말하며, "밀기운전"이라고도 함

1-4
운전취급규정 제3조
② 주의운전 : 특수한 사유로 인하여 특별한 주의력을 가지고 운전하는 경우
③ 열차제어장치는 열차자동정지장치, 열차자동제어장치, 열차자동방호장치, 한국형 열차제어장치를 통칭하여 말한다.
④ 양방향운전 : 복선운전구간에서 하나의 선로를 상·하선 구분 없이 양방향 신호설비를 갖추고 차내신호폐색식에 의하여 열차를 취급하는 운전방식

정답 1-1 ③ 1-2 ④ 1-3 ④ 1-4 ①

(1) 이례사항 발생 시 조치

열차 또는 차량을 운전 중 이례사항이 발생 시에는 규정 및 매뉴얼에 따라 조치하여야 하며, 정해진 조치방법이 없는 경우 인명과 열차운행에 가장 안전하다고 인정되는 방법에 따라 조치하여야 함

(2) 열차운행의 일시 중지

천재지변과 악천후로 열차의 안전운행에 지장이 있는 경우
① 정지시킬 수 있는 자 : 사장(관제사 포함)
② 풍속 측정 기준 ★필답형
　　㉠ 정거장과 인접한 기상관측소의 기상청 자료 또는 철도기상정보 시스템에 따를 것
　　㉡ 위에 의할 수 없는 경우 목측에 의한 풍속 측정 기준에 따를 것

[목측에 의한 풍속 측정 기준]

종별	풍속(m/s)	파도(m)	현상
센바람	14 이상~ 17 미만	4	나무전체가 흔들림. 바람을 안고서 걷기가 어려움
큰바람	17 이상~ 20 미만	5.5	작은 나무가 꺾임. 바람을 안고서는 걸을 수가 없음
큰센바람	20 이상~ 25 미만	7	가옥에 다소 손해가 있거나 굴뚝이 넘어지고 기와가 벗겨짐
노대바람	25 이상~ 30 미만	9	수목이 뿌리째 뽑히고 가옥에 큰 손해가 일어남
왕바람	30 이상~ 33 미만	12	광범위한 파괴가 생김
싹쓸바람	33 이상	12 이상	광범위한 파괴가 생김

Tip 센-큰-큰(센)-노-왕-싹으로 외울 것

(3) 풍속에 따른 운전취급 ★필답형

① 역장은 풍속이 초속 20미터 이상으로 판단된 경우, 그 사실을 관제사에게 보고
② 역장은 풍속이 초속 25미터 이상으로 판단된 경우, 다음에 따른다.
　　㉠ 열차운전에 위험이 우려되는 경우, 열차의 출발 또는 통과를 일시 중지

　　㉡ 유치 차량에 대하여 구름방지 조치
③ 관제사는 기상자료 또는 역장 보고에 따라 풍속이 초속 30미터 이상인 경우 해당 구간의 열차운행을 일시 중지 지시

(4) 강우에 따른 운전취급 ★필답형

① 재해대책본부 근무자 또는 시설사령은 기상청 기상특보 관리 및 다음 표에 정한 강우수준일 경우 신속히 담당 관제사에게 통보
② 관제사는 해당 기상특보 접수 시 강우구간 운행열차에 대해 다음 표에 정한 운전취급 지시
③ 기관사는 현장상황이 기상특보와 다른 경우 관제사에게 보고 후 지시에 따를 것

[강우량에 따른 운전취급 기준]

강우기준	운전취급
연속강우량 150mm 미만, 시간당 강우량 65mm 이상	운행정지
연속강우량 150mm~320mm 미만, 시간당 강우량 25mm 이상	
연속강우량 320mm 이상	
연속강우량 125mm 미만, 시간당 강우량 50mm 이상	서행운전 (45km/h)
연속강우량 125mm~250mm 미만, 시간당 강우량 20mm 이상	
연속강우량 250mm 이상	
연속강우량 100mm 미만, 시간당 강우량 40mm 이상	주의운전
연속강우량 100mm~210mm 미만, 시간당 강우량 10mm 이상	
연속강우량 210mm 이상	

(5) 선로침수에 따른 운전취급

기관사 또는 선로순회 직원의 조치사항
① 선로침수 발견 시 즉시 열차정차 후 현장상황을 최근 역장 또는 관제사에게 통보
② 선로침수 통보 받은 역장 또는 관제사는 관계부서에 통보하여 배수조치 의뢰 및 열차운행 일시 중지 등 지시

③ 기관사는 침수된 선로를 운전하는 경우 다음에 따른다.

　　㉠ 레일 면까지 침수된 경우에는 그 앞쪽 지점에 일단 정차 후 선로상태를 확인하고 통과가 가능하다고 인정될 때는 시속 15킬로미터 이하의 속도로 주의운전

　　㉡ 레일 면을 초과하여 침수되었을 때에는 운전을 중지하고 관제사의 지시에 따를 것

(6) 폭염에 따른 레일온도 상승 시 운전취급

① 시설사령은 다음 표에 따라 레일온도 상승 시 조치

　　㉠ 섭씨 55도 이상일 경우 해당 관제사에게 통보

　　㉡ 섭씨 60도 이상일 경우 서행운전 요청

[레일온도 상승에 따른 운전규제]

레일온도	운전규제
64℃ 이상	운행중지
60℃ 이상~64℃ 미만	45km/h 이하 운전
55℃ 이상~60℃ 미만	주의운전
55℃ 미만	정상운전

② 관제사는 레일온도에 따른 운전규제 사항을 해당 역장 및 기관사에게 지시

③ 역장은 임시운전명령 또는 지시사항 수보 시 관련내용(서행사유, 서행지점, 서행속도)을 관계열차에 통보

④ 기관사는 선로상태를 확인하며 주의운전, 현장상황을 관제사 또는 역장에게 보고

핵심예제

2-1. 풍속의 종류별 현상으로 틀린 것은? [16년 1회]

① 싹쓸바람 : 광범위한 파괴가 생김(파도 : 12m 이상)

② 센바람 ; 나무 전체가 흐득림 바람을 안고서 걷기가 어려움 (파도 : 4m)

③ 노대바람 : 수목이 뿌리째 뽑히고 가옥에 큰 손해가 일어남 (파도 : 9m)

④ 왕바람 : 가옥에 다소 손해가 있거나 굴뚝이 넘어지고 기와가 벗겨짐(파도 : 6m)

2-2. 목측에 의한 풍속 기준에 근거할 경우 다음 중 가장 강한 바람은? [16년 1,2회]

① 큰바람　　　　　　② 큰센바람

③ 센바람　　　　　　④ 노대바람

2-3. 역장이 열차출발 또는 통과를 일시 중지시킬 수 있는 풍속의 기준은? [18년 1회]

① 15m/s 이상　　　② 20m/s 이상

③ 25m/s 이상　　　④ 30m/s 이상

|해설|

2-1

운전취급규정 제5조 별표 1

왕바람 : 광범위한 파괴가 생김(파도 : 12m)

2-2

운전취급규정 제5조 별표 1

센-큰-큰(센)-노-왕-싹 바람크기별 종류에 대하여 암기가 필요

2-3

운전취급규정 제5조

역장은 풍속이 초속 25미터 이상이고 열차운전에 위험이 우려되는 경우, 열차의 출발 또는 통과를 일시 중지

정답 2-1 ④　2-2 ④　2-3 ③

(1) 열차에 탑승하는 승무원

① 기관사(KTX기장 및 장비운전자를 포함한다)
② 부기관사
③ 열차승무원

(2) 철도운영상 필요하다고 인정되면 기관사를 제외한 승무원을 생략할 수 있다.

(3) 열차승무원의 승무를 생략하면 부기관사, 부기관사의 승무를 생략한 경우는 열차승무원이 그 직무를 대신하며 동시에 생략한 경우에는 기관사가 업무를 겸한다.

(1) 제정·시행자 : 역·소장(철도차량정비단장 포함)

(2) 포함 내용

① 작업의 순서
② 작업의 방법
③ 관계자간 연락방법
④ 특히 주의를 요하는 사항
⑤ 취약요인에 대한 관리방안 등 소속 특성

핵심예제

운전작업내규와 관련된 내용으로 틀린 것은?

① 제정·시행자 : 역·소장(철도차량정비단장 포함)
② 작업의 순서가 들어 있어야 한다.
③ 관계자 간 연락방법이 있어야 한다.
④ 업무수행에 필요한 예산이 있어야 한다.

| 해설 |

작업내규 포함 내용
• 작업의 순서
• 작업의 방법
• 관계자 간 연락방법
• 특히 주의를 요하는 사항
• 취약요인에 대한 관리방안 등 소속 특성

정답 ④

(1) 사용시기 : 열차 또는 차량의 운전취급을 하는 때

(2) 구체적 사용시기
① 운전정보 교환
② 운전상 위급사항 통고
③ 열차 또는 차량의 입환취급 및 각종 전호 시행
④ 통고방법을 별도로 정하지 않은 사항을 열차를 정차시키지 않고 통고
⑤ 고속선에서 운전명령서식의 작성
⑥ 무선전화기 방호

(3) 통고방법을 별도로 정하지 않은 사항을 열차를 정차시키지 않고 통고하는 경우에는 통화 쌍방이 다음 내용을 명확히 하여야 함
① 통화의 일시
② 열차
③ 직·성명
④ 내용 등

(4) 역간 무선통화는 해당 원격모장치 무선송수신기를 사용

(5) 통화방식이 다른 구간으로 진입하는 열차의 기관사는 운전실에 설치된 무선전화기 채널을 운행구간 통화방식에 맞게 전환하여야 함

(6) 통화방식이 자동 전환되는 경우에는 채널위치의 정상여부를 확인하여야 함

5-1. 열차 또는 차량의 운전취급을 할 때, 무선전화기를 사용할 수 있는 경우가 아닌 것은?　[19년 4회]
① 운전정보 교환
② 운전상 위급사항 통고
③ 일반선에서 운전명령서식의 작성
④ 차량의 입환취급 및 각종전호 시행

5-2. 무선전화기 사용에서 통고방법을 별도로 정하지 않은 사항에 대하여 열차를 정차시키지 않고 통고할 때 경우 통화의 쌍방이 기록해야 할 사항으로 틀린 것은?
① 통화의 일시
② 열차
③ 직·성명
④ 관제사 승인번호

|해설|

5-1
운전취급규정 제9조
고속선에서만 운전명령서식의 작성

5-2
통고방법을 별도로 정하지 않은 사항을 열차를 정차시키지 않고 통고하는 경우에는 통화 쌍방이 다음 내용을 명확히 하여야 한다.
• 통화의 일시
• 열차
• 직·성명
• 내용 등

정답 5-1 ③　5-2 ④

(1) 본선 운전 가능 범위

차량이 본선을 운전하기 위해서는 열차로 하여 열차제어
장치 기능에 이상이 없어야 한다. 다만, 입환차량과 단독
운전하는 차단장비의 경우는 예외로 가능함

(2) 관제사가 열차제어장치 차단운전 승인번호 부여하여 열차를 운행하는 경우

① 열차제어장치의 고장인 경우
② 퇴행운전이나 추진운전을 하는 경우
③ 대용폐색방식이나 전령법 시행으로 열차제어장치 차
   단운전이 필요한 경우
④ 사고나 그 밖에 필요하다고 인정하는 경우 특히 주의
   를 요하는 사항
⑤ ②, ③의 승인번호는 운전명령 번호를 적용한다.

(3) 열차제어장치가 자동적으로 제동이 작동하여 열차가 정지되어야 하는 경우

① "stop" 신호의 현시 있는 경우
② 지상장치가 고장인 경우
③ 차상장치가 고장인 경우
④ 지시속도를 넘겨 계속 운전하는 경우

핵심예제

관제사가 열차제어장치 차단운전 승인번호를 부여하여 열차를
운행시킬 수 있는 경우가 아닌 것은?   [19년 4회]
① 열차제어장치의 고장인 경우
② 전령법에 의한 운전을 하는 경우
③ 상용폐색방식에 의한 운전을 하는 경우
④ 사고나 그 밖에 필요하다고 인정하는 경우

|해설|
운전취급규정 제10조
대용폐색방식이나 전령법 시행으로 열차제어장치 차단운전이
필요한 경우

정답 ③

(1) 원칙 : 열차 또는 구내운전을 하는 차량은 운전방향의 맨 앞 운전실본선

(2) 맨 앞 운전실에서 운전하지 않아도 되는 경우

① 추진운전을 하는 경우
② 퇴행운전을 하는 경우
③ 보수장비 작업용 조작대에서 작업 운전을 하는 경우

(1) 원칙 : 열차 또는 구내운전을 하는 차량은 관통제동 취급을 원칙으로 함

(2) 제동관통기 불능차를 회송하기 위하여 연결하였을 때는 그 차량 1차는 예외로 함

(1) 열차의 조성 : 입환작업자의 열차 조성 시 준수사항

① 가급적 차량의 최고속도가 같은 차량으로 조성할 것

② 각 차량의 연결기를 완전히 연결하고 쇄정상태와 로크 상태를 확인한 후 각 공기관 연결 및 전 차량에 공기를 관통시킬 것

③ 전기연결기가 설치된 각 차량 중 서로 통전할 필요가 있는 차량은 전기가 통하도록 연결해야 하며, 이 경우 전기연결기의 분리 또는 연결은 차량관리원이 시행하고, 차량관리원이 없을 때는 역무원이 시행할 것

④ 운행구간의 도중 정거장에서 차량의 연결 및 분리를 감안하여 편리한 위치에 연결

⑤ 연결차량 및 적재화물에 따른 속도제한으로 열차가 지연되지 않도록 할 것

(2) 조성 후 확인

① 각종 차량의 연결가부, 차수 위치 및 격리 등이 열차조성에 위배됨이 없어야 함

② 화물열차의 출발검사 시 차량에 이상 없음을 확인하여야 함

③ 차량관리원(차량관리원이 없는 경우 역무원)은 여객열차를 조성한 후(연결기 쇄정 및 로크) 및 차량정비상태가 이상 없음을 확인할 것

(3) 조성완료

① 조건
  ㉠ 조성된 차량의 공기제동기 시험
  ㉡ 통전시험
  ㉢ 뒤표지 표시 완료 후 이상 없는 상태

② **완료시각** : 열차 출발시각 10분 이전까지 완료

③ 출발시각 10분 이전까지 완료가 어려운 경우
  ㉠ 관계직원(기관사, 열차승무원, 역무원, 차량관리
     원 등) : 지연사유 및 예상지연시간을 출발역장에
     게 통보
  ㉡ 역장 : 관제사에게 보고

(4) 기관차의 연결
① 열차 운전에 사용하는 기관차는 열차의 맨 앞에 연결
  하여야 함
② 맨 앞에 연결하지 않아도 되는 경우
  ㉠ 공사열차 · 구원열차 · 시험운전열차 또는 제설열
     차를 운전하는 경우
  ㉡ 정거장 간 도중에서 돌아오는 열차를 운전하는 경우
  ㉢ 선로 또는 열차에 고장이 발생한 경우
  ㉣ 보조기관차를 연결하여 운전하는 경우
  ㉤ 총괄제어법으로 열차의 맨 앞에서 조종할 때의 피
     제어 기관차의 경우
  ㉥ 동력이 있는 기관차를 회송하는 경우
③ 열차에 2 이상의 기관차를 연결하는 경우에는 맨 앞에
  연속 연결하여야 함. 다만, 운전정리, 시험운전 등 예
  외가 있음

(5) 완급차의 연결
① 연결위치 : 열차의 맨 뒤(추진운전은 맨 앞)
② 완급차를 맨 뒤에 연결하지 않는 경우 : 열차승무원이
  승차하지 않는 열차는 완급차를 연결하지 않거나 생략
  가능
③ 완급차를 생략한 경우의 조치
  ㉠ 열차의 전 차량에 관통제동을 사용하고 맨 뒤(추진
     의 경우에는 맨 앞)에 제동기능이 완비된 차량을
     연결할 것
  ㉡ 뒤표지를 게시할 수 있는 장치를 한 차량을 연결할 것
  ㉢ 역장은 운행 중인 열차의 뒤표지가 없거나 불량함
     을 통보받은 경우에는 이를 정비할 것

(6) 조성차수
① 열차를 조성하는 경우 견인정수 및 열차장 제한을 초
  과할 수 없음. 다만, 관제사가 운전정리에 지장이 없다
  고 인정한 경우 초과할 수 있음
② 최대 열차장 : 전도 운행구간 착발선로의 가장 짧은
  유효장에서 차장률 1.0을 감한 것

핵심예제

9-1. 열차의 조성에 관한 설명으로 틀린 것은?
[18년 1회, 20년 2회]

① 가급적 차량의 최고속도가 같은 차량으로 조성한다.
② 각 차량의 연결기를 완전히 연결하고 각 공기관을 연결한
  후 즉시 전 차량에 공기를 관통시킨다.
③ 전기연결기의 분리는 역무원이 시행하며, 역무원이 없을 때
  에는 차량관리원을 출동 요청하여 시행한다.
④ 전기연결기가 설치된 각 차량을 상호 통전할 필요가 있는
  차량은 전기가 통하도록 연결한다.

9-2. 열차의 조성완료 시각으로 맞는 것은?

① 열차출발 시각 5분 이전
② 열차출발 시각 10분 이전
③ 열차출발 시각 20분 이전
④ 열차출발 시각 30분 이전

9-3. 완급차의 연결에 대한 설명으로 가장 거리가 먼 것은?
[16년 3회]

① 완급차를 생략하는 열차에 대하여는 뒤표지를 게시할 수 있
  는 장치를 한 차량을 연결할 것
② 열차승무원이 승차하지 않는 열차에는 열차의 맨 뒤에 완급
  차를 연결하지 않거나, 연결을 생략할 수 있음
③ 완급차를 생략하는 열차에 대하여는 열차의 전 차량에 관통
  제동을 사용하고 맨 뒤(추진의 경우 맨 앞)에 제동기능이
  완비된 차량을 연결할 것
④ 완급차를 생략하는 열차에 대하여는 역장은 운행 중인 열차
  의 뒤표지가 없거나 불량함을 통보받은 경우에는 주의운전
  통보 후 운행시킬 것

9-4. 용산역에서 서대전역까지 운행하는 새마을호 열차를 조성할 경우 최대 열차장으로 맞는 것은?(단, 정차역 가장 짧은 선로길이는 용산역 : 425m, 수원역 : 352m, 조치원역 : 329m, 서대선역 : 356m일 경우이다)

[19년 4회]

① 24

② 23.5

③ 23

④ 22

| 해설 |

9-1

운전취급규정 제13조

전기연결기의 분리 또는 연결은 차량관리원이 시행하고, 차량관리원이 없을 때는 역무원이 시행한다.

9-2

열차 출발시각 10분 이전까지 완료

9-3

일반철도 운전취급세칙 제7조

완급차를 생략하는 열차에 대하여는 역장은 운행 중인 열차의 뒤표지가 없거나 불량함을 통보받은 경우에는 이를 정비할 것

9-4

운전취급규정 제17조, 시행세칙 제9조

• 가장 짧은 유효장 (조치원역 329m ÷ 14m = 23.5량)
• 유효장을 계산할 때 소수점 이하는 버린다. (23량)
• 최대열차장 전도 운행구간 착발선로의 가장 짧은 유효장에서 차장률 1.0량을 감한 것으로 한다. (23량 – 1량 = 22량)

정답 **9-1** ③ **9-2** ② **9-3** ④ **9-4** ④

핵심이론 10 열차의 제동력 확보

(1) 제동축수의 비율(제동축비율이라고 함) 유지 원칙
: 100%가 되도록 조성

열차의 연결축수(연결된 차량의 차축총수)에 대한 제동축수의 비율

(2) 제동축비율이 100 미만인 경우의 조치

① 정거장에서 제동시험 시 : 역장이 관제사 및 기관사에게 통보

② 정거장 외에서 발생 시 : 기관사가 관제사 또는 역장에게 통보

(3) 제동축비율에 따른 운전속도

① 최고속도(열차의 조성된 차량 중 최고속도가 가장 낮은 차량의 최고속도 적용)

[제동축비율에 따른 운전속도]

차량 최고속도 (km/h)		여객열차				비고
		180	150	120(통), 110(R)	110(전)	
제동 비율 및 적용 속도	100% 미만 80% 이상	180	150	100	110	• 120(통) : 통근열차 (CDC), 발전차(120 km/h)를 연결한 일반열차 • 110(R) : RDC편성 무궁화열차 • 110(전) : 전동열차
	80% 미만 60% 이상	160	120	90	90	
	60% 미만 40% 이상	100	70	70	70	

차량 최고속도(km/h)		화물열차								비고
		120	110	105	100	90	85	80	70	
제동 비율 및 적용 속도	100% 미만 80% 이상	105	100	95	90	80	75	70	60	
	80% 미만 60% 이상	50								
	60% 미만 40% 이상	40								

② 제동축비율은 운전에 사용하는 기관차를 포함하지 않음

③ 제동축비율이 40% 미만인 경우 최근 정거장까지 25km 이하로 운행 후 조치

(4) 제동축비율 저하 시 운전취급

① 열차 운행 중 제동축비율이 100 미만인 경우 제동비율에 따른 운전속도 이하로 운전하여야 함

② 조성역이나 도중역에서 공기제동기 사용불능차를 연결 또는 회송하는 경우의 조치

    ㉠ 공기제동기 사용가능 차량 사이에 균등 분배하고 3량 이상 연속 연결하지 말 것

    ㉡ 열차의 맨 뒤에는 연결하지 말 것

    ㉢ 여객열차나 화물열차 중 시속 90킬로미터 이상 속도로 운전할 수 있는 열차에는 제동축비율을 80퍼센트 이상 확보할 것. 다만 부득이한 경우 제동축비율에 따라 운행할 수 있다.

    ㉣ 1,000분의 23 이상의 내리막 선로를 운행하는 열차는 90퍼센트 이상의 제동축비율을 확보할 것

핵심예제

10-1. 제동축비율 저하 시 도중역에서 공기제동기 사용불능차 연결 등 운전취급으로 맞는 것은? [16년 1회]

① 열차의 맨 앞, 뒤에는 공기제동기 사용불능차를 연결하지 말 것

② 공기제동기 사용가능 차량 사이에 균등 분배하고 2량 이상 연속 연결하지 말 것

③ 23/1,000 이상의 하구배 선로를 운행하는 열차는 100%의 제동축비율을 확보할 것

④ 화물열차 중 90km/h 이상 속도로 운전할 수 있는 열차에는 제동축비율을 80% 이상 확보할 것

10-2. 차량의 최고속도 120km인 통근열차(CDC)일 경우 제동축비율이 100% 미만, 80% 이상으로 되었을 때의 운전적용 속도는? [16년 2회, 17년 1회]

① 80km/h 이하   ② 100km/h 이하

③ 110km/h 이하   ④ 150km/h 이하

10-3. 제동축비율이 80% 미만, 60% 이상일 때, 전동열차의 경우 적용되는 차량의 최고속도는 얼마인가? [16년 2회, 17년 1회]

① 25km/h   ② 70km/h

③ 80km/h   ④ 90km/h

| 해설 |

10-1
일반철도운전취급세칙 제8조
① 열차의 맨 뒤에만 연결금지
② 3량 이상 연속 연결금지
③ 90% 이상의 제동축비율 확보

10-2, 10-3
운전취급규정 제20조 별표 2

차량 최고속도 (km/h)		여객열차				비고
		180	150	120(통), 110(R)	110 (전)	
제동 비율 및 적용 속도	100% 미만 80% 이상	180	150	100	110	• 120(통) : 통근열차(CDC), 발전차(120km/h)를 연결한 일반열차
	80% 미만 60% 이상	160	120	90	90	• 110(R) : RDC편성 무궁화열차
	60% 미만 40% 이상	100	70	70	70	• 110(전) : 전동열차

정답 10-1 ④   10-2 ②   10-3 ④

핵심이론 11 여객열차에 대한 차량의 연결

(1) 원칙 : 여객열차에는 화차를 연결할 수 없음

(2) 부득이한 경우로서 관제사 지시가 있는 경우 가능함

(3) 부득이하게 화차 및 회송객차 등을 연결하는 경우

① 화차는 객차(발전차 포함)의 앞쪽에 연결, 객차와 객차 사이에 연결할 수 없음

② 여객열차에 회송객차 연결 시 열차의 맨 앞 또는 맨 뒤에 연결

③ 발전차는 견인기관차 바로 다음 또는 편성차량 맨 뒤에 연결. 단, 차량을 회송하는 경우는 그러하지 아니함

핵심이론 12 차량의 적재 및 연결제한 ★필답형

(1) 화물 적재 및 운송 기준

① 차량에 화물을 적재 시 최대적재량을 초과하지 않는 범위에서 중량의 부담이 균등히 되도록 적재

② 차량한계를 초과하는 화물을 적재·운송할 수 없음. 단, 안전운행에 필요한 조치를 하고 특대화물을 운송하는 경우 차량한계 초과 가능

(2) 전후동력형 새마을동차의 동력차 전두부와 다른 객차(발전차, 부수차 포함)를 연결할 수 없음

(3) 화약류 등을 적재한 차량의 연결제한 및 격리를 하는 경우

[화약류 등 적재차량의 연결제한 및 격리]

격리, 연결제한할 경우	격리, 연결제한 하는 화차	1. 화약류 적재화차	2. 위험물 적재화차	3. 불에 타기 쉬운 화물 적재화차	4. 특대화물 적재화차
1. 격리	가. 여객승용차량	3차 이상	1차 이상	1차 이상	1차 이상
	나. 동력을 가진 기관차	3차 이상	3차 이상	3차 이상	
	다. 화물호송인 승용차량	1차 이상	1차 이상	1차 이상	
	라. 열차승무원 또는 그 밖의 직원 승용차량	1차 이상			
	마. 불타기 쉬운 화물 적재화차	1차 이상	1차 이상		
	바. 불나기 쉬운 화물 적재화차 또는 폭발 염려가 있는 화물 적재화차	3차 이상	3차 이상	1차 이상	
	사. 위험물 적재화차	1차 이상		1차 이상	
	아. 특대화물 적재화차	1차 이상			
	자. 인접차량에 충격 염려 화물 적재화차	1차 이상			

격리, 연결제한할 경우 \ 격리, 연결제한 하는 화차		1. 화약류 적재화차	2. 위험물 적재화차	3. 불에 타기 쉬운 화물 적재화차	4. 특대화물 적재화차
2. 연결제한	가. 여객열차 이상의 열차	연결 불가 (화물열차 미운행 구간 또는 운송상 특별한 사유 시 화약류 적재 화차 1량 연결 가능. 다만, 3차 이상 격리)			
	나. 그 밖의 열차	5차 (다만, 군사수송은 열차 중간에 연속하여 10차)	연결	열차 뒤쪽에 연결	
	다. 군용열차	연결			

(4) 연결제한 및 격리의 예외사항

① 군용열차에 연결 시는 격리하지 않을 수 있음
② 불에 타기 쉬운 화물을 적재한 화차로서 문과 창을 잠근 유개화차는 격리하지 않을 수 있음

(5) 연결제한의 그 밖의 사항

① "격리차"란 빈 화차, 불에 타지 않는 물질을 적재한 무개화차, 불이 날 염려 없는 화물을 적재한 유개화차(컨테이너 화차 포함), 차장차를 말한다.
② "위험물"이란 화물운송약관에 정하는 바에 따른다.
③ "불타기 쉬운 화물"이란 면화, 종이, 모피, 직물류 등을 말한다.
④ "불나기 쉬운 화물"이란 초산, 생석회, 표백분, 기름종이, 기름넝마, 셀룰로이드, 필름 등을 말한다.
⑤ "인접차량에 충격 염려 화물"이란 레일·전주·교량거더·PC빔·장물의 철재·원목 등을 말한다.
⑥ 화공약품 적재화차와 화약 또는 폭약 적재화차는 이를 동일한 열차에 연결할 수 없다.
⑦ 특대화물을 연결하는 경우에는 「화물운송세칙」에 정한 바에 따른다.
⑧ 「화약류」 또는 「위험」의 화차차표를 표시한 화차는 화기 있는 장소에서 30m 이상 격리하여야 한다.
⑨ 이 규정에서 격리차 등 차량길이는 차장률(14m)을 기본으로 하여 량 단위로 표시한다.

12-1. 화약류 적재화차와 불타기 쉬운 화물 적재화차의 격리에 대한 설명으로 맞는 것은? [16년 3회, 17년 1회]

① 1차 이상　　　　② 3차 이상
③ 5차 이상　　　　④ 연결 불가

12-2. 화약류·위험물·불에 타기 쉬운 화물 적재화차 및 특대화물 적재화차를 열차에 연결할 때 격리제한할 경우에 대하여 틀린 것은? [16년 2,3회]

① 여객승용차량과 화약류 적재화차는 3차 이상 격리
② 동력을 가진 기관차와 화약류 적재화차는 3차 이상 격리
③ 화물호송인 승용차량과 위험물 적재화차는 1차 이상 격리
④ 불에 타기 쉬운 화물적재화차와 화약류 적재화차는 3차 이상 격리

12-3. 불 나기 쉬운 화물에 해당하지 않는 것은? [16년 2,3회, 17년 1회]

① 종이　　　　② 표백분
③ 필름　　　　④ 기름넝마

|해설|

12-1
운전취급규정 제22조 별표 3
핵심이론 12 (3)의 표 참고

12-2
불타기 쉬운 화물 적재화차와 화약류 적재화차는 1차 이상이다.

12-3
"불나기 쉬운 화물"이란 초산, 생석회, 표백분, 기름종이, 기름넝마, 셀룰로이드, 필름 등을 말한다.

정답 12-1 ① 12-2 ④ 12-3 ①

(1) 연결 방법

화물열차에 회송동차, 회송부수차, 회송객화차 및 보수장비를 연결하는 경우에는 열차의 맨 뒤에 연결하고, 둘 이상의 회송차량 연결 시 보수장비는 맨 끝에 연결하여야 함

(2) 회송차량을 여객을 취급하는 열차에 연결할 수 없는 경우

① 차체의 강도가 부족한 것
② 제동관 통기 불능인 것
③ 연결기 파손, 그 밖의 파손으로 운전상 주의를 요하는 것

(3) 회송차량을 열차에 연결하는 경우

1차에 한정하며 견인운전을 하는 열차의 맨 뒤에 연결, 파손차량을 연결하는 경우는 따로 정함

Tip 파손차량은 차량의 사업소장 검사를 받은 후 연결가능, 차량사업소장은 운행속도 제한 등 운전상 주의를 요하는 사항 관제보고, 관제사는 적임자 승차 및 운전명령 발송

(1) 열차 또는 차량이 공기제동기 시험을 시행하는 경우

① 시발역에서 열차를 조성한 경우. 다만, 고정편성열차는 기능점검 시 시행
② 도중역에서 열차의 맨 뒤에 차량을 연결하는 경우
③ 제동장치를 차단 및 복귀하는 경우
④ 구원열차 연결 시
⑤ 기관사가 열차의 제동기능에 이상이 있다고 인정하는 경우

(2) 공기제동기 시험의 시행자

① 화물열차 이외의 열차 : 차량관리원. 다만, 차량관리원이 없는 경우 역무원, 역무원이 없는 장소 열차승무원
② 화물열차 : 역무원. 다만, 무인역 또는 역간에 정차하여 제동장치를 차단 또는 복귀한 경우 기관사
③ 도중역에서 열차에 보조기관차를 분리 또는 연결하는 경우 : 기관사

핵심예제

공기제동기 시험의 시행자로 틀린 것은?

① 화물열차 이외의 열차 : 차량관리원
② 화물열차 : 역무원(다만, 무인역 또는 역간에 정차하여 제동장치를 차단 또는 복귀한 경우 기관사)
③ 도중역에서 열차에 보조기관차를 분리 또는 연결하는 경우 : 기관사
④ 화물열차 이외의 열차 중 차량관리원이 없는 경우 : 열차승무원

|해설|

화물열차 이외의 열차 : 차량관리원. 다만, 차량관리원이 없는 경우 역무원, 역무원이 없는 장소 열차승무원

정답 ④

(1) 공기제동기 시험기준

① 도중역에서 편성차수 8차 이상인 경우 일시에 3차 이상을 열차에 연결하는 경우. 다만, 편성차수 5~7차인 경우 2차, 4차 이하인 경우 1차

② 열차의 운전에 사용하는 기관차를 교체 또는 분리하거나 연결하는 경우

③ 기관차의 운전실 위치를 변경하는 경우

④ 특히 지정한 구간에 열차를 진입시키는 경우

⑤ 정거장 외 측선운전의 경우 등 입환 차량으로서 특히 지정하는 경우

(2) 역무원의 화물열차 공기제동기 시험

화물열차의 공기제동기 시험을 하는 경우에는 다음 순서에 따라 공기압력 시험계로 맨 뒤 차량에 소정의 제동관 공기압력이 관통되었음을 확인하여야 함

① 시험하기 전에 시험계의 바늘이 "0kg/cm^2 (0bar)" 지시여부를 확인할 것

② 시험계를 공기호스에 연결할 것

③ 시험계를 힘껏 잡고 앵글코크를 천천히 개방할 것

④ 시험계의 바늘이 "5kg/cm^2 (4.9bar)" 지시여부를 확인할 것

⑤ 앵글코크를 잠그고 시험계를 공기호스에서 분리할 것

(3) 공기제동기 시험 시행자는 제동관 통기상태를 확인하고 기관사에게 통보

핵심예제

열차 또는 차량이 출발하기 전에 공기제동기 시험을 시행해야 하는 경우로 가장 해당하지 않는 것은? [16년 1회]

① 제동장치를 차단하는 경우
② 제동장치를 복귀하는 경우
③ 구원열차를 연결하는 경우
④ 도중역에서 차량을 연결하는 경우

|해설|

운전취급규정 제24조

"가장 해당하지 않는 것은?"이라는 말에 주목해야 하는 문제이다. 도중역에서 차량을 연결하는 경우는 여러 가지 상황이 있을 수 있다. 편성차수에 따른 연결차수가 제동시험의 기준이 되고 있으니 정독해야 하는 조문이다.

정답 ④

(1) 공기제동기 제동감도 시험

기관사는 아래의 경우 45km/h 이하 속도에서 제동감도 시험을 하여야 함

① 열차가 처음 출발하는 역 또는 도중역에서 인수하여 출발하는 경우

② 도중역에서 조성이 변경되어 공기제동기 시험을 한 경우

(2) 공기제동기 제동감도 시험 시행

제동감도 시험은 선로·지형 여건에 따라 소속장이 그 시행 위치를 따로 정하거나, 속도를 낮추어 지정할 수 있으며, 정거장 구내 연속된 분기기 등 취약장소는 최대한 피해서 시행하여야 함

(3) 공기제동기 제동감도 시험을 생략할 수 있는 경우

① 동력차승무원이 도중에 교대하는 여객열차

② 기관사 2인이 승무하여 기관사 간 교대하는 경우

③ 회송열차를 운전실의 변경 없이 본 열차에 충당하여 계속 운전하는 경우와 본 열차 반대의 경우에도 생략 가능

핵심예제

공기제동기 제동감도 시험 및 공기제동기 제동감도 시험을 생략할 수 있는 경우에 대한 설명으로 틀린 것은?

[16년 1회]

① 취약개소는 피해서 시행하여야 한다.

② 동력차 승무원이 도중에 교대하는 여객열차의 경우 생략할 수 있다.

③ 기관사 2인이 승무하여 기관사간 교대하는 경우 생략할 수 있다.

④ 회송열차를 운전실의 변경 없이 본 열차에 충당하여 계속 운전하는 경우 생략할 수 있다. 단, 본 열차 반대의 경우에는 그러하지 아니하다.

|해설|

운전취급규정 제26조
회송열차를 운전실의 변경 없이 본 열차에 충당하여 계속 운전하는 경우와 본 열차 반대의 경우에도 생략 가능

정답 ④

(1) 열차의 운전은 미리 정한 시각 및 순서에 따라 운행함

(2) **관제사가 승인에 의해 지정된 시각보다 일찍 또는 늦게 출발시킬 수 있는 경우**

① 여객을 취급하지 않는 열차의 일찍 출발

② 운전정리에 지장이 없는 전동열차로서 5분 이내의 일찍 출발

③ 여객접속 역에서 여객 계승을 위하여 지연열차의 도착을 기다리는 아래의 경우

  ㉠ 고속·준고속 여객열차의 늦게 출발

  ㉡ 고속·준고속 여객열차 이외 여객열차의 5분 이상 늦게 출발

(3) (2)의 경우 복선구간 및 CTC구간에서는 관제사의 승인을 관제사 지시에 의할 수 있음

(4) 여객을 취급하지 않는 열차의 5분 이내 일찍 출발은 관제사 승인 없이 역장이 출발 가능

(5) 구원열차 등 긴급한 운전이 필요한 임시열차는 현시각으로 운전할 수 있으며, 정차할 필요가 없는 정거장은 통과시켜야 함

(6) 트롤리 사용 중에 있는 구간을 진입하는 열차는 일찍 출발 및 조상운전을 할 수 없음

관제사의 승인에 의해 열차가 일찍 출발하거나 늦게 출발할 수 있는 경우로 틀린 것은?

① 여객을 취급하지 않는 열차의 일찍 출발

② 운전정리에 지장이 없는 전동열차로서 10분 이내의 일찍 출발

③ 여객접속 역에서 여객 계승을 위하여 지연열차의 도착을 기다리는 경우 중 고속·준고속 여객열차의 늦게 출발

④ 여객접속 역에서 여객 계승을 위하여 지연열차의 도착을 기다리는 경우 중 고속·준고속 여객열차 이외 여객열차의 5분 이상 늦게 출발

|해설|

운전정리에 지장이 없는 전동열차로서 5분 이내의 일찍 출발

정답 ②

(1) 역장, 기관사, 열차승무원 등 운전취급 직원은 운전·여객·화물취급 업무를 적극적으로 수행하여 열차가 정시에 운행되도록 하여야 함

(2) 역장 또는 열차승무원은 열차가 지연되었을 때에는 여객 및 화물의 취급, 그 밖에 작업에 지장이 없는 범위에서 정차시간 단축, 승·하차 독려방송 및 승강문 취급 적정 등 지연시분을 회복하거나 더 이상 지연되지 않도록 최선을 다하여야 함

(3) 기관사는 열차가 지연되었을 때에는 허용속도의 범위에서 정시운전에 노력하여야 함

(4) 물류사령은 급송품의 정시운전을 위하여 관제사에게 운전정리를 요청할 수 있음

(1) 역장은 열차가 도착, 출발 또는 통과할 때는 그 시각을 차세대 철도운영정보시스템(이하 "XROIS"라 한다)에 입력하거나 관제사에게 보고하여야 하며 열차를 처음 출발시키는 역은 그 시각을 관제사에게 보고하여야 함

(2) 역장의 보고 내용
① 열차가 지연하였을 때에는 그 사유
② 열차의 연발이 예상될 때는 그 사유와 출발 예정시각
③ 지연운전이 예상될 때는 그 사유와 지연 예상시간

(3) 역장은 열차가 출발 또는 통과한 때에는 즉시 앞쪽의 인접 정거장 또는 신호소 역장에게 열차번호 및 시각을 통보하여야 함. 다만, 정해진 시각(스케줄)에 운행하는 전동열차의 경우에 인접 정거장 역장에 대한 통보는 생략할 수 있음

(4) 열차의 도착·출발 및 통과시각의 기준
① **도착시각** : 열차가 정해진 위치에 정차한 때
② **출발시각** : 열차가 출발하기 위하여 진행을 개시한 때
③ **통과시각** : 열차의 앞부분이 정거장의 본 역사 중앙을 통과한 때. 고속선은 열차의 앞부분이 절대표지(출발)를 통과한 때

(5) 기관사가 열차운전 중 차량상태 또는 기후상태 등으로 열차를 정상속도로 운전할 수 없다고 인정한 경우, 그 사유 및 전도 지연 예상시간을 역장에게 통보

열차의 도착시각의 기준으로 맞는 것은? [19년 4회]

① 열차가 정거장에 진입한 때
② 열차가 정해진 위치에 정차한 때
③ 열차가 정거장에 진입 후 최초로 정차한 때
④ 열차의 앞부분이 정거장의 역사 중앙에 정차한 때

|해설|

운전취급규정 제30조
도착시각 : 열차가 정해진 위치에 정차한 때

정답 ②

핵심이론 20 열차의 정차

(1) 열차는 정거장 밖에서 정차할 수 없다. 다만, 다음의 경우는 관제사의 승인에 의하여 예외적으로 정차시킬 수 있다.
① 취약구간의 운전취급 등 특히 지정한 경우
② 정지신호의 현시 있는 경우
③ 사고발생 또는 사고발생의 우려가 있는 경우
④ 선로장애 또는 선로장애 우려로 이의 긴급처리를 위한 시설 관계 직원이 현장에 출장할 경우
⑤ 열차운전과 직접적 관계가 있는 철도차량 및 시설물의 긴급수리를 위한 보수자가 현장에 타고 내릴 경우
⑥ 위급한 부상자의 긴급수송 및 치료를 위해 의료요원이 현지에 출장할 경우
⑦ 공사 직원 및 그 가족의 신병으로 이를 긴급 수송하거나 치료하기 위하여 의료요원이 타고 내릴 경우
⑧ 그 밖에 부득이한 사유가 있는 경우

(2) 열차는 정거장의 차량접촉한계표지 안쪽에 정차하여야 함. 다만, 관제사의 특별한 지시가 있을 때는 예외로 한다.

핵심이론 21 열차의 동시진입 및 동시진출 ★필답형

(1) 정거장에서 2 이상의 열차착발에 있어서 상호 지장할 염려가 있을 때에는 동시에 이를 진입 또는 진출시킬 수 없다.

(2) 예외

① 안전측선, 탈선선로전환기, 탈선기가 설치된 경우
② 열차를 유도하여 진입시킬 경우
③ 단행열차를 진입시킬 경우
④ 열차의 진입선로에 대한 출발신호기 또는 정차위치로부터 200m(동차·전동열차의 경우는 150m) 이상의 여유거리가 있는 경우
⑤ 동일방향에서 동시에 진입하는 열차 쌍방이 정차위치를 지나서 진행할 경우 상호 접촉되는 배선에서는 그 정차위치에서 100m 이상의 여유거리가 있는 경우
⑥ 차내신호 "25" 신호(구내폐색 포함)에 의해 진입시킬 경우

핵심이론 22 열차의 운전방향

(1) 상·하열차를 구별하여 운전하는 1쌍의 선로가 있는 경우에 열차 또는 차량은 좌측의 선로로 운전하여야 함

(2) 좌측의 선로 운전 예외

① 다른 철도운영기관과 따로 운전선로를 지정하는 경우
② 선로 또는 열차의 고장 등으로 퇴행할 경우
③ 공사·구원·제설열차 또는 시험운전열차를 운전할 경우
④ 정거장과 정거장 외의 측선 간을 운전할 경우
⑤ 정거장 구내에서 운전할 경우
⑥ 양방향운전취급에 따라 우측선로로 운전할 경우
⑦ 그 밖에 특수한 사유가 있을 경우

핵심예제

열차의 운행방향은 철도운영자가 미리 지정한 선로에 의하도록 되어 있으나 지정한 반대선로로 열차를 운행할 수 있는 경우로 맞는 것은?   [16년 1회]

① 양방향 신호설비가 설치된 구간에서 열차를 운전하는 경우
② 철도사고 또는 운행장애로 수신호에 의해 출발하는 경우
③ 상용폐색방식을 시행할 수 없어 통신식에 따라 운전하는 경우
④ 폐색장치 고장으로 단선구간에서 대용폐색방식을 시행하는 경우

|해설|
운전취급규정 제33조
양방향운전취급에 따라 우측선로로 운전할 경우(철도구간은 기본적으로 좌측운전, 도시철도구간은 우측운전을 기본운전 선로로 하고 있다. 여기서는 철도구간에서 우측운전을 할 수 있는 경우를 예외사항으로 제시하고 있다. 또한 이러한 문제는 철도차량운전규칙에서 해당조문이 존재하고 자주 출제되고 있다)

정답 ①

(1) 열차는 퇴행운전을 할 수 없다.

(2) 퇴행의 예외

① 철도사고(철도준사고 및 운행장애 포함) 및 재난재해 가 발생한 경우

② 공사열차 · 구원열차 · 시험운전열차 또는 제설열차 를 운전하는 경우

③ 동력차의 견인력 부족 또는 절연구간 정차 등 전도운 전을 할 수 없는 운전상 부득이한 경우

④ 정지위치를 지나 정차한 경우

　㉠ 열차의 맨 뒤가 출발신호기를 벗어난 일반열차와 고속열차는 퇴행불가

　㉡ 전동열차

　　ⓐ 전동열차가 정지위치를 지나 승강장 내 정차한 경우 : 기관사와 전철차장과 협의하여 정지위 치 조정, 조정 후 역장 또는 관제사에게 즉시 보고

　　ⓑ 전동열차가 승강장을 완전히 벗어난 경우 : 관 제사가 후속열차와의 운행간격 및 마지막 열차 등 운행상황을 감안하여 승인한 경우 퇴행할 수 있음

　㉢ 기관사는 전호가 없는 경우 반대쪽 운전실로 이동 하여 퇴행운전할 것

(3) 퇴행운전방법 : 관제사 승인을 받아야 한다.

① 관제사는 열차의 퇴행운전으로 그 뒤쪽 신호기에 현시 된 신호가 변화되면 뒤따르는 열차에 지장이 없도록 조치할 것

② 열차승무원 또는 부기관사는 퇴행운전을 할 때는 추진 운전 전호를 하여야 함. 다만, 고정편성열차로서 뒤 운전실에서 운전할 경우와 맨 뒤에 연결된 보조기관차 에서 운전하는 경우에는 예외로 함

③ 진행방향 맨 앞의 차량에 승차하여 추진운전전호를 할 수 없는 차량으로 추락방지 난간이 설치되지 않은 경우 퇴행운전을 할 수 없다. 다만 사고위험 확대 등 부득이한 경우 대피선이 있는 최근 정거장까지 열차승 무원이 도보로 이동하며 추진운전전호를 시행하여 퇴 행운전을 할 수 있음

열차는 퇴행할 수 없는 것이 원칙이지만 몇 가지 경우에서 예 외를 두고 있다. 예외사항이 아닌 것은?

① 철도사고(철도준사고 및 운행장애 포함) 및 재난재해가 발생 한 경우

② 시험운전열차를 운전하는 경우

③ 절연구간 정차 등 전도운전을 할 수 없는 운전상 부득이한 경우

④ 정지위치를 지나 정차한 전동열차(승강장을 완전히 벗어난 경우)

|해설|

전동열차가 승강장을 완전히 벗어난 경우라고 하더라도 관제사 가 후속열차와의 운행간격 및 마지막 열차 등 운행상황을 감안하 여 승인한 경우 퇴행할 수 있다.

정답 ④

(1) 관제사는 고속선, 역장은 일반선에 대하여 운영열차의 착발선 또는 통과선(이하 "착발선"이라함)을 지정 운영하여야 한다.

(2) 정거장 내로 진입하는 열차의 착발선 취급방법

① 1개 열차만 취급하는 경우에는 같은 방향의 가장 주요한 본선. 다만, 여객 취급에 유리한 경우 다른 본선

② 같은 방향으로 2 이상의 열차를 취급하는 경우에 상위 열차는 같은 방향의 가장 주요한 본선, 그 밖의 열차는 같은 방향의 다른 본선

③ 여객취급을 하지 않는 열차로서 시발·종착역 또는 조성 정거장에서 착발, 운전 정리, 그 외의 사유로 따를 수 없을 때에는 그 외의 선로

(3) 역장 및 관제사는 사고 등 부득이한 사유로 지정된 착발선을 변경할 경우, 선로 및 열차의 운행상태 등을 확인하여 열차승무원과 기관사에게 그 내용을 통보, 여객승하차 및 운전취급에 지장이 없도록 조치하여야 한다.

(1) 열차가 정거장에 도착·출발 또는 통과할 때와 운행 중인 열차의 감시

① **동력차 승무원**

㉠ 견인력 저하 등 차량 이상을 감지하거나 연락받은 경우 열차의 상태를 확인할 것

㉡ 열차운행 시 무선전화기 수신에 주의할 것

㉢ 지역본부장이 지정한 구간에서 열차의 뒤를 확인할 것

㉣ 정거장을 출발하거나 통과할 경우 열차의 뒤를 확인하여 열차의 상태와 역장 또는 열차 승무원의 동작에 주의. 다만, 정거장 통과 시 뒤를 확인하기 어려운 구조는 생략할 수 있음

㉤ 동력차 1인 승무인 경우 열차의 뒤 확인은 생략할 것

② **열차승무원**

㉠ 열차가 도착 또는 출발할 경우 : 정지위치의 적정여부, 뒤표지, 여객의 타고 내림, 출발신호기의 현시상태 등을 확인할 것. 다만, 열차출발 후 열차감시를 할 수 없는 차량 구조인 열차의 감시는 생략할 것

㉡ 전철차장이 열차 감시할 경우 : 열차가 정거장에 도착한 다음부터 열차 맨 뒤가 고상홈 끝 지점을 진출할 때까지 감시

ⓐ 승강장 안전문이 설치된 정거장의 경우 : 열차가 정거장에 정차하고 있을 때에는 열차의 정지위치, 열차의 상태, 승객의 승하차 등을 확인

ⓑ 열차가 출발하였을 경우 : 열차의 맨 뒤가 고상홈 끝을 벗어날 때까지 뒤쪽을 감시할 것

③ **역장**

㉠ ①의 ㉠~㉤에 해당하는 경우 승강장의 적당한 위치에서 장내 신호기 진입부터 맨 바깥쪽 선로전환기를 진출할 때까지 신호·선로의 상태 및 여객의 타고 내림, 뒤표지, 완해불량 등 열차의 상태를 확인

ⓛ 기관사가 열차에 이상이 있음을 감지하여 열차 감시를 요구하는 경우

ⓒ 여객을 취급하는 고정편성열차의 승강문이 연동 개폐되지 않을 경우. 다만, 감시자를 배치하거나 승강문 잠금의 경우 생략

ⓔ 관제사가 열차감시를 지시한 경우

④ 철도 종사자는 열차의 이상소음, 불꽃 및 매연 발생 등 이상 발견 시 해당 열차의 기관사 및 관계역장에게 즉시 연락하여야 함 ★필답형

(2) 열차감시 중 열차상태 이상을 발견하거나 연락받은 경우

① 정차조치를 하고 관계자(기관사, 역장 또는 관제사)에게 연락 및 보고

② 고장처리지침에 따라 조치

(1) 정지신호의 지시

① 원칙 : 열차 또는 차량은 신호기에 정지신호 또는 차내신호에 정지신호(목표속도 "0") 현시의 경우에는 그 현시지점을 지나 진행할 수 없다. 다만, 정지신호 현시지점을 지나 진행할 수 있는 경우

② 정지신호 현시지점을 지나 진행할 수 있는 경우

ⓐ 자동폐색신호기에 정지신호가 현시된 경우 : 일단 정차 후 시속 25킬로미터 이하의 정차할 수 있는 속도로 그 폐색구간을 운전할 수 있음

ⓑ 서행허용표지가 설치된 자동폐색신호기는 일단정차하지 않고 시속 25킬로미터 이하의 속도로 그 폐색구간을 운전할 것

③ 열차 또는 차량이 운행 중 앞쪽의 신호기에 갑자기 정지신호가 현시된 경우에는 신속히 정차조치를 하여야 함

(2) 특수신호에 의한 정지신호

① 열차무선방호장치 경보 또는 정지 수신호

ⓐ 기관사는 열차운전 중 열차무선방호장치 경보 또는 정지 수신호를 확인하였을 때 본 열차에 대한 정지신호로 보고 신속히 정차조치

ⓑ 특수신호에 의한 정지의 경우 관제사 또는 역장에게 보고하고 지시에 따라야 함

② 지시를 받을 수 없을 때는 무선통화를 시도하며 앞쪽 선로에 이상 있을 것을 예측하고 25km/h 이하의 속도로 다음 정거장까지 운행할 수 있음

(3) 자동폐색식 ★필답형

지상에 설치된 상치신호기의 신호현시를 기관사가 보고 신호의 현시조건 이하의 속도로 운전하는 폐색방식

① 유도신호의 지시
  ㉠ 열차는 앞쪽 선로에 지장 있을 것을 예측하고, 일단 정차 후 그 현시지점을 지나 25km/h 이하의 속도로 진행할 수 있음
  ㉡ 역장은 유도신호에 따라 열차를 도착시키는 경우 정차위치에서 정지수신호 현시
  ㉢ 이 경우에 수신호 현시위치에 열차정지표지 또는 출발신호기가 설치된 경우 정지 수신호 현시하지 않을 수 있음

② 경계신호의 지시
  ㉠ 열차는 다음 상치신호기에 정지신호의 현시 있을 것을 예측하고, 그 현시지점부터 25km/h 이하의 속도로 운전
  ㉡ 다만, 신호 5현시 구간에서 경계신호가 현시된 경우 다음은 65km/h 이하의 속도로 운전할 수 있음
    ⓐ 각선 각역의 장내신호기. 다만, 구내폐색신호기가 설치된 선로 제외
    ⓑ 인접역의 장내신호기까지 도중폐색신호기가 없는 출발신호기

③ 주의신호의 지시
  ㉠ 열차는 다음 상치신호기에 정지신호 또는 경계신호 현시될 것을 예측하고, 그 현시지점을 지나 45km/h 이하의 속도로 진행가능
  ㉡ 신호 5현시 구간은 65km/h 이하의 속도로 진행 가능
  ㉢ 주의신호 속도 이상으로 운전할 수 있는 경우
    ⓐ 원방신호기 주의신호 현시된 경우
    ⓑ 인접역 장내신호기까지 도중 폐색신호기가 없는 출발신호기
    ⓒ 신호 3현시 구간의 각선 각역의 장내신호기
    ⓓ 신호 3현시 구간의 자동폐색신호기에 주의신호가 현시된 구간을 운전할 때 역장 또는 관제사로부터 다음 신호기에 진행 지시신호가 현시되었다는 통보를 받은 경우

㉣ 주의신호의 지시 예외 : 아래 구간 상치신호기에 주의신호가 현시되면 전동열차를 제외한 열차는 25km/h 이하의 속도로 운행
    ⓐ 경부 제2본선 ; 가산디지털단지~천안. 다만, 천안역 장내신호기 제외
    ⓑ 경부 제3본선 : 용산~구로

④ 감속신호의 지시
  ㉠ 열차는 다음 상치신호기에 주의신호 현시될 것을 예측하고, 그 현시지점을 지나 65km/h 이하의 속도로 진행할 수 있음
  ㉡ 신호 5현시 구간은 105km/h 이하의 속도로 운행

⑤ 진행지시 신호의 지시 : 열차는 신호기에 진행신호가 현시되면 그 현시지점을 지나 진행할 수 있음

⑥ 임시신호의 지시
  ㉠ 열차는 서행발리스가 있을 경우 지시된 속도, 서행신호기가 있을 경우 그 신호기부터 지정속도 이하로 진행
  ㉡ 서행예고신호기가 있을 때는 다음에 서행신호기가 있을 것을 예측하고 진행
  ㉢ 열차의 맨 뒤 차량이 서행해제신호의 현시지점을 지났을 때 서행 해제

(4) 차내신호폐색식
열차 및 차량의 진로정보를 지상장치로부터 수신하여 운전실에 설치된 신호현시장치에 의해 열차의 운행조건과 현시하는 속도를 보며 운전하는 폐색방식

① 허용속도의 현시 : 선행열차와 후속열차 사이의 거리 유지, 진로연동 및 열차감시 정보에 의한 제한 속도와 궤도정보에 의한 열차의 허용속도를 현시
② 열차검지에 따른 속도현시 : 모든 열차가 위치해 있는 궤도에서 열차위치를 검지하며 열차가 최종적으로 검지된 궤도위치에 열차의 허용속도를 '0'으로 현시
③ 열차 또는 차량은 차내신호가 지시하는 속도 이하로 운행

26-1. 주의신호가 현시된 경우 주의신호 속도 이상으로 운전할 수 있는 경우로 틀린 것은?

① 원방신호기 주의신호 현시된 경우
② 인접역 장내신호기까지 도중 폐색신호기가 없는 출발신호기
③ 신호 5현시 구간의 각선 각역의 장내신호기
④ 신호 3현시 구간의 자동폐색신호기에 주의신호가 현시된 구간을 운전할 때 역장 또는 관제사로부터 다음 신호기에 진행지시신호가 현시되었다는 통보를 받은 경우

26-2. 각종 신호 지시별 운전 속도로 틀린 것은? [16년 1회]

① 유도신호 현시 - 25km/h 이하
② 경계신호 현시 - 45km/h 이하(신호 5현시 구간)
③ 주의신호 현시 - 45km/h 이하(신호 4현시 구간)
④ 감속신호 현시 - 65km/h 이하(신호 4현시 구간)

26-3. 열차는 신호기에 현시된 신호에 따라 운전해야 하는데 이와 관련된 설명으로 틀린 것은? [20년 2회]

① 5현시 구간으로서 구내폐색신호기가 설치된 선로를 제외한 각선 각역의 장내신호기에 경계신호가 현시된 경우 65km/h 이하로 운전할 수 있다.
② 역장은 유도신호에 따라 열차를 도착시키는 경우에는 정차위치에 차량정지표지 및 열차정지위치표지가 설치된 경우에는 정지수신호를 현시하지 않을 수 있다.
③ 열차는 신호기에 유도신호가 현시된 때에는 앞쪽 선로에 지장이 있을 것을 예측하고, 그 현시지점을 지나 25km/h 이하의 속도로 진행할 수 있다.
④ 열차는 신호기에 경계신호 현시 있을 때는 다음 상치 신호기에 정지신호의 현시 있을 것을 예측하고, 그 현시지점부터 25km/h 이하의 속도로 운전하여야 한다.

|해설|

26-1
신호 3현시 구간의 각선 각역의 장내신호기는 주의신호 속도 이상으로 운전가능

26-2
운전취급규정 제43,44,45,47조
경계신호 현시 - 25km/h 이하(신호 5현시 구간)

26-3
운전취급규정 제43,44조
역장은 유도신호에 따라 열차를 도착시키는 경우 정차위치에 열차정지표지 또는 출발신호기가 설치된 경우 정지수신호 현시하지 않을 수 있다.

정답 26-1 ③ 26-2 ② 26-3 ②

(1) 관제사의 운전정리 시행

① 관제사는 열차운행에 혼란이 발생되거나 예상되는 경우 운전정리를 시행함
② 운전정리 시 고려사항 : 열차의 종류 · 등급 · 목적지 및 연계수송 등
③ 관제사의 운전정리 사항

    ㉠ 교행변경 : 단선운전 구간에서 열차교행을 할 정거장을 변경

    ㉡ 순서변경 : 선발로 할 열차의 운전시각을 변경하지 않고 열차 운행순서 변경

    ㉢ 조상운전 : 열차의 계획된 운전시각을 앞당겨 운전

    ㉣ 조하운전 : 열차의 계획된 운전시각을 늦추어 운전

    ㉤ 일찍출발 : 열차가 정거장에서 계획된 시각보다 미리 출발

    ㉥ 속도변경 : 견인정수 변동에 따라 운전속도가 변경

    ㉦ 열차 합병운전 : 열차운전 중 2 이상의 열차를 합병하여 1개 열차로 운전

    ㉧ 특발 : 지연열차의 도착을 기다리지 않고 따로 열차를 조성하여 출발

    ㉨ 운전휴지(운휴) : 열차의 운행을 일시 중지하는 것을 말하며 전 구간 운휴 또는 구간 운휴로 구분

    ㉩ 선로변경 : 선로의 정해진 운전방향을 변경하지 않고 열차의 운전선로를 변경

    ㉪ 단선운전 : 복선운전을 하는 구간에서 한쪽 방향의 선로에 열차사고 · 선로고장 또는 작업 등으로 그 선로로 열차를 운전할 수 없는 경우 다른 방향의 선로를 사용하여 상 · 하 열차를 운전

    ㉫ 그 밖에 사항 : 운전정리에 따른 임시열차의 운전, 편성차량의 변경 · 증감 등 그 밖의 조치

(2) 역장의 운전정리 사항 ★필답형

① 조건 : 운전정리가 유리하지만 통신불능으로 관제사에게 통보할 수 없는 경우
② 방법 : 관계역장과 협의하여 운전정리 시행
③ 역장이 할 수 있는 운전정리

    ㉠ 교행변경

    ㉡ 순서변경

④ 통신기능 복구 시 통신불능 기간 동안의 운전정리에 관한 사항 즉시 보고

(3) 열차의 등급 및 종류 ★필답형

① 고속여객열차 : KTX, KTX-산천
② 준고속여객열차 : KTX-이음
③ 특급여객열차 : ITX-청춘
④ 급행여객열차 : ITX-새마을, 새마을호열차, 무궁화호열차, 누리로열차, 특급 · 급행 전동열차
⑤ 보통여객열차 : 통근열차, 일반전동열차
⑥ 급행화물열차
⑦ 화물열차 : 일반화물열차
⑧ 공사열차
⑨ 회송열차
⑩ 단행열차
⑪ 시험운전열차

(4) 운전정리 사항의 통고 ★필답형

열차 운전정리를 하는 경우의 통고 대상 소속

[열차 운전정리 통고 소속]

정리 종별	관계 정거장(역)	관계열차 기관사· 열차승무원에 통고할 담당 정거장(역)	관계 소속
교행 변경	원교행역 및 임시교행 역을 포함하여 그 역 사이에 있는 역	지연열차에는 임시 행역의 전 역, 대향열 차에는 원 교행역	
순서 변경	변경구간 내의 각 역 및 그 전 역	임시대피 또는 선행하 게 되는 역의 전 역(단 선구간) 또는 해당 역 (복선구간)	
조상 운전 조하 운전	시각변경 구간 내의 각 역	시각변경 구간의 최 초 역	승무원 및 동력차의 충 당 승무사업소 및 차량 사업소
속도 변경	변경구간 내의 각 역	속도변경 구간의 최초 역 또는 관제사가 지정 한 역	변경열차와 관계열차 의 승무원 소속 승무사 업소 및 차량사업소
운전 휴지 합병 운전	운휴 또는 합병구간 내 의 각 역	운휴 또는 합병할 역. 다만, 미리 통고할 수 있는 경우에 편의역장 을 통하여 통고	승무원 및 기관차의 충 당 승무사업소·차량 사업소와 승무원 소속 승무사업소
특발	관제사가 지정한 역에 서 특발 역까지의 각 역, 특발열차 운전구 간 내의 역	지연열차에는 관제사 가 지정한 역, 특발열 차에는 특발 역	위와 같음
선로 변경	변경구간 내의 각 역	관제사가 지정한 역	필요한 소속
단선 운전	위와 같음	단선운전구간 내 진입 열차에 는 그 구간 최 초의 역	선로고장에 기인할 때 에는 관할 시설처
그 밖의 사항	관제사가 필요하다고 인정하는 역	관제사가 지정한 역	필요한 소속

핵심예제

27-1. 역장의 운전정리 시행 사항으로 맞는 것은?

[16년 1회, 20년 2회]

① 교행변경   ② 조상운전
③ 선로변경   ④ 일찍출발

27-2. 관제사의 운전정리 시행 사항이 아닌 것은?

[16년 3회, 17년 1회]

① 일반열차의 통과선 지정
② 열차의 운행을 일시 중지
③ 열차의 계획된 운전시각을 앞당겨 운전
④ 열차운전 중 2 이상의 열차를 합병하여 1개 열차로 운전

27-3. 다음 중 관제사가 시행하는 운전정리 중 선로변경의 경우 관계열차의 기관사 등에게 통고를 담당할 정거장(역)으로 맞는 것은?

① 관제사가 지정한 역
② 그 구간 최초의 역
③ 선로변경역의 전역
④ 시각변경 구간의 최초 역

|해설|

27-1
운전취급규정 제54조
역장의 운전정리 사항은 교행변경과 순서변경이다(필답형에도 많이 출제되는 문제임)

27-2
운전취급규정 제53조
일반열차의 통과선 지정은 관제사의 운전정리 시행 사항이 아니다. 선로의 정해진 운전방향을 변경하지 않고 열차의 운전선로를 변경하는 선로변경과 혼동하지 않도록 유의해야 한다.

27-3
선로변경의 경우 통고를 담당하여야 할 정거장(역)은 관제사가 지정한 역이다. 필답형에도 추가가 예상되는 문제이므로 반드시 숙지가 필요한 부분이다.

정답 27-1 ① 27-2 ① 27-3 ①

(1) 정의

사장(열차운영단장, 관제실장) 또는 관제사가 열차 및 차량의 운전취급에 관련되는 상례 이외의 상황을 특별히 지시하는 것을 말함

(2) 정규 운전명령

수송수요, 수송시설 및 장비의 상황에 따라 상당시간 이전에 XROIS 또는 공문으로 발령

(3) 임시 운전명령 ★필답형

열차 또는 차량의 운전정리 사항과 긴급히 발령하는 운전취급에 관한 지시 XROIS 또는 전화(무선전화기를 포함한다)로서 발령

(4) 운전명령 요청 시행부서

XROIS 또는 공문에 의한 운전명령 내용을 확인하여 시행

(5) 임시운전명령 통고 의뢰 및 통고 ★필답형

사업소장은 운전관계 승무원의 승무 개시 후 접수한 임시운전명령을 해당 직원에게 통고하지 못한 경우 관계 운전취급 담당자에게 통고 의뢰

① 임시운전명령의 종류
- ㉠ 폐색방식 또는 폐색구간의 변경
- ㉡ 열차 운전시각의 변경
- ㉢ 열차 견인정수의 임시변경
- ㉣ 열차의 운전선로의 변경
- ㉤ 열차의 임시교행 또는 대피
- ㉥ 열차의 임시서행 또는 정차
- ㉦ 신호기 고장의 통보
- ㉧ 수신호 현시
- ㉨ 열차번호 변경
- ㉩ 그 밖의 필요한 사항

② 임시운전명령 통고를 의뢰받은 운전취급담당자는 해당 운전관계승무원에게 임시운전명령 번호 및 내용을 통고

③ 열차의 임시교행 또는 대피의 경우에 복선운전구간과 CTC구간은 관제사 : 운전명령번호를 생략

④ 운전취급담당자는 기관사에게 임시운전명령을 통고하는 경우 : 무선전화기 3회 호출에도 응답이 없을 때 상치신호기 정지신호 현시 및 열차승무원의 비상정차 지시 등의 조치를 하여야 함

⑤ ④와 관련하여 운전취급담당자는 열차승무원 또는 역무원이 해당 열차의 이상 유무 확인 및 운전명령 통고 후 운행하도록 함

⑥ 임시운전명령을 통고 받은 운전관계승무원은 해당열차 및 관계열차의 운전관계 승무원과 그 내용을 상호 통보

(6) 운전관계승무원의 휴대용품

① 손전등 : 동력차승무원

② 승무일지 : 기관사 및 열차승무원

③ 전호등·기(적, 녹색) : 열차승무원. 열차승무원 승무 생략열차는 기관사 전호등은 녹색등, 적색등을 현시할 수 있는 손전등으로 대체할 수 있음

④ 휴대용 무선전화기 : 기관사, 열차승무원

⑤ 운전관계규정 휴대 다만, 승무 시 지급한 열차운전안 내장치(GKOVI)로 내용을 확인할 수 있는 경우 휴대하지 않을 수 있음
- ㉠ 운전취급규정 : 기관사
- ㉡ 고속철도 운전취급세칙 : KTX기장
- ㉢ 일반철도 운전취급세칙 : 일반철도 기관사
- ㉣ 광역철도 운전취급세칙 : 광역철도 기관사
- ㉤ 열차운전시행세칙 : 기관사
- ㉥ 기타 소속장이 필요하다고 인정하는 사규

⑥ 열차운전시각표 : 기관사가 및 열차승무원

(7) 승무사업소장은 열차시각표를 작성하여 휴대시켜 야 함. 다만, 긴급한 임시열차 운전하는 경우 휴 대 생략 가능 열차운전에 필요한 사항을 포함하 여 승무사업소장이 승인한 자체 제작된 열차시각 표로 대체 가능함

(8) 비상공구함 또는 운전실에 비치한 품목은 따로 휴대하지 않을 수 있음

28-1 운전명령에 대한 설명으로 틀린 것은?   [16년 3회]

① 정규의 운전명령은 수송수요·수송시설 및 장비의 상황에 따라 최소 3일 전에 발령한다.
② 운전명령이란 사장 또는 관제사가 열차 및 차량의 운전취급에 관련되는 상례 이외의 상황을 특별히 지시하는 것을 말한다.
③ 소속직원이 출근 후에 접수한 운전명령은 즉시 그 내용을 해당 직원에게 통고하는 동시에 게시판과 운전시행전달부에 붉은 글씨로 기입한다.
④ 임시 운전명령은 열차 또는 차량의 운전정리사항과 긴급히 발령하는 운전취급에 관한 지시를 말하며 XROIS 또는 전화 (무선전화기를 포함한다)로서 발령한다.

28-2. 임시운전명령사항으로 가장 거리가 먼 것은? [18년 1회]

① 수신호 현시
② 폐색구간의 변경
③ 신호기 고장의 통보
④ 열차 견인정수의 변경

28-3. 운전관계승무원 중 열차승무원이 휴대하여야하는 휴대 용품이 아닌 것은?   [16년 1회]

① 전호등   ② 운전취급규정
③ 승무일지   ④ 열차운전시각표

|해설|

28-1
운전취급규정 제57조
정규 운전명령은 수송수요, 수송시설 및 장비의 상황에 따라 상당 시간 이전에 XROIS 또는 공문으로 발령한다.

28-2
운전취급규정 제59조
열차 견인정수의 임시변경

28-3
운전취급규정 제60조
운전취급규정은 기관사의 휴대용품이다.

정답 **28-1** ① **28-2** ④ **28-3** ②

(1) 입환작업 기준의 설정

역장 및 사업소장(철도차량정비단장 포함)은 운전작업내규에 포함하여야 한다.

① 입환작업 전 관계부서와 협의를 해야 할 사항
② 2 이상의 동력차로 입환을 하는 경우 그 작업구역의 범위
③ 입환작업 시 주의를 요하는 선로 · 장치 등에 관한 작업방법
④ 최대유치 가능차수와 그 7할에 도달할 때 보고 및 조치 사항
⑤ 무선입환을 하는 경우 사용채널 지정
⑥ 그 밖의 필요한 사항

(2) 차량의 분리 및 연결

① 열차시각표에 지정된 정거장에서만 열차와 차량을 분리하거나 연결. 다만, 임시로 분리 및 연결 등의 입환에 관하여 관제사 승인이 있는 경우에는 그러하지 않음
② 임시로 분리 및 연결 등의 입환을 할 때는 기관사 및 열차승무원에게 운전명령번호에 의한 입환작업계획서를 교부하여야 함

(3) 입환 협의 및 통보

① 역장은 입환작업 전에 기관사, 운전취급담당장, 관계직원에게 작업내용, 작업방법 등 서식에 따른 입환작업계획서를 작성, 배부
② 작업내용과 안전조치 사항
③ 동력차 승무원은 입환순서와 방법 등이 입환작업계획서 또는 구두 통보 받은 내용과 다를 경우 입환 차량을 정차하고 역무원에게 사유 확인하여야 함
④ 입환작업계획서의 내용을 숙지하고 입환작업에 임하여야 하며, 입환 작업 중 철도사고 등이 발생한 경우 입환작업계획서를 사업소장에게 제출하여야 함

(4) 입환작업계획서의 교부를 생략하고 기관사에게 구두로 통보할 수 있는 경우

① 종착역이나 처음 출발하는 역에서 단행기관차 또는 조성된 열차를 전선하는 경우
② 열차 또는 차량이 동일선로 내에서 이동하는 경우
③ 중간 역에서 본 조성의 차량을 다른 선로로 이동하는 경우
④ 입환작업계획서 교부 후 입환 순서, 시간 등이 변경되어 무선전화기를 이용하여 기관사에게 통보한 경우

(5) 입환작업 전 확인하여야 할 사항

① 본선을 지장하거나 지장할 염려가 있을 때에는 그 본선에 대한 신호기에 정지 신호가 현시되어 있을 것
② 선로의 상태가 입환에 지장이 없을 것
③ 구름막이는 제거되었거나 열려 있을 것
④ 탈선선로전환기 및 탈선기는 탈선시키지 않는 방향으로 개통되어 있을 것
⑤ 특수한 사유 있는 경우 이외에는 화차의 문이 닫혀 있을 것
⑥ 분리 연결 차량의 각 공기관 호스 및 전기연결기가 분리 · 연결되어 정해진 위치에 있을 것. 이 경우에 전기연결기가 분리 · 연결되지 않았을 때는 차량관리원에게 이의 분리 · 연결을 요구하고, 차량관리원이 없는 경우에는 역무원이 분리 · 연결할 것

(6) 입환 작업 시 관계선로의 길고 짧음과 유치 차량의 유무 등을 기관사에게 통보하고 입환에 주의해야 하는 경우

① 야간 및 특히 주의를 요하는 장소의 경우
② 추진운전 또는 동력차 승무원이 진행방향의 선로 상황을 확인할 수 없는 경우
③ 동력차에 기관사 1인만 승무한 경우
④ 고속 차량의 경우

(7) 기관사에게 수신호에 의한 차량입환 전호하는 경우

① 입환전호는 기관사로부터 잘 보이는 위치에서 정확히 할 것

② 입환전호가 기관사로부터 잘 보이지 않을 경우 중계시킬 것

③ 전호 중계가 어려울 경우 부기관사 측에서 입환전호를 하거나 무선전호를 할 것. 특히 수전호에 의한 입환전호 시 말로 중계하고 기관사는 속도 절제 주의해야 함

④ 입환신호기(입환표지 포함) 신호 또는 기계식 선로전환기 진로가 정당함을 확인하고 입환전호를 할 것

(8) 입환신호기(입환표지 포함) 고장 또는 관계 궤도회로 점유 등으로 이를 사용할 수 없는 경우

① 진로의 이상 유무를 확인하고 입환전호

② 역장은 조작반으로 관계 진로의 이상 유무 확인 후 기관사에게 입환신호기의 고장 또는 궤도회로 점유로 관계 진로에 이상 없음 등의 사유 통보하고 본선지장 승인번호 부여하여야 함

(9) 입환작업자는 정거장 밖의 장대한 측면에서 진행 방향 맨 앞에 동력차를 연결하고 입환을 할 때는 그 운전실에 승차하여 전호할 수 있다. 다만, 앞쪽의 선로를 확인할 수 없을 때는 그러하지 아니하다.

(10) 입환 시의 제동취급

기관사는 입환작업을 하는 때는 기관차만의 단독제동 사용하되, 모든 차량의 제동장치를 사용하는 것이 안전하다고 인정될 때에는 입환작업자에게 제동관 연결을 요구하고 관통제동을 사용하여야 함

(11) 입환차량의 연결취급

① 입환차량은 상호 연결할 것

② 다른 한쪽이 정차하였을 때에 연결할 것

③ 차량을 분리·연결할 때는 굴러가지 않도록 상당한 조치를 할 것

④ 입환작업자의 전호 방법

  ㉠ 차량 상호 간격이 약 3량에 접근하였을 때는 "오너라"의 전호를 일단 중지하고, "속도를 절제하라"의 전호를 시행할 것. 다만, 차량환산 및 상태 등을 감안하여 3량(화차 1량 14미터 기준) 이상의 거리에서 속도절제 등의 조치를 시행할 것

  ㉡ 기관사의 기적전호(짧게 1회) 또는 무선전화기 응답을 확인하고 전호의 흔드는 폭을 점차 작게 하여 연결할 차량의 상호 간격 약 3미터 지점에 정차할 수 있도록 "정지하라"의 전호를 할 것

  ㉢ 차량연결을 위해 "조금 접근" 또는 "조금 퇴거"의 전호를 시행할 것

(12) 입환 제한

① 기관차를 사용하여 동차 또는 부수차의 입환을 할 때는 동차 또는 부수차를 다른 차량의 중간에 끼워서 입환할 수 없다.

② 동차를 사용하여 입환을 할 때는 동차·부수차 또는 객차 이외의 차량을 연결할 수 없다.

③ 여객이 승차한 객차의 입환을 할 수 없다. 다만, 부득이 여객이 승차한 객차의 입환을 할 경우는 관련 세칙에 따로 정한다.

④ 이동 중인 차량을 분리 또는 연결할 수 없다.

(13) 여객열차의 입환(12)-③

여객이 승차한 상태에서 열차를 다른 선로로 이동시키거나 객차를 교체할 때는 다음의 안전조치를 하고 입환하여야 한다.

① 방송 또는 말로 승객 및 직원에게 입환 시행에 대한 내용을 주지시키고 주의사항을 통보

② 입환 객차에 승차한 여객이 안전하도록 유도

③ 객차의 분리 및 연결 입환을 할 때는 15km/h 이하 속도로 운전

④ 관통제동을 사용하도록 할 것

(14) 인력입환의 시행 및 제한

① 인력입환은 정거장 본선에서는 이를 시행하지 말 것

② 정거장 안 또는 밖의 본선을 지장하거나 지장할 염려가 있는 경우 시행하지 말 것

③ 인력입환을 하는 2 이상의 차량은 상호 연결할 것

④ 3/1,000을 넘는 경사 있는 선로에서는 인력입환을 하지 말 것

⑤ 맨 바깥쪽 본선 선로전환기에서 정거장 밖으로 100m 사이에 정거장 밖을 향하는 내리막 경사가 있을 때에는 그 선로전환기에 걸치는 인력입환을 하지 말 것

(15) 정거장 외 측선에서의 입환

① 관통제동 사용을 원칙

② 구원운전의 경우 이외에는 동력을 가진 다른 차량을 운전할 수 없다. 다만, 관제사인 승인에 의할 때는 제외

③ 차량을 정거장 안으로 진입시킬 때는 일단정지표지 바깥쪽에 정차시키고 역장의 지시에 따를 것. 다만, 사전에 역장으로부터 진입선명을 통보 받았을 때는 제외

(16) 열차의 진입 또는 진출선로 지장입환

① 열차가 정거장에 진입 또는 진출할 시각 5분 전에는 그 진입 또는 진출할 선로를 지장하거나 지장할 염려가 있는 입환을 할 수 없음

② 열차의 진입선로를 개통시키는 등 긴급 부득이한 사유로 인하여 열차를 정거장 바깥쪽에 정차시키고 입환을 할 필요가 있을 때 열차가 정거장에 진입 또는 진출할 시각 5분 전까지 입환차량을 맨 바깥쪽의 선로전환기 안쪽으로 이동시키고 열차가 정거장 바깥쪽에 정차한 것을 확인한 다음 입환작업을 게시

③ 열차도착 진입선로의 지장입환을 2분 전까지 단축 시행할 수 있는 정거장

ㄱ CTC구간의 각 정거장에서 역자체 조작에 따라 장내신호기에 정지신호를 현시한 정거장. 다만, CTC 시단역의 경우로서 CTC구간이 아닌 방향 제외

ㄴ 일간 입환량(중계, 착발)이 100량 이상인 정거장

ㄷ 동력차를 교체하게 되어 있는 정거장

④ 위 ②, ③의 경우 열차의 도착 진입선로를 지장 또는 지장할 염려가 있는 입환을 하는 경우에 역장은 사전에 기관사에게 통보 후 시행, 통보 받은 기관사는 지장이 있을 것을 예측하고 장내 신호기 밖에 정차할 자세로 주의운전

(17) 정거장 외의 입환

① 열차가 인접 정거장을 출발 또는 통과한 후에는 그 열차에 대한 장내 신호기의 바깥쪽을 지장하는 입환을 할 수 없음

② 정거장 또는 정거장 바깥쪽의 급경사로 인하여 차량이 굴러갈 염려가 있는 정거장에서의 입환하는 경우의 입환방법(지역본부장이 정거장 지정)

ㄱ 내리막을 향한 입환 또는 내리막 방향의 본선을 건너는 입환 시 관통제동을 사용할 것

ㄴ 내리막 방향으로 맨 앞에 동력차를 연결하여 입환할 것. 다만, 내리막으로 굴러갈 것에 대비하여 안전조치를 하였을 때는 제외

ㄷ 제동취급경고표지를 설치한 지점에 일단 정차할 자세로 입환할 것

(18) 본선지장 입환

① 입환작업자는 정거장 내·외의 본선을 지장하는 입환을 할 필요가 있을 때마다 역장의 승인을 받아야 함

② 다만, 정거장 내 주본선 이외의 본선지장 입환 시 해당 본선의 관계열차 착발시각과 입환 종료시각까지 10분 이상의 시간이 있을 때는 본선지장 입환 승인을 생략할 수 있음

③ 승인을 요청받은 역장은 열차의 운행상황을 확인, 정거장 밖에서 입환할 때는 인접역장과 협의. 열차에 지장 없는 범위에서 입환 승인하고 다음을 따름

　㉠ 본선지장승인 기록부에 승인내용 기록, 관계 직원에게 통보할 것

　㉡ 해당 조작반(표시제어부, 폐색기 포함)에 "본선지장입환 중"임을 표시. 정거장 바깥쪽에 걸친 입환인 경우에는 받은 인접 역장 또한 같음

　㉢ 지장시간, 지장열차, 지장본선, 내용 등을 입환작업계획서에 간략하게 붉은 글씨로 기재, 통고할 것

29-1. 다음 중 차량의 입환을 하는 경우 입환 제한 사항으로 틀린 것은?

① 기관차를 사용하여 동차 또는 부수차의 입환을 할 때는 동차 또는 부수차를 다른 차량의 중간에 끼워서 입환할 수 없다.

② 기관차를 사용하여 입환을 할 때는 동차·부수차 또는 객차 이외의 차량을 연결할 수 없다.

③ 여객이 승차한 객차의 입환을 할 수 없다. 다만, 부득이 여객이 승차한 객차의 입환을 할 경우는 관련 세칙에 따라 정한다.

④ 이동 중인 차량을 분리 또는 연결할 수 없다.

29-2. 인력입환의 시행 및 제한하는 경우에 대한 설명으로 맞는 것은?

[17년 1회]

① 인력입환을 하는 3 이상의 차량은 상호 연결할 것

② 2/1,000 이상의 경사가 있는 선로에서는 인력입환을 하지 말 것

③ CTC구간의 정거장구간에서 정거장 안과 밖의 본선을 지장할 염려가 있는 인력입환을 하는 경우에는 관제사의 승인을 받을 것

④ 맨 바깥쪽 본선 선로전환기에서 정거장 안으로 100m 사이에 정거장 밖을 향하는 내리막 경사가 있을 때에는 그 선로전환기에 걸치는 인력입환을 하지 말 것

|해설|

29-1
동차를 사용하여 입환을 할 때는 동차·부수차 또는 객차 이외의 차량을 연결할 수 없다.

29-2
일반철도운전취급세칙 제17조
① 2 이상의 차량
② 3/1,000
④ 정거장 밖으로

정답 **29-1** ② **29-2** ③

(1) 구내운전의 방식

① 운전취급담당자는 다음 어느 하나의 신호를 현시한 후 기관사에게 도착선명, 도착지점 또는 유치차량 유무 등에 대한 사항을 포함한 무선전호를 시행할 것
  ㉠ 입환신호기 진행신호 현시
  ㉡ 입환표지 개통 현시
  ㉢ 선로별표시등 백색등 점등
② 기관사가 ①의 무선전호를 통보받은 경우
  ㉠ 운전취급담당자와 동일한 무선전호로 응답
  ㉡ 도착선로 또는 도착지점에 정차
  ㉢ 유치차량 약 3량 앞에 정차. 다만, 유치차량과의 거리가 약 3량 미만인 경우에는 적당한 지점에 정차

(2) 구내운전을 하는 시작지점 또는 끝 지점

① 입환신호기 ② 입환표지
③ 선로별표시등 ④ 차량정지표지
⑤ 열차정지표지
⑥ 운전취급담당자가 통보한 도착지점
⑦ 수동식 선로전환기 중 키볼트로 쇄정한 선로전환기 운전취급담당자는 기관사에게 쇄정한 선로전환기 명칭을 사전에 통보할 것

(3) 구내운전을 할 수 있는 대상차량

① 단행기관차(중련포함) : 디젤기관차 또는 전기기관차
② 고정편성 차량 : 앞·뒤 운전실이 있는 차량
③ 보수장비
④ 기관차에 다른 차량(무동력 기관차 포함)을 연결하고 견인 운전하는 경우를 포함. 다만, 추진운전의 경우 제외
⑤ 입환작업 도중 단행기관차를 차량에서 분리한 후 이를 단독으로 이동 또는 전선하는 경우 구내운전에 따름. 이 경우 역무원과 운전취급담당자간에 사전에 협의하여 업무 한계 명확히 하여야 함

(4) 입환신호기에 반응표시등이 설치된 경우 구내운전 시 다음에 따라 운행한다.

① 전동열차가 종착역에 도착 후 다른 선로로 이동할 때 전철차장은 입환신호기 반응표시등 점등 확인하고 기관사에게 시동전호(버저전호 보통 1회). 다만, 전철차장이 승무하지 않은 열차의 기관사는 차내영상장치 및 승강장 CCTV로서 승강장 상태 확인하고 현시조건에 따름
② 인상선에서 출발선으로 이동하는 경우 : 기관사는 입환신호기 현시조건을 확인 운전취급담당자의 무선전호에 따름
③ 반응표시등 고장의 경우 사유를 열차승무원에게 통고하고 열차승무원은 기관사에게 시동전호를 하여야 함

(5) 구내운전 구간의 운전속도

① 차량 입환속도에 준함(25km/h 이하)
② 차량기지 및 역 구내 등 별도의 구내운전 속도제한 구간은 운전작업내규에 따로 지정할 수 있으며 속도제한표지 및 속도제한해제표지를 설치하여야 함

30-1. 다음 중 구내운전을 하는 시작과 끝 지점으로 틀린 것은?

① 입환신호기   ② 입환표지
③ 선로별표시등   ④ 열차출발표지

30-2. 구내운전에 관한 설명으로 틀린 것은?   [17년 1회]

① 구내운전을 하는 구간의 운전속도는 해당 선구의 선로최고
  속도 이하로 운전해야 한다.
② 무동력 기관차에 타의 차량을 연결하고 견인 운전하는 경우
  에도 구내운전을 할 수 있다.
③ 운전취급담당자는 입환신호기 진행신호 현시, 입환표지 개
  통 현시, 선로별표시등 백색등을 점등시킨 후 기관사에게
  무선전호를 시행한다.
④ 구내운전을 하는 구간의 끝 지점은 입환신호기, 입환표지,
  선로별표시등, 차량정지표지, 열차정지표시, 운전취급담당
  자가 통보한 도착지점, 수동식 선로전환기 중 키볼트로 쇄정
  한 선로전환기이다.

|해설|

30-1
①,②,③ 외에 ④ 차량정지표지, ⑤ 열차정지표지, ⑥ 운전취급담
당자가 통보한 도착지점 , ⑦ 수동식 선로전환기 중 키볼트로
쇄정한 선로전환기

30-2
운전취급규정 제76조
구내운전 구간의 운전속도는 차량 입환속도에 준함(25km/h 이하)

정답 30-1 ④ **30-2** ①

핵심이론 31 선로전환기의 취급

(1) 선로전환기의 정위

① 본선과 본선 : 주요한 본선. 다만, 단선운전구간의 정
  거장 : 열차가 진입할 본선
② 본선과 측선 : 본선. 단, 입환 인상선으로 지역본부장
  이 지정하면 측선으로 개통한 것을 정위
③ 본선 또는 측선과 안전측선(피난선 포함) : 안전측선
④ 측선과 측선 : 주요한 측선
⑤ 탈선선로전환기 또는 탈선기 : 탈선시킬 상태

(2) 선로전환기의 정위 복귀

① 기계식 선로전환기(탈선선로전환기, 탈선기포함)를
  열차 또는 차량을 진입·진출시키기 위하여 반위로
  취급한 후 그 사용이 끝나면 즉시 정위로 복귀하여야
  함. 다만, 추가 붙은 선로전환기의 경우에는 예외

(3) 열차 또는 차량의 정차 확인(육안, 무선전화기) 전에 선로전환기를 반위로 할 수 없는 경우

① 안전측선 및 입환 인상선(그 선으로 개통된 것을 정위
  로 하는 것에 한함)으로 분기하는 선로전환기로서 정
  차할 열차에 대한 것. 다만, 정차 후 진출할 열차로서
  대향열차 없고 폐색취급을 완료한 경우에는 그러하지
  아니할 수 있음
② 피난선 분기선로전환기 및 탈선선로전환기로서 여객
  열차 이외의 정차할 열차에 대한 것

(4) 선로 전환기 및 키볼트의 잠금

선로전환기(탈선선로전환기 및 탈선기 포함)는 연동장치
에 의하여 잠금. 다만, 연동장치가 설치되지 않았거나 고
장인 경우 그러하지 아니하다.
① 수동전환한 전기 선로전환기는 첨단밀착 및 쇄정창의
  쇄정상태를 확인, 수동핸들 또는 쇄정핀을 끼워 넣어
  둘 것

② 표지부 선로전환기는 그 손잡이를 잠글 것

③ 추가 붙은 선로전환기는 텅레일을 기본레일에 밀착시키고 잠금 구멍에 핀을 끼울 것

④ 통표잠금기로 잠글 것

⑤ ①~③의 경우 잠금을 할 수 없는 경우 : 키볼트 사용 텅레일 및 크로싱부 가동레일을 잠글 것

⑥ 장시간 잠가 두어야 할 필요가 있는 선로전환기 : 개못(dog spike)으로 잠그거나 키볼트로 쇄정할 것

(5) 선로전환기 및 키볼트 관리

① 적정수량 구비 관리 : 소속 내 지역본부장과 고속철도 시설 · 전기 사무소장

② 철도건설 사업과정 사용 개시 이전의 선로전환기 및 키볼트 잠금조치 : 건설 사업시행자가 시행 및 관리

(6) 정거장 외 본선 선로전환기의 잠금

① 정거장 밖 본선에 있는 도중분기 선로전환기는 열차 또는 차량을 분기 선로에 출입시키는 경우 이외에는 상시 잠금

　　㉠ 선로전환기의 손잡이를 자물쇠로 잠그거나, 선로전환기 잠금 기구를 사용하여 텅레일을 잠금

　　㉡ 통표잠금기를 설치한 경우 ㉠ 외 통표잠금기에 커버를 설치. 이를 자물쇠로 잠글 것

② 선로전환기 취급 열쇠 : 관계역장이 보관, 열차 또는 차량을 분기선로에 출입시킬 경우 열차승무원 또는 역무원에게 지급

(7) 선로전환기 취급자

① 취급자 : 역무원

② 역무원 취급자 예외의 경우

　　㉠ 관제사 승인번호 승인 후 취급하는 경우 : 1명 근무역 또는 운전취급생략역에서 선로전환기 장애발생으로 열차승무원. 기관사 및 유지보수(시설 · 전기) 직원이 취급할 경우

　　㉡ 역장과 사전에 협의하여 취급하는 경우

　　　　ⓐ 1명 근무역 또는 운전취급생략역에서 보수장비 입환을 위하여 유지보수(시설 · 전기) 직원이 취급할 경우

　　　　ⓑ 1명 근무역 또는 정거장 외 측선에서 열차의 입환을 위하여 열차승무원이 취급할 경우

　　　　ⓒ 정거장에서 보수장비 등을 이동 또는 전선하는 경우에 수동으로 전환하는 선로전환기를 유지보수 직원이 취급할 경우

　　　　Tip 제어역장은 열차 지장 없음을 확인, 작업책임자는 취급 선로전환기 명칭 및 개통방향을 제어역장에게 통보할 것

　　　　ⓓ 선로전환기 제어불능으로 역장이 직원을 적임자로 지정하여 수동 취급할 경우

(8) 선로전환기 전환 및 확인

① 선로전환기 전환

　　㉠ 열차 또는 차량이 선로전환기를 통과하여 전환에 지장 없음을 확인할 것

　　㉡ 열차 또는 차량이 선로전환기와 차량접촉한계표지 사이에 없음을 확인할 것

　　㉢ 입환표지가 설치되지 않은 선로전환기를 취급하는 경우 열차 또는 차량이 완전히 통과하고 정차한 것을 확인 후 다른 선로전환기나 신호를 취급할 것

② 선로전환기 전환 후 확인

　　㉠ 조작반으로 취급하는 경우 : 진로구성에 이상이 없음을 확인할 것

　　㉡ 수동으로 전환하는 선로전환기 : 텅레일이 기본레일에 밀착확인 또는 잠금 상태가 완전함을 확인할 것 예외) 레버를 1개소에 집중한 선로전환기로서 레버가 잠금장치로 완전히 잠긴 경우

핵심이론 32 운전속도

(1) 열차 및 차량의 운전속도 기준

① 차량최고속도　　　　② 선로최고속도

③ 하구배속도　　　　　④ 곡선속도

⑤ 분기기속도

⑥ 열차제어장치가 현시하는 허용속도

(2) 각종 속도제한

속도를 제한하는 사항	속도 (km/h)	예외 사항 및 조치 사항
1. 열차퇴행 운전		
가. 관제사 승인(유)	25	위험물 수송열차 15km/h 이하
나. 관제사 승인(무)	15	전동열차의 정차위치 조정에 한함
2. 장내·출발 진행 수신호 운전	25	1) 수신호등을 설치한 경우 45km/h 이하 운전 2) 장내 진행수신호는 다음 신호현시위치 또는 정차위치까지 운전 3) 출발 진행 수신호 　가) 맨 바깥쪽 선로전환기까지 　나) 자동폐색식구간 : 기관사는 맨 바깥쪽 선로전환기부터 다음 신호기 위치까지 열차 없음이 확인될 때는 45km/h 이하 운전(그 밖에는 25km/h 이하 운전)
3. 선로전환기 대향운전	25	연동장치 또는 잠금장치로 잠겨있는 경우 제외
4. 추진운전	25	뒤 보조기관차가 견인형태가 될 경우 45km/h
5. 차량입환	25	특히 지정한 경우 예외
6. 뒤 운전실 운전	45	전기기관차, 고정편성열차의 앞 운전실 고장으로 뒤 운전실에서 운전하여 최근 정거장까지 운전할 때를 포함
7. 입환신호기에 의한 열차출발	45	1) 도중 폐색신호기 없는 구간 : 제외 2) 도중 폐색신호기 있는 구간 : 다음 신호기까지

핵심예제

32-1. 열차 또는 차량에 대한 제한속도의 설명 중 틀린 것은?

[16년 2회, 19년 4회]

① 뒤 운전실 운전의 경우 25km/h 이하 운전

② 추진운전에 의할 경우 25km/h 이하 운전

③ 차량입환의 경우(특히 지정한 경우는 예외) 25km/h 이하 운전

④ 선로전환기에 대향운전(연동장치 또는 잠금장치로 잠겨있는 경우는 제외)의 경우 25km/h 이하 운전

32-2. 입환신호기에 의하여 열차가 출발하는 경우 속도제한으로 맞는 것은?

[17년 1회, 18년 1회]

① 15km/h 이하

② 25km/h 이하

③ 45km/h 이하

④ 출발신호에 준하는 속도제한

|해설|

32-1

운전취급규정 제84조

뒤 운전실에서 운전하는 경우에는 45km/h

32-2

운전취급규정 제84조 별표 5

입환신호기에 의한 열차출발은 45km/h 이하

정답 32-1 ① 32-2 ③

(1) 차량의 본선유치

① 차량은 본선에 유치할 수 없음

② 예외) 다음의 경우 본선에 유치할 수 있음

  ㉠ 지역본부장이 열차 또는 차량의 유치선을 별도로 지정한 경우

  ㉡ 다른 열차의 취급에 지장이 없는 종착역의 경우

  ㉢ 열차가 중간정거장에서 입환작업을 하기 위하여 일시적으로 유치하는 경우

③ 1,000분의 10 이상의 선로에는 본선이라도 열차 또는 차량을 유치할 수 없음. 다만, 동력을 가진 동력차를 연결하고 있을 때는 그렇지 않음

④ 정거장 구내 본선에 차량을 유치하는 경우에 역무원은 운전취급담당자에게 그 요지를 통고하여야 함

(2) 차량의 유치 및 제한

① **지역본부장** : 각 정거장에 대한 유치 가능차수를 결정하고 그 7할을 초과하는 차수를 유치시키지 않도록 하여야 함

② **역장**

  ㉠ 정거장 내의 유치차량이 최대 유치가능차수의 7할에 도달할 때 신속히 관제사에 이를 보고

  ㉡ 차량유치 시 차량접촉한계표지 안쪽에 유치

  ㉢ 다만, 입환작업 도중 일시적으로 유치하는 경우에는 그러하지 아니함

③ **관제운영실장** : 정거장에서 최대 유치 가능차수의 7할을 초과하는 경우에 조절

④ **부득이한 경우를 제외하고 차량을 유치할 수 없는 선로**

  ㉠ 안전측선(피난선을 포함)

  ㉡ 동력차 출·입고선

  ㉢ 선로전환기 또는 철차 위

  ㉣ 차량접촉한계표지 바깥쪽

  ㉤ 그 밖의 특수시설 있는 선로

⑤ ④의 선로에 차량을 유치하는 경우에 역무원은 운전취급담당자 또는 관계 직원에게 그 요지를 통고

(3) 유치차량의 구름방지 및 유치책임자

① 유치차량은 조성이 유리하도록 상호 연결하고 차량이 굴러가지 않도록 다음과 같이 구름방지 조치를 하여야 함

  ㉠ 경사가 있는 선로 : 내리막 방향 맨 앞 차량의 왼쪽 또는 오른쪽을 선정하여 첫 번째 차축 차륜부터 연속하여 2개 이상의 수용바퀴구름막이를 내리막 방향에 설치할 것

  ㉡ 경사가 없는 선로 : 양방향 중 맨 끝 차량의 왼쪽 또는 오른쪽을 선정하여 마지막 차축 차륜을 중심으로 양쪽에 각각 1개의 수용바퀴구름막이를 설치할 것

  ㉢ 정거장 안의 측선 및 정거장 밖의 측선 : 유치하는 차량이 본선으로 굴러나갈 염려가 있는 장소에는 개폐식 구름막이를 설치할 것

  ㉣ ㉠ 및 ㉡에 따라 구름방지 조치 시 살사장치 등으로 인해 설치가 어려운 경우에는 인접한 차륜에 설치할 것

② **유치차량의 책임자**

  ㉠ 정거장 구내에 유치하는 경우 : 역장. 다만, 검수지정선에서 검수를 목적으로 유치한 경우에는 검수시행 소속장

  ㉡ 검수시행 소속선에 유치한 경우 : 검수시행 소속장

  ㉢ 궤도를 운행하도록 되어있는 각종 장비를 유치한 경우(유치장소 불문) : 장비운용 소속장

(4) 구름막이의 설치 및 적재

① 수용바퀴구름막이 구비기준

　㉠ 동력차에는 동륜수 이상을 적재. 다만, 고정편성열차는 제어차마다 2개(고속열차 4개) 이상을 적재

　㉡ 화물열차에 충당하는 동력차는 ㉠ 외에 화차용 수용바퀴구름막이 10개를 적재

　㉢ 지역본부장 : 정거장에 비치할 수용바퀴구름막이 개수 지정

② 수용바퀴구름막이의 설치방법

　㉠ 재료는 단단한 목재

　㉡ 색깔은 전체를 적색으로 하며 야광도료를 사용하거나 또는 야광스티커를 부착

　㉢ 치수는 mm로 함

　㉣ 차륜 답면과 균일하게 접촉

　㉤ 구름막이 기능을 손상시키지 않도록 손잡이를 부착하여 사용

③ 개폐식 구름막이 설치 및 취급

　㉠ 개폐식 구름막이는 본선으로부터 분기하는 측선의 차량접촉한계표지의 안쪽 3m 이상의 지점에 설치

　㉡ 개폐식 구름막이는 그 선로에 차량을 유치하고 있을 때는 입환의 경우를 제외하고 반드시 닫아둘 것

　㉢ 지역본부장 : 설치할 정거장·선로의 지정 및 설치

④ 개폐식 구름막이 설치 방법

　㉠ 재료는 단단한 목재

　㉡ 치수는 mm로 함

　㉢ 기존형 지주대는 침목을 중앙에 두고 선로 바깥쪽에 2개, 선로 안쪽에 2개 설치

　㉣ 기존형(상판과 지주대) 및 개량형은 선로 바깥쪽은 고정핀, 선로 안쪽은 삽입핀으로 고정할 수 있도록 설치

　㉤ 상판은 사용에 편리하도록 손잡이를 부착

핵심예제

33-1. 다음 중 부득이한 경우를 제외하고 차량의 유치를 제한하는 곳이 아닌 것은?

① 안전측선(피난선 포함)
② 동차 출·입고선
③ 선로전환기 또는 철차 위
④ 차량접촉한계표지 바깥쪽

33-2. 개폐식구름막이의 설치 및 취급에 대한 설명으로 맞지 않는 것은?　　　　　　　　　[16년 2회]

① 재료는 견고한 재질로 할 것
② 설치할 정거장·선로 및 설치는 역장이 지정할 것
③ 선로에 차량을 유치하였을 때에는 입환의 경우를 제외하고 반드시 닫아둘 것
④ 본선으로부터 분기하는 측선의 차량접촉한계표지의 안쪽 3m 이상의 지점에 설치할 것

|해설|

33-1
동력차 출·입고선이 맞는 답으로, 동차 출·입고선도 틀린 답은 아니나 규정에는 동력차가 정확한 용어이다.

33-2
운전취급규정 제89조
지역본부장이 설치할 정거장·선로의 지정 및 설치를 담당

정답 33-1 ② **33-2** ②

핵심이론 34 세부적 운전취급 방법

(1) CTC(중앙집중제어)·RC(원격제어)구간의 운전취급

① 관제사는 CTC구간 또는 RC구간에서 역장(제어역장은 피제어역장)에게 로컬취급을 하도록 하는 경우
   - ㉠ 원격제어장치에 고장이 발생하였을 경우
   - ㉡ 대용폐색방식을 시행할 경우. 다만, 관제사가 직접 지령식을 시행 시 예외
   - ㉢ 상례작업을 제외한 선로지장작업 시행 시(양쪽 역을 포함한 작업구간 내 역)
   - ㉣ 수신호취급을 할 경우
   - ㉤ 도중에서 돌아올 열차가 있을 경우
   - ㉥ 정거장 또는 신호소외에서 퇴행하는 열차가 있을 경우
   - ㉦ 트롤리를 운행시킬 경우
   - ㉧ 입환을 할 경우
   - ㉨ 선로전환기 전환시험을 할 경우
   - ㉩ 정전·그 밖의 부득이한 사유가 발생하였을 경우

② 로컬취급의 전환 시 승인
   - ㉠ 제어역장은 관제사로부터 승인을 받아야 함
   - ㉡ 피제어역장은 제어역장으로부터 승인을 받아야 함. 다만, 위급한 경우에는 사후 통보할 수 있음

③ 피제어역에서 로컬 취급 중 이례사항 발생 시 : 관제사의 승인으로 취급 필요한 경우 역장과 협의

④ 피제어역의 운전취급 시 인접역장에게 즉시 통보
   - ㉠ 원격제어 취급 → 로컬취급으로 전환할 경우 : 피제어역장
   - ㉡ 로컬취급 → 원격제어 취급으로 전환할 경우 : 제어역장

(2) RC구간의 운전취급

① 폐색취급할 정거장 또는 신호소가 피제어역인 경우 : 그 역 제어역장이 폐색취급. 다만, 피제어역에서 로컬취급할 경우 피제어역장이 취급

② 제어역장, 피제어역장 및 인접역장의 열차 착발 통보하여야 함. 피제어역 운전취급담당자가 야간 휴게시간으로 근무하지 않을 경우 제어역장이 담당하여야 함
   - ㉠ 출발통보 : 폐색취급을 한 상대역 및 연차가 진행하는 방향 인접역
   - ㉡ 도착통보 : 해당 열차에 대한 폐색취급을 한 상대역. 단, 로컬취급을 하지 않고 있는 피제어역의 경우 제어역

③ 피제어역장은 신호계전기실 열쇠를 관계 직원에게 인계한 경우 제어역장의 승인. 다만, 로컬취급을 하고 있는 경우 예외

(3) 운전취급생략역 등에서의 운전취급

① 운전취급생략역 또는 1명 근무역의 운전취급
   - ㉠ 관제사 및 제어역장은 열차의 임시교행 및 대피취급을 가급적 피하도록 조치
   - ㉡ 부득이한 사유로 열차의 교행 또는 대피취급을 할 때는 해당 기관사에게 통보

② 기관사가 운전취급생략역에서 열차를 정차하였다가 출발하는 경우
   - ㉠ 출발전호 없이 출발 : 출발신호기에 진행 지시신호가 현시되면 자기 열차에 대한 신호임을 확인하고 출발
   - ㉡ 다만, 여객의 승하차를 위해서 정차하는 열차는 출발전호에 의하여야 함

③ 대용폐색방식 시행의 폐색구간
   - ㉠ 지령식, 통신식 시행할 경우 : 폐색구간의 경계는 정거장 간을 1폐색구간으로 함
   - ㉡ 지도통신식을 시행할 경우 : 폐색구간의 일단이 되는 한쪽 또는 양쪽의 정거장이 운전취급생략역인 경우에는 운전취급생략역 기준으로 최근 양쪽 운전취급역 간의 폐색구간을 합병하여 1폐색구간으로 함

ⓒ 지도통신식 시행구간의 운전취급생략역에 있는 열차를 출발시킬 경우 운전허가증 발행 및 교부
  ⓐ 운전허가증은 열차를 출발시키는 정거장 역장이 발행, 교부 생략할 것
  ⓑ 발행역장은 운전허가증 기록 내용을 해당 열차 기관사에게 무선 통보할 것
  ⓒ 기관사는 운전허가증 기록내용을 승무일지에 기록유지한 후 발행역장에게 재차 무선 통보 기록 내용을 상호 재확인할 것

(4) 대용폐색방식 시행 시

① **지령식 폐색협의** : 관제사가 지령
  ㉠ 상대 역장과 협의하여 양끝 폐색구간에 열차 없음을 확인한 후 폐색취급(열차를 폐색구간에 진입시킬 시각 5분 이전 이를 할 수 없음)
  ㉡ 폐색구간에 열차 없음을 기관사에게 통보하고 관제사 운전명령번호와 출발 대용수신호에 따라 열차출발
② **통신식 폐색협의** : 관제사 승인에 따라 역장이 시행
  ㉠ 제어역과 피제어역(운전취급역) 간 시행 : 제어역장과 피제어역장
  ㉡ 제어역과 피제어역(운전취급생략역) 간 시행 : 제어역장 단독
  ㉢ 이외의 정거장 : 해당 정거장을 제어하는 운전취급역장
③ **지도통신식 폐색협의** : 관제승인에 따라 다음에서 정한 폐색구간 양쪽 역장이 시행
  ㉠ 제어역과 제어역 : 제어역장
  ㉡ 제어역과 피제어역 : 제어역장 단독
  ㉢ 운전취급역으로 피제어역 간 : 피제어역장
  ㉣ 이외의 정거장 : 해당 정거장을 제어하는 운전취급역장

(5) 1명 근무역의 운전취급

① 로컬취급에 불구하고 피제어역으로 지정된 1명 근무역의 운전취급담당자는 이례사항 발생 시 다음의 업무 수행
  ㉠ 보수장비 이외의 열차 또는 차량의 입환취급
  ㉡ 수신호 취급 또는 선로전환기의 수동취급
  ㉢ 대용폐색방식 시행 시 운전허가증 교부
  ㉣ 운전취급자가 조작반 취급 이외의 현장에서 수행하여야 할 업무
② ①의 경우 제어역에서 원격제어취급 및 무선전호를 시행 제어역 운전취급자, 1명 근무역 운전취급자, 기관사 상호 간 운전협의 철저
③ 1명 근무역의 야간 근무시간(22:00~다음날 06:00) 중 운전취급담당자의 수면 시간에는 제어역 운전취급자의 원격제어 및 무선전호에 따라 취급할 수 있음

핵심예제

34-1. 관제사가 CTC구간 또는 RC구간에서 역장에게 로컬취급을 하도록 하여야 하는 경우가 아닌 것은? [16년 1회]
① 수신호취급을 할 경우
② 대용폐색방식을 시행할 경우
③ 원격제어장치에 고장이 발생하였을 경우
④ 상례작업을 포함한 선로지장작업 시행의 경우

34-2. 운전취급생략역 등에서 운전취급으로 틀린 것은?
  [16년 1회, 17년 1회]
① 관제사 및 제어역장은 열차의 임시교행 및 대피취급을 가급적 피하도록 조치
② 부득이한 사유로 열차의 교행 또는 대피취급을 할 때는 해당 기관사에게 통보
③ 기관사가 운전취급생략역에서 열차를 정차하였다가 출발하는 경우, 출발전호 없이 출발
④ 지도통신식을 시행할 경우, 폐색구간의 경계는 정거장 간을 1폐색구간으로 함(운전취급 생략역 포함)

34-3. 지도통신식의 폐색협의와 관련된 설명으로 틀린 것은?

[19년 4회]

① 제어역과 제어역은 제어역장이 시행한다.
② 운전취급역으로 피제어역 간은 피제어역장이 시행한다.
③ 폐색협의는 관제승인에 따라 폐색구간 양쪽 역장이 시행한다.
④ 제어역과 피제어역은 제어역장과 피제어 역장이 시행한다.

|해설|

34-1
운전취급규정 제91조
상례작업을 제외한 선로지장작업 시행 시(양쪽 역을 포함한 작업구간 내 역)

34-2
운전취급규정 제93조
지도통신식을 시행할 경우에는 폐색구간의 일단이 되는 한쪽 또는 양쪽의 정거장이 운전취급생략역인 경우에는 운전취급생략역 기준으로 최근 양쪽 운전취급역간의 폐색구간을 합병하여 1폐색구간으로 함(지도통신식은 지도표 및 지도권을 교부하여야 하므로 운전취급역을 폐색구간의 일단으로 하기에는 무리가 있음)

34-3
운전취급규정 제93조
지도통신식 폐색협의 시 제어역과 피제어역은 제어역장 단독으로 시행한다.

정답 34-1 ④ 34-2 ④ 34-3 ④

제2절 | 신호

철도신호는 열차 및 차량의 운전조건을 결정하는 신호와 종사자 간에 의사소통을 무전으로 하는 전호, 물체의 위치·방향·조건을 나타내주는 표지로 구성된다. 신호파트에서는 신호현시의 의미, 상치신호기, 임시신호기, 수신호, 신호의 취급, 표지 등을 중심으로 살펴보고자 한다.

핵심이론 01 신호

(1) 신호 및 진로의 주시

열차 또는 차량을 운전하는 기관사는 각종 신호, 전호 및 표지가 정하는 바에 따라 운전하여야 함

(2) 주간·야간의 신호 현시방식

① 주간방식과 야간방식이 다른 신호, 전호 및 표지
  ㉠ 주간 방식 : 일출부터 일몰까지
  ㉡ 야간 방식 : 일몰부터 일출까지
② 주간이라도 야간 방식에 의하는 경우 ★필답형
  ㉠ 기후상태로 200m 거리에서 인식할 수 없는 경우에 진행 중의 열차에 대한 신호의 현시
  ㉡ 지하구간 및 터널 내 신호·전호·표지
  ㉢ 선상역사로 전호 및 표지를 확인할 수 없는 때

(3) 제한신호의 추정

① 상치신호기 또는 수신호 현시 지점에 신호현시 없거나 불명확할 경우 : 정지신호 현시로 봄. 다만, 원방신호기는 주의신호 현시로 봄
② 상치신호기, 임시신호기, 수신호가 각각 다른 신호 현시 : 가장 제한 신호에 따름. 다만, 사전 통보 있을 경우 통보된 신호에 따름
③ 진로표시기 고장 등으로 진입선로 확인 불가능 한 경우 : 최대의 속도제한 선로로 예상

신호, 전호, 표지의 현시 방식 중 주간의 방식을 현시하여야 하는 경우로 맞는 것은?

[17년 1회]

① 일몰부터 일출까지일 때
② 지하구간 및 터널 내일 때
③ 선상역사로 인하여 전호 및 표지를 확인할 수 없는 때
④ 주간에 기후상태로 300m 거리에서 인식 가능할 때

|해설|

운전취급규정 제167조
주간일지라도 기후상태로 인하여 200m 거리에서 인식할 수 없는 경우에 진행 중의 열차에 대한 신호의 현시는 야간 방식에 의한다.

정답 ④

핵심이론 02 상치신호기 ★필답형

(1) 상치신호기의 종류 및 용도

일정한 지점에 설치하여, 열차 또는 차량의 운전조건을 지시하는 신호를 현시하는 것

(2) 주신호기

① **장내신호기** : 정거장에 진입하려는 열차에 대하는 것으로서 그 신호기의 안쪽으로 진입의 가부를 지시

② **출발신호기** : 정거장에서 진출하려는 열차에 대하는 것으로서 그 신호기의 안쪽으로 진입의 가부를 지시

③ **폐색신호기** : 폐색구간에 진입하려는 열차에 대하는 것으로서 그 신호기의 안쪽으로 진입의 가부를 지시. 다만, 정거장 내에 설치된 폐색신호기는 구내폐색신호기라고 함

④ **엄호신호기** : 정거장 외에 있어서 방호를 요하는 지점을 통과하려는 열차에 대하는 것으로서 그 신호기의 안쪽으로 진입의 가부를 지시

⑤ **유도신호기** : 장내신호기에 진행을 지시하는 신호를 현시할 수 없는 경우 유도를 받을 열차에 대하는 것으로서 그 신호기의 안쪽으로 진입할 수 있는 것을 지시

⑥ **입환신호기** : 입환차량에 대하는 것으로서 그 신호기의 안쪽으로 진입의 가부를 지시. 다만, 「열차운전 시행세칙」에 따로 정한 경우에는 출발신호기에 준용

(3) 종속신호기

① **원방신호기** : 장내신호기, 출발신호기, 폐색신호기, 엄호신호기에 종속하여 열차에 대하여 주신호기가 현시하는 신호를 예고하는 신호를 현시

② **통과신호기** : 출발신호기에 종속하여 정거장에 진입하는 열차에 대하여 신호기가 현시하는 신호를 예고하며, 정거장을 통과할 수 있는지의 여부에 대한 신호를 현시

③ **중계신호기** : (2)의 ①부터 ④의 신호기에 종속하여 열차에 대하여 주신호기가 현시하는 신호를 중계하는 신호를 현시

④ **보조신호기** : (2)이 ①부터 ③이 신호기에 현시상태를 확인하기 곤란한 경우 그 신호기에 종속하여 해당선로 좌측 신호기 안쪽에 설치하여 동일한 신호를 현시

(4) 신호부속기

① **진로표시기** : 장내신호기, 출발신호기, 진로개통표시기 및 입환신호기에 부속하여 열차 또는 차량에 대하여 그 진로를 표시

② **진로예고표시기** : 장내신호기, 출발신호기에 종속하여 그 신호기의 현시하는 진로를 예고

③ **진로개통표시기** : 차내신호기를 사용하는 본 선로의 분기부에 설치하여 진로의 개통상태를 표시

④ **입환신호중계기** : 입환표지 또는 입환신호기의 신호현시 상태를 확인할 수 없는 곡선선로 등에 설치하여, 입환표지 또는 입환신호기의 현시 상태를 중계

(5) 그 밖의 표시등 또는 경고등

① 신호기 반응표시등
② 입환표지 및 선로별표시등
③ 수신호등
④ 기외정차 경고등
⑤ 건널목지장 경고등
⑥ 승강장비상정지 경고등

(6) 신호현시 방식의 기준

① **장내신호기·폐색신호기·엄호신호기** : 2현시 이상
② **출발신호기** : 2현시. 다만, 자동폐색식 구간은 3현시 이상
③ **입환신호기** : 2현시

④ **완목 식신호기의 신호현시 방식** : 2현시로 하고 선로좌측에 설치
  ㉠ 정지신호 – 주간 : 신호기암 수평, 야간 : 적색등
  ㉡ 진행신호 – 주간 : 암좌하향 45도, 야간 : 녹색등

(7) 신호현시 방식 ★필답형

① 신호기 현시 방식
  ㉠ 장내신호기, 출발신호기, 폐색신호기, 엄호신호기

구분		5번 신호기	4번 신호기	3번 신호기	2번 신호기	1번 신호기
배선						
지상 신호 구간	2현시	G	G	G	R	
	3현시	G	G	Y	R	
	4현시 지상구간	G	YG	Y	R₁	R₀
	4현시 지하구간	G	Y	YY	R₁	R₀
	5현시	G	YG	Y	YY	R
차내 신호 구간	전동열차	60신호	40신호	25신호	R₁	R₀
	KTX	300	270	230	170	정지예고	RRR

  ⓐ 주간과 야간 방식 동일
  ⓑ 2복선의 경우 등 동일방향 인접선로의 신호기와 양방향 운전구간에서 반대방향의 신호기를 구별할 필요가 있는 진행신호의 경우에는 녹색등과 청색등으로 이를 구분하여 사용할 수 있다.
  ⓒ ATP구간 단독으로 설치된 다등형 2현시 신호기는 장내, 출발, 폐색신호기로 사용되며 상위로부터 적색, 녹색(청색)으로 배열된다.

ⓛ 차내신호방식

ⓐ 일산선·과천선·분당선

일산선 과천선	80 km/h	70 km/h	60 km/h	40 km/h	25 km/h	0	야드
							정차 후 25
분당선	100 km/h	80 km/h	70 km/h	60 km/h	40 km/h	25 km/h	0
							야드
							정차 후 25

ⓑ 고속선

ATC 구간	300 km/h	270 km/h	230 km/h	170 km/h	정지 예고	RRR

ⓒ 일반선·고속화구간

ATP 및 KTCS-2구간	차상장치가 선행열차와의 거리, 선로제한속도, 선로조건 등에 의해 속도를 수시로 제어

ⓒ 유도신호기(유도신호) : 주간·야간 백색등열 좌하향 45도

ⓔ 입환신호기

구분	현시방식			비고
	단등식	다등식		
정지 신호	주·야간 적색등 무유도등 소등	지상	주·야간 적색등 무유도등 소등	1. 지상구간의 다 진로에는 자호식 진로 표지 덧붙임
		지하	적색등	2. 지하구간에는 화살표시 방식 진로 표지 덧붙임
진행 신호	주·야간 청색등 무유도등 백색등 점등	지상	주·야간 청색등 무유도등 백색등 점등	3. 지상구간의 경우 무유도 표지 소등 시에는 입환표지로 사용할 수 있다.
		지하	등황색등 점등	

ⓜ 원방신호기

구분	색등식	
	신호현시	현시방식
가. 주체의 신호기가 정지 신호를 현시하는 경우	주의신호	주야간 : 등황색등
나. 주체의 신호기가 주의 신호 또는 진행신호를 현시하는 경우	진행신호	주야간 : 녹색등

ⓗ 중계신호기

ⓐ 정지중계 : 백색등열 (3등) 수평

ⓑ 제한중계 : 백색등열 (3등) 좌하향 45도

ⓒ 진행중계 : 백색등열 (3등) 수직

진행중계   제한중계   정지중계

② 임시신호기 신호현시 방식(서행발리스 제외)

㉠ 임시신호기의 모양 및 현시 방식(규격 중 괄호 안은 지하구간용임, 단위 mm)

㉡ 2복선 이상의 구간에서 궤도 중심 간격이 협소한 경우에는 지하구간용을 설치할 수 있다. 이 경우 서행예고신호기는 서행신호기로부터 500m 이상의 지점에 설치하여야 함

순번	임시 신호기	주·야간	앞면 현시	뒷면 현시
1	서행신호기 (서행신호)	주간	백색테두리를 한 등황색 원판	백색
		야간	등황색등	등 또는 백색(반사재)
2	서행예고 신호기 (서행예고 신호)	주간	흑색3각형 3개를 그린 백색 3각형판	흑색
		야간	흑색3각형 3개를 그린 백색등	없음
3	서행해제 신호기 (서행해제 신호)	주간	백색테두리를 한 녹색원판	백색
		야간	녹색등	등 또는 백색(반사재)

ⓒ 야간의 방식은 반사재 또는 조명(발광다이오드)을 사용할 경우 주간의 신호현시 방식에 따를 수 있다.

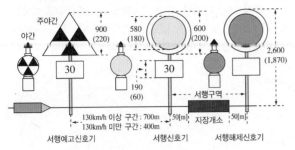

③ 수신호의 현시방식

순번	수신호 종류	주·야간	신호현시 방식
1	정지 신호	주간	적색기. 다만, 부득이한 경우에는 양팔을 높게 들어 이에 대용할 수 있다.
		야간	적색등
2	서행 신호	주간	적색기 및 녹색기의 기폭을 걷어잡고 머리 위에서 교차한다. 다만, 부득이한 경우에는 양팔을 좌우로 뻗어 천천히 상하로 움직여 이에 대용할 수 있다.
		야간	깜박이는 녹색등
3	진행 신호	주간	녹색기. 다만, 부득이한 경우에는 한 팔을 높이 들어 이에 대용할 수 있다.
		야간	녹색등

(8) 상치신호기의 정위

① 장내·출발 신호기 : 정지신호. 다만, CTC열차운행스케줄 설정에 따라 진행지시신호를 현시하는 경우는 그러하지 아니함

② 엄호신호기 : 정지신호

③ 유도신호기 : 신호를 현시하지 않음

④ 입환신호기 : 정지신호

⑤ 원방신호기 : 주의신호

⑥ 폐색신호기

　　㉠ 복선구간 : 진행지시신호

　　㉡ 단선구간 : 정지신호

(9) 중계신호기

① 정지중계 : 주신호기에 정지신호가 현시되었거나 주체의 신호기 바깥쪽에 열차가 있을 것을 예측하고 그 현시지점을 지나서 주신호기의 신호를 확인될 때까지 즉시 정차할 수 있는 속도로 주의운전할 것

② 제한중계 : 주신호기에 경계신호, 주의신호 또는 감속신호의 현시가 있을 것을 예측하고 그 현시지점을 지나서 주의운전할 것

③ 진행중계 : 주신호기에 진행신호가 현시된 것을 예측하고 그 현시지점을 지나서 운전

④ 상치신호기가 동일지점에 2 이상 설치된 경우에 그 신호를 중계할 중계신호기는 1개로서 공용할 수 없음

⑤ 진로표시기로 2 이상의 진로에 대하여 신호를 현시할 수 있는 주신호기가 설치된 경우 그 신호를 중계할 중계신호기는 1개로 공용할 수 있음

2-1 상치신호기 중 주신호기가 아닌 것은?

① 장내신호기　　　　② 엄호신호기
③ 통과신호기　　　　④ 유도신호기

2-2. 신호기에 대한 설명으로 틀린 것은?　　　　[20년 2회]

① 진로표시기 : 장내신호기, 출발신호기에 종속하여 그 신호기의 현시하는 진로를 예고
② 폐색신호 : 폐색구간에 진입하려는 열차에 대하는 것으로서 그 신호기의 안쪽으로 진입의 가부를 지시
③ 엄호신호기 : 정거장 외에 있어서 방호를 요하는 지점을 통과하려는 열차에 대하는 것으로서 그 신호기의 안쪽으로 진입의 가부를 지시
④ 입환신호중계기 : 입환표지 또는 입환신호기의 신호현시 상태를 확인할 수 없는 곡선선로 등에 설치하여, 입환표지 또는 입환신호기의 현시상태를 중계

2-3. 색등식 신호기 중 3현시 이상 신호현시가 필요한 신호기로 맞는 것은?　　　　[16년 1회]

① 자동폐색식 구간의 출발신호기
② 연동폐색식 구간의 출발신호기
③ 자동폐색식 구간의 장내신호기
④ 연동폐색식 구간의 장내신호기

2-4. 신호기의 신호현시방식에 대한 설명으로 틀린 것은?　　　　[16년 1회]

① 중계신호기 진행중계 : 백색등열 (3등) 좌하향 45도
② 주간 완목식신호기 정지신호 : 신호기 암 수평
③ 유도신호기(유도신호) : 주·야간 백색등열 좌하향 45도
④ 단등식 입환신호기 정지신호 : 주·야간 적색등, 무유도등 소등

2-5. 상치신호기 중 색등식 입환신호기에 관한 설명으로 틀린 것은?　　　　[17년 1회]

① 지하구간의 진행신호는 백색등이 점등된 상태이다.
② 지하구간의 정지신호는 적색등이 점등된 상태이다.
③ 지상구간의 정지신호는 적색등이 점등되고 무유도등이 소등된 상태이다.
④ 지상구간의 진행신호는 청색등이 점등되고 무유도등, 백색등이 점등된 상태이다.

2-6. 임시신호기 신호현시 방식으로 틀린 것은?

① 서행신호기(주간, 앞면) : 백색테두리를 한 등황색 원판
② 서행예고신호기(야간, 앞면) : 백색 3각형 3개를 그린 백색등
③ 서행해제신호기(주간, 앞면) : 백색테두리를 한 녹색원판
④ 서행해제신호기(야간, 앞면) : 녹색등

|해설|

2-1
통과신호기는 종속신호이다.

2-2
운전취급규정 제171조
진로표시기는 장내신호기, 출발신호기, 진로개통표시기 및 입환신호기에 부속하여 열차 또는 차량에 대하여 그 진로를 표시

2-3
운전취급규정 제172조
출발신호기 : 2현시. 다만, 자동폐색식 구간은 3현시 이상

2-4
운전취급규정 제173조 별표 13
진행중계 : 백색등열 (3등) 수직

2-5
운전취급규정 제173조 별표 13
지하구간의 진행신호는 등황색등이 점등된 상태이다.

2-6
흑색 3각형 3개를 그린 백색등

정답 2-1 ③　2-2 ①　2-3 ①　2-4 ①　2-5 ①　2-6 ②

(1) 선로의 상태가 일시 정상운전을 할 수 없는 경우에 그 구역의 바깥쪽에 임시신호기를 설치하여야 함

(2) **임시신호기의 종류** ★필답형

① 서행신호기 : 서행운전할 필요가 있는 구간에 진입하려는 열차 또는 차량에 대하여 그 구간을 서행할 것을 지시하는 신호기

② 서행예고신호기 : 서행신호기를 향하는 열차 또는 차량에 대하여 그 앞쪽에 서행신호의 현시 있음을 예고하는 신호기

③ 서행해제신호기 : 서행구역을 진출하려는 열차 또는 차량에 대한 것으로서 서행해제 되었음을 지시하는 신호기

④ 서행발리스 : 서행 운전할 필요가 있는 구간의 전방에 설치하는 송·수신용 안테나로 지상 정보를 열차로 보내 자동으로 열차의 감속을 유도하는 것

(3) **서행·서행해제·서행예고 신호기의 설치**

① 좌측선로 운행구간 : 선로의 좌측

② 우측선로 운행구간 : 선로의 우측

③ 선로상태로 인식을 할 수 없거나 설치장소 협소 등 부득이한 경우에는 반대 측에 각각에 설치할 수 있으며, 그 내용을 사전에 기관사에게 통보하여야 함

④ 서행신호기 : 서행구역의 시작 지점(지장지점으로부터 앞·뒤 양방향 50m를 각각 연장한 구간)

⑤ 서행해제신호기 : 서행구역이 끝나는 지점. 다만, 단선운전구간에 설치하는 경우에는 그 뒷면 표시로서 서행해제신호기를 겸용할 수 있음

⑥ 서행예고신호기(서행신호기로부터 바깥쪽 방향에 설치)

   ㉠ 선로최고속도 130km/h 이상 구간 : 700m 이상

   ㉡ 선로최고속도 130km/h 미만 구간 : 400m 이상

   ㉢ 지하구가 ; 200m 이상

   ㉣ 복선구간에서 선로작업 등으로 일시 단선운전을 할 경우 작업구간 부근 운행선로 양쪽방향에 60km/h 이하 속도의 서행신호기를 설치하여야 함

(4) **서행발리스**

① 선로최고속도가 100km/h를 넘는 선로의 임시신호기 설치 서행구간에는 운행선로의 열차운행 방향에 따라 운행속도 감속용 서행발리스를 설치하여야 함

② 서행발리스는 정상작동 하도록 표기된 번호 순서대로 설치하여야 함. 설치하거나 철거하는 경우 서행 요구 부서장이 관제사와 관계역장에 통보할 것

핵심예제

임시신호기의 설치 위치 중 서행해제신호기의 설치 지점으로 맞는 것은? [19년 4회]

① 서행구역 중간 지점

② 서행구역의 시작 지점

③ 서행구역이 끝나는 지점

④ 서행구역이 끝나는 지점에서 50m 연장한 거리

|해설|

운전취급규정 제190조

서행해제신호기는 서행구역이 끝나는 지점에 설치한다.

정답 ③

(1) 수신호 현시 취급

① 취급시기 : 신호기 고장인 선로 또는 신호기가 설치되지 않은 선로(반대선로 운전 포함)에 열차를 진입, 진출시키는 경우

② 취급방법 : 관계 선로전환기의 잠김 상태 및 관계진로에 이상 없음을 조작반이나 육안으로 확인한 후 진행수신호를 현시

(2) 수신호 현시위치

① 상치신호기 또는 임시신호기의 대용으로 현시하는 수신호는 그 신호기의 설치위치에서 현시하고, 신호기가 설치되지 않은 경우에는 설치할 위치에서 현시하여야 함. 다만, 열차에서 인식할 수 없거나 현시를 할 수 없는 위치인 경우에는 그 바깥쪽 적당한 위치에서 현시할 수 있음

② 장내신호기와 맨 바깥쪽 선로전환기 사이에 교량 또는 터널이 있어 장내신호기 지점에서 수신호를 현시할 수 없는 경우에는 장내신호기에 대한 수신호를 맨 바깥쪽 선로전환기 지점에서 현시할 수 있음. 이 경우에 기관사는 장내신호기 바깥쪽에 일단 정차한 다음 그 지점부터 시속 25킬로미터 이하의 속도로 진입하여야 함

③ 1명 근무역이나 1근무조 2명 근무역으로서 휴게시간으로 야간에 1명 근무하는 경우의 수신호는 열차에서 인식 용이한 위치에서 현시할 수 있음

(3) 수신호 현시 생략

① 진행수신호를 생략하고 관제사의 운전명령번호로 열차를 진입, 진출시키는 경우

　㉠ 입환신호기에 진행신호를 현시할 수 있는 선로

　㉡ 입환표지에 개통을 현시할 수 있는 선로

　㉢ 역 조작반(CTC 포함) 취급으로 신호연동장치에 의하여 진로를 잠글 수 있는 선로

　㉣ 완목식 신호기에 녹색등은 소등되었으나, 완목이 완전하게 하강된 선로

　㉤ 고장신호기와 연동된 선로전환기가 상시 잠겨있는 경우

② 수신호 생략에 의해 열차를 진·출입 시 조치

　㉠ 기관사는 당해 신호기 바깥에 정차, 무전기로 해당 역장 호출, 역장은 조작반으로 해당역의 선로전환기 상태 확인, 관제사에게 보고하여 수신호생략승인을 요구함. 관제사는 관계진로 이상 여부 확인, 관계직원과의 협의를 거쳐 수신호 생략을 승인함

　㉡ 승인받은 역장을 그 신호기 고장사유와 운전명령번호를 관계열차에 통보, 기관사는 시속 25km/h 이상의 속도로 운전. 다만 복선운전구간에서 반대선로 운전 시 사전 통보 받은 경우 시속 45km/h 이하로 운전할 수 있음

핵심예제

진행수신호를 생략하고 관제사의 운전명령번호로 열차를 진입, 진출시키는 경우로 틀린 것은? [16년 1,2회]

① 입환표지에 개통을 현시할 수 있는 선로
② 수동장치에 의하여 진로를 잠글 수 있는 선로
③ 고장신호기와 연동된 선로전환기가 상시 잠겨 있는 경우
④ 완목식 신호기에 녹색등은 소등되었으나, 완목이 완전하게 하강된 선로

|해설|

운전취급규정 제196조
역 조작반(CTC 포함) 취급으로 신호연동장치에 의하여 진로를 잠글 수 있는 선로

정답 ②

(1) 진행 지시신호의 현시 시기

① 장내신호기, 출발신호기 또는 엄호신호기는 열차가 그 안쪽에 진입할 시각 10분 이전에 진행지시신호를 현시할 수 없음. 다만, CTC열차운행스케줄 설정에 따라 진행지시신호를 현시하는 경우는 그러하지 아니함

② 전동열차에 대한 시발역 출발신호기의 진행지시신호는 열차가 그 안쪽에 진입할 시각 3분 이전에 이를 현시할 수 없음

(2) 수신호의 현시 취급시기

① **진행수신호** : 열차가 진입할 시각 10분 이전에는 현시하지 말 것

② **정지수신호** : 열차가 진입할 시각 10분 이전에 현시할 것. 다만, 전동열차는 열차 진입할 시각 상당시분 이전에 현시할 수 있음

③ **정지수신호 취급자** : 열차가 정차하였음을 확인하고 진행수신호 현시할 것

(3) 폐색취급과 출발신호기 취급

① 출발신호기 또는 이에 대용하는 수신호는 아래 조건을 구비하지 않으면 진행 지시신호를 현시할 수 없음. 다만, 차내신호폐색식(자동폐색식 포함)을 시행하는 경우에는 그러하지 아니함
   ㉠ 폐색취급이 필요한 경우에는 취급을 한 후
   ㉡ 통표·지도표·지도권 또는 전령자가 필요한 경우에는 이를 교부 또는 승차시킨 후

② 통표폐색식 또는 지도통신식 구간의 역장은 아래의 경우 폐색취급을 한 후 통표 또는 지도표 교부 전 출발신호기에 진행지시신호 또는 진행수신호를 현시할 수 있음
   ㉠ 통과열차를 취급하는 경우
   ㉡ 반복선 또는 출발도움 선에서 열차를 출발시키는 경우

(4) 신호를 확인할 수 없을 때의 조치

짙은 안개 또는 눈보라 등 악천후로 신호현시 상태를 확인을 할 수 없을 때의 조치

① **역장**
   ㉠ 폐색승인을 한 후에는 열차의 진로를 지장하지 말 것
   ㉡ 짙은 안개 또는 눈보라 등 기후상태를 관제사에게 보고할 것
   ㉢ 장내신호기 또는 엄호신호기에 정지신호를 현시하였으나 200m의 거리에서 이를 확인할 수 없는 경우에는 이 상태를 인접역장에게 통보할 것
   ㉣ 통보를 받은 인접역장은 그 역을 향하여 운행할 열차의 기관사에게 이를 통보하여야 하며, 통보를 못한 경우에는 통과할 열차라도 정차시켜 통보할 것
   ㉤ 열차를 출발시킬 때에는 그 열차에 대한 출발신호기에 진행 지시신호가 현시된 것을 조작반으로 확인한 후 신호현시 상태를 기관사에게 통보할 것

② **기관사** ★필답형
   ㉠ ⓐ 신호를 주시하여 신호기 앞에서 정차할 수 있는 속도로 주의운전, ⓑ 신호현시 상태를 확인할 수 없는 경우에는 일단 정차, ⓒ 역장과 운전정보를 교환하여 그 열차의 전방에 있는 폐색구간에 열차가 없음을 확인한 경우에는 정차하지 않을 수 있음
   ㉡ 출발신호기의 신호현시 상태를 확인할 수 없는 경우에 역장으로부터 진행지시 신호가 현시되었음을 통보받았을 때에는 신호기의 현시상태를 확인할 때까지 주의운전
   ㉢ 열차운전 중 악천후의 경우에는 최근 역장에게 통보할 것

(5) 열차의 도착 및 출발 시 신호취급

① 열차 도착 시 : 출발신호기는 정지신호를 현시(도착선 끝의 출발·입환신호 포함) 장내신호기에 진행 지시 신호 현시. 다만, 출발신호기가 CTC열차운행스케줄 설정에 따라 진행지시신호를 현시하는 경우는 그러하지 아니함

② 열차 출발 시 : 출발신호기 또는 입환신호기에 진행 지시신호를 현시. 신호기 고장의 경우 그 요지를 기관사 및 차장에게 통보하고 진행수신호 현시

(6) 통과열차 신호취급

① 열차를 통과시킬 경우 장내신호기·출발신호기 또는 엄호신호기에 진행지시 신호현시

② 원방신호기·통과신호기가 설치되어 있을 때 취급순서 출발신호기 → 장내신호기 → 통과신호기 → 원방신호기 (출·장·통·원)

③ 통과열차를 임시로 정차시킬 때는 그 진입선로의 출발 신호기에 정지신호 현시 기관사에게 예고할 것

④ 통신 불능 등으로 이를 예고하지 못하고 3현시 이상의 장내신호기가 설치된 선로에 도착시킬 때는 신호기에 경계신호 또는 주의신호를 현시할 것

핵심예제

5-1. 신호를 확인할 수 없을 때 역장의 조치로 틀린 것은?

① 폐색승인을 한 후에는 열차의 진로를 지장하지 말 것
② 짙은 안개 또는 눈보라 등 기후상태를 관제사에게 보고할 것
③ 장내신호기 또는 엄호신호기에 정지신호를 현시하였으나 100m의 거리에서 이를 확인할 수 없는 경우에는 이 상태를 인접역장에게 통보할 것
④ 열차를 출발시킬 때에는 그 열차에 대한 출발신호기에 진행 지시신호가 현시된 것을 조작반으로 확인한 후 신호현시 상태를 기관사에게 통보할 것

5-2. 짙은 안개 또는 눈보라 등 기후불량으로 인하여 신호현시 상태를 확인할 수 없는 경우 기관사의 조치사항으로 틀린 것은?
[18년 1회]

① 신호현시 상태를 확인할 수 없을 때에는 일단 정차하여야 한다.
② 열차운전 중 악천후의 경우에는 최근 정거장 역장에게 통보하여야 한다.
③ 열차의 전방에 있는 폐색구간에 열차가 없음을 역장으로부터 통보받았을 경우에는 정차하지 않고 최고속도로 운전할 수 있다.
④ 역장으로부터 진행 지시신호가 현시되었음을 통보받았을 때에는 신호기의 현시상태를 확인할 때까지 주의운전을 하여야 한다.

5-3. 통과열차 신호취급으로 순서로 맞는 것은?

① 출발신호기 → 원방신호기 → 통과신호기 → 장내신호기
② 출발신호기 → 장내신호기 → 통과신호기 → 원방신호기
③ 출발신호기 → 통과신호기 → 원방신호기 → 장내신호기
④ 원방신호기 → 장내신호기 → 통과신호기 → 출발신호기

해설

5-1
장내신호기 또는 엄호신호기에 정지신호를 현시하였으나 200m의 거리에서 이를 확인할 수 없는 경우에는 이 상태를 인접역장에게 통보할 것

5-2
운전취급규정 제202조
신호를 확인할 수 없을 때의 조치(기관사)
• 신호를 주시하여 신호기 앞에서 정차할 수 있는 속도로 주의운전
• 신호현시 상태를 확인할 수 없는 경우에는 일단 정차
• 역장과 운전정보를 교환하여 그 열차의 전방에 있는 폐색구간에 열차가 없음을 확인한 경우에는 정차하지 않을 수 있음

5-3
출발신호기 → 장내신호기 → 통과신호기 → 원방신호기(출장통원, 기관사의 진행방향으로 볼 때 가장 먼 것으로부터 취급)

정답 5-1 ③ 5-2 ③ 5-3 ②

(1) 전호의 현시 방식

① 무선전화기 전호
② 전호기(능) 선호
③ 버저 전호
④ 기적 전호

(2) 열차의 출발 전호 시행 또는 생략

① 열차승무원은 열차를 정거장에서 출발시킬 때는 기관사에게 출발전호를 하여야 함
② 역장이 기관사에게 출발전호를 하여야 하는 열차
  ㉠ 열차승무원의 승무를 생략한 열차
  ㉡ 대용폐색방식 또는 폐색준용법에 의하여 출발하는 열차
  ㉢ 객차 승강문이 한꺼번에 열고 닫음이 되지 않은 열차
③ 출발전호를 할 때 열차승무원 및 역장의 확인사항
  열차승무원 또는 역장은 ㉠ 열차 출발시각과 신호현시상태, ㉡ 승객의 타고내림과 ㉢ 출입문 및 승강장안전문 닫힘상태 등, ㉣ 출발준비가 완료된 것을 확인하고 기관사에게 출발전호를 하여야 함

(3) 열차의 출발전호 방식

① 기관사는 열차출발 전 출발신호기가 진행지시신호를 현시하는 경우
  열차승무원에게 "철도○○열차 출발○○(신호현시상태). 기관사 이상"이라 통보
② 열차승무원은 "제○○열차 열자승무원 수신양호 이상"이라고 응답하여야 함
③ 무선전화기 출발전호
  ㉠ 출발신호기 신호현시 확인이 가능한 경우
    "철도○○열차, ○○열차, ○○역 ○번선 출발○○(신호현시상태) 발차. 열차승무원(역장) 이상"

  ㉡ 출발신호기 신호현시를 확인할 수 없고 반응표시등 점등 확인한 경우
    "철도○○열차, ○○열차, ○○역 반응표시등 점등 발차. 열차승무원(역장) 이상"
  ㉢ 열차출발선이 단순배선(본선, 부본선)으로 되어 있는 경우
    "철도○○열차, ○○열차, ○○역 본(부본)선 출발 ○○(신호현시상태) 발차. 열차승무원(역장) 이상"
  ㉣ 출발신호기 신호현시 및 반응표시등 점등을 확인할 수 없는 경우
    "철도○○열차, ○○열차, ○○역 출발확인하고 발차. 열차승무원(역장) 이상"
④ 전호기(등) 전호 : 주간에 녹색기 또는 야간에 녹색등으로 원형을 그린다. 이 경우에 열차의 반대편 위에서 시작하여 열차 있는 편으로 향하도록 원형을 그린다.
⑤ 버저 전호 : 버저를 보통으로 1회 울린다. 다만, 이에 따를 수 없는 때는 차내 방송장치 또는 직통전화로 출발을 통보할 수 있음
⑥ 출발전호를 확인한 기관사 무선전화기로 "철도○○열차 발차. 기관사 이상"이라고 응답하여야 함. 다만, 전동열차 등 버저전호의 경우에는 이를 생략할 수 있음

(4) 정거장 밖에 정차한 열차의 출발전호

① 정거장 밖에서 정차한 열차를 출발시킬 때 열차승무원은 기관사에게 출발전호를 하여야 함
② 열차승무원의 출발전호를 생략하는 경우
  ㉠ 차내신호폐색식(자동폐색식 포함) 이외의 구간으로서 장내신호기 또는 이에 대용하는 수신호의 정지신호로 정차하였다가 진행 지시신호에 따라 출발하는 경우
  ㉡ 차내신호(자동폐색신호)의 정지신호로 일단 정차하였다가 출발하거나 일단 정차한 다음 진행 지시신호에 따라 출발하는 경우

(5) 각종 전호

열차 또는 차량을 운전하는 직원 상호 간에 의사표시를 하는 각종 전호의 현시방식

순번	전호 종류	전호구분	전호 현시방식
1	비상전호	주간	양팔을 높이 들거나 녹색기 이외의 물건을 휘두른다.
		야간	녹색등 이외의 등을 급격히 휘두르거나 양팔을 높이 든다.
		무선	00열차 또는 00차 비상정차
2	추진운전전호		
	가. 전도지장 없음	주간	녹색기를 현시한다.
		야간	녹색등을 현시한다.
		무선	전도양호
	나. 정차하라	주간	적색기를 현시한다.
		야간	적색등을 현시한다.
		무선	정차 또는 00m 전방정차
	다. 주의기적을 울려라	주간	녹색기 폭을 걷어잡고 상하로 수차 크게 움직인다.
		야간	백색등을 상하로 크게 움직인다.
		무선	00열차 기적
	라. 서행신호의 현시 있음	주간	녹색기를 어깨와 수평의 위치에 현시하면서 하방 45도의 위치까지 수차 움직인다.
		야간	깜박이는 녹색등
		무선	전방 00m 서행 00킬로
3	정지위치 지시전호	주간	녹색기를 좌우로 움직이면서 열차가 상당위치에 도달하였을 때 적색기를 높이 든다.
		야간	녹색등을 좌우로 움직이면서 열차가 상당위치에 도달하였을 때 적색등을 높이 든다.
		무선	전호자 위치 정차
4	자동승강문 열고 닫음 전호		
	가. 문을 닫아라	주간	한 팔을 천천히 상하로 움직인다.
		야간	백색등을 천천히 상하로 움직인다.
		무선	출입문 폐쇄
	나. 문을 열어라	주간	한 팔을 높이 들어 급격히 좌우로 움직인다.
		야간	백색등을 높이 들어 급격히 좌우로 움직인다.
		무선	출입문 개방

순번	전호 종류	전호구분	전호 현시방식
5	수신호 현시 통보전호		
	가. 진행수신호를 현시하라	주간	녹색기를 천천히 상하로 움직인다.
		야간	녹색등을 천천히 상하로 움직인다.
		무선	0번선 00신호 녹색기(등) 현시
	나. 정지수신호를 현시하라	주간	적색기를 천천히 상하로 움직인다.
		야간	적색등을 천천히 상하로 움직인다.
		무선	0번선 00신호 적색기(등) 현시
6	제동시험 전호		
	가. 제동을 체결하라	주간	한 팔을 상하로 움직인다.
		야간	백색등을 천천히 상하로 움직인다.
		무선	00열차 제동
	나. 제동을 완해하라	주간	한 팔을 높이 들어 좌우로 움직인다.
		야간	백색등을 높이 들어 좌우로 움직인다.
		무선	00열차 제동 완해
	다. 제동시험 완료	주간	한 팔을 높이 들어 원형을 그린다.
		야간	백색등을 높이 들어 원형을 그린다.
		무선	00열차 제동 완료
7	이동금지 전호	주간	적색기를 게출한다.
		야간	적색등을 게출한다.

(6) 비상전호

위험이 절박하여 열차 또는 차량을 신속히 정차시킬 필요가 있을 때는 기관사 또는 열차승무원에게 비상전호를 시행하여야 한다.

(7) 추진운전전호

① 열차를 추진으로 운전하는 경우에 열차승무원은 열차의 맨 앞에 승차하여 기관사에게 추진운전전호를 시행하여야 함

② 열차승무원이 차량에 승차하지 않고 도보로 이동하며 추진운전전호를 하는 경우의 주의사항

　㉠ 열차승무원은 열차의 맨 앞에서부터 50미터 이상의 거리를 확보하고 열차의 접촉이 없도록 선로 바깥으로 이동하며 전호를 하여야 하고, 터널, 교량 등 대피공간이 없는 곳에서는 열차 정차 후 안전한 곳으로 이동 후 전호를 하여야 함

ⓛ 기관사는 열차승무원의 도보 이동 및 추진운전 전호에 따라 주의운전하여야 함

ⓒ 관제사는 인접선 열차에 추진운전전호 구간을 통보하고 통보받은 기관사는 해당구간을 25킬로미터 이하로 운전

③ 추진운전 열차의 편성이 장대하거나 기후불량으로 앞·뒤 승무원 간에 연락을 하기 어려운 경우 적임자를 상당 위치에 승차시키거나 무선전화기를 사용하여 추진운전전호를 중계하여야 함. 다만, 기관사 단독승무 열차의 경우에는 적임자를 열차의 맨 앞 운전실에 승차시켜야 함

④ 추진운전 중의 열차를 운전구간의 도중에서 정차하라는 전호에 따라 정차시킨 후 열차를 전진 또는 퇴행지시를 할 필요가 있을 때는 수전호의 입환 전호에 따름

(8) 정지위치 지시전호

① 열차의 정지위치를 지시할 필요가 있을 때는 그 위치에서 기관사에게 정지위치 지시전호를 시행하여야 함

② 전호는 열차가 정거장 안에서는 200m, 정거장 밖에서는 400m의 거리에 접근하였을 때 이를 현시하여야 함

③ 정지위치 지시전호의 현시가 있으면 기관사는 그 현시 지점을 기관사석 중앙에 맞추어 정차하여야 함

(9) 수신호 현시 통보전호

① 상치신호기 고장 등으로 이에 대용하는 수신호를 현시시킬 경우에는 필요에 따라 지시자는 현시자에게 전호를 시행하여야 함

② 이 경우에 현시자는 동일전호로서 응답하여야 함

③ 수신호의 현시자는 야간에 수신호 현시를 위하여 출장시 신호기의 설치 지점에서 그 위치를 표시하기 위하여 지시자에 대하여 백색등을 표시하여 두어야 함

(10) 제동시험전호

① 열차의 조성 또는 분리·연결 등으로 제동기 시험을 할 경우에는 제동시험전호를 시행하여야 함

② 공기제동기 시험은 제동시험완료의 진호를 확인한 기관사가 짧게 한 번의 기적 전호 또는 무선전화기로 응답함으로써 완료하는 것으로 함

③ 이 경우에 기관사는 제동시험 완료에 대하여 역장에게 통보하여야 함

(11) 이동금지전호

① 차량관리원 또는 역무원은 차량의 검사나 수선 등을 할 때는 이동금지전호기(등)를 걸어야 함

② 차량관리원 또는 역무원은 열차에 연결한 차량 또는 유치 차량의 차체 밑으로 들어갈 경우 기관사나 다른 역무원에게 그 사유를 알려주고 이동금지전호기(등)를 잘 보이는 위치에 걸어야 함

③ 이동금지전호기(등)의 철거는 해당 전호기를 걸었던 차량관리원 또는 역무원이 시행함

(12) 수전호의 입환 전호

① 수전호의 입환 전호 현시 방법

순번	전호 종류	전호 구분	전호 현시방식
1	오너라 (접근)	주간	녹색기를 좌우로 움직인다. 다만, 한 팔을 좌우로 움직여 이에 대용할 수 있다.
		야간	녹색등을 좌우로 움직인다.
		무선	접근
2	가거라 (퇴거)	주간	녹색기를 상하로 움직인다. 다만, 한 팔을 상하로 움직여 이에 대용할 수 있다.
		야간	녹색등을 상하로 움직인다.
		무선	퇴거
3	속도를 절제하라 (속도절제)	주간	녹색기로 「가거라」 또는 「오너라」 전호를 하다가 크게 상하로 1회 움직인다. 다만, 한 팔을 상하 또는 좌우로 움직이다가 크게 상하로 1회 움직여 이에 대용할 수 있다.
		야간	녹색등으로 「가거라」 또는 「오너라」 전호를 하다가 크게 상하로 1회 움직인다.
		무선	속도절제

순번	전호 종류	전호 구분	전호 현시방식
4	조금 진퇴하라 (조금 접근 또는 조금 퇴거)	주간	적색기폭을 걷어잡고 머리 위에서 움직이며 「오너라」 또는 「가거라」 전호를 한다. 다만, 한 팔을 머리 위에서 움직이며 다른 한 팔로 「오너라」 또는 「가거라」의 전호를 하여 이에 대용할 수 있다.
		야간	적색등을 상하로 움직인 후 「오너라」 또는 「가거라」의 전호를 한다.
		무선	조금 접근 또는 조금 퇴거
5	정지하라 (정지)	주간	적색기를 현시한다. 다만, 양팔을 높이 들어 이에 대용할 수 있다.
		야간	적색등을 현시한다.
		무선	정지
6	연결	주간	머리 위 높이 수평으로 깃대 끝을 접한다.
		야간	적색등과 녹색등을 번갈아 가면서 여러 번 현시한다.
7	1번선	주간	양팔을 좌우 수평으로 뻗는다.
		야간	백색등으로 좌우로 움직인다.
8	2번선	주간	왼팔을 내리고 오른팔을 수직으로 올린다.
		야간	백색등을 좌우로 움직인 후 높게 든다.
9	3번선	주간	양팔을 수직으로 올린다.
		야간	백색등을 상하로 움직인다.
10	4번선	주간	오른팔을 우측 수평 위 45도, 왼팔을 좌측 수평 하 45도로 뻗는다.
		야간	백색등을 높게 들고 작게 흔든다.
11	5번선	주간	양팔을 머리 위에서 교차시킨다.
		야간	백색등으로 원형을 그린다.
12	6번선	주간	양팔을 좌우 아래 45도로 뻗는다.
		야간	백색등으로 원형을 그린 후 좌우로 움직인다.
13	7번선	주간	오른팔을 수직으로 올리고 왼팔을 왼쪽 수평으로 뻗는다.
		야간	백색등으로 원형을 그린 후 좌우로 움직이고 높게 든다.
14	8번선	주간	왼팔을 내리고 오른쪽 수평으로 뻗는다.
		야간	백색등으로 원형을 그린 후 상하로 움직인다.
15	9번선	주간	오른팔을 오른쪽 수평으로 왼팔을 오른팔 아래 약 35도로 뻗는다.
		야간	백색등으로 원형을 그린 후 높게 들고 작게 흔든다.
16	10번선	주간	양팔을 좌우 위 45도의 각도로 올린다.
		야간	백색등을 좌우로 움직인 후 상하로 움직인다.

② 입환전호 종류 구분

㉠ 오너라(접근)

㉡ 가거라(퇴거)

㉢ 속도를 절제하라(속도절제)

㉣ 조금 진퇴하라(조금 접근 또는 조금 퇴거)

㉤ 정지하라(정지)

㉥ 연결

㉦ 1번선~10번선

③ ㉠ 오너라(접근)전호부터 ㉣ 조금 진퇴하라(조금 접근 또는 조금 퇴거)까지의 전호는 계속하여 이를 현시하여야 함

④ 「조금 진퇴하라」의 전호를 확인한 기관사는 기적을 짧게 1회 울려야 함

⑤ 전호자는 「오너라」 전호에 따라 전호자 위치에 도달한 차량을 계속 진행시킬 경우에는 기관사가 전호자의 위치에 도달하였을 때 「가거라」의 전호로 변경하여야 함

⑥ 11번선부터 19번선에 대한 전호는 10번선 전호를 먼저 현시한 후 1번선부터 9번선에 해당하는 전호를 현시함

(13) 기적전호

① 동력차에 장치되어 있는 기적의 음을 이용하여 기관사가 다른 직원 또는 일반인에게 전호를 함

② 기관사는 기적전호를 하기 전에 무선전호 또는 수전호에 의하고, 위급한 사항이나 부득이한 경우를 제외하고는 소음억제를 위하여 관제기적 사용하여야 함

(14) 버저전호

① 양쪽 운전실이 있는 고정편성열차에서 기관사와 열차승무원 간에 방송에 의한 무선전호가 어려운 경우에 각종 전호 또는 수전호의 입환전호 등을 버저를 사용하여 전호를 시행할 수 있음

② 앞 운전실 고장으로 뒤 운전실에서 운전하는 경우의 열차승무원의 무선전호를 확인한 기관사는 짧게 1회의 버저전호로 응답하여야 함

6-1. 전호의 방법으로 맞는 것은? [16년 2회]

① 추진운전 중 서행신호 현시 있음(야간)의 전호는 깜박이는 백색등을 현시한다.
② 추진운전 중 주의기적을 울려라(야간)의 전호는 백색등을 상하로 크게 움직인다.
③ 정지위치 지시전호는 열차가 정거장내에서는 400m 거리에 접근하였을 때 이를 현시하여야 한다.
④ 정지위치 지시전호(야간)의 전호는 녹색등을 좌우로 움직이면서 열차가 상당위치에 도달하였을 때 녹색등을 높이 든다.

6-2. 열차 또는 차량을 운전하는 직원 상호 간의 의사표시를 하는 경우의 각종 전호 현시방식으로 맞는 것은? [16년 3회]

① 이동금지 전호(야간방식) : 적색등을 좌우로 움직인다.
② 제동시험 전호 중 제동을 완해하라(야간방식) : 백색등을 높이 들어 좌우로 움직인다.
③ 자동승강문 개폐전호 중 문을 열어라(주간방식) : 양팔을 높이 들어 좌우로 움직인다.
④ 정지위치 지시전호(주간방식) : 녹색기를 상하로 움직이면서 열차가 상당위치에 도달하였을 때 적색기를 높이 든다.

|해설|

6-1
운전취급규정 제211조 별표 19
① 추진운전 중 서행신호의 현시 있음(야간) 깜박이는 녹색등 현시한다.
③ 정지위치 지시전호는 전호는 열차가 정거장 안에서는 200m, 정거장 밖에서는 400m의 거리에 접근하였을 때 이를 현시하여야 한다.
④ 정지위치 지시전호(야간)의 전호는 녹색등을 좌우로 움직이면서 열차가 상당위치에 도달하였을 때 적색등을 높이 든다.

6-2
운전취급규정 제211조 별표 19
① 이동금지 전호(야간방식) : 적색등을 현시한다.
③ 자동승강문 개폐전호 중 문을 열어라(주간방식) : 한 팔을 높이 들어 좌우로 움직인다.
④ 정지위치 지시전호(주간방식) : 녹색기를 좌우로 움직이면서 열차가 상당위치에 도달하였을 때 적색기를 높이 든다.

정답 6-1 ② 6-2 ②

핵심이론 07 표지

(1) 안전표지의 설치 및 관리

① 선로 및 시설물에 설치하는 안전표지는 동력차승무원의 열차운전에 혼란 및 지장이 없도록 설치하여야 함
② 열차운전에 직접 또는 간접적으로 필요한 안전표지는 반사재 또는 조명(발광다이오드) 등을 사용하고 수시로 정비할 것
③ 안전표지의 설치 및 관리는 지역본부장이 하여야 하며 개량 및 신설선의 경우에도 철도시설관리자가 설치하여야 함

(2) 열차표지

[열차표지(앞표지)]

[열차표지(뒤표지)]

① 열차의 앞쪽에는 앞표지, 뒤쪽에는 뒤표지를 열차 출발시각 10분 전까지 표시하여야 함
② 뒤표지의 표시가 어려운 차량은 그 직전 차량에 표시하거나 표시를 생략할 수 있음
 ㉠ 앞표지 : 주간 또는 야간에 열차(입환차량 포함)의 맨 앞쪽 차량의 전면에 백색등 1개 이상 표시할 것
 ㉡ 뒤표지
  ⓐ 주간 : 열차의 맨 뒤쪽 차량의 상부에 전면 백색 또는 적색(등), 후면 적색(등) 1개 이상 표시할 것
  ⓑ 야간 : 열차의 맨 뒤쪽 차량의 상부에 전면 백색 또는 적색등, 후면 적색등(깜박이는 경우 포함) 1개 이상 표시할 것
  ⓒ 고정편성 열차 또는 고정편성 차량을 입환하는 경우에는 맨 뒤쪽 차량의 후면에 적색등 1개 이상 표시할 것

③ 열차표지를 표시하지 않을 수 있는 경우와 표시가 어려운 경우

   ⊙ 앞표지는 정차 중에는 이를 표시하지 않을 수 있으며, 추진운전을 하는 열차는 맨 앞 차량의 진행방향 좌측 상부에 이를 표시할 수 있음

   ⓒ 뒤표지를 현시할 수 없는 단행열차 및 주간에 운행하는 여객열차(회송 포함)에는 이를 표시하지 않을 수 있음

   ⓒ 이외의 열차 중 뒤표지의 표시가 어려운 차량은 그 직전 차량에 표시하거나 표시를 생략할 수 있음. 이 경우 관제사의 지시를 받아야 함. 다만, 차내신호폐색식(자동폐색식 포함) 구간에서는 야간에 뒤표지의 표시는 생략할 수 없음

   ⓔ 관제사는 열차 뒤표지의 표시 생략 또는 표시위치의 변경을 지시할 경우에는 그 요지를 관계처에 통보할 것

④ **퇴행열차의 열차표지**

   ⊙ 퇴행하는 열차의 앞표지 및 뒤표지는 이를 변경할 수 없음

   ⓒ 정거장 밖의 측선으로부터 정거장으로 돌아오는 열차의 앞표지 및 뒤표지는 이를 변경하지 않을 수 있음

⑤ **남겨 놓은 차량의 열차표지** : 열차사고, 그 밖에 사유로 정거장 바깥의 본선에 남겨 놓은 차량에는 뒤표지를 표시하여야 함

⑥ **열차표지 고장 시 조치**

   ⊙ 열차운행 중 표지의 고장 또는 없는 것을 발견한 경우

     ⓐ 앞표지가 1등 이상 점등되는 경우에는 그대로 운전할 것

     ⓑ 앞표지가 모두 소등된 경우에 기관사는 관제사에게 통보하고, 응급조치매뉴얼에 따라야 하며 응급조치가 불가한 경우 관제사는 기관사에게 운행선로의 형태, 주·야간 등을 고려하여 주

의기적을 수시로 울리면서 최근 정거장까지 주의운전할 것을 지시할 것

   ⓒ 뒤표지가 모두 소등 또는 없는 것을 발견한 관계 직원의 조치

     • 발견 즉시 관제사에게 통보할 것

     • 통보를 받은 관제사는 열차를 최근 정거장에 도착시켜 역장 또는 열차승무원에게 정비시키도록 조치할 것

     • 정비를 할 수 없는 경우에는 관제사의 지시에 따를 것

(3) 각종 표지

① **열차정지표지** : 정거장에서 열차 또는 구내운전 차량을 상시 정차할 지점을 표시할 필요 있는 경우 다음 경우에 열차정지표지를 설치하고 열차 또는 차량은 표지 설치지점에 정차할 것

   ⊙ 출발신호기를 정해진 위치에 설치할 수 없는 선로

   ⓒ 출발신호기를 설치하지 않은 선로

   ⓒ 구내운전 차량의 끝 지점

     [열차정지표지]   [차량정지표지]

② **차량정지표지** : 다음의 경우 차량정지표지를 설치하여야 하며, 차량은 표지 설치지점 앞쪽에 정차할 것

   ⊙ 정거장 구내운전 또는 입환차량을 정지시킬 경우

   ⓒ 운전구간의 끝 지점을 표시할 필요 있는 지점

   ⓒ 정거장외 측선에서도 필요에 따라 설치 가능

③ **정거장경계표지**

   ⊙ 장내신호기가 설치되어 있지 않아 경계를 표시할 수 없는 정거장에는 정거장 경계표지를 설치하여야 함

ⓛ 경계표지의 설치위치는 장내신호기를 설치할 위치 또는 그 방향에 대한 정거장 맨 바깥쪽 본선 선로전환기 지점의 바깥쪽 지점

[정거장경계표지]　　[차량접촉한계표지]

④ **차량접촉한계표지** : 선로가 분기 또는 교차하는 지점에는 선로상의 차량이 인접선로를 운전하는 차량을 지장하지 않는 한계를 표시하기 위하여 차량접촉한계표지를 설치하여야 함

⑤ **열차정지위치표지**

　ⓐ 정거장 등에서 여객·화물·운전취급의 편의를 위하여 열차의 정지위치를 표시할 필요가 있을 때에는 열차정지위치표지를 설치하여야 함

　ⓑ 열차정지위치표지의 설치 위치는 여객 승하차 승강장 방향이어야 함. 다만, 선로의 상태에 따라 인식할 수 없는 경우 또는 부득이한 경우에는 승강장 반대방향 또는 선로 중앙하부에 설치할 수 있음

　ⓒ 전동열차운행구간의 고상홈 선로 내에 설치한 열차정지위치표지는 전동열차에만 사용함

　ⓓ 열차정지위치표지가 설치되어 있는 경우 열차의 맨 앞 동력차 기관사 좌석이 열차정지위치표지와 일치하도록 정차하여야 함. 다만, 편성차수에 따라 정차위치를 변경할 수 있음

　ⓔ 열차정지위치표지의 설치위치 지정 및 설치·관리는 지역본부장이 하며, 반기 1회 이상 정비하여야 함

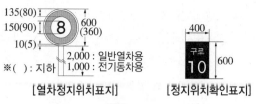

[열차정지위치표지]　　　[정지위치확인표지]

[일단정지표지]

⑥ **정지위치확인표지**

　ⓐ 전동열차의 승강장에는 열차승무원의 승차위치와 일치하는 곳에 전동차 출입문 취급의 편의를 위한 정지위치확인표지를 설치하여야 함. 다만, 안전문이 설치된 승강장 제외

　ⓑ 정지위치확인표지는 전동차 운전실출입문과 직각으로 폭 20cm, 길이 200cm의 황색 야광도료로 표시하여야 함

　ⓒ 전동열차가 승강장에 정지하였을 때 전철차장은 정지위치확인표지를 확인하여 위치가 맞지 않으면 기관사에게 정차위치 조정을 요구

　ⓓ 정지위치확인표지는 필요한 경우 열차정지위치표지 설치위치에도 이를 표시할 수 있으며 열차운행 량수를 고려하여 설치하고, 지역본부장은 연 2회 이상 정비할 것

⑦ **일단정지표지** : 입환 또는 구내운전 중의 차량을 일단 정차시킬 필요가 있는 지점에는 일단정지표지를 설치하여야 함. 기관사는 일단정지표지 설치 지점에 차량을 일단 정차할 것

⑧ **자동식별표지**

　ⓐ 자동폐색신호기에는 열차도착 정거장(장내·출발신호기 설치된 신호소 포함)의 장내신호기로부터 가장 가까운 자동폐색신호기를 1번으로 하여 출발 정거장방향으로 순차 번호를 부여하여 자동식별표시를 하여야 함

ⓛ 자동식별표지 반사재를 사용한 백색원판 1개로 하고, 표지의 중앙에는 흑색으로 폐색신호기의 번호를 표시하여야 함

[자동식별표지]　　　　[서행허용표지]

⑨ 서행허용표지

ⓐ 급경사의 오르막과 그 밖에 특히 필요하다고 인정되는 지점의 자동폐색신호기에는 자동식별표지를 대신하여 서행허용표지를 설치하여야 함

ⓛ 서행허용표지는 백색테두리를 한 짙은 남색의 반사재 원판 1개로 하고, 표지의 중앙에는 백색으로 폐색신호기의 번호를 표시하여야 함

⑩ 속도제한표지

ⓐ 선로의 속도를 제한할 필요가 있는 구역에는 속도제한표지를 설치하여야 함

ⓛ 속도제한표지는 속도제한구간 시작지점의 선로 좌측(우측선로를 운행하는 구간은 우측)에 설치하고, 진행 중인 열차로부터 400m 바깥쪽에서 확인할 수 없을 때에는 적당한 위치에 설치할 수 있음

⑪ 속도제한해제표지

ⓐ 속도제한이 끝나는 지점에는 속도제한 해제표지를 설치하여야 함

ⓛ 단선구간에서는 속도제한표지의 뒷면으로서 속도제한 해제표지를 겸용할 수 있음

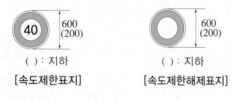

( ) : 지하　　　　　　　( ) : 지하
[속도제한표지]　　　　[속도제한해제표지]

⑫ 서행구역통과측정표지 : 서행해제신호기 설치지점으로부터 적정한 지점에 차장률 15량, 20량, 30량 등의 서행구역통과측정표지를 설치하여야 함. 다만, 단선운전 구간에서는 서행구역통과측정표지를 설치하지 않을 수 있음

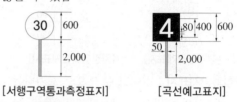

[서행구역통과측정표지]　　　　[곡선예고표지]

⑬ 곡선예고표지

ⓐ 곡선표지에서 300미터 이상 앞쪽 지점의 선로 좌측에 곡선예고표지를 설치하여야 함

ⓛ 터널이나 교량 등으로 설치할 수 없을 때는 그 바깥쪽 적당한 지점에 설치할 수 있음

ⓒ 운행선별 설치기준

ⓐ 경부·호남선의 곡선반경 400~1,200미터 각 구간

ⓑ 광주선의 곡선반경 300~1,200미터 각 구간

ⓒ 선로최고속도가 시속 150킬로미터 이상인 신선·개량선의 곡선반경 400~1,200미터 각 구간

⑭ 선로작업표지

ⓐ 시설관리원이 본선에서 선로작업을 하는 경우에는 열차에 대하여 그 작업구역을 표시하는 선로작업표지를 설치하여야 함. 다만, 차단작업으로 해당선로에 열차가 운행하지 않음이 확실하고, 양쪽 역장에게 통보한 경우는 설치하지 않을 수 있음

ⓛ 선로작업표지는 작업지점으로부터 아래에 거리 이상의 바깥쪽에 설치하여야 함. 다만, 곡선 등으로 400m 이상의 거리에 있는 열차로부터 이를 인식할 수 없는 때에는 그 거리를 연장하여 설치하고, 이동하면서 시행하는 작업은 그 거리를 연장하여 설치할 수 있음

ⓐ 시속 130킬로미터 이상 선구 : 400미터

ⓑ 시속 100~130킬로미터 미만 선구 : 300미터

ⓒ 시속 100킬로미터 미만 선구 : 200미터

ⓒ 동력차승무원은 선로작업표지를 확인하였을 때는 주의기적을 울려서 열차가 접근함을 알려야 함

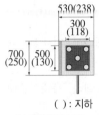

[선로작업표지]   [전차선로작업표지]

⑮ 전차선로작업표지

ⓐ 전기원이 본선에서 전차선로 작업을 하는 경우에는 열차에 대하여 그 작업구역을 표시하는 전차선로작업표지를 설치하여야 함. 다만, 차단작업으로 해당선로에 열차가 운행하지 않음이 확실하고, 양쪽 역장에게 통보한 경우는 예외로 할 수 있음

ⓑ 전차선로작업표지는 작업지점으로부터 200m 이상의 바깥쪽에 설치하여야 함. 다만, 곡선 등으로 400m 이상의 거리에 있는 열차가 이를 확인할 수 없는 때에는 그 거리를 연장하여 설치하여야 함

ⓒ 동력차승무원은 전차선로작업표지를 확인한 때에는 주의기적을 울려서 열차가 접근함을 알려야 함

7-1. 열차표지에 대한 설명 중 틀린 것은?   [17년 1회]

① 열차 출발시각 10분 전까지 표시하여야 한다.

② 앞표지는 주간 또는 야간에 맨 뒤쪽 차량 전면에 배색등 1개 이상 표시한다.

③ 뒤표지는 맨 뒤쪽 차량의 상부에 전면 백색, 적색(등), 후면 적색(등)을 1개 이상 표시한다.

④ 추진운전을 하는 열차는 맨 앞 차량의 진행방향 좌측 상부에 이를 표시할 수 있다.

7-2. 각종표지에 대한 설명으로 틀린 것은?   [17년 1회]

① 자동식별표지는 자동폐색신호기에 설치한다.

② 정지위치확인표지는 연 1회 이상 정비하여야 한다.

③ 차량정지표지는 운전구간의 끝 지점을 표시할 필요 있는 지점에 설치한다.

④ 일단정지표지는 입환 중의 차량을 일단정지시킬 필요가 있는 지점에 설치한다.

7-3. 안전표지에 해당하지 않는 것은?   [16년 1회]

① 서행허용표지   ② 곡선해제표지
③ 속도제한해제표지   ④ 서행구역통과측정표지

|해설|

7-1
운전취급규정 제224조
앞표지는 주간 또는 야간에 열차(입환차량 포함)의 맨 앞쪽 차량의 전면에 백색등 1개 이상 표시한다.

7-3
운전취급규정 제233,242,243,244조
정지위치확인표지는 필요한 경우 열차정지위치표지 설치위치에도 이를 표시할 수 있으며 열차운행량수를 고려하여 설치하고, 지역본부장은 연 2회 이상 정비하여야 한다.

7-3
운전취급규정 제246,248,249조
안전표지에 곡선해제표지 없음(곡선예고표지)

정답 7-1 ② 7-2 ② 7-3 ②

제3절 | 폐색

제1관 통칙

핵심이론 01 폐색구간의 열차 운용

① (원칙) 1폐색구간 1열차 운전
② 1폐색구간에 2 이상의 열차를 운전할 수 있는 경우
    ㉠ 자동폐색신호기에 정지신호 현시 있는 경우 그 폐색구간을 운전하는 경우
    ㉡ 통신 두절된 경우에 연락 등으로 단행열차를 운전하는 경우
    ㉢ 고장열차 있는 폐색구간에 구원열차를 운전하는 경우
    ㉣ 선로 불통된 폐색구간에 공사열차를 운전하는 경우
    ㉤ 폐색구간에서 열차를 분할하여 운전하는 경우
    ㉥ 열차가 있는 폐색구간에 다른 열차를 유도하여 운전하는 경우
    ㉦ 전동열차 ATC차내신호 15신호가 현시된 폐색구간에 열차를 운전하는 경우

핵심예제

1폐색구간에 2 이상의 열차를 운전할 수 없는 경우?
① 자동폐색신호기에 정지신호 현시 있는 경우 그 폐색구간을 운전하는 경우
② 폐색구간에서 열차를 분할하여 운전하는 경우
③ 고장열차 있는 폐색구간에 단행기관차를 운전하는 경우
④ 전동열차 ATC차내신호 15신호가 현시된 폐색구간에 열차를 운전하는 경우

|해설|
고장열차 있는 폐색구간에 구원열차를 운전하는 경우

정답 ③

핵심이론 02 폐색방식의 시행 및 종류 ★필답형

① 1폐색구간에 1개 열차를 운전시키기 위하여 시행하는 방법
    ㉠ 상용폐색방식
        ⓐ 복선구간 : 자동폐색식, 차내신호폐색식, 연동폐색식
        ⓑ 단선구간 : 자동폐색식, 차내신호폐색식, 연동폐색식, 통표폐색식
    ㉡ 대용폐색방식
        ⓐ 복선운전 : 지령식, 통신식
        ⓑ 단선운전 : 지령식, 지도통신식, 지도식

핵심예제

2-1. 폐색방식의 종류 중 복선운전을 할 때의 대용폐색방식은?
    [16년 2,3회, 19년 4회]
① 통신식
② 통표폐색식
③ 차내신호폐색식
④ 지도통신식

2-2. 폐색방식 중 단선구간에서 사용할 수 없는 대용폐색방식은?
    [16년 2,3회, 19년 4회]
① 지령식
② 지도통신식
③ 전령법
④ 지도식

|해설|

2-1
운전취급규정 제100조
대용폐색방식 중 복선운전에서는 지령식과 통신식이 있다.

2-2
운전취급규정 제100조
전령법은 폐색방식이 아니고 폐색준용법이다.

정답 2-1 ① 2-2 ③

핵심이론 03 폐색준용법의 시행 및 종류 ★필답형

① 폐색방식준용법의 시행시기 : 폐색방식을 시행할 수 없는 경우 이에 준하여 열차를 운전시킬 필요가 있는 경우
② 폐색준용법의 종류 : 전령법

핵심이론 04 폐색방식 변경 및 복귀

① 역장이 폐색변경(대용폐색방식 또는 폐색준용법)을 위한 조치
  ㉠ 요시를 관제사에게 보고 후 승인 받은 후
  ㉡ 그 구간을 운전할 열차의 기관사에게 통보 사항
    ★필답형
    이 경우 통신 불능으로 관제사에게 보고하지 못한 경우 먼저 시행한 다음 그 내용을 보고
    ⓐ 시행구간
    ⓑ 시행방식
    ⓒ 시행사유

핵심이론 05 대용폐색방식 또는 폐색준용법 시행원인이 없어진 경우

① 역장은 상대역장과 협의 후 관제사의 승인을 받아 상용폐색방식으로 복귀

② 역장은 양쪽 정거장 또는 신호소 간에 열차 또는 차량 없음 확인 기관사에게 복귀사유 통보

③ CTC 취급 중 폐색방식, 폐색구간을 변경할 때 : 관제사가 역장에게 지시 변경 전의 폐색방식으로 복귀시킬 때 : 역장은 그 요지를 관제사에게 보고

④ 대용폐색방식으로 출발하는 열차의 기관사의 조치
  ㉠ 출발에 앞서 다음 운전취급역의 역장과 관제사 승인번호 및 운전허가증 번호를 통보하는 등 열차운행에 대한 무선통화 시행
  ㉡ 다만, 그 밖의 사유로 통화할 수 없을 때 : 열차를 출발시키는 역장에게 통보 요청

핵심이론 06 폐색취급의 취소

① 폐색취급을 취소하는 경우
  ㉠ 철도사고 또는 운전정리 등으로 20분 이상이 지난 후 열차를 진입시킬 수 있다고 판단한 경우
  ㉡ 다른 열차를 폐색구간에 먼저 진입시키는 경우

② ①의 경우 양끝 역장이 협의하여 폐색상태를 개통상태로 하여야 한다. 이 경우 지도표 또는 지도권을 발행한 역장은 무효조치(×표)를 하여야 함

핵심이론 07 폐색구간의 설정 및 경계

① 본선은 이를 폐색구간으로 나누어 열차를 운전
② 차내신호폐색식(자동폐색식 포함) 이외의 폐색방식은 인접의 정거장 또는 신호소 간을 1폐색구간으로 함
③ 차내신호폐색식(자동폐색식 포함) 구간
   ㉠ 정거장 또는 신호소 내의 본선을 폐색구간으로 함
   ㉡ 인접의 정거장 간과 정거장 내 본선을 다시 자동폐색신호기로 분할된 각 구간을 1폐색구간으로 할 수 있음
④ 폐색구간의 경계
   ㉠ 자동폐색식 구간 : 폐색신호기, 엄호신호기, 장내신호기 또는 출발신호기 설치지점
   ㉡ 차내신호폐색식 구간 : 폐색경계표지, 장내경계표지 또는 출발경계표지 설치지점
   ㉢ 자동폐색식 및 차내신호폐색식 혼용구간 : 폐색신호기, 엄호신호기, 장내신호기 또는 출발신호기 설치지점
   ㉣ 이외의 구간 : 장내신호기 설치지점

핵심예제

운전취급규정에 정한 폐색구간의 경계에 대한 설명으로 틀린 것은?　　　　　　　　　　　　　　　　　　　[19년 4회]
① 자동폐색식 구간 : 폐색신호기, 엄호신호기, 장내신호기 또는 출발신호기 설치지점
② 차내신호폐색식 구간 : 폐색경계표지, 장내경계표지 또는 출발경계표지 설치지점
③ 자동폐색식 및 차내신호폐색식 혼용구간 : 폐색신호기, 엄호신호기, 장내신호기 또는 출발신호기 설치지점
④ 자동폐색식구간, 차내신호폐색식 구간, 자동폐색식 및 차내신호폐색식 혼용구간의 이외의 구간 : 입환신호기 설치지점

|해설|

운전취급규정 제106조
이외의 구간 : 장내신호기 설치지점

정답 ④

핵심이론 08 폐색구간의 분할 또는 합병

① 철도사고, 그 밖의 부득이한 사유로 대용폐색방식 또는 전령법을 시행할 경우
   ㉠ 관제사의 승인을 받아 폐색구간을 분할 또는 합병하여 1폐색구간으로 하고 열차 운전할 수 있음
   ㉡ 다만, 관제사 승인을 받을 수 없는 경우 관계 역장 간 협의하여 시행하고 관제사에게 그 요지를 나중에 보고 하여야 함
② 폐색구간의 분할은 선로 또는 신호보안장치 고장으로 신속한 복구가 어렵다고 판단하거나 신호절체작업 등으로 열차가 장시간 지연 또는 지연이 예상되는 경우 다음을 시행
   ㉠ 관제사 지시에 따라 폐색구간 도중에 임시 운전취급역을 선정 양쪽 역장이 협의 후 운전취급을 할 수 있는 적임자를 파견 폐색구간 분할 취급 및 그 요지를 관계처에 통보할 것
   ㉡ 관제사는 분할된 임시 운전취급역에 정거장 명칭이 없는 경우 : 임시로 정거장 명칭 부여
   ㉢ 분할지점에 폐색전화기, 관제전화기 등 통신장치가 설치되어 있을 때 활용하고 없을 때는 긴급가설 조치할 것
   ㉣ 통신장치 가설이 장시간 소요될 경우 : 가설 시까지 휴대용 무선전화기를 활용·협의할 것
   ㉤ 임시운전취급역에 파견된 운전취급자는 다음의 운전취급용품을 휴대할 것
      ⓐ 전호기(등)
      ⓑ 휴대용 무선전화기
      ⓒ 열차시각표
      ⓓ 운전허가증(휴대기 포함)
   ㉥ 장시간 임시 운전취급역으로 운용될 경우 : 폐색상황판을 설치 운용할 것

③ 복선운전구간 복선운전 시 폐색구간을 분할할 경우의 운전취급 방법

　㉠ 양쪽 역간 폐색구간을 분할하는 경우 폐색취급

　　ⓐ 3개소(양쪽 역 및 분할지점) 각각 지정된 사람이 직접 취급하되 특별한 경우 제외 교대시간 내 이를 변경하지 말 것

　　ⓑ 이 경우 양끝역이 피제어역인 경우 제어역장이 폐색취급할 것

　㉡ 분할지점에는 상하선 각각 수신호 취급자를 지정할 것 : 수신호 취급자는 역장의 지시에 따라 진행 수신호 현시할 것

　㉢ 폐색방식 : 통신식, 운전명령번호 : 기관사에게 통보

　㉣ 임시 운전취급역에 접근한 열차는 정차할 자세로 주의운전할 것

④ 임시 운전취급역 역장은 다음을 따를 것

　㉠ 열차정지위치표지 지점에서 정지 또는 진행 수신호를 현시

　㉡ 다음 폐색구간 열차 운전에 대한 운전명령번호 기관사에게 통보

　㉢ 열차의 맨 뒤가 열차정지위치표지 지점을 완전히 진출한 후 역장에 대하여 열차의 개통을 통보

⑤ 복선운전 구간에서의 일시 단선운전 시 또는 단선운전 구간에서 폐색구간 분할한 경우 취급방법

　㉠ 양쪽 역간을 상·하행 중 동일 방향으로 연속 운전하는 경우 한하여 분할취급

　㉡ 분할취급은 상·하행별로 열차운행 방향을 변경할 때마다 관제사의 지시에 따라 양쪽 역장 및 임시 운전취급역 역장이 상호 협의 시행

　㉢ 폐색방식 : 지도통신식

⑥ 신호보안장치 장애 또는 신호절체 등으로 운전취급생략역을 포함한 폐색구간을 합병할 사유가 발생하여 운전취급생략역을 임시 운전취급역으로 운용할 필요가 있을 때에도 준용

핵심예제

폐색구간을 분할하는 경우 임시운전취급역에 파견된 운전취급자가 휴대하여야할 운전취급용품으로 틀린 것은?

① 전호기(등)
② 휴대용 무선전화기
③ 폐색전화기
④ 운전허가증(휴대기 포함)

|해설|

임시운전취급역 운전취급자 휴대품목

• 전호기(등)
• 휴대용 무선전화기
• 열차시각표
• 운전허가증(휴대기 포함)

정답 ③

① **연동폐색식·통표폐색식·통신식 또는 지도통신식을 시행하는 구간** : 역장이 폐색취급을 하기 위하여 5분간 연속하여 호출하여도 상대역장의 응답이 없는 경우 취급방법

　ㄱ. 응답 없는 정거장 또는 신호소의 다음 운전취급역 장과 통화할 수 있을 때는 그 역장으로 하여 재차 5분간 연속 호출

　ㄴ. ㄱ의 호출에도 응답이 없을 때에는 응답 없는 정거 장 또는 신호소를 건너뛴 양끝 정거장 간 또는 신호 소 간을 1폐색구간으로 하고 : 복선 운전구간에서는 통신식, 단선 운전구간에서는 지도통신식을 시행

② 그 구간으로 진입하는 열차의 열차승무원 또는 기관사 를 통하여 응답 없는 역장에게 그 요지를 통보하고 변경 전의 방식으로 복귀할 수 있을 때 속히 복귀

③ 관제사와 통화할 수 있을 때는 그 지시를 받아야 함

① 기관사는 운전허가증이 있는 폐색방식의 폐색구간에 진입하는 경우 역장으로부터 받은 운전허가증의 정당 함을 확인하고 휴대

② 열차가 폐색구간의 한 끝이 되는 정거장 또는 신호소 에 도착하였을 때 기관사는 운전허가증을 역장에게 주어야 하며, 이를 받은 역장은 그 정당함을 확인

③ 운전허가증의 종류

　ㄱ. 통표폐색식 시행구간 : 통표

　ㄴ. 지도통신식 시행구간 : 지도표 또는 지도권

　ㄷ. 지도식 시행구간 : 지도표

　ㄹ. 전령법 시행구간 : 전령자

핵심예제

폐색방식에 따른 운전허가증으로 틀린 것은?

① 통표폐색식 시행구간 : 통표
② 지도통신식 시행구간 : 지도표
③ 지도식 시행구간 : 지도표
④ 전령법 시행구간 : 전령자

|해설|

지도통신식 시행구간 : 지도표 또는 지도권

정답 ②

핵심이론 11 운전허가증 및 휴대기의 비치·운용

① 역장은 운전허가증을 비치
② 휴대기 : 관리역장이 판단하여 3개 이상 비치
③ 관리역장은 소속 정거장 또는 신호소의 통표 또는 휴대기를 적정하게 비치 수시로 조절하고, 과부족으로 인하여 열차운행에 지장이 없도록 하여야 함
④ **지도표와 지도권** : 부족하지 않도록 비치

제2관 상용폐색방식
핵심이론 01 폐색의 일반원칙

(1) 정거장 외 도중 정차열차의 취급

① 차내신호폐색식(자동폐색식 포함) 구간에서 구원열차 등 정거장 또는 신호소 밖에서 도중 정차하는 열차를 출발시킨 역장은 도중 정차열차가 현장을 출발한 것을 확인한 다음 다른 열차를 출발
② 조작반 또는 도중 정차열차와 무선통화로 현장 출발한 것을 확인
③ 역장은 CTC구간의 경우에 관제사의 승인 후 도중 정차열차를 출발

(2) 출발 신호기 고장 선로 등에서 열차출발 취급

① 역장은 복선 차내신호폐색식(자동폐색식 포함)구간에서 출발신호기 고장 또는 출발신호기가 미설치된 선로에서 열차를 폐색구간에 진입시키는 경우 : 출발신호기가 방호하는 폐색구간에 열차 없음을 확인할 수 있을 때에는 폐색방식 변경 금지
② 폐색구간 열차 유무 확인 방법
   ㉠ 조작반의 궤도회로 표시
   ㉡ 다른 선로의 출발신호기
   ㉢ ㉠, ㉡을 따를 수 없는 경우 적임자 파견
③ 단선 차내신호폐색식(자동폐색식 포함) 또는 연동폐색식 구간에서 열차를 폐색구간에 진입시키고자 하는 역장은 ①을 준수, 상대역장과 협의 및 양쪽 정거장 간 반대열차가 없음을 확인
④ **역장은 ① 및 ②에 따른 확인을 한 경우 :** 관제사 진행수신호 생략승인번호에 따라 기관사에게 통보하고 열차를 출발

(1) 자동폐색식

① 정의 : 폐색구간에 설치한 궤도회로를 이용하여 열차 또는 차량의 점유에 따라 자동식으로 폐색 및 신호를 제어하여 열차를 운행시키는 폐색방식

② 자동으로 정지신호를 현시하는 경우
　㉠ 폐색구간에 열차 또는 차량이 있는 경우
　㉡ 폐색장치에 고장이 있는 경우
　㉢ 폐색구간에 있는 선로전환기가 정당한 방향으로 개통되지 아니한 경우
　㉣ 분기하는 선, 교차점에 있는 열차 또는 차량이 폐색구간을 지장한 경우
　㉤ 단선구간에서 한쪽 방향의 정거장 또는 신호소에서 진행 지시신호를 현시한 후 그 반대방향의 경우

③ 자동폐색식 구간 열차 출발 취급
　㉠ 복선 자동폐색식 구간 : 열차를 진입시키는 역장이 출발신호기에 진행 지시신호 현시
　㉡ 단선 자동폐색식 구간 : 열차를 진입시키는 역장이 상대 역장과 협의, 출발신호기 진행 지시신호 현시
　㉢ ㉠, ㉡에도 불구하고 CTC취급을 하도록 정한 정거장 또는 신호소에서는 관제사가 취급

(2) 차내신호폐색식 ★필답형

① 정의 : 차내신호(KTCS-2, ATC, ATP) 현시에 따라 열차를 운행시키는 폐색방식으로 지시속도보다 낮은 속도로 열차의 속도를 제한하면서 열차를 운행할 수 있도록 하는 폐색방식

② ATP구간의 양방향 운전취급
　㉠ 복선 ATP구간에서 양방향 신호에 의해 우측선로 운행의 운전취급 방법
　　ⓐ 관제사는 열차의 우측선로 운전에 따른 운전명령 승인 시 관련 역장과 기관사에게 운전취급사항(시행사유, 시행구간, 작업장소 등)을 통보

　　ⓑ 우측선로 운전은 차내신호폐색식에 의하며 그 운전취급 방법
　　　• 우측선로로 열차를 진입시키는 역장은 진입구간에 열차 없음을 확인하고 상대역장과 폐색협의 및 취급 후 해당 출발신호기(입환신호기 포함)를 취급
　　　• 상대역장은 출발역장과 우측선로 운전에 대한 폐색협의 및 취급을 하고 우측선로의 장내신호기(우측선로 장내용 입환신호기 포함)를 취급
　　ⓒ 우측선로 운전을 통보받은 기관사는 차내신호가 지시하는 속도에 따라 운전
　　ⓓ 유지보수 소속장은 안전사고의 우려가 있는 작업구간의 인접선로에는 선로작업 표지 또는 임시신호기를 설치

③ ATP구간의 양방향 운전취급 이외의 경우
　㉠ 대용폐색방식 운용
　㉡ 우측선로를 운행 시 ATP 미장착 또는 차단 등으로 차내신호에 따를 수 없는 경우
　　ⓐ 기관사는 관제사의 승인을 받아 시속 70킬로미터 이하의 속도로 주의운전
　　ⓑ 장내신호기(우측선로 장내용 입환신호기 포함) 바깥에 일단 정차한 다음 진행신호에 따라 열차 도착지점까지 시속 25킬로미터 이하의 속도로 운전
　　ⓒ 다만, 사전에 진입선을 통보받고 진행신호를 확인한 경우 일단정차 하지 않을 수 있음

(3) 연동폐색식

① 정의 : 폐색구간 양끝 정거장 또는 신호소에 설치한 연동폐색장치와 출발신호기를 양쪽 역장이 협의 취급하여 열차를 운행시키는 폐색방식

② 출발신호기가 자동으로 정지신호를 현시하는 경우
　㉠ 폐색구간에 열차 있는 경우

ⓛ 폐색장치가 고장인 경우

ⓒ 단선구간에서 한쪽 정거장 또는 신호소에서 진행
　지시신호를 현시한 후 그 반대방향

③ **연동구간 열차의 출발 취급**

　㉠ 역장은 열차를 폐색구간에 진입시키는 경우 : 상대
　　역장과 협동하여 폐색취급

　ⓛ 폐색구간 양끝 역장은 폐색구간에 열차 없음을 확
　　인하고 폐색구간에 열차 진입

　ⓒ ㉠의 취급은 열차를 폐색구간에 진입시킬 시각 10
　　분 이전에 할 수 없음

④ **연동구간 열차의 도착 취급**

　㉠ 역장은 열차가 도착한 경우 : 상대역장과 협동하여
　　개통취급

　ⓛ 열차가 일부 차량을 남겨놓고 도착한 경우 : 개통
　　취급을 할 수 없음

　ⓒ 폐색구간 도중에서 퇴행한 열차가 도착한 경우 :
　　상대역장과 협동하여 개통취급

⑤ **연동폐색장치의 사용정지 이유**

　㉠ 폐색장치에 고장이 있는 경우

　ⓛ 폐색취급을 하지 않은 폐색구간에 열차 또는 차량
　　이 진입한 경우

　ⓒ 폐색취급을 한 폐색구간에 다른 열차가 진입한 경우

　ⓔ 열차운전 중의 폐색구간에 다른 열차가 진입한 경우

　ⓜ 열차운전 중의 폐색구간에 대하여 개통취급을 한
　　경우

　ⓗ 폐색구간에 일부 차량을 남겨놓고 진출한 경우

　ⓢ 폐색구간에 정거장 또는 신호소에서 굴러간 차량
　　이 진입한 경우

　ⓞ 정거장 또는 신호소 외에서 구원열차를 요구한 경우

　ⓩ 폐색구간을 분할 또는 합병한 경우

　ⓣ 복선구간에서 일시 단선운전 하는 경우

(4) 통표폐색식

① **정의** : 폐색구간 양끝의 정거장 또는 신호소에 통표폐
　색장치를 설치하여 양끝의 역장이 상호 협의하여 한쪽
　의 정거장 또는 신호소에서 통표를 꺼내어 기관사에게
　휴대하도록 하여 열차를 운행하는 폐색방식

② **통표폐색장치의 구비조건**

　㉠ 그 구간 전용의 통표만을 넣을 수 있을 것

　ⓛ 폐색구간 양끝의 역장이 협동하지 않으면 통표를
　　꺼낼 수 없을 것

　ⓒ 폐색구간 양끝의 통표폐색기에 넣은 통표는 1개에
　　한하여 꺼낼 수 있으며 꺼낸 통표를 통표폐색기에
　　넣은 후가 아니면 다른 통표를 꺼내지 못할 것

　ⓔ 인접 폐색구간의 통표는 넣을 수 없을 것

③ **통표의 종류 및 통표폐색기의 타종전호**

　㉠ 통표의 종류(5종)

　　ⓐ 원형　　　　　ⓑ 사각형

　　ⓒ 삼각형　　　　ⓓ 십자형

　　ⓔ 마름모형

　ⓛ 타종전호에 승인하는 경우 동일전호로 응답. 전호
　　의 취소는 폐색용 전화기로 함

　　* 인접 폐색구간의 통표는 그 모양을 달리한다.

　ⓒ 통표폐색기를 사용하는 타종전호

　　ⓐ 열차 진입(폐색전호) : 2타(··)

　　ⓑ 열차 도착(개통전호) : 4타(····)

　　ⓒ 통화를 하는 경우 : 3타(···)

　ⓔ 인접 폐색구간의 통표는 그 모양을 달리한다.

2-1. ATP구간의 양방향 운전취급에 관한 설명으로 틀린 것은?
[20년 2회]

① 우측선로 운전을 통보받은 기관사는 차내신호가 지시하는 속도에 따라 운전하여야 한다.

② 상대역장은 출발역장과 우측선로 운전에 대한 폐색협의 및 취급을 하고 우측선로의 장내신호기를 취급하여야 한다.

③ 관제사는 열차의 우측선로 운전에 따른 운전명령 승인 시 관련 역장과 기관사에게 운전취급사항을 통보하여야 한다.

④ 우측선로 운전은 자동폐색방식에 의하며 우측선로로 열차를 진입시키는 역장은 진입구간에 열차 없음을 확인하고 상대 역장과 폐색협의 및 취급 후 해당 출발 신호기를 취급하여야 한다.

2-2. 양방향 신호구간의 운전취급(우측선로운전)에 대한 설명으로 틀린 것은?
[18년 1회]

① 우측선로 운전을 통보받은 기관사는 차내신호가 지시하는 속도에 따라 운전한다.

② 유지보수 소속장은 안전사고의 우려가 있는 작업개소의 인접선로에는 임시 신호기를 설치한다.

③ 관제사는 열차의 우측선로 운전에 따른 운전명령 승인 시 관련 역장과 기관사에게 운전취급사항을 통보한다.

④ 기관사는 우측선로를 운행 중 차량고장 등으로 차내신호에 따를 수 없을 때는 관제사의 승인을 받아 45km/h 이하의 속도로 주의운전한다.

2-3. 연동폐색방식을 시행하는 구간에서 연동폐색장치 사용을 정지하여야 하는 경우가 아닌 것은?
[16년 2회]

① 복선구간에서 일시 단전운전 하는 경우

② 정거장 외에서 구원열차를 요구한 경우

③ 열차운전 중의 폐색구간에 대하여 개통취급을 한 경우

④ 2개 이상 설치되어 있는 출발신호기 중 정거장으로부터 진행방향 맨 안쪽의 출발신호기에 고장이 난 경우

2-4. 통표폐색장치의 구비조건으로 틀린 것은?

① 양쪽 구간 공용의 통표를 사용할 수 있을 것

② 폐색구간 양끝의 역장이 협동하지 않으면 통표를 꺼낼 수 없을 것

③ 폐색구간 양끝의 통표폐색기에 넣은 통표는 1개에 한하여 꺼낼 수 있으며 꺼낸 통표를 통표폐색기에 넣은 후가 아니면 다른 통표를 꺼내지 못할 것

④ 인접 폐색구간의 통표는 넣을 수 없을 것

2-5. 통표의 종류가 아닌 것은?
[17년 1회]

① 원형   ② 사각형
③ 십자형   ④ 타원형

| 해설 |

2-1

운전취급규정 제124조

복선 ATP구간에서 양방향 신호에 의해 우측선로 운행 시 운전은 차내신호폐색식에 의한다.

2-2

운전취급규정 제124조

우측선로를 운행 시 ATP 미장착 또는 차단 등으로 차내신호에 따를 수 없는 경우 기관사는 관제사의 승인을 받아 시속 70킬로미터 이하의 속도로 주의운전한다.

2-3

운전취급규정 제127조

연동폐색을 사용하는 구간에서는 동일선로에 2개 이상의 출발신호기가 설치되어 있을 수 없다.

2-4

그 구간 전용의 통표만을 넣을 수 있을 것

2-5

운전취급규정 제130조
통표의 종류(5종)
• 원형   • 사각형
• 삼각형   • 십자형
• 마름모형

정답 2-1 ④ 2-2 ④ 2-3 ④ 2-4 ① 2-5 ④

제3관 대용폐색방식

핵심이론 01 지령식

(1) 지령식 ★필답형

① 정의 : CTC구간에서 관제사의 승인에 의해 운전하는 폐색방식

② 조건

ㄱ 관제사가 조작반으로 열차운행상태 확인이 가능할 것

ㄴ 운전용 통신장치 기능이 정상인 경우에 우선 적용

③ 지령식의 시행

ㄱ 관제사 및 상시로컬역장은 신호장치 고장 및 궤도회로 단락 등의 사유로 지령식을 시행하는 경우에는 해당 구간에 열차 또는 차량 없음을 확인한 후 시행

ㄴ 관제사는 지령식 시행의 경우 관계 열차의 기관사에게 열차무선전화기로 관제사 승인번호, 시행구간, 시행방식, 시행사유 등 운전주의사항을 통보 후 출발 지시. 다만, 열차무선전화기로 직접 통보할 수 없는 경우에는 관계역장으로 하여금 내용을 통보할 수 있음

ㄷ 지령식 운용구간의 폐색구간 경계는 정거장과 정거장까지를 원칙으로 관제사가 지정함

ㄹ 기관사는 지령식 시행구간 정거장 진입 전 장내신호 현시 상태를 확인

(2) 지령식 시행 시 운전취급

① 지령식 사유발생 시 관제사는 관계 역장에게 시행사유 및 구간을 통보한 후 지령식 운전명령번호를 부여하여 운전취급을 지시함

② 상시 로컬역장은 지령식 사유발생 시 관제사에게 이를 보고, 관제사 승인에 의해 지령식을 시행

③ 상시로컬역 이외의 운전취급역은 CTC제어로 전환

(3) 관제사가 직접 기관사에게 지령식을 시행하는 구간

① 수인선(수원~인천역)

② 경인선(구로~인천역)

③ 안산선(금정~오이도역)

④ 과천선(금정~선바위역)

⑤ 분당선(왕십리~수원역)

⑥ 일산선(지축~대화역)

⑦ 경강선(판교~여주역)

핵심예제

1-1. 지령식에 대한 내용으로 틀린 것은?

① 지령식은 CTC구간에서 역장의 협의에 의해 운전하는 폐색방식

② 관제사가 조작반으로 열차운행상태 확인이 가능하고, 운전용 통신장치 기능이 정상인 경우에 우선 적용

③ 지령식 운용구간의 폐색구간 경계는 정거장과 정거장까지를 원칙으로 하며 관제사가 지정함

④ 기관사는 지령식 시행구간 정거장 진입 전 장내신호 현시 상태를 확인

1-2. 관제사가 직접 기관사에게 지령식 시행을 통보하여야 하는 선구로 틀린 것은? [18년 1회]

① 경강선(판교~여주역)

② 일산선(지축~대화역)

③ 중앙선(청량리~용문역)

④ 분당선(왕십리~수원역)

|해설|

1-1
지령식은 CTC구간에서 관제사의 승인에 의해 운전하는 폐색방식

1-2
운전취급규정 제138조
수인선(수원~인천역), 경인선(구로~인천역), 안산선(금정~오이도역), 과천선(금정~선바위역), 분당선(왕십리~수원역), 일산선(지축~대화역), 경강선(판교~여주역)

정답 1-1 ① 1-2 ③

(1) 통신식

① 복선 운전구간에서 대용폐색방식 시행의 경우 : 폐색구간 양끝 역장은 전용전화기를 사용하여 협의한 후 통신식을 시행

② 통신식을 시행하는 경우
  ㉠ CTC구간에서 CTC장애, 신호장치 고장 또는 열차무선전화기 고장 등으로 지령식을 시행할 수 없을 경우
  ㉡ CTC 이외의 구간에서 신호장치 고장 등으로 상용폐색방식을 시행할 수 없는 경우

(2) 통신식 구간 열차의 출발 및 도착 취급

① 통신식 구간에서 열차를 폐색구간에 진입시키는 역장의 출발취급
  ㉠ 상대 역장과 협의하여 양끝 폐색구간에 열차 없음을 확인한 후 폐색취급
  ㉡ 폐색취급은 열차를 폐색구간에 진입시킬 시각 5분 이전에는 이를 할 수 없음
  ㉢ 폐색구간에 열차 없음을 기관사에게 통보하고 관제사 운전명령번호와 출발 대용 수신호에 따라 열차를 출발

② 통신식 구간에서 열차의 도착취급은 p175 핵심이론 02의 (3) 연동폐색식 ④ 연동구간 열차의 도착 취급에 준용함

(3) 통신식 폐색취급 및 개통취급

① 통신식을 시행하는 경우의 폐색취급
  ㉠ 역장은 상대역장에게 「OO열차 폐색」이라고 통고할 것
  ㉡ 통고를 받은 역장은 「OO열차 폐색승인」이라고 응답할 것

② 폐색구간 양끝의 역장은 폐색구간에 열차 없음을 확인할 것

핵심예제

통신식을 시행하는 경우 폐색취급 및 개통취급에 대한 설명으로 틀린 것은? [16년 1회]

① 역장은 상대역장에게 대하여 「OO열차 폐색」이라고 통고할 것
② 역장은 상대역장에게 대하여 「OO열차 개통」이라고 통고할 것
③ 통고를 받은 역장은 「OO열차 폐색」이라고 응답할 것
④ 통고를 받은 역장은 「OO열차 개통」이라고 응답할 것

|해설|

운전취급규정 제141조
통고를 받은 역장은 「OO열차 폐색승인」이라고 응답할 것. 역장과 상대역장의 관점에서 문제를 접근해야 한다.

정답 ③

(1) 지도통신식

단선구간(복선구간의 일시 단선운전을 하는 구간 포함)에서 대용폐색방식을 시행

① 폐색구간 양끝의 역장이 협의한 후 시행하는 경우
  ㉠ CTC구간에서 CTC장애, 신호장치 또는 열차무선전화기 고장 등으로 지령식을 시행할 수 없을 경우
  ㉡ CTC 이외 구간에서 신호장치 고장 등으로 상용폐색방식을 시행할 수 없는 경우

② 지도통신식을 시행하지 않는 경우(예외)
  ㉠ ATP구간의 양방향 운전취급
  ㉡ 복선구간의 단선운전 시 폐색방식의 병용
  ㉢ CTC제어 복선구간에서 작업시간대 단선운전 시 폐색방식의 시행

(2) 지도통신식 구간 열차의 출발 및 도착 취급

① 지도통신식 구간에서 열차의 출발 취급
  ㉠ 열차를 폐색구간에 진입시키는 역장은 상대역장과 협의하여 양끝 폐색구간열차 없음을 확인하고, 지도표 또는 지도권을 기관사에게 교부하여야 함
  ㉡ 상대역장에게 대하여 「○○열차 폐색」이라고 통고할 것
  ㉢ 상대역장에게 통고를 받은 역장은 「○○열차 폐색승인」이라고 응답할 것
  ㉣ ㉠의 취급은 열차를 폐색구간에 진입시키는 시각 10분 이전에 할 수 없음

② 지도통신식 구간에서 열차의 도착 취급
  ㉠ 열차가 폐색구간을 진출하였을 때 역장은 지도표 또는 지도권을 기관사로부터 받은 후 상대역장과 다음에 따라 개통취급을 하여야 함
    ⓐ 상대역장에게 「○○열차 개통」이라고 통고할 것
    ⓑ ⓐ의 통고를 받은 역장은 「○○열차 개통」이라고 응답할 것

  ㉡ 폐색구간의 도중에서 퇴행한 열차가 도착하는 때에도 ㉠과 같이 취급
    ⓐ 열차가 일부 차량을 폐색구간에 남겨놓고 도착한 경우에는 개통취급을 할 수 없음
    ⓑ 역장은 ㉠에 따라 지도권을 받은 경우에는 개통취급을 하기 전에 지도권에 무효 기호(×)를 그어야 함

핵심예제

단선구간 및 복선구간의 상·하선 중 한쪽 선이 사용정지되어 일시 단선운전을 하는 구간에서 지도통신식을 시행하여야 하는 경우로 틀린 것은?
[16년 1회]

① CTC구간에서 신호장치고장 등으로 지령식을 시행할 수 없을 경우
② 복선 자동폐색구간의 작업시간대 단선운전 시 자동폐색식을 시행하는 경우
③ CTC구간에서 열차무선전화기 고장 등으로 지령식을 시행할 수 없을 경우
④ CTC 이외의 구간에서 신호장치 고장 등으로 상용폐색방식을 시행할 수 없는 경우

| 해설 |

운전취급규정 제144조(지도통신식)
양방향신호가 설치되지 않은 복선구간에서 정규 운전명령으로 사전에 정상방향의 열차만을 운행하도록 지정된 작업시간대에 일시 단선운전을 하는 경우에는 차내신호폐색식(자동폐색방식 포함)을 시행하여야 한다.

정답 ②

(1) 지도식 시행의 취급 ★필답형

단선운전 구간에서 열차사고 또는 선로고장 등으로 현장과 최근 정거장 또는 신호소 간을 1폐색구간으로 하고 열차를 운전하는 경우로서 후속열차의 운전이 필요 없는 경우에는 지도식을 시행한다.

(2) 지도식 구간 열차의 출발 및 도착 취급

① 정거장 또는 신호소에서 열차를 폐색구간에 진입시키는 역장은 그 구간에 열차 없음을 확인한 후 기관사에게 통보하고 지도표 배부

② 지도표는 열차를 폐색구간에 진입시킬 시각 10분 이전에 이를 기관사에게 교부할 수 없음

③ 지도식 구간에서 열차가 폐색구간 한끝의 정거장 또는 신호소에 도착하는 때에 역장은 기관사로부터 지도표 회수

핵심예제

지도식에 대한 내용으로 틀린 것은?

① 지도식은 단선운전 구간에서 열차사고 또는 선로고장 등으로 현장과 최근 정거장 또는 신호소 간을 1폐색구간으로 하여 열차를 운전하는 방식으로 후속열차의 운전이 필요 없는 경우에 사용

② 정거장 또는 신호소에서 열차를 폐색구간에 진입시키는 역장은 그 구간에 열차 없음을 확인한 후 기관사에게 통보하고 지도표 및 지도권 배부

③ 열차를 폐색구간에 진입시킬 시각 10분 이전에 이를 기관사에게 운전허가증을 교부할 수 없음

④ 지도식 구간에서 열차가 폐색구간 한 끝의 정거장 또는 신호소에 도착하는 때에 역장은 기관사로부터 운전허가증 회수

해설

지도식에서 운전허가증은 지도표만 사용가능함

정답 ②

핵심이론 05 대용폐색방식 시행

(1) 단선구간의 대용폐색방식 시행

단선운전을 하는 구간에서 대용폐색방식을 시행. 다만 CTC 이외의 구간에서 지도통신식에 의함

① **자동폐색식 구간에서 해당한 경우**
　㉠ 자동폐색신호기 2기 이상 고장인 경우. 다만 구내 폐색신호기는 제외
　㉡ 출발신호기 고장으로 폐색표시등을 현시할 수 없는 경우
　㉢ 제어장치의 고장으로 자동폐색식에 따를 수 없는 경우
　㉣ 도중폐색신호기가 설치되지 않은 구간에서 원인을 알 수 없는 궤도회로 장애로 출발신호기에 진행 지시신호가 현시되지 않은 경우
　㉤ 정거장 외로부터 퇴행할 열차를 운전시키는 경우

② **연동폐색식 구간에서 해당한 경우**
　㉠ 폐색장치 고장으로 이를 사용할 수 없는 경우
　㉡ 출발신호기 고장으로 폐색표시등을 현시할 수 없는 경우

③ **통표폐색식 구간에서 해당한 경우**
　㉠ 폐색장치 고장으로 이를 사용할 수 없는 경우
　㉡ 통표를 분실하거나 손상된 경우
　㉢ 통표를 다른 구간으로 가지고 나간 경우

④ **차내신호폐색식 열차제어장치가 단독으로 설치된 구간에서 해당한 경우**
　㉠ 지상장치가 고장인 경우
　㉡ 차상장치가 고장인 경우
　㉢ 기타 그 밖의 사유로 상용폐색방식을 사용할 수 없는 경우

⑤ 단선 차내신호폐색식(자동폐색식 포함)과 단선 연동폐색식 구간에서 대용폐색 방식을 시행하는 경우 그 원인이 없어질 때까지 상·하 각 열차는 대용폐색방식 시행

(2) 복선구간의 복선운전 시 대용폐색방식 시행

복선구간에서 복선운전을 하는 선로에서 각 호에 해당하는 경우 대용폐색방식을 시행한다. 다만, CTC 이외의 구간에서는 통신식에 의함

① **차내신호폐색식(자동폐색식 포함) 구간에서 해당한 경우**

　㉠ 자동폐색신호기 2기 이상 고장인 경우. 다만, 구내폐색신호기는 제외

　㉡ 출발신호기 고장 시 조작반의 궤도회로 표시로 출발신호기가 방호하는 폐색구간에 열차 없음을 확인할 수 없는 경우

　㉢ 다른 선로의 출발신호기 취급으로 출발신호기가 방호하는 폐색구간에 열차 없음을 확인할 수 없는 경우

　㉣ 도중폐색신호기가 설치되지 않은 구간에서 원인을 알 수 없는 궤도회로 장애로 출발신호기에 진행지시신호가 현시되지 않는 경우

　㉤ 정거장 외로부터 퇴행할 열차를 운전시키는 경우

② **연동폐색식 구간에서 해당한 경우**

　㉠ 폐색장치가 고장인 경우

　㉡ 출발신호기 고장으로 폐색표시등을 현시할 수 없는 경우

③ **차내신호폐색식 열차제어장치가 단독으로 설치된 구간에서 해당한 경우. 다만, ATC구간은 관련 세칙에 따름**

　㉠ 지상장치가 고장인 경우

　㉡ 차상장치가 고장인 경우

　㉢ 기타 그 밖의 사유로 상용폐색방식을 사용할 수 없는 경우

(3) 복선구간의 단선운전 시 폐색방식의 병용

① 폐색방식 혼용구간에서 한쪽 선로를 사용하지 못하여 양쪽 방향의 열차를 일시 단선운전하는 경우에는 단선구간의 대용폐색방식 시행규정을 준용하고, 다음에 따라 폐색방식을 병용하여 열차를 취급할 수 있음

　㉠ 지령식과 차내신호폐색식(자동폐색식 포함)의 병용(CTC구간에 한함)

　㉡ 지도통신식과 차내신호폐색식(자동폐색식 포함)의 병용

　　ⓐ 차내신호폐색식(자동폐색식포함)에 따를 수 있는 정상방향의 선행하는 각 열차는 지도권, 맨 뒤의 열차는 지도표를 휴대하고 차내신호(자동폐색식신호)에 따라 운전할 것. 다만, 발리스(자동폐색신호기) 고장 등으로 이를 시행함이 불리하다고 인정한 경우에는 제외

　　ⓑ 차내신호폐색식(자동폐색식 포함)에 따를 수 없는 반대방향의 열차는 지도통신식에 따라 운전할 것

　　ⓒ 역장은 기관사에게 병용 취급하는 열차임을 통고할 것

　　ⓓ 역장은 최초열차 운행 시 폐색취급 하고, 상대역장은 지도표 휴대열차 도착 시 개통 취급을 할 것

② ①에 따라 대용폐색방식으로 반대선(우측선로)을 운행하는 열차의 속도는 70km/h 이하로 함

(4) CTC제어 복선구간에서 작업시간대 단선운전 시 폐색방식의 시행

① 양방향신호가 설치되지 않은 복선구간에서 정규 운전명령으로 사전에 정상방향의 열차만을 운행하도록 지정된 작업시간대에 일시 단선운전을 하는 경우에는 차내신호폐색식(자동폐색방식 포함)을 시행함

② ①에 따라 차내신호폐색식(자동폐색식 포함)을 시행하는 경우

   ㉠ 관제사는 반대방향의 열차가 운행되지 않도록 조치, 지정된 작업시간대에 운행하는 열차에는 관제사 운전명령번호 부여할 것(연속된 작업시간대에는 관제사의 동일한 운전명령번호)

   ㉡ 단선운전구간으로 열차를 출발시키는 역장 : 기관사에게 관제사의 운전명령번호에 의한 차내신호폐색식(자동폐색식 포함)으로 운행하는 열차임을 통보할 것

   ㉢ 기관사는 작업구간 시단정거장 출발 전에 다음 운전취급역 역장을 호출하여 열차 출발을 통보할 것. 다만, 다음 역장과 통화되지 않을 경우 출발역의 역장 또는 관제사로 하여금 통보하도록 의뢰하고 통보사실을 확인한 후 운전을 개시

③ ①에 따라 작업시간대 운전취급을 할 수 없는 경우

   ㉠ 지정시간에 작업 착수지연, 작업취소, 조기완료 등으로 복선 차내신호폐색식(자동폐색식 포함)에 따라 열차를 정상 운행할 경우 관제사 승인에 따를 것

   ㉡ 작업시간대에 차내신호폐색식(자동폐색식 포함) 시행 중 부득이 반대방향의 열차를 운행시켜야 할 경우 : 관제사 승인번호에 따라 최초의 반대방향 열차부터 작업종료 시까지 복선구간 ④의 단선운전 시 폐색방식의 병용에 따를 것

④ 양방향신호가 설치되지 않은 복선구간에서 선로사용 중지의 정규 운전명령 발령 시 반대선 열차의 운행을 계획한 때에는 폐색변경에 대한 내용과 사유를 포함하여야 함. 이 경우 폐색변경이 있는 경우 처음부터 대용폐색방식을 시행하여야 함

핵심예제

5-1. 복선구간의 복선운전 시(자동폐색식) 대용폐색방식 시행 사유로 틀린 것은?

① 자동폐색신호기 2기 이상 고장인 경우. 다만, 구내폐색신호기는 제외

② 출발신호기 고장 시 조작반의 궤도회로 표시로 출발신호기가 방호하는 폐색구간에 열차 없음을 확인할 수 없는 경우

③ 다른 선로의 출발신호기 취급으로 출발신호기가 방호하는 폐색구간에 열차 없음을 확인할 수 없는 경우

④ 도중폐색신호기가 설치된 구간에서 원인을 알 수 없는 궤도회로 장애로 출발신호기에 진행지시신호가 현시되지 않는 경우

5-2. 지도통신식과 자동폐색식을 병용하는 경우의 취급에 관한 설명 중 틀린 것은?   [16년 1회]

① 운전허가증에 관련된 사항은 지도통신식의 경우를 준용한다.

② 역장은 관제사의 승인을 받은 후 상대역장과 협의하여 시행한다.

③ 출발신호기의 진행신호는 운전허가증 교부 전에 현시하여야 한다.

④ 선행하는 각 열차는 지도권을, 맨 뒤의 열차에는 지도표를 교부한다.

5-3. 양방향신호가 설치되지 않은 복선 자동폐색구간의 작업시간대 정규 운전명령으로 사전에 정상방향의 열차만을 운행하도록 지정된 작업시간대에 일시 단선운전을 하는 경우의 폐색방식으로 맞는 것은?   [18년 1회]

① 지령식

② 자동폐색방식

③ 대용폐색방식

④ 지도통신식과 자동폐색식 병용

5-1

도중폐색신호기가 설치되지 않은 구간에서 원인을 알 수 없는 궤도회로 장애로 출발신호기에 진행지시신호가 현시되지 않는 경우

5-2

운전취급규정 제151조

출발신호기의 진행신호는 운전허가증(통표, 지도표 및 지도권, 전령자 승차) 교부 후에 현시하도록 하고 있다(p157 핵심이론 05 신호의 취급, (3) 폐색취급과 출발신호기 취급 참고).

5-3

운전취급규정 제152조

양방향신호가 설치되지 않은 복선구간에서 정규 운전명령으로 사전에 정상방향의 열차만을 운행하도록 지정된 작업시간대에 일시 단선운전을 하는 경우에는 차내신호폐색식(자동폐색방식 포함)을 시행함

정답 **5-1** ④ **5-2** ③ **5-3** ②

핵심이론 06 지도표와 지도권 ★필답형

(1) 지도표의 발행

① **지도통신식을 시행하는 경우** : 폐색구간 양끝 역장이 협의한 후 열차를 진입시키는 역장이 발행
  ㉠ 지도표
    ⓐ 1폐색구간 1매로 하고 지도통신식 시행 중 이를 순환 사용
    ⓑ 발행번호 : 1호부터 10호까지
  ㉡ 지도표를 발행하는 경우
    ⓐ 지도표 발행 역장이 양면에 필요사항을 기입, 서명
    ⓑ 폐색구간 양끝 역장은 지도표의 최초 열차명 및 지도표 번호를 전화기로 상호 복창하고 기록
  ㉢ 지도표를 최초열차에 사용하여 상대 정거장 또는 신호소에 도착하는 경우 : 역장은 지도표의 기재사항 점검, 상대 역장란에 역명 기입, 서명하여야 함

② **지도표를 사용에 해당하는 경우**
  ㉠ 폐색구간의 양끝에서 교대로 열차를 구간에 진입시킬 때에는 각 열차
  ㉡ 연속하여 2 이상의 열차를 동일방향의 폐색구간에 연속 진입시킬 때는 맨 뒤의 열차
  ㉢ 정거장 외에서 퇴행할 열차

③ **지도표의 재발행**
  ㉠ 열차의 교행변경
  ㉡ 지도표의 분실·오용 등으로 지도표가 없는 정거장 또는 신호소에서 열차를 폐색구간에 진입시키는 경우
  ㉢ 역장은 관계 역장과 협의한 후 사용하던 지도표를 폐지하고, 다른 지도표를 재발행할 수 있음

(2) 지도권의 발행

① 지도통신식을 시행하는 경우 : 폐색구간 양끝 역장이 협의한 후 지도표가 존재하는 역장이 발행
  ㉠ 지도권
    ⓐ 1폐색구간 1매로 하고 1개 열차만 사용
    ⓑ 발행번호 : 51호부터 100호까지
② 지도권를 사용에 해당하는 경우
  (1)의 ② 이외의 열차에 사용

(3) 지도표와 지도권의 회수

① 지도표 또는 지도권을 기관사에게 교부한 후 부득이한 사유로 입환을 하는 경우 일단 회수
② 통과 열차를 정차시킬 경우에 이미 운전허가증 주는 걸이에 걸어놓은 지도표가 있는 경우에는 속히 회수

(4) 지도표 및 지도권의 폐지

① 지도표의 사용원인이 없어진 경우 : 지도표를 사용하여 운행하는 열차가 도착한 역장은 지도표를 받아 상대역장과 협의하여 이를 폐지
② 지도표 및 지도권의 발행협의를 한 양쪽 정거장 또는 상대정거장 역장의 승인받고 폐지 가능한 경우
  ㉠ 폐색요구에 응답이 없는 경우의 취급에 따라 폐색요구에 응답이 없는 경우
  ㉡ 운전취급생략역에서 대용폐색방식을 시행하기 위하여 지도표 또는 지도권을 발행하였으나, 교부를 하지 못한 경우
  ㉢ 삼각선 구간으로 폐색협의를 한 상대정거장으로 도착하지 않은 경우 : 삼각선 정거장을 진출한 양 역장이 협의하여 개통취급할 수 있으며, 운전허가증은 삼각선을 진출한 후 최근 운전취급역장에게 교부하여야 함

③ 지도표의 뒷면 : 마지막 열차명과 폐지 역명 기입
  지도표의 앞면 : 무표기호(×)로 폐지
  양쪽 역장 : 대용폐색시행부에 마지막 열차명과 폐지 역명 기입
④ 지도권을 사용하여 운행하는 열차가 도착하면 역장은 지도권을 받아 즉시 무표기호(×)로 폐지

(5) 지도표와 지도권 관리 및 처리

① 발행하지 않은 지도표 및 지도권은 이를 보관함에 넣어 폐색장치 부근의 적당한 장소에 보관
② 지도권 발행하기 위하여 사용 중인 지도표는 휴대기에 넣어 폐색장치 부근의 적당한 장소에 보관
③ 역장은 사용을 폐지한 지도표 및 지도권은 1개월간 보존하고 폐기. 다만, 사고와 관련된 지도표 및 지도권은 1년간 보존
④ 역장은 분실한 지도표 또는 지도권을 발견할 경우
  ㉠ 상대역장에게 그 사실을 통보한 후
  ㉡ 지도표 또는 지도권의 앞면 : 무표기호(×)를 하여 이를 폐지
  ㉢ 지도표 또는 지도권의 뒷면 : 발견일시, 장소 및 발견자의 성명 기록

제4관 폐색준용법 ★필답형

핵심이론 01 전령법의 시행

(1) 폐색구간 양끝의 역장이 협의하여 전령법을 시행하는 경우

① 고장열차 있는 폐색구간에 폐색구간을 변경하지 않고 구원열차를 운전하는 경우

② 정거장 또는 신호소 바깥으로 차량이 굴러갔거나 차량을 남겨놓은 폐색구간에 폐색구간을 변경하지 않고 그 차량을 회수하기 위해 구원열차를 운전하는 경우

③ 선로고장의 경우에 전화불통으로 관제사의 지시를 받지 못할 경우

④ 현장에 있는 공사열차 이외에 재료수송, 그 밖에 다른 공사열차를 운전하는 경우

⑤ 중단운전구간에서 재차 사고발생으로 구원열차를 운전하는 경우

⑥ 전령법에 따라 구원열차 또는 공사열차 운전 중 사고, 그 밖의 다른 구원열차 또는 공사열차를 동일 폐색구간에 운전할 필요가 있는 경우

(2) (1)에도 불구하고 폐색구간 한 끝의 역장이 시행하는 경우

① 중단운전 시 대용폐색방식 시행 폐색구간에 전령법을 시행하는 경우

② 전화불통으로 양끝 역장이 폐색협의를 할 수 없어 열차를 폐색구간에 정상 진입시키는 역장이 전령법을 시행하는 경우(이 경우 현장을 넘어서 열차를 운전할 수 없음)

③ 전령법을 시행하는 경우에 현장에 있는 고장열차, 남겨 놓은 차량, 굴러간 차량 외 그 폐색구간에 열차 없음을 확인하여야 하며, 열차를 그 폐색구간에 정상 진입시키는 역장은 현장 간에 열차 없음을 확인하여야 함

핵심예제

1-1. 전령법을 시행하여야 하는 경우가 아닌 것은?

[16년 3회, 17년 1회]

① 선로고장의 경우에 전화불통으로 관제사의 지시를 받지 못할 경우

② 복구 후 현장을 넘어서 구원열차 또는 공사열차를 운전할 필요가 있는 경우

③ 전령법에 따라 구원열차 또는 공사열차 운전 중 사고, 그 밖의 다른 구원열차 또는 공사열차를 동일 폐색구간에 운전할 필요가 있는 경우

④ 정거장 또는 신호소 바깥으로 차량이 굴러갔거나 차량을 남겨놓은 폐색구간에 폐색구간을 변경하지 않고 그 차량을 회수하기 위해 구원열차를 운전하는 경우

1-2. 전령법을 시행하는 경우가 아닌 것은? [16년 3회, 17년 1회]

① 선로고장의 경우에 전화불통으로 관제사의 지시를 받지 못할 경우

② 고장열차 있는 폐색구간에 폐색구간을 분할하여 구원열차를 운전하는 경우

③ 전령법에 따라 구원열차 운전 중 사고로 다른 구원열차를 동일 폐색구간에 운전할 필요가 있는 경우

④ 전령법에 따라 공사열차 운전 중 사고로 다른 공사열차를 동일 폐색구간에 운전할 필요가 있는 경우

|해설|

1-1

운전취급규정 제162조
현장에 있는 공사열차 이외에 재료수송, 그 밖에 다른 공사열차를 운전하는 경우

1-2

운전취급규정 제162조
고장열차 있는 폐색구간에 폐색구간을 변경하지 않고 구원열차를 운전하는 경우

정답 1-1 ② 1-2 ②

(1) 전령자 선정

① 폐색구간 양끝의 역장이 협의하여 전령자 선정. 다만, 한 끝의 역장이 시행하는 경우 그 역장이 선정함

② 1폐색구간에 1명을 전령자로 선정할 수 있는 자

    ㉠ 운전취급역(1명 근무역 제외) 또는 역원배치간이역 : 역무원

    ㉡ 1명 근무역 또는 역원무배치간이역

        ⓐ 열차승무원이 승무한 열차 : 열차승무원

        ⓑ 열차승무원이 승무하지 않은 열차 : 인접 운전취급역에서 파견된 역무원

    ㉢ 고속열차를 구원하는 경우에는 구원열차가 시발하는 정거장의 역무원

③ 관제사는 전령자의 출동지연이 예상될 경우 전령자를 생략하고 운전명령번호로 구원열차를 운전 가능. 다만, 구원요구 열차가 여객열차 이외의 열차로서 1인 승무인 경우는 제외함

④ 역장은 ③에 따라 전령자를 생략하고 운전하는 경우에 기관사에게 구원열차 도착지점을 정확히 통보하여야 함

(1) 전령법으로 구원열차를 진입시키는 역장의 조치

① 전령자에게 전령법 시행사유 및 도착지점(선로거리제표), 선로조건 등 현장상황을 정확히 파악하여 통보하여야 함

② 전령자의 조치

    ㉠ 열차 맨 앞 운전실에 승차하여 기관사에게 전령자임을 알리고 ①의 사항을 통고할 것

    ㉡ 구원요구 열차의 기관사와 정차지점, 선로조건의 재확인을 위한 무선통화 할 것. 다만, 무선통화불능 시 휴대전화 등 가용 통신수단을 활용할 것

    ㉢ 구원열차 운행 중 신호 및 선로를 주시하며 기관사는 제한속도를 준수할 것

    ㉣ 기관사에게 구원요구 열차의 앞쪽 1km 및 50m 지점을 통보하여 일단정차를 유도할 것

    ㉤ 구원요구 열차 앞쪽 50m 지점부터는 구원열차의 유도 및 연결 등의 조치를 할 것

③ 전령법에 따라 운전하는 기관사의 조치. 다만, 관련세칙에 따로 정한 경우 그러하지 않음

    ㉠ 자동폐색식 또는 차내신호폐색식 구간에서 구원요구 열차까지 정상신호를 통보 받은 경우

        ⓐ 신호조건에 따라 운전할 것. 다만, 3현시구간 주의신호는 25km/h 이하의 속도로 운전

        ⓑ 차내신호 지시속도 또는 폐색신호기가 정지신호인 경우 신호기 바깥 지점에 일단 정차 후 구원요구 열차의 50m 앞까지 25km/h 이하 속도로 운전하여 일단 정차할 것

        ⓒ 도중 폐색신호기가 없는 3현시 자동폐색구간의 출발신호기가 정지신호인 경우 구원요구 열차의 정차지점 1km 앞까지 45km/h 이하의 속도로 운전하고, 그 이후부터 50m 앞까지 25km/h 이하의 속도로 운전하여 일단 정차할 것

ⓛ ㉠ 이외의 경우 구원요구 열차의 정차지점 1km 앞까지 45km/h 이하의 속도로 운전하고, 그 이후부터 50m 앞까지 25km/h 이하의 속도로 운전하여 일단 정차할 것

ⓒ ㉠, ⓛ의 일단 정차를 위한 제동은 선로조건을 고려하여 안전한 속도로 취급하고, 특히 취약구간 및 급경사 지점에서 구원운전을 시행하는 경우에는 경사반환지점에서 정차제동으로 일단 정차하여 제동력 확인한 후 운전할 것

ⓔ 구원요구 열차 약 50m 앞에서부터 전령자의 유도전호에 의해 연결하여야 하며 전령자 생략의 경우에는 전호자(부기관사 또는 열차승무원)의 유도전호에 의해 연결할 것

④ 구원 조치 후 정거장으로 돌아오는 경우 취급

ⓙ 차내신호폐색식(자동폐색식 포함) 구간 중 도중 자동폐색신호기가 설치된 신호기 정상인 경우에는 신호현시 조건에 따를 것

ⓛ ㉠ 이외의 구간에서는 주의운전할 것. 다만, 복선구간에서 반대방향의 선로로 돌아오는 경우 양방향 건널목 설비가 설치되지 않은 건널목은 25km/h 이하의 속도로 운전하여야 함

전령법에 대한 내용으로 틀린 것은?

① 선로고장의 경우에 전화불통으로 관제사의 지시를 받지 못할 경우 폐색구간 양끝의 역장이 협의하여 전령법을 시행하여야 한다.

② 중단운전 시 대용폐색방식 시행 폐색구간에 전령법을 시행하는 경우에는 폐색구간 한끝의 역장이 시행한다.

③ 고속열차를 구원하는 경우에는 구원열차가 시발하는 정거장의 역무원을 전령자로 선정하여야 한다.

④ 관제사는 전령자에게 전령법 시행사유 및 도착지점(선로거리제표), 선로조건 등 현장상황을 정확히 파악하여 통보하여야 한다.

|해설|

전령자에게 내용을 통보하여야 하는 사람은 구원열차를 진입시키는 역장이다.

정답 ④

전령법 구간 열차의 출발 및 도착 취급

(1) 전령법으로 열차를 출발시키는 역장 그 구간에 열차 없음을 확인한 후 전령자를 승차시켜야 함

(2) **전령법 구간에서 열차의 도착취급**

① 폐색구간의 한끝 정거장에 도착한 때 기관사는 전령자를 운전실에서 내리게 할 것
② 역장은 전령법에 따라 열차를 운전한 때에는 전령자 도착을 확인하고 그 구간에 열차를 진입시킬 것

핵심예제

전령법 시행 시 다른 열차를 해당구간에 진입시킬 수 있는 경우로 맞는 것은?   [16년 2회]

① 상대역장과 협의 전
② 전령자가 정거장에 도착하였을 때
③ 전령자가 정거장에 도착한 것을 확인 후
④ 한쪽 정거장 역장이 일방의 의견으로 진입

|해설|

운전취급규정 제165조
역장은 전령법에 따라 열차를 운전한 때에는 전령자 도착을 확인하고 그 구간에 열차를 진입시킬 것

정답 ③

Ⅱ 철도사고

제1절 | 열차의 방호

핵심이론 01 열차의 방호

(1) 사고발생 시 조치

① 철도사고 및 철도준사고가 발생할 우려가 있거나 발생한 경우, 지체 없이 관계열차 또는 차량을 정차시켜야 함. 다만, 계속 운전하는 것이 안전하다고 판단될 경우에는 정차하지 않을 수 있음

② 사고가 발생한 경우

  ㉠ 그 상황을 정확히 판단하여 차량의 안전조치

  ㉡ 구름방지, 열차방호, 승객의 유도, 인명의 보호, 철도재산피해 최소화, 구원여부, 병발사고의 방지 등 가장 안전한 방법으로 신속한 조치

③ 사고 관계자는 즉시 그 상황을 관제사 또는 인접역장에게 급보, 보고 받은 관제사 또는 역장은 사고발생내용을 관계부서에 통보하여 신속히 복구

(2) 열차의 방호 ★필답형

① 철도교통사고(충돌, 탈선, 열차화재) 및 건널목사고 발생 또는 발견 시, 즉시 열차방호를 시행하고 인접선 지장 여부 확인

② 이외의 경우라도 철도사고, 철도준사고, 운행장애 등으로 관계열차를 급히 정차시킬 필요가 있을 경우에는 열차방호 시행, 기관사는 즉시 정차하여야 함

(3) 열차방호의 종류 및 시행방법

① 열차방호의 종류

  ㉠ 열차무선방호장치 방호 : 지장열차의 기관사 또는 역장이 시행하는 방호로서 상황발생스위치를 동작시키고, 후속열차 및 인접 운행열차가 정차하였음이 확실한 경우 즉시 열차무선방호장치의 동작을 해제시켜야 함

  ㉡ 무선전화기 방호 : 지장열차의 기관사 또는 선로순회 직원이 시행하는 방호로서 지장 즉시 무선전화기의 채널을 비상통화위치(채널 2번) 또는 상용채널(채널 1번 : 감청수신기 미설치 차량에 한함)에 놓고 "비상, 비상, 비상, ○○~△△역간 상(하)선 무선방호!"라고 3~5회 반복 통보, 관계 열차 또는 관계 정거장을 호출하여 지장 내용을 통보

  ㉢ 열차표지 방호 : 지장 고정편성열차의 기관사 또는 열차승무원이 뒤 운전실의 전조등을 점등시켜 시행하는 방호. 이 경우에 KTX열차는 기장이 비상경보버튼을 눌러 열차의 진행방향 적색등을 점멸시킬 것

  ㉣ 정지수신호 방호 : 지장열차의 열차승무원 또는 기관사가 시행하는 방호는 지장지점으로부터 정지수신호를 현시하면서 이동하여 400미터 이상(수도권 전동열차 구간은 200미터)의 지점에 정지수신호를 현시할 것

  ㉤ 방호스위치 방호 : 고속선에서 KTX기장, 열차승무원, 유지보수 직원이 시행하는 방호, 선로변에 설치된 폐색방호스위치(CPT) 또는 역구내방호스위치(TZEP)로 구분

  ㉥ 역구내 신호기 일괄제어 방호 : 역장이 시행하는 방호, 역구내 열차방호를 의뢰받은 경우 또는 열차방호 상황발생 시 '신호기 일괄정지' 취급

1-1. 사고발생 시 승무원의 현장조치 사항이 아닌 것은?

[16년 2회]

① 사고 원인조사
② 승객의 유도
③ 구름방지 조치
④ 열차방호 조치

1-2. 열차의 방호 중 역장만 시행하는 방호는?

[17년 1회]

① 방호스위치 방호
② 정지수신호 방호
③ 무선전화기 방호
④ 역구내 신호기 일괄제어 방호

1-3. 운전취급규정에서 정하고 있는 사항으로 철도사고 또는 그 밖의 사유로 관계열차를 급히 정차시킬 필요가 있는 경우 시행하는 열차방호 시행방법에 대한 설명으로 틀린 것은?

[17년 1회]

① 정지수신호 방호 : 지장열차의 열차승무원 또는 기관사는 지장지점으로부터 정지수신호를 현시하면서 주행하여 400m 이상의 지점에 정지수신호를 현시할 것
② 무선전화기 방호 : 지장열차의 기관사 또는 선로 순회 직원은 지장 즉시 무선전화기의 열차 또는 관계 정거장을 호출하여 지장 내용을 통보할 것
③ 열차표지 방호 : 지장 고정편성열차의 기관사 또는 열차승무원은 뒤 운전실의 전조등을 점등시킬 것. 이 경우 KTX열차는 기장이 비상경보버튼을 눌러 열차의 진행방향 적색등을 점멸시킬 것
④ 열차무선방호장치 방호 : 지장열차의 기관사가 열차방호상황발생 시 상황발생스위치를 동작시키고, 후속열차 및 인접 운행열차가 정차하였음이 확실한 경우에는 관제사에게 보고 후 열차무선방호장치의 동작을 해제시킬 것

|해설|

1-1

운전취급규정 제268조
사고발생 시 병발사고 방지조치 등을 시행하여야 하나, 사고 원인 조사 및 복구는 승무원의 조치사항이 아니다.

1-2

운전취급규정 제270조
역장이 시행하는 방호, 역구내 열차방호를 의뢰받은 경우 또는 열차방호 상황발생시 '신호기 일괄정지' 취급

1-3

운전취급규정 제270조
열차무선방호장치 방호 : 지장열차의 기관사 또는 역장이 시행하는 방호로서 상황 발생스위치를 동작시키고, 후속열차 및 인접 운행열차가 정차하였음이 확실한 경우 즉시 열차무선방호장치의 동작을 해제시켜야 한다.

정답 1-1 ① 1-2 ④ 1-3 ④

사상사고 발생 시 인접선 방호조치 및 단락용 동선

(1) 사상사고 발생 등으로 인접선 방호조치

① 사상사고 등 이례사항 발생 등으로 인접선 방호가 필요한 경우

    ㉠ 해당 기관사는 관제사 또는 역장에게 사고개요 급보 시 사고수습 관련하여 인접선 지장 여부를 확인하고 지장선로를 통보할 것

    ㉡ 지장선로를 통보받은 관제사는 관계 선로 운행열차 기관사에게 시속 25킬로미터 이하 속도로 운행을 지시하는 등 운행정리를 할 것

    ㉢ 인접 지장선로를 운행하는 기관사는 제한속도를 준수하여 주의운전할 것

② 해당 기관사는 속도제한 사유가 없어진 경우 열차정상 운행할 수 있도록 관계처에 통보

(2) 단락용 동선의 장치 및 휴대

① 운전관계승무원, 시설·전기직원 또는 건널목관리원이 인접 선로 지장 또는 전 차량 탈선 등으로 궤도회로를 단락하여 신호기의 정지신호를 현시하도록 하여야 할 경우 단락용 동선을 사용하여야 함

② 궤도회로 단락 후 사유가 소멸된 경우, 단락용 동선을 즉시 철거하고 관제사에게 통보

③ 단락용 동선의 휴대·적재 및 비치

    ㉠ 선로순회 시설·전기직원 : 1개 이상

    ㉡ 각 열차의 동력차 : 2개 이상

    ㉢ 각 소속별 비치 수

        ⓐ 각 정거장 및 신호소 : 2개 이상

        ⓑ 차량사업소 : 동력차에 적재할 상당수의 1할 이상

        ⓒ 시설관리반 : 2개 이상 〈개정 2020.06.26.〉

        ⓓ 건널목 관리원 처소 : 2개 이상

        ⓔ 전기원 주재소 : 2개 이상

핵심예제

사상사고 등 이례사항 발생 시 인접선 방호가 필요한 경우의 조치사항으로 틀린 것은? [16년 1회]

① 인접 지장선로를 운행하는 기관사는 주의운전할 것

② 기관사는 속도제한 사유가 없어진 경우에는 열차가 정상운행될 수 있도록 관계처에 통보할 것

③ 지장선로를 통보받은 관제사는 관계 선로 운행열차 기관사에게 60km/h 이하 운행지시 등 운행정리 조치를 할 것

④ 해당 기관사는 관제사 또는 역장에게 사고개요 급보 시 사고수습 관련하여 인접선 지장 여부를 확인하고 지장선로를 통보할 것

|해설|

운전취급규정 제272조

지장선로를 통보받은 관제사는 관계 선로 운행열차 기관사에게 시속 25킬로미터 이하 속도로 운행을 지시하는 등 운행정리를 할 것

정답 ③

핵심이론 01 사고발생 시 조치

(1) 사고로서 정차한 경우의 통보

기관사는 철도사고 등으로 정차한 경우 그 사유를 관제사 또는 역장에게 보고하여야 하며, 열차통제가 필요한 경우 이를 요청하여야 함

(2) 열차분리한 경우의 조치 ★필답형

① 열차운전 중 그 일부차량이 분리한 경우

　㉠ 열차무선방호장치 방호를 시행한 후 분리차량은 수제동기를 사용하는 등 속히 정차시키고 연결할 것

　㉡ 분리차량이 이동 중에는 이동구간의 양끝 역장 또는 기관사에게 이를 급보하여야 하며 충돌을 피하기 위하여 상호 적당한 거리를 확보할 것

　㉢ 분리차량의 정차가 불가능한 경우 열차승무원 또는 기관사는 그 요지를 해당 역장에게 급보할 것

② 기관사는 연결기 고장으로 분리차량을 연결할 수 없는 경우

　㉠ 분리차량의 구름방지

　㉡ 분리차량의 차량상태를 확인하고 보고

　㉢ 구원열차 및 적임자 출동을 요청

③ 분리차량을 연결한 구원열차의 기관사는 관제사의 지시에 따라야 함

(3) 구원열차 요구 후 이동 금지 ★필답형

① 철도사고 등의 발생으로 열차가 정차하여 구원열차를 요구하였거나 구원열차 운전의 통보가 있는 경우에는 해당 열차를 이동하여서는 안 됨

② 구원열차 요구 후 열차 또는 차량을 이동할 수 있는 경우는 아래와 같고, 이 경우 지체 없이 구원열차의 기관사와 관제사 또는 역장에게 사유와 정차지점, 열차방호 및 구름방지 등 안전조치를 할 것

　㉠ 철도사고 등이 확대될 염려가 있는 경우

　㉡ 응급작업을 수행하기 위하여 다른 장소로 이동이 필요한 경우

③ 열차승무원 또는 기관사는 구원열차가 도착하기 전에 사고 복구하여 열차의 운전을 계속할 수 있는 경우에는 관제사 또는 최근 역장의 지시를 받아야 한다.

(4) 화재발생 시 필요한 조치사항 ★필답형

① 열차에 화재가 발생하였을 때에는 즉시 소화의 조치를 하고 여객의 대피 유도 또는 화재차량을 다른 차량에서 격리하는 등 필요한 조치를 하여야 함

② 화재발생 장소가 교량 또는 터널 내일 때에는 일단 그 밖까지 운전하는 것을 원칙으로 하고 지하구간일 경우에는 최근 역 또는 지하구간의 밖으로 운전할 것

③ 유류열차 운전 중 폐색구간 도중에서 화재 또는 화재발생 우려가 있을 때는 일반인의 접근을 금지하고 소화에 노력하며, 열차에서 분리하여 30미터 이상 격리, 인접선 지장 우려가 있는 경우 방호를 할 것

1-1. 열차가 분리된 경우의 조치에 대한 설명으로 틀린 것은?

[17년 1회]

① 열차무선방호장치 방호를 시행한 후 분리차량 수제동기를 사용하는 등 속히 정차시키고 이를 연결한다.

② 분리차량이 정차가 불가능하고 정거장에 돌입할 염려가 있는 경우에 열차승무원 또는 기관사는 그 요지를 최근 정거장 역장에게 급보해야 한다.

③ 분리차량이 이동 중에는 이동구간의 양끝 역장 또는 기관사에게 이를 급보하여야 하며 충돌을 피하기 위하여 상호 적당한 거리를 확보하여야 한다.

④ 연결기 고장으로 분리차량을 연결할 수 없는 경우에는 분리차량에 대하여 구름방지 조치, 차량상태를 확인해야 한다.

1-2. 열차에 화재발생 시 조치사항으로 틀린 것은? [16년 1회]

① 화재차량을 다른 차량에서 격리한다.

② 즉시 소화의 조치를 하고 여객의 대피를 유도한다.

③ 지하구간일 경우 즉시 정차하여 신속히 소화조치 한다.

④ 교량 또는 터널 내의 경우에는 일단 그 밖까지 운전한다.

|해설|

1-1

운전취급규정 제277조
분리차량의 정차가 불가능한 경우 열차승무원 또는 기관사는 그 요지를 해당 역장에게 급보해야 한다.

1-2

운전취급규정 제282조
화재발생 장소가 교량 또는 터널 내일 때에는 일단 그 밖까지 운전하는 것을 원칙으로 하고 지하구간일 경우에는 최근 역 또는 지하구간의 밖으로 운전할 것

정답 1-1 ② 1-2 ③

핵심이론 02 사고발생 시 방호

(1) CTC구간에서 정차한 경우의 방호

열차가 사고 및 그 밖의 사유로 정차한 경우 기관사는 신속히 무선전화기 방호를 시행하여야 하며, 관계역장 및 관제사에게 정차사유 및 지점을 통보하여야 함

(2) 차량을 남겨놓은 경우의 방호 ★필답형

① 열차가 사고, 그 밖의 사유로 차량을 남겨 놓은 경우에는 열차승무원 또는 적임자가 현장에 남아 정지수신호 방호를 하여야 하며 열차가 진행하여 오지 않음이 확실한 방향은 이를 생략할 수 있음

② 1인 승무열차의 경우에는 p193 핵심이론 01 (2) 열차 분리한 경우의 조치에 따를 것

(3) 인접선로를 지장한 경우의 방호

정거장 밖에서 열차탈선·전복 등으로 인접선로를 지장한 경우에 기관사는 즉시 열차무선방호장치 방호와 함께 무선전화기 방호를 시행하여야 함

열차가 사고 또는 그 밖의 사유로 CTC구간에 정차한 경우 방호로 맞는 것은?

① 무선전화기 방호

② 정지 수신호 방호

③ 열차무선방호장치 방호

④ 열차표지방호

|해설|

CTC구간에서 열차가 사고 및 그 밖의 사유로 정차한 경우 기관사는 신속히 무선전화기 방호를 시행하여야 하며, 관계역장 및 관제사 에게 정차사유 및 지점을 통보하여야 한다.

정답 ①

제3절 | 차량고장 및 선로의 사고

핵심이론 01 고장 및 조치

(1) 차량고장 시 조치

① 차량고장 발생으로 응급조치가 필요한 경우 동력차는 기관사, 객화차는 열차승무원이 조치를 하여야 한다. 응급조치를 하여도 운전을 계속할 수 없는 경우 구원요구

② 교량이나 경사가 없는 지점에 정차하여 응급조치를 하여야 하며 기관정지 등으로 열차가 구를 염려가 있을 때는 즉시 수제동기 및 수용바퀴구름막이 등을 사용하여 구름방지조치

③ 동력차의 구름방지는 기관사, 객화차의 구름방지는 열차승무원, 열차승무원이 없을 때는 기관사가 함

④ 차축발열 등 차량고장으로 열차운전상 위험하다고 인정한 경우에는 열차에서 분리하고 열차분리 경우의 조치에 따름

(2) 기적고장 시 조치 ★필답형

① 열차운행 중 기적의 고장이 발생하면 구원을 요구하여야 함. 다만, 관제기적이 정상일 경우에는 계속 운행할 수 있음

② 구원요구 후 기관사는 동력차를 교체할 수 있는 최근 정거장까지 30km/h 이하의 속도로 주의운전하여야 함

(3) 속도계 고장 시 조치

기관사는 열차운행 중 속도계가 모두 고장 시 구원요구, 동력차 교체정거장까지 주의운전, 동력차를 교체할 수 없는 경우 속도를 현시하는 기기(GKOVI 등)가 설치된 경우에 한하여 종착역까지 운행한다.

(4) 제동관 고장 시 조치

① 기관사는 정거장 밖에서 제동관 통기불능 차량이 발생하면 상황을 판단하여 구원을 요구하거나, 계속 운전하여도 안전하다고 인정된 때는 가장 가까운 정거장까지 주의운전

② 구원을 요구한 때에는 가장 가까운 정거장에서 제동관 통기불능 차량을 열차에서 분리할 것. 다만, 여객취급 열차로서 분리하기 어려운 때에는 나머지 구간 운전에 대하여 관제사의 지시를 받아야 함

③ 관제사가 계속운전의 지시를 할 때는 1차만을 열차의 맨 뒤에 연결하고 여객을 분산시키는 등의 안전조치할 것을 지시. 또한 조속히 객차 교체의 지시를 하여야 함. 다만, 고정편성 여객열차인 경우에는 종착역까지 운전시킬 수 있음

④ 기관사 및 관제사는 계속 운전하는 경우 고장차량이 열차에서 분리될 것을 대비하여 열차승무원 또는 감시자를 불량차에 승차시켜야 함

⑤ 고장차량에 승차한 열차승무원 또는 감시자는 열차가 분리되었을 때는 수제동기 체결 등의 안전조치를 하여야 함

(5) 앞 운전실 고장 시 조치

① 열차의 동력차 운전실이 앞·뒤에 있는 경우에 맨 앞 운전실이 고장일 때는 뒤 운전실에서 조종하여 열차 운전가능 함. 이 경우 다른 승무원(열차승무원, 보조기관사, 부기관사)이 맨 앞 운전실에 승차하여 신호 또는 선로 이상 여부를 뒤 운전실 기관사에 통보하여야 함

② 이 경우 운전은 최근 정거장까지로 함. 다만, 여객을 취급하지 않거나 마지막 열차 등 부득이하여 관제사가 지시를 한 때에는 그러하지 아니함

③ 전철차장의 승무를 생략한 전동열차의 맨 앞 운전실이 고장인 경우에 기관사는 관제사에 보고하고 합병운전 등의 조치

④ 기관사 1인 승무열차인 경우에 관제사는 적임자를 지정하여 다른 승무원의 역할을 수행하도록 조치

(6) 차량이 굴러간 경우의 조치 ★필답형

① 차량이 정거장 밖으로 굴러갔을 경우 역장은 즉시 그 구간의 상대역장에게 그 요지를 급보하고 이를 정차시킬 조치를 할 것
② 급보 받은 상대역장은 차량의 정차에 노력하고 필요하다고 인정하였을 때는 인접역장에게 통보
③ 역장은 인접선로를 운행하는 열차를 정차시키고 열차승무원과 기관사에게 통보

(7) 선로전환기 장애발생 시 조치

① 관제사 또는 역장은 선로전환기에 장애가 발생한 경우에 유지보수 소속장에게 신속한 보수 지시와 관계열차 기관사에게 장애 발생 사항 통보 등의 조치
② 유지보수 소속장은 관계 직원이 현장에 신속히 출동하도록 조치하고, 복구여부를 관계처에 통보
③ 장애통보를 받은 기관사는 신호기 바깥쪽에 정차할 자세로 주의운전하고, 통보를 받지 못하고 신호기에 정지신호가 현시된 경우에는 신호기 바깥쪽에 정차하고 역장에게 그 사유를 확인
④ 관제사 또는 역장은 조작반으로 진입·진출시키는 모든 선로전환기 잠금 상태를 확인하여 이상 없음이 확실한 경우에는 진행 수신호 생략승인번호를 통보하여야 함. 다만, 선로전환기 잠금 상태가 확인되지 않았을 경우는 적임자를 지정하여 선로전환기 수동 전환하도록 승인
　㉠ 운전취급역 및 역원배치간이역 : 역무원
　㉡ 역원무배치간이역 : 인접역 역무원 또는 유지보수 직원

㉢ 열차가 진입, 진출 중에 장애가 발생하였거나, 적임자 출동 등으로 열차지연이 예상될 때는 열차승무원. 다만, 열차승무원이 승무하지 않는 열차는 동력차 승무원
⑤ 역원무배치간이역 선로전환기 장애발생 시 운전취급 방법
　㉠ 기관사는 신호기 바깥쪽에 정차 후 관제사의 선로전환기 수동전환 승인에 따라 해당 선로전환기 앞쪽까지 25km/h 이하의 속도로 운전할 것
　㉡ 열차승무원은 관계 선로전환기를 수동전환요령에 따라 전환하여 쇄정핀 삽입 후 수동핸들을 동력차에 적재하고, 열차의 맨 뒤가 관계 선로전환기를 완전히 통과할 때까지 유도하여 정차시키고, 출발 전호에 의해 열차를 출발시킬 것. 열차승무원이 없는 열차의 기관사는 쇄정핀 삽입 후 수동핸들 동력차 적재 후 출발할 것
⑥ 선로전환기를 수동으로 전환했을 때에는 개통방향을 관제사에게 보고할 것
⑦ 선로전환기 잠금 상태를 확인하였거나, 잠금 조치를 하였을 경우에는 관계 선로전환기를 25km/h 이하의 속도로 진입 또는 진출. 다만, 열차를 계속하여 운행시킬 필요가 있을 경우에는 관제사 승인에 의하여 해당 신호기 설치지점부터 관계 선로전환기까지 일단 정차하지 않고 45km/h 이하의 속도로 운전할 수 있음

(8) 절연구간 정차 시 취급

① 전기차 열차가 운전 중 절연구간에 정차하였을 때에 기관사는 단로기를 취급하여 자력으로 통과하거나 구원요구에 대하여 상황을 판단하고 관제사 또는 역장에게 통보하여야 함
② 단로기 취급을 통한 절연구간 통과방법
　㉠ 전기차의 정차위치에 따라 절연구간을 통과하기에 적합한 팬터그래프를 올릴 것

ⓛ 열차운전방향의 단로기를 투입하되 단로기가 절
연구간 양쪽에 각각 2개씩 장치되어 있는 것은 맨
바깥쪽 단로기를 취급할 것. 이 경우 안쪽 단로기
는 보수용이므로 기관사는 절대취급하지 말 것

ⓒ 기관차를 기동시키고 절연구간을 통과하여 정차
한 다음 단로기를 개방하고 열쇠를 제거하여야 하
며, 정상 팬터그래프를 취급하고 계속운전을 하면
서 이를 관제사에게 통보할 것

③ 절연구간에 설치된 기관사용 단로기는 전기차가 절연
구간에 정차한 경우에만 취급하여야 함

(9) 단로기 취급

① 열차 또는 차량의 운전에 상용하지 않는 전차선에 설
치된 단로기는 평상시 개방(OFF)하여야 함. 다만, 필
요할 경우 아래의 경우는 일시 투입(ON)할 수 있음

ⓐ 화물을 싣거나 내리기 위하여 화물측선에 전기기관
차를 진입시키는 경우에는 역장의 승인을 받을 것

ⓑ 전기차를 검수차고로 진입시키거나 유치선에서
진출시킬 때는 검수담당 소속장은 안전관계 사항
을 확인하고 단로기를 투입할 것

② 전기처장은 본선 또는 측선에서 전차선로 작업을 하는
경우 역장과 협의한 후 급전담당자의 승인을 받아 단
로기를 개방하여야 하며, 투입하는 경우 또한 같음

③ 전기처장은 전원전환용 단로기를 개방하거나 투입할
때는 전기차 검수담당 소속장과 협의한 후 관제사의
승인을 받아 취급하여야 함

1-1. 제동관 고장 시의 조치 중 틀린 것은? [16년 3회]

① 고정편성 여객열차인 경우에는 종착역까지 운전시킬 수 있다.
② 기관사는 정거장 외에서 제동관 통기불능 차량이 발생한 경
우에 상황을 판단하여 구원을 요구한다.
③ 관제사는 여객취급열차로서 분리하기 어려워 전도운전 지시
를 하는 때는 1차만을 열차의 맨 뒤에 연결한다.
④ 기관사는 정거장 외에서 제동관 통기불능 차량이 발생한 경
우에 전도 운전하여도 안전하다 고 인정된 경우에는 교체가
능한 정거장까지 주의운전할 수 있다.

1-2. 차량 및 선로의 사고에 대한 설명으로 틀린 것은?
[18년 1회]

① 기적고장 시 기관사는 구원요구 후 동력차를 교체할 수 있는
최근 정거장까지 30km/h 이하의 속도로 주의운전하여야
한다.
② 차축발열 등 차량고장으로 열차운전상 위험하다고 인정한
경우에는 열차에서 분리하고 정거장 외일 경우에는 최근역
까지만 운전할 수 있다.
③ 열차의 동력차 운전실이 앞·뒤에 있는 경우에 맨 앞 운전실
의 고장 발생 시 뒤 운전실에서 조종하여 열차를 운전하는
경우의 운전은 최근 정거장까지로 한다.
④ 정거장 밖에서 선로 고장으로 열차가 서행에 의하여 현장을
통과해야 할 경우에 순회자는 무선전화기 방호로 열차를 정지
시켜 기관사에게 통보하고 서행수신호를 현시하여야 한다.

**1-3. 동력차의 앞 운전실 고장이 발생하였을 경우의 조치사항
으로 적절하지 않은 것은?** [16년 2회]

① 마지막 열차는 관제사가 지시하는 정거장까지 운전할 수 있다.
② 정거장에 진입할 때는 주의운전하여야 하며 속도는 15km/h
를 초과할 수 없다.
③ 열차승무원의 승무를 생략한 전동열차의 경우에 기관사는
관제사에 보고하고 합병운전 등의 조치를 하여야 한다.
④ 열차승무원이 맨 앞 운전실에 승차하여 기관사 대신 전방의
신호 또는 진로 이상여부를 기관사에게 통보하는 경우 뒤
운전실에서 조종하여 열차를 운전할 수 있다.

핵심예제

1-4. 선로전환기 장애발생 시 조치에 관한 사항으로 맞는 것은?

[16년 2회]

① 열차승무원은 관계 선로전환기를 수동전환 취급할 경우에는 수동핸들로 잠금조치를 한 후 출발하여야 한다.

② 역원배치간이역에서 선로전환기의 장애가 발생하여 잠금 상태가 확인되지 않을 경우에는 유지보수 직원이 도착할 때까지 열차승무원이 선로전환기 취급을 하여야 한다.

③ 역원무배치간이역에서 기관사는 신호기 바깥쪽에 정차 후 관제사로부터 선로전환기 수동전환 승인에 따라 해당 선로전환 승인에 따라 해당 선로전환기 전방까지 25km/h 이하의 속도로 운전하여야 한다.

④ 사전에 선로전환기 잠금 상태를 확인하였을 경우 에는 모든 열차는 해당 신호기 설치지점부터 관계 선로전환기까지 정차하지 않고 45km/h 이하로 운전하여야 한다.

1-5. 전기차 열차가 절연구간에 정차 시 단로기 취급에 대한 설명 중 틀린 것은?

[18년 1회]

① 전기차의 정차위치에 따라 절연구간을 통과하기에 적합한 팬터그래프를 올릴 것

② 절연구간에 설치된 기관사용 단로기는 전기차가 절연구간에 정차한 경우에만 취급할 것

③ 열차운전방향의 단로기를 투입하되 단로기가 절연구간 양쪽에 각각 3개씩 장치되어 있는 것은 맨 바깥쪽 단로기를 취급할 것

④ 기관차를 기동시켜 절연구간을 통과하여 정차한 다음 단로기를 개방하고 열쇠를 제거하여야 하며, 비상 팬터그래프를 취급하고 계속운전을 하면서 이를 관제사에게 통보할 것

1-6. 단로기 취급에 대한 설명으로 맞는 것은?

[16년 3회]

① 열차 또는 차량의 운전에 상용하지 않는 전차선에 설치된 단로기는 평상시 개방할 것

② 전기처장은 측선에서 전차선로 작업을 하는 경우 역장과 협의한 후 관제사의 승인을 받을 것

③ 화물을 내리기 위하여 화물측선에 전기기관차를 진입시키는 경우에는 급전담당자의 승인을 받을 것

④ 전기차를 검수차고로 진입 또는 유치선을 진출시키는 경우에 관계역장은 안전관계 사항을 확인하고 단로기를 취급할 것

| 해설 |

1-1

운전취급규정 제294조

기관사는 정거장 밖에서 제동관 통기불능 차량이 발생했을 때 계속 운전하여도 안전하다고 인정될 때는 가장 가까운 정거장까지 주의운전할 수 있다.

1-2

운전취급규정 제290,291,295,297조

차축발열 등 차량고장으로 열차운전상 위험하다고 인정한 경우에는 열차에서 분리하고 열차분리 경우의 조치에 따른다.

1-3

운전취급규정 제295조 별표 5

정거장에 진입할 때 주의 운전은 기적고장 시의 조치 내용이다.

1-4

운전취급규정 제300조

① 열차승무원은 관계 선로전환기를 수동전환요령에 따라 전환하여 쇄정핀 삽입 후 수동핸들을 동력차에 적재하여야 한다.

② 역원배치간이역에서는 역무원이 선로전환기 취급을 하여야 한다.

④ 역원무배치간이역에서는 선로전환기 잠금 상태를 확인하였거나, 잠금 조치를 하였을 경우에는 관계 선로전환기를 25km/h 이하의 속도로 진입 또는 진출하여야 한다. 다만, 열차를 계속하여 운행시킬 필요가 있을 경우에는 관제사 승인에 의하여 해당 신호기 설치지점부터 관계 선로전환기까지 일단 정차하지 않고 45km/h 이하의 속도로 운전할 수 있다.

1-5

운전취급규정 제305조

기관차를 기동시키고 절연구간을 통과하여 정차한 다음 단로기를 개방하고 열쇠를 제거하여야 하며, 정상 팬터그래프를 취급하고 계속운전을 하면서 이를 관제사에게 통보할 것

1-6

운전취급규정 제306조

② 전기처장은 본선 또는 측선에서 전차선로 작업을 하는 경우 역장과 협의한 후 급전 담당자의 승인을 받아 단로기를 개방하여야 하며, 투입하는 경우 또한 같음

③ 화물을 싣거나 내리기 위하여 화물측선에 전기기관차를 진입시키는 경우에는 역장의 승인을 받을 것

④ 전기차를 검수차고로 진입시키거나 유치선에서 진출시킬 때는 검수담당 소속장은 안전관계 사항을 확인하고 단로기를 투입할 것

정답 1-1 ④ 1-2 ② 1-3 ② 1-4 ③ 1-5 ④ 1-6 ①

핵심이론 01 사고 및 조치

(1) 운전허가증 휴대하지 않은 경우의 조치

① 열차 운전 중 정당한 운전허가증을 휴대하지 않았거나 전령자가 승차하지 않은 것을 발견한 기관사는 속히 열차를 정차시키고 열차승무원 또는 뒤쪽 역장에게 그 사유를 보고할 것

② 정차한 기관사는 즉시 열차무선방호장치 방호를 하고 관제사 또는 가장 가까운 역장의 지시를 받아야 함

③ 보고를 받은 관제사 또는 역장은 열차의 운행상태를 확인하고 기관사에게 현장 대기, 계속운전, 열차퇴행 등의 지시를 하여야 함

④ 기관사는 무선전화기 통신 불능일 경우 다른 통신수단을 사용하여 관제사 또는 역장의 지시를 받아야 함

⑤ 기관사는 지시를 받기위하여 무선전화기 상태를 수시로 확인하여야 함

(2) 운전허가증 분실 시 조치

기관사는 정거장 바깥에서 정당한 운전허가증을 분실하였을 때는 그대로 운전하고 앞쪽의 가장 가까운 역장에게 그 사유와 분실지점을 통보하여야 함

(3) 다른 구간 운전허가증의 처리

열차가 정당한 취급에 따라 폐색구간에 진입한 다음에 그 뒤쪽 구간의 운전허가증을 역장에게 주지 않고 가지고 나온 것을 발견하였을 때에는 해당 역장에게 그 내용을 통보하고 그대로 열차를 운전하여 앞쪽 가장 가까운 역장에게 주어야 한다.

핵심예제

열차가 운전 중 정당한 운전허가증을 휴대하지 않은 경우의 조치로 틀린 것은?

① 열차 운전 중 정당한 운전허가증을 휴대하지 않았거나 전령자가 승차하지 않은 것을 발견한 기관사는 속히 열차를 정차시키고 열차승무원 또는 전방 역장에게 그 사유를 보고할 것

② 정차한 기관사는 즉시 열차무선방호장치 방호를 하고 관제사 또는 가장 가까운 역장의 지시를 받아야 함

③ 보고를 받은 관제사 또는 역장은 열차의 운행상태를 확인하고 기관사에게 현장 대기, 계속운전, 열차퇴행 등의 지시를 하여야 함

④ 기관사는 무선전화기 통신 불능일 경우 다른 통신수단을 사용하여 관제사 또는 역장의 지시를 받아야 함

|해설|

열차 운전 중 정당한 운전허가증을 휴대하지 않았거나 전령자가 승차하지 않은 것을 발견한 기관사는 속히 열차를 정차시키고 열차승무원 또는 뒤쪽 역장에게 그 사유를 보고할 것

정답 ①

제1절 | 철도안전법

핵심이론 01 총칙

(1) 용어의 정의

① "열차"란 선로를 운행할 목적으로 철도운영자가 편성하여 열차번호를 부여한 철도차량을 말함

② "선로"란 철도차량을 운행하기 위한 궤도와 이를 받치는 노반(路盤) 또는 인공구조물로 구성된 시설을 말함

③ "철도운영자"란 철도운영에 관한 업무를 수행하는 자를 말함

④ "철도시설관리자"란 철도시설의 건설 또는 관리에 관한 업무를 수행하는 자

⑤ "철도종사자"란 다음의 어느 하나에 해당하는 사람을 말함

　㉠ "운전업무종사자"란 철도차량의 운전업무에 종사하는 사람

　㉡ "관제업무종사자"란 철도차량의 운행을 집중 제어·통제·감시하는 업무에 종사하는 사람

　㉢ "여객승무원"란 여객에게 승무(乘務) 서비스를 제공하는 사람

　㉣ "여객역무원"이라함은 여객에게 역무(驛務) 서비스를 제공하는 사람

　㉤ "작업책임자"란 철도차량의 운행선로 또는 그 인근에서 철도시설의 건설 또는 관리와 관련한 작업의 협의·지휘·감독·안전관리 등의 업무에 종사하도록 철도운영자 또는 철도시설관리자가 지정한 사람

　㉥ "철도운행안전관리자"란 철도차량의 운행선로 또는 그 인근에서 철도시설의 건설 또는 관리와 관련한 작업의 일정을 조정하고 해당 선로를 운행하는 열차의 운행일정을 조정하는 사람

　㉦ 그 밖에 철도운영 및 철도시설관리와 관련하여 철도차량의 안전운행 및 질서유지와 철도차량 및 철도시설의 점검·정비 등에 관한 업무에 종사하는 사람으로서 대통령령으로 정하는 사람

　　ⓐ 철도사고, 철도준사고 및 운행장애가 발생한 현장에서 조사·수습·복구 등의 업무를 수행하는 사람

　　ⓑ 철도차량의 운행선로 또는 그 인근에서 철도시설의 건설 또는 관리와 관련된 작업의 현장감독 업무를 수행하는 사람

　　ⓒ 철도시설 또는 철도차량을 보호하기 위한 순회점검업무 또는 경비업무를 수행하는 사람

　　ⓓ 정거장에서 철도신호기·선로전환기 또는 조작판 등을 취급하거나 열차의 조성업무를 수행하는 사람

　　ⓔ 철도에 공급되는 전력의 원격제어장치를 운영하는 사람

　　ⓕ 「사법경찰관리의 직무를 수행할 자와 그 직무범위에 관한 법률」 제5조제11호에 따른 철도경찰 사무에 종사하는 국가공무원

　　ⓖ 철도차량 및 철도시설의 점검·정비 업무에 종사하는 사람

⑥ "철도사고"란 철도운영 또는 철도시설관리와 관련하여 사람이 죽거나 다치거나 물건이 파손되는 사고로 국토교통부령으로 정하는 것

⑦ "철도준사고"란 철도안전에 중대한 위해를 끼쳐 철도사고로 이어질 수 있었던 것으로 국토교통부령으로 정하는 것

⑧ "운행장애"란 철도사고 및 철도준사고 외에 철도차량의 운행에 지장을 주는 것으로서 국토교통부령으로 정하는 것

(2) 철도안전법의 목적

철도안전법은 철도안전을 확보하기 위하여 필요한 사항을 규정하고 철도안전 관리체계를 확립함으로써 공공복리의 증진에 이바지함을 목적으로 한다

핵심예제

1-1. 철도안전법상의 용어의 정의로 틀린 것은?

① "열차"란 선로를 운행할 목적으로 철도운영자가 편성하여 편성번호를 부여한 철도차량을 말한다.
② "선로"란 철도차량을 운행하기 위한 궤도와 이를 받치는 노반(路盤) 또는 인공구조물로 구성된 시설을 말한다.
③ "관제업무종사자"란 철도차량의 운행을 집중 제어·통제·감시하는 업무에 종사하는 사람을 말한다.
④ "여객역무원"이라함은 여객에게 역무(驛務) 서비스를 제공하는 사람을 말한다.

1-2. 다음은 철도안전법의 목적이다. ㉠, ㉡에 해당하는 용어로 알맞은 것은? [20년 2회]

> 철도안전을 확보하기 위하여 필요한 사항을 규정하고
> (㉠)을(를) 확립함으로써 (㉡)에 이바지함을 목적으로
> 한다.

① ㉠ 시행계획   ㉡ 철도사업
② ㉠ 철도안전 관리체계   ㉡ 철도사업
③ ㉠ 철도안전 시책   ㉡ 공공복리의 증진
④ ㉠ 철도안전 관리체계   ㉡ 공공복리의 증진

|해설|

1-1
"열차"란 선로를 운행할 목적으로 철도운영자가 편성하여 열차번호를 부여한 철도차량을 말한다.

1-2
철도안전법 제1조
철도안전법은 철도안전을 확보하기 위하여 필요한 사항을 규정하고 철도안전 관리체계를 확립함으로써 공공복리의 증진에 이바지함을 목적으로 한다.

정답 **1-1** ① **1-2** ④

핵심이론 02 철도안전에 관한 종합계획

(1) 철도안전 종합계획

① 철도안전종합계획은 철도안전법상 최상위 계획으로서 국토교통부장관이 5년마다 철도안전에 관한 종합계획을 수립하며, 국토부교통부장관을 위원장으로 하는 철도산업위원회의 심의를 거쳐 관보에 고시함

② 철도안전 종합계획에 포함되어야 할 내용
   ㉠ 철도안전 종합계획의 추진 목표 및 방향
   ㉡ 철도안전에 관한 시설의 확충, 개량 및 점검 등에 관한 사항
   ㉢ 철도차량의 정비 및 점검 등에 관한 사항
   ㉣ 철도안전 관계 법령의 정비 등 제도개선에 관한 사항
   ㉤ 철도안전 관련 전문 인력의 양성 및 수급관리에 관한 사항
   ㉥ 철도종사자의 안전 및 근무환경 향상에 관한 사항
   ㉦ 철도안전 관련 교육훈련에 관한 사항
   ㉧ 철도안전 관련 연구 및 기술개발에 관한 사항
   ㉨ 그 밖에 철도안전에 관한 사항으로서 국토교통부장관이 필요하다고 인정하는 사항

③ 수립 변경 절차

자료제출
국토교통부장관의 요청에 따라 중앙행정기관의 장 및 시도지사 제출

↓

기본계획수립
국토교통부장관이 제출된 자료를 기반으로 수립

↓

협의
수립된 기본계획을 갖고 중앙행정기관의 장과 철도운영자 등과 협의

↓

심의
협의를 마친 철도안전종합계획을 철도산업위원회에 심의 요청

↓

관보고시
심의가 끝나면 철도안전종합계획을 관보에 고시

[철도안전종합계획의 수립 및 변경절차]

(2) 시행계획

① 연차별 시행계획의 수립자
  ㉠ 국토교통부장관
  ㉡ 광역자치단체의 장인 시·도지사
  ㉢ 철도운영자 등(철도운영자와 시설관리자)

② 수립절차 및 내용
  ㉠ 시·도지사 및 철도운영자등은 매년 10월말까지 다음 연도의 시행계획 수립
  ㉡ 매년 2월말에는 전년도 추진실적을 정리하여 국토교통부장관에게 제출

2-1. 철도안전법상 철도안전 종합계획에 대한 설명으로 틀린 것은?
[17년 1회]

① 국토교통부장관은 5년마다 철도안전에 관한 철도안전 종합계획을 수립하여야 한다.
② 국토교통부장관은 철도안전 종합계획을 수립하거나 변경하였을 때에는 이를 관보에 고시하여야 한다.
③ 국토교통부장관은 철도안전 종합계획을 수립하는 때에는 미리 관계 중앙행정기관의장 및 철도운영자 등과 협의한 후 항공철도사고조사위원회 심의를 거쳐야 한다.
④ 국토교통부장관은 철도안전 종합계획을 수립하거나 변경하기 위하여 필요하다고 인정하면 관계 중앙행정기관의 장 또는 시·도지사에게 관련 자료의 제출을 요구할 수 있다.

2-2. 철도안전법상의 철도안전종합계획의 수립 및 변경절차로 틀린 것은?

① 국토교통부장관의 요청에 따라 자료를 제출해야 할 사람은 중앙행정기관의 장과 철도운영자 등이다.
② 수립된 기본계획에 대한 협의 대상자는 중앙행정기관의 장 및 철도운영자 등이다.
③ 협의를 마친 철도안전종합계획은 철도산업위원회에서 심의한다.
④ 심의가 끝나면 철도안전종합계획을 관보에 고시한다.

| 해설 |

2-1
철도안전법 제5조
철도산업위원회의 심의를 거쳐야 한다.

2-2
국토교통부장관의 요청에 따라 자료를 제출해야 할 사람은 중앙행정기관의 장과 시도지사이다.

정답 2-1 ③ 2-2 ①

철도차량을 운전하기 위해서는 국토교통부장관으로부터 철도차량운전면허를 받아야 함

(1) 운전면허 없이 철도차량을 운전할 수 있는 경우

① 운전면허 없이 철도차량을 운전할 수 있는 경우는 대통령령으로 정하고 있음

　㉠ 철도차량 운전에 관한 전문 교육훈련기관에서 실시하는 운전교육훈련을 받기 위하여 철도차량을 운전하는 경우

　㉡ 운전면허시험을 치르기 위하여 철도차량을 운전하는 경우

　㉢ 철도차량을 제작·조립·정비하기 위한 공장 안의 선로에서 철도차량을 운전하여 이동하는 경우

　㉣ 철도사고 등을 복구하기 위하여 열차운행이 중지된 선로에서 사고복구용 특수차량을 운전하여 이동하는 경우

② ㉠과 ㉡에 해당하는 경우 철도차량에 운전교육훈련을 담당하는 사람이나 운전면허시험에 대한 평가를 담당하는 사람을 승차시켜야 하며, 국토교통부령으로 정하는 표지를 해당 철도차량의 앞면 유리에 붙여야 함

(2) 운전면허의 종류

① 고속철도차량 운전면허
② 제1종 전기차량 운전면허
③ 제2종 전기차량 운전면허
④ 디젤차량 운전면허
⑤ 철도장비 운전면허
⑥ 노면전차 운전면허

(3) 운전면허의 결격사유

① 19세 미만인 사람

② 철도차량 운전상의 위험과 장해를 일으킬 수 있는 정신질환자 또는 뇌전증 환자로서 대통령령으로 정하는 사람

③ 철도차량 운전상의 위험과 장해를 일으킬 수 있는 약물(「마약류 관리에 관한 법률」에 따른 마약류 및 「화학물질관리법」에 따른 환각물질) 또는 알코올 중독자로서 대통령령으로 정하는 사람

④ 두 귀의 청력 또는 두 눈의 시력을 완전히 상실한 사람

⑤ 운전면허가 취소된 날부터 2년이 지나지 아니하였거나 운전면허의 효력정지 기간 중인 사람

(4) 운전면허의 취소 및 정지

① 국토교통부장관은 운전면허 취득자가 다음의 어느 하나에 해당할 때에는 운전면허를 취소하거나 1년 이내의 기간을 정하여 운전면허의 효력을 정지시킬 수 있음

② ㉠부터 ㉣까지의 규정에 해당할 때에는 운전면허를 취소하여야 함(그 외의 경우는 1년 이하의 정지 또는 면허 취소를 할 수 있음)

　㉠ 거짓이나 그 밖의 부정한 방법으로 운전면허를 받았을 때

　㉡ (3) 운전면허의 결격사유의 ②, ③, ④의 규정에 해당하게 되었을 때

　㉢ 운전면허의 효력정지 기간 중 철도차량을 운전하였을 때

　㉣ 운전면허증을 다른 사람에게 빌려주었을 때

　㉤ 철도차량을 운전 중 고의 또는 중과실로 철도사고를 일으켰을 때

　㉥ 다음 내용을 위반하였을 때

　　ⓐ 철도차량 출발 전 국토교통부령으로 정하는 조치 사항을 이행하지 않은 경우

　　ⓑ 국토교통부령으로 정하는 철도차량 운행에 관한 안전 수칙을 준수하지 않은 경우

ⓒ 철도사고 등이 발생한 경우 다음 사항을 위반한 경우

"철도사고 등이 발생하는 경우 해당 철도차량의 운전업무종사자와 여객승무원은 철도사고 등의 현장을 이탈하여서는 아니 되며, 철도차량 내 안전 및 질서유지를 위하여 승객 구호조치 등 국토교통부령으로 정하는 후속조치를 이행하여야 함. 다만, 의료기관으로의 이송이 필요한 경우는 제외"

ⓢ 술을 마시거나 약물을 사용한 상태에서 철도차량을 운전하였을 때

ⓞ 술을 마시거나 약물을 사용한 상태에서 업무를 하였다고 인정할 만한 상당한 이유가 있음에도 불구하고 국토교통부장관 또는 시·도지사의 확인 또는 검사를 거부하였을 때

ⓩ 이 법 또는 이 법에 따라 철도의 안전 및 보호와 질서유지를 위하여 한 명령·처분을 위반하였을 때

③ 국토교통부장관이 운전면허의 취소 및 효력정지 처분을 하였을 때에는 국토교통부령으로 정하는 바에 따라 그 내용을 해당 운전면허 취득자와 운전면허 취득자를 고용하고 있는 철도운영자등에게 통지하여야 함

④ 운전면허의 취소 또는 효력정지 통지를 받은 운전면허 취득자는 그 통지를 받은 날부터 15일 이내에 운전면허증을 국토교통부장관에게 반납하여야 함

⑤ 국토교통부장관은 운전면허의 효력이 정지된 사람으로부터 운전면허증을 반납 받았을 때에는 보관하였다가 정지기간이 끝나면 즉시 돌려주어야 함

3-1. 철도안전법령상 운전면허 없이 운전할 수 있는 경우가 아닌 것은?
[20년 2회]

① 운전면허시험을 치르기 위하여 철도차량을 운전하는 경우
② 철도사고 등을 복구하기 위하여 정상 운행 선로에서 사고복구용 특수차량을 운전하여 이동하는 경우
③ 철도차량을 제작·조립·정비하기 위한 공장 안의 선로에서 철도차량을 운전하여 이동하는 경우
④ 철도차량 운전에 관한 전문교육훈련기관에서 실시하는 운전교육훈련을 받기 위하여 철도차량을 운전하는 경우

3-2. 철도안전법령상 정의된 철도차량 운전면허의 종류가 아닌 것은?
[18년 1회, 19년 4회]

① 고속철도차량 운전면허
② 제1종 디젤차량 운전면허
③ 제1종 전기차량 운전면허
④ 제2종 전기차량 운전면허

3-3. 철도안전법상의 철도차량운전면허 취득의 결격사유로 틀린 것은?

① 19세 미만인 사람
② 철도차량 운전상의 위험과 장해를 일으킬 수 있는 정신질환자 또는 뇌전증 환자로서 대통령령으로 정하는 사람
③ 철도차량 운전상의 위험과 장해를 일으킬 수 있는 약물(「마약류 관리에 관한 법률」에 따른 마약류 및 「화학물질관리법」에 따른 환각물질) 또는 알코올 중독자로서 대통령령으로 정하는 사람
④ 운전면허가 정지된 날부터 2년이 지나지 아니하였거나 운전면허의 효력정지 기간 중인 사람

| 해설 |

3-1
철도안전법 시행령 제10조
철도사고 등을 복구하기 위하여 열차운행이 중지된 선로에서 사고복구용 특수차량을 운전하여 이동하는 경우

3-2
철도안전법 시행령 제11조
디젤차량 운전면허

3-3
운전면허가 취소된 날부터 2년이 지나지 아니하였거나 운전면허의 효력정지 기간 중인 사람

정답 3-1 ② 3-2 ② 3-3 ④

(1) 철도차량의 운행(국토교통부령으로 정하도록 위임된 사항)

열차의 편성, 철도차량 운전 및 신호방식 등 철도차량의 안전운행에 필요한 사항은 국토교통부령으로 정하여야 한다.

(2) 열차운행의 일시중지

철도운영자는 지진, 태풍, 폭우, 폭설 등 천재지변 등이 발생하였거나, 발생 예상되는 경우, 중대한 장애가 있는 경우 등 열차운행에 지장이 있다고 인정하는 경우에는 열차운행을 일시 중지할 수 있다.

(3) 영상기록장치의 설치·운영

① 철도운영자등은 철도차량의 운행상황 기록, 교통사고 상황 파악, 안전사고 방지, 범죄 예방 등을 위하여 다음의 철도차량 또는 철도시설에 영상기록 장치를 설치·운영하여야 함
  ㉠ 철도차량 중 대통령령으로 정하는 동력차 및 객차
  ㉡ 승강장 등 대통령령으로 정하는 안전사고의 우려가 있는 역 구내
  ㉢ 대통령령으로 정하는 차량정비기지
  ㉣ 변전소 등 대통령령으로 정하는 안전확보가 필요한 철도시설
② 철도운영자등은 다음의 어느 하나에 해당하는 경우 외에는 영상기록을 이용하거나 다른 자에게 제공하여서는 아니 된다.
  ㉠ 교통사고 상황 파악을 위하여 필요한 경우
  ㉡ 범죄의 수사와 공소의 제기 및 유지에 필요한 경우
  ㉢ 법원의 재판업무수행을 위하여 필요한 경우

4-1. 철도안전법상 철도차량운전면허를 취소시켜야 하는 경우에 해당하지 않는 것은? [19년 4회]
① 운전면허증을 다른 사람에게 대여한 때
② 거짓 그 밖의 부정한 방법으로 운전면허를 받은 때
③ 운전면허의 효력정지 기간 중 철도차량을 운전한 때
④ 철도차량을 운전 중 고의 또는 경과실로 철도사고를 일으켰을 때

4-2. 철도안전법상 국토교통부령에 정하도록 위임된 사항이 아닌 것은? [16년 2회]
① 열차의 편성에 관한 사항
② 열차 일시중지에 관한 사항
③ 철도 차량운전에 관한 사항
④ 철도 신호방식에 관한 사항

4-3. 철도안전법상 국토교통부장관이 운전면허 취득자에 대하여 운전면허를 취소하거나 정지하는 경우에 대한 설명으로 맞지 않는 것은? [17년 1회]
① 운전면허를 정지하는 경우 1년 이내의 기간을 정하여 효력을 정지시킬 수 있다.
② 운전면허증을 타인에게 대여하였을 때에는 운전면허를 취소하여야 한다.
③ 운전면허의 취소 또는 효력정지 통지를 받은 운전면허 취득자는 그 통지를 받은 날부터 30일 이내에 운전면허증을 국토교통부장관에게 반납하여야 한다.
④ 국토교통부장관이 운전면허의 취소 및 효력정지 처분을 하였을 때에는 그 내용을 해당 운전면허 취득자와 운전면허 취득자를 고용하고 있는 철도운영자 등에게 통지하여야 한다.

4-4. 동력차에 설치된 영상기록을 이용하거나 다른 자에게 제공할 수 없는 경우는? [19년 4회]
① 철도차량 제작사의 요청이 있는 경우
② 교통사고 상황파악을 위하여 필요한 경우
③ 법원의 재판업무수행을 위하여 필요한 경우
④ 범죄의 수사와 공소의 제기 및 유지에 필요한 경우

4-1

철도안전법 제20조

철도차량을 운전 중 고의 또는 중과실로 철도사고를 일으켰을 때

4-2

철도안전법 제39조

열차의 편성, 철도차량 운전 및 신호방식 등 철도차량의 안전운행에 필요한 사항은 국토교통부령으로 정하여야 한다.

4-3

철도안전법 제20조

운전면허의 취소 또는 효력정지 통지를 받은 운전면허 취득자는 그 통지를 받은 날부터 15일 이내에 운전면허증을 국토교통부장관에게 반납하여야 한다.

4-4

철도안전법 제39조의3

철도차량 제작사의 요청에는 영상기록을 제공하지 않는다.

정답 4-1 ④ 4-2 ② 4-3 ③ 4-4 ①

제2절 | 철도차량운전규칙

핵심이론 01 총칙

(1) 용어의 정의

① "정거장"이라 함은 여객의 승강(여객 이용시설 및 편의시설을 포함한다), 화물의 적하(積下), 열차의 조성(組成, 철도차량을 연결하거나 분리하는 작업을 말한다), 열차의 교행(交行) 또는 대피를 목적으로 사용되는 장소를 말함

② "본선"이라 함은 열차의 운전에 상용하는 선로를 말함

③ "측선"이라 함은 본선이 아닌 선로를 말함

④ "차량"이라 함은 열차의 구성부분이 되는 1량의 철도차량을 말함

⑤ "전차선로"라 함은 전차선 및 이를 지지하는 공작물을 말함

⑥ "완급차(緩急車)"라 함은 관통제동기용 제동통・압력계・차장변(車掌弁) 및 수(手)제동기를 장치한 차량으로서 열차승무원이 집무할 수 있는 차실이 설비된 객차 또는 화차를 말함

⑦ "철도신호"라 함은 제76조의 규정에 의한 신호・전호(傳號) 및 표지를 말함

⑧ "진행지시신호"라 함은 진행신호・감속신호・주의신호・경계신호・유도신호 및 차내신호(정지신호를 제외한다) 등 차량의 진행을 지시하는 신호를 말함

⑨ "폐색"이라 함은 일정 구간에 동시에 2 이상의 열차를 운전시키지 아니하기 위하여 그 구간을 하나의 열차의 운전에만 점용시키는 것을 말함

⑩ "구내운전"이라 함은 정거장 내 또는 차량기지 내에서 입환신호에 의하여 열차 또는 차량을 운전하는 것을 말함

⑪ "입환(入換)"이라 함은 사람의 힘에 의하거나 동력차를 사용하여 차량을 이동・연결 또는 분리하는 작업을 말함

⑫ "조차장(操車場)"이라 함은 차량의 입환 또는 열차의 조성을 위하여 사용되는 장소를 말함

⑬ "신호소"라 함은 상치신호기 등 열차제어시스템을 조작·취급하기 위하여 설치한 장소를 말함

⑭ "동력차"라 함은 기관차(機關車), 전동차(電動車), 동차(動車) 등 동력발생장치에 의하여 선로를 이동하는 것을 목적으로 제조한 철도차량을 말함

⑮ "무인운전"이란 사람이 열차 안에서 직접 운전하지 아니하고 관제실에서의 원격조종에 따라 열차가 자동으로 운행되는 방식을 말함

(2) 철도운영자등의 책무
철도운영자등은 열차 또는 차량을 운행함에 있어 철도사고를 예방하고 여객과 화물을 안전하고 원활하게 운송할 수 있도록 필요한 조치를 하여야 한다.

1-1. 철도차량운전규칙상 "정거장"에 해당되지 않는 것은?
[16년 3회]

① 화물의 적하를 목적으로 사용되는 장소를 말한다.
② 열차의 조성, 열차의 교행 또는 대피를 목적으로 사용되는 장소를 말한다.
③ 상치신호기 등 열차제어시스템을 조작·취급하기 위하여 설치한 장소를 말한다.
④ 여객의 승강(여객 이용시설 및 편의시설을 포함한다)을 목적으로 사용되는 장소를 말한다.

1-2. 철도차량운전규칙에 정한 완급차에 장치되어야 할 설비가 아닌 것은?
[16년 2회]

① 압력계
② 수제동기
③ 후부방호장치
④ 관통제동기용 제동통

|해설|

1-1
철도차량운전규칙 제2조
"신호소"라 함은 상치신호기 등 열차제어시스템을 조작·취급하기 위하여 설치한 장소를 말한다.

1-2
철도차량운전규칙 제2조
"완급차(緩急車)"라 함은 관통제동기용 제동통·압력계·차장변(車掌弁) 및 수(手)제동기를 장치한 차량으로서 열차승무원이 집무할 수 있는 차실이 설비된 객차 또는 화차를 말한다.

정답 1-1 ③ 1-2 ③

(1) 철도운영자 등의 교육시행 의무

① 철도운영자 등은 다음 어느 하나에 해당하는 사람에게 「철도안전법」 등 관계 법령에 따라 필요한 교육을 실시해야 하고, 해당 철도종사자 등이 업무 수행에 필요한 지식과 기능을 보유한 것을 확인한 후 업무를 수행하도록 해야 한다.

  ㉠ 철도차량의 운전업무에 종사하는 사람

  ㉡ 철도차량운전업무를 보조하는 사람

  ㉢ 철도차량의 운행을 집중 제어·통제·감시하는 업무에 종사하는 사람("관제업무종사자")

  ㉣ 여객에게 승무 서비스를 제공하는 사람("여객승무원")

  ㉤ 운전취급담당자

  ㉥ 철도차량을 연결·분리하는 업무를 수행하는 사람

  ㉦ 원격제어가 가능한 장치로 입환 작업을 수행하는 사람

② 철도운영자등은 운전업무종사자, 운전업무보조자 및 여객승무원이 철도차량에 탑승하기 전 또는 철도차량의 운행 중에 필요한 사항에 대한 보고·지시 또는 감독 등을 적절히 수행할 수 있도록 안전관리체계를 갖추어야 한다.

③ 철도운영자등은 업무를 수행하는 자가 과로 등으로 인하여 당해 업무를 적절히 수행하기 어렵다고 판단되는 경우에는 그 업무를 수행하도록 하여서는 아니 된다.

(2) 열차에 탑승하여야 하는 철도종사자

① 열차에는 운전업무종사자와 여객승무원을 탑승시켜야 한다. 다만, 해당 선로의 상태, 열차에 연결되는 차량의 종류, 철도차량의 구조 및 장치의 수준 등을 고려하여 열차운행의 안전에 지장이 없다고 인정되는 경우에는 운전업무종사자 외의 다른 철도종사자를 탑승시키지 않거나 인원을 조정할 수 있다.

② 무인운전의 경우에는 운전업무종사자를 탑승시키지 않을 수 있다.

핵심예제

철도차량운전규칙상 철도운영자가 철도안전법 등 관계법령에 따라 필요한 교육 및 훈련을 실시하여 필요한 기능을 보유한 것을 확인하여 해당 업무를 수행하도록 하여야 하는 철도종사자에 해당하지 않는 자는?   [16년 3회]

① 철도차량운전업무에 종사하는 운전업무보조자
② 정거장에서 신호와 선로전환기를 취급하는 자
③ 정거장에서 열차의 출발·도착에 관한 업무를 수행하는 자
④ 열차에 승무하여 여객을 안내하고 차내 발매업무를 하는 자

|해설|

철도차량운전규칙 제6조
④는 여객에게 승무 서비스를 제공하는 사람("여객승무원")을 말하며, ②, ③은 운전취급담당자에 대한 설명이다.

정답 ④

(1) 동력차의 연결위치

열차의 운전에 사용하는 동력차는 열차의 맨 앞에 연결하여야 함. 다만, 다음의 어느 하나에 해당하는 경우에는 그러하지 아니하다.

① 기관차를 2 이상 연결한 경우로서 열차의 맨 앞에 위치한 기관차에서 열차를 제어하는 경우
② 보조기관차를 사용하는 경우
③ 선로 또는 열차에 고장이 있는 경우
④ 구원열차 · 제설열차 · 공사열차 또는 시험운전열차를 운전하는 경우
⑤ 정거장과 그 정거장 외의 본선 도중에서 분기하는 측선과의 사이를 운전하는 경우
⑥ 그 밖에 특별한 사유가 있는 경우

(2) 여객열차의 연결제한

① 여객열차에는 화차를 연결할 수 없다. 다만, 회송의 경우와 그 밖의 특별한 사유가 있는 경우에는 그러하지 아니함
② 특별한 사유에 의하여 화차를 연결하는 경우에는 화차를 객차의 중간에 연결 불가
③ 파손차량, 동력을 사용하지 아니하는 기관차 또는 2차량 이상에 무게를 부담시킨 화물을 적재한 화차는 이를 여객열차에 연결하여서는 아니 된다.

(3) 열차의 운전위치

① 열차는 운전방향 맨 앞 차량의 운전실에서 운전하여야 함
② **운전방향 맨 앞 차량의 운전실 외에서도 열차를 운전할 수 있는 경우** ★필답형
  ㉠ 철도종사자가 차량의 맨 앞에서 전호를 할 경우 그 전호에 의하여 열차를 운전하는 경우
  ㉡ 선로 · 전차선로 또는 차량에 고장이 있는 경우

  ㉢ 공사열차 · 구원열차 또는 제설열차를 운전하는 경우
  ㉣ 정거장과 그 정거장 외의 본선 도중에서 분기하는 측선과의 사이를 운전하는 경우
  ㉤ 철도시설 또는 철도차량을 시험하기 위해 운전하는 경우
  ㉥ 사전에 정한 특정한 구간을 운전하는 경우
  ㉦ 무인운전을 하는 경우
  ㉧ 그 밖에 부득이한 경우 운전방향 맨 앞 차량의 운전실에서 운전하지 않아도 열차의 안전한 운전에 지장 없는 경우

(4) 열차의 제동장치

① 2량 이상의 차량으로 조성하는 열차에는 모든 차량에 연동하여 작용하고 차량이 분리되었을 때 자동으로 차량을 정차시킬 수 있는 제동장치를 구비하여야 함. 다만, 다음의 경우는 그러하지 아니함
② **제동장치를 구비하지 않아도 되는 경우**
  ㉠ 정거장에서 차량을 연결 · 분리하는 작업을 하는 경우
  ㉡ 차량을 정지시킬 수 있는 인력을 배치한 구원열차 및 공사열차의 경우
  ㉢ 그 밖에 차량이 분리된 경우에도 다른 차량에 충격을 주지 아니하도록 안전조치를 취한 경우

(5) 완급차의 연결

① 관통제동기를 사용하는 열차의 맨 뒤(추진운전의 경우에는 맨 앞)에는 완급차를 연결하여야 함. 다만, 화물열차에는 완급차를 연결하지 아니할 수 있음
② 군전용열차 또는 위험물을 운송하는 열차 등 열차승무원이 반드시 탑승하여야 할 필요가 있는 열차에는 완급차를 연결하여야 함

3-1. 철도차량운전규칙에서 정한 사항으로 열차의 운전에 사용하는 동력차는 열차의 맨 앞에 연결하지 않을 수 있다. 이에 해당하지 않은 것은? [16년 2회]

① 응급출동의 회송열차를 운전하는 경우
② 선로 또는 열차에 고장이 있는 경우
③ 구원열차·제설열차·공사열차 또는 시험운전열차를 운전하는 경우
④ 정거장과 그 정거장 외의 본선 도중에서 분기하는 측선과의 사이를 운전하는 경우

3-2. 철도차량운전규칙상 2량 이상의 차량으로 조성하는 열차에는 모든 차량에 연동하여 작용하고 차량이 분리되었을 때 자동으로 차량을 정차시킬 수 있는 제동장치를 구비하여야 하는 경우로 맞는 것은? [19년 4회]

① 후부에 차장차를 연결한 화물열차
② 정거장에서 차량을 연결, 분리하는 작업을 하는 경우
③ 차량을 정지시킬 수 있는 인력을 배치한 구원열차 및 공사열차의 경우
④ 차량이 분리된 경우에도 다른 차량에 충격을 주지 아니하도록 안전조치를 취한 경우

|해설|

3-1

철도차량운전규칙 제11조
보조기관차를 사용하는 경우, 2 이상의 동력차를 연결하여 사용하여 운전하는 경우 맨 동력차에서 제어하는 경우 피제어차는 예외사항에 해당된다.

3-2

철도차량운전규칙 제14조
②, ③, ④는 제동장치를 구비하지 않아도 되는 경우이다.

정답 3-1 ① 3-2 ①

핵심이론 04 열차의 운전

(1) 열차의 운전방향 지정 등

① 철도운영자등은 상행선, 하행선 등으로 노선이 구분되는 선로의 경우에는 열차의 운행방향을 미리 지정하여야 함

② 규정에 의하여 지정된 선로의 반대선로로 열차를 운행할 수 있는 경우
   ㉠ 철도운영자등과 상호 협의된 방법에 따라 열차를 운행하는 경우
   ㉡ 정거장 내의 선로를 운전하는 경우
   ㉢ 공사열차·구원열차 또는 제설열차를 운전하는 경우
   ㉣ 정거장과 그 정거장 외의 본선 도중에서 분기하는 측선과의 사이를 운전하는 경우
   ㉤ 입환운전을 하는 경우
   ㉥ 선로 또는 열차의 시험을 위하여 운전하는 경우
   ㉦ 퇴행운전을 하는 경우
   ㉧ 양방향 신호설비가 설치된 구간에서 열차 운전할 경우
   ㉨ 철도사고 또는 운행장애의 수습 또는 선로보수공사 등으로 부득이하게 지정된 선로방향을 운행할 수 없는 경우

(2) 선행열차 발견 시 조치

① 차내신호폐색식(자동폐색식 포함) 구간의 같은 폐색구간에서 뒤 열차가 앞 열차에 접근하는 때 뒤 열차의 기관사는 앞 열차의 기관사에게 열차의 접근을 알림과 동시에 열차를 즉시 정차시켜야 한다.

② ①의 경우에 뒤의 열차는 앞 열차의 운행상황 등을 고려하여, 1분 이상 지난 후에 다시 진행할 수 있다.

(3) 정거장외 본선의 운전

차량은 이를 열차로 하지 아니하면 정거장 외의 본선을 운전할 수 없다. 다만, 입환작업을 하는 경우에는 그러하지 아니하다.

(4) 열차의 정거장 외 정차금지

① 열차는 정거장 외에서는 정차하여서는 안 됨. 다만, 다음의 어느 하나에 해당하는 경우 그러하지 아니함

② 열차가 정거장 외에서 정차할 수 있는 경우
  ㉠ 경사도 30/1,000 이상인 급경사 구간에 진입하기 전의 경우
  ㉡ 정지신호의 현시가 있는 경우
  ㉢ 철도사고 등이 발생하거나 발생 우려가 있는 경우
  ㉣ 그 밖에 철도안전을 위하여 부득이 정차하여야 하는 경우

(5) 열차의 퇴행 운전

① 열차는 퇴행하여서는 안 됨

② 열차가 퇴행할 수 있는 경우
  ㉠ 선로·전차선로 또는 차량에 고장이 있는 경우
  ㉡ 공사열차·구원열차 또는 제설열차가 작업상 퇴행할 필요가 있는 경우
  ㉢ 뒤의 보조기관차를 활용하여 퇴행하는 경우
  ㉣ 철도사고 등의 발생 등 특별한 사유가 있는 경우

(6) 열차의 동시 진출·입 금지

① 2 이상의 열차가 정거장에 진입하거나 정거장으로부터 진출하는 경우로서 열차 상호 간 그 진로에 지장을 줄 염려가 있는 경우에는 2 이상의 열차를 동시에 진입시키거나 진출시킬 수 없음

② 정거장에 동시 진출·입이 가능한 경우
  ㉠ 안전측선·탈선선로전환기·탈선기가 설치되어 있는 경우
  ㉡ 열차를 유도하여 서행으로 진입시키는 경우
  ㉢ 단행기관차로 운행하는 열차를 진입시키는 경우
  ㉣ 다른 방향에서 진입하는 열차들이 출발신호기 또는 정차위치로부터 200미터(동차·전동차의 경우에는 150미터) 이상의 여유거리가 있는 경우
  ㉤ 동일방향에서 진입하는 열차들이 각 정차위치에서 100미터 이상의 여유거리가 있는 경우

4-1. 열차의 운행방향은 철도운영자가 미리 지정한 선로에 의하도록 되어 있으나 지정한 반대선로로 열차를 운행할 수 있는 경우로 맞는 것은? [16년 1회]

① 양방향 신호설비가 설치된 구간에서 열차를 운전하는 경우
② 철도사고 또는 운행장애로 수신호에 의해 출발하는 경우
③ 상용폐색방식을 시행할 수 없어 통신식에 따라 운전하는 경우
④ 폐색장치 고장으로 단선구간에서 대용폐색방식을 시행하는 경우

4-2. 철도차량운전규칙에서 열차가 정거장 외에서 정차하여도 되는 경우가 아닌 것은? [16년 1회]

① 정지신호가 현시가 있는 경우
② 철도안전을 위하여 부득이 정차하여야 하는 경우
③ 경사도가 1,000분의 25 이상인 급경사 구간에 진입하기 전의 경우
④ 철도사고 등이 발생하거나 철도사고 등의 발생 우려가 있는 경우

4-3. 정거장에서 2 이상의 열차를 동시에 진입 또는 진출시킬 수 있는 경우가 아닌 것은?

① 안전측선이 설치 된 경우
② 동일방향에서 진입하는 열차들이 각 정자위치에서 50미터 이상의 여유거리가 있는 경우
③ 단행기관차를 진입시킬 경우
④ 열차를 유도하여 서행으로 진입시킬 경우

|해설|

4-1

운전취급규정 제33조
양방향운전취급에 따라 우측선로로 운전할 경우(철도구간은 기본적으로 좌측운전, 도시철도구간은 우측운전을 기본운전 선로로 하고 있다. 여기서는 철도구간에서 우측운전을 할 수 있는 경우를 예외사항으로 보고 있다)

4-2

철도차량운전규칙 제22조
경사도 30/1,000 이상인 급경사 구간에 진입하기 전의 경우에만 예외조항을 적용한다.

4-3
100미터 이상의 여유거리가 있는 경우

정답 4-1 ① 4-2 ③ 4-3 ②

핵심이론 05 열차 간의 안전확보

(1) 열차 간의 안전 확보

① 열차 간의 안전을 확보할 수 있도록 열차는 다음의 방법 중 하나로 운전해야 함
　㉠ 폐색에 의한 방법
　㉡ 열차 간의 간격을 확보하는 장치(열차제어장치)에 의한 방법
　㉢ 시계(視界)운전에 의한 방법
② 단선(單線)구간에서 폐색을 한 경우 상대역의 열차가 동시에 당해 구간에 진입하도록 하여서는 안 됨
③ 구원열차를 운전하는 경우와 공사열차가 있는 구간에 다른 공사열차를 운전하는 경우 등의 특수한 경우는 예외로 함

(2) 폐색방식의 구분 ★필답형

① 상용(常用)폐색방식 : 자동폐색식, 연동폐색식, 차내신호폐색식, 통표폐색식
② 대용(代用)폐색방식 : 통신식, 지도통신식, 지도식, 지령식

(3) 지도통식식의 시행

① 시행 방법 : 지도통신식을 시행하는 구간에는 폐색구간 양끝의 정거장 또는 신호소가 통신설비를 사용하여 협의 후 시행함
② 운전허가증
　㉠ 지도통신식 : 지도표, 지도권
　㉡ 지도식 : 지도표
③ 지도표는 1폐색구간 1매로 하고 정거장과 신호소가 협의하여 발행
④ 지도권은 지도표를 갖고 있는 정거장 또는 신호소가 상대 정거장과 협의하여 발행

⑤ 지도표와 지도권 사용 구별

　ⓖ 지도표

　　ⓐ 동일방향의 폐색구간으로 진입시키고자 하는 열차가 하나뿐이 경우

　　ⓑ 연속하여 2 이상의 열차를 동일방향의 폐색구간으로 진입시키고자 하는 경우에는 최후의 열차

　ⓛ 지도권 : 지도표를 갖고 있는 역에서 상기 지도표 교부열차 외에는 지도권 교부

⑥ 열차는 당해구간의 지도표(지도권)를 휴대하지 않으면 그 구간을 운전할 수 없음

(4) 지도표 · 지도권의 기입사항

① 지도표

　ⓖ 그 구간 양끝의 정거장명

　ⓛ 발행일자

　ⓒ 사용열차번호

② 지도권

　ⓖ 사용구간

　ⓛ 사용열차

　ⓒ 발행일자

　ⓔ 지도표 번호

(5) 지령식의 시행 ★필답형

① 지령식은 폐색구간에서 아래의 요건을 갖추고 관제업무종사자의 승인에 따라 시행함

　ⓖ 관제업무종사자가 열차 운행을 감시할 수 있을 것

　ⓛ 운전용 통신장치 기능이 정상일 것

② 관제업무종사자는 지령식 시행 시 준수 사항

　ⓖ 지령식을 시행할 폐색구간의 경계를 정할 것

　ⓛ 지령식을 시행할 폐색구간에 열차나 철도차량이 없음을 확인할 것

　ⓒ 지령식을 시행하는 폐색구간에 진입하는 열차의 기관사에게 승인번호, 시행구간, 운전속도 등 주의사항을 통보할 것

핵심예제

5-1. 철도차량운전규칙상의 열차 간의 안전확보 방법으로 틀린 것은?

① 폐색에 의한 방법

② 열차 간의 간격을 확보하는 장치(열차제어장치)에 의한 방법

③ 시계(視界)운전에 의한 방법

④ 통신에 의한 방법

5-2. 철도차량운전규칙상 지도표와 지도권에 관한 설명으로 틀린 것은? [20년 2회]

① 지도식을 시행하는 구간에는 지도표를 발행하여야 한다.

② 지도권에는 사용구간, 사용열차, 발행일자, 지도표 번호를 기입하여야 한다.

③ 지도표에는 그 구간 양끝의 정거장명, 발행일자, 사용 열차 번호를 기입하여야 한다.

④ 연속하여 2 이상의 열차를 동일방향의 폐색구간으로 진입시키고자 하는 경우에는 최후의 열차에 대하여는 지도권을, 나머지 열차에 대하여는 지도표를 교부한다.

|해설|

5-1

열차간의 안전확보 방법 : 폐색에 의한 방법, 열차 간의 간격을 확보하는 장치(열차제어장치)에 의한 방법, 시계(視界)운전에 의한 방법

5-2

철도차량운전규칙 제60,62,64조

연속하여 2 이상의 열차를 동일방향의 폐색구간으로 진입시키고자 하는 경우에는 최후의 열차

정답 5-1 ④　5-2 ④

(1) 철도신호의 종류

① 신호는 모양·색 또는 소리 등으로 열차나 차량에 대하여 운행의 조건을 지시하는 것
② 전호는 모양·색 또는 소리 등으로 관계직원 상호 간에 의사를 표시하는 것
③ 표지는 모양 또는 색 등으로 물체의 위치·방향·조건 등을 표시하는 것

(2) 상치신호기의 종류

① 주신호기
   ㉠ 장내신호기 : 정거장에 진입하려는 열차에 대하여 신호를 현시하는 것
   ㉡ 출발신호기 : 정거장을 진출하려는 열차에 대하여 신호를 현시하는 것
   ㉢ 폐색신호기 : 폐색구간에 진입하려는 열차에 대하여 신호를 현시하는 것
   ㉣ 엄호신호기 : 특히 방호를 요하는 지점을 통과하려는 열차에 대하여 신호를 현시하는 것
   ㉤ 유도신호기 : 장내신호기에 정지신호의 현시가 있는 경우 유도를 받을 열차에 대하여 신호를 현시하는 것
   ㉥ 입환신호기 : 입환차량 또는 차내신호폐색식을 시행하는 구간의 열차에 대하여 신호를 현시하는 것
② 종속신호기
   ㉠ 원방신호기 : 장내신호기·출발신호기·폐색신호기 및 엄호신호기에 종속하여 열차에 주 신호기가 현시하는 신호의 예고신호를 현시하는 것
   ㉡ 통과신호기 : 출발신호기에 종속하여 정거장에 진입하는 열차에 신호기가 현시하는 신호를 예고하며, 정거장을 통과할 수 있는지에 대한 신호를 현시하는 것
   ㉢ 중계신호기 : 장내신호기·출발신호기·폐색신호기 및 엄호신호기에 종속하여 열차에 주 신호기가 현시하는 신호의 중계신호를 현시하는 것
③ 신호부속기
   ㉠ 진로표시기 : 장내, 출발, 개통표시기, 입환신호기에 부속하여 진로를 표시
   ㉡ 진로예고기 : 장내, 출발신호기에 종속하여 다음 장내나 출발신호기의 진로를 예고
   ㉢ 진로개통표시기 : 차내신호를 사용하는 구간의 열차의 진로개통상태를 표시
④ 차내신호 : 동력차 내에 설치하여 신호를 현시하는 것
⑤ 차내신호의 종류
   ㉠ 정지신호
   ㉡ 15신호
   ㉢ 야드신호
   ㉣ 진행신호

(3) 별도의 작동이 없는 상태에서 신호현시의 기본 원칙 ★필답형

① 장내신호기 : 정지신호
② 출발신호기 : 정지신호
③ 폐색신호기(자동폐색신호기 제외) : 정지신호
④ 엄호신호기 : 정지신호
⑤ 유도신호기 : 신호를 현시하지 아니함
⑥ 입환신호기 : 정지신호
⑦ 원방신호기 : 주의신호
⑧ 자동폐색신호기·반자동폐색신호기 : 진행을 지시하는 신호현시가 기본이나, 단선구간은 정지신호 현시가 기본
⑨ 차내신호 : 진행신호

(4) 임시신호기

① 선로의 상태가 일시 정상운전을 할 수 없는 상태인 경우에 그 구역의 바깥쪽에 설치

② 임시신호기의 종류

    ㉠ 서행신호기 : 서행운전할 필요가 있는 구간에 진입하려는 열차 또는 차량에 대하여 당해 구간을 서행할 것을 지시하는 것

    ㉡ 서행예고신호기 : 서행신호기를 향하여 진행하려는 열차에 대하여 그 전방에 서행신호의 현시 있음을 예고하는 것

    ㉢ 서행해제신호기 : 서행구역을 진출하려는 열차에 대하여 서행을 해제할 것을 지시하는 것

    ㉣ 서행발리스(balise) : 서행운전할 필요가 있는 구간의 전방에 설치하는 송·수신용 안테나로 지상정보를 열차로 보내 자동으로 열차의 감속을 유도하는 것

(5) 수신호의 현시방법

신호기를 설치하지 아니하거나 이를 사용하지 못하는 경우에 사용하는 수신호

① 정지신호

    ㉠ 주간 : 적색기. 다만, 적색기가 없을 때에는 양팔을 높이 들거나 또는 녹색기 외의 것을 급히 흔든다.

    ㉡ 야간 : 적색등. 다만, 적색등이 없을 때에는 녹색등 외의 것을 급히 흔든다.

② 서행신호

    ㉠ 주간 : 적색기와 녹색기를 모아 쥐고 머리 위에 높이 교차한다.

    ㉡ 야간 : 깜박이는 녹색등

③ 진행신호

    ㉠ 주간 : 녹색기. 다만, 녹색기가 없을 때는 한 팔을 높이 든다.

    ㉡ 야간 : 녹색등

(6) 입환전호

① 입환작업자(기관사를 포함한다)는 반드시 맨눈으로 확인할 수 있도록 입환전호를 해야 함

    ㉠ 오너라 전호

        ⓐ 주간 : 녹색기를 좌우로 흔든다. 다만, 부득이한 경우에는 한 팔을 좌우로 움직여 이를 대신할 수 있다.

        ⓑ 야간 : 녹색등을 좌우로 흔든다.

    ㉡ 가거라 전호

        ⓐ 주간 : 녹색기를 위·아래로 흔든다. 다만, 부득이 한 경우에는 한 팔을 위·아래로 움직여 이를 대신할 수 있다.

        ⓑ 야간 : 녹색등을 위·아래로 흔든다.

    ㉢ 정지 전호

        ⓐ 주간 : 적색기. 다만, 부득이한 경우에는 두 팔을 높이 들어 이를 대신할 수 있음

        ⓑ 야간 : 적색등

② 무선전화를 사용하여 입환전호를 할 수 있는 경우

    ㉠ 무인역 또는 1인이 근무하는 역에서 입환하는 경우

    ㉡ 1인이 승무하는 동력차로 입환하는 경우

    ㉢ 신호를 원격으로 제어하여 단순히 선로를 변경하기 위하여 입환하는 경우

    ㉣ 지형 및 선로여건 등을 고려할 때 입환전호 하는 작업자를 배치하기가 어려운 경우

    ㉤ 원격제어가 가능한 장치를 사용하여 입환하는 경우

6-1. 철도차량운전규칙에 정한 상치신호기 중 신호부속기가 아닌 것은?　　　　　　　　　　　　　　[18년 1회]

① 진로중계기　　　　　② 진로예고기
③ 진로표시기　　　　　④ 진로개통표시기

6-2. 철도차량운전규칙상에서 별도의 작동이 없는 상태에서 신호현시의 기본원칙으로 틀린 것은?

① 장내신호기 : 정지신호
② 엄호신호기 : 정지신호
③ 유도신호기 : 정지신호
④ 입환신호기 : 정지신호

6-3. 철도차량운전규칙에서 정한 철도신호에 대한 설명으로 틀린 것은?　　　　　　　　　　　　　　[18년 1회]

① 차내신호기는 진행신호를 현시함을 정위로 한다.
② 자동폐색신호기 및 반자동폐색신호기는 진행을 지시하는 신호를 현시함을 정위로 한다.
③ 주간과 야간의 현시 방식을 달리하는 신호·전호 및 표지는 일출에서 일몰까지는 주간방식에 의한다.
④ 열차가 상치신호기의 설치지점을 통과한때에는 그 지점을 통과한 때마다 원방신호기는 정지신호를 현시하여야 한다.

6-4. 철도차량운전규칙에서 규정하는 수신호 현시방법 중 적색기와 녹색기를 모아 쥐고 머리 위에 높이 교차하는 수신호는?　　　　　　　　　　　　　　　　[17년 1회]

① 진행신호　　　　　② 서행신호
③ 주의신호　　　　　④ 정지신호

6-5. 철도차량운전규칙상 야간에 실시하는 수전호의 입환전호 방식이 아닌 것은?　　　　　　　　　　　　[17년 1회]

① 정지전호 : 적색등
② 가거라 전호 : 녹색등을 상, 하로 흔듦
③ 오너라 전호 : 녹색등을 좌, 우로 흔듦
④ 주의기적 전호 : 백색등을 상, 하로 흔듦

|해설|

6-1

철도차량운전규칙 제82조
진로중계기는 존재하지 않는다.

6-2

유도신호기 : 신호를 현시하지 아니 함

6-3

철도차량운전규칙 제77,83,85조
원방신호기의 정위는 주의신호이다.

6-4

철도차량운전규칙 제93조
수신호 현시 방식 중 서행신호(주간)의 경우 적색기와 녹색기를 모아 쥐고 머리 위에 높이 교차한다.

6-5

철도차량운전규칙 제101조
주의기적 전호는 없다.

정답 6-1 ①　6-2 ③　6-3 ④　6-4 ②　6-5 ④

핵심이론 01 총칙 및 신설구간 시험운전

(1) 용어의 성의

① "정거장"이란 여객의 승차·하차, 열차의 편성, 차량의 입환(入換) 등을 위한 장소

② "선로"란 궤도 및 이를 지지하는 인공구조물, 열차의 운전에 상용(常用)되는 본선(本線)과 그 외의 측선(側線)으로 구분

③ "열차"란 본선에서 운전할 목적으로 편성되어 열차번호를 부여받은 차량

④ "차량"이란 선로에서 운전하는 열차 외의 전동차·궤도시험차·전기시험차 등을 말함

⑤ "운전보안장치"란 열차 및 차량(이하 "열차 등"이라 한다)의 안전운전을 확보하기 위한 장치로서 폐색장치, 신호장치, 연동장치, 선로전환장치, 경보장치, 열차자동정지장치, 열차자동제어장치, 열차자동운전장치, 열차종합제어장치 등을 말함

⑥ "폐색(閉塞)"이란 선로의 일정구간에 둘 이상의 열차를 동시에 운전시키지 아니하는 것을 말함

⑦ "전차선로"란 전차선 및 이를 지지하는 인공구조물

⑧ "운전사고"란 열차 등의 운전으로 인하여 사상자(死傷者)가 발생하거나 도시철도시설이 파손된 것을 말함

⑨ "운전장애"란 열차 등의 운전으로 인하여 그 열차 등의 운전에 지장을 주는 것 중 운전사고에 해당하지 아니하는 것

⑩ "노면전차"란 도로면의 궤도를 이용하여 운행되는 열차

⑪ "무인운전"이란 사람이 열차 안에서 직접 운전하지 아니하고 관제실에서의 원격조종에 따라 열차가 자동으로 운행되는 방식

⑫ "시계운전(視界運轉)"이란 사람의 맨눈에 의존하여 운전하는 것

(2) 신설구간 등에서의 시험운전

① 선로·전차선로 또는 운전보안장치를 신설·이설 또는 개조한 경우

ⓐ 그 설치상태 또는 운전체계의 점검과 종사자의 업무 숙달을 위하여

ⓑ 정상운전을 하기 전에 60일 이상 시험운전

② 이미 운영하고 있는 구간을 확장·이설 또는 개조한 경우

ⓐ 관계 전문가의 안전진단을 거쳐 시험운전 기간을 줄일 수 있음

1-1. 도시철도운전규칙상에서 용어의 정의로 틀린 것은?

① "정거장"이란 여객의 승차·하차, 열차의 편성, 차량의 입환(入換) 등을 위한 장소

② "선로"란 궤도 및 이를 지지하는 인공구조물, 열차의 운전에 상용(常用)되는 본선(本線)과 그 외의 측선(側線)으로 구분

③ "폐색(閉塞)"이란 선로의 일정구간에 둘 이상의 열차를 동시에 운전시키지 아니하는 것을 말함

④ "운전장애"란 열차 등의 운전으로 인하여 그 열차 등의 운전에 지장을 주는 것

1-2. 도시철도운전규칙에서 정하고 있는 용어의 정의로 틀린 것은?
[18년 1회]

① 시계운전이란 사람의 육안에 의존하여 운전하는 복선구간의 대용폐색방식을 말한다.

② 운전사고란 열차 등의 운전으로 인하여 사상자가 발생하거나 도시철도시설이 파손된 것을 말한다.

③ 운전장애란 열차 등의 운전으로 인하여 그 열차 등의 운전에 지장을 주는 것 중 운전사고에 해당하지 아니한 것을 말한다.

④ 무인운전이란 사람이 열차 안에서 직접 운전하지 아니하고 관제실에서의 원격조종에 따라 열차가 자동으로 운행되는 방식을 말한다.

| 해설 |

1-1
"운전장애"란 열차 등의 운전으로 인하여 그 열차 등의 운전에 지장을 주는 것 중 운전사고에 해당하지 아니하는 것

1-2
도시철도운전규칙 제3조
"시계운전(視界運轉)"이란 사람의 맨눈에 의존하여 운전하는 것

정답 1-1 ④ 1-2 ①

---

(1) 선로 및 설비 등의 보전

① 선로 및 전력, 통신설비는 열차가 운행가능하고 안전한 상태로 보전해야 함

② 운전보안장치는 완전한 상태로 보전하여야 함

③ 열차 등은 안전하게 운전할 수 있는 상태로 보전

(2) 점검 주기

① 선로 : 매일 한 번 이상 순회 점검

② 전차선로의 점검 : 매일 한 번 이상 순회점검

③ 통신설비의 검사 : 일정한 주기에 따라 검사

④ 운전보안장치의 검사 : 일정한 주기에 따라 검사

⑤ 차량의 검사 : 일정한 기간 또는 주행거리를 기준으로 상태, 작용 및 분해 검사

도시철도운영자는 선로·전차선로 또는 운전보안장치를 신설·이설(移設) 또는 개조한 경우 그 설치상태 또는 운전체계의 점검과 종사자의 업무 숙달을 위하여 정상운전을 하기 전에 얼마간의 시험운전을 하여야 하는가?
[16년 3회]

① 60일 이상
② 90일 이상
③ 6개월 이상
④ 1년 이상

| 해설 |

도시철도운전규칙 제9조
신설구간 등에서 정상운전을 하기 전에 60일 이상 시험운전

정답 ①

핵심이론 03 열차의 편성

(1) 열차의 편성

① 열차는 차량의 특성 및 선로 구간의 시설 상태 등을 고려하여 안전운전에 지장이 없도록 편성하여야 한다.

② **열차의 비상제동거리** : 열차의 비상제동거리는 600m 이하가 되도록 함

(2) 무인운전 시 준수사항

① 관제실에서 열차의 운행상태를 실시간으로 감시 및 조치할 수 있을 것

② 열차 내의 간이운전대에는 승객이 임의로 다룰 수 없도록 잠금장치가 설치되어 있을 것

③ 간이운전대의 개방이나 운전 모드(mode)의 변경은 관제실의 사전 승인을 받을 것

④ 운전 모드를 변경하여 수동운전을 하려는 경우에는 관제실과의 통신에 이상이 없음을 먼저 확인할 것

⑤ 승차·하차 시 승객의 안전 감시나 시스템 고장 등 긴급상황에 대한 신속한 대처를 위하여 필요한 경우에는 열차와 정거장 등에 안전요원을 배치하거나 안전요원이 순회하도록 할 것

⑥ 무인운전이 적용되는 구간과 무인운전이 적용되지 아니하는 구간의 경계 구역에서의 운전 모드 전환을 안전하게 하기 위한 규정을 마련해 놓을 것

⑦ 열차 운행 중 다음의 긴급상황이 발생하는 경우 승객의 안전을 확보하기 위한 조치 규정을 마련해 놓을 것
　㉠ 열차에 고장이나 화재가 발생하는 경우
　㉡ 선로 안에서 사람이나 장애물이 발견된 경우
　㉢ 그 밖에 승객의 안전에 위험한 상황이 발생하는 경우

(3) 1폐색구간에 2개 이상 운전할 수 있는 경우

① 고장 난 열차가 있는 폐색구간에서 구원열차를 운전하는 경우

② 서로 분통으로 폐색구간에서 공사열차를 운전하는 경우

③ 다른 열차의 차선 바꾸기 지시에 따라 차선을 바꾸기 위하여 운전하는 경우

④ 하나의 열차를 분할하여 운전하는 경우

핵심예제

도시철도운전규칙상 무인운전 시의 안전 확보사항으로 틀린 것은? [20년 2회]

① 열차 내의 간이운전대에는 비상시를 대비하여 개방하여 둘 것

② 관제실에서 열차의 운행상태를 실시간으로 감시 및 조치할 수 있을 것

③ 간이운전대의 운전 모드(mode)의 변경은 관제실의 사전 승인을 받을 것

④ 운전 모드를 변경하여 수동운전을 하려는 경우에는 관제실과의 통신에 이상이 없음을 먼저 확인할 것

|해설|

도시철도운전규칙 제32조2
열차 내의 간이운전대에는 승객이 임의로 다룰 수 없도록 잠금장치가 설치되어 있을 것

정답 ①

(1) 폐색방식의 구분

① **상용폐색방식** : 자동폐색식, 차내신호폐색식

② **대용폐색방식**

  ㉠ 복선운전을 하는 경우 : 지령식, 통신식

  ㉡ 단선운전을 하는 경우 : 지도통신식

③ **폐색방식에 따를 수 없을 때** : 전령법, 무폐색운전

(2) 지도통신식

① 지도통신식에 따르는 경우에는 지도표 또는 지도권을 발급받은 열차만 해당 폐색구간을 운전할 수 있음

② 지도표와 지도권은 폐색구간에 열차를 진입시키려는 역장 또는 소장이 상대역장 또는 소장 및 관제사와 협의하여 발행

③ 역장이나 소장은 같은 방향의 폐색구간으로 진입시키려는 열차가 하나뿐인 경우에는 지도표를 발급하고, 연속하여 둘 이상의 열차를 같은 방향의 폐색구간으로 진입시키려는 경우에는 맨 마지막 열차에 대해서는 지도표를, 나머지 열차에 대해서는 지도권을 발급

④ 열차의 기관사는 발급받은 지도표 또는 지도권을 폐색구간을 통과한 후 도착지의 역장 또는 소장에게 반납하여야 함

(3) 지도표와 지도권에 기입사항

① 폐색구간 양쪽의 역 이름 또는 소(所)이름

② 관제사

③ 명령번호

④ 열차번호

⑤ 발행일과 시각

(4) 전령법

① 열차 등이 있는 폐색구간에 다른 열차를 운전시킬 때에는 그 열차에 대하여 전령법을 시행함

② 전령법을 시행할 경우에는 이미 폐색구간에 있는 열차 등은 그 위치를 이동할 수 없음

③ 전령자의 선정

  ㉠ 전령법을 시행하는 구간에는 한 명의 전령자를 선정

  ㉡ 전령자는 백색 완장 착용

  ㉢ 전령법을 시행하는 구간에서는 그 구간의 전령자가 탑승하여야 열차를 운전할 수 있음. 다만, 관제사가 취급하는 경우에는 전령자를 탑승시키지 않을 수 있음

핵심예제

4-1. 도시철도운전규칙상 1폐색 구간에 2개 이상의 열차를 동시에 운전시킬 수 있는 경우가 아닌 것은? [17년 1회]

① 두 개의 열차를 시험운전하기 위하여 운전하는 경우

② 선로 불통으로 폐색구간에서 공사열차를 운전하는 경우

③ 고장 난 열차가 있는 폐색구간에서 구원열차를 운전하는 경우

④ 다른 열차의 차선 바꾸기 지시에 따라 차선을 바꾸기 위하여 운전하는 경우

4-2. 도시철도운전규칙에서 정하고 있는 지도통신식에 대한 설명으로 틀린 것은? [16년 2회]

① 지도통신식에 따르는 경우에는 지도표 또는 지도권을 발급받은 열차만 해당 폐색구간을 운전할 수 있다.

② 지도표와 지도권에는 폐색구간 양쪽의 역 이름 또는 소(所) 이름, 관제사, 명령번호, 열차번호 및 발행일과 시각을 적어야 한다.

③ 열차의 기관사는 발급받은 지도표 또는 지도권을 폐색구간을 통과하기 전에 도착지의 역장 또는 소장 에게 반납하여야 한다.

④ 지도표와 지도권은 폐색구간에 열차를 진입시키려는 역장 또는 소장이 상대 역장 또는 소장 및 관제사와 협의하여 발행한다.

4-3. 도시철도운전규칙상 열차의 운전에 있어 상용폐색방식과 대용폐색방식에 의할 수 없을 때의 운전방법은? [20년 2회]

① 지령식 운전
② 통신식 운전
③ 무폐색 운전
④ 지도통신식 운전

4-4. 도시철도운전규칙에서 정하고 있는 전령법의 시행에 관한 설명으로 틀린 것은? [17년 1회]

① 전령법을 시행하는 구간에는 한 명의 전령자를 선정하여야 한다.
② 열차 등이 있는 폐색구간에 다른 열차를 운전시킬 때에는 그 열차에 대하여 전령법을 시행한다.
③ 전령법을 시행할 경우에는 이미 폐색구간에 있는 열차 등은 최근역까지 운행종료 후 시행한다.
④ 전령법을 시행하는 구간에서 관제사가 취급하는 경우에는 전령자를 탑승시키지 아니할 수 있다.

|해설|

4-1
도시철도운전규칙 제37조
하나의 열차를 분할하여 운전하는 경우

4-2
도시철도운전규칙 제57조
열차의 기관사는 발급받은 지도표 또는 지도권을 폐색구간을 통과한 후 도착지의 역장 또는 소장에게 반납하여야 한다.

4-3
도시철도운전규칙 제51조
폐색방식에 따를 수 없을 때 : 전령법, 무폐색 운전

4-4
도시철도운전규칙 제58,59조
전령법을 시행할 경우에는 이미 폐색구간에 있는 열차 등은 그 위치를 이동할 수 없다.

정답 4-1 ① 4-2 ③ 4-3 ③ 4-4 ③

핵심이론 05 신호

(1) 신호의 종류

① 신호 : 형태·색·음 등으로 열차 등에 대하여 운전의 조건을 지시하는 것
② 전호(傳號) : 형태·색·음 등으로 직원 상호 간에 의사를 표시하는 것
③ 표지 : 형태·색 등으로 물체의 위치·방향·조건을 표시하는 것

(2) 상설신호기의 종류

① 주신호기
  ㉠ 차내신호기
  ㉡ 장내신호기
  ㉢ 출발신호기
  ㉣ 폐색신호기
  ㉤ 입환신호기
② 종속신호기
  ㉠ 원방신호기
  ㉡ 중계신호기
③ 신호부속기
  ㉠ 진로표시기
  ㉡ 개통표시기

(3) 임시신호기

주간·야간별 \ 신호의 종류	서행신호	서행예고신호	서행해제신호
주간	백색 테두리의 황색 원판	흑색 삼각형 무늬 3개를 그린 3각형판	백색 테두리의 녹색 원판
야간	등황색등	흑색 삼각형 무늬 3개를 그린 3각형판	녹색등

Tip 임시신호기 표지의 배면 및 배면광은 백색으로 하고 서행신호기는 지정속도를 표시

(4) 선로 지장 시의 방호신호

선로의 지장으로 인하여 열차 등을 정지시키거나 서행시킬 경우, 임시신호기에 따를 수 없을 때에는 지장지점으로부터 200미터 이상의 앞 지점에서 정지수신호를 하여야 함

(5) 전호

① **출발전호** : 열차를 출발시키려 할 때에는 출발전호를 하여야 함. 다만, 승객안전설비를 갖추고 차장을 승무시키지 아니한 경우에는 그러하지 아니함
② **기적전호**
　　㉠ 비상사고가 발생한 경우
　　㉡ 위험을 경고할 경우

핵심이론 01 열차운전시행세칙

(1) 유효장

① 열차를 정차시키는 선로 또는 차량을 유치하는 선로의 양끝에 있는 차량접촉한계표지 상호 간의 길이
② 차량접촉한계표지 안쪽에 출발신호기(ATS지상자)가 설치되어 있는 선로의 경우에는 진행방향 앞쪽 출발신호기(ATS지상자)부터 뒤쪽 궤도회로장치까지의 길이
③ 궤도회로의 절연장치가 차량접촉한계표지 안쪽 또는 출발신호기의 바깥쪽에 설치되었을 경우에는 양쪽 궤도회로장치까지의 길이
④ ATP 메인발리스가 차량접촉한계표지 안쪽 또는 출발신호기의 바깥쪽에 설치되었을 경우에는 진행방향 앞쪽 ATP 메인발리스부터 뒤쪽 궤도회로장치까지의 길이
⑤ 본선의 유효장은 인접측선의 열차 착발 또는 차량출입에 제한을 받지 않음
⑥ 유효장은 인접선로에 대한 열차착발 또는 차량출입에 지장 없이 수용할 수 있는 최대의 차장률(14m)로 표시하고, 선로별 유효장을 계산할 때 소수점 이하는 버림
⑦ 인접선로를 지장하는 유효장은 괄호 (　)로 표시
⑧ 동일선로로 상하행 열차용으로 공용하는 선로는 상·하란에 각각 그 유효장을 표시
⑨ 측선을 열차 착발선으로 사용할 때 본선에서 착발하는 열차가 이에 지장을 받게 되는 경우 그 본선의 유효장은 측선의 제한을 받음

(2) 견인정수

① 견인정수는 운전기준에 의한 동력차의 안전한 최대 견인능력
② 단위는 차중률로 표시
③ 다만, 동차열차는 M차, T차의 편성비율로 표시

④ 동차의 총괄제어 시 M차 최대연결량수
  ㉠ CDC : 3량(중련운전 시 6량)
  ㉡ EC : 9량(M′ 포함)
⑤ 견인정수는 차중한산법에 따르고 연결차량의 차중률 합계로 함
⑥ 동력차의 연결상태에 따른 견인정수의 적용
  ㉠ 본무기 또는 중련기와 보기간 : 각 동력차의 견인 정수합계
  ㉡ 총괄제어시의 본무기 또는 피제어기와 보기간 : 각 동력차의 견인정수 합계
⑦ 견인정수를 초과할 수 있는 경우 : 25/1,000 이하의 구배를 운전하는 구간 중 기관차 견인열차의 경우는 다음의 견인정수를 초과하여 연결할 수 있을 것
  ㉠ 여객열차 : 0.4
  ㉡ 이외의 열차 : 0.5(차량해결통지서에 초과량수 기록)
⑧ 장마 등으로 무개차 적재화물(분탄, 모래, 클링커 등)의 중량증가 또는 이상기후 등으로 기관차 차륜공전이 예상되어 견인정수 일시 감축이 필요하다고 인정될 경우 다음 한도 내에서 조정할 수 있을 것

형별 \ 구분	적용 속도	감축범위 환산량수		최대감축 한도
		장마로 중량증가 예상 시	이상기후로 차륜공전 예상 시	
디젤기관차	화갑	8% 이내	5% 이내	10% 이내
전기기관차	혼갑	8% 이내	5% 이내	10% 이내

⑨ 속도종별(18종) : 고속, 특갑, 특을, 특병, 특정, 급갑, 급을, 급병, 급정, 보갑, 보을, 보병, 보정, 혼갑, 혼을, 혼병, 혼정, 화갑

(3) 차장률
① 차장률이라 함은 차량 길이의 단위로서 14m를 1량으로 하여 환산함. 이 경우 연결기는 닫힌 상태로 함
② 차장률을 환산할 때 소수점 이하는 2위에서 반올림함

(4) 차중률
① 차중률이라 함은 열차운전상의 차량중량의 단위로 차중합산법에 따라 환산하여 표시
② 차중률은 1.0량 총중량(자중 및 식 적재중량, 동력차는 관성중량 부가)
  ㉠ 기관차 : 30톤
  ㉡ 동차 및 객차 : 40톤
  ㉢ 화차 : 43.5톤
③ 차중률을 계산할 때 소수점 이하는 2위에서 반올림. 단, 공차일 때는 끊어 올림
④ 객차의 영차는 좌석수에 대한 승객의 중량과 승무원 비품, 용수 등의 적재중량을 자중에 가산하여 환산
⑤ 비상차로서 비상용품을 적재하였을 때의 실 적재 실중량은 적재정량의 1/2에 해당하는 중량에 의하고 정량을 적재한 경우와 구별된 차중률은 괄호 ( ) 내의 수에 따름
⑥ 공차의 차중률을 적용하는 경우
  ㉠ 화차용 시트와 로프만을 적재한 차량
  ㉡ 직무를 위한 승무원만 승차하고 적재물(시트, 로프 제외)이 없는 차량
  ㉢ 유차

1-1. 유효장에 대한 설명으로 틀린 것은?

① 본선의 유효장은 인접측선에 대한 열차 착발 또는 차량출입에 제한을 받지 않는다.
② 차량접촉한계표지 안쪽에 출발신호기가 설치되어 있는 선로의 경우에는 출발신호기까지의 길이이다.
③ ATP 메인발리스가 차량접촉한계표지 안쪽 또는 출발신호기의 바깥쪽에 설치되었을 경우에는 ATP 메인발리스까지의 길이이다.
④ 궤도회로의 절연장치가 차량접촉한계표지 바깥쪽 또는 출발신호기의 안쪽에 설치되었을 경우에는 궤도회로 절연장치까지의 길이이다.

1-2. 견인정수에 대하여 틀리게 설명하고 있는 것은?

① 견인정수는 운전기준에 의한 동력차의 안전한 최대 견인능력이다.
② 동차(CDC)의 총괄제어 시 M차 최대연결량수는 3량(중련운전 시 6량)이다.
③ 25/1,000 이하의 구배를 운전하는 구간 중 기관차 견인열차의 경우 여객열차는 0.5의 견인정수를 초과하여 연결할 수 있다.
④ 속도종별은 18종이 있다.

1-3. 차량의 길이가 26m인 경우, 차장률로 환산하면 얼마인가?

[17년 1회]

① 1.8
② 1.85
③ 1.86
④ 1.9

|해설|

1-1
궤도회로의 절연장치가 차량접촉한계표지 안쪽 또는 출발신호기의 바깥쪽에 설치되었을 경우에는 양쪽 궤도회로 장치까지의 길이이다.

1-2
25/1,000 이하의 구배를 운전하는 구간 중 기관차 견인열차의 경우 여객열차는 0.4의 견인정수를 초과하여 연결할 수 있다.

1-3
운전취급규정 제22조 별표 3
$26 \div 14 = 1.85 \fallingdotseq 1.9$

정답 1-1 ④ 1-2 ③ 1-3 ④

---

(1) 용어의 정의

① "철도비상사태"란 열차충돌, 탈선, 화재, 폭발, 자연재해 및 테러 등의 중대한 사고 발생으로 열차 운행이 중단되거나 인적 및 물적 피해가 발생되는 상황 또는 위험개소(터널·교량 등) 내 장시간 열차가 정차하는 상황

② "비상대응매뉴얼"이란 철도비상사태가 발생한 것으로 가정하여 발생 시점부터 복구완료 및 열차 정상운행이 될 때까지의 세부적인 대응내용을 수록한 것으로 "고속철도·도시철도 대형사고 현장조치 행동매뉴얼", "현장조치행동매뉴얼", "비상대응계획", "현장조치매뉴얼"을 말함

③ "대형사고"란 열차충돌·탈선·화재·폭발·침수 등으로 5명 이상의 사망자가 발생하거나 24시간 이상 열차운행 중단이 예상되는 사고를 말함

④ "초기대응팀"이란 소속역을 중심으로 역, 차량, 시설, 전기분야 직원 등으로 구성되며, 소속역장이 팀장업무를 수행하고, 사고(재난) 발생 시 신속하게 출동하여 인명구조 등 초기대응을 담당하는 팀을 말함

⑤ "관리역초기대응팀"이란 관리역과 차량, 시설, 전기분야 직원 등으로 구성되며, 관리역장이 팀장 업무를 수행하고, 사고(재난) 발생 시 신속하게 출동하여 인명구조 등을 담당하는 팀을 말함

⑥ "복구요원"이란 사고 및 재난 복구와 관련하여 복구반에 편성되거나 각종 사규 및 매뉴얼에 따라 사고복구와 관련한 임무를 수행하는 사람

⑦ "복구장비"란 기중기, 재크키트 및 모터카 등 사고복구를 위한 장비

⑧ "비상차"란 철도교통사고 및 그 밖의 사고복구를 위해 기중기와 비상차용품을 실은 차량 및 비상객차 등으로 조성된 철도차량

⑨ "비상대응 연습·훈련"이란 철도비상사태 발생에 대비하여 비상대응 능력 함양 및 유관기관 협력체계 강화 등을 위해 실시하는 비상대응 연습과 훈련을 말하며, 종합연습·훈련과 부분연습·훈련으로 구분

(2) 사고수습 및 복구의 우선순위
① 인명의 구조 및 안전조치(고객, 직원 및 관계자 포함)
② 본선의 개통
③ 민간 및 철도재산의 보호

(3) 훈련의 종류 및 시행방법
① 비상대응훈련의 종류는 종합연습·훈련과 부분연습·훈련으로 구분
② 비상대응연습·훈련의 시행방법
　㉠ 가상훈련 : 훈련메시지에 의하여 사고현장의 실제상황을 고려한 수습처리 훈련으로서 문서(paper-play)·통신설비 등의 방법으로 단계별 보고, 운전정리, 여객안내 및 유도, 수습, 복구 등 모든 사항에 대하여 시행하는 훈련
　㉡ 실제훈련 : 훈련메시지 등에 의하여 사고현장의 실제상황을 고려하여 가상상황을 연출하고, 수습 및 복구를 실제로 시행하는 훈련
　㉢ 모든 훈련은 실제훈련을 원칙으로 하되, 2인 이하 근무소속 또는 감염병 등 부득이한 사정으로 소속기관장이 인정하는 경우 가상훈련으로 시행할 수 있음
　㉣ 소속기관 내 교대근무 소속에서 1개조를 대상으로 분기 1회 실제훈련을 시행한 경우, 나머지 근무조 등 부득이 훈련에 참여하지 못한 직원에 대해서는 자체교육 및 가상훈련으로 대체할 수 있음

(1) 용어의 정의

① "철도사고"란 철도운영 또는 철도시설관리와 관련하여 사람이 죽거나 다치거나 물건이 파손되는 사고를 말하며(다만, 전용철도에서 발생한 사고는 제외한다), 철도교통사고와 철도안전사고로 구분

② "철도교통사고"란 철도차량의 운행과 관련된 사고로서 충돌사고, 탈선사고, 열차화재사고, 기타철도교통사고를 말함

③ "철도안전사고"란 철도차량의 운행과 직접적인 관련 없이 철도 운영 또는 철도시설관리와 관련하여 사람이 죽거나 다치거나 물건이 파손되는 사고를 말하며 철도화재사고, 철도시설파손사고, 기타철도안전사고로 구분

④ "철도준사고"란 철도안전에 중대한 위해를 끼쳐 철도사고로 이어질 수 있었던 사건을 말함

⑤ "운행장애"란 철도사고 및 철도준사고 외에 철도차량의 운행에 지장을 주는 것으로서 무정차통과와 운행지연으로 구분

⑥ "무정차통과"란 관제사의 사전승인 없이 기관사(KTX 기장 포함)가 정차하여야 할 역을 통과한 것을 말함

⑦ "운행지연"이란 고속열차 및 전동열차는 20분, 일반여객열차는 30분, 화물열차 및 기타열차는 60분 이상 지연하여 운행한 경우를 말함. 다만, 관제업무종사자가 철도사고 및 운행장애가 발생한 열차의 운전정리로 지장 받은 열차의 지연시간과 안전확보를 위해 선제적으로 시행한 운전정리로 지장 받은 열차의 지연시간은 제외함

⑧ "관리장애"란 운행장애의 범주에 해당하지 않은 것으로서 안전 확보를 위해 관리가 필요한 장애를 말하며, 공사(公社) 이외의 자가 관리하는 사업구간에서 발생한 장애를 포함

⑨ "재난"이란 태풍, 폭우, 호우, 대설, 홍수, 지진, 낙뢰 등 자연현상으로, 「재난 및 안전관리 기본법」 제3조제1호가목에 따른 자연재난으로서 철도시설 또는 철도차량에 피해를 준 것을 말함. 또한, 「감염병 예방 및 관리에 관한 법률」 제2조제1호에 따른 감염병 등으로 인해 열차운행에 지장을 받은 경우도 포함

⑩ "사상자"란 철도사고에 따른 다음의 어느 하나에 해당하는 사람을 말하며 개인의 지병에 따른 사상자는 제외함
   ㉠ 사망자 : 사고로 즉시 사망하거나 30일 이내에 사망한 사람
   ㉡ 부상자 : 24시간 이상 입원치료를 한 사람을 말함. 다만, 24시간 이상 입원치료를 받았더라도 의사의 진단결과 "정상" 판정을 받은 사람은 부상자에 포함하지 않음

(2) 철도교통사고의 종류

① **충돌사고** : 철도차량이 다른 철도차량 또는 장애물(동물 및 조류는 제외한다)과 충돌하거나 접촉한 사고

② **탈선사고** : 철도차량이 궤도를 이탈한 사고

③ **열차화재사고** : 철도차량에서 화재가 발생하는 사고

④ **기타철도교통사고** : ①부터 ③까지의 사고에 해당하지 않는 사고로서 철도차량의 운행과 관련된 다음의 사고
   ㉠ 위험물사고 : 열차에서 위험물 또는 위해물품이 누출되거나 폭발하는 등으로 사상자 또는 재산피해가 발생한 사고
   ㉡ 건널목사고 : 「건널목 개량촉진법」 제2조에 따른 건널목에서 열차 또는 철도차량과 도로를 통행하는 차마, 사람 또는 그 밖에 이동 수단으로 사용하는 기계기구와 충돌하거나 접촉한 사고
   ㉢ 철도교통사상사고 : 충돌사고, 탈선사고, 열차화재사고 및 위험물사고와 건널목사고를 동반하지 않고 열차 또는 철도차량의 운행으로 사상자가 발생한 사고

ⓐ 여객교통사상사고

ⓑ 공중교통사상사고

ⓒ 직원교통사상사고

(3) 철도안전사고의 종류

① 철도화재사고 : 철도역사, 기계실 등 철도시설 또는 철도차량에서 화재가 발생한 사고

② 철도시설파손사고 : 교량, 터널, 선로, 신호, 전기, 통신 설비 등이 손괴된 사고

③ 기타철도안전사고 : ① 및 ②에 해당하지 않는 사고로서 철도시설 관리와 관련된 다음의 어느 하나에 해당하는 사고

   ㉠ 철도안전사상사고 : 대합실, 승강장, 선로 등 철도시설에서 추락, 감전, 충격 등으로 여객, 공중(公衆), 직원이 사망하거나 부상을 당한 사고

   ㉡ 기타 안전사고 : 철도안전사상사고에 해당되지 않는 기타철도안전사고

(4) 철도준사고의 종류

① 무허가 운행 : 운행허가를 받지 않은 구간으로 열차가 주행하는 경우

② 진행신호 잘못 현시 : 열차가 운행하려는 선로에 장애가 있음에도 진행을 지시하는 신호가 표시되는 경우. 다만, 복구 및 유지 보수를 위한 경우로서 관제 승인을 받은 경우에는 제외

③ 정지신호 위반운전 : 열차 또는 철도차량이 승인 없이 정지신호를 지난 경우

④ 정거장 밖으로 차량구름 : 열차 또는 철도차량이 역과 역사이로 미끄러진 경우

⑤ 작업/공사구간 열차운행 : 열차운행을 중지하고 공사 또는 보수 작업을 시행하는 구간으로 열차가 주행한 경우

⑥ 안전운행에 지장을 주는 시설고장 : 안전운행에 지장을 주는 레일 파손이나 유지보수 허용범위를 벗어난 선로 뒤틀림이 발생한 경우

⑦ 안전운행에 지장을 주는 차량고장 : 안전운행에 지장을 주는 철도차량의 차륜, 차축, 차축베어링에 균열 등의 고장이 발생한 경우

⑧ 위험물 누출사건 : 철도차량에서 화약류 등 「철도안전법 시행령」 제45조에 따른 위험물 또는 같은 법 시행규칙 제78조제1항에 따른 위해물품이 누출된 경우

⑨ 그 밖에 사고위험이 있는 사건 : ①부터 ⑧까지의 준사고에 준하는 것으로서 철도사고로 이어질 수 있는 경우

핵심예제

"운행지연"에 대한 내용으로 틀린 것은?

① 고속열차 : 10분

② 전동열차 : 20분

③ 일반여객열차 : 30분

④ 화물열차 및 기타열차 : 60분

|해설|

고속열차 및 전동열차 : 20분

정답 ①

Win- Q

철도운송산업기사

PART

2

과년도 + 최근 기출복원문제

2021년 제1회 과년도 기출복원문제

※ 2021년부터는 CBT(컴퓨터 기반 시험)로 진행되어 수험자의 기억에 의해 문제를 복원하였습니다. 실제 시행문제와 일부 상이할 수 있음을 알려드립니다.

01 철도여객운송약관에 정한 용어에 대한 설명으로 틀린 것은?

① 입장권이란 역의 타는 곳까지 출입하는 사람에게 발행하는 증표를 말한다.

② 열차란 철도공사에서 운영하는 고속열차, 준고속열차, 일반(새마을호, ITX-새마을, 무궁화호, 누리로, 통근)열차를 말한다.

③ 철도종사자란 승무 및 역무서비스 등의 업무를 수행하는 사람을 말한다.

④ 운임이란 열차에서 부가적으로 이용하는 서비스의 대가를 말한다.

해설

④ 운임이란 열차를 이용하여 장소를 이동한 대가를 말하며 요금이란 열차에서 부가적으로 이용하는 서비스의 대가를 말한다.

2024년 3회차

② 열차란 철도공사에서 운영하는 고속열차, 준고속열차, 일반열차(광역 및 도시철도를 제외)를 말한다.

④ 운임이란 열차를 이용하여 장소를 이동한 대가를 말하며 요금이란 열차에서 부가적으로 이용하는 서비스의 대가를 말한다.

02 승차권의 유효성에 대한 설명으로 틀린 것은?

① 철도공사의 전산시스템에 접속하여 휴대폰으로 운송에 관한 정보를 전송받은 사람의 모바일 승차권은 유효하다.

② 여러 명이 같은 운송조건으로 이용하는 단체승차권 등을 승차일시, 구간, 인원 등을 변경하는 경우 승차권을 발행한 역에서만 변경이 가능하다.

③ 철도공사에 승차하는 사람에 관한 정보를 제공하고 철도공사 홈페이지에 접속하여 운송에 관한 정보를 휴대폰으로 전송받은 사람의 휴대폰 문자 승차권은 유효하다.

④ 승차권의 유효기간은 도착역의 도착시간까지로 하며 도착역 도착시간이 지나면 무효다.

해설

② 여러 명이 같은 운송조건으로 이용하는 단체승차권, 4인 동반석 승차권 등의 승차일시, 구간, 인원을 변경하는 경우에는 환불 후에 다시 구입하여야 하지만, 꼭 발행한 역에서만 변경이 가능한 것은 아니다.

2024년 3회차

② 여러 명이 같은 운송조건으로 이용하는 4인 동반석 승차권 등의 승차일시, 구간, 인원을 변경하는 경우에는 환불 후에 다시 구입하여야 하지만, 꼭 발행한 역에서만 변경이 가능한 것은 아니다.

※ 2024년 3회차 시험부터는 단체승차권도 승차일시, 구간, 인원 등을 일부 변경이 가능하도록 허용되며 위 조항이 개정되었다.

03 운임·요금 중 일부를 현금, 수표, 신용카드 및 포인트 등으로 나누어 결제하는 것을 무엇이라고 하는가?

① 분할결제
② 후급결제
③ 혼합결제
④ 혼용결제

해설
④ 혼용결제란 운임 및 요금을 신용카드를 비롯한 2개 이상의 결제수단으로 결제하는 것을 말한다.

04 분실 재발행을 청구할 수 없는 승차권으로 옳은 것은?

① 포인트로 발급받은 스마트폰 승차권
② 신용카드로 결제한 KTX 자유석 승차권
③ 유공자 무임으로 발급받은 KTX와 무궁화호 환승 승차권
④ 현금결제 후 현금영수증을 발급받은 ITX-청춘 환승 승차권

해설
② 자유석 승차권은 좌석번호를 지정하지 않은 승차권으로 분실 재발행을 할 수 없다.

05 KORAIL PASS에 관한 설명으로 틀린 것은?

① 본인이 지정한 사용개시일 이전에 반환이 가능하다.
② KORAIL PASS로 이용한 KTX가 40분 이상 지연됐을 경우 보상한다.
③ KORAIL PASS의 확인을 거부하는 경우 10배의 부가운임을 수수한다.
④ 본인에 한정하여 사용할 수 있는 KORAIL PASS를 다른 사람이 사용한 경우에는 KORAIL PASS를 무효로 하여 회수한다.

해설
② KORAIL PASS는 열차 지연이나 취소에 대한 보상이 없다.

2024년 3회차
KORAIL PASS에서 '사용개시일'은 모두 '이용시작일'으로 개정되었고, ③, ④도 개정된 약관에서의 용어의 변경이 있지만 맥락상 다 맞는 말이기 때문에 답이 달라지진 않는다. 그러나 2024년 3회차 기출에서는 개정된 약관의 용어로 나올 가능성이 높기 때문에 개정된 약관의 용어를 숙지하길 추천한다.

06 A역에서 B역 간 무궁화호 열차 일반정기승차권 20일용을 5일간 사용 후 환불할 때 환불금액은 얼마인가?(단, 기준운임 6,300원, 운임계산일수 14일, 최저위약금 400원, 영업거리 104km일 경우이다)

① 28,900원
② 29,200원
③ 29,600원
④ 30,000원

해설
무궁화호 열차는 입석운임 기준
= 기준운임에서 15% 할인
= $6,300 \times 0.85 = 5,355 \fallingdotseq 5,400$원
정기승차권 10일용(10일~20일) 할인
= 입석운임에서 45%
= $5,400 \times 0.55 = 2,970 \fallingdotseq 3,000$원
$3,000$원$\times 14$일$\times 2$회$= 84,000$원
(일수를 기준으로 1일 2회로 계산하기에 2회를 곱해야 한다)
사용개시 후 정기승차권을 환불할 경우
(승차구간의 기준운임 × 청구당일까지의 사용횟수) + 최저수료 공제 = $(5,400 \times 5$일$\times 2$회$) + 400$(최저수수료) $= 54,400$원
환불금액 $84,000 - 54,400 = 29,600$원

07 승차구간 내 도중역에서 여행을 중지한 사람의 환불에 관한 설명으로 틀린 것은?

① 승차권에 기재된 도착역 도착시각 전까지 환불을 청구할 수 있다.

② 승차하지 않은 구간의 운임, 요금 환불을 청구할 수 있다.

③ 환불금액은 이미 승차한 역까지는 운임, 요금 및 10%의 위약금을 공제한 금액을 환불한다.

④ 운임, 요금의 환불 시 위약금은 감면할 수 있다.

> **해설**
> ③ 도중역에서 하차할 경우 이미 승차한 역까지의 운임, 요금과 이용하지 않은 운임요금의 15%에 해당하는 위약금을 공제한 금액을 환불한다.

08 KORAIL PASS에 관한 설명으로 틀린 것은?

① 사용기한은 90일이다.

② 13세 이상의 보호자와 함께 여행하는 만 6세 미만의 유아는 보호자 1명당 유아 2명에 한정하여 운임을 받지 않는다.

③ KORAIL PASS는 사용개시일부터 반환을 청구할 수 있다.

④ KORAIL PASS의 판매가격은 사용기간별, 나이별로 구분하며 KORAIL PASS SAVER의 경우 동행 중 어린이가 포함된 경우라도 모두 어른 운임을 받는다.

> **해설**
> ③ KORAIL PASS는 본인이 지정한 사용개시일 이전에 반환이 가능하며, 사용개시일부터는 반환을 청구할 수 없다.

09 철도공사가 역(간이역 제외)에 게시해야 하는 것은?

① 장애인 편의시설에 관한 사항

② 부가운임에 관한 사항

③ 운임, 요금 환불에 관한 사항

④ 지연에 대한 환불, 배상에 관한 사항

> **해설**
> ① 장애인 편의시설에 관한 사항은 반드시 게시해야 하는 사항은 아니다.

10 여객운송약관에서 정한 휴대품에 관한 설명으로 틀린 것은?

① 철도안전법에 정한 위해물품 및 위험물은 허가받은 경우를 제외하고는 휴대할 수 없다.

② 열차 내 휴대한 물품은 철도공사의 책임으로 보관, 관리한다.

③ 휴대금지품을 휴대한 경우 철도종사자는 가까운 도중역 하차를 하게 할 수 있다.

④ 좌석 또는 통로를 차지하지 않는 두 개 이내의 물품을 휴대하고 승차할 수 있다.

> **해설**
> ② 열차 내 휴대한 물품은 고객의 책임으로 보관, 관리해야 한다.

11 단체승차권 운임·요금의 환불에 대한 설명 중 틀린 것은?(단, 별도계약에 의한 단체 제외)

① 출발 2일 전까지 : 단체위약금

② 출발시각 경과 후 20분까지 : 15%

③ 출발 1일 전부터 출발시각 전까지 : 5%

④ 출발시각 60분 경과 후 도착역 도착시각 전까지 : 70%

> **해설**
> ③ 단체승차권 출발 1일 전~출발시각 전까지는 10%의 수수료를 공제한다.

12 열차 내에서 발행할 수 있는 미승차 확인증명에 대한 설명으로 옳은 것은?

① 승차한 날로부터 1년 이내에 해당 승차권을 역 창구에 제출하고 한불을 청구할 수 있다.
② 승차권을 환불할 때는 도착역에서 위약금 10%를 공제한 잔액을 환불한다.
③ 미승차 확인증명은 열차 내에서 좌석번호를 지정한 승차권을 이중으로 구입하였을 경우 발행한다.
④ 일반열차 입석 승차권을 이중으로 구입한 경우 열차 내에서 미승차 확인증명의 발행을 청구할 수 있다.

해설
① 해당 승차권이 아닌 승무원에게 미승차 확인증명을 받아 제출해야 한다.
② 승차권을 환불할 때는 출발 후 기준에 정한 위약금을 공제한 잔액의 환불 청구가 가능하고, 도착역뿐만 아니라 미승차 확인증명을 받아 전 역에서 가능하다(간이역 및 승차권판매대리점 제외).
④ 입석승차권은 좌석번호를 지정하지 않은 승차권에 포함되므로 환불 대상에 포함되지 않는다.

2024년 3회차
①, ② 승차권을 환불할 때는 출발 후 기준에 정한 위약금을 공제한 잔액의 환불 청구가 가능하고, 승무원에게 증명을 받은 후 바로 환불이 가능하다. 다만, 현금으로 결제한 승차권의 경우 승차한 날로부터 1년 이내에 미승차 확인증명을 받은 내역을 역(간이역 및 승차권판매대리점 제외)에 제출하고 환불을 청구할 수 있다.
④ 입석승차권은 좌석번호를 지정하지 않은 승차권에 포함되므로 환불 대상에 포함되지 않는다.

13 광역철도 여객운송약관에 정한 용어의 설명으로 틀린 것은?

① 환승이란 광역전철, 도시철도, 통합거리비례제 운임이 적용되는 버스 간 서로 갈아타는 것을 말한다.
② 수도권 내 구간이란 수도권정비계획법 제2조에 정한 서울특별시, 인천광역시, 경기도에 있는 광역철도 및 도시철도구간을 말한다.
③ 1회용 승차권이란 여객이 연락 또는 연계운송 하는 구간을 1회 이용할 수 있는 승차권을 말하며 카드형 1회권과 토큰형 1회권으로 구분한다.
④ 연락운송이란 운임체계가 다른 전철기관 간에 해당운임을 배분하는 것을 전제로 각각의 운임을 합산 적용한 후, 서로 연속하여 여객을 운송하는 것을 말한다.

해설
④ "연락운송"이란 「도시철도법」 제34조에 따라 광역철도구간과 도시철도구간을 서로 연속하여 여객을 운송하는 것을 말한다.
* "연계운송"이란 운임체계가 다른 전철기관 간에 해당운임을 배분하는 것을 전제로 각각의 운임을 합산하여 적용한 후, 서로 연속하여 여객을 운송하는 것을 말한다.

14 KTX 승차권 할인에 대한 설명으로 틀린 것은?

① 10명 이상이 단체로 여행할 때 좌석구입 시 영수액의 10%를 할인하여 준다.
② 유공자는 6회까지 무임으로 이용할 수 있으며, 6회 초과 시부터는 운임의 50%를 할인하여 준다.
③ 단체할인 승차권은 예약과 동시에 결제를 완료하여야 하며 열차별로 판매 좌석수가 한정되어 있다.
④ 어른 1명이 6세 미만의 유아 2명과 동반하는 경우 최초 유아는 무임 또는 승차권 구매 시 75% 할인이고 이고 나머지 유아는 어른 운임의 75%를 할인한다.

해설
① 영수액이 아니라 운임의 10%를 할인해준다. 특실요금 등은 할인대상도 지연배상 대상도 아니라는 것을 기억해야 한다.

15 철도안전법상 철도종사자 중 운전업무종사자가 약물을 사용하였다거나 술을 마셨다고 판단하는 기준은?

① 약물 : 음성으로 판정된 경우 술 : 혈중 알코올 농도가 0.02퍼센트 이상인 경우

② 약물 : 음성으로 판정된 경우 술 : 혈중 알코올 농도가 0.03퍼센트 이상인 경우

③ 약물 : 양성으로 판정된 경우 술 : 혈중 알코올 농도가 0.02퍼센트 이상인 경우

④ 약물 : 양성으로 판정된 경우 술 : 혈중 알코올 농도가 0.03퍼센트 이상인 경우

해설
운전업무종사자, 관제업무종사자, 여객승무원은 혈중 알코올농도가 0.02% 이상인 경우 약물을 사용하였다고 판단한다.

16 철도안전법에서 여객열차 안에서의 금지행위의 설명 중 가장 먼 것은?

① 흡연하는 행위

② 철도종사자와 여객 등에게 성적수치심을 일으키는 행위

③ 정당한 사유 없이 국토교통부령으로 정하는 여객 출입 금지장소에 출입하는 행위

④ 열차운행 중에 비상정지버튼을 누르거나 철도차량의 옆면에 있는 승강용 출입문을 여는 등 철도차량의 장치 또는 기구를 조작하는 행위

해설
④ '정당한 사유 없이'라는 단서가 앞에 붙어 있어야 옳은 문장이다.

17 철도안전법 시행령 과태료 부과 개별기준에 정한 내용 중 정당한 사유 없이 발전실에 출입하는 행위를 2회 위반 시 과태료는?

① 150만원　　② 300만원

③ 450만원　　④ 600만원

해설
발전실은 여객출입 금지장소에 해당하며 이를 2회 위반할 경우 300만원의 과태료가 부과된다.

18 철도사업법상 사업용 철도노선의 고시 등에 대한 설명으로 틀린 것은?

① 사업용 철도노선 분류의 기준이 되는 운행지역, 운행거리 및 운행속도는 국토교통부령으로 정한다.

② 사업용 철도노선은 운행지역과 운행거리에 따른 분류로 간선철도와 지선철도, 광역철도로 구분할 수 있다.

③ 사업용 철도노선은 운행속도에 따른 분류로 고속철도노선, 준고속철도노선, 일반철도노선으로 구분할 수 있다.

④ 국토교통부장관은 사업용철도노선의 노선번호, 노선명, 기점, 종점, 중요 경과지 등 필요한 사항을 국토교통부령으로 정하는 바에 따라 지정·고시하여야 한다.

해설
② 운행지역과 운행거리에 따른 분류로 간선철도와 지선철도로 나뉜다.

19 철도사업법령상 철도사업의 휴업 또는 폐업에 관한 설명으로 가장 먼 것은?

① 휴업 또는 폐업 예정일 3개월 전에 철도사업휴업(폐업)허가신청서에 서류를 첨부하여 국토교통부장관에게 제출하여야 한다.

② 허가를 받거나 신고한 휴업기간 중이라도 휴업 사유가 소멸된 경우에는 국토교통부장관에게 신고하고 사업을 재개할 수 있다.

③ 국토교통부장관에게 신고하여야 하는 휴업을 제외하고 휴업기간은 1년을 넘을 수 없다.

④ 철도사업의 휴업 또는 폐업의 허가를 받은 때에는 그 허가를 받은 날부터 7일 이내 게시하여야 한다.

① 철도사업법 시행규칙 제11조
② 철도사업법 제15조
③ 휴업기간은 6개월을 넘을 수 없다. 다만, 선로 또는 교량의 파괴, 철도시설의 개량, 그 밖의 정당한 사유로 휴업의 경우에는 예외로 한다.
④ 철도사업법 시행령 제7조

20 도시철도법에 정한 내용으로 틀린 것은?

① 시·도지사가 정한 날짜 또는 기간 내에 운송을 개시하지 아니한 경우에는 면허를 취소하거나 6개월 이내의 기간을 정하여 그 사업의 정지를 명할 수 있다.

② 거짓이나 그 밖의 부정한 방법으로 도시철도운송사업의 면허를 받은 자는 2년 이하의 징역 또는 2천만원 이하의 벌금에 처한다.

③ 영상기록을 목적 외의 용도로 이용하거나 다른 자에게 제공한 자는 2년 이하의 징역 또는 2천만원 이하의 벌금에 처한다.

④ 도시철도운영자의 준수사항 위반, 도시철도차량의 점검·정비에 관한 책임자를 선임하지 아니한 자는 100만원 이하의 과태료를 부과한다.

③ 1년 이하의 징역 또는 1천만원 이하의 벌금이 옳다.

21 물류의 중요성으로 옳지 않은 것은?

① 소비자의 제품 다양화 요구
② 운송시간과 비용의 상승
③ 소품종 대량생산 체계의 등장
④ 기술혁신으로 인한 물류환경의 변화

③ 다품종 소량체계의 등장이다.

22 운송수단 간의 속도와 비용에 관한 내용으로 옳지 않은 것은?

① 속도가 빠른 운송수단일수록 운송빈도가 더욱 높아져 운송비가 증가한다.

② 속도가 느린 운송수단일수록 운송빈도가 더욱 낮아져 보관비가 감소한다.

③ 수송비와 보관비는 상충관계로 총비용 관점에서 운송수단을 선택해야 한다.

④ 운송수단 선정 시 운송비용과 재고유지비용을 고려하여야 한다.

해설
② 속도가 느린 운송수단일수록 운송빈도가 더욱 낮아져 보관비가 증가한다.

23 다음 중 연안운송의 특징에 대한 설명으로 틀린 것은?

① 대량화물, 중량화물의 원거리에 적합하다.

② 연안운송은 크기나 중량에 거의 제한이 없다.

③ 포장비용이 많이 들어 화물손상 사고는 많이 발생하지 않는다.

④ 대량운송에 있어 전용선에 의한 운송 및 일관하역 작업이 가능하다.

해설
연안화물로 운송하는 화물은 석탄, 광석과 같이 일정한 포장을 하지 않는 살화물이기 때문에 ③의 내용은 적합하지 않다.

24 컨테이너 운송용기로서의 조건을 보기 같이 정하고 있는 국제기구는?

┌─ 보기 ──────────────────────┐
• 영구적인 구조의 것으로 반복 사용에 견디는 충분한 강도를 가진 것
• 운송 도중에 다시 적재함이 없이 한 가지 이상의 운송 방식에 의하여 화물의 운송이 이루어질 수 있도록 특별히 설계된 것
• 하나의 운송 방식에서 다른 방식으로 전환이 가능하고 쉽게 조작할 수 있는 장치를 가진 것
• 화물을 가득 적재하거나 하역이 쉽게 이루어지도록 설계된 것 – $1m^3$($35.3ft^3$) 이상의 내부 용적을 가진 것
└────────────────────────────┘

① 컨테이너 통관협약(CCC)

② 국제표준화기구(ISO)

③ 컨테이너 안전협약(CSC)

④ 국제통과화물에 관한 협약(ITI)

해설
② 국제표준화기구(ISO) : 국제적으로 통일된 표준을 제정함으로써, 상품과 서비스의 교역을 촉진하고 과학, 기술, 경제 전반의 국제협력 증진을 목적으로 하는 국제기구
① 컨테이너 통관협약(CCC) : 컨테이너가 국경을 통과할 때 발생하는 관제 및 통관문제 해결을 위해 제정된 것으로 일시 수입된 컨테이너에 대해 재수출 조건으로 면세한다. 우리나라는 1973년 조건부서명을 한 후 1981년 10월 정식으로 가입했다.
③ 컨테이너 안전협약(CSC) : 컨테이너를 운송하는 데 있어서 안전하게 운반할 수 있도록 강도, 규격 등을 규정
④ 국제통과화물에 관한 협약(ITI) : 육·해·공을 포함하는 모든 운송수단을 이용하여 운송되는 컨테이너 화물에 대한 경유지 국가의 수출입 관세 및 세관검사의 면제를 규정

25 ICD의 특징이 아닌 것은?

① 운송회전율을 향상시킨다.

② 복합운송을 통한 대량운송이 가능하다.

③ 공차율을 향상시킨다.

④ 컨테이너화물의 장치, 보관이 가능하다.

해설
③ ICD는 공차율을 감소시킨다.

26 대형 컨테이너를 적재하고 터미널 사이를 고속으로 운행하는 화물컨테이너를 이용하는 방식을 무엇이라고 하는가?

① piggy back ② COFC 방식
③ flexi-van ④ freight liner

해설
프레이트 라이너란 대형 컨테이너를 적재하고 터미널 사이를 고속으로 운행하는 화물 컨테이너로 하역시간 단축과 문전수송이 가능하다.

27 운송수단을 직접 보유하지 않으면서 실제운송인처럼 운송주체자로서 기능과 책임을 다하는 운송인은?

① 실제계약인 ② 무선박운송인
③ 실제운송인 ④ 계약운송인

해설
계약운송인(포워더, forwarder)에 대한 설명이다.

28 복합운송에 대한 특성을 설명한 것으로 가장 적절하지 않은 것은?

① 복합운송의 서비스 대가로 각 운송구간마다 분할된 것이 아닌 전 운송구간 단일화된 일괄 운임을 설정하여야 한다.
② 복합운송인이 화주에 대하여 전 운송구간을 포함하는 유가증권으로서 복합운송서류를 발행한다.
③ 복합운송은 2가지 이상의 운송수단이 결합되어 서비스를 제공하며, 각각 다른 법적 규제를 받는 운송수단이다.
④ 복합운송은 화주가 전 운송구간에 걸쳐 단일운송 책임을 져야 한다.

해설
④ 복합운송은 운송인이 전 운송구간에 걸쳐 단일운송 책임을 진다. (화주 ✕)

29 물류사업의 대분류에 해당하지 않는 것은?

① 화물운송업
② 물류운영업
③ 물류서비스업
④ 종합물류서비스업

해설
물류사업의 종류에는 화물운송업, 물류시설운영업, 물류서비스업, 종합물류서비스업이 있다.

30 철도화물운송에 대한 설명 중 틀린 것은?

① "EDI"라 함은 전자문서교환(Electronic Data Interchange)을 말한다.
② 화물운송장은 A4용지를 인쇄하여 사용하고, 구두, 전화, EDI에 의할 경우에는 편의양식으로 할 수 있다.
③ "화물운송장"이라 함은 고객이 탁송할 화물내용을 기재하여 제출하는 문서(EDI 전자교환문서 포함)를 말한다.
④ 고객은 GATE가 설치된 철도 CY로 컨테이너를 반입·반출하고자 할 경우에는 정보를 기재한 신청서를 3일 전까지 직접 서면으로 제출하여야 한다.

해설
④ 고객은 GATE가 설치된 철도 CY로 컨테이너를 반입·반출하고자 할 경우에는 정보를 EDI 또는 인터넷으로 미리 통보하여야 한다.

31 압축 및 액화가스류의 화물을 운송할 때 응급조치에 필요하여 호송인이 휴대하여야 하는 물품으로 적절하지 않은 것은?

① 방독면
② 누설탐지기
③ 해독제
④ 소화기(A·B·C형)

화물운송세칙 제19조
호송인 휴대품 목록
• 화약류 : 소화기(A·B·C형)
• 산류 : 방독면, 보호의, 장갑, 중화제(소석회 10킬로그램), 밸브용 공구
• 압축 및 액화가스류 : 방독면, 보호의, 누설탐지기, 소화기(A·B·C형), 밸브용 공구
• 휘산성 독물 : 해독제, 보호의, 장갑
• 그 밖의 화물 : 화물의 성질에 따른 관리, 보호 및 사고가 있을 때 응급조치에 필요한 물품

32 화물운송에 관한 설명 중 틀린 것은?

① 화약류 화물의 적하시간은 3시간이다.
② 화차는 도착역에서 고객이 잔류물 없이 하화하여야 한다.
③ 전세열차 예납금은 탁송 취소한 경우 환불해야 한다.
④ 사유화차로 화물을 발송할 때 기본운임의 2%를 화차 회송운임으로 수수한다.

③ 예납금은 탁송 취소한 경우 반환하지 않는다.

33 일반화물에 부대되는 제요금 1일 1량당 수수하는 것으로 맞는 것은?

① 선로유치료
② 화차전용료
③ 화차유치료
④ 화차계중기사용료

• 화차유치료 : 1톤 1시간마다
• 선로유치료 : 1량 1시간마다
• 화차전용료 : 1일 1량당
• 화차계중기사용료 : 1량당
• 기관차사용료 : 시간당
• 대리호송인료 : 운임계산거리 1킬로미터당
• 탁송변경료 : 탁송취소 일반화물 – 1량당
• 탁송취소 전세열차 – 1열차당
• 착역변경 및 발역송환 – 1량당

34 화물을 인도할 수 없는 경우에 해당화물을 멸실된 것으로 보고 손해배상 하여야 하는 경우는 인도기간 만료 후 몇 개월이 경과한 때인가?

① 1개월
② 2개월
③ 3개월
④ 1년

철도공사가 인도기간 만료 후 3개월이 경과하여도 화물을 인도할 수 없을 때에는 해당 화물을 멸실된 것으로 보고 손해배상을 한다.

35 A회사에서 50톤 유개화차 5량을 3일간 임대할 경우 수수금액은 얼마인가?(단, 임률 45.9원/km)

① 1,722,000원
② 2,065,500원
③ 2,410,500원
④ 2,754,000원

화차임대사용료
화차임대사용료는 최저기본운임의 80%를 수수
50톤 × 100km × 45.9원 = 229,500 × 0.8 × 3일 × 5량
= 2,754,000원

36 화물의 운임요금 중 최저기본운임에 대한 설명으로 틀린 것은?

① 하중을 부담하지 않는 보조차는 운임을 수수하지 아니한다.

② 일반화물은 화차표기하중톤수 100km에 해당하는 운임을 받는다.

③ 갑종철도차량은 차량표기자중톤수의 100km에 해당하는 운임을 받는다.

④ 컨테이너화물은 규격별, 영, 공별 컨테이너의 100km에 해당하는 운임을 받는다.

해설
① 하중을 부담하지 않는 보조차와 갑종철도차량은 자중톤수의 100km에 해당하는 운임을 수수한다.

37 철도사업의 면허기준에 해당되지 않는 것은?

① 신청자가 해당 사업을 수행할 수 있는 재정적 능력이 있을 것

② 해당 사업의 시작으로 철도교통의 안전에 지장을 줄 염려가 있을 것

③ 해당 사업의 운행계획이 그 운행 구간의 철도수송 수요와 수송력 공급 및 이용자의 편의에 적합할 것

④ 해당 사업에 사용할 철도차량의 대수, 사용연한 및 규격이 대통령령으로 정하는 기준에 맞을 것

해설
④ 해당 사업에 사용할 철도차량의 대수, 사용연한 및 규격이 국토교통부령의 기준에 맞아야 한다.

38 특수위험품 운송 시 경찰관서에 신고하여야 하는 경우가 아닌 것은?

① 발송역장은 화약류 적재신청이 있을 때

② 화약류 적재화차의 중계 및 대피역의 역장은 화약류 화차가 체류 시

③ 화약류 도착 즉시

④ 화약류에 대하여 하화통지를 한 후 3시간을 경과하여도 수화인이 하화를 하지 아니할 때

해설
④ 화약류에 대하여 하화통지를 한 후 5시간을 경과하여도 수화인이 하화를 하지 아니할 때이다.

39 철도안전법에 정한 위험물의 운송위탁 및 운송금지 사항을 위반한 자에 대한 벌칙은?

① 1년 이하의 징역 또는 1천만원 이하의 벌금

② 2년 이하의 징역 또는 2천만원 이하의 벌금

③ 3년 이하의 징역 또는 3천만원 이하의 벌금

④ 4년 이하의 징역 또는 4천만원 이하의 벌금

해설
철도안전법 제79조
제43조를 위반하여 운송 금지 위험물의 운송을 위탁하거나 그 위험물을 운송한 자는 3년 이하의 징역 또는 3천만원 이하의 벌금에 처한다.

철도안전법 제43조(위험물의 운송위탁 및 운송 금지)
누구든지 점화류(點火類) 또는 점폭약류(點爆藥類)를 붙인 폭약, 니트로글리세린, 건조한 기폭약(起爆藥), 뇌홍질화연(雷汞窒化鉛)에 속하는 것 등 대통령령으로 정하는 위험물의 운송을 위탁할 수 없으며, 철도운영자는 이를 철도로 운송할 수 없다.

40 위험물 철도운송에 관한 설명 중 틀린 것은?

① 하나의 열차에는 화약류만을 적재한 화차를 5량을 초과하여 연결하여서는 아니 된다.

② 화약류는 관할 경찰관서의 승인을 얻지 아니하고는 일출 전이나 일몰 후에는 탁송을 받거나 적하하지 못한다.

③ 철도운영자는 1개 화차를 전용하여 적재할 화약류의 운송을 수탁한 때에는 탁송인에게 호송인을 동일열차에 동승시킬 것을 요구할 수 있다.

④ 위험물을 적재한 화차는 동력을 가진 기관차 또는 이를 호송하는 사람이 승차한 화차의 바로 앞 또는 바로 다음에 연결하여야 한다.

④ 위험물을 적재한 화차는 동력을 가진 기관차 또는 이를 호송하는 사람이 승차한 화차의 바로 앞 또는 바로 다음에 연결해서는 안 된다.

41 철도안전법 시행령상 안전운행 또는 질서유지 철도종사자로 대통령령으로 정한 사람에 해당하지 않는 사람은?

① 정거장에서 철도신호기・선로전환기 또는 조작판 등을 취급하거나 열차의 조성업무를 수행하는 사람

② 철도경찰 사무에 종사하는 국가공무원

③ 철도에 공급되는 전력의 원격제어장치를 운영하는 사람

④ 철도시설 및 관련 업무 종사자들을 통해 서비스를 제공받는 사람

철도안전법 시행령 제3조
제3조(안전운행 또는 질서유지 철도종사자) 「철도안전법」제2조 제10호사목에서 "대통령령으로 정하는 사람"이란 다음의 어느 하나에 해당하는 사람을 말한다.
1. 철도사고, 철도준사고 및 운행장애가 발생한 현장에서 조사・수습・복구 등의 업무를 수행하는 사람
2. 철도차량의 운행선로 또는 그 인근에서 철도시설의 건설 또는 관리와 관련된 작업의 현장감독업무를 수행하는 사람
3. 철도시설 또는 철도차량을 보호하기 위한 순회점검업무 또는 경비업무를 수행하는 사람
4. 정거장에서 철도신호기・선로전환기 또는 조작판 등을 취급하거나 열차의 조성업무를 수행하는 사람
5. 철도에 공급되는 전력의 원격제어장치를 운영하는 사람
6. 「사법경찰관리의 직무를 수행할 자와 그 직무범위에 관한 법률」 제5조제11호에 따른 철도경찰 사무에 종사하는 국가공무원
7. 철도차량 및 철도시설의 점검・정비 업무에 종사하는 사람

42 운전취급규정의 용어의 정의에 대한 내용 중 운전보안장치가 아닌 것은?

① 열차자동제어장치   ② 열차무선방호장치
③ 건널목보안장치   ④ 지장물끌림장치

운전취급규정 제3조
• 지장물검지장치(ID ; Intrusion Detector) : 선로 내에 열차의 안전운행을 지장하는 낙석, 토사, 차량 등의 물체가 침범되는 것을 감지하기 위해 설치한 장치
• 끌림물검지장치(DD ; Dragging Detector) : 고속선의 선로상 설비를 보호하기 위해 기지나 일반선에서 진입하는 열차 또는 차량 하부의 끌림물체를 검지하는 장치

43 역장이 관제사에게 보고하여야 하는 풍속의 기준은?

① 30m/s 이상   ② 25m/s 이상

③ 20m/s 이상   ④ 15m/s 이상

해설

운전취급규정 제5조

풍속에 따른 운전취급은 다음과 같다.
1. 역장은 풍속이 초속 20미터 이상으로 판단된 경우에는 그 사실을 관제사에게 보고하여야 한다.
2. 역장은 풍속이 초속 25미터 이상으로 판단된 경우에는 다음에 따른다.
   ㉠ 열차운전에 위험이 우려되는 경우에는 열차의 출발 또는 통과를 일시 중지할 것
   ㉡ 유치 차량에 대하여 구름방지의 조치를 할 것
3. 관제사는 기상자료 또는 역장으로부터의 보고에 따라 풍속이 초속 30미터 이상으로 판단될 때에는 해당구간의 열차운행을 일시중지하는 지시를 하여야 한다.

44 연결제한 및 격리에 대한 설명으로 맞는 것은?

① 군용열차에 화약류 적재화차를 연결할 수 없다.
② 여객열차에는 특대화물 적재화차를 연결할 수 없다.
③ 특대화물 적재화차는 위험물 적재화차로부터 1차 이상 격리한다.
④ 동력을 가진 기관차는 화약류적재화차로부터 1차 이상 격리한다.

해설

운전취급규정 제22조 별표 3
① 군용화차에는 화약류 적재화차를 연결할 수 있다.
③ 특대화물 적재화차는 위험물 적재화차와 격리하지 않아도 된다.
④ 동력을 가진 기관차는 화약류 적재화차와 5차 이상 격리한다.

45 운전취급규정의 내용 중 정거장에서 2 이상의 열차를 동시에 진입 또는 진출시킬 수 있는 경우가 아닌 것은?

① 열차의 진입선로에 대한 출발신호기 또는 정차위치로부터 전동열차일 경우 150m 이상의 여유거리가 있는 경우
② 동일방향에서 동시에 진입하는 열차 쌍방이 정차위치를 지나서 진행할 경우 상호 접촉되는 배선에서는 그 정차위치에서 50m 이상의 여유거리가 있는 경우
③ 안전측선, 탈선선로전환기, 탈선기가 설치된 경우
④ 차내신호 "25"신호(구내폐색 포함)에 의해 진입시킬 경우

해설

운전취급규정 제32조

제32조(열차의 동시진입 및 동시진출) 정거장에서 2 이상의 열차 착발에 있어서 상호 지장할 염려 있는 때에는 동시에 이를 진입 또는 진출시킬 수 없다. 다만 다음의 어느 하나에 해당하는 경우에는 그러하지 아니하다.
1. 안전측선, 탈선선로전환기, 탈선기가 설치된 경우
2. 열차를 유도하여 진입시킬 경우
3. 단행열차를 진입시킬 경우
4. 열차의 진입선로에 대한 출발신호기 또는 정차위치로부터 200미터(동차·전동열차의 경우는 150미터) 이상의 여유거리가 있는 경우
5. 동일방향에서 동시에 진입하는 열차 쌍방이 정차위치를 지나서 진행할 경우 상호 접촉되는 배선에서는 그 정차위치에서 100미터 이상의 여유거리가 있는 경우
6. 차내신호 "25" 신호(구내폐색 포함)에 의해 진입시킬 경우

46 운전취급규정의 내용 중 열차등급에 관한 설명으로 틀린 것은?

① KTX-산천은 고속여객열차이다.

② ITX-청춘은 급행여객열차이다.

③ 공사열차는 회송열차보다 우선순위이다.

④ 단행열차는 시험운전열차보다 우선순위이다.

해설

운전취급규정 제55조

제55조(열차의 등급) 열차의 등급은 열차와 차량의 원활한 운전취급과 효율적인 열차 설정 등을 위하여 운행속도와 시간 및 열차품질 등을 고려하여 결정하며 그 종류는 다음과 같다.

1. 고속여객열차 : KTX, KTX-산천
2. 준고속여객열차 : KTX-이음
3. 특급여객열차 : ITX-청춘
4. 급행여객열차 : ITX-새마을, 새마을호열차, 무궁화호열차, 누리로열차, 특급ㆍ급행 전동열차
5. 보통여객열차 : 통근열차, 일반전동열차
6. 급행화물열차
7. 화물열차 : 일반화물열차
8. 공사열차
9. 회송열차
10. 단행열차
11. 시험운전열차

47 입환신호기에 의하여 열차 출발하는 경우 속도제한으로 맞는 것은?

① 15k/m 이하

② 25k/m 이하

③ 45k/m 이하

④ 출발신호에 준하는 속도제한

해설

운전취급규정 제84조 별표 5

입환신호기에 의한 열차출발 : 45km/h

48 상용폐색방식의 종류가 아닌 것은?

① 통표폐색식

② 통신식

③ 자동폐색식

④ 차내신호폐색식

해설

운전취급규정 제100조

제100조(폐색방식의 시행 및 종류)

1. 1폐색구간에 1개 열차를 운전시키기 위하여 시행하는 방법으로 상용폐색방식과 대용폐색방식으로 크게 나눈다.
2. 열차는 다음의 상용폐색방식에 의해 운전하여야 한다.
   ㉠ 복선구간 : 자동폐색식, 차내신호폐색식, 연동폐색식
   ㉡ 단선구간 : 자동폐색식, 차내신호폐색식, 연동폐색식, 통표폐색식

49 지도통신식 구간에서 열차의 출발 및 도착취급에 관한 설명으로 틀린 것은?

① 열차를 폐색구간에 진입시키는 역장은 상대역장과 협의하여 양끝 폐색구간에 열차 없음을 확인하고 지도표 또는 지도권을 기관사에게 교부하여야 한다.

② 열차가 일부 차량을 폐색구간에 남겨놓고 도착한 경우에는 개통취급을 할 수 없다.

③ 역장은 열차의 도착취급에서 지도권을 받은 경우에는 개통취급을 하기 전에 지도권에 무효기호(×)를 그어야 한다.

④ 열차의 출발취급은 열차를 폐색구간에 진입시키는 시각 5분 이전에 할 수 없다.

해설

운전취급규정 제145조

제145조(지도통신식 구간 열차의 출발 및 도착 취급)

① 지도통신식 구간에서 열차의 출발취급은 다음과 같다.
1. 열차를 폐색구간에 진입시키는 역장은 상대역장과 협의하여 양끝 폐색구간에 열차 없음을 확인하고, 지도표 또는 지도권을 기관사에게 교부하여야 한다.
2. 상대역장에게 대하여 「○○열차 폐색」이라고 통고할 것
3. 제2호의 통고를 받은 역장은 「○○열차 폐색승인」이라고 응답할 것
4. 제1호의 취급은 열차를 폐색구간에 진입시키는 시각 10분 이전에 할 수 없다.

② 지도통신식 구간에서 열차의 도착취급은 다음과 같다.
1. 열차가 폐색구간을 진출하였을 때 역장은 지도표 또는 지도권을 기관사로부터 받은 후 상대역장과 다음에 따라 개통취급을 하여야 한다.
   ㉠ 상대역장에게 「○○열차 개통」이라고 통고할 것
   ㉡ 가목의 통고를 받은 역장은 「○○열차 개통」이라고 응답할 것
2. 폐색구간의 도중에서 퇴행한 열차가 도착하는 때에도 제1호와 같다.
3. 열차가 일부 차량을 폐색구간에 남겨놓고 도착한 경우에는 개통취급을 할 수 없다.
4. 역장은 제1호에 따라 지도권을 받은 경우에는 개통취급을 하기 전에 지도권에 무효기호(×)를 그어야 한다.

50 색등식 신호기의 신호현시 방식의 기준에 대한 설명으로 맞는 것은?

① 엄호신호기 : 3현시
② 입환신호기 : 2현시 이상
③ 폐색신호기 : 3현시 이상
④ 자동폐색식 구간의 출발신호기 : 3현시 이상

해설

운전취급규정 제172조

1. 장내신호기·폐색신호기 및 엄호신호기 : 2현시 이상
2. 출발신호기 : 2현시. 다만, 자동폐색식 구간은 3현시 이상
3. 입환신호기 : 2현시

51 상치신호기의 정위로 맞는 것은?

① 엄호신호기 : 주의신호 현시
② 입환신호기 : 정지신호 현시
③ 유도신호기 : 정지신호 현시
④ 원방신호기 : 정지신호 현시

해설

운전취급규정 제174조

1. 장내·출발 신호기 : 정지신호. 다만, CTC열차운행스케줄 설정에 따라 진행지시신호를 현시하는 경우에는 그러하지 아니하다.
2. 엄호신호기 : 정지신호
3. 유도신호기 : 신호를 현시하지 않음
4. 입환신호기 : 정지신호
5. 원방신호기 : 주의신호
6. 폐색신호기
   ㉠ 복선구간 : 진행 지시신호
   ㉡ 단선구간 : 정지신호

52 임시신호기의 설치에 관한 내용 중 지장지점으로부터 앞·뒤 양방향 50m를 각각 연장한 구간에 대한 명칭으로 맞는 것은?

① 서행구간
② 서행개소
③ 서행구역
④ 서행지점

해설

운전취급규정 제190조
제190조(서행·서행예고·서행해제 신호기의 설치)
③ 서행신호기는 서행구역(지장지점으로부터 앞·뒤 양방향 50미터를 각각 연장한 구간)의 시작지점, 서행해제신호기는 서행구역이 끝나는 지점에 각각 설치한다. 다만, 단선 운전구간에 설치하는 경우에는 그 뒷면 표시로서 서행해제신호기를 겸용할 수 있다.

53 운전취급규정에서 전기원이 본선에서 전기설비 작업을 하는 경우에 전차선로작업표지를 설치할 지점으로 옳은 것은?(단, 곡선 등 예외 상황은 제외한다)

① 작업지점으로부터 100m 이상의 바깥쪽에 설치
② 작업지점으로부터 200m 이상의 바깥쪽에 설치
③ 작업지점으로부터 300m 이상의 바깥쪽에 설치
④ 작업지점으로부터 400m 이상의 바깥쪽에 설치

해설

운전취급규정 제265조
전차선로작업표지는 작업지점으로부터 200미터 이상의 바깥쪽에 설치하여야 한다. 다만, 곡선 등으로 400미터 이상의 거리에 있는 열차가 이를 확인할 수 없는 때에는 그 거리를 연장하여 설치하여야 한다.

54 선로전환기에 장애가 발생한 경우의 조치사항 중 틀린 것은?

① 유지보수 소속장은 관계 직원이 현장에 신속히 출동하도록 조치하고, 복구여부를 관계처에 통보하여야 한다.
② 관제사는 선로전환기에 장애가 발생한 경우에 유지보수 소속장에게 신속한 보수 지시와 관계열차 기관사에게 장애 발생 사항 통보 등의 조치를 하여야 한다.
③ 관제사 또는 역장은 조작반으로 진입·진출시키는 모든 선로전환기 잠금상태가 확인되지 않을 경우 수동전환 하였음을 확인 후에 진행 수신호 생략승인번호를 통보하여야 한다.
④ 장애를 통보 받은 기관사는 신호기 바깥쪽에 정차할 자세로 주의운전하고, 통보를 받지 못하고 신호기에 정지신호가 현시된 경우에는 신호기 바깥쪽에 정차하고 역장에게 그 사유를 확인하여야 한다.

해설

운전취급규정 제300조
③ 관제사 또는 역장은 조작반으로 진입·진출시키는 모든 선로전환기 잠금상태를 확인하여 이상 없음이 확실한 경우에는 진행 수신호 생략승인번호를 통보하여야 한다.

55 철도차량운전규칙에서 열차가 정거장 외에서 정차하여도 되는 경우가 아닌 것은?

① 정지신호의 현시(現示)가 있는 경우

② 철도안전을 위하여 부득이 정차하여야 하는 경우

③ 철도사고 등이 발생하거나 철도사고 등의 발생 우려가 있는 경우

④ 경사도가 1,000분의 25 이상인 급경사 구간에 진입하기 전의 경우

해설

철도차량운전규칙 제22조

제22조(열차의 정거장외 정차금지)

열차는 정거장외에서는 정차하여서는 아니 된다. 다만, 다음의 어느 하나에 해당하는 경우에는 그러하지 아니하다.

1. 경사도가 1,000분의 30 이상인 급경사 구간에 진입하기 전의 경우
2. 정지신호의 현시(現示)가 있는 경우
3. 철도사고 등이 발생하거나 철도사고 등의 발생 우려가 있는 경우
4. 그 밖에 철도안전을 위하여 부득이 정차하여야 하는 경우

56 도시철도운전규칙에서 정하고 있는 열차의 편성과 관련된 설명으로 틀린 것은?

① 열차의 비상제동거리는 600미터 이상으로 하여야 한다.

② 열차는 차량의 특성 및 선로 구간의 시설 상태 등을 고려하여 안전운전에 지장이 없도록 편성하여야 한다.

③ 열차에 편성되는 각 차량에는 제동력이 균일하게 작용하고 분리 시에 자동으로 정차할 수 있는 제동장치를 구비하여야 한다.

④ 열차를 편성하거나 편성을 변경할 때에는 운전하기 전에 제동장치의 기능을 시험하여야 한다.

해설

도시철도운전규칙 제28~31조

제28조(열차의 편성)

② 열차는 차량의 특성 및 선로 구간의 시설 상태 등을 고려하여 안전운전에 지장이 없도록 편성하여야 한다.

제29조(열차의 비상제동거리)

① 열차의 비상제동거리는 600미터 이하로 하여야 한다.

제30조(열차의 제동장치)

③ 열차에 편성되는 각 차량에는 제동력이 균일하게 작용하고 분리 시에 자동으로 정차할 수 있는 제동장치를 구비하여야 한다.

제31조(열차의 제동장치시험)

④ 열차를 편성하거나 편성을 변경할 때에는 운전하기 전에 제동장치의 기능을 시험하여야 한다.

57 차량의 길이가 26m인 경우, 차장률로 환산하면 얼마인가?

① 1.8량

② 1.85량

③ 1.86량

④ 1.9량

해설

차장률은 차량 길이의 단위로서 14m를 1량으로 하여 환산한다.

이 경우 연결기는 닫힌 상태로 한다.

차장률을 환산할 때 소수점 이하는 둘째 자리에서 반올림한다.

$26 \div 14 = 1.85 \fallingdotseq 1.9$

58 운전취급규정상 수신호 현시 취급시기와 관련하여 빈칸에 들어갈 것으로 옳은 것은?

> • 진행수신호는 열차가 진입할 시각 (　)분 이전에는 현시하지 말 것
> • 정지수신호는 열차가 진입할 시각 (　)분 이전에 현시할 것

① 5분　　　　　② 1분
③ 10분　　　　④ 20분

운전취급규정 제199조
• 진행수신호는 열차가 진입할 시각 10분 이전에는 현시하지 말 것
• 정지수신호는 열차가 진입할 시각 10분 이전에 현시할 것. 다만, 전동열차의 경우에는 열차 진입할 시각 상당시분 이전에 이를 현시할 수 있다.

59 완급차의 연결에 대한 설명으로 가장 거리가 먼 것은?

① 완급차를 생략하는 열차에 대하여는 뒤표지를 게시할 수 있는 장치를 한 차량을 연결할 것
② 열차승무원이 승차하지 않는 열차에는 열차의 맨 뒤에 완급차를 연결하지 않거나, 연결을 생략할 수 있음
③ 완급차를 생략하는 열차에 대하여는 열차의 전 차량에 관통제동을 사용하고 맨 뒤(추진의 경우 맨 앞)에 제동기능이 완비된 차량을 연결할 것
④ 완급차를 생략하는 열차에 대하여는 역장은 운행 중인 열차의 뒤표지가 없거나 불량함을 통보받은 경우에는 주의운전 통보 후 운행시킬 것

일반철도 운전취급세칙 제7조
④ 완급차를 생략하는 열차에 대하여는 역장은 운행 중인 열차의 뒤표지가 없거나 불량함을 통보받은 경우에는 이를 정비할 것

60 역장의 운전정리 시행사항으로 맞는 것은?

① 교행변경
② 조상운전
③ 선로변경
④ 일찍출발

운전취급규정 제54조
역장의 운전정리 사항은 교행변경과 순서변경이다.

2021년 제3회 과년도 기출복원문제

01 여객운송약관에서 부정승차로 취급하여 승차구간의 기준운임, 요금과 그 기준운임의 10배 이내에 해당하는 부가운임을 받을 수 있는 경우가 아닌 것은?

① 승차권을 위, 변조하여 사용하는 경우
② 이용 자격에 제한이 있는 할인상품 또는 좌석을 자격이 없는 사람이 이용하는 경우
③ 단체승차권을 부정 사용한 경우
④ 부정승차로 재차 적발된 경우

해설
① 승차권을 위, 변조하여 사용하는 경우에는 30배의 부가운임이 수수된다.

02 KORAIL Membership카드에 대한 설명으로 틀린 것은?

① KORAIL Membership카드를 분실한 경우에도 회원서비스는 유효하다.
② 대한민국 국민이면 누구나 가입할 수 있다.
③ 철도공사는 회원의 철도승차권 구입 실적에 따라 회원의 등급을 분류하고 할인쿠폰 등 서비스를 다르게 제공 가능하다.
④ 회원이 제공받은 마일리지는 적립일을 기준으로 3년간 유효하다.

해설
④ 회원이 제공받은 마일리지는 적립일을 기준으로 5년간 유효하다.

2024년 3회차
② 2024년 3회차 시험부터 회원가입의 대상을 외국인까지로 확대하며 위 조항이 삭제됐다.
④ 회원이 제공받은 마일리지는 적립일을 기준으로 5년간 유효하다.

03 철도여객운송약관에 정한 용어의 설명으로 가장 먼 것은?

① 차실이란 일반실, 특실 등 열차의 객실 종류를 말한다.
② 위약금이란 승차권 유효기간 이내에 운송계약 해지를 청구함에 따라 수수하는 금액을 말한다.
③ 좌석이용권이란 지정 좌석의 이용 청구 권리만을 증명할 수 있도록 발행한 증서를 말한다.
④ 열차란 철도공사에서 운영하는 고속열차와 일반(새마을호, ITX-새마을, 무궁화호, 누리로, 통근)열차를 말한다.

해설
④ 열차란 철도공사에서 운영하는 고속열차, 준고속열차, 일반(새마을호, ITX-새마을, 무궁화호, 누리로, 통근)열차를 말한다.

04 철도안전법에서 철도교량 등 국토교통부령으로 정하는 시설 또는 구역에 국토교통부령으로 정하는 폭발을 또는 인화성이 높은 물건 등을 쌓아 놓는 행위를 할 때 벌칙으로 맞는 것은?

① 1년 이하의 징역 또는 1천만원 이하의 벌금
② 2년 이하의 징역 또는 2천만원 이하의 벌금
③ 3년 이하의 징역 또는 3천만원 이하의 벌금
④ 5년 이하의 징역 또는 5천만원 이하의 벌금

해설
철도안전법 제48,79조 참고

정답 1 ① 2 ④ 3 ④ 4 ③

05 KTX승차권 구매에 관한 설명으로 맞는 것은?

① 출발시각 이후에 코레일톡(어플)에서 환불신청이 가능하다.

② 결제금액이 5만원 이상이면 신용카드 할부결제가 가능하다.

③ 출발 1개월 전 7시부터 출발 10분전까지 승차권 예약이 가능하다.

④ 코레일톡 승차권 구매는 열차출발 2분 전까지 가능하다.

해설
① 출발시각 이후에는 역에서만 환불신청이 가능하다.
③ 출발 1개월 전 7시부터 출발 20분전까지 승차권 예약이 가능하다.
④ 스마트폰을 이용한 코레일톡에서는 출발시각 직전까지 구입할 수 있다.

06 A역에서 B역까지 특실로 가던 여객이 C역까지 특실로 연장할 때 수수액은?(단, A~B 기준운임은 43,500원, A~C 기준운임은 59,800원, B~C 기준운임은 17,100원이다)

① 16,300원   ② 20,400원
③ 23,900원   ④ 22,800원

해설
A~B역의 특실요금 = 43,500 × 0.4 = 17,400원
A~C역의 특실요금 = 59,800 × 0.4 = 23,920 ≒ 23,900원
변경 전 운임·요금 − 변경 후 운임·요금 = 연장 시 수수액
(43,500 + 17,400) − (59,800 + 23,900) = 22,800원

07 정기승차권은 간이역 및 승차권 판매대리점을 제외하고 사용시작 ( )일 전부터 판매한다. ( ) 안에 들어갈 숫자로 옳은 것은?

① 3   ② 5
③ 7   ④ 10

해설
정기승차권의 판매시기는 사용시작 5일 전부터이다(간이역 및 승차권 판매대리점 제외).

08 KORAIL PASS 종류가 잘못 설명된 것은?

① KORAIL PASS는 사용형태에 따라 연속권과 선택권, 기간에 따라 3일권과 5일권(선택형의 경우 2일권, 4일권)으로 구분한다.

② KORAIL PASS의 사용개시일자는 패스구입일로부터 31일 이내이다.

③ KORAIL PASS는 2인에서 5인이 같은 일정으로 여행하는 조건인 동승(SAVER)이 있다.

④ KORAIL PASS 선택권은 유효기간 7일 이내에 임의로 여행날짜를 선택할 수 있고, 사용 기간에 따라 2일권과 4일권으로 구분한다.

해설
④ KORAIL PASS 선택권의 유효기간은 10일이다.

09 철도안전법 시행령 과태료 부과 개별기준에 정한 내용 중 여객에 위해를 끼칠 우려가 있는 동식물을 안전조치 없이 여객열차에 동승하거나 휴대하는 행위를 1회 위반한 사람의 과태료는?

① 15만원   ② 30만원
③ 100만원   ④ 60만원

해설
CHAPTER 01 여객운송 (11) 과태료 참고
철도안전법 제47조제1항제7호 여객열차의 금지행위 : 공중이나 여객에게 위해를 끼치는 행위로서 국토교통부령으로 정하는 행위
시행규칙 제80조 국토교통부령으로 정하는 여객열차의 금지행위
1. 여객에게 위해를 끼칠 우려가 있는 동식물을 안전조치 없이 여객열차에 동승하거나 휴대하는 행위
2. 타인에게 전염의 우려가 있는 법정 감염병자가 철도종사자의 허락 없이 여객열차에 타는 행위
3. 철도종사자의 허락 없이 여객에게 기부를 부탁하거나 물품을 판매·배부하거나 연설·권유 등을 하여 여객에게 불편을 끼치는 행위
시행령 제64조 별표 6 도. 법 제47조제1항제7호를 위반하여 공중이나 여객에게 위해를 끼치는 행위를 한 경우 1회 15만원, 2회 30만원 3회 45만원

10 부가운임 징수대상 및 부가운임 수준으로 가장 거리가 먼 것은?

① 철도종사자의 승차권 확인을 회피 또는 거부하는 경우 : 2배
② 승차권을 위조 또는 변조하여 사용하는 경우 : 30배
③ 부정승차로 적발된 경우 : 10배
④ 승차권이 없거나 유효하지 않은 승차권을 가지고 승차한 경우 : 0.5배

해설
③ 부정승차로 재차 적발된 경우 10배의 부가운임을 징수한다. 가끔 이 문제처럼 가장 거리가 먼 것은? 이라는 문제로 애매한 내용이 나오는데 유의해서 가장 아닌 것을 골라야 한다.

11 승차권 환불 및 예약승차권 취소에 대한 설명으로 틀린 것은?

① 토요일 출발 승차권을 역에서 환불하는 경우 출발 3시간 전 경과 후부터 출발시각 전까지 환불 위약금은 10%이다.
② 단체승차권을 역에서 출발시각 전까지 환불하는 경우 10%의 위약금이 발생한다.
③ 마일리지(포인트)로 결제한 승차권을 반환하는 경우 위약금을 공제한 마일리지(포인트)는 자동적으로 회원에게 재적립이 된다.
④ 자가발권승차권은 출발시각 1시간 이전까지 인터넷을 이용하여 환불을 청구할 수 있다.

해설
④ 자가발권승차권은 출발시각 직전까지 인터넷이나 어플을 이용하여 환불을 청구할 수 있다.

12 광역전철 승차권의 발매에 대한 설명으로 가장 거리가 먼 것은?

① 단체운송을 청구한 여객이 20명 이상일 경우에만 단체권을 발매할 수 있다.
② 1회권은 발매일과 상관없이 이용할 수 있으며 우대용은 발매일에 발매한 역에서만 승차할 수 있다.
③ 정기권카드는 여객의 비용으로 구매하여야 하며, 통용기간이 만료되면 해당 정기권에 운임을 반복적으로 충전하여 사용할 수 있다.
④ 정기권은 여객이 일정기간 동안 광역철도 및 도시철도 구간을 이용하고자 하는 경우에 정기권카드에 유효기간과 사용횟수를 입력하여 발매한다.

해설
① 광역전철 승차권의 단체권은 1. 20명 이상의 2. 여객이 같은 구간과 경로를 동시에 여행하며 3. 책임이 있는 사람이 인솔하는 조건으로 발매된다. 세 조건이 모두 충족되어야 한다.

13 승차권에 표시된 운송조건과 동일하게 열차를 이용하거나 승차권을 역(간이역 제외)에 제출하고 운임, 요금의 환불을 청구할 수 있는 사람이 아닌 것은?

① 정기승차권은 승차권을 소지한 사람
② 자가인쇄승차권은 승차권에 승차하는 사람으로 표시된 사람
③ 법령에서 운임을 할인하도록 규정하고 있는 경우에는 법령에서 규정하고 있는 사람
④ 철도공사와 정부기관, 지방자치단체, 기업체 등과의 계약에 의하여 운임을 할인하거나 후급으로 결제하는 경우에는 계약에서 정하고 있는 사람

해설
① 정기승차권은 기명식 승차권으로 승차권에 표기된 고객에 한하여 이용하여야 한다.

14 철도 종사자의 음주여부를 검사할 수 있는 사람으로 가장 옳은 것은?

① 행정안전부장관　　② 국토교통부장관

③ 철도운영자　　　　④ 시 · 도지사

[해설]
철도종사자의 음주여부를 검사할 수 있는 사람은 국토교통부장관 또는 시 · 도지사가 할 수 있다. 단, 시 · 도지자의 경우 지자체로부터 도시철도의 건설과 운영을 위탁받은 법인이 건설, 운영하는 도시철도에 해당한다는 단서가 있어야 맞는 답이다.

15 철도안전법에서 정한 철도보호 및 질서유지를 위한 금지행위로 틀린 것은?

① 역 시설 또는 철도차량 안에서 노숙하는 행위

② 선로 또는 국토교통부령이 정하는 철도시설에 철도운영자 등의 승낙 없이 출입하거나 통행하는 행위

③ 궤도 중심으로부터 양측으로 5미터 이내의 장소에 철도차량 운행에 지장을 주는 물건을 방치하는 행위

④ 열차 운행 중 타고 내리거나 정당한 사유 없이 승강용 출입문의 개폐를 방해하여 열차 운행에 지장을 주는 행위

[해설]
③ 궤도의 5미터 이내가 아니라 3미터 이내이다.
철도안전법 제48조(철도 보호 및 질서유지를 위한 금지행위)
• 철도시설 또는 철도차량을 파손하여 철도차량 운행에 위험을 발생하게 하는 행위
• 철도차량을 향하여 돌이나 그 밖의 위험한 물건을 던져 철도차량 운행에 위험을 발생하게 하는 행위
• 궤도의 중심으로부터 양측으로 폭 3미터 이내의 장소에 철도차량의 안전 운행에 지장을 주는 물건을 방치하는 행위
• 철도교량 등 국토교통부령으로 정하는 시설 또는 구역에 국토교통부령으로 정하는 폭발물 또는 인화성이 높은 물건 등을 쌓아 놓는 행위
• 선로(철도와 교차된 도로는 제외한다) 또는 국토교통부령으로 정하는 철도시설에 철도운영자등의 승낙 없이 출입하거나 통행하는 행위
• 역 시설 등 공중이 이용하는 철도시설 또는 철도차량에서 폭언 또는 고성방가 등 소란을 피우는 행위
• 철도시설에 국토교통부령으로 정하는 유해물 또는 열차운행에 지장을 줄 수 있는 오물을 버리는 행위

• 역 시설 또는 철도차량에서 노숙(露宿)하는 행위
• 열차운행 중에 타고 내리거나 정당한 사유 없이 승강용 출입문의 개폐를 방해하여 열차운행에 지장을 주는 행위
• 정당한 사유 없이 열차 승강장의 비상정지버튼을 작동시켜 열차운행에 지장을 주는 행위
• 그 밖에 철도시설 또는 철도차량에서 공중의 안전을 위하여 질서유지가 필요하다고 인정되어 국토교통부령으로 정하는 금지행위

16 철도안전법 시행령 과태료 부과 개별기준에 정한 내용 중 여객열차 밖에 있는 사람을 위험하게 할 우려가 있는 물건을 여객열차 밖으로 던지는 행위를 1회 위반한 사람의 과태료는?

① 150만원　　　　② 300만원

③ 450만원　　　　④ 600만원

[해설]
1회 위반 시 150만원, 2회 300만원, 3회 이상 시 450만원이다.

17 다음 (　) 안에 들어갈 내용으로 맞는 것은?

> 철도사업자는 운임 · 요금의 신고 또는 변경신고와 관련하여 그 시행 (㉠) 이전에 운임 · 요금을 감면하는 경우에는 그 시행 (㉡) 이전에 인터넷 홈페이지, 관계 역 · 영업소 및 사업소 등 일반인이 잘 볼 수 있는 곳에 게시하여야 한다.

① ㉠ 1주일, ㉡ 3일

② ㉠ 1주일, ㉡ 1주일

③ ㉠ 1개월, ㉡ 3일

④ ㉠ 1개월, ㉡ 1주일

[해설]
철도사업법 제9,9조의2 참고

18 철도사업법에서 정하고 있는 철도운임·요금의 신고 등에 관한 설명으로 틀린 것은?

① 국토교통부장관은 여객운임의 상한을 지정함에 있어 미리 철도사업자와 협의하여야 한다.

② 철도사업자는 운임·요금을 정하거나 변경하고 자 하는 때에는 국토교통부장관에게 신고하여야 한다.

③ 철도사업자는 여객운임의 경우에는 국토교통부장관이 지정, 고시한 여객운임의 상한을 초과하여 서는 아니 된다.

④ 철도사업자는 운임·요금을 정하거나 변경함에 있어서 원가와 버스 등 다른 교통수단의 운임· 요금과의 형평성 등을 고려하여야 한다.

> 해설
> ① 철도사업자가 아니라 기획재정부장관이다.

19 철도사업법에서 신고내용 중 수리가 필요한 신고 및 수리기한이 잘못 짝지어진 것은?

① 여객 운임·요금의 신고 또는 변경신고 : 3일 이내

② 정당한 사유로 휴업하려는 경우의 신고 : 60일 이내

③ 전용철도의 양도·양수·합병 신고 : 30일 이내

④ 철도사업약관의 신고 또는 변경 신고 : 10일 이내

> 해설
> ④ 철도사업약관의 신고 또는 변경 신고의 수리여부통지기한은 3일 이내다.

20 국가 및 지방자치단체가 도시철도 이용자의 권익보호를 위하여 강구하는 시책이 아닌 것은?

① 도시철도 이용자의 생명·신체 및 재산상의 위해 방지

② 도시철도 이용자의 불만 및 피해에 대한 신속· 공정한 구제 조치

③ 도시철도 이용자의 권익보호를 위한 홍보·교육 및 연구

④ 승객의 안전 확보와 편의 증진을 위하여 역사 및 도시철도차량에 보안요원의 배치·운영

> 해설
> 도시철도법 제3조의2(국가 및 지방자치단체의 책무)
> 국가 및 지방자치단체는 도시철도 이용자의 권익보호를 위하여 다음의 시책을 강구하여야 한다.
> • 도시철도 이용자의 권익보호를 위한 홍보·교육 및 연구
> • 도시철도 이용자의 생명·신체 및 재산상의 위해 방지
> • 도시철도 이용자의 불만 및 피해에 대한 신속·공정한 구제 조치
> • 그 밖에 도시철도 이용자 보호와 관련된 사항

21 EDI의 도입효과로 보기 어려운 것은?

① 무역업무 처리비용의 절감

② 신속 정확한 전달과 시간절약의 효과로 생산성 증대

③ 통관절차를 사전에 마침으로써 화물을 도착 즉시 발송 가능

④ 서류 없는 거래가 가능하며 사무처리비용 증가, 고급인력 확보

> 해설
> ④ 서류 없는 거래가 가능해지면 사무처리비용이 감소된다.

22 연안운송에 대한 설명으로 틀린 것은?

① 중요 원자재의 안정적 운송수단, 물류비 절감형 운송수단이라는 장점을 가지고 있다.

② 연안운송의 문제점으로는 규모의 영세성, 선박 확보자금 지원부족 등 운항 경제성이 저하되는 경향이 있다.

③ 육상운송에 비하여 속도는 느리지만 대량운송에 따른 경제성이 충분하여 유류, 석탄, 시멘트 등 벌크화물 운송에 많이 활용되고 있다.

④ 국내에서는 소형선박을 이용한 연안운송이 활발하게 이루어지고 있으며 재래선박과 낙후된 항만의 하역설비 개선으로 인하여 효율적인 운영이 이루어지고 있다.

> **해설**
> ④ 연안운송은 국내에선 운송시간과 가격경쟁력이 타 교통수단에 비해 떨어져 거의 운송되지 않고 있다.

23 다음은 철도화물운송의 특징에 대한 설명이다. 맞는 것을 모두 나열한 것은?

> ㉠ 원거리 대량운송에 적합하다.
> ㉡ 타 운송수단과 연계가 필요하다.
> ㉢ 중장거리 운송 시 운임이 저렴하다.
> ㉣ 중량에 영향을 거의 받지 않는다.
> ㉤ 운임이 저렴하고 환경성이 우수하다.
> ㉥ 운임이 탄력적이다.
> ㉦ 계획운송이 가능하다.
> ㉧ 기후의 영향을 많이 받는다.

① ㉠, ㉡, ㉢, ㉣, ㉤, ㉥

② ㉠, ㉡, ㉢, ㉣, ㉤, ㉦

③ ㉡, ㉢, ㉣, ㉤, ㉥, ㉧

④ ㉠, ㉡, ㉣, ㉤, ㉥, ㉧

> **해설**
> 철도운송의 운임은 비탄력적이고 날씨의 영향을 거의 받지 않는 전천후 운송수단이다.

24 I.C.D(Inland Container Depot)의 기능이 아닌 것은?

① 컨테이너화물의 통관업무

② 컨테이너의 수리, 보전, 세정

③ 컨테이너화물의 집하, 분류

④ 마샬링야드, 에이프런

> **해설**
> ④ 마샬링야드와 에이프런은 컨테이너 터미널 주요시설 중 하나로 내륙에 설치된 통관기지 및 컨테이너 기지인 ICD의 특징과는 거리가 멀다.

25 철도의 컨테이너 하역방식에 관한 설명 중 틀린 것은?

① 트레일러를 운송하는 방식으로 평판화차로 트레일러를 운반할 때 트레일러 뒷바퀴를 화차의 상판면보다 낮게 대차의 사이에 떨어뜨려 적재하는 방식이 캥거루 방식이다.

② 철도운송의 중량을 적게 하고 하역작업도 용이하여 가장 많이 이용되는 보편화된 철도하역방식은 TOFC다.

③ COFC 방식에는 매달아 싣는 방식, 플렉시 밴 방식, 지게차에 의한 방식이 있다.

④ 평판화차 위에 컨테이너를 실은 트레일러를 적재하는 방식으로 철도역에서 별도의 하역장비 없이 선로 끝부분에 설치된 램프를 이용하여 화차에 적재하는 방식이 TOFC 방식이다.

> **해설**
> ② COFC(Container On Flat Car)에 대한 설명이다.

26 다음은 무엇에 대한 설명인가?

> 이 시스템은 고무타이어(트럭)와 철바퀴(철도용) 모두를 가지고 있으며, 고속도로나 일반도로에서는 트레일러에 의해 운반되고, 도로를 달리다 철도를 만나면 고무로 된 바퀴가 사라지고 철도를 달릴 수 있는 철로 된 바퀴가 나온다.

① Roadrailer
② DMT(Dual Mode Trailer)
③ TOFC(Trailer on Flat Car)
④ COFC(Container on Flat Car)

해설
Road + Rail = Roadrailer
Road를 다니는 트럭과 Rail을 다니는 철도가 합쳐진 것이라고 생각하면 쉽다.

27 국제복합운송의 특징이 아닌 것은?

① 운송책임의 다양성
② 운송방식의 다양성
③ 각 운송구간별 운임 부과
④ 복합운송증권(BL)의 발행

해설
③ 복합운송의 기본요건 및 특징으로는 전 운송구간의 단일운임이 있다. 각 운송구간 별로 가격이 다르지 않고 같은 운임을 부과한다. 말이 바뀌어 자주 나오는 문제니 꼭 외워두자.

28 물류정책기본법에서 규정한 용어의 정의로 틀린 것은?

① 물류체계란 효율적인 물류활동을 위하여 시설 장비 정보 조직 및 인력 등이 서로 유기적으로 기능을 발휘할 수 있도록 연계된 집합체를 말한다.
② 단위물류정보망이란 기능별 또는 지역별로 관련 행정기관 물류기업 및 그 거래처를 연결하는 일련의 물류 정보체계를 말한다.
③ 국제물류주선업이란 타인의 수요에 따라 자기의 명의와 계산으로 타인의 물류시설·장비 등을 이용하여 수출입화물의 물류를 주선하는 사업을 말한다.
④ 제3자물류란 화주가 그와 국토교통부령으로 정하는 특수관계에 있지 아니한 물류기업에 물류활동의 일부 또는 전부를 위탁하는 것은 말한다.

해설
④ 제3자물류란 화주가 그와 대통령령으로 정하는 특수관계에 있지 아니한 물류기업에 물류활동의 일부 또는 전부를 위착하는 것을 말한다.

29 화물운송세칙에서 물류지원시설의 정의로 옳은 것은?

① 물류시설 내에서 철도화물수송을 위한 사무공간, 회의실, 휴게실 등 부대시설을 말한다.
② 일반화물을 취급할 수 있도록 조성한 지붕이 없는 화물취급 장소를 말한다.
③ 철도를 이용하는 불특정 다수의 고객이 컨테이너 화물을 취급할 수 있도록 조성한 화물취급 장소를 말한다.
④ 눈·비를 피할 수 있도록 기둥과 지붕이 있는 화물취급 장소를 말한다.

해설
② 야적하치장
③ 철도 CY
④ 화물헛간

30 고객이 일반화물 탁송 신청 시 알려야 할 사항에 해당되지 않는 것은?

① 운임·요금의 지급방법

② 화차종류 및 수송량수

③ 화물운송장 작성자 및 작성연월일

④ 발송역 및 도착역(화물지선에서 탁송할 경우 그 지선명)

해설
화물 탁송 시 알려야 할 사항
• 발송역 및 도착역(화물지선에서 탁송할 경우 그 지선명)
• 송·수화인의 성명(상호), 주소, 전화번호
• 화물의 품명, 중량, 부피, 포장의 종류, 개수
• 운임·요금의 지급방법
• 화차종류 및 수송량수
• 화물운송장 작성자 및 작성연월일(운송제한 화물에 한정함)
• 컨테이너화물로 위험물을 탁송할 경우 그 위험물 종류
• 특약 조건 및 그 밖에 필요하다고 인정되는 사항

31 철도화물운송약관에서 규정하고 있는 운송기간에 대한 설명으로 틀린 것은?

① 발송기간 : 화물을 수탁한 시각부터 12시간

② 인도기간 : 도착역에 도착한 시각부터 12시간

③ 수송기간 : 운임계산 거리 400킬로미터까지마다 24시간

④ 운송기간 : 발송기간, 수송기간, 인도기간의 시간을 합산한 것으로 계산

해설
① 발송기간이란 화물을 수취한 시각부터 12시간이다.

32 화물에 부대되는 제요금 중 1톤 1시간마다 수수하는 것으로 맞는 것은?

① 선로유치료   ② 화차전용료

③ 화차유치료   ④ 화차계중기사용료

해설
• 화차유치료 : 1톤 1시간마다
• 선로유치료 : 1량 1시간마다
• 화차전용료 : 1일 1량당
• 화차계중기사용료 : 1량당
• 기관차사용료 : 시간당
• 대리호송인료 : 운임계산거리 1킬로미터당
• 탁송변경료 : 탁송취소 일반화물 – 1량당
• 탁송취소 전세열차 – 1열차당
• 착역변경 및 발역송환 – 1량당

33 철도화물운송 약관에서 정하고 있는 손해배상 및 운송책임에 대한 보기 내용 중 맞는 것을 모두 나열한 것은?

┌─────────────────────────────────┐
│ ㉠ 철도공사는 화물을 수취한 이후 탁송화물에 대한 │
│   보호·관리 책임을 지며, 호송인이 승차한 화물에 │
│   대하여서는 그러하지 아니한다. │
│ ㉡ 철도공사의 운송책임은 수화인이 화물을 조건 없이 │
│   인도받은 경우에 소멸하며, 즉시 발견할 수 없는 훼 │
│   손 또는 일부 멸실 화물을 화물수령일로부터 1주일 │
│   안에 철도공사에 알린 경우에는 그러하지 않는다. │
│ ㉢ 화물의 멸실, 훼손 또는 인도의 지연으로 인한 손해배 │
│   상책임에 관하여는 상법에서 정한 규정을 적용한다. │
│ ㉣ 고객의 고의 또는 과실로 철도공사 또는 타인에게 │
│   손해를 입힌 경우에는 고객이 당해 손해를 철도공 │
│   사 또는 타인에게 배상한다. │
│ ㉤ 철도공사와 고객 간의 손해배상 청구는 그 사고발 │
│   생일로부터 1년이 경과한 경우에는 소멸한다. │
└─────────────────────────────────┘

① ㉠, ㉡, ㉢   ② ㉠, ㉡, ㉢, ㉤

③ ㉡, ㉢, ㉣   ④ ㉠, ㉢, ㉣, ㉤

해설
㉡ 철도공사의 운송책임은 수화인이 화물을 조건 없이 인도받은 경우에 소멸하며, 즉시 발견할 수 없는 훼손 또는 일부 멸실 화물을 화물수령일로부터 2주일 안에 철도공사에 알린 경우에는 그러하지 않는다.

34 조건이 다음과 같을 때, 화물운임은 얼마인가?

- 품목 : 자갈
- 임률 : 45.9원/km
- 거리 : 200km
- 화차표기하중톤수 : 50톤
- 자중톤수 : 30톤
- 적재 중량 : 32톤

① 275,400원
② 321,300원
③ 367,200원
④ 459,000원

해설
1. 최저톤수 계산하기
   50톤 × 1 = 50톤(자갈의 최저톤수계산 100분 비율 100%)
2. 공식대로 계산식 넣기
   50톤 × 200km × 45.9원 = 459,000원
3. 자갈은 할증품목이 아님

35 화물최저톤수기준표상 100분 비율 70%인 화물을 화차표기하중톤수 40톤인 화차를 사용 시 운임계산 최저톤수는 얼마인가?

① 21톤
② 24톤
③ 28톤
④ 40톤

해설
40톤 × 70%(0.7) = 28톤

36 화물 운임·요금을 청구하지 않으면 그 시효가 소멸되는 시기는?

① 운송계약을 체결한 날부터 1년
② 운송계약을 체결한 날부터 3개월
③ 화물을 인도한 날부터 1년
④ 화물을 인도한 날부터 3개월

해설
① 운송계약을 체결한 날부터 1년 안에 화물운임과 요금을 청구하지 않으면 그 시효가 소멸된다.

37 철도사업법에서 규정하고 있는 철도화물운송에 관한 책임에 대한 설명으로 맞는 것은?

① 철도사업자의 화물의 멸실, 훼손 또는 인도의 지연에 대한 손해배상책임에 관하여는 헌법을 준용한다.
② 철도사업자의 화물의 멸실, 훼손 또는 인도의 지연에 대한 손해배상책임에 관하여는 민법을 준용한다.
③ 화물이 탁송기한을 경과한 후 3월 이내에 인도되지 아니한 경우 당해 화물은 멸실된 것으로 본다.
④ 화물이 인도기한을 경과한 후 3월 이내에 인도되지 아니한 경우 당해 화물은 멸실된 것으로 본다.

해설
④ 철도공사가 인도기간 만료 후 3개월이 경과하여도 화물이 인도되지 아니한 경우에는 해당 화물을 멸실된 것으로 보고 손해배상을 한다.
①, ② 상법에서 정한 규정을 적용한다.

38 예납금에 대한 설명 중 틀린 것은?

① 탁송 취소한 경우 예납금은 환불하지 않는다.
② 전세열차로 신청하는 화물에 대하여는 운임의 10%를 반드시 수수한다.
③ 화물운임·요금 후급취급을 하는 경우에는 예납금을 수수하지 않는다.
④ 지정한 기일까지 납부하지 않을 경우는 탁송신청을 취소한 것으로 간주한다.

해설
② 전세열차로 신청하는 화물에 대해서는 운임의 10%를 예납금으로 수수할 수 있다. 반드시 수수해야 하는 것은 아니다.

39 특수위험품 취급장소 준수사항으로 틀린 것은?

① 일반화물 취급장소와 격리된 장소를 지정하여야 한다.

② 작업장소의 보안거리는 30m 이상 유지되도록 하여야 한다.

③ 작업장의 보기 쉬운 곳에 '위험품 작업 중' 표지를 필요시 게출하여야 한다.

④ LPG 등 액화가스류는 전용선 또는 특히 지정한 지선에서 취급되도록 지정하여야 한다.

해설
③ 업장의 보기 쉬운 곳에 '위험품 작업 중' 표지를 반드시 게출하여야 한다.

40 위험물철도운송규칙에서 위험물의 철도운송 시 철도운영자가 경찰관서에 신고하여야 하는 경우가 아닌 것은?

① 화약류의 탁송신청을 받은 때

② 화약류를 적재한 화차가 도중역에 체류, 정류하는 때

③ 화약류를 적재한 화차가 도착역에 도착하는 때

④ 화약류의 수화인이 화약류 도착 후 3시간이 경과하여도 화약류를 반출하지 아니하는 때

해설
④ 화약류의 수화인이 화약류 도착 후 5시간이 경과하여도 화약류를 반출하지 아니하는 때 철도운영자는 경찰관서에 신고해야 한다.

41 운전취급규정에서 정의한 용어에 대한 설명으로 틀린 것은?

① 동력차는 기관차, 전동차, 동차 등 동력원을 구비한 차량을 말하며, 동력집중식과 동력분산식으로 구분한다.

② 열차란 선로를 운행할 목적으로 조성하여 열차번호를 부여한 철도차량을 말한다.

③ 객차란 화물을 운송할 수 있는 구조로 제작된 차량을 말한다.

④ 특수차는 특수사용을 목적으로 제작된 사고복구용차·우편차·시험차 등으로서 동력차와 객차 및 화차에 속하지 아니하는 차량을 말한다.

해설
운전취급규정 제3조
③ 객차란 여객을 운송할 수 있는 구조로 제작된 차량을 말한다.

42 역장이 열차출발 또는 통과를 일시 중지시킬 수 있는 풍속의 기준은?

① 15m/s 이상   ② 20m/s 이상

③ 25m/s 이상   ④ 30m/s 이상

해설
운전취급규정 제5조
풍속에 따른 운전취급은 다음과 같다.
1. 역장은 풍속이 초속 20미터 이상으로 판단된 경우에는 그 사실을 관제사에게 보고하여야 한다.
2. 역장은 풍속이 초속 25미터 이상으로 판단된 경우에는 다음에 따른다.
   ㉠ 열차운전에 위험이 우려되는 경우에는 열차의 출발 또는 통과를 일시 중지할 것
   ㉡ 유치 차량에 대하여 구름방지의 조치를 할 것
3. 관제사는 기상자료 또는 역장으로부터의 보고에 따라 풍속이 초속 30미터 이상으로 판단될 때에는 해당구간의 열차운행을 일시중지하는 지시를 하여야 한다.

43 운전취급규정에서 열차의 조성에 관한 설명을 잘 못 하고 있는 것은?

① 가급적 차량의 최고속도가 같은 차량으로 조성한다.

② 각 차량의 연결기를 완전히 연결하고 각 공기관을 연결한 후 즉시 전 차량에 공기를 관통시킨다.

③ 전기연결기의 분리는 역무원이 시행하며, 역무원이 없을 때에는 차량관리원을 출동 요청하여 시행한다.

④ 전기연결기가 설치된 각 차량을 상호 통전할 필요가 있는 차량은 전기가 통하도록 연결한다.

해설

운전취급규정 제13조
제13조(열차의 조성)
1. 입환작업자는 열차로 조성하는 차량을 연결하는 때에는 다음의 사항을 준수하여야 한다.
  ㉠ 가급적 차량의 최고속도가 같은 차량으로 조성할 것
  ㉡ 각 차량의 연결기를 완전히 연결하고 쇄정상태와 로크상태를 확인한 후 각 공기관 연결 및 전 차량에 공기를 관통시킬 것
  ㉢ 전기연결기가 설치된 각 차량 중 서로 통전할 필요가 있는 차량은 전기가 통하도록 연결해야 하며, 이 경우 전기연결기의 분리 또는 연결은 차량관리원이 시행하고, 차량관리원이 없을 때는 역무원이 시행할 것
2. 열차를 조성하는 때에는 운행구간의 도중 정거장에서 차량의 연결 및 분리를 감안하여 편리한 위치에 연결하여야 하며, 연결 차량 및 적재화물에 따른 속도제한으로 열차가 지연되지 않도록 하여야 한다.

44 운전취급규정의 내용 중 제동축비율 저하 시 운전 취급으로 맞는 것은?

① 열차의 맨앞·뒤에는 공기제동기 사용불능차를 연결하기 말 것

② 30/1,000 이상의 하구배 선로를 운행하는 열차는 100%의 제동축비율을 확보할 것

③ 화물열차 중 90km/h 이상의 속도로 운전할 수 있는 열차에는 제동축비율을 80% 이상 확보할 것

④ 여객열차 중 90km/h 이상의 속도로 운전할 수 있는 열차에는 제동축비율을 90% 이상 확보할 것

해설

운전취급규정 제20조 별표 2
(4) 제동축비율 저하 시 운전취급
1. 열차 운행 중 제동축비율이 100 미만인 경우 제동축비율에 따른 운전속도 이하로 운전하여야 함
2. 조성역이나 도중역에서 공기제동기 사용불능차를 연결 또는 회송하는 경우의 조치
  ㉠ 공기제동기 사용가능 차량 사이에 균등 분배하고 3량 이상 연속 연결하지 말 것
  ㉡ 열차의 맨 뒤에는 연결하지 말 것
  ㉢ 여객열차나 화물열차 중 시속 90킬로미터 이상 속도로 운전할 수 있는 열차에는 제동축비율을 80퍼센트 이상 확보할 것. 다만 부득이한 경우 제동축비율에 따라 운행할 수 있다.
  ㉣ 1,000분의 23 이상의 내리막 선로를 운행하는 열차는 90퍼센트 이상의 제동축비율을 확보할 것

45 운전취급규정의 내용 중 열차의 도착시각의 기준으로 맞는 것은?

① 열차가 정거장에 진입한 때
② 열차가 정해진 위치에 정차한 때
③ 열차가 정거장에 진입 후 최초로 정차한 때
④ 열차의 앞부분이 정거장의 역사 중앙에 정차한 때

> **해설**
> 운전취급규정 제30조
> 제30조(착발시각의 보고 및 통보)
> 열차의 도착·출발 및 통과시각의 기준은 다음에 따른다.
> 1. 도착시각 : 열차가 정해진 위치에 정차한 때
> 2. 출발시각 : 열차가 출발하기 위하여 진행을 개시한 때
> 3. 통과시각 : 열차의 앞부분이 정거장의 본 역사 중앙을 통과한 때. 고속선은 열차의 앞부분이 절대표지(출발)를 통과한 때

46 운전취급규정의 내용 중 각종 신호 지시별 운전속도로 틀린 것은?

① 유도신호 현시 – 25km/h 이하
② 경계신호 현시 – 45km/h 이하(신호 5현시 구간)
③ 주의신호 현시 – 45km/h 이하(신호 4현시 구간)
④ 감속신호 현시 – 65km/h 이하(신호 4현시 구간)

> **해설**
> 운전취급규정 제43~47조
> 제44조(경계신호의 지시)
> 열차는 신호기에 경계신호 현시 있을 때는 다음 상치신호기에 정지신호의 현시 있을 것을 예측하고, 그 현시지점부터 시속 25킬로미터 이하의 속도로 운전하여야 한다. 다만, 5현시 구간으로서 경계신호가 현시된 경우 시속 65킬로미터 이하의 속도로 운전할 수 있는 신호기는 다음의 어느 하나와 같다.
> 1. 각선 각역의 장내신호기. 다만, 구내폐색신호기가 설치된 선로 제외
> 2. 인접역의 장내신호기까지 도중폐색신호기가 없는 출발신호기

47 열차 또는 차량의운전속도 제한 사항으로 틀린 것은?

① 상하구배속도
② 선로최고속도
③ 차량최고속도
④ 열차제어장치가 현시하는 허용속도

> **해설**
> 운전취급규정 제83조
> 제83조(열차 및 차량의 운전속도)
> 열차 또는 차량은 다음의 속도를 넘어서 운전할 수 없다.
> 1. 차량최고속도
> 2. 선로최고속도
> 3. 하구배속도
> 4. 곡선속도
> 5. 분기기속도
> 6. 열차제어장치가 현시하는 허용속도

48 차량의 유치에 관한 설명으로 틀린 것은?

① 차량은 본선에 유치할 수 없다.
② 다른 열차의 취급에 지장이 없는 종착역의 경우에는 본선에 유치할 수 있다.
③ 차량을 본선에 유치하는 경우 1,000분의 10 이하의 선로에는 열차 또는 차량을 유치할 수 없다.
④ 지역본부장은 각 정거장에 대한 유치 가능차수를 결정하고 그 7할을 초과하는 차수를 유치시키지 않도록 하여야 한다.

> **해설**
> 운전취급규정 제85조
> ③ 1,000분의 10 이상의 선로에는 열차 또는 차량을 유치할 수 없다. 다만, 동력을 가진 동력차를 연결하고 있을 경우에는 그러하지 아니하다.

49 폐색방식에 대한 설명으로 틀린 것은?

① 통표폐색식을 시행하는 단선구간에서 통표를 분실했을 경우 대용폐색방식을 시행한다.

② 연동폐색식을 시행하는 단선구간에서 폐색장치 또는 출발신호기에 고장이 있을 경우 대용폐색방식을 시행한다.

③ 연동폐색식을 시행하는 복선구간에서 복선운전 시 지상장치가 고장인 경우 대용폐색방식을 사용한다.

④ 자동폐색식을 사용하는 단선구간에서는 출발신호기 고장으로 폐색표시등을 현시할 수 없는 경우 대용폐색방식을 시행한다.

해설

운전취급규정 제149조
단선운전을 하는 구간에서 다음의 경우에는 대용폐색방식을 시행한다. 다만, CTC 이외의 구간에서는 지도통신식에 의한다.
- 연동폐색식 구간에서는 다음의 어느 하나에 해당할 것
  ㉠ 폐색장치 고장으로 이를 사용할 수 없는 경우
  ㉡ 출발신호기 고장으로 폐색표시등을 현시할 수 없는 경우

해설

운전취급규정 제164조
제164조(전령법 시행 시 조치)
1. 전령법으로 구원열차를 진입시키는 역장은 전령자에게 전령법 시행사유 및 도착지점(선로거리제표), 선로조건 등 현장상황을 정확히 파악하여 통보하여야 한다.
2. 전령자는 다음에 따른다.
   ㉠ 열차 맨 앞 운전실에 승차하여 기관사에게 전령자임을 알리고 제1항의 사항을 통고할 것
   ㉡ 구원요구 열차의 기관사와 정차지점, 선로조건의 재확인을 위한 무선통화를 할 것. 다만, 무선통화불능 시 휴대전화 등 가용 통신수단을 활용할 것
   ㉢ 구원열차 운행 중 신호 및 선로를 주시하여야 하며 기관사가 제한속도를 준수하도록 할 것
   ㉣ 기관사에게 구원요구 열차의 앞쪽 1킬로미터 및 50미터 지점을 통보하여 일단정차를 유도할 것
   ㉤ 구원요구 열차 앞쪽 50미터 지점부터는 구원열차의 유도 및 연결 등의 조치를 할 것

50 전령법 시행 시 조치사항으로 맞는 것은?

① 전령자는 기관사에게 구원요구 열차의 앞쪽 1km 및 50m 지점을 통보하여 일단정차를 유도할 것

② 전령자는 구원요구 열차 뒤쪽 50m 지점부터는 구원요구 열차의 유도 및 연결 등의 조치를 할 것

③ 전령자는 구원열차 운행 중 기관사를 지속적으로 주시하여야 하며, 기관사가 제한속도를 준수하도록 할 것

④ 전령법으로 구원열차를 진입시키는 역장은 기관사에게 전령법 시행사유 및 도착지점(선로거리제표), 선로조건 등 현장 상황을 정확히 파악하여 통보할 것

51 운전취급규정의 내용 중에서 임시신호기의 설치 위치 중 서행해제신호기의 설치 지점으로 맞는 것은?

① 서행구역 중간 지점

② 서행구역의 시작 지점

③ 서행구역이 끝나는 지점

④ 서행구역이 끝나는 지점에서 50m 연장한 거리

해설

운전취급규정 제190조
제190조(서행·서행예고·서행해제 신호기의 설치)
③ 서행신호기는 서행구역(지장지점으로부터 앞·뒤 양방향 50미터를 각각 연장한 구간)의 시작지점, 서행해제신호기는 서행구역이 끝나는 지점에 각각 설치한다. 다만, 단선 운전구간에 설치하는 경우에는 그 뒷면 표시로서 서행해제신호기를 겸용할 수 있다.

52 운전취급규정의 내용 중에 짙은 안개 또는 눈보라 등 악천후로 신호현시 상태를 확인할 수 없는 경우 기관사의 조치사항으로 틀린 것은?

① 신호현시 상태를 확인할 수 없을 때에는 일단 정차하여야 한다.

② 열차운전 중 악천후의 경우에는 최근 역장에게 통보하여야 한다.

③ 열차의 전방에 있는 폐색구간에 열차가 없음을 역장으로부터 통보받았을 경우에는 정차하지 않고 최고속도로 운전할 수 있다.

④ 역장으로부터 진행 지시신호가 현시되었음을 통보 받았을 때에는 신호기의 현시상태를 확인할 때까지 주의운전하여야 한다.

해설
운전취급규정 제202조
제202조(신호 확인을 할 수 없을 때 조치)
짙은 안개 또는 눈보라 등 악천후로 신호현시 상태를 확인할 수 없는 때에 역장 및 기관사는 다음에 따라 조치하여야 한다.
1. 기관사
ⓐ 신호를 주시하여 신호기 앞에서 정차할 수 있는 속도로 주의운전하여야 하며, 신호현시 상태를 확인할 수 없는 경우에는 일단 정차할 것. 다만, 역장과 운전정보를 교환하여 그 열차의 전방에 있는 폐색구간에 열차가 없음을 확인한 경우에는 정차하지 않을 수 있다.
ⓑ 출발신호기의 신호현시 상태를 확인할 수 없는 경우에 역장으로부터 진행 지시신호가 현시되었음을 통보 받았을 때에는 신호기의 현시상태를 확인할 때까지 주의운전할 것
ⓒ 열차운전 중 악천후의 경우에는 최근 역장에게 통보할 것

53 열차 또는 선로에 고장 또는 사고가 발생하여 관계 열차를 급히 정차시킬 필요가 있는 경우에 시행하는 열차방호에 대한 설명으로 틀린 것은?

① 열차표지 방호를 할 때는 KTX 열차는 기장이 비상경보버튼을 눌러 열차의 진행방향 적색등을 점멸시켜야 한다.

② 열차가 진행하여 오지 않음이 확실한 방향과 무선전화기 방호에 따라 관계 열차에 지장사실을 확실히 통보한 경우에는 정지수신호 방호 또는 열차표지 방호를 생략할 수 있다.

③ 정지수신호 방호를 할 때에는 고속선에서 KTX 기장, 열차승무원, 유지보수 직원은 선로변에 설치된 폐색방호스위치(CPT) 또는 역구내방호스위치(TZEP)를 방호위치로 전환시켜야 한다.

④ 열차 무선방호장치 방호를 할 때는 지정열차의 기관사 또는 역장은 열차방호상황발생시 상황발생스위치를 동작시키고, 후속열차 및 인접 운행 열차가 정차하였음이 확실한 경우 또는 그 방호 사유가 없어진 경우에는 즉시 열차무선방호장치의 동작을 해제시켜야 한다.

해설
③은 방호스위치 방호의 설명이다.
운전취급규정 제270조
③ 정지수신호 방호를 할 때에는 지장열차의 열차승무원 또는 기관사는 지장지점으로부터 정지수신호를 현시하면서 이동하여 400미터 이상의 지점에 정지수신호를 현시할 것. 수도권 전동열차 구간의 경우에는 200미터 이상의 지점에 정지수신호를 현시할 것

54 운전취급규정의 내용 중에 전기차 열차가 절연구간 정차 시 단로기 취급에 대한 설명 중 틀린 것은?

① 전기차의 정차위치에 따라 절연구간을 통과하기에 적합한 팬터그래프를 올릴 것
② 절연구간에 설치된 기관사용 단로기는 전기차가 절연구간에 정차한 경우에만 취급하여야 한다.
③ 열차운전방향의 단로기를 투입하되 단로기가 절연구간 양쪽에 각각 2개씩 장치되어 있는 것은 맨 바깥쪽 단로기를 취급할 것
④ 기관차를 기동시키고 절연구간을 통과하여 정차한 다음 단로기를 개방하고 열쇠를 제거하여야 하며, 비상 팬터그래프를 취급하고 계속운전을 하면서 이를 관제사에게 통보 할 것

해설

운전취급규정 제305조
제305조(절연구간 정차 시 취급)
1. 전기차 열차가 운전 중 절연구간에 정차하였을 때에 기관사는 단로기를 취급하여 자력으로 통과하거나 구원요구에 대하여 상황을 판단하고 관제사 또는 역장에게 통보하여야 한다.
2. 제1항의 단로기 취급방법은 다음과 같다.
  ㉠ 전기차의 정차위치에 따라 절연구간을 통과하기에 적합한 팬터그래프를 올릴 것
  ㉡ 열차운전방향의 단로기를 투입하되 단로기가 절연구간 양쪽에 각각 2개씩 장치되어 있는 것은 맨 바깥쪽 단로기를 취급할 것. 이 경우 안쪽 단로기는 보수용이므로 기관사는 절대취급하지 말 것
  ㉢ 기관차를 기동시키고 절연구간을 통과하여 정차한 다음 단로기를 개방하고 열쇠를 제거하여야 하며, 정상 팬터그래프를 취급하고 계속운전을 하면서 이를 관제사에게 통보 할 것
3. 절연구간에 설치된 기관사용 단로기는 전기차가 절연구간에 정차한 경우에만 취급하여야 한다.

55 철도차량운전규칙상 시계운전에 의한 열차의 운전방법이 아닌 것은?

① 통신식   ② 격시법
③ 전령법   ④ 지도격시법

해설

철도차량운전규칙 제72조
시계운전에 의한 열차운전은 다음의 어느 하나의 방법으로 시행해야 한다. 다만, 협의용 단행기관차의 운행 등 철도운영자등이 특별히 따로 정한 경우에는 그렇지 않다.
1. 복선운전을 하는 경우
  ㉠ 격시법
  ㉡ 전령법
2. 단선운전을 하는 경우
  ㉠ 지도격시법(指導隔時法)
  ㉡ 전령법

56 도시철도운전규칙에서 추진운전이나 퇴행운전을 할 수 없는 경우는?

① 선로나 열차에 고장이 발생한 경우
② 공사열차나 구원열차를 운전하는 경우
③ 차량을 결합·해체하거나 차선을 바꾸는 경우
④ 본선운전을 하는 경우

해설

도시철도운전규칙 제38조
제38조(추진운전과 퇴행운전)
1. 열차는 추진운전이나 퇴행운전을 하여서는 아니 된다. 다만, 다음의 어느 하나에 해당하는 경우에는 그러하지 아니하다.
  ㉠ 선로나 열차에 고장이 발생한 경우
  ㉡ 공사열차나 구원열차를 운전하는 경우
  ㉢ 차량을 결합·해체하거나 차선을 바꾸는 경우
  ㉣ 구내운전을 하는 경우
  ㉤ 시설 또는 차량의 시험을 위하여 시험운전을 하는 경우
  ㉥ 그 밖에 특별한 사유가 있는 경우
2. 노면전차를 퇴행운전하는 경우에는 주변 차량 및 보행자들의 안전을 확보하기 위한 대책을 마련하여야 한다.

57 용산역에서 서대전역까지 운행하는 새마을호 열차를 조성할 경우 최대 열차장으로 맞는 것은?(단, 정차역 가장 짧은 선로길이는 용산역 : 425m, 수원역 352m, 천안역 : 355m, 조치원역 : 329m, 서대전역 : 356m일 경우)

① 24
② 23.5
③ 23
④ 22

해설
운전취급규정 제17조, 시행세칙 제9조
운전취급규정 제17조(조성차수)
1. 열차를 조성하는 경우에는 견인정수 및 열차장 제한을 초과할 수 없다. 다만, 관제사가 각 관계처에 통보하여 운전정리에 지장이 없다고 인정하는 경우에는 열차장 제한을 초과할 수 있다.
2. 제항 단서 이외의 경우에 최대 열차장은 전도 운행구간 착발선로의 가장 짧은 유효장에서 차장률 1.0량을 감한 것으로 한다.
시행세칙 제9조(유효장)
2. 본선의 유효장은 인접측선에 대한 열차 착발 또는 차량출입에 제한을 받지 않는다.
3. 유효장은 인접선로에 대한 열차착발 또는 차량출입에 지장 없이 수용할 수 있는 최대의 차장률(14m)에 따라 표시하고, 선로별 유효장을 계산할 때에는 소수점 이하는 버린다.
따라서,
㉠ 가장 짧은 유효장 (조치원역 329m ÷ 14m = 23.5량)
㉡ 유효장을 계산할 때 소수점 이하는 버린다. (23량)
㉢ 최대열차장 전도 운행구간 착발선로의 가장 짧은 유효장에서 차장률 1.0량을 감한 것으로 한다. (23량 − 1량 = 22량)

58 지도표의 발행에 대한 설명 중 틀린 것은?

① 지도통신식을 시행하는 경우에 폐색구간의 양 끝 역장이 협의한 후 열차를 진입시키는 역장이 발행하여야 한다.
② 지도표를 발행하는 경우에 지도표 발행 역장이 지도표의 앞면에만 필요사항을 기입하고 서명하여야 한다.
③ 지도표의 발행번호는 1호부터 10호까지로 한다.
④ 지도표는 1폐색구간 1매로 하고 지도통신식 시행 중 이를 순환 사용한다.

해설
운전취급규정 제154조
② 지도표를 발행하는 경우에 지도표 발행 역장이 지도표의 양면에 필요사항을 기입하고 서명하여야 한다.

59 제동축비율 저하 시 도중역에서 공기제동기 사용불능차 연결 등 운전취급으로 맞는 것은?

① 열차의 맨 앞, 뒤에는 공기제동기 사용불능차를 연결하지 말 것
② 공기제동기 사용가능 차량 사이에 균등 분배하고 2량 이상 연속 연결하지 말 것
③ 23/1,000 이상의 하구배 선로를 운행하는 열차는 100%의 제동축비율을 확보할 것
④ 화물열차 중 90km/h 이상 속도로 운전할 수 있는 열차에는 제동축비율을 80% 이상 확보할 것

해설
일반철도운전취급세칙 제8조
① 열차의 맨 뒤에만 연결금지
② 3량 이상 연속 연결금지
③ 90% 이상의 제동축비율 확보

60 ATP구간의 양방향 운전취급에 관한 설명으로 틀린 것은?

① 우측선로 운전을 통보받은 기관사는 차내신호가 지시하는 속도에 따라 운전하여야 한다.
② 상대역장은 출발역장과 우측선로 운전에 대한 폐색협의 및 취급을 하고 우측선로의 장내신호기를 취급하여야 한다.
③ 관제사는 열차의 우측선로 운전에 따른 운전명령 승인 시 관련 역장과 기관사에게 운전취급사항을 통보하여야 한다.
④ 우측선로 운전은 자동폐색방식에 의하며 우측선로로 열차를 진입시키는 역장은 진입구간에 열차 없음을 확인하고 상대역장과 폐색협의 및 취급 후 해당 출발 신호기를 취급하여야 한다.

해설
운전취급규정 제124조
④ 복선 ATP구간에서 양방향 신호에 의해 우측선로 운행 시 운전은 차내신호폐색식에 의한다.

2022년 제1회 과년도 기출복원문제

01 입장권에 관한 설명으로 틀린 것은?

① 입장권에 기재된 발매역에서 지정열차 시간대에 1회에 한하여 타는 곳에 출입할 수 있다.

② 관광, 견학 등을 목적으로 타는 곳에 출입하고자 하는 사람은 방문기념 입장권을 구입(방문기념 입장권 발매역에 한함) 소지하여야 한다.

③ 입장권과 방문기념 입장권을 소지한 사람은 열차 내에 출입할 수 없다.

④ 입장권과 방문기념 입장권은 환불이 가능하다.

> **해설**
> ④ 입장권과 방문기념 입장권은 환불하지 않는다.

> **2024년 3회차**
> ④ 2024년 3회차부터 적용될 개정된 약관에는 방문기념 입장권은 환불하지 않는다로 수정되었다(입장권이 제외됨). 답은 같다.

02 KTX 및 일반열차의 공공할인에 대한 설명으로 틀린 것은?

① 노인의 통근열차 할인율은 50%이다.

② 독립유공자는 6회까지 전 열차를 무임으로 승차할 수 있다.

③ 장애의 정도가 심한 장애인의 새마을호 할인율은 50%이다.

④ 장애의 정도가 심하지 않은 장애인의 무궁화호 할인율은 30%이다.

> **해설**
> ④ 장애의 정도가 심하지 않은 장애인(경증 장애인)의 무궁화호 할인율은 50%이다.

03 천재지변, 열차고장, 파업 등 열차를 정상적으로 운행할 수 없는 경우 운송계약 내용의 조정에 대한 설명으로 가장 거리가 먼 것은?

① 도중 정차역 변경

② 운행시간의 변경, 운행중지

③ 출발, 도착역 변경

④ 우회, 연계수송

> **해설**
> 제한 및 조정사항
> • 운행시간의 변경
> • 운행중지
> • 출발, 도착역 변경
> • 우회, 연계수송
> • 승차권의 예약, 구매, 환불과 관련된 사항

04 여객운송약관에서 부정승차로 취급하여 승차구간의 기준운임·요금과 그 기준운임의 10배 이내에 해당하는 부가운임을 받을 수 있는 경우로 틀린 것은?

① 철도종사자의 승차권 확인을 회피 또는 거부하는 경우

② 부정승차로 재차 적발된 경우

③ 단체승차권을 부정 사용한 경우

④ 이용 자격에 제한이 있는 할인상품 또는 좌석을 자격이 없는 사람이 이용하는 경우

> **해설**
> ① 철도종사자의 승차권 확인을 회피 또는 거부하는 경우에는 2배의 부가운임을 징수한다. 부가운임을 묻는 것은 단골 기출 문제니 제대로 숙지해야 한다.

정답 1 ④ 2 ④ 3 ① 4 ①

05 철도여객 운송계약의 성립시기로 가장 거리가 먼 것은?

① 여객이 열차에 승차한 때
② 인터넷으로 예약한 승차권을 결제한 때
③ 승차권을 발행받은 때
④ 운임을 받지 않고 운송하는 유아는 보호자와 함께 여행을 시작한 때

해설
운송계약이 성립하는 시기
• 승차권(또는 좌석이용권 포함)을 발행받은 때(결제한 때)
• 운임을 받지 않고 운송하는 유아는 보호자와 함께 여행을 시작한 때
• 승차권이 없거나 유효하지 않은 승차권을 가지고 열차에 승차한 경우에는 열차에 승차한 때
①의 경우 승차권이 없거나 유효하지 않은 승차권을 가지고 라는 단서가 보기에 없기 때문에 오답에 해당한다.

06 정기승차권 사용에 있어서 부가운임이 다른 것은?

① 정기승차권을 위조하거나 기록된 사항을 변조하여 사용하는 경우
② 다른 사람의 정기승차권을 사용한 경우
③ 유효기간이 종료된 정기승차권을 사용한 경우
④ 유효기간 시작 전의 정기승차권을 사용한 경우

해설
①번만 30배 부가운임이고 나머지는 10배이다.

07 Korail Membership 회원의 개인정보를 제3자에게 제공할 때 회원의 동의를 받지 않아도 되는 경우로 가장 거리가 먼 것은?

① 관련 법령에 특별한 규정이 있는 경우
② 제휴회원의 운임 및 위약금 정산이 필요한 경우
③ 범죄 수사상의 목적으로 정부기관의 요구가 있는 경우
④ 특정개인을 식별할 수 있는 통계분석, 홍보자료, 학술연구 등의 목적으로 사용하는 경우

해설
④ 특정개인을 식별할 수 없을 경우에는 사용가능하다.

08 A역에서 B역까지 무궁화호 기준운임이 10,500원인 경우 어른 1명, 노인 1명, 어린이 1명이 열차출발시각 10분 후에 환불 청구 시 환불금액은 얼마인가?

① 18,400원 ② 18,600원
③ 19,500원 ④ 19,700원

해설
어른 운임 10,500원
무궁화호 노인 운임 = 어른 운임의 30% 할인
        = 10,500 × 0.7 = 7,350 ≒ 7,300
어린이 운임 = 어른 운임의 50% 할인
        = 10,500 × 0.5 = 5,250 ≒ 5,200
열차출발시각 10분 후 환불 위약금 = 15% (출발 후 20분까지)
어른 = 10,500 × 0.85 = 8,925 ≒ 8,900
노인 = 7,300 × 0.85 = 6,205 ≒ 6,200
어린이 = 5,200 × 0.85 = 4,420 ≒ 4,400
환불 금액 8,900 + 6,200 + 4,400 = 19,500원

5 ① 6 ① 7 ④ 8 ③ 정답

09 단체승차권에 대한 설명으로 옳지 않은 것은?

① 출발 2일 전까지는 최저위약금을 수수한다.

② 출발 1일 전부터 출발시각 전까지는 결제금액의 10%를 수수한다.

③ 출발시각 경과 후 20분까지는 15%의 위약금을 수수한다.

④ 출발시각 20분 경과 후 60분까지는 70%의 위약금을 수수한다.

해설
④ 20분 경과 후 60분까지는 40% 위약금을 수수한다. 60분 경과 후 도착시간 이전까지는 70% 위약금을 수수한다.

10 무궁화호 열차의 지연보상 대상으로 옳은 것은?

① 천재지변으로 50분 지연

② 테러 위협으로 30분 지연

③ 응급 구조로 40분 지연

④ 철도공사 책임으로 20분 지연

해설
천재지변, 열차 내 응급환자 및 사상자 구호 조치, 테러위협 등 열차안전을 위한 조치를 한 경우에 지연은 지연 보상 대상이 아니다.

11 여객운송약관의 운임·요금의 환불에 대한 설명으로 틀린 것은?

① 운임·요금을 환불받고자 하는 사람은 승차권을 역(간이역 제외)에 제출하고 운임·요금의 환불을 청구할 수 있다.

② 승차구간 내 도중역에서 여행을 중지한 사람은 승차권에 기재된 도착역 도착시간 전까지 승차하지 않은 구간의 운임·요금 환불을 청구할 수 있다.

③ 천재지변으로 열차 이용 또는 환불을 청구하지 못한 사람은 승차한 날로부터 1년 이내에 승차권과 승차하지 못한 사유를 확인할 수 있는 증명서를 역(승차권판매대리점 포함)에 제출하고 환불을 청구할 수 있다.

④ 운임·요금을 지급하지 않고 승차권을 발행받은 사람(국가유공자, 교환권, 카드 등)은 승차구간의 기준운임·요금을 기준으로 위약금을 지급하고, 차감한 무임횟수 복구 또는 교환권이나 카드의 재사용을 청구할 수 있다.

해설
③ 간이역 및 승차권판매대리점은 제외다.

12 승차권의 기재사항으로 옳지 않은 것은?

① 열차출발 및 도착시간

② 열차종류 및 열차편명

③ 고객센터 주소

④ 승차권 발행일

해설
③ 고객센터 주소가 아니라 고객센터 전화번호다.

13 승차권의 예약, 결제, 취소에 대한 설명으로 틀린 것은?

① 승차권 예약 발권은 출발 1개월 전 07:00부터 출발 10분 전까지 접수한다.

② 열차출발 2일 전까지 예약대기 고객은 예약배정 당일 24:00까지 결제하여야 한다.

③ 예약한 승차권은 간이역, 무임승차권은 승차권 판매대리점에서 발권하지 않는다.

④ 승차권을 예약한 사람이 출발시각 이전까지 예약한 승차권을 발권 받지 않은 경우 승차권 1매당 취소 위약금은 결제금액의 15%이다.

해설
① 출발 20분 전까지다.

14 철도안전법상 철도종사자의 관리 및 안전교육에 대한 내용으로 틀린 것은?

① 철도운영자 등이 실시하여야 하는 교육의 대상, 과정, 내용, 방법, 시기 등에 관하여 필요한 사항은 국토교통부령으로 정한다.

② 철도운영자 등은 자신이 고용하고 있는 철도종사자에 대하여 정기적으로 철도안전에 관한 교육을 실시하여야 한다.

③ 철도차량 운전·관제 업무 등 국토교통부령이 정하는 업무에 종사하는 철도종사자는 정기적으로 신체검사와 적성검사를 받아야 한다.

④ 철도운영자 등은 철도종사자가 받아야 하는 신체검사·적성검사를 신체검사 실시 의료기관 및 적성검사기관에 각각 위탁할 수 있다.

해설
① 국토교통부령이 아니라 대통령령이다.

15 철도안전법에서 철도보호 및 질서유지를 위한 금지행위로 틀린 것은?

① 역시설 또는 철도차량 안에서 노숙하는 행위

② 역시설 등 공중이 이용하는 철도시설 또는 철도차량 안에서 폭언 또는 고성방가 등 소란을 피우는 행위

③ 철도시설에 국토교통부령으로 정하는 유해물 또는 열차운행에 지장을 줄 수 있는 오물을 버리는 행위

④ 궤도의 한쪽 끝으로부터 폭 3미터 이내의 장소에 철도차량의 안전 운행에 지장을 초래할 물건을 방치하는 행위

해설
④ 궤도의 한쪽 끝이 아니라 양쪽 끝이다.
철도안전법 제48조(철도 보호 및 질서유지를 위한 금지행위)
- 철도시설 또는 철도차량을 파손하여 철도차량 운행에 위험을 발생하게 하는 행위
- 철도차량을 향하여 돌이나 그 밖의 위험한 물건을 던져 철도차량 운행에 위험을 발생하게 하는 행위
- 궤도의 중심으로부터 양측으로 폭 3미터 이내의 장소에 철도차량의 안전 운행에 지장을 주는 물건을 방치하는 행위
- 철도교량 등 국토교통부령으로 정하는 시설 또는 구역에 국토교통부령으로 정하는 폭발물 또는 인화성이 높은 물건 등을 쌓아 놓는 행위
- 선로(철도와 교차된 도로는 제외한다) 또는 국토교통부령으로 정하는 철도시설에 철도운영자등의 승낙 없이 출입하거나 통행하는 행위
- 역 시설 등 공중이 이용하는 철도시설 또는 철도차량에서 폭언 또는 고성방가 등 소란을 피우는 행위
- 철도시설에 국토교통부령으로 정하는 유해물 또는 열차운행에 지장을 줄 수 있는 오물을 버리는 행위
- 역 시설 또는 철도차량에서 노숙(露宿)하는 행위
- 열차운행 중에 타고 내리거나 정당한 사유 없이 승강용 출입문의 개폐를 방해하여 열차운행에 지장을 주는 행위
- 정당한 사유 없이 열차 승강장의 비상정지버튼을 작동시켜 열차운행에 지장을 주는 행위
- 그 밖에 철도시설 또는 철도차량에서 공중의 안전을 위하여 질서유지가 필요하다고 인정되어 국토교통부령으로 정하는 금지행위

16 철도안전법령상 국토교통부장관에게 즉시 보고하여야 하는 철도사고 등에 해당하지 않는 것은?

① 열차의 충돌이나 분리사고
② 철도차량이나 열차에서 화재가 발생하여 운행을 중지시킨 사고
③ 철도차량이나 열차의 운행과 관련하여 3명 이상 사상자가 발생한 사고
④ 철도차량이나 열차의 운행과 관련하여 5천만원 이상의 재산피해가 발생한 사고

해설
① 열차의 충돌이나 탈선사고가 해당하고, 분리 사고는 해당하지 않는다.

17 철도산업발전기본법에서 정한 철도운영에 해당하지 않는 것은?

① 철도선로의 정비
② 철도차량의 정비
③ 철도 여객 및 화물 운송
④ 철도시설·철도차량을 활용한 부대사업 개발 및 서비스

해설
철도산업발전기본법 제3조(정의)
"철도운영"이라 함은 철도와 관련된 다음의 어느 하나에 해당하는 것을 말한다.
• 철도 여객 및 화물 운송
• 철도차량의 정비 및 열차의 운행관리
• 철도시설·철도차량 및 철도부지 등을 활용한 부대사업개발 및 서비스

18 도시철도법상 도시철도채권을 매입할 수 없는 사람은?

① 지방자치단체로부터 면허·인가·허가를 받는 자
② 국토교통부령이 정하는 경형자동차(이륜자동차 제외)의 등록을 신청하는 자
③ 도시철도건설자 또는 도시철도운영자와 도시철도 건설·운영에 필요한 물품구매계약을 체결하는 자
④ 도시철도건설자 또는 도시철도운영자와 도시철도 건설·운영에 필요한 건설도급계약을 체결하는 자

해설
② 국가나 지방자치단체에 등기·등록을 신청하는 자가 매입할 수 있는데, 이때 국토교통부령이 정하는 경형자동차(이륜자동차 제외)의 등록을 신청하는 자는 제외한다.

19 여객열차에서의 금지행위를 한 사람에 대하여 조치할 수 있는 내용이 아닌 것은?

① 금지행위의 제지
② 금지행위의 녹음
③ 금지행위의 녹화
④ 금지행위의 고발

해설
여객운송약관 제20조
④ 철도종사자는 금지행위를 한 사람에 대하여 필요한 경우 금지행위의 제지, 금지행위의 녹음 및 녹화 또는 촬영을 할 수 있다.

20 철도운임산정기준에 정한 설명으로 틀린 것은?

① 철도운임·요금은 철도운송서비스를 제공하는 데 소요된 취득원가 기준에 의한 총괄원가를 보상하는 수준에서 결정되어야 한다.

② 총괄원가는 철도사업자의 성실하고 능률적인 경영하에 철도운송서비스를 공급하는 데 소요되는 적정원가에다 철도운송서비스에 공여하고 있는 진실하고 유효한 자산에 대한 적정 투자보수를 가산한 금액으로 한다.

③ 철도운임은 발생주의 및 취득원가주의에 따라 계리된 철도운송서비스의 결산서를 기준으로 산정하는 것을 원칙으로 한다.

④ 철도운임의 산정은 원칙적으로 1회계년도를 대상으로 하되, 운임의 안정성, 기간적 부담의 공평성, 원가의 타당성, 경영책임, 물가변동 및 제반 경제상황 등을 감안하여 신축적으로 운영할 수 있다.

해설
철도운임산정기준 제4조
③ 철도운임은 발생주의 및 취득원가주의에 따라 계리된 철도운송서비스의 예산서를 기준으로 산정하는 것을 원칙으로 한다.

21 물류시설에 대한 설명으로 옳지 않은 것은?

① 화물의 운송·보관·하역을 위한 시설

② 화물의 운송·보관·하역 등에 부가되는 가공·조립·분류·수리·포장·상표부착·판매·정보통신 등을 위한 시설 등을 위한 시설

③ 물류의 공동화 자동화 및 정보화를 위한 시설

④ 효율적인 물류활동을 위하여 시설·장비·정보·조직 및 인력 등이 서로 유기적으로 기능을 발휘할 수 있도록 연계된 집합체

해설
④ 물류체계에 대한 설명이다.

22 연안운송의 침체 이유로 틀린 것은?

① 운송단계가 복잡하다.

② 선복 장소가 부족하다.

③ 전용부두시설이 부족하여 물량처리가 곤란하다.

④ 운송비가 비싸다.

해설
④ 연안운송의 필요성과 장점은 운송비가 저렴하다는 것이다.

23 다른 운송수단에 비해 철도운송의 장점이 아닌 것은?

① 문전수송이 가능하다.

② 계획수송이 가능하다.

③ 운임이 비탄력적이다.

④ 전천후 운송이 가능하다.

해설
① 철도운송 단독으로는 문전수송이 불가능하다. 다른 운송수단과 연계를 해야 문전수송이 가능하다.

24 철도화차 중 평판차의 종류가 아닌 것은?

① 일반 평판차

② 컨테이너차

③ 곡형 평판차

④ 홉퍼차

해설
④ 홉퍼차 = 호퍼차 = 자갈차로 무개화차에 속한다.

25 시간 단축과 문전수송을 가능하게 만든 철도운송 방식은?

① 프레이트 라이너　② 피기백
③ 플렉시 밴　　　　④ COFC

해설
① 프레이트 라이너란 대형 컨테이너를 적재하고 터미널 사이를 고속으로 운행하는 화물 컨테이너로 하역시간 단축과 문전수송이 가능하다.

26 더블스택카는 어떤 화차인가?

① 컨테이너를 2단으로 적재할 수 있는 화차
② 20피트 컨테이너 2개를 적재할 수 있는 화차
③ 40피트 컨테이너 2개를 적재할 수 있는 화차
④ 2개의 컨테이너를 나란히 적재할 수 있는 화차

해설
더블스택카란 컨테이너 화차의 일종으로 컨테이너를 2단으로 적재하여 운송할 수 있도록 설계된 화차이다.

27 NVOCC에 대한 설명으로 틀린 것은?

① 선박을 소유하고 운송하는 운송인이다.
② 1984년 미국 신해운법에서 기존 포워더형 복합운송인을 법적으로 확립한 해상 복합운송 주선인이다.
③ 선박의 소유나 지배유무에 관계없이 수상운송인을 하도급인으로 이용하여 자신의 이름으로 운송하는 자다.
④ 직접 선박을 소유하지는 않으나 화주에 대해 일반적인 운송인으로서 운송계약을 한다.

해설
NVOCC는 선박을 소유하지 않고 운송하는 운송인으로 기존의 포워더형 복합운송인을 법적으로 확립한 해상 복합운송주선인이다.

28 다음은 물류정책기본법의 물류정책위원회에 관한 설명으로 ㉠, ㉡에 들어갈 내용이 맞는 것은?

물류정책위원회는 위원장을 포함한 (㉠) 이내의 위원으로 구성하며, 지역물류정책에 관한 주요 사항을 심의하기 위하여 시·도지사 소속으로 지역물류정책위원회를 둔다. 지역물류정책위원회의 구성 및 운영에 필요한 사항은 (㉡)으로 정한다.

① ㉠ 20명　　　　㉡ 국토교통부령
② ㉠ 23명　　　　㉡ 대통령령
③ ㉠ 25명　　　　㉡ 국토교통부령
④ ㉠ 30명　　　　㉡ 대통령령

해설
국가물류정책위원회와 지역물류정책위원회의 설명이 혼재되어 나오기 때문에 정리에 있는 표를 보고 구별하며 공부해야 한다.
물류정책기본법
제18조(국가물류정책위원회의 구성 등)
국가물류정책위원회는 위원장을 포함한 23명 이내의 위원으로 구성한다.
제20조(지역물류정책위원회)
• 지역물류정책에 관한 주요 사항을 심의하기 위하여 시·도지사 소속으로 지역물류정책위원회를 둔다.
• 지역물류정책위원회의 구성 및 운영에 필요한 사항은 대통령령으로 정한다.

29 철도화물운송 약관의 정의에서 화물의 장소적 이동에 대한 대가로 수수하는 금액을 무엇이라고 하는가?

① 운임　　　　　　② 기본운임
③ 요금　　　　　　④ 최저기본운임요금

해설
② 기본운임 : 할인·할증을 제외한 임률, 중량, 거리만으로 계산한 운임(단, 최저기본운임에 미달할 경우에는 최저기본운임을 기본운임으로 함)
③ 요금 : 장소적 이동 이외의 부가서비스 등에 대한 대가로 수수하는 금액
④ 최저기본운임요금 : 철도운송의 최저비용을 확보하기 위하여 정한 기본운임

30 철도화물운송약관에서 정한 탁송변경 사항이 아닌 것은?

① 탁송 취소
② 도착역 변경
③ 발송역 변경
④ 운송열차 및 운송경로 지정변경

해설
③ 발송역 회송이 탁송변경 사항에 해당한다.

31 고객이 인도 완료한 화물 중 18시 이후에 하화가 완료된 화물의 반출 시기로 타당한 것은?

① 당일 24시까지
② 다음날 09시까지
③ 다음날 11시까지
④ 다음날 24시까지

해설
고객은 인도한 화물을 정한 시간 내에 하화를 완료하고 당일 내에 역구내에서 반출하여야 한다. 다만, 18시 이후에 하화를 완료하는 화물은 다음날 11시까지 반출하여야 한다.

32 철도화물운송과 관련하여 철도운영자가 책임을 져야 하는 경우로 맞는 것은?

① 면책특약 화물의 면책조건에 의해 발생한 손해
② 화물의 특성 상 자연적인 훼손, 부패, 감소, 손실이 발생한 경우의 손해
③ 봉인이 불완전하고 화물이 훼손될 만한 외부 흔적이 있는 경우의 손해
④ 수취 시 이미 수송용기가 밀폐된 컨테이너 화물 등의 내용물에 대한 손해

해설
③ 봉인이 완전하고 화물이 훼손될 만한 외부 흔적이 없는 경우의 손해일 때 철도운영자가 책임을 져야 한다.

33 철도화물운송약관의 내용 중 틀린 것은?

① 철도화물의 운송기간은 발송기간, 수송기간, 인도기간을 합산한 기간으로 한다.
② 하중을 부담하지 아니하는 보조차와 갑종철도차량의 최저기본운임은 차량표기자중톤수의 100km에 해당하는 운임을 수수한다.
③ 철도공사는 전세열차로 신청하는 화물에 대해서는 운임의 20%에 해당하는 예납금을 수수하며, 철도공사의 책임으로 탁송 취소를 한 경우에는 예납금을 환불하여야 한다.
④ 고객은 인도 완료한 화물을 정해진 하화시간 내에 하화를 완료하여 당일 중에 역구내로부터 반출하여야 하나, 18시 이후에 하화가 완료된 화물은 다음날 11시까지 반출할 수 있다.

해설
③ 철도공사는 전세열차로 신청하는 화물에 대해서는 운임의 10%에 해당하는 예납금을 수수할 수 있다.

34 화물운송약관 및 세칙에 관한 내용 중 틀린 것은?

① 화물인도증명은 1년 이내에 가능하다.
② 컨테이너화물의 적하시간은 3시간이다.
③ 역 구내 및 역 기점 5km 이내는 구내운반화물로 취급한다.
④ 운송계약을 체결한 날부터 6개월 안에 화물운임 · 요금을 청구하지 않으면 그 시효가 소멸된다.

해설
② 시속 50km/h 이하 속도제한 화물은 200% 할증률이다.

35 철도화물운임 할증률이 20퍼센트가 아닌 것은?

① 고객요구로 임시열차 운행화물

② 열차 또는 경로지정 화물

③ 위험물 중 가스류

④ 컨테이너형 다목적 용기 화물

> **해설**
> ④는 할증률이 10%이다.

36 다음과 같은 조건에서 일반화물의 수수금액은 얼마인가?

• 품목 : 석회석분
• 임률 : 45.9원/km
• 거리 : 120km
• 화차표기하중톤수 : 50톤
• 자중톤수 : 32톤
• 실중량 : 40톤

① 220,320원

② 247,900원

③ 264,400원

④ 275,400원

> **해설**
> 1. 최저톤수 계산하기
>   50톤 × 0.96 = 48톤(석회석은 최저톤수계산 100분 비율 96%)
> 2. 공식대로 계산식 넣기
>   48톤 × 120km × 45.9원 = 264,384원
> 3. 석회석은 할증품목 아님
> 4. 문제에 제시된 단서로 최종 답안 선택
>   단수처리 = 264,400원

37 위험물 이외의 화물을 철도로 운송 시 송화인이 화물운송장에 거짓 기재한 경우 부가운임을 수수하는 방법으로 적절한 것은?

① 부족운임과 그 부족운임의 2배에 해당하는 부가운임

② 부족운임과 그 부족운임의 3배에 해당하는 부가운임

③ 부족운임과 그 부족운임의 4배에 해당하는 부가운임

④ 부족운임과 그 부족운임의 5배에 해당하는 부가운임

> **해설**
> 위험물 이외의 화물의 경우 부족운임과 그 부족운임의 3배에 해당하는 부가운임을 수수하고, 위험물은 부족운임과 그 부족운임의 5배에 해당하는 부가운임을 수수한다.

38 철도사업법에 정한 전용철도에 대한 설명 중 틀린 것은?

① 전용철도의 운영을 양도, 양수하려는 자는 국토교통부장관에게 신고를 하여야 한다.

② 전용철도의 등록기준과 등록절차 등에 관하여 필요한 사항은 국토교통부령으로 정한다.

③ 국토교통부장관은 필요시 전용철도운영자에게 사업장의 이전을 명할 수 있다.

④ 전용철도운영자가 그 운영의 전부 또는 일부를 휴업한 경우에는 3개월 이내에 국토교통부장관에게 신고하여야 한다.

> **해설**
> ④ 전용철도운영자가 그 운영의 전부 또는 일부를 휴업 또는 폐업한 경우에는 1개월 이내에 국토교통부장관에게 신고하여야 한다.

39 철도사업법령상 철도운수종사자가 하지 않아야 하는 행위로 틀린 것은?

① 부당한 운임 또는 요금을 요구하거나 받는 행위
② 정당한 사유 없이 여객 또는 화물의 운송을 거부하는 행위
③ 정당한 사유 없이 여객 또는 화물을 중도에서 내리게 하는 행위
④ 여객운임 및 요금표, 철도사업약관을 인터넷 홈페이지에 게시하고 관계역에 비치하는 행위

해설
④ 여객운임 및 요금표, 철도사업약관을 인터넷 홈페이지에 게시하고 관계역에 비치하는 행위는 철도사업자의 준수사항이다.

40 특수관리 화차의 종류로 틀린 것은?

① 곡형 평판차
② 철판 코일차
③ 자동차 수송차
④ 별도로 지정한 화차

해설
③ 자동차 수송차는 평판차에 속한다.

41 철도안전법에서 국토교통부장관은 철도안전 종합계획을 몇 년마다 수립하여야 하는가?

① 1년
② 2년
③ 5년
④ 10년

해설
철도안전법 제5조
제5조(철도안전 종합계획)
국토교통부장관은 5년마다 철도안전에 관한 종합계획을 수립하여야 한다.

42 운전취급규정에서 정한 용어의 정의에 대한 설명으로 틀린 것은?

① 신호장이라 함은 열차의 교행 또는 대피를 위하여 설치한 장소를 말한다.
② 조차장이라 함은 열차의 조성 또는 차량의 입환을 하기 위하여 설치한 장소를 말한다.
③ 역이라 함은 열차를 정차하고 여객 또는 화물의 취급을 하기 위하여 설치한 장소를 말한다.
④ 신호기라 함은 상치신호기 등 열차제어시스템을 조작·취급하기 위하여 설치한 장치를 말한다.

해설
운전취급규정 제3조
④ "신호소"란 상치신호기 등 열차제어시스템을 조작·취급하기 위하여 설치한 장소를 말한다.

43 운전취급규정의 내용 중 관제사의 열차제어장치 차단운전 승인번호를 부여하여 열차를 운행시킬 수 있는 경우가 아닌 것은?

① 열차제어장치의 고장인 경우

② 전령법에 의한 운전을 하는 경우

③ 상용폐색방식에 의한 운전을 하는 경우

④ 사고나 그 밖에 필요하다고 인정하는 경우

해설

운전취급규정 제10조

제10조(정거장 외 본선의 운전)

1. 본선을 운전하는 차량은 이를 열차로 하여야 하며 열차제어장치의 기능에 이상이 없어야 한다. 다만, 입환차량 또는 차단장비로서 단독 운전하는 경우에는 그러하지 아니하다.
2. 관제사는 다음의 어느 하나에 해당하는 경우에는 열차제어장치 차단운전 승인번호를 부여하여 열차를 운행시킬 수 있다.
   ㉠ 열차제어장치의 고장인 경우
   ㉡ 퇴행운전이나 추진운전을 하는 경우
   ㉢ 대용폐색방식이나 전령법 시행으로 열차제어장치 차단운전이 필요한 경우
   ㉣ 사고나 그 밖에 필요하다고 인정하는 경우
   ㉤ ㉡과 ㉢에 대한 승인번호는 운전명령번호를 적용한다.

44 차량의 연결제한 및 격리에 대한 설명으로 틀린 것은?

① 불나기 쉬운 화물 적재화차와 화약류 적재화차는 3차 이상

② 불나기 쉬운 화물 적재화차와 위험물 적재화차는 3차 이상

③ 불나기 쉬운 화물 적재화차와 불에 타기 쉬운 화물 적재화차는 1차 이상

④ 폭발염려 있는 화물 적재화차와 불에 타기 쉬운 화물 적재화차는 2차 이상

해설

운전취급규정 제22조 별표 3

[화약류 등 적재차량의 연결제한 및 격리]

격리, 연결제한하는 화차 \\ 격리, 연결제한할 경우		1. 화약류 적재화차	2. 위험물 적재화차	3. 불에 타기 쉬운 화물 적재화차	4. 특대 화물 적재화차
1. 격리	가. 여객승용차량	3차 이상	1차 이상	1차 이상	1차 이상
	나. 동력을 가진 기관차	3차 이상	3차 이상	3차 이상	
	다. 화물호송인 승용차량	1차 이상	1차 이상	1차 이상	
	라. 열차승무원 또는 그 밖의 직원 승용차량	1차 이상			
	마. 불타기 쉬운 화물 적재화차	1차 이상	1차 이상		
	바. 불나기 쉬운 화물 적재화차 또는 폭발 염려 있는 화물 적재화차	3차 이상	3차 이상	1차 이상	
	사. 위험물 적재화차	1차 이상		1차 이상	
	아. 특대화물 적재화차	1차 이상			
	자. 인접차량에 충격 염려 화물 적재화차	1차 이상			
2. 연결제한	가. 여객열차 이상의 열차	연결 불가 (화물열차 미운행 구간 또는 운송상 특별한 사유 시 화약류 적재 화차 1량 연결 가능. 다만, 3차 이상 격리)			
	나. 그 밖의 열차	5차 (다만, 군사 수송은 열차 중간에 연속하여 10차)	연결	열차 뒤쪽에 연결	
	다. 군용열차	연결			

45 운전취급규정의 내용 중 공기제동기 제동감도 시험을 생략할 수 없는 경우는?

① 열차를 도중역에서 인수하여 출발하는 경우

② 기관사 2인이 승무하여 기관사간 교대하는 경우

③ 동력차 승무원이 도중에 교대하는 여객열차의 경우

④ 회송열차를 운전실의 변경 없이 본 열차에 충당하여 계속 운전하는 경우

해설
운전취급규정 제26조
공기제동기 제동감도 시험을 생략할 수 있는 경우
1. 동력차승무원이 도중에 교대하는 여객열차
2. 기관사 2인이 승무하여 기관사간 교대하는 경우
3. 회송열차를 운전실의 변경 없이 본 열차에 충당하여 계속 운전하는 경우. 본 열차 반대의 경우에도 그러하다.

46 관제사의 운전정리 사항에 대한 설명으로 틀린 것은?

① 일찍출발 : 열차의 계획된 운전시각을 앞당겨 운전

② 속도변경 : 견인정수 변동에 따라 운전속도가 변경

③ 순서변경 : 선발로 할 열차의 운전시각을 변경하지 않고 열차의 운행순서를 변경

④ 선로변경 : 선로의 정해진 운전방향을 변경하지 않고 열차의 운전선로를 변경

해설
운전취급규정 제53조
① 일찍출발 : 열차가 정거장에서 계획된 시각보다 미리출발

47 운전취급담당자가 운전관계승무원에게 임시운전명령 번호 및 내용을 통고할 경우 CTC구간에서 관제사 운전명령번호를 생략할 수 있는 경우는?

① 수신호 현시

② 열차의 임시서행

③ 열차의 임시교행

④ 열차 또는 차량의 임시입환

해설
운전취급규정 제59조
임시운전명령 통고를 의뢰받은 운전취급담당자는 해당 운전관계승무원에게 임시운전명령 번호 및 내용을 통고하여야 한다. 다만, 제1항제5호(열차의 임시교행 또는 대피)의 경우에 복선운전구간과 CTC구간은 관제사 운전명령번호를 생략한다.

48 1폐색구간에 2 이상의 열차를 운전할 수 있는 경우가 아닌 것은?

① 선로 불통된 폐색구간에 공사열차를 운전하는 경우

② 고장열차 있는 폐색구간에 구원열차를 운전하는 경우

③ 통신 두절된 경우에 연락 등으로 단행열차를 운전하는 경우

④ 신호고장의 폐색구간에 시운전열차를 운전하는 경우

해설
운전취급규정 제99조
제99조(1폐색구간 1열차 운전)
1폐색구간에는 1개 열차만 운전하여야 한다. 다만, 1폐색구간에 2 이상의 열차를 운전할 수 있는 경우는 다음과 같다.
1. 자동폐색신호기에 정지신호의 현시 있는 경우 그 폐색구간을 운전하는 경우
2. 통신 두절된 경우에 연락 등으로 단행열차를 운전하는 경우
3. 고장열차 있는 폐색구간에 구원열차를 운전하는 경우
4. 선로 불통된 폐색구간에 공사열차를 운전하는 경우
5. 폐색구간에서 열차를 분할하여 운전하는 경우
6. 열차가 있는 폐색구간에 다른 열차를 유도하여 운전하는 경우
7. 전동열차 ATC 차내 신호 15신호가 현시된 폐색구간에 열차를 운전하는 경우
8. 그 밖에 특수한 사유가 있는 경우

49 전령법을 시행하여야 하는 경우가 아닌 것은?

① 선로고장의 경우에 전화불통으로 관제사의 지시를 받지 못할 경우

② 복구 후 현장을 넘어서 구원열차 또는 공사열차를 운전할 필요가 있는 경우

③ 전령법에 따라 구원열차 또는 공사열차 운전 중 사고, 그 밖의 다른 구원열차 또는 공사열차를 동일 폐색구간에 운전할 필요가 있는 경우

④ 정거장 또는 신호소 바깥으로 차량이 굴러갔거나 차량을 남겨놓은 폐색구간에 폐색구간을 변경하지 않고 그 차량을 회수하기 위해 구원열차를 운전하는 경우

해설

운전취급규정 제162조

제162조(전령법의 시행)

다음의 어느 하나에 해당하는 경우에는 폐색구간 양끝의 역장이 협의하여 진령법을 시행하여야 한다.

1. 고장열차 있는 폐색구간에 폐색구간을 변경하지 않고 구원열차를 운전하는 경우

2. 정거장 또는 신호소 바깥으로 차량이 굴러갔거나 차량을 남겨놓은 폐색구간에 폐색구간을 변경하지 않고 그 차량을 회수하기 위하여 구원열차를 운전하는 경우

3. 선로고장의 경우에 전화불통으로 관제사의 지시를 받지 못할 경우

4. 현장에 있는 공사열차 이외에 재료수송, 그 밖에 다른 공사열차를 운전하는 경우

5. 중단운전구간에서 재차 사고발생으로 구원열차를 운전하는 경우

6. 전령법에 따라 구원열차 또는 공사열차 운전 중 사고, 그 밖의 다른 구원열차 또는 공사열차를 동일 폐색구간에 운전할 필요 있는 경우

50 운전취급규정의 내용 중에서 색등식 신호기 중 3현시 이상 신호현시가 필요한 신호기로 맞는 것은?

① 자동폐색구간의 출발신호기

② 연동폐색구간의 출발신호기

③ 자동폐색구간의 장내신호기

④ 연동폐색구간의 장내신호기

해설

운전취급규정 제172조

제172조(신호현시 방식의 기준)

색등식 신호기의 신호현시 방식은 다음과 같다.

1. 장내신호기·폐색신호기 및 엄호신호기 : 2현시 이상

2. 출발신호기 : 2현시. 다만, 자동폐색식 구간은 3현시 이상

3. 입환신호기 : 2현시

51 임시신호기를 설치할 경우 해당 신호기의 앞면 현시방식으로 맞는 것은?

① 서행신호기(야간) : 등황색등

② 서행신호기(주간) : 녹색테두리를 한 등황색원판

③ 서행해제신호기(주간) : 녹색테두리를 한 백색원판

④ 서행예고신호기(야간) : 녹색 3각형 3개를 그린 백색등

해설

운전취급규정 제173조 제2항, 별표 14

순번	임시 신호기	주·야간	앞면 현시	뒷면 현시
1	서행신호기 (서행신호)	주간	백색테두리를 한 등황색 원판	백색
		야간	등황색등	등 또는 백색 (반사재)
2	서행예고 신호기 (서행예고 신호)	주간	흑색3각형 3개를 그린 백색 3각형판	흑색
		야간	흑색3각형 3개를 그린 백색등	없음
3	서행해제신 호기 (서행해제 신호)	주간	백색테두리를 한 녹색원판	백색
		야간	녹색등	등 또는 백색 (반사재)

52 위험이 절박하여 열차 또는 차량을 급속히 정차시킬 필요가 있을 때의 비상전호 방법이 아닌 것은?

① 주간에 양팔을 높이 든다.

② 야간에는 양팔을 휘두른다.

③ 주간에 녹색기 이외의 물건을 휘두른다.

④ 야간에는 녹색등 이외의 등을 급격히 휘두른다.

해설

운전취급규정 제212조 별표 19

전호 종류	전호 구분	전호 현시방식
비상전호	주간	양팔을 높이 들거나 녹색기 이외의 물건을 휘두른다.
	야간	녹색등 이외의 등을 급격히 휘두르거나 양팔을 높이 든다.
	무선	○○열차 또는 ○○차 비상정차

53 운전취급규정의 내용 중에 사상사고 등 이례사항 발생 시 인접선 방호가 필요한 경우의 조치사항으로 틀린 것은?

① 인접 지장선로를 운행하는 기관사는 제한속도를 준수하여 주의운전할 것

② 기관사는 속도제한 사유가 없어진 경우에는 열차가 정상운행될 수 있도록 관계처에 통보할 것

③ 지장선로를 통보받은 관제사는 관계 선로 운행열차 기관사에게 60km/h 이하 운행지시등 운행정리 조치를 할 것

④ 해당 기관사는 관제사 또는 역장에게 사고개요 급보 시 사고수습 관련하여 인접선 지장여부를 확인하고 지장선로를 통보할 것

해설

운전취급규정 제272조
제272조(사상사고 발생 등으로 인접선 방호조치)
③ 지장선로를 통보받은 관제사는 관계 선로 운행열차 기관사에게 시속 25킬로미터 이하 속도로 운행을 지시하는 등 운행정리를 할 것

54 운전취급규정의 내용 중에 운전허가증을 휴대하지 않은 경우에 대한 조치사항으로 틀린 것은?

① 기관사는 관제사 또는 역장의 지시를 받기 위해 무선전화기 상태를 수시로 확인하여야 한다.

② 기관사는 무선전화기 통신 불능일 경우 다른 통신수단을 사용하여 관제사 또는 역장의 지시를 받아야 한다.

③ 열차 운전 중 정당한 운전허가증을 휴대하지 않았거나 전령자가 승차하지 않은 것을 발견한 기관사는 각별한 주의운전을 하여야 한다.

④ 보고를 받은 관제사 또는 역장은 열차의 운행상태를 확인하고 열차 기관사에게 현장 대기, 계속 운전, 열차퇴행 등의 지시를 하여야 한다.

해설

운전취급규정 제308조
제308조(운전허가증 휴대하지 않은 경우의 조치)
③ 열차 운전 중 정당한 운전허가증을 휴대하지 않았거나 전령자가 승차하지 않은 것을 발견한 기관사는 속히 열차를 정차시키고 열차승무원 또는 뒤쪽 역장에게 그 사유를 보고하여야 한다.

55 철도차량운전규칙에서 정하고 있는 상치신호기의 정위(正位)로 틀린 것은?

① 차내신호기 : 진행신호
② 원방신호기 : 주의신호
③ 단선 자동폐색신호기 : 진행신호
④ 복선 반자동폐색신호기 : 진행신호

철도차량운전규칙 제85조
1. 장내신호기 : 정지신호
2. 출발신호기 : 정지신호
3. 폐색신호기(자동폐색신호기를 제외한다) : 정지신호
4. 엄호신호기 : 정지신호
5. 유도신호기 : 신호를 현시하지 아니한다.
6. 입환신호기 : 정지신호
7. 원방신호기 : 주의신호
② 자동폐색신호기 및 반자동폐색신호기는 진행을 지시하는 신호를 현시함을 기본으로 한다. 다만, 단선구간의 경우에는 정지신호를 현시함을 기본으로 한다.
③ 차내신호는 진행신호를 현시함을 기본으로 한다.

56 파손차량 연결 시의 검사 및 조치사항으로 틀린 것은?

① 파손차량을 연결하는 경우에는 차량사업소장의 검사를 받은 후 열차에 연결할 수 있다.
② 파손차량 연결에 관하여 보고를 받은 관제사는 그 내용을 관계자에게 유선 또는 구두로 통보하여야 한다.
③ 파손차량을 열차에 연결하는 경우에는 필요에 따라 밧줄 또는 철사를 사용하여 운전도중 분리되지 않도록 조성하여야 한다.
④ 검사를 한 차량사업소장은 운행속도 제한 등 운전상 주의를 요하는 사항을 관제사에게 보고하고 필요시에는 적임자를 열차에 승차시켜야 한다.

일반철도 운전취급세칙 제9조
② 파손차량 연결에 관하여 보고를 받은 관제사는 그 내용을 관계자에게 운전명령으로 통보하여야 한다.

57 정거장 및 신호소에서는 단락용 동선을 몇 개 이상 비치하여야 하는가?

① 1개 이상
② 2개 이상
③ 10개 이상
④ 직원수의 1할 이상

단락용 동선
1. 선로순회 시설, 전기 직원 : 1개 이상
2. 각 열차의 동력차 : 3개 이상
3. 소속별 단락용 동선 비치
  ㉠ 각 정거장 및 신호소 : 2개 이상
  ㉡ 차량사업소 : 동력차에 적재할 상당수의 1할 이상
  ㉢ 시설관리반 : 2개 이상
  ㉣ 건널목 관리원 처소 : 2개 이상
  ㉤ 전기원 주재소 : 2개 이상

58 운전취급 규정에서 사용되는 용어의 설명으로 맞는 것은?

① 추진운전이란 열차 또는 차량을 맨 앞쪽 이외의 운전실에서 운전하는 경우를 말하며, 밀기운전이라고도 한다.
② 주의운전이란 신호의 이상 또는 재해나 악천후 등 이례상황발생 시 관제사의 지시로 규정된 제한속도보다 낮추어 운전하는 것을 말한다.
③ 운전보안장치 중 열차제어장치는 열차자동정지장치, 열차자동제어장치, 열차자동방호장치, 운전자경계장치를 통칭하여 말한다.
④ 단선운전구간에서 하나의 선로를 양방향 신호설비를 갖추고 자동폐색식 또는 차내신호폐색식에 의하여 열차를 취급하는 운전방식을 양방향운전이라고 말한다.

운전취급규정 제3조
② 주의운전 : 특수한 사유로 인하여 특별한 주의력을 가지고 운전하는 경우
③ 열차제어장치는 열차자동정지장치, 열차자동제어장치, 열차자동방호장치, 한국형 열차제어장치를 통칭하여 말한다.
④ 양방향운전 : 복선운전구간에서 하나의 선로를 상 · 하선 구분 없이 양방향 신호설비를 갖추고 차내신호폐색식에 의하여 열차를 취급하는 운전방식

59 불 나기 쉬운 화물에 해당하지 않는 것은?

① 종이
② 표백분
③ 필름
④ 기름넝마

해설
운전취급규정 제22조 별표 3
"불나기 쉬운 화물"이란 초산, 생석회, 표백분, 기름종이, 기름넝마, 셀룰로이드, 필름 등을 말한다.

60 짙은 안개 또는 눈보라 등 기후불량으로 인하여 신호현시 상태를 확인할 수 없는 경우 기관사의 조치사항으로 틀린 것은?

① 신호현시 상태를 확인할 수 없을 때에는 일단 정차하여야 한다.
② 열차운전 중 악천후의 경우에는 최근 정거장 역장에게 통보하여야 한다.
③ 열차의 전방에 있는 폐색구간에 열차가 없음을 역장으로부터 통보받았을 경우에는 정차하지 않고 최고속도로 운전할 수 있다.
④ 역장으로부터 진행 지시신호가 현시되었음을 통보받았을 때에는 신호기의 현시상태를 확인할 때까지 주의운전을 하여야 한다.

해설
운전취급규정 제202조
신호를 확인할 수 없을 때의 조치(기관사)
• 신호를 주시하여 신호기 앞에서 정차할 수 있는 속도로 주의운전
• 신호현시 상태를 확인할 수 없는 경우에는 일단 정차
• 역장과 운전정보를 교환하여 그 열차의 전방에 있는 폐색구간에 열차가 없음을 확인한 경우에는 정차하지 않을 수 있음

2022년 제3회 과년도 기출복원문제

01 철도여객 운송계약의 성립시기로 가장 거리가 먼 것은?

① 승차권이 없는 경우 여객이 열차에 승차한 때
② 유아의 경우 보호자가 승차권을 결제하였을 때
③ 승차권을 온라인으로 발행받은 때
④ 유효하지 않은 승차권을 가지고 열차에 승차하였을 때

해설

② 운임을 받지 않고 운송하는 유아는 보호자와 함께 여행을 시작한 때 운송계약이 성립된다.

02 철도여객운송약관의 내용으로 옳은 것은?

① 자가발권승차권은 출발시간 이후 인터넷을 이용하여 환불을 청구할 수 있다.
② 여객은 운송계약 내용의 제한 또는 조정으로 열차를 이용하지 못하였을 경우 승차권에 기재된 운임·요금의 환불을 청구할 수 있다.
③ 열차의 출발시각 경과 후 20분까지 역에서 단체승차권을 환불하는 경우 40%의 환불 위약금을 공제한다.
④ 운임할인 대상자임을 확인할 수 있는 신분증(또는 증명서)을(를) 소지하지 않아 부가운임을 지급한 경우에는 승차일부터 1개월 이내 부가운임의 환불을 청구할 수 있다.

해설

① 자가발권승차권은 어플 또는 홈페이지를 통해 역직원을 거치지 않고 고객이 직접 구매한 승차권을 말한다. 인터넷·모바일로 발행받은 승차권의 경우 승차권에 기재된 출발역 출발 전까지 인터넷·모바일로 직접 환불을 청구할 수 있다.
③ 열차의 출발시각 경과 후 20분 이내에 역에서 단체승차권을 환불하는 경우에는 15%의 환불 위약금을 공제한다.
④ 1개월이 아니라 1년 이내에 부가운임의 환불을 청구할 수 있다.

03 승차권에 대한 설명으로 가장 거리가 먼 것은?

① 2명 이상이 함께 이용하는 조건으로 운임을 할인하고 한 장으로 발생하는 승차권은 이용인원에 따라 낱장으로 나누어 발행하지 않는다.
② 정기승차권을 유효기간에 따라 10일용, 1개월용으로, 이용열차 종별에 따라 KTX와 ITX로, 이용대상에 따라 청소년용과 일반용으로 구분한다.
③ 승차권에는 승차일자, 승차구간, 열차 출발시각 및 도착시각, 열차종류 및 열차편명, 운임·요금 영수금액, 승차권 발행일, 고객센터 전화번호 등을 기재한다.
④ 열차고장, 철도파업 및 노사분규 등으로 열차를 정상적으로 운행할 수 없는 경우에는 운행시각 변경, 운행중지, 출발·도착역 변경, 우회·연계수송, 승차권의 예약·발권·환불 등을 제한 또는 조정할 수 있다.

해설

② 정기승차권은 유효기간에 따라 10일용, 1개월용으로 구분되며 이용열차 종별에 따라 KTX(KTX–산천, KTX–이음 포함), 새마을호(ITX–새마을 포함), 무궁화호(누리로 포함) 및 통근열차로 구분하며, 이용대상에 따라 청소년용과 일반용으로 구분한다.

2024년 3회차

이용열차 종별에 따라 KTX, KTX–이음, ITX–마음, ITX–새마을(새마을호 포함), 무궁화호(누리로 포함)으로 구별된다. 정답은 같지만 이용종별에 따른 구분이 개정되어 해설이 달라졌다.

04 일요일에 출발하는 무궁화호 승차권을 열차 출발 30분전에 반환할 경우 위약금(반환수수료)은 얼마인가?

① 무료
② 영수금액의 5%
③ 최저위약금(400원)
④ 영수금액의 10%

해설
① 월~목요일 출발 3시간 전까지 위약금이다.
② 금~일요일, 공휴일 당일~출발 3시간 전까지 위약금이다.
③ 금~일요일, 공휴일 1개월~출발 1일 전까지의 위약금이다.

06 A역에서 B역 간 새마을호 운임이 30,500원일 경우 어른 2명이 금요일 출발 당일 열차출발 전(출발 1시간 전 경과 후부터 출발시각 전)에 환불 요청 시 환불 위약금은 얼마인가?

① 3,000원
② 6,000원
③ 18,000원
④ 30,500원

해설
금요일 출발시각 전 = 10% 위약금 공제
30,500 × 0.1 = 3,050 ≒ 3,000원 × 2명 = 6,000원

05 A역에서 B역까지 어른 1명과 어린이 1명이 KTX특실을 A역에서 자동발매기로 구입하여 열차 10분 전 환불 시 운임 · 요금은 얼마인가?(단, 기준운임은 35,500원, 토요일, 좌석속성 배제)

① 72,900원
② 73,200원
③ 73,400원
④ 73,200원

해설
특실요금 = 기준운임의 40% 할인
  = 35,500 × 0.4 = 14,200원
어린이 운임 = 어른 운임의 50% 할인
  = 35,500 × 0.5 = 17,750 ≒ 17,700원
어른 1명 운임 · 요금 = 35,500 + 14,200 = 49,700원
어린이 1명 운임 · 요금 = 17,700 + 14,200 = 31,900원
토요일 열차 출발 10분 전 환불 시 = 10% 위약금 공제
어른 1명 위약금 = 49,700 × 0.1 = 4,970 ≒ 5,000원
어린이 1명 위약금 = 31,900 × 0.1 = 3,190 ≒ 3,200원
(49,700 + 31,900) - (5,000 + 3,200) = 73,400원

07 KORAIL PASS의 부정승차자로 부가운임을 받는 경우가 아닌 것은?

① 여권 확인을 하지 않는 경우
② KORAIL PASS의 유효성을 인정할 수 없는 경우
③ KORAIL PASS의 확인을 거부하는 경우
④ KORAIL PASS를 소지하지 않은 경우

해설
① 여권 확인에 응하지 않은 경우가 해당된다.

2024년 3회차
① 여권 확인에 응하지 않은 경우가 해당된다.
④ KORAIL PASS를 소지하지 않은 경우는 2024년 3회차부터 부정승차자에서 제외됐다.

08 토요일에 출발하는 무궁화호 승차권을 열차 출발 4시간 전에 반환했을 때 수수료로 옳은 것은?

① 10% ② 5%
③ 400원 ④ 무료

금~일요일, 공휴일의 출발 당일~출발 3시간 전의 반환 수수료는 5%이다.

09 KTX 승차권에 대한 설명으로 옳지 않은 것은?

① 열차의 좌석이 매진되었을 경우 출발 2일 전까지 홈페이지에서 예약대기를 신청할 수 있으며 좌석이 배정된 경우 배정된 익일 24시까지 결제해야 취소되지 않는다.

② 열차 승차 중 도착역 전에 내리는 경우 이용한 구간의 운임요금을 제외하고 이용하지 않은 구간의 운임요금에 대한 출발 후 환불 위약금을 공제하고 환불받을 수 있다.

③ 도착역을 지나 더 여행하는 경우 승차권에 표기된 도착역을 지나기 전 재구매하지 않을 경우 부정승차로 간주되어 정상운임 이외에 부가운임을 지불해야 한다.

④ 태풍, 홍수 등 천재지변으로 열차에 승차하지 못한 경우 승차일로부터 1년 이내에 승차권과 승차할 수 없었던 사유를 확인할 수 있는 증명서를 역에 제출하면 운임, 요금의 50%에 해당하는 금액을 환불 받을 수 있다.

① 좌석이 배정된 경우 배정된 당일 24시까지 결제해야 취소되지 않는다.

10 정기승차권의 반환 및 분실에 관한 설명으로 틀린 것은?

① 정기승차권을 이용하는 사람이 정기승차권에 표시된 승차구간을 지나 계속 여행하는 경우 기준운임과 요금, 위약금을 별도로 받는다.

② 열차가 정기승차권에 표시된 도착역(또는 출발역)에 일정 시간 이상 지연 도착한 경우 철도공사는 정기승차권 지연확인증을 교부한다.

③ 운행이 중지되어 정기승차권을 사용하지 못한 기간이 1일 이상인 경우 정기승차권의 유효기간 이내에 사용하지 못한 기간에 대한 운임의 환불 또는 유효기간의 연장을 청구할 수 있다.

④ 정기승차권에 표시된 도착역(또는 출발역)에 지연 도착한 때에는 정기승차권 지연확인증을 교부받고, 1회 운임을 기준으로 지연배상금액을 청구할 수 있다.

새로이 운송계약이 체결된 것으로 보아 기준운임과 요금을 별도로 받고 위약금은 받지 않는다.

11 승차권의 환불 시 공제하는 위약금 적용으로 맞는 것은?

① 공휴일 출발 3시간 전까지 환불 : 최저위약금 부과

② 금요일 출발 3시간 전까지 환불 : 최저위약금 부과

③ 수요일 출발 3시간 전까지 환불 : 무료

④ 월요일 출발 3시간 전 경과 후부터 출발시각 전까지 환불 : 10%

①, ②, ④는 5%의 위약금이 적용된다.

12 철도안전법령상 안전운행 또는 질서유지 철도종사자가 아닌 자는?

① 철도차량의 운행선로 또는 그 인근에서 철도시설의 건설 또는 관리와 관련된 작업의 현장감독업무를 수행하는 사람

② 철도시설 또는 철도차량을 보호하기 위한 순회점검업무 또는 경비업무를 수행하는 사람

③ 철도에 공급되는 전력의 원격제어장치를 운영하는 사람

④ 철도시설의 관리에 관한 업무를 수행하는 사람

> **해설**
> ④ 철도안전법 시행령 안전운행 또는 질서유지 철도종사자에 해당하는 자를 묻는 문제다. 3과목에서 주로 출제됐으나 23년 처음으로 1과목에서도 출제됐으니 3과목과 함께 공부하는 것을 추천한다.

13 철도안전법에서 특정노선의 폐지 등의 경우 최종 결정권자는?

① 대통령

② 국토교통부장관

③ 철도운영자

④ 지방자치단체장

> **해설**
> 철도운영자 또는 철도시설관리자는 철도운용 또는 철도시설 개시 예정일 90일 전까지 철도안전관리체계 승인신청서를 첨부하여 국토교통부장관에게 제출하여야 한다.

14 열차 안에서 고성방가로 소란을 피우는 여객이 있어 승무원이 이를 제지하였으나 여객이 승무원에게 폭행과 협박을 하며 승무원의 직무를 방해한 경우에 해당되는 철도안전법에서 정한 벌칙으로 맞는 것은?

① 열차 밖 또는 정거장 밖으로 퇴거조치

② 1년 이하의 징역 또는 1천만원 이하의 벌금

③ 3년 이하의 징역 또는 3천만원 이하의 벌금

④ 5년 이하의 징역 또는 5천만원 이하의 벌금

> **해설**
> 폭행, 협박으로 철도종사자의 집무집행을 방해한 자는 5년 이하의 징역 또는 5천만원 이하의 벌금에 처한다.

15 철도안전법에서 정한 과태료 및 벌칙에 대한 설명으로 틀린 것은?

① 폭행·협박으로 철도종사자의 직무집행을 방해한 자는 5년 이하의 징역 또는 5천만원 이하의 벌금에 처한다.

② 안전관리체계의 승인을 받지 아니하고 철도운영을 하거나 철도시설을 관리한 자는 4년 이하의 징역 또는 4천만원 이하의 벌금에 처한다.

③ 여객열차 안에서 정당한 사유 없이 운행 중에 철도차량의 측면에 있는 승강용 출입문을 여는 등 철도차량의 장치 또는 기구 등을 조작하는 자는 2년 이하의 징역 2천만원 이하의 벌금에 처한다.

④ 철도차량운전·관제업무에 종사하는 자가 규정을 위반하여 술을 마시거나 마약류를 사용한 상태에서 업무를 하였을 때 3년 이하의 징역 또는 3천만원 이하의 벌금에 처한다.

> **해설**
> ② 4년 이하의 징역 또는 4천만원 이하의 벌금은 없다. 안전관리체계의 승인을 받지 아니하고 철도운영을 하거나 철도시설을 관리한 자는 3년 이하의 징역 또는 3천만원 이하의 벌금에 처한다.

16 철도산업발전기본법에서 국토교통부장관의 특정노선 및 역의 폐지와 관련 철도서비스 제한 또는 중지 등의 필요한 조치를 취할 수 있는 경우로 옳지 않은 것은?

① 원인제공자가 공익서비스비용을 부담하지 않은 경우

② 공익서비스 제공에 따른 보상계약의 체결에도 불구하고 공익서비스비용에 대한 적절한 보상이 이루어지지 않은 경우

③ 승인신청자가 철도서비스를 제공하고 있는 노선 또는 역에 대하여 철도의 경영개선을 위한 적절한 조치를 취했음에도 불구하고 수지균형의 확보가 극히 곤란하여 경영상 어려움이 발생한 경우

④ 원인제공자가 공익서비스 제공에 따른 보상계약 체결에 관하여 국토교통부장관의 조정에 따르지 아니한 경우

④ 국토교통부장관의 조정이 아니라 철도산업위원회의 조정에 따라야 한다.

17 철도사업법에 정의된 용어에 대한 설명으로 옳지 않은 것은?

① 철도란 여객 또는 화물을 운송하는 데 필요한 철도시설과 철도차량 및 이와 관련된 운영·지원체계가 유기적으로 구성된 운송체계를 말한다.

② 사업용 철도란 철도안전을 목적으로 설치하거나 운영하는 철도를 말한다.

③ 전용철도란 다른 사람의 수요에 따른 영업을 목적으로 하지 아니하고 자신의 수요에 따라 특수목적을 수행하기 위하여 설치하거나 운영하는 철도를 말한다.

④ 철도사업이란 다른 사람의 수요에 응하여 철도차량을 사용하여 유상으로 여객이나 화물을 운송하는 사업을 말한다.

② 사업용 철도란 철도사업을 목적으로 설치하거나 운영하는 철도를 말한다.

18 철도사업법상 국가가 소유·관리하는 철도시설에 건물에 설치하려는 자가 점용허가를 받지 아니하고 철도시설을 점용한 자에게 징수하는 변상금액은?

① 점용료가 100분의 100에 해당하는 금액

② 점용료가 100분의 110에 해당하는 금액

③ 점용료가 100분의 120에 해당하는 금액

④ 점용료가 100분의 150에 해당하는 금액

철도사업법 제44조의2(변상금의 징수)
국토교통부장관은 국가가 소유·관리하는 철도시설에 건물이나 그 밖의 시설물(이하 "시설물"이라 한다)을 설치하려는 자에게 「국유재산법」 제18조에도 불구하고 대통령령으로 정하는 바에 따라 시설물의 종류 및 기간 등을 정하여 점용허가를 할 수 있다. 점용허가를 받지 아니하고 철도시설을 점용한 자에 대하여 점용료의 100분의 120에 해당하는 금액을 변상금으로 징수할 수 있다.

19 철도사업법상 철도사업자는 여객에 대한 운임·요금을 누구에게 신고하여야 하는가?

① 대통령
② 한국철도공사 사장
③ 검찰총장
④ 국토교통부장관

철도사업법 제9조(여객 운임·요금의 신고)
철도사업자는 여객에 대한 운임·요금을 국토교통부장관에게 신고하여야 한다. 이를 변경하려는 경우에도 같다.

20 철도사업법상 전용철도에 관한 설명으로 틀린 것은?

① 전용철도의 등록을 한 법인이 합병하려는 경우에는 국토교통부령으로 정하는 바에 따라 국토교통부장관에게 신고하여야 한다.
② 전용철도의 운영을 양도·양수하려는 자는 국토교통부령으로 정하는 바에 따라 국토교통부장관에게 신고하여야 한다.
③ 전용철도운영자가 사망한 경우 상속인이 그 전용철도의 운영을 계속하려는 경우에는 피상속인이 사망한 날부터 3개월 이내에 국토교통부장관에게 신고하여야 한다.
④ 전용철도운영자가 그 운영의 전부 또는 일부를 휴업 또는 폐업한 경우에는 3개월 이내에 국토교통부장관에게 신고하여야 한다.

철도사업법 제38조
④ 전용철도운영자가 그 운영의 전부 또는 일부를 휴업 또는 폐업한 경우에는 1개월 이내에 국토교통부 장관에게 신고하여야 한다.

21 화물운송의 3요소로 틀린 것은?

① 운송경로
② 운송인원
③ 운송수단
④ 운송상의 연결점

운송경로(LINK), 운송수단(MODE), 운송상의 연결점(NODE) 자주 출제되는 문제로 영어로도 나오고 한글로도 나오기 때문에 모두 숙지해야 한다.

22 연안운송에 대한 설명으로 틀린 것은?

① 연안 해송은 운송단계가 비교적 단순하고 전용선복이 충분하여 현재 시멘트선이나 정유선 등으로 활성화되고 있는 상황이다.
② 운송비면에서 철도와 선박이 경합하고 있으나 경부선 및 중앙선 철도의 경우 철도운송능력이 이미 한계 용량에 달하여 연안해송이 필요하다.
③ 연안 해송은 오늘날 도로와 철도를 이용한 운송이 포화상태를 보이고 있는 상황에서 한계점에 도달한 공로운송과 철도운송을 대체할 수 있는 운송수단이다.
④ 연안 해송은 국가기간산업에 필수적인 원자재인 유류, 시멘트, 철강제품, 모래 등의 안정적인 수송으로 국가기간산업 발전에 없어서는 안 될 중요한 동맥이다.

① 운송단계가 복잡하고 적하장소와 전용부두시설 등이 부족하여 국내에서는 거의 운송되지 않고 있다.

23 NVOCC에 대한 설명으로 가장 먼 것은?

① NVOCC의 정기선박 등을 운항하는 해운회사에 대비되는 용어이다.

② NVOCC는 선박회사와 경쟁관계이다.

③ NVOCC는 미국 신해운법에서 기존 포워더형 복합운송인을 법적으로 확립하였다.

④ NVOCC는 선사에 비해 화주에게 선택의 폭이 넓은 운송서비스를 제공할 수 있다.

해설
② NVOCC형 복합운송인은 선박을 소유하지 않거나 소유 유무에 관계없는 복합운송주선인을 말하는 용어로 선박회사와 경쟁상 대라고 보기엔 어렵다.

24 철도 컨테이너 화물운송에 대한 설명으로 맞는 것은?

① ICD는 항만 또는 공항에 고정설비를 갖추고 컨테이너의 일시적 저장과 취급에 대한 서비스를 제공한다.

② 현재 사용되고 있는 해상컨테이너라 함은 국제간 화물 운송에 사용되는 한국철도공사 소유의 컨테이너를 말한다.

③ 냉동컨테이너는 과일, 야채, 생선 따위와 같이 이용되는 온도조절장치가 붙어있는 컨테이너를 말한다.

④ TEU라 함은 컨테이너 수량을 나타내는 단위(Twenty foot Equivalent Unit)의 약자로 20ft 컨테이너 1개를 1CBM으로 환산하여 표시하는 것을 의미한다.

해설
① ICD는 내륙에 설치된 통관기지 및 컨테이너 기지를 말한다.
② 선박회사의 소유의 컨테이너다.
④ CBM은 화물의 용적을 계산하는 단위다.

25 COFC 방식이 아닌 것은?

① 플렉시 밴

② 캥거루 방식

③ 매달아 싣는 방식

④ 지게차에 의한 방식

해설
②는 TOFC 방식이다.

26 복합운송인의 책임이 아닌 것은?

① 절대책임   ② 부실책임

③ 무과실책임   ④ 과실책임

해설
① 절대(엄격)책임 : 운송인의 면책이 인정되지 않고 화물 손해에 대해 절대적인 책임을 지는 것
③ 무과실 책임 : 운송인이나 사용인의 무과실에 의해 사고 발생 시 운송인이나 사용인에게는 면책을 적용
④ 선량한 관리자로서 적절한 주의를 다하지 못하였을 경우 발생한 화물의 손해에 대해서만 책임을 지는 것으로 운송인의 과실 책임을 화주가 입증해야 함. 복합운송인의 책임은 절대, 무과실, 과실 총 3개다.

27 1건으로 취급할 수 있는 화물의 구비조건으로 틀린 것은?

① 위험물에는 다른 화물을 혼합하지 않을 것

② 1량에 적재할 수 있는 부피 및 중량을 초과하지 않을 것

③ 송화인, 수화인, 발송역, 도착역, 탁송일시, 운임·요금 지급방법이 같은 화물일 것

④ 갑종철도차량은 1개를 1건으로, 컨테이너화물은 1량을 1건으로 취급할 것

해설
④ 컨테이너화물은 1개를 1건으로 취급한다.

28 화물운송약관상 화물의 수취 및 화물운송통지서 발급에 관한 설명으로 가장 거리가 먼 것은?

① 전용철도운영자가 탁송하는 화물의 수취는 별도 협약을 따른다.

② 화물운송통지서는 화물운송 수취증이며 유가증권적 효력이 있다.

③ 화물을 수취하고 화물운임·요금을 수수할 때 화물운송통지서를 발급한다.

④ 송화인이 탁송화물을 적재선에서 화차에 적재 완료한 후 운송에 지장 없을 경우 수취한다.

[해설]
② 화물운송통지서는 화물운송의 수취증으로서 유가증권적 효력이 없다.

29 화물수취 후 열차출발 전 탁송취소를 하는 경우 수수하는 내용으로 맞는 것은?

① 화차유치료 ② 화물유치료
③ 구내운반운임 ④ 철도물류시설사용료

[해설]
화물수취 후 열차출발 전 탁송취소를 하는 경우에는 구내운반운임을 수수한다.

30 운송기간에 대한 설명으로 옳은 것은?

① 발송기간은 화물을 탁송한 시각부터 24시간이다.

② 일반화물의 수송기간은 200km까지마다 24시간이다.

③ 화물의 운송기간은 발송기간, 수송기간, 인도기간을 합산한 것으로 한다.

④ 인도기간은 도착역에 도착한 날부터 12시간이다.

[해설]
① 발송기간은 화물을 수취한 시각부터 12시간이다.
② 일반화물의 수송기간은 운임계산거리 400km까지마다 24시간이다.
④ 인도기간은 도착역에 도착한 시각부터 12시간이다.

31 다음과 같은 조건에서 일반화물의 수수금액은 얼마인가?

```
• 품목 : 철광석
• 임률 : 45.9/km
• 거리 : 200km
• 화차표기하중톤수 : 50톤
• 자중톤수 : 32톤
• 실중량 : 30톤
```

① 275,400원 ② 293,800원
③ 440,600원 ④ 440,640원

[해설]
1. 최저톤수 계산하기
   50톤 × 0.96 = 48톤(철광석의 최저톤수계산 100분 비율 96%)
2. 공식대로 계산식 넣기
   48톤 × 200km × 45.9원 = 440,640원
3. 철광석은 할증품목이 아님
4. 단수처리 = 440,600원

32 2량 이상에 걸친 특대화물 적재방법에 관한 설명으로 틀린 것은?

① 2량에 하중을 부담하는 화차는 하중톤수가 같은 평판차를 사용한다.

② 철재 또는 철강 위에 철제품을 적재할 때에는 얇은 나무판 또는 거적류를 깔아야 한다.

③ 도중 분리를 방지하기 위하여 화차 상호 간의 연결기 분리레버를 고정시켜야 한다.

④ 전환침목을 사용할 때에는 원활한 회전을 유지하기 위하여 먼지나 티끌이 덮여 쌓이지 않도록 사용 후에 이를 청소하여야 한다.

[해설]
④ 전환침목을 사용할 때에는 원활한 회전을 유지하기 위하여 먼지나 티끌이 덮여 쌓이지 않도록 사용 전에 이를 청소하여야 한다.

33 특대화물 적재방법에 대한 설명 중 틀린 것은?

① 전철 고상홈 통과 시에는 45km/h 이하로 주의운전하여야 한다.

② 견주 및 인목류를 쌓개할 경우에는 큰 온 부분과 가는 부분을 엇바꿔 적재해야 한다.

③ 전철 고상홈 구간을 수송하는 평판차의 옆판을 돌출하는 화물은 화차의 상판 높이가 1,370mm 이상의 화차를 사용하여야 한다.

④ 2량 이상에 걸쳐 적재할 경우 2량에 하중을 부담하는 화차는 하중통수가 같은 평판차를 사용한다.

해설
① 고상홈 통과 시에는 50km/h 이하로 주의운전하여야 한다.

34 오류동역에서 포대양회 50톤을 화차표기하중 53톤 유개화차에 적재하여 의왕역까지 수송할 경우 운임은 얼마인가?(단, 운임계산거리 48.9km, 운임계산거리 1km당 임률 45.9원, 부가가치세는 제외한다)

① 194,600원   ② 218,900원

③ 229,500원   ④ 243,300원

해설
1. 최저톤수 계산하기(최저톤수보다 실재 적재톤수가 더 크면 적재톤수로 계산)(포대양회 최저톤수계산 100분 비율 80%)
   화차표기하중 53톤 × 0.8(80%) = 42.4톤
   최저톤수 < 실제 적재톤수
      42.4톤   50톤
2. 운임계산거리 48.9km
   0.5 미만은 버리고 0.5 이상은 올림 = 49km
   그러나 최저기본운임에서 일반화물 : 화차표기하중톤수 100킬로미터에 해당하는 운임에 해당되기 때문에
3. 53톤 × 100km(최저기본운임 거리) × 45.9원 = 243,270원
   단수처리 = 243,300원

35 철도사업법에서 정하고 있는 철도차량의 종류가 아닌 것은?

① 특수차   ② 동력차

③ 하차   ④ 열차

해설
철도차량이란 선로를 운행할 목적으로 제작된 동력차·객차·화차 및 특수차를 말한다.

36 위험물 철도운송규칙에서 정하고 있는 위험물의 운송에 관한 설명으로 틀린 것은?

① 철도운영자는 위험물을 위험물운송전용화차 또는 유개화차로 운송하여야 한다.

② 철도운영자는 위험물을 운송하기 전에 안전한 운송을 위하여 관할 경찰서장의 입회하에 지장이 없는지에 대하여 위험물을 적재한 화차를 철저하게 검사하여야 한다.

③ 위험물은 도착 정거장까지 직통하는 열차로 운송하여야 하나 직통열차가 없는 경우에는 운행시간이 이르거나 중간정차역이 적은 열차로 운송하여야 한다.

④ 위험물의 형상 등의 사유로 인하여 위험물운송전용화차 또는 유개화차에 적재할 수 없다고 판단하는 경우에는 내화성 덮개를 설치하는 등 적정한 안전조치를 한 후 무개화차로 운송할 수 있다.

해설
② 관할 경찰서장의 입회하에 할 필요는 없다.

37 철도안전법상 철도차량을 운행하는 자가 국토교통부장관이 지시하는 이동, 출발, 정지 등의 명령과 운행기준, 방법, 절차 및 순서 등을 따르지 않았을 경우 해당하는 벌칙은?

① 1년 이하의 징역 또는 1천만원 이하의 벌금
② 2년 이하의 징역 또는 2천만원 이하의 벌금
③ 3년 이하의 징역 또는 3천만원 이하의 벌금
④ 5년 이하의 징역 또는 5천만원 이하의 벌금

해설
철도안전법 제79조
제39조의2제1항에 따른 지시를 따르지 아니한 자는 1년 이하의 징역 또는 1천만원 이하의 벌금에 처한다.
제39조의2(철도교통관제)
① 철도차량을 운행하는 자는 국토교통부장관이 지시하는 이동·출발·정지 등의 명령과 운행 기준·방법·절차 및 순서 등에 따라야 한다.

38 천재지변, 사변 또는 기타 운송상 지장으로 일시 화물의 운송을 제한할 필요가 있는 경우 조치사항이 아닌 것은?

① 화차 사용 금지
② 화차 사용 제한
③ 화차 발송량수 조정
④ 화물수탁 및 발송정지

해설
수송제한은 화차의 사용을 금지 또는 제한하거나, 화물의 수탁 및 발송 업무를 정지할 수 있다.

39 공익 또는 운송상 정당한 사유가 있어 수송순서를 변경할 수 있는 경우가 아닌 것은?

① 급송을 요하는 철도사업용품을 적재한 화차
② 직송, 집결열차에 의하여 수송하는 화차
③ 수송경로를 지정하여 수송하는 화차
④ 열차의 종별 또는 열차계열 등 관계로 필요하다고 인정되는 화차

해설
화차의 수송순서는 공익 또는 운송상 정당한 사유가 있는 경우 변경할 수 있다.
③은 해당하지 않는다.

40 다음 화물의 비중을 계산하시오.

• 용기의 크기 : 가로 30cm, 세로 20cm, 높이 50cm
• 화물의 실중량 : 75kg

① 0.0025　　　　② 0.25
③ 2.5　　　　　④ 25

해설
용적 $= 30 \times 20 \times 50 = 30{,}000\text{cm}^3 = 0.03\text{m}^3$
75kg $= 0.075$톤
비중 = 중량 ÷ 용적
$0.075 \div 0.03 = 2.5$

41 운전취급규정에서 정의한 용어에 대한 설명으로 틀린 것은?

① 추진운전 : 열차 또는 차량을 맨 앞쪽 운전실에서 운전하는 경우를 말하며, "밀기운전"이라고도 함

② 주의운전 : 특수한 사유로 인하여 특별한 주의력을 가지고 운전하는 경우

③ 퇴행운전 : 열차가 운행도중 최초의 진행방향과 반대의 방향으로 운전하는 경우를 말하며, "되돌이운전"이라고도 함

④ 감속운전 : 신호의 이상 또는 재해나 악천후 등 이례사항발생 시 규정된 제한속도보다 낮추어 운전하는 것

해설
운전취급규정 제3조
① 추진운전 : 열차 또는 차량을 맨 앞쪽 이외의 운전실에서 운전하는 경우를 말하며, "밀기운전"이라고도 함

42 열차제어장치의 종류로 맞는 것은?

① 운전경계장치
② 열차무선방호장치
③ 열차자동제어장치
④ 운전용통신장치

해설
운전취급규정 제3조
열차제어장치(열차자동정지장치, 열차자동제어장치, 열차자동방호장치, 한국형 열차제어장치)는 운전보안장치의 일종이다.

43 열차의 조성완료라 함은 조성된 차량의 공기제동기 시험, 통전시험, 뒤표지 표시를 완료한 상태를 의미하는데 출발시각 최소 몇 분 이전까지 완료해야 하는가?

① 10분　　　　② 15분
③ 20분　　　　④ 30분

해설
운전취급규정 제15조
열차의 조성완료는 조성된 차량의 공기제동기 시험, 통전시험, 뒤표지 표시를 완료하고 차량에 이상이 없는 상태를 말하며, 출발시각 10분 이전까지 완료하여야 한다. 다만, 부득이한 사유가 있는 경우로서 관제사의 승인을 받은 때에는 그러하지 아니하다.

44 차량 최고속도가 110km/h인 화물열차로 제동비율이 100% 미만, 80% 이상일 경우의 운전속도 제한은?

① 80km/h 이하　　② 90km/h 이하
③ 100km/h 이하　　④ 110km/h 이하

해설
운전취급규정 제20조 별표 2
[제동축비율에 따른 운전속도]

차량 최고속도 (km/h)	화물열차								비고
	120	110	105	100	90	85	80	70	
제동비율 및 적용속도	100% 미만 80% 이상	105	100	95	90	80	75	70	60	
	80% 미만 60% 이상	50								
	60% 미만 40% 이상	40								

45 열차의 퇴행운전 할 수 있는 경우에 해당되지 않는 것은?

① 공사열차를 운전하는 경우
② 단행열차를 운전하는 경우
③ 구원열차를 운전하는 경우
④ 제설열차를 운전하는 경우

해설
운전취급규정 제35조
열차는 퇴행운전을 할 수 없다. 다만, 다음의 경우는 예외로 한다.
1. 철도사고(철도준사고 및 운행장애 포함) 및 재난재해가 발생한 경우
2. 공사열차·구원열차·시험운전열차 또는 제설열차를 운전하는 경우
3. 동력차의 견인력 부족 또는 절연구간 정차 등 전도운전을 할 수 없는 운전상 부득이한 경우
4. 정지위치를 지나 정차한 경우. 다만, 열차의 맨 뒤가 출발신호기를 벗어난 일반열차와 고속열차는 제외하며, 전동열차는 「광역철도 운전취급 세칙」 제10조에 따른다.

46 통신 불능으로 관제사에게 통보할 수 없는 경우 역장이 관계역장과 협의하여 운전정리를 할 수 있는 것은?

① 단선운전 또는 순서변경
② 교행변경 또는 순서변경
③ 단선운전 또는 조하운전
④ 교행변경 또는 임시속도변경

해설
운전취급규정 제54조
② 역장은 열차지연으로 교행변경 또는 순서변경의 운전정리가 유리하다고 판단되나 통신 불능으로 관제사에게 통보할 수 없을 때에는 관계 역장과 협의하여 운전정리를 할 수 있다.

47 입환작업에 대한 설명 중 틀린 것은?

① 입환속도는 시속 25km 이하로 한다.
② 차량은 차량접촉한계표지 안쪽에 유치할 수 없다.
③ 차량의 연결은 그 일방이 정차한 경우에 연결하여야 한다.
④ 동차를 사용하여 입환을 하는 경우에는 동차, 부수차 또는는 객차 이외의 차량을 연결할 수 없다.

해설
운전취급규정 제67,68,86조
② 차량유치 시 차량접촉한계표지 안쪽에 유치하여야 한다.

48 25km/h로 속도제한을 하는 경우가 아닌 것은?

① 추진운전할 때
② 차량입환할 때
③ 뒤 운전실에서 운전할 때
④ 선로전환기에 대향하여 운전할 때

해설
운전취급규정 제84조 별표 5
뒤 운전실에서 운전할 때 : 45km/h

45 ② 46 ② 47 ② 48 ③ **정답**

49 폐색방식의 변경 및 복귀에 대한 설명으로 틀린 것은?

① 상용폐색방식으로 복귀하는 경우에 역장은 양쪽 정거장 간에 열차 없음을 확인하고 기관사에게 복귀사유를 통보하여야 한다.

② 대용폐색방식 또는 폐색준용법 시행의 원인이 없어진 경우에 역장은 상대역장과 협의하여 관제사의 승인을 받아 속히 상용폐색방식으로 복귀하여야 한다.

③ 대용폐색방식으로 출발하는 열차의 기관사는 출발 전 전·후방 역장과 관제사 승인번호 및 운전 허가증 번호를 통보하는 등 열차운행에 대한 통화를 하여야 한다.

④ 역장은 상용폐색방식 시행 중 대용폐색방식 또는 폐색준용법으로 변경하여 시행하는 경우에는 그 구간을 운전할 열차의 기관사에게 시행구간, 시행방식, 시행사유를 통고하여야 한다.

해설

운전취급규정 제102조
③ 대용폐색방식으로 출발하는 열차의 기관사는 출발에 앞서 다음 운전취급역의 역장과 관제사 승인번호 및 운전허가증 번호를 통보하는 등 열차운행에 대한 무선통화를 하여야 한다. 다만, 지형 등 그 밖의 사유로 통화를 할 수 없을 때는 열차를 출발시키는 역장에게 통보를 요청하여야 한다.

50 전령법에 따라 운전하는 기관사는 자동폐색식 또는 차내신호폐색식 구간에서 구원요구 열차까지 정상신호를 통보받은 경우에 운전방법으로 틀린 것은?

① 3현시구간 주의 신호는 25km/h 이하로 운전할 것

② 차내신호 지시속도 또는 폐색신호기가 정지신호인 경우 신호기 바깥 지점에 일단정차 후 구원요구 열차의 50m 앞까지 45km/h 이하 속도로 운전하여 일단 정차할 것

③ 도중 폐색신호기가 없는 3현시 자동폐색구간이 출발신호기 정지신호인 경우에는 구원요구 열차의 정차지점 1km 앞 이후부터 50m 앞까지 25km/h 이하로 운전하여 일단 정차할 것

④ 도중 폐색신호기가 없는 3현시 자동 폐색구간의 출발신호기 정지신호인 경우에는 구원요구 열차의 정차지점 1km 앞까지 45km/h 이하로 운전할 것

해설

운전취급규정 제164조
1. 자동폐색식 또는 차내신호폐색식 구간에서 구원요구 열차까지 정상신호를 통보받은 경우
   ㉠ 신호조건에 따라 운전할 것. 다만, 3현시구간 주의신호는 시속 25킬로미터 이하의 속도로 운전
   ㉡ 차내신호 지시속도 또는 폐색신호기가 정지신호인 경우 신호기 바깥 지점에 일단정차 후 구원요구 열차의 50미터 앞까지 시속 25킬로미터 이하 속도로 운전하여 일단 정차할 것
   ㉢ 도중 폐색신호기가 없는 3현시 자동폐색구간의 출발신호기 정지신호인 경우에는 제2호에 따라 운전할 것
2. 제1호 이외의 경우에는 구원요구 열차의 정차지점 1킬로미터 앞까지 시속 45킬로미터 이하의 속도로 운전하고, 그 이후부터 50미터 앞까지 시속 25킬로미터 이하의 속도로 운전하여 일단 정차할 것
3. 제1호와 제2호의 일단정차를 위한 제동은 선로조건을 고려하여 안전한 속도로 취급하고, 특히 규정 제90조 관련 별표 7에 명시된 취약구간 및 급경사 지점에서 구원운전을 시행하는 경우에는 경사변환지점에서 정차제동으로 일단 정차하여 제동력을 확인한 후 운전할 것
4. 구원요구 열차 약 50미터 앞에서부터 전령자의 유도전호에 의해 연결하여야 하며 전령자 생략의 경우에는 전호자(부기관사 또는 열차승무원)의 유도전호에 의해 연결할 것

51 운전취급규정의 내용 중에서 상치신호기의 용도에 대한 설명으로 틀린 것은?

① 입환신호기 : 입환차량에 대하는 것으로서 그 신호기의 안쪽으로 진입의 가부를 지시

② 유도신호기 : 장내신호기에 진행을 지시하는 신호를 현시할 수 없는 경우 유도를 받을 열차에 대하는 것으로서 그 신호기의 안쪽으로 진입할 수 있는 것을 지시

③ 폐색신호기 : 폐색구간에 진입하려는 열차에 대하는 것으로서 그 신호기의 안쪽으로 진입의 가부를 지시

④ 통과신호기 : 장내·출발신호기에 종속하여 정거장에 진입하는 열차에 대하여 신호기가 현시하는 신호를 예고하며, 정거장을 통과할 수 있는지의 여부에 대한 신호를 현시

[해설]
운전취급규정 제171조
④ 통과신호기는 출발신호기에 종속하여 정거장에 진입하는 열차에 대하여 신호기가 현시하는 신호를 예고하며, 정거장을 통과할 수 있는지의 여부에 대한 신호를 현시한다.

52 운전취급규정의 내용 중에 정지위치 지시전호 현시지점으로 맞는 것은?

① 정거장 안에서는 열차가 100m의 거리에 접근하였을 때

② 정거장 안에서는 열차가 200m의 거리에 접근하였을 때

③ 정거장 안에서는 열차가 300m의 거리에 접근하였을 때

④ 정거장 안에서는 열차가 400m의 거리에 접근하였을 때

[해설]
운전취급규정 제214조
제214조(정지위치 지시전호)
1. 열차의 정지위치를 지시할 필요가 있을 때는 그 위치에서 기관사에게 정지위치 지시전호를 시행하여야 한다.
2. 제항의 전호는 열차가 정거장 안에서는 200미터, 정거장 밖에서는 400미터의 거리에 접근하였을 때 이를 현시하여야 한다.
3. 정지위치 지시전호의 현시가 있으면 기관사는 그 현시지점을 기관사석 중앙에 맞추어 정차하여야 한다.

53 운전취급규정의 내용 중에 열차에 화재 발생 시 조치사항으로 틀린 것은?

① 화재차량을 다른 차량에 격리한다.

② 즉시 소화의 조치를 하고 여객을 대피 유도한다.

③ 지하구간일 경우에는 즉시 정차하여 신속히 소화 조치한다.

④ 교량 또는 터널 내의 경우에는 일단 그 밖까지 운전한다.

[해설]
운전취급규정 제282조
제282조(열차에 화재 발생 시 조치)
③ 화재 발생 장소가 교량 또는 터널 내일 때에는 일단 그 밖까지 운전하는 것을 원칙으로 하고 지하구간일 경우에는 최근 역 또는 지하구간의 밖으로 운전하는 것으로 한다.

54 철도안전법령상 철도차량의 종류별 운전면허가 아닌 것은?

① 노면전차 운전면허
② 고속철도차량운전면허
③ 제1종 디젤차량 운전면허
④ 제1종 전기차량 운전면허

해설

철도안전법 시행령 제11조
1. 고속철도차량 운전면허
2. 제1종 전기차량 운전면허
3. 제2종 전기차량 운전면허
4. 디젤차량 운전면허
5. 철도장비 운전면허
6. 노면전차(路面電車) 운전면허

55 철도차량운전규칙에서 임시신호기의 종류가 아닌 것은?

① 서행신호기
② 서행예고신호기
③ 서행구역신호기
④ 서행발리스(balise)

해설

철도차량운전규칙 제91조
제91조(임시신호기의 종류) 임시신호기의 종류와 용도는 다음과 같다.
1. 서행신호기 : 서행운전할 필요가 있는 구간에 진입하려는 열차 또는 차량에 대하여 당해구간을 서행할 것을 지시하는 것
2. 서행예고신호기 : 서행신호기를 향하여 진행하려는 열차에 대하여 그 전방에 서행신호의 현시 있음을 예고하는 것
3. 서행해제신호기 : 서행구역을 진출하려는 열차에 대하여 서행을 해제할 것을 지시하는 것
4. 서행발리스(balise) : 서행운전할 필요가 있는 구간의 전방에 설치하는 송·수신용 안테나로 지상 정보를 열차로 보내 자동으로 열차의 감속을 유도하는 것

56 역무원이 화물열차의 공기제동기 시험을 하는 경우에 정해진 순서에 따른 확인 사항 중 잘못된 내용은?

① 시험하기 전에 시험계의 바늘이 $0kg/cm^2$ 지시여부를 확인할 것
② 시험계를 공기호스에 연결할 것
③ 시험계를 힘껏 잡고 앵글코크를 천천히 개방할 것
④ 시험계의 바늘이 $1kg/cm^2$ 지시여부를 확인할 것

해설

일반철도 운전취급세칙 제10조
1. 시험하기 전에 시험계의 바늘이 "$0kg/cm^2$" 지시여부를 확인할 것
2. 시험계를 공기호스에 연결할 것
3. 시험계를 힘껏 잡고 앵글코크를 천천히 개방할 것
4. 시험계의 바늘이 "$5kg/cm^2$" 지시여부를 확인할 것
5. 앵글코크를 잠그고 시험계를 공기호스에서 분리할 것

57 열차승무원 또는 기관사가 구원열차가 도착하기 전에 사고 복구하여 열차의 운전을 계속할 수 있는 경우에는 누구의 지시를 받아야 하는가?

① 구원열차 기관사　　② 구원요청 역장
③ 지역본부장　　　　④ 최근 역장

해설

운전취급규정 제279조
열차승무원 또는 기관사는 구원열차가 도착하기 전에 사고 복구하여 열차의 운전을 계속할 수 있는 경우에는 관제사 또는 최근 역장의 지시를 받아야 한다.

58 목측에 의한 풍속 기준에 근거할 경우 다음 중 가장 강한 바람은?

① 큰바람
② 큰센바람
③ 센바람
④ 노대바람

운전취급규정 제5조 별표 1
[목측에 의한 풍속 측정 기준]

종별	풍속(m/s)	파도(m)	현상
센바람	14 이상~ 17 미만	4	나무전체가 흔들림. 바람을 안고서 걷기가 어려움
큰바람	17 이상~ 20 미만	5.5	작은 나무가 꺾임. 바람을 안고서는 걸을 수가 없음
큰센바람	20 이상~ 25 미만	7	가옥에 다소 손해가 있거나 굴뚝이 넘어지고 기와가 벗겨짐
노대바람	25 이상~ 30 미만	9	수목이 뿌리째 뽑히고 가옥에 큰 손해가 일어남
왕바람	30 이상~ 33 미만	12	광범위한 파괴가 생김
싹쓸바람	33 이상	12 이상	광범위한 파괴가 생김

Tip 센-큰-큰(센)-노-왕-싹으로 외울 것

59 화약류 적재화차와 불타기 쉬운 화물 적재화차의 격리에 대한 설명으로 맞는 것은?

① 1차 이상
② 3차 이상
③ 5차 이상
④ 연결 불가

운전취급규정 제22조 별표 3
[화약류 등 적재차량의 연결제한 및 격리]

격리, 연결제한할 경우		1. 화약류 적재화차	2. 위험물 적재화차	3. 불에 타기 쉬운 화물 적재화차	4. 특대화물 적재화차
1. 격리	가. 여객승용차량	3차 이상	1차 이상	1차 이상	1차 이상
	나. 동력을 가진 기관차	3차 이상	3차 이상	3차 이상	
	다. 화물호송인 승용차량	1차 이상	1차 이상	1차 이상	
	라. 열차승무원 또는 그 밖의 직원 승용차량	1차 이상			
	마. 불타기 쉬운 화물 적재화차	1차 이상	1차 이상		
	바. 불기 쉬운 화물 적재화차 또는 폭발 염려 있는 화물 적재화차	3차 이상	3차 이상	1차 이상	
	사. 위험물 적재화차	1차 이상		1차 이상	
	아. 특대화물 적재화차	1차 이상			
	자. 인접차량에 충격 염려 화물 적재화차	1차 이상			
2. 연결제한	가. 여객열차 이상의 열차	연결 불가 (화물열차 미운행 구간 또는 운송상 특별한 사유 시 화약류 적재 화차 1량 연결 가능. 다만, 3차 이상 격리)			
	나. 그 밖의 열차	5차 (다만, 군사 수송은 열차 중간에 연속하여 10차)	연결	열차 뒤쪽에 연결	
	다. 군용열차	연결			

60 열차의 조성에 관한 설명으로 틀린 것은?

① 가급적 차량의 최고속도가 같은 차량으로 조성한다.

② 각 차량의 연결기를 완진히 연결하고 각 공기관을 연결한 후 즉시 전 차량에 공기를 관통시킨다.

③ 전기연결기의 분리는 역무원이 시행하며, 역무원이 없을 때에는 차량관리원을 출동 요청하여 시행한다.

④ 전기연결기가 설치된 각 차량을 상호 통전할 필요가 있는 차량은 전기가 통하도록 연결한다.

해설

운전취급규정 제13조

③ 전기연결기의 분리 또는 연결은 차량관리원이 시행하고, 차량관리원이 없을 때는 역무원이 시행한다.

2023년 제1회 최근 기출복원문제

01 입장권에 대한 설명으로 옳지 않은 것은?

① 입장권에 기재된 발매역에서 지정열차 시간대에 1회에 한하여 타는 곳에 출입할 수 있다.

② 입장권과 방문기념 입장권은 환불이 불가능하다.

③ 입장권을 소지하고 열차에 승차하였을 경우 입장권을 무효로 하며 기본운임을 수수한다.

④ 역의 타는 곳까지 출입하는 사람에게 발행하는 증표를 말한다.

해설
③ 기본운임이 아니라 부정승차로 간주하여 부가운임을 수수한다.

02 승차권의 유효성에 대한 설명으로 틀린 것은?

① 운송계약 체결 증표의 유효기간은 증표에 기재된 도착역의 도착시간까지로 하며, 도착역의 도착시간이 지난 후에는 무효로 한다.

② 열차를 이용하고자 하는 사람은 운임구역에 진입하기 전에 운송계약의 체결의 증표를 소지하여야 하며, 도착역에 도착하여 운임구역을 벗어날 때까지 해당 증표를 소지해야 한다.

③ 운임할인(무임 포함) 대상자의 확인을 위한 각종 증명서는 증명서의 유효기간 이내에 도착하는 열차에 한하여 사용할 수 있다.

④ 여러 명이 같은 운송조건으로 이용하는 단체승차권, 4인 동반석 승차권 등의 승차일시, 구간, 인원 등을 변경하는 경우에는 해당 승차권을 환불한 후 다시 구입하여야 한다.

해설
③ 증명서의 유효기간 내에 출발하는 열차에 한하여 사용할 수 있다.

2024년 3회차
③ 증명서의 유효기간 내에 출발하는 열차에 한하여 사용할 수 있다.
④ 단체승차권도 승차일시 · 구간 · 인원 등을 일부 변경 가능하도록 2024년 3회차 시험부터 개정되었기 때문에 옳은 답이 되려면 단체승차권은 제외되어야 한다.

03 승차권의 환불 시 공제하는 위약금 적용으로 틀린 것은?

① 수요일 출발 3시간 전까지 환불 : 5%

② 금요일 출발 3시간 전까지 환불 : 5%

③ 공휴일 출발 3시간 전 경과 후부터 출발시각 전까지 : 10%

④ 월요일 출발 3시간 전 경과 후부터 출발시각 전까지 : 5%

해설
① 월~목요일 당일~출발 3시간 전까지는 위약금이 무료다.

04 지연에 따른 배상의 예외사항으로 옳지 않은 것은?

① 천재지변으로 인한 지연

② 열차 내 응급환자 및 사상자 구호 조치에 의한 지연

③ 철도공사 책임으로 인한 지연

④ 테러위협 등으로 열차안전을 위한 조치를 한 경우에 지연

해설
③ 철도공사 책임으로 인한 지연 시 철도공사는 고객에게 배상을 해야 한다.

1 ③ 2 ③ 3 ① 4 ③ **정답**

05 정기승차권에 대한 설명 중 틀린 것은?

① 유효기간은 승차권에 표시하며, 사용 시작 일부터 10일에서 1개월 이내로 구분한다.

② 정기승차권의 "사용횟수"란 정기승차권의 유효기간 중에서 토요일·일요일·공휴일을 제외(토요일·일요일·공휴일 사용을 선택한 경우는 포함)한 일수를 기준으로 1일 2회로 계산한 횟수를 말한다.

③ 정기승차권의 변경은 정기승차권 유효기간 시작일 전에 청구할 수 있다.

④ 정기승차권은 사용 시작 5일 전부터 판매(간이역 및 승차권판매대리점 포함)한다.

> **해설**
> ④ 간이역 및 승차권판매대리점은 포함하지 않는다.

06 KORAIL Membership카드에 대한 설명으로 틀린 것은?

① 회원이 제공받은 마일리지는 사용일을 기준으로 5년간 유효하다.

② 회원의 철도승차권 구입 실적에 따라 회원의 등급을 분류하고 마일리지 적립할 수 있다.

③ 회원은 철도공사 홈페이지 회원정보관리 화면을 통하여 언제든지 본인의 개인정보를 열람하고 수정할 수 있다.

④ 회원 서비스 및 회원등급별 서비스를 변경 또는 중지할 수 있으며, 이 경우 철도공사는 해당 변경 내용을 철도공사 홈페이지에 1주일 전부터 공지하여야 한다.

> **해설**
> ① 적립일을 기준으로 5년간 유효하다.

07 A역에서 B역까지 KTX특실로 어른 1명, 어린이 1명이 일요일 출발 승차권을 구입하여 열차출발 25분 전에 역 창구에서 환불할 때 환불금액은 얼마인가?(단, A~B 기준운임 47,500원, 좌석 속성 배제)

① 95,200원   ② 98,200원

③ 99,200원   ④ 104,200원

> **해설**
> 특실금음 = 기준운임 40% 할인 = 47,500 × 0.4 = 19,000원
> 어린이 운임 = 어른운임의 50% 할인 = 47,500 × 0.5
>   = 23,750 ≒ 23,700원
> 어른 1명의 운임요금 = 47,500 + 19,000 = 66,500원
> 어린이 1명의 운임요금 = 23,700 + 19,000 = 42,700원
> 일요일 열차 출발 25분 전 환불 시 = 10% 위약금 공제
> 어른 1명의 환불금액 = 66,500 × 0.9 = 59,850 ≒ 59,800원
> 어린이 1명의 환불금액 = 42,700 × 0.9 = 38,430 ≒ 38,400원
> 환불금액 59,800 + 38,400 = 98,200원

08 KORAIL Membership 카드에 대한 설명으로 틀린 것은?

① KORAIL Membership 카드를 분실한 경우 1회에 한정하여 카드를 재발급 받을 수 있다.

② 대한민국 국민이면 누구나 가입할 수 있으며 철도공사는 회원의 관리 및 운영에 필요한 경우 가입을 제한할 수 있다.

③ 회원은 철도공사 홈페이지 회원정보관리 화면을 통하여 언제든지 본인의 개인정보를 열람하고 수정할 수 있다.

④ 철도공사는 회원의 철도승차권 구입 실적에 따라 회원의 등급을 분류하고 마일리지 적립 또는 할인쿠폰 등 서비스를 다르게 제공할 수 있다.

> **해설**
> ① 카드를 분실한 경우 재발급하지 않으나 회원번호를 이용한 서비스 이용이 가능하다.
>
> **2024년 3회차**
> ① 카드를 분실한 경우 재발급하지 않으나 회원번호를 이용한 서비스 이용이 가능하다.
> ② 개정된 약관에서 회원가입 대상을 외국인까지 확대했다. 없어진 약관이다.

09 모바일 티켓에 대한 설명으로 틀린 것은?

① 스마트폰 어플 코레일톡에서 승차권을 구매한 후 발권한 승차권이다.

② 캡처한 모바일 티켓을 유효하지 않은 승차권으로 부정승차로 간주되어 부가운임을 징수한다.

③ 모바일 티켓을 분실한 경우 사용 기간 중 1회에 한하여 스마트폰 어플 코레일톡에서 재발행을 청구할 수 있다.

④ 통근열차승차권, 단체승차권, 각종 할인증 무임증을 제출해야 하는 승차권을 제외한 좌석을 지정하는 모든 열차의 승차권을 모바일 티켓으로 발권할 수 있다.

해설

③ 모바일 티켓의 재발매는 역 창구에 한하여 가능하다(승차권 판매대리점 제외).

10 승차권 예약 및 결제기한에 관한 설명으로 가장 거리가 먼 것은?

① 스마트폰 코레일 톡 예약은 열차출발 5분 전까지 가능하다.

② 홈페이지 예약 승차권은 예약 후 20분 이내 결제하여야 한다.

③ 예약대기 신청자는 좌석을 배정 받은 후 배정당일 24시까지 결제하여야 한다.

④ 출발 1개월 전 07:00부터 출발 20분 전까지 승차권 예약을 접수한다.

해설

① 스마트폰 코레일 톡 예약에서는 출발시각 전까지 승차권 구입(발권)이 가능하다.

11 승차권 예약대기에 관한 사항으로 틀린 것은?

① 좌석이 매진된 열차에 대하여는 인터넷으로 출발 3일 전까지 예약대기를 접수받는다.

② 예약대기를 접수받은 경우 승차권결제기한이 경과하여 취소된 좌석이나 예약변경으로 복구된 좌석을 예약대기 신청자에게 우선 배정한다.

③ 복구된 좌석이 예약대기 신청 내용과 맞지 않은 경우 다음 예약대기 신청자에게 순차 배정한다.

④ 예약대기 신청자에게 좌석을 배정한 경우 좌석을 배정한 당일 24:00까지 승차권결제기한을 적용하며 승차권결제기한까지 결제하지 않는 경우 구입할 의사가 없는 것으로 보아 배정한 좌석을 취소한다.

해설

① 예약대기의 출발 접수 기한은 출발 2일 전까지이다.

12 철도안전법에서 철도사고 등이 발생한 때의 사상자 구호, 여객수송 및 철도시설 복구 등에 필요한 사항을 정하는 있는 법령으로 맞는 것은?

① 국토교통부령 ② 국무총리령

③ 대통령령 ④ 산업통상자원부령

해설

철도사고 등이 발생하였을 때의 사상자 구호, 여객 수송 및 철도시설 복구 등에 필요한 사항은 대통령령으로 정하고 그 철도사고에 대한 보고를 받고, 지시를 하는 것은 국토교통부장관이 한다.

13 철도안전법에서 여객열차 안에서의 금지행위의 설명 중 가장 먼 것은?

① 흡연하는 행위

② 철도종사자와 여객 등에게 성적수치심을 일으키는 행위

③ 정당한 사유 없이 국토교통부령으로 정하는 여객 출입 금지장소에 출입하는 행위

④ 열차운행 중에 비상정지버튼을 누르거나 철도차량의 옆면에 있는 승강용 출입문을 여는 등 철도차량의 장치 또는 기구를 조작하는 행위

해설
④ '정당한 사유 없이'라는 단서가 앞에 붙어 있어야 옳은 문장이다.

14 철도사업법에서 국토교통부장관에게 신고해야 하는 사항이 아닌 것은?

① 운임·요금

② 철도사업약관

③ 여객열차 운행구간의 변경

④ 전용철도 운영의 양도·양수

해설
여객열차 운행구간의 변경은 '사업계획의 대통령령으로 정하는 중요한 사항의 변경'에 해당하는 것으로 국토교통부장관의 인가가 필요하다.

15 철도사업법에서 국토교통부장관의 인가를 받지 아니하고 공동운수협정을 체결하거나 변경한 자의 벌칙으로 맞는 것은?

① 1천만원 이하의 벌금

② 1천만원 이하의 과태료

③ 500만원 이하의 과태료

④ 100만원 이하의 과태료

해설
철도사업법 제49조
국토교통부장관의 인가를 받지 아니하고 공동운수협정을 체결하거나 변경한 자는 1천만원 이하의 벌금에 처한다.

16 철도사업법에서 정한 벌칙에서 100만원 이하의 과태료를 부과하는 경우로 가장 먼 것은?

① 이용객이 요구하는 철도사업약관을 제시하지 않은 경우

② 정당한 사유 없이 운송계약의 체결을 거부하는 경우

③ 철도운송 질서를 해치는 행위를 한 경우

④ 정당한 사유 없이 여객 또는 화물의 운송을 거부하는 경우

해설
철도사업법 제22,51조
정당한 사유 없이 여객 또는 화물의 운송을 거부하는 경우는 철도운수종사자의 준수사항 위반에 해당하며 위반 시 50만원 이하의 과태료 대상이다.

17 철도사업법에서 승차권 등 부정판매의 금지를 위반하여 상습 또는 영업으로 승차권 또는 이에 준하는 증서를 자신이 구입한 가격을 초과한 금액으로 다른 사람에게 판매하거나 이를 알선한 자에 대한 과태료는 얼마인가?

① 50만원 이하　　② 100만원 이하

③ 500만원 이하　　④ 1천만원 이하

해설
철도사업법 제51조(과태료)
승차권 등 부정판매의 금지(제10조의2)를 위반하여 상습 또는 영업으로 승차권 또는 이에 준하는 증서를 자신이 구입한 가격을 초과한 금액으로 다른 사람에게 판매하거나 이를 알선한 자는 1천만원 이하의 과태료를 부과한다.

18 철도사업법령상 철도사업자가 그 사업의 전부 또는 일부를 휴업 또는 폐업하려는 경우의 설명으로 옳은 것은?

① 국토교통부령이 정하는 바에 의하여 대통령의 허가를 받아야 한다.

② 선로의 파괴로 인하여 운행을 휴지한 경우에는 국토교통부장관에게 신고한다.

③ 선로 또는 교량의 파괴, 철도시설의 개량, 그 밖에 정당한 사유로 휴업하는 경우를 제외하고 휴업기간은 1년을 넘을 수 없다.

④ 사업을 폐업하려는 경우에는 사업의 내용과 그 기간 등을 인터넷 홈페이지, 관계 역·영업소 및 사업소 등 일반인이 잘 볼 수 있는 곳에 1개월 이내에 게시하여야 한다.

해설
① 대통령이 아니라 국토교통부장관이다.
③ 1년이 아니라 6개월을 넘을 수 없다.
④ 1개월 이내가 아니라 그 허가를 받은 날부터 7일 이내다.

19 도시철도법의 제정 목적에 해당하지 않는 것은?

① 지역사회의 개발

② 도시교통의 발전

③ 도시철도의 건설촉진

④ 도시교통 이용자의 안전과 편의 증진

해설
도시철도법은 도시교통권역의 원활한 교통 소통을 위하여 도시철도의 건설을 촉진하고 그 운영을 합리화하며 도시철도차량 등을 효율적으로 관리함으로써 도시철도의 발전과 도시교통 이용자의 안전 및 편의 증진에 이바지함을 목적으로 한다.

20 도시철도를 건설 또는 운영하는 자에게 사업개선명령을 할 수 있는 사항이 아닌 것은?

① 운임의 조정

② 도시철도종사자의 양성 및 자질 향상을 위한 교육

③ 도시철도운송사업계획 및 도시철도운송약관의 변경

④ 도시철도차량 및 도시철도 사고에 관한 손해배상 한도에 관한 사항

해설
④ 도시철도차량 및 도시철도 사고에 관한 손해배상을 위한 보험에는 가입할 수 있지만, 한도에 관한 사항은 명령을 할 수 없다.

21 화물운송의 3요소로 틀린 것은?

① CARRIER

② NODE

③ MODE

④ LINK

해설
화물운송의 3요소는 운송경로(LINK), 운송수단(MODE), 운송상의 연결점(NODE)이다. 한글과 영어가 자주 교차 출제되는 문제다.

22 운송수단 간의 속도와 비용에 관한 내용으로 옳지 않은 것은?

① 속도가 빠른 운송수단일수록 운송 빈도가 높아져 운송비 증기

② 운송수단 선정 시 운송비용과 재고유지비용을 고려

③ 항공운송은 운송비용이 비싼 편이다.

④ 속도가 느린 운송수단일수록 운송 빈도가 더욱 낮아져 통관비 증가

해설
④ 속도가 느린 운송수단일수록 운송 빈도가 더욱 낮아져 보관비가 증가한다.

23 철도운송의 특징으로 가장 적절하지 않는 것은?

① 운송시간이 다소 길며, 문전수송이 곤란하다.

② 중거리 운송의 경우 운임이 비교적 저렴하고 비탄력적이다.

③ 적절한 시기에 배차하기가 쉽고 하역, 포장, 보관비가 비교적 비싸다.

④ 계획적인 운송이 가능하고, 전국적인 운송망을 이용할 수 있다.

해설
③ 철도운송은 적절한 시기에 배차하기 어렵다.

24 다음 보기에서 카페리에 의한 연안운송방식을 설명한 것으로 옳은 것은?

┌보기┐
카페리 발착 양단기지에디 회물터미널을 설치하고 발송지에서 화물을 화물터미널까지 세미트레일러로 운송한 후 트레일러만 카페리로 무인운송, 도착지 터미널에서 일반 트럭으로 목적지까지 화물을 중계·배송하는 방법

① 제1방법 ② 제2방법
③ 제3방법 ④ 제4방법

해설
카페리에 의한 연안운송방식
• 제1방법(유인도선 방법) : 화물자동차에 운전기사가 직접 승차한 채로 카페리에 승선하여 도선
• 제2방법(무인도선 방법) : 운전기사는 승차하지 않고 화물자동차만을 카페리에 적재하여 도선시키고 도착항에서 다른 운전기사가 인수하여 운행하는 방법
• 제3방법(무인트레일러 방법) : 트레일러에 화물을 적재하여 트랙터와 운전기사는 승선하지 않고 운송하는 방법
• 제4방법(화물터미널 경유 방법) : 화물터미널에 트레일러를 인도하면 카페리로 도선하여 도착지 화물터미널에 인도하는 방법

25 컨테이너의 하역방식이 아닌 것은?

① 섀시 방식
② 포크리프트 방식
③ 트랜스테이너 방식
④ 스트래들 캐리어 방식

해설
① 섀시 방식 : 선박에서 직접 섀시에 적재
③ 트랜스테이너 방식 : 선박에서 야드섀시에 탑재한 컨테이너를 마샬링 야드에 이동시켜 트랜스퍼 크레인에 장치하는 방식
④ 스트래들 캐리어 방식 : 선박에서 에이프런에 직접 내리고 스트래들 캐리어로 운반하는 방식

26 물류시설의 설명으로 바르지 못한 것은?

① 컨테이너 수송을 위한 시설 중 하나로 수출화물을 용기에 적화시키기 위하여 화물을 수집하거나 분배하는 장소를 CFS라고 한다.

② 컨테이너를 선적하거나 양륙하기 위해 정렬시켜 놓도록 구획된 부두 공간으로, 에이프런에 접한 일부 공간을 마샬링야드라고 한다.

③ 안벽을 따라 포장된 부분으로 컨테이너의 적재와 양륙작업을 위해 임시로 하차하거나 크레인이 통과주행을 할 수 있도록 레일을 설치하는 데 필요한 공간을 DMT라고 한다.

④ 적재된 컨테이너를 인수, 인도, 보관하고 공컨테이너도 보관하는 장소를 컨테이너야적장이라고 한다.

> **해설**
> ③은 에이프런에 대한 설명이다.

27 국제복합운송의 특징으로 틀린 것은?

① 복합운송은 복합운송인이 전 운송구간에 걸쳐 하주에게 단일 책임을 진다.

② 복합운송에 있어서 위험부담의 분기점은 송하인이 물품을 내륙운송인에게 인도하는 시점이다.

③ 복합운송은 복합운송의 서비스대가로서 각 운송구간마다 분할하여 계산한 운임을 합산하여 설정한다.

④ 복합운송이 되기 위해서는 복합운송인이 하주에 대하여 전 운송구간에 대한 유가증권으로서의 복합운송 증권이 발행되어야 한다.

> **해설**
> ③ 복합운송은 복합운송의 서비스 대가로서 각 운송구간마다 분할된 것이 아니라 전 운송구간에 단일화된 운임을 설정한다.

28 철도물류산업의 육성 및 지원에 관한 법률의 사항 중 틀린 것은?

① 거점역의 지정 기준, 방법 및 비용지원 등에 필요한 사항은 국토교통부장관이 정한다.

② 국토교통부장관은 철도물류계획을 수립 또는 변경한 때에는 이를 관보에 게시하고, 관계 행정기관의 장에게 통보하여야 한다.

③ 국토교통부장관은 철도물류의 경쟁력을 높이고 철도물류산업을 활성화하기 위하여 철도물류산업 육성계획을 5년마다 수립하여 시행하여야 한다.

④ 국토교통부장관은 철도화물을 취급하는 역으로서 철도물류산업의 육성을 위하여 거점이 되는 철도화물역을 지정하고, 다른 철도화물역에 우선하여 개량 및 통폐합 등에 필요한 비용을 지원할 수 있다.

> **해설**
> • 거점역 지정권자 : 국토교통부장관
> • 거점역 지정기준, 방법 등 필요한 사항 : 대통령령

29 운송제한 화물에 해당하지 않는 것은?

① 귀중품

② 속도제한 화물

③ 동물, 사체 및 유골

④ 열차 및 운임을 지정하여 운송을 청구하는 화물

> **해설**
> ④ 열차 및 운송경로를 지정하여 운송을 청구하는 화물이 운송제한 화물에 해당한다. (운임 ×)

30 보조차를 사용하지 않는 레일을 평판차에 적재하는 방법으로 맞는 것은?

① 레일 상·하를 서로 엇바꿔서 적재하여 간격이 없도록 하여야 한다.

② 적재레일 전체를 한 개의 화물과 같이 8번선 철사 5가닥 이상으로 4군데 이상 단단히 동여매야 한다.

③ 레일 결박은 컨버클 및 잭을 사용하여 지름 18mm 이상의 와이어로프를 6군데 이상 단단히 동여매야 한다.

④ 레일의 무너짐 방지를 위하여 반드시 화차의 앞뒤 양측 8군데에 큰 못을 박고 양측에 받침목 또는 버팀대를 사용하여야 한다.

> **해설**
> ② 적재레일 전체를 한 개의 화물과 같이 8번선 철사 5가닥 이상으로 3군데 이상 단단히 동여매야 한다.
> ③ 레일 결박은 컨버클 및 잭을 사용하여 지름 18mm 이상의 와이어로프를 4군데 이상 단단히 동여매야 한다.
> ④ 레일의 무너짐 방지를 위하여 반드시 화차의 앞뒤 양측 4군데에 큰 못을 박고 양측에 받침목 또는 버팀대를 사용하여야 한다.

31 다음과 같은 품목에서 철도화물운임 할증률이 서로 다른 것은?

① 철도공사 직원이 감시인으로 승차한 화물

② 70km/h 이하의 속도제한화물

③ 골동품류

④ 화물의 폭이나 길이, 밑 부분이 화차에서 튀어나온 화물

> **해설**
> ①, ②, ④는 할증률이 50%이다.
> ③은 할증률이 100%이다.

32 철도화물 운임, 요금 후급취급 조건 중 틀린 것은?

① 철도공사 계열사는 후급담보금액을 면제할 수 있다.

② 시유피치 운송협약을 체결한 자는 후급취급을 할 수 있다.

③ 후급담보설정은 현금 이외 이행보증보험증권, 은행지급보증서, 국채증권, 정기예금증서, 지방채증권 등으로도 할 수 있다.

④ 후급협약을 해지한 경우에는 그 해지대상 고객사와는 6개월이 지나야 다시 후급취급을 할 수 있다.

> **해설**
> ④ 후급협약을 해지한 경우에는 3개월이 지나야 재협약이 가능하다. 화물편람 내용이고, 자주 출제되는 내용은 아니기 때문에 해당 지문만 숙지해놓은 것을 추천한다.

33 오봉역 구내에서 50톤 적재화차 1량을 3km 구내운반 시 수수운임은?(단, 임률 45.9원/km)

① 125,000원 ② 137,700원

③ 160,700원 ④ 183,600원

> **해설**
> 구내운반
> 일반화물 운임(세칙 제26조, 별표 1) : 중량(톤) × 거리(km) × 임률
> 거리 : 최단경로의 거리(100km 미만일 경우 최저기본운임)
> 구내운반 화물은 최저기본운임의 80%를 수수
> 50톤 × 100km × 45.9 = 229,500원 × 0.8 = 183,600원
> 최저기본운임

34 다음과 같은 조건에서 일반화물의 수수금액은 얼마인가?

> - 품목 : 철광석
> - 임률 : 45.9/km
> - 거리 : 200km
> - 화차표기하중톤수 : 50톤
> - 자중톤수 : 32톤
> - 실중량 : 30톤

① 275,400원
② 293,800원
③ 440,600원
④ 440,640원

1. 최저톤수 계산하기
   50톤 × 0.96 = 48톤(철광석의 최저톤수계산 100분 비율 96%)
2. 공식대로 계산식 넣기
   48톤 × 200km × 45.9원 = 440,640원
3. 철광석은 할증품목이 아님
4. 단수처리 = 440,600원

36 속도제한 화물의 운임할증에 대한 내용으로 틀린 것은?

① 시속 30km 이하 400%
② 시속 40km 이하 300%
③ 시속 50km 이하 200%
④ 시속 60km 이하 100%

① 시속 30km 이하 600%

35 운송제한 화물에 대해 전세열차로 청구하지 않으면 수탁을 거절할 수 있는 화물은?

① 속도제한 화물
② 화약류 등 위험 화물
③ 열차 및 운송경로를 지정하여 운송을 청구하는 화물
④ 차량한계를 초과하는 화물 등 철도로 운송하기에 적합하지 않은 화물

① 속도제한 화물은 전세열차로 청구하지 않은 경우 수탁을 거절할 수 있다.

37 철도사업법상 철도사업자는 송하인이 운송장에 적은 화물의 품명, 중량, 용적 또는 개수에 따라 계산한 운임이 정당한 사유 없이 정상 운임보다 적은 경우 부족 운임 외에 부가운임을 징수할 수 있다. 이 부가운임의 범위로 맞는 것은?

① 부족 운임 외에 부족 운임의 3배
② 부족 운임 외에 부족 운임의 5배
③ 부족 운임 외에 부족 운임의 10배
④ 부족 운임 외에 부족 운임의 30배

송하인이 운송장에 적은 화물의 품명·중량·용적 또는 개수에 따라 계산한 운임이 정당한 사유 없이 정상 운임보다 적은 경우 부족운임과 그 부족운임의 5배에 해당하는 부가운임을 징수할 수 있다.

38 철도안전법에서 정한 내용을 위반하여 위해물품을 휴대하거나 적재한 사람에 대한 벌칙은?

① 1년 이하의 징역 또는 1천만원 이하의 벌금
② 2년 이하의 징역 또는 2천만원 이하의 벌금
③ 3년 이하의 징역 또는 3천만원 이하의 벌금
④ 5년 이하의 징역 또는 5천만원 이하의 벌금

해설
철도안전법 제42,79조 참고

39 다음 화물의 비중을 계산하시오.

• 용기의 크기 : 가로 50cm, 세로 35cm, 높이 30cm
• 화물의 실중량 : 75kg

① 0.00143   ② 1.42
③ 1.43   ④ 14.3

해설
용적 $50 \times 35 \times 30 = 52,500cm^3 = 0.0525m^3$
75kg = 0.075톤
비중 = 중량 ÷ 용적
0.075 ÷ 0.0525 = 1.42857... = 1.43톤

40 기존에 이용하고 있는 운송수단을 보다 효율성이 높은 운송수단으로 교체하는 것을 의미하며, 현재는 주로 운송비용을 절감하기 위한 한 방편으로 이용되고 있는 것은?

① modal lift
② modal shift
③ third party logistics
④ JIT(Just In Time)

해설
modal shift(전환 교통)
운송수단을 나타내는 mode와 옮기다를 의미하는 shift가 조합된 단어로서 한 운송수단에서 다른 운송수단으로의 전환을 말한다.

41 철도안전법에서 운전면허 결격사유에 해당하지 않는 사람은?

① 19세 미만인 사람
② 철도차량 운전상의 위험과 장해를 일으킬 수 있는 정신질환자 또는 뇌전증환자로서 대통령령으로 정하는 사람
③ 철도차량 운전상의 위험과 장해를 일으킬 수 있는 약물 또는 알코올 중독자로서 대통령령으로 정하는 사람
④ 운전면허가 정지된 날부터 2년이 지나지 아니하였거나 운전면허의 효력정지기간 중인 사람

해설
철도안전법 제11조
제11조(운전면허의 결격사유 등)
다음의 어느 하나에 해당하는 사람은 운전면허를 받을 수 없다.
1. 19세 미만인 사람
2. 철도차량 운전상의 위험과 장해를 일으킬 수 있는 정신질환자 또는 뇌전증환자로서 대통령령으로 정하는 사람
3. 철도차량 운전상의 위험과 장해를 일으킬 수 있는 약물 또는 알코올 중독자로서 대통령령으로 정하는 사람
4. 두 귀의 청력 또는 두 눈의 시력을 완전히 상실한 사람
5. 운전면허가 취소된 날부터 2년이 지나지 아니하였거나 운전면허의 효력정지기간 중인 사람

42 운전취급규정의 내용 중 풍속에 따른 운전취급에 관한 사항으로 맞는 것은?

① 역장은 풍속이 25m/s 이상으로 판단된 경우에는 그 사실을 관제사에게 보고할 것

② 정거장과 인접한 기상관측소의 기상청 자료 또는 철도기상정보 시스템에 따르고 따를 수 없는 경우에는 목측에 의한 풍속측정기준에 따를 것

③ 역장은 풍속이 30m/s 이상으로 판단된 경우에는 열차운전에 위험이 우려되는 경우에는 열차의 출발 또는 통과를 일시 중지할 것

④ 관제사는 기상자료 또는 역장으로 부터의 보고에 따라 풍속이 25m/s 이상으로 판단될 때에는 해당구간의 열차운행을 일시중지하는 지시를 할 것

운전취급규정 제5조
1. 풍속의 측정은 다음의 기준에 따른다.
   ㉠ 정거장과 인접한 기상관측소의 기상청 자료 또는 철도기상정보 시스템에 따를 것
   ㉡ ㉠에 따를 수 없는 경우에는 목측에 의한 풍속측정기준에 따를 것
2. 풍속에 따른 운전취급은 다음과 같다.
   ㉠ 역장은 풍속이 초속 20미터 이상으로 판단된 경우에는 그 사실을 관제사에게 보고하여야 한다.
   ㉡ 역장은 풍속이 초속 25미터 이상으로 판단된 경우에는 다음에 따른다.
   • 열차운전에 위험이 우려되는 경우에는 열차의 출발 또는 통과를 일시 중지할 것
   • 유치 차량에 대하여 구름방지의 조치를 할 것
   ㉢ 관제사는 기상자료 또는 역장으로부터의 보고에 따라 풍속이 초속 30미터 이상으로 판단될 때에는 해당구간의 열차운행을 일시중지하는 지시를 하여야 한다.

43 운전취급규정의 내용 중 완급차의 연결에 대한 설명으로 가장 거리가 먼 것은?

① 완급차를 생략하는 열차에 대하여는 뒤표지를 게시할 수 있는 장치를 한 차량을 연결할 것

② 열차승무원이 승차하지 않는 열차에는 열차의 맨 뒤에 완급차를 연결하지 않거나 연결을 생략할 수 있음

③ 완급차를 생략하는 열차에 대하여는 열차의 전 차량에 관통제동을 사용하고 맨 뒤(추진운전의 경우 맨 앞)에 제동기능이 완비된 차량을 연결할 것

④ 완급차를 생략하는 열차에 대하여는 역장은 운행 중인 열차의 뒤표지가 없거나 불량함을 통보받은 경우에는 주의운전 통보 후 운행시킬 것

운전취급규정 제19조, 일반철도운전취급세칙 제7조
제19조(완급차의 연결)
열차의 맨 뒤(추진운전은 맨 앞)에는 완급차를 연결하여야 한다. 다만, 열차의 맨 뒤에 완급차를 연결하지 않는 경우는 「일반철도운전취급 세칙」에 따로 정한다.
제7조(완급차의 연결 예외)
1. 규정 제19조 단서에 따라 열차승무원이 승차하지 않는 열차에는 열차의 맨 뒤에 완급차를 연결하지 않거나, 연결을 생략할 수 있다.
2. 제1항에 따라 완급차를 생략하는 열차에 대하여는 다음에 따른다.
   ㉠ 열차의 전 차량에 관통제동을 사용하고 맨 뒤(추진의 경우에는 맨 앞)에 제동기능이 완비된 차량을 연결할 것
   ㉡ 뒤표지를 게시할 수 있는 장치를 한 차량을 연결할 것
   ㉢ 역장은 운행 중인 열차의 뒤표지가 없거나 불량함을 통보받은 경우에는 이를 정비할 것
3. 완급차로 사용하는 소화물차량에 열차승무원이 승무하지 않는 경우에는 일반화차에 준용한다.

44 차량의 연결제한 및 격리에 따른 정의 중 "불타기 쉬운 화물"에 해당하지 않는 것은?

① 직물류   ② 면화
③ 기름넝마   ④ 모피

해설
운전취급규정 제22조 별표 3
• 불타기 쉬운 화물 : 면화, 종이, 모피, 직물류 등
• 불나기 쉬운 화물 : 초산, 생석회, 표백분, 기름종이, 기름넝마, 셀룰로이드, 필름 등
• 인접차량에 충격을 줄 염려가 있는 화물 : 레일, 전주, 교량, 거더, PC빔, 장물의 철재, 원목 등

45 열차의 퇴행운전에 관한 설명으로 맞는 것은?

① 정지위치를 지나 정차한 경우의 퇴행운전은 관제사의 승인을 받아야 한다.
② 퇴행할 때 후방진로에 이상이 없을 경우 추진운전 전호는 생략할 수 있다.
③ 관제사의 승인이 있는 경우에는 위험물 수송열차의 추진운전 속도는 25km/h 이하로 하여야 한다.
④ 철도사고가 발생하여 퇴행운전하는 경우 후방 최근정거장 역장의 승인을 받은 후 퇴행하여야 한다.

해설
운전취급규정 제35조
1. 열차는 퇴행운전을 할 수 없다. 다만, 다음의 경우는 예외로 한다.
  ㉠ 철도사고(철도준사고 및 운행장애 포함) 및 재난재해가 발생한 경우
  ㉡ 공사열차·구원열차·시험운전열차 또는 제설열차를 운전하는 경우
  ㉢ 동력차의 견인력 부족 또는 절연구간 정차 등 전도운전을 할 수 없는 운전상 부득이한 경우
  ㉣ 정지위치를 지나 정차한 경우. 다만, 열차의 맨 뒤가 출발신호기를 벗어난 일반열차와 고속열차는 제외하며, 전동열차는 「광역철도 운전취급 세칙」 제10조에 따른다.
2. 1의 단서에 따른 퇴행운전은 관제사의 승인을 받아야 한다.

46 관제사의 운전정리 시행 사항이 아닌 것은?

① 일반열차의 통과선 지정
② 열차의 운행을 일시 중지
③ 열차의 계획된 운전시각을 앞당겨 운전
④ 열차운전 중 2 이상의 열차를 합병하여 1개 열차로 운전

해설
운전취급규정 제53조
① 일반열차의 통과선 지정은 관제사의 운전정리 시행 사항이 아니다. 선로의 정해진 운전방향을 변경하지 않고 열차의 운전선로를 변경하는 선로변경과 혼동하지 않도록 유의해야 한다.

47 운전취급규정의 내용 중 구내운전에 관한 설명으로 틀린 것은?

① 구내운전을 하는 구간의 운전속도는 해당구간의 선로최고속도 이하로 운전해야 한다.
② 기관차에 타의 차량을 연결하고 견인운전하는 경우에도 구내운전을 할 수 있다.
③ 운전취급담당자는 입환신호기 진행신호 현시, 입환표지 개통 현시, 선로별표시등 백색등을 점등시킨 후 기관사에게 무선전호를 시행한다.
④ 구내운전을 하는 구간의 끝 지점은 입환신호기, 입환표지, 선로별표시등, 차량정지표지, 열차정지표지, 운전취급담당자가 통보한 도착지점, 수동식 선로전환기 중 키볼트로 쇄정한 선로전환기이다.

해설
운전취급규정 제76조
① 구내운전 구간의 운전속도는 차량 입환속도에 준한다. 다만, 구내운전 속도를 넘어 운전할 수 있는 경우는 관련 세칙에 따라 정한다.

48 폐색방식의 종류 중 단선구간에서 사용할 수 없는 상용폐색방식은?

① 자동폐색식
② 연동폐색식
③ 지령식
④ 통표폐색식

해설

운전취급규정 제100조
상용폐색방식의 시행 및 종류
1. 복선구간 : 자동폐색식, 차내신호폐색식, 연동폐색식
2. 단선구간 : 자동폐색식, 차내신호폐색식, 연동폐색식, 통표폐색식

49 지도표를 사용하는 경우가 아닌 것은?

① 연속하여 2 이상의 열차를 동일방향의 폐색구간에 연속 진입시킬 때에는 첫 번째 열차
② 정거장 외에서 퇴행할 열차
③ 폐색구간의 양끝에서 교대로 열차를 구간에 진입시킬 때에는 각 열차
④ 지도식에 운행하는 각 열차

해설

운전취급규정 제156조
제156조(지도표와 지도권의 사용구별)
지도표는 다음의 어느 하나에 해당하는 열차에 사용한다.
1. 폐색구간의 양끝에서 교대로 열차를 구간에 진입시킬 때는 각 열차
2. 연속하여 2 이상의 열차를 동일방향의 폐색구간에 연속 진입시킬 때는 맨 뒤의 열차
3. 정거장 외에서 퇴행할 열차

50 신호, 전호, 표지의 주·야간 현시 방법 중 틀린 것은?

① 지하구간에서는 주간이라도 야간의 방식에 따른다.
② 터널 내에서는 주간이라도 야간의 방식에 따른다.
③ 400m 거리에서 인식할 수 없는 경우에는 주간이라도 야간의 방식에 따른다.
④ 선상역사로 인하여 전호 및 표지를 확인할 수 없는 때에는 주간이라도 야간의 방식에 따른다.

해설

운전취급규정 제167조
제167조(주간·야간의 신호 현시방식)
1. 주간과 야간의 현시방식을 달리하는 신호, 전호 및 표지는 일출부터 일몰까지는 주간의 방식에 따르고, 일몰부터 일출까지는 야간의 방식에 따른다. 다만, 기후상태로 200미터 거리에서 인식할 수 없는 경우에 진행 중의 열차에 대한 신호의 현시는 주간이라도 야간의 방식에 따른다.
2. 지하구간 및 터널 내에 있어서의 신호·전호 및 표지는 주간이라도 야간의 방식에 따른다.
3. 선상역사로 인하여 전호 및 표지를 확인할 수 없는 때에는 주간이라도 야간의 방식에 따른다.

51 운전취급규정의 내용 중에서 상치신호기 중 신호부속기의 종류가 아닌 것은?

① 진로예고표시기   ② 보조신호기
③ 진로표시기   ④ 입환신호중계기

해설

② 보조신호기는 종속신호기다.
운전취급규정 제171조
신호부속기
1. 진로표시기 : 장내신호기, 출발신호기, 진로개통표시기 및 입환신호기에 부속하여 열차 또는 차량에 대하여 그 진로를 표시
2. 진로예고표시기 : 장내신호기, 출발신호기에 종속하여 그 신호기의 현시하는 진로를 예고
3. 진로개통표시기 : 차내신호기를 사용하는 본 선로의 분기부에 설치하여 진로의 개통상태를 표시
4. 입환신호중계기 : 입환표지 또는 입환신호기의 신호현시 상태를 확인할 수 없는 곡선선로 등에 설치하여, 입환표지 또는 입환신호기의 현시상태를 중계

52 운전취급규정의 내용 중에 차량의 입환작업을 하는 경우에 수전호의 입환전호에 해당되지 않는 것은?

① 오너라
② 서행하라
③ 정지하라
④ 속도를 절제하라

해설

운전취급규정 제219조
제219조(수전호의 입환전호)
차량의 입환작업을 하는 경우에는 다음의 수전호의 입환전호를 하여야 한다.
1. 오너라(접근)
2. 가거라(퇴거)
3. 속도를 절제하라(속도절제)
4. 조금 진퇴하라(조금 접근 또는 조금 퇴거)
5. 정지하라(정지)
6. 연결
7. 1번선부터 10번선

53 운전취급규정의 내용 중에 유류열차 운전 중 폐색 구간 도중에서 화재 또는 화재발생우려가 있을 때의 조치 방법이 아닌 것은?

① 신속히 열차에서 분리하여 30미터 이상 격리하고 남겨놓은 차량이 구르지 아니하도록 조치할 것
② 일반인의 접근을 금지하는 등 화기단속을 철저히 할 것
③ 소화에 노력하고 관계처에 급보할 것
④ 인접선을 지장할 우려가 있을 경우 기관사는 즉시 수신호 방호를 할 것

해설

운전취급규정 제282, 288조
제282조(열차에 화재 발생 시 조치)
유류열차 운전 중 폐색구간 도중에서 화재 또는 화재 발생 우려가 있을 때는 다음에 따른다.
1. 일반인의 접근을 금지하는 등 화기단속을 철저히 할 것
2. 소화에 노력하고 관계처에 급보할 것
3. 신속히 열차에서 분리하여 30미터 이상 격리하고 남겨놓은 차량이 구르지 아니하도록 조치할 것
4. 인접선을 지장할 우려가 있을 경우 규정 제288조에 의한 방호를 할 것
제288조(인접선로를 지장한 경우의 방호)
④ 정거장 밖에서 열차탈선·전복 등으로 인접선로를 지장한 경우에 기관사는 즉시 열차무선방호장치 방호와 함께 무선전화기 방호를 시행하여야 한다.

54 철도차량운전규칙에서 사용하는 용어의 정리로 틀린 것은?

① "정거장"이라 함은 여객의 승강, 화물의 적하, 열차의 조성, 열차의 교행 또는 대피를 목적으로 사용되는 장소를 말한다.

② "진행지시신호"라 함은 진행신호, 감속신호, 주의신호, 경계신호, 유도신호 및 차내신호(정지신호를 포함한다) 등 차량의 진행을 지시하는 신호를 말한다.

③ "완급차"라 함은 관통제동기용 제동통, 압력계, 차장변 및 수제동기를 장치한 차량으로서 열차승무원이 집무할 수 있는 차실이 설비된 객차 또는 화차를 말한다.

④ "철도차량"이라 함은 동력차, 객차, 화차 및 특수차(제설차, 궤도시험차, 전기기험 차, 사고구원차 그 밖에 특별한 구조 또는 설비를 갖춘 철도차량을 말한다)를 말한다.

> **해설**
> 철도차량운전규칙 제2조
> ② "진행지시신호"라 함은 진행신호 · 감속신호 · 주의신호 · 경계신호 · 유도신호 및 차내신호(정지신호를 제외한다) 등 차량의 진행을 지시하는 신호를 말한다.

55 철도차량운전규칙에서 전호와 표지에 대한 설명으로 틀린 것은?

① 열차를 출발시키고자 할 때에는 출발전호를 하여야 한다.

② 기관사는 위험을 경고하는 경우이거나 비상사태가 발생한 경우 기적전호를 하여야 한다.

③ 입환 중인 동력차는 표지를 생략할 수 있다.

④ 열차 또는 차량의 안전운전을 위하여 안전표지를 설치하여야 한다.

> **해설**
> 철도차량운전규칙 제99,100,103,104조
> 제99조(출발전호)
> ① 열차를 출발시키고자 할 때에는 출발전호를 하여야 한다.
> 제100조(기적전호)
> ② 다음의 어느 하나에 해당하는 경우에는 기관사는 기적전호를 하여야 한다.
> 1. 위험을 경고하는 경우
> 2. 비상사태가 발생한 경우
> 제103조(열차의 표지)
> ③ 열차 또는 입환 중인 동력차는 표지를 게시하여야 한다.
> 제104조(안전표지)
> ④ 열차 또는 차량의 안전운전을 위하여 안전표지를 설치하여야 한다.

56 여객이 승차한 상태에서 열차전선 또는 객차교체 등으로 입환할 경우 안전조치사항으로 가장 타당한 것은?

① 반드시 여객이 적은 쪽의 차량을 연결할 것

② 입환 객차에서 하차한 여객이 안전하도록 유도할 것

③ 객차의 분리 및 연결 입환을 할 때에는 20km/h 이하의 속도로 할 것

④ 방송 또는 말로 승객 또는 직원에게 입환 시행에 대한 내용을 주지시키고 주의사항을 통보할 것

> **해설**
> 일반철도 운전취급세칙 제14조
> 1. 방송 또는 말로 승객 및 직원에게 입환 시행에 대한 내용을 주지시키고 주의사항을 통보할 것
> 2. 입환 객차에 승차한 여객이 안전하도록 유도할 것
> 3. 객차의 분리 및 연결 입환을 할 때는 시속 15킬로미터 이하 속도로 운전할 것

57 철도차량운전규칙에서 작업전호 방식을 전하여 그 전호에 따라 작업을 하여야 하는 경우로 가장 먼 것은?

① 열차의 관통제동기의 시험을 할 때
② 입환전호를 하는 직원과 선로전환기 취급 직원 간에 선로전환기 취급에 관한 연락을 할 때
③ 여객 또는 화물의 취급을 위하여 정지위치를 지시할 때
④ 퇴행운전 시 열차의 맨 앞 차량에 승무한 직원이 운전취급자에게 필요한 연락을 할 때

해설
철도차량운전규칙 제102조
④ 퇴행 또는 추진운전 시 열차의 맨 앞 차량에 승무한 직원이 철도차량운전자에 대하여 운전상 필요한 연락을 할 때

58 열차 또는 차량의 운전취급을 할 때, 무선전화기를 사용할 수 있는 경우가 아닌 것은?

① 운전정보 교환
② 운전상 위급사항 통고
③ 일반선에서 운전명령서식의 작성
④ 차량의 입환취급 및 각종전호 시행

해설
운전취급규정 제9조
③ 고속선에서만 운전명령서식의 작성

59 관제사의 승인에 의해 열차가 일찍 출발하거나 늦게 출발할 수 있는 경우로 틀린 것은?

① 여객을 취급하지 않는 열차의 일찍 출발
② 운전정리에 지장이 없는 전동열차로서 10분 이내의 일찍 출발
③ 여객접속 역에서 여객 계승을 위하여 지연열차의 도착을 기다리는 경우 중 고속·준고속 여객열차의 늦게 출발
④ 여객접속 역에서 여객 계승을 위하여 지연열차의 도착을 기다리는 경우 중 고속·준고속 여객열차 이외 여객열차의 5분 이상 늦게 출발

해설
② 운전정리에 지장이 없는 전동열차로서 5분 이내의 일찍 출발

60 열차는 신호기에 현시된 신호에 따라 운전해야 하는데 이와 관련된 설명으로 틀린 것은?

① 5현시 구간으로서 구내폐색신호기가 설치된 선로를 제외한 각선 각역의 장내신호기에 경계신호가 현시된 경우 65km/h 이하로 운전할 수 있다.
② 역장은 유도신호에 따라 열차를 도착시키는 경우에는 정차위치에 차량정지표지 및 열차정지위치표지가 설치된 경우에는 정지수신호를 현시하지 않을 수 있다.
③ 열차는 신호기에 유도신호가 현시된 때에는 앞쪽 선로에 지장이 있을 것을 예측하고, 그 현시지점을 지나 25km/h 이하의 속도로 진행할 수 있다.
④ 열차는 신호기에 경계신호 현시 있을 때는 다음 상치 신호기에 정지신호의 현시 있을 것을 예측하고, 그 현시지점부터 25km/h 이하의 속도로 운전하여야 한다.

해설
운전취급규정 제43,44조
② 역장은 유도신호에 따라 열차를 도착시키는 경우 정차위치에 열차정지표지 또는 출발신호기가 설치 경우 된 경우 정지 수신호 현시하지 않을 수 있다.

01 승차권의 구매에 대한 설명으로 가장 거리가 먼 것은?

① 여객은 여행 시작 전까지 승차권을 발행받아야 하며, 발행받은 승차권의 승차일시, 열차 구간 등의 운송조건을 확인하여야 한다.

② 2명 이상이 함께 이용하는 조건으로 운임을 할인하고 한 장으로 발행하는 승차권은 이용 인원에 따라 낱장으로 나누어 발행할 수 있다.

③ 할인승차권 또는 이용 자격에 제한이 있는 할인상품을 3회 이상 부정사용한 경우에는 해당 할인승차권 또는 할인상품 이용을 1년간 제한할 수 있다.

④ 승차권을 발행할 때 정당 대상자 확인을 위하여 신분증 등의 확인을 요구할 수 있다.

해설
② 철도공사는 2명 이상이 함께 이용하는 조건으로 운임을 할인하고 한 장으로 발행하는 승차권은 인원에 따라 낱장으로 나누어 발행하지 않는다.

2024년 3회차
② 철도공사는 2명 이상이 함께 이용하는 조건으로 운임을 할인하고 한 장으로 발행하는 승차권은 인원에 따라 낱장으로 나누어 발행하지 않는다.
③ 할인승차권 또는 이용 자격에 제한이 있는 할인상품을 부정사용한 경우에는 해당 할인승차권 또는 할인상품 이용을 1년간 제한할 수 있다. (3회 이상 ×, 1회만 사용해도 제한 가능)

02 여객운송약관에서 분류한 일반열차에 속하지 않는 것은?

① KTX
② 새마을호
③ 무궁화호
④ 통근열차

해설
여객운송약관에서 분류한 일반열차의 종류에는 새마을호, ITX-새마을, 무궁화호, 누리로, 통근열차가 있다.

2024년 3회차
KTX는 고속열차에 속하여 가장 틀린 답에 해당하고, 통근열차는 2023년 12월 최종 퇴역하며 2024년 개정된 여객운송약관 이용종별에 따른 분류와 열차의 정의에서도 제외되었다. 따라서 ①, ④번이 정답에 해당한다. 위와 같은 문제는 더 이상 나오지 않고 변형되어 나올 가능성이 높다. 주요 용어의 정의와 이용종별에 따른 열차의 분류를 숙지해놓자.

03 KORAIL Membership 카드 정의에 대한 설명으로 틀린 것은?

① 회원이란 철도공사가 제공하는 승차권 구매 및 여행사업 등과 관련한 서비스를 제공받기 위하여 KORAIL Membership에 회원으로 가입한 사람을 말한다.

② 휴면회원이란 2년 동안 연속하여 승차권을 구매하지 않고 회원정보로 철도공사 홈페이지 및 앱에 접속하지 않아 철도공사가 별도의 계정으로 분리하여 관리하는 회원을 말한다.

③ KORAIL Membership 카드란, 승차권 구매 및 이와 관련한 서비스, 제휴된 서비스 등을 제공받을 수 있도록 철도공사가 고유번호를 부여하여 발행한 카드(코레일톡 멤버십 QR코드·바코드 포함)를 말한다.

④ 제휴사란 코레일이 제휴 사업을 위해 따로 지정한 업체를 말한다.

해설
② 휴면회원이란, 1년 동안 연속하여 승차권을 구매하지 않고 회원정보로 철도공사 홈페이지 및 앱에 접속하지 않아 철도공사가 별도의 계정으로 분리하여 관리하는 회원을 말한다.

2024년 3회차
② 휴면회원이란 1년 동안 연속하여 승차권을 구매하지 않고 회원정보로 철도공사 홈페이지 및 앱에 접속하지 않아 철도공사가 별도의 계정으로 분리하여 관리하는 회원을 말한다.
③은 2024년 개정안부터 삭제되었다.

04 정기승차권에 대한 설명으로 가장 거리가 먼 것은?

① 모든 청소년 정기승차권은 60% 할인을 적용 받는다.

② 정기승차권의 유효기간 중에서 토요일, 일요일, 공휴일을 포함한 일수를 기준으로 1일 2회로 계산한 횟수를 사용횟수라고 한다.

③ 유효기간이 남아있는 정기승차권을 분실한 사람은 1회에 한정하여 정기승차권의 재발행을 청구 가능하다.

④ 청소년 정기승차권은 청소년 기본법에 정한 25세 미만 청소년만 사용가능하다.

해설
② 정기승차권의 유효기간 중에서 토요일, 일요일, 공휴일을 제외(토요일, 일요일, 공휴일 사용을 선택한 경우는 포함)한 일수를 기준으로 1일 2회로 계산한 횟수이다.

05 A~B역까지 12:10분에 출발하는 열차로 여행하려는 여객이 12:00시에 출발하려는 열차에 잘못 승차한 후 열차승무원에게 12:37분에 신고하여 미승차 증명을 받았을 경우 환불받을 수 있는 금액은 얼마인가?(단, A~B역의 기준운임은 45,500원이다)

① 27,300원   ② 38,700원
③ 40,900원   ④ 43,200원

해설
출발시각 20분 경과 후 60분까지 = 40% 위약금
45,500 × 0.6 = 27,300원

06 철도공사의 책임으로 열차가 지연된 경우에 대한 설명으로 틀린 것은?

① 운행중지를 역, 홈페이지 등에 게시한 시각을 기준으로 3시간 후에 출발하는 열차 : 전액환불

② 출발 후 : 이용하지 못한 구간에 대한 운임, 요금 환불 및 이용하지 못한 구간 운임, 요금의 10% 배상

③ 운행중지를 역, 홈페이지 등에 게시한 시각을 기준으로 1시간 이내에 출발하는 열차 : 전액 환불 및 영수금액의 10% 배상

④ 운행중지를 역, 홈페이지 등에 게시한 시각을 기준으로 1~3시간 사이에 출발하는 열차 : 전액 환불 및 영수금액의 5% 배상

해설
① 운행중지를 역, 홈페이지 등에 게시한 시각을 기준으로 1~3시간 사이에 출발하는 열차는 전액 환불 및 영수금액의 5% 배상해야 한다.

07 다음 설명 중 가장 틀린 것은?

① KORAIL PASS는 사용형태에 따라 연속권과 선택권이 있다.

② KORAIL PASS는 사용기간에 따라 3일권, 5일권, 10일권, 20일권으로 구분한다.

③ 정기승차권의 유효기간은 승차권에 표시하며, 사용시작일부터 10일에서 1개월 이내로 구분한다.

④ 정기승차권은 사용 시작 5일 전부터 판매(간이역 및 승차권 판매대리점 제외)한다.

해설
② KORAIL PASS는 사용기간에 따라 3일권과 5일권으로 나뉘고 선택형의 경우 2일권, 4일권으로 나뉜다.

08 승차권 반환 시 결제내역을 취소해야 하는 것이 아닌 것은?

① 신용카드로 결제한 승차권

② 마일리지로 결제한 승차권

③ 포인트로 결제한 승차권

④ 현금결제 승차권

해설
④ 현금으로 결제했을 경우 결제내역을 취소하는 것이 아닌 다시 현금을 돌려주면 된다.

09 승차권에 대한 설명으로 틀린 것은?

① 승차권을 발행하기 전에 이미 고속열차가 20분 이상 또는 일반열차가 60분 이상 지연되거나, 지연될 경우에는 여객이 지연에 대한 배상을 청구하지 않을 것에 동의를 받고 승차권을 발행한다.

② 승차권을 예약한 사람이 출발시각 이전까지 예약한 승차권을 발권 받지 않는 경우 철도공사는 운송계약을 취소하고 승차권 1매당 결제금액을 기준으로 15%에 해당하는 금액을 취소 위약금으로 수수한다.

③ 2명 이상이 함께 이용하는 조건으로 운임을 할인하고 한 장으로 발행하는 승차권은 이용인원에 따라 낱장으로 나누어 발행하지 않는다.

④ KORAIL PASS의 판매가격은 사용기간별, 나이별로 구분하며, KORAIL PASS SAVER의 경우 동행 중 어린이가 포함된 경우라도 모두 어른 운임을 받는다.

해설
① 철도공사는 승차권을 발행하기 전에 이미 열차가 20분 이상 지연되거나 지연될 경우에는 여객이 지연에 대한 배상을 청구하지 않을 것에 동의를 받고 승차권을 발행한다. 고속열차와 일반열차의 차이는 없다.

2024년 3회차
철도공사는 승차권을 발행하기 전에 이미 열차가 20분 이상 지연되거나 지연이 예상되는 경우에는 여객이 지연에 대한 배상을 청구하지 않을 것에 동의를 받고 승차권을 발행한다. 고속열차와 일반열차의 차이는 없다.

10 단체승차권의 환불 위약금에 대한 설명으로 틀린 것은?

① 단체승차권을 역에서 출발 3일 전에 환불하는 경우 : 최저위약금

② 단체승차권을 역에서 출발 2일 전에 환불하는 경우 : 5%

③ 단체승차권을 인터넷으로 출발 3일 전에 환불하는 경우 : 최저위약금

④ 단체승차권을 인터넷으로 출발 1일 전에 환불하는 경우 : 10%

> **해설**
> 단체승차권을 환불하는 경우 출발 2일 전까지 좌석당 400원(최저수수료)을 공제한다. 또한 역과 인터넷의 수수료 차이는 없다.

11 A역에서 B역까지 KTX 특실로 어른 1명, 노인 1명이 B역에 40분 늦게 도착하였을 때 승차권 구입금액과 소비자피해보상규정에 정한 지연보상금액은 각각 얼마인가?(단, A~B역 기준운임 43,500원, 승차일은 금요일, 좌석 속성 배제)

① 108,700원 - 27,100원

② 91,300원 - 27,100원

③ 73,900원 - 18,500원

④ 108,700원 - 18,500원

> **해설**
> 특실요금은 기준운임의 40%
> 43,500 × 0.4 = 17,400원
> 금요일 KTX 노인 운임 = 30% 할인
> 43,500 × 0.7 = 30,450 ≒ 30,400원
> 어른 승차권 구입금액 = 43,500 + 17,400 = 60,900원
> 노인 승차권 구입금액 = 30,400 + 17,400 = 47,800원
> 총 60,900 + 47,800 = 108,700원
> 지연보상금액에는 특실 요금 등 요금을 제외한 운임만 계산한다.
> 40분 이상 - 60분 미만인 경우 = 25% 배상
> 어른 = 43,500 × 0.25 = 10,875 ≒ 10,900원
> 노인 = 30,400 × 0.25 = 7,600원
> 총 10,900 + 7,600 = 18,500원

12 광역철도 여객운송약관에 정한 여객운임 및 승차권의 사용조건에 대한 설명으로 맞는 것은?

① 1회권은 발매부터 집표할 때까지 5시간 이내를 통용기간으로 한다.

② 오전 06:30분까지 개표하는 모든 고객은 기본운임의 20%를 할인받을 수 있다.

③ 어린이 카드는 생년월일 등을 등록하지 않는 경우에는 최초 사용 후 10일이 지나면 어른 운임을 받는다.

④ 청소년 단체운임은 어른 운임에서 350원을 공제하고 20% 할인한 운임에 해당인원 수를 곱한 후 단수 처리한 금액으로 한다.

> **해설**
> ① 1회권을 포함한 승차권은 개표 후 5시간까지를 통용기간이라고 한다.
> ② 선후급교통카드를 이용하는 고객에 한하여 20%를 할인하여 단수처리 한다. 단, 다른 교통수단을 먼저 이용하고 환승하는 경우는 제외한다.
> ④ 청소년 단체운임은 어른 운임에서 350원을 빼고 30% 할인한 금액에서 단수처리 한 후 해당 인원수를 곱한다.

13 철도안전법에서 정의하는 철도종사자에 대한 설명으로 틀린 것은?

① 철도차량의 운전업무에 종사하는 사람

② 여객을 상대로 승무 및 역무서비스를 제공하는 사람

③ 철도차량의 운행을 집중 제어·통제·감시하는 업무에 종사하는 사람

④ 철도운영과 관련하여 질서유지에 관한 업무에 종사하는 사람으로서 국토교통부령이 정하는 사람

> **해설**
> ④ 국토교통부령이 아니라 대통령령이다.

14 철도안전법에서 철도 보호 및 질서유지를 위한 금지행위로 틀린 것은?

① 역 시설, 열차 내에서 허용하지 않은 광고의 촬영을 하는 행위

② 역 시설 또는 철도차량 안에서 노숙을 하는 행위

③ 역 시설에서 철도 종사자의 허락 없이 기부를 부탁하거나 물품을 판매, 배부하거나 연설, 권유를 하는 행위

④ 철도 종사자의 허락 없이 선로변에서 총포를 이용하여 수렵하는 행위

해설
①에 대한 내용은 금지행위로 지정되어 있지 않다.

15 철도사업법에서 여객운임 상한지정과 관련된 내용으로 가장 먼 것은?

① 물가상승률, 원가수준, 다른 교통수단과의 형평성, 사업용 철도노선의 분류와 철도차량의 유형 등을 고려하여야 한다.

② 철도산업위원회 또는 철도나 교통 관련 전문기관 및 전문가의 의견을 들어야 한다.

③ 여객운임의 상한을 지정한 경우 이를 관보에 고시하여야 한다.

④ 철도사업자로 하여금 원가계산 그 밖에 여객운임의 산출기초를 기재한 서류를 제출하게 할 수 있다.

해설
② 국토교통부장관은 여객 운임의 상한을 지정하기 위하여 철도산업위원회 또는 철도나 교통 관련 전문기관 및 전문가의 의견을 들을 수 있다(들어야 한다와 들을 수 있다는 다르다!).

16 철도사업법상 국토교통부장관의 인가사항이 아닌 것은?

① 공동운수협정의 체결

② 여객열차 운행구간의 변경

③ 전용철도의 양도·양수 합병

④ 여객열차의 정차역 신설

해설
③ 전용철도의 양도·양수 합병은 국토교통부장관의 신고사항이다(철도사업법 제36조).

17 도시철도법에 정한 내용으로 틀린 것은?

① 도시철도차량에 폐쇄회로 텔레비전을 설치하지 아니한 경우 면허를 취소하거나 6개월 이내의 기간을 정하여 그 사업의 정지를 명할 수 있다.

② 도시철도차량에 폐쇄회로 텔레비전을 설치하지 아니한 자에게는 300만원 이하의 과태료를 부과한다.

③ 과징금을 부과한 행위에 대해서는 과태료를 부과할 수 없다.

④ 거짓이나 그 밖의 부정한 방법으로 도시철도운송사업 면허를 받은 경우 면허를 정지할 수 있다.

해설
④ 취소해야 한다가 옳다. 절대적 면허취소에 해당한다.

18 도시철도운영자는 도시철도 부대사업의 승인을 받으려는 경우 사업계획서를 시·도지사에게 제출하여야 한다. 이때 사업계획서에 포함하는 내용이 아닌 것은?

① 자금조달 방안
② 사업자 선정방안
③ 도시철도부대사업의 명칭 및 목적
④ 도시철도부대사업에서 발생한 수익금의 활용 계획

해설
사업자 선정방안은 선정하는 주체인 시·도지사의 몫이지 사업계획서와는 상관없다.

19 도시철도법에서 사업면허와 사업계획의 승인 등에 관한 설명으로 가장거리가 먼 것은?

① 도시철도운송사업자가 사업을 휴업 또는 폐업하려면 미리 시·도지사의 허가를 받아야한다.
② 도시철도운송사업자가 도시철도사업을 양도하거나 합병하려는 경우에는 국토교통부장관의 인가를 받아야 한다.
③ 법인으로서 도시철도사업을 하려는 자는 국토교통부령으로 정하는 바에 따라 도시철도운송사업계획을 제출하여 시 도지사에게 면허를 받아야 한다.
④ 시 도지사는 도시철도 운송사업을 하려는 자에게 면허를 주기 전 도시철도운송사업계획에 대하여 국토교통부장관과 미리 협의하여야 한다.

해설
② 국토교통부 장관이 아니라 시도지사의 인가를 받아야 한다.

20 도시철도법에서 도시철도운송사업자가 운임을 정하거나 변경 시 시행할 사항으로 옳은 것은?

① 원가와 버스 등 다른 교통수단 운임과의 형평성을 고려, 국토교통부장관이 정한 범위 안에서 운임을 결정하여 시·도지사에게 인가를 받아야 한다.
② 원가와 버스 등 다른 교통수단 운임과의 형평성을 고려, 시·도지사가 정한 범위 안에서 운임을 결정하여 시·도지사에게 신고하여야 한다.
③ 원가와 버스 등 다른 교통수단 운임과의 형평성을 고려, 대통령령이 정한 범위 안에서 운임을 결정하여 국토교통부장관에게 인가를 받아야 한다.
④ 원가와 버스 등 다른 교통수단 운임과의 형평성을 고려, 국토교통부령이 정한 범위 안에서 운임을 결정하여 국토교통부장관에게 인가를 받아야 한다.

해설
도시철도법 제31조(운임의 신고 등)
• 도시철도운송사업자는 도시철도의 운임을 정하거나 변경하는 경우에는 원가(原價)와 버스 등 다른 교통수단 운임과의 형평성 등을 고려하여 시·도지사가 정한 범위에서 운임을 정하여 시·도지사에게 신고하여야 하며, 신고를 받은 시·도지사는 그 내용을 검토하여 이 법에 적합하면 신고를 받은 날부터 국토교통부령으로 정하는 기간 이내에 신고를 수리하여야 한다.
• 도시철도운영자는 도시철도의 운임을 정하거나 변경하는 경우 그 사항을 시행 1주일 이전에 예고하는 등 도시철도 이용자에게 불편이 없도록 필요한 조치를 하여야 한다.

21 철도물류산업의 육성 및 지원에 관한 법률에 정의된 내용으로 틀린 것은?

① 철도물류산업 육성계획은 5년마다 수립하여 시행하여야 한다.

② 철도물류서비스업이란 물류터미널 · 창고 등 철도물류시설을 운영하는 사업을 말한다.

③ 철도화물의 거점역의 지정 기준 · 방법 및 비용지원 등에 관한 사항은 대통령령으로 정한다.

④ 거짓이나 그 밖의 방법으로 국제철도화물운송사업자로 지정을 받은 경우 1천만원 이하의 과태료를 부과한다.

해설

②는 철도물류시설운영업에 대한 설명이다.

* 철도물류서비스업 : 철도화물운송의 주선, 철도물류에 필요한 장비의 임대, 철도물류 관련 정보의 처리 또는 철도물류에 관한 컨설팅 등 철도물류와 관련된 각종 서비스를 제공하는 사업

22 화물운송의 3요소에 포함되지 않는 것은?

① MODE ② LINK

③ NODE ④ EDI

해설

운송경로(LINK), 운송수단(MODE), 운송상의 연결점(NODE) 자주 출제되는 문제로 영어로도 나오고 한글로도 나오기 때문에 모두 숙지해야 한다.

23 다음의 항만과 관련된 용어로 옳은 것은?

> 선박이 접안하고 계류하여 화물의 하역을 용이하게 만든 목재나 철재 또는 콘크리트로 만든 교량형 구조물

① wharf(부두)

② quay(안벽)

③ pier(잔교)

④ CFS(컨테이너장치장)

해설

항만의 용어를 설명하고 무엇인지 묻는 문제가 최근 자주 출제되고 있기 때문에 각 용어들을 숙지해야 한다(영어와 한글이 혼재되어 출제됨).

① wharf(부두) : 항만 내에서 화물의 하역을 위한 여러 가지 구조물

② quay(안벽) : 화물의 하역이 직접적으로 이루어지는 구조물로 선박의 접안을 위하여 항만의 앞면이 거의 연직인 벽을 가진 구조물 중 수심이 큰 것(4.5m 이상)을 말함

④ CFS(컨테이너장치장) : 적재된 컨테이너를 인수, 인도, 보관하고 공 컨테이너도 보관하는 장소

24 우리나라 철도물류 운송의 문제점이 아닌 것은?

① 철도터미널 기능의 부족

② 철도시설의 부족으로 화물열차 운행의 제한

③ 장비의 현대화, 표준화 미흡

④ 화차의 부족으로 대량수송 능력 부족

해설

④ 철도운송은 전국단위 대량수송이 가능한 운송수단이다.

25 철도의 컨테이너 하역방식 중 TOFC(Trailer on Flat Car) 방식이 아닌 것은?

① piggy back 방식

② freight liner 방식

③ flexi-van방식

④ kangaroo 방식

해설

③ 플렉시 밴(flexi-van)은 COFC(Container On Flat Car)에 해당한다.

26 복합운송인 중 자신이 운송수단을 보유한 운송인은?

① NVOCC　　　　② forwarder
③ carrier　　　　④ 통관업자

해설
자신이 운송수단을 보유한 운송인을 carrier(실제운송인)라고 한다.

27 물류정책기본법상 물류사업에 해당하지 않는 사업은?

① 물류서비스업　　② 화물운송업
③ 종합물류서비스업　④ 물류운영업

해설
물류사업의 종류에는 화물운송업, 물류시설운영업, 물류서비스업, 종합물류서비스업이 있다.

28 전자문서 및 물류정보의 공개에 대한 설명으로 맞는 것은?

① 철도사업자는 전자문서 및 물류정보의 보안에 필요한 보호조치를 강구하여야 한다.
② 대통령령으로 정하는 경우를 제외하고는 전자문서 또는 물류정보를 공개하여서는 아니 된다.
③ 전자문서 또는 물류정보를 공개하려는 때에는 미리 국토교통부령으로 정하는 이해관계인의 동의를 받아야 한다.
④ 단위물류정보망 전담기관은 전자문서 및 정보처리장치의 파일에 기록되어 있는 물류정보를 국토교통부령이 정하는 기간 동안 보관하여야 한다.

해설
① 국가물류통합정보센터운영자 또는 단위물류정보망 전담기관은 전자문서 및 물류정보의 보안에 필요한 보호조치를 강구하여야 한다.
③ 전자문서 또는 물류정보를 공개하려는 때에는 신청이 있는 날부터 60일 이내에 서면(전자문서)으로 이해관계인의 동의를 받아야 한다.
④ 단위물류정보망 전담기관 또는 국가물류통합정보센터 운영자는 대통령령으로 정하는 경우 이외에는 전자문서 또는 물류정보를 공개하여서는 안 된다.

29 물류정책기본법에서 국제물류주선업의 등록결격 사유에 해당하지 않는 사람은?

① 피성년후견인 또는 피한정후견인
② 문류정채기본법을 위반하여 벌금형을 선고받고 2년이 지나지 아니한 자
③ 형법을 위반하여 벌금 이상의 형의 선고를 받고 그 집행이 면제된 날로부터 2년이 지나지 아니한 자
④ 항공안전법 또는 해운법을 위반하여 금고 이상의 형의 집행유예를 선고받고 그 유예기간 중에 있는 자

해설
물류정책기본법 제44조
국제물류주선업 등록결격 사유에서 법명이 명시되어 있는 것은 물류정책기본법, 화물자동차 운수사업법, 항공사업법, 항공안전법, 공항시설법 또는 해운법이다. 형법은 해당되지 않는다.

30 호송인 승차에 대한 설명으로 옳지 않은 것은?

① 호송인은 그 화물을 적재한 열차의 차장차 또는 차장차 대용 차량에 승차한다.
② 호송인 승차를 위해 차장차를 연결하는 경우에는 갑종철도차량에 해당하는 운임을 수수할 수 있다.
③ 철도운영자는 2개 화차를 전용하여 적재할 화약류의 운송을 수탁한 때에는 탁송인에게 호송인을 동일열차에 동승시킬 것을 요구할 수 있다.
④ 호송인이 부득이한 사유로 직무를 수행할 수 없을 경우에는 철도공사 직원이 대리호송인으로 승차할 수 있다. 이 경우에는 별도로 대리호송인료를 수수한다.

해설
③ 철도운영자는 1개 화차를 전용하여 적재할 화약류의 운송을 수탁한 때에는 탁송인에게 호송인을 동일열차에 동승시킬 것을 요구할 수 있다.

31 철도운송 컨테이너 취급에 대한 설명으로 맞는 것은?

① 컨테이너 화물의 적하시간은 5시간이다.

② 컨테이너 운송은 일반 화물취급역이면 가능하다.

③ 컨테이너 화물은 컨테이너 20TEU 2개를 1건으로 취급한다.

④ 컨테이너 수송기간은 운임계산거리 400km까지마다 24시간이다.

① 화약류 및 컨테이너 화물의 적하시간은 3시간이다.
② 컨테이너 화물은 일반 화물취급역에서 취급이 불가능하다.
③ 컨테이너 화물은 컨테이너 1개를 1건으로 취급한다.

32 화물에 부대되는 제요금 중 1량 1시간마다 수수하는 것으로 맞는 것은?

① 화차유치료

② 선로유치료

③ 화차전용료

④ 화차계중기사용료

• 화차유치료 : 1톤 1시간마다
• 선로유치료 : 1량 1시간마다
• 화차전용료 : 1일 1량당
• 화차계중기사용료 : 1량당
• 기관차사용료 : 시간당
• 대리호송인료 : 운임계산거리 1킬로미터당
• 탁송변경료 : 탁송취소 일반화물 - 1량당
• 탁송취소 전세열차 - 1열차당
• 착역변경 및 발역송환 - 1량당

33 법령, 정부기관의 명령이나 요구, 선로불통, 차량고장, 악천후, 쟁의, 소요, 동란, 천재지변 등 불가항력의 경우 또는 그 밖의 운송상 부득이 한 경우 시행할 수 있는 운송조정 사항으로 틀린 것을 모두 고르시오.

① 탁송변경 요청의 반려

② 탁송변경 요청의 제한 또는 정지

③ 발송역, 도착역, 품목, 수량 등에 따른 수탁의 제한 또는 정지

④ 도착역 변경 및 발송역 회송

요청, 수탁의 제한 또는 정지만 가능하고 그 외 회송이나 반려는 해당하지 않는다.

34 화물 운임 요금 계산 시 단수처리로 틀린 것은?

① 일단위로 계산할 경우에는 일단위 미만은 1일로 올린다.

② 거리(km), 중량(톤), 부피(m^3), 넓이(m^2)는 1 미만인 경우 0.5 미만은 버리고 0.5 이상은 1로 올린다.

③ 시간단위로 계산할 경우에는 시간단위 미만은 30분 미만은 버리고 30분 이상은 1시간으로 올린다.

④ 1건의 운임 또는 요금 최종 계산금액이 100원 미만인 경우 50원 미만은 버리고 50원 이상은 100원으로 올린다.

③ 시간단위 미만은 무조건 1시간으로 올린다. 만약 5시 1분이여도 1시간을 더 올린다.

35 A역에서 B역까지(350km) 구간을 차량한계를 초과하는 K-1 전차(실중량 51톤)를 적재한 평판차 1량을 임시열차로 수송 신청할 경우에 수수해야할 철도운임은?(단, 임률 45.9원, 화차표기하중톤수 70톤, 최저톤수계산 비율 100분의 80, 차량한계를 초과한 화물 할증률 250%)

① 5,079,800원　　② 5,307,900원

③ 5,577,800원　　④ 6,972,200원

해설
1. 최저톤수 계산하기
　 화차표기하중톤수 70톤 × 0.8 (80%) = 56톤
　 실중량 < 최저톤수 = 56톤으로 계산
　 51톤　　 56톤
2. 공식대로 계산식 넣기
　 56톤 × 350km × 45.9원 = 899,640원
3. 문제에 제시된 단서를 보고 할증률 찾기
　 화물 1개의 길이가 30미터 이상이거나, 중량이 50톤 이상인 화물 : 250%
　 문제에 제시된 차량한계를 초과한 화물 할증률 : 250%
　 * 차량한계를 초과한 군화물은 220%이지만, 문제에 제시된 할증률이 따로 있을 경우에는 그대로 따른다.
　 고객요구에 따른 임시열차 운행 : 20%
4. 문제에 제시된 단서로 최종 답안 선택
　 899,640 × (1+2.5+2.5+0.2) = 5,577,768 = 5,577,800원
　 * 할증률이 있는 문제는 할증률까지 계산한 후 맨 마지막에 단수처리를 한다.

36 다음과 같은 조건에서 일반화물의 수수금액은 얼마인가?

• 품목 : 철근	• 임률 : 45.9원/km
• 거리 : 300km	• 화차표기하중톤수 : 50톤
• 자중톤수 : 25톤	• 실중량 : 38톤

① 344,300원　　② 523,300원

③ 550,800원　　④ 688,500원

해설
1. 최저톤수 계산하기
　 50톤 × 0.8 = 40톤(철근의 최저톤수계산 100분 비율 80%)
2. 공식대로 계산식 넣기
　 40톤 × 300km × 45.9원 = 550,800원
3. 철근은 할증품목이 아님

37 특대화물의 범위에 해당되지 않은 것은?

① 갑종철도차량에 적재되는 대형화물
② 화물 1개의 중량이 35톤 이상 되는 화물
③ 화물의 폭이나 길이, 밑 부분이 적재하자에서 뛰어나온 화물
④ 화물적재 높이가 레일면에서부터 4,000밀리미터 이상인 화물

해설
특대화물의 범위는 화물운송약관 제50조, 세칙 제30조 특대화물 할증관련에 명시되어 있다. ①은 해당하지 않는다.

38 왕복수송 할인의 조건 등에 관한 설명으로 가장 먼 것은?

① 도착화물의 수화인이 송화인이 되어 운송구간 및 차종이 같고 인도일로부터 3일 안에 화물을 탁송할 경우 적용된다.
② 복편운임을 20% 할인한다.
③ 컨테이너 화물은 왕복수송 할인을 적용하지 않는다.
④ 구간별로 필요한 경우 할인율을 그때마다 별도방침으로 정할 수 있다.

해설
화물운임할인(약관 제28조)
왕복수송 할인 : 도착화물의 수화인이 송화인이 되어 운송구간 및 차종이 같고 인도일부터 2일 안에 화물을 탁송할 경우 복편운임을 20퍼센트 할인한다(단, 컨테이너화물 미적용).

39 위험물의 철도운송에 관한 설명으로 틀린 것은?

① 하나의 열차에는 화약류만을 적재한 화차를 5량으로 초과하여 연결하여서는 아니 된다.

② 화약류는 관할 경찰서의 승인을 얻지 아니하고는 일출 전이나 일몰 후에는 탁송을 받거나 적하하지 못한다.

③ 위험물 중 화약류를 반입하거나 반출하는 경우에는 작업의 일시, 장소 및 방법 등에 관하여 철도운영자의 지시에 따라야 한다.

④ 2종 이상의 화약류를 동일한 화차에 적재할 때에는 화약류마다 상당한 간격을 두고 나무판, 가죽, 헝겊 또는 거적류 등으로 30cm 이상의 간격막을 설치하여야 한다.

> **해설**
> ④ 2종 이상의 화약류를 동일한 화차에 적재할 때에는 화약류마다 상당한 간격을 두고 나무판, 가죽, 헝겊 또는 거적류 등으로 10cm 이상의 간격막을 설치하여야 한다.

40 무개화차의 종류에 해당하지 않는 것은?

① 곡물차
② 자갈차
③ 호퍼형 무개차
④ 일반 무개차

> **해설**
> ① 곡물차는 화물수송내규에 없다.

41 운전취급규정에서 정한 용어의 정의에 대한 설명으로 틀린 것은?

① "측선"이란 본선이 아닌 선로를 말한다.
② "부본선"이란 주본선 이외의 선로를 말한다.
③ "통과본선"이란 동일방향의 본선 중 열차 통과에 상용하는 본선을 말한다.
④ "주본선"이란 동일 방향에 대한 본선이 2 이상 있는 경우 가장 주요한 본선을 말한다.

> **해설**
> 운전취급규정 제3조
> ② 부본선이란 주본선 이외의 본선을 말한다.

42 운전취급규정의 내용 중 풍속의 종류와 내용이 잘못된 것은?

① 싹쓸바람 : 광범위한 파괴가 생김(파도 12m 이상)
② 센바람 : 나무전체가 흔들림. 바람을 안고서 걷기가 어려움(파도 4m)
③ 노대바람 : 가옥에 다소 손해가 있거나 굴뚝이 넘어지고 기와가 벗겨짐(파도 7m)
④ 왕바람 : 광범위한 파괴가 생김(파도 12m)

> **해설**
> 운전취급규정 제5조 별표 1
> **[목측에 의한 풍속 측정기준]**

종별	풍속(m/s)	파도(m)	현상
센바람	14 이상~ 17 미만	4	나무전체가 흔들림. 바람을 안고서 걷기가 어려움
큰바람	17 이상~ 20 미만	5.5	작은 나무가 꺾임. 바람을 안고서는 걸을 수가 없음
큰센바람	20 이상~ 25 미만	7	가옥에 다소 손해가 있거나 굴뚝이 넘어지고 기와가 벗겨짐
노대바람	25 이상~ 30 미만	9	수목이 뿌리째 뽑히고 가옥에 큰 손해가 일어남
왕바람	30 이상~ 33 미만	12	광범위한 파괴가 생김
싹쓸바람	33 이상	12 이상	광범위한 파괴가 생김

39 ④ 40 ① 41 ② 42 ③ 정답

43 운전취급규정의 내용 중 열차 또는 차량의 운전취급을 할 때, 무선전화기를 사용할 수 있는 경우가 아닌 것은?

① 운전정보 교환

② 운전상 위급사항 통고

③ 일반선에서 운전명령서식의 작성

④ 무선전화기 방호

운전취급규정 제9조

제9조(무선전화기의 사용)

열차 또는 차량의 운전취급을 하는 때에 무선전화기(열차 무선전화기 또는 휴대용 무선전화기를 말한다. 이하 같다)를 사용할 수 있는 경우는 다음의 어느 하나에 해당 한다.

1. 운전정보 교환
2. 운전상 위급사항 통고
3. 열차 또는 차량의 입환취급 및 각종전호 시행
4. 통고방법을 별도로 정하지 않은 사항을 열차를 정차시키지 않고 통고
5. 고속선에서 운전명령서식의 작성
6. 무선전화기 방호

44 운전취급규정의 내용 중 화약류 적재화차와 불타기 쉬운 화물 적재화차의 격리에 대한 설명으로 맞는 것은?

① 1차 이상

② 3차 이상

③ 5차 이상

④ 연결불가

운전취급규정 제22조 별표 3

[화약류 등 적재차량의 연결제한 및 격리]

격리, 연결제한하는 화차 / 격리, 연결제한할 경우		1. 화약류 적재화차	2. 위험물 적재화차	3. 불에 타기 쉬운 화물 적재화차	4. 특대화물 적재화차
1. 격리	가. 여객승용차량	3차 이상	1차 이상	1차 이상	1차 이상
	나. 동력을 가진 기관차	3차 이상	3차 이상	3차 이상	
	다. 화물호송인 승용차량	1차 이상	1차 이상	1차 이상	
	라. 열차승무원 또는 그 밖의 직원 승용차량	1차 이상			
	마. 불타기 쉬운 화물 적재화차	1차 이상	1차 이상		
	바. 불나기 쉬운 화물 적재화차 또는 폭발 염려 있는 화물 적재화차	3차 이상	3차 이상	1차 이상	
	사. 위험물 적재화차	1차 이상		1차 이상	
	아. 특대화물 적재화차	1차 이상			
	자. 인접차량에 충격 염려 화물 적재화차	1차 이상			
2. 연결제한	가. 여객열차 이상의 열차	연결 불가 (화물열차 미운행 구간 또는 운송상 특별한 사유 시 화약류 적재 화차 1량 연결 가능. 다만, 3차 이상 격리)			
	나. 그 밖의 열차	5차(다만, 군사 수송은 열차 중간에 연속하여 10차)	연결	열차 뒤쪽에 연결	
	다. 군용열차	연결			

45 기관사는 열차를 시발역 또는 도중역에서 인수하여 출발할 때 몇 km/h 이하의 속도에서 제동감도 시험을 하여야 하는가?

① 15km/h

② 25km/h

③ 30km/h

④ 45km/h

운전취급규정 제26조

제26조(공기제동기 제동감도 시험 및 생략)

기관사는 다음의 경우에 시속 45킬로미터 이하 속도에서 제동감도 시험을 하여야 한다.

1. 열차가 처음 출발하는 역 또는 도중역에서 인수하여 출발하는 경우
2. 도중역에서 조성이 변경되어 공기제동기 시험을 한 경우

46 관제사의 운전정리 시행에 관한 설명 중 틀린 것은?

① 교행변경 : 단선운전 구간에서 열차교행을 할 정거장을 변경

② 특발 : 지연열차의 도착을 기다리지 않고 따로 열차를 조성하여 출발

③ 선로변경 : 선로의 소정 운전방향을 변경하고 열차의 운전선로를 변경

④ 순서변경 : 선발로 할 열차의 운전시각을 변경하지 않고 열차의 운행순서를 변경

해설

운전취급규정 제53조
③ 선로변경 : 선로의 정해진 운전방향을 변경하지 않고 열차의 운전선로를 변경

---

47 선로전환기의 정위로 틀린 것은?

① 본선과 피난선의 경우에는 본선

② 탈선기는 탈선시킬 상태에 있는 것

③ 본선과 안전측선과의 경우에는 안전측선

④ 본선과 본선의 경우 단선운전구간의 정거장에서는 열차가 진입할 본선

해설

운전취급규정 제77조
제77조(선로전환기의 정위)
선로전환기의 정위는 다음의 선로 방향으로 개통한 것으로 한다. 다만, 본선과 측선에 있어서 입환 인상선으로 지역본부장이 지정하면 측선으로 개통한 것을 정위로 할 수가 있다.
1. 본선과 본선의 경우 주요한 본선. 다만, 단선운전구간의 정거장에서는 열차가 진입할 본선
2. 본선과 측선의 경우 본선
3. 본선 또는 측선과 안전측선(피난선을 포함)의 경우 안전측선
4. 측선과 측선의 경우 주요한 측선
5. 탈선선로전환기 또는 탈선기의 경우 탈선시킬 상태에 있는 것

---

48 관제사가 CTC구간 또는 RC구간에서 역장에게 로컬취급을 하도록 해야 하는 경우가 아닌 것은?

① 정전이 발생한 경우

② 수신호취급을 하는 경우

③ 대용폐색방식을 시행할 경우

④ 상례작업을 포함한 선로지장작업 시행의 경우

해설

운전취급규정 제91조
④ 상례작업을 제외한 선로지장작업 시행의 경우(양쪽역을 포함한 작업구간 내 역)

---

49 운전취급규정에서 정한 폐색구간의 경계에 대한 설명으로 틀린 것은?

① 자동폐색식 구간 : 폐색신호기, 엄호신호기, 장내신호기 또는 출발신호기 설치지점

② 차내신호폐색식 구간 : 폐색경계표지, 장내경계표지 또는 출발경계표지 설치지점

③ 자동폐색식 및 차내신호폐색식 혼용구간 : 폐색신호기, 엄호신호기, 장내신호기 또는 출발신호기 설치지점

④ 자동폐색식 구간, 차내신호폐색식 구간, 자동폐색식 및 차내신호폐색식 혼용구간의 이외의 구간 : 입환신호기 설치지점

해설

운전취급규정 제106조
1. 자동폐색식 구간 : 폐색신호기, 엄호신호기, 장내신호기 또는 출발신호기 설치지점
2. 차내신호폐색식 구간 : 폐색경계표지, 장내경계표지 또는 출발경계표지 설치지점
3. 자동폐색식 및 차내신호폐색식 혼용구간 : 폐색신호기, 엄호신호기, 장내신호기 또는 출발신호기 설치지점
4. 제1호 내지 제3호 이외의 구간에서는 장내신호기 설치지점

46 ③ 47 ① 48 ④ 49 ④ **정답**

50 주간과 야간의 신호방식을 달리하는 경우에 야간의 방식에 따르는 경우로 틀린 것은?

① 일몰부터 일출까지 신호현시
② 선상역사이 신호현시
③ 지하구간 내에 있어서의 신호현시
④ 터널 내에 있어서의 신호현시

운전취급규정 제167조
제167조(주간·야간의 신호 현시방식)
1. 주간과 야간의 현시방식을 달리하는 신호, 전호 및 표지는 일출부터 일몰까지는 주간의 방식에 따르고, 일몰부터 일출까지는 야간의 방식에 따른다. 다만, 기후상태로 200미터 거리에서 인식할 수 없는 경우에 진행 중의 열차에 대한 신호의 현시는 주간이라도 야간의 방식에 따른다.
2. 지하구간 및 터널 내에 있어서의 신호·전호 및 표지는 주간이라도 야간의 방식에 따른다.
3. 선상역사로 인하여 전호 및 표지를 확인할 수 없는 때에는 주간이라도 야간의 방식에 따른다.

51 운전취급규정의 내용 중에 상치신호기의 정위로 틀린 것은?

① 원방신호기 : 정지신호 현시
② 엄호신호기 : 정지신호 현시
③ 입환신호기 : 정지신호 현시
④ 유도신호기 : 신호를 현시하지 않음

운전취급규정 제174조
1. 장내·출발 신호기 : 정지신호. 다만 CTC열차운행스케줄 설정에 따라 진행지시신호를 현시하는 경우에는 그러하지 아니하다.
2. 엄호신호기 : 정지신호
3. 유도신호기 : 신호를 현시하지 않음
4. 입환신호기 : 정지신호
5. 원방신호기 : 주의신호
6. 폐색신호기
   ㉠ 복선구간 : 진행 지시신호
   ㉡ 단선구간 : 정지신호

52 운전취급규정의 내용 중에 선로작업표지의 설치지점으로 틀린 것은?

① 100km/h 미만 선구 : 200m
② 100~130km/h 미만 선구 : 300m
③ 130km/h 이상 선구 : 370m
④ 곡선 등으로 400미터 이상의 거리에 있는 열차로부터 이를 인식할 수 없는 때에는 그 거리를 연장하여 설치한다.

운전취급규정 제251조
제251조(선로작업표지)
1. 시설관리원이 본선에서 선로작업을 하는 경우에는 열차에 대하여 그 작업구역을 표시하는 선로작업표지를 설치하여야 한다. 다만, 차단작업으로 해당 선로에 열차가 운행하지 않음이 확실하고, 양쪽 역장에게 통보한 경우는 예외로 할 수 있다.
2. 선로작업표지는 작업지점으로부터 다음에 정한 거리 이상의 바깥쪽에 설치하여야 한다. 다만, 곡선 등으로 400미터 이상의 거리에 있는 열차로부터 이를 인식할 수 없는 때는 그 거리를 연장하여 설치하고, 이동하면서 시행하는 작업은 그 거리를 연장하여 설치할 수 있다.
   ㉠ 시속 130킬로미터 이상 선구 : 400미터
   ㉡ 시속 100~130킬로미터 미만 선구 : 300미터
   ㉢ 시속 100킬로미터 미만 선구 : 200미터
3. 동력차승무원은 선로작업표지를 확인하였을 때는 주의기적을 울려서 열차가 접근함을 알려야 한다.

53 운전취급규정의 내용 중에 차량 및 선로의 사고에 대한 설명으로 틀린 것은?

① 기적고장 시 기관사의 구원요구 후 동력차를 교체할 수 있는 최근정거장까지 30km/h 이하의 속도로 주의운전하여야 한다.

② 차축발열 등 차량고장으로 열차운전상 위험하다고 인정한 경우에는 열차에서 분리하고 정거장 외일 경우에는 최근역까지 운전할 수 있다.

③ 열차의 동력차 운전실이 앞·뒤에 있는 경우에 맨 앞 운전실의 고장 발생 시 뒤 운전실에서 조종하여 열차를 운전하는 경우의 운전은 최근정거장까지로 한다.

④ 선로고장으로 열차가 서행에 의하여 현장을 통과해야 할 경우에는 순회자는 무선전화기로 방호로 열차를 정차시켜 기관사에게 통보하고 서행수신호를 현시하여야 한다.

> **해설**
> 운전취급규정 제277,290조
> 제277조(열차 분리한 경우의 조치)
> 열차운전 중 그 일부의 차량이 분리한 경우에는 다음에 따라 조치하여야 한다.
> 1. 열차무선방호장치 방호를 시행한 후 분리차량 수제동기를 사용하는 등 속히 정차시키고 이를 연결할 것
> 제290조(차량고장 시 조치)
> ② 차축발열 등 차량고장으로 열차운전상 위험하다고 인정한 경우에는 열차에서 분리하고 열차분리 경우의 조치에 따른다.

54 철도차량운전규칙에서 정한 사항으로 열차의 운전에 사용하는 동력차는 열차의 맨 앞에 연결하지 않을 수 있다. 이에 해당하지 않는 것은?

① 긴급출동의 회송열차을 운전하는 경우

② 기관차를 2 이상 연결한 경우로서 열차의 맨 앞에 위치한 기관차에서 열차를 제어하는 경우

③ 보조기관차를 사용하는 경우

④ 구원열차·제설열차·공사열차 또는 시험운전열차를 운전하는 경우

> **해설**
> 철도차량운전규칙 제11조
> 제11조(동력차의 연결위치)
> 열차의 운전에 사용하는 동력차는 열차의 맨 앞에 연결하여야 한다. 다만, 다음의 어느 하나에 해당하는 경우에는 그러하지 아니하다.
> 1. 기관차를 2 이상 연결한 경우로서 열차의 맨 앞에 위치한 기관차에서 열차를 제어하는 경우
> 2. 보조기관차를 사용하는 경우
> 3. 선로 또는 열차에 고장이 있는 경우
> 4. 구원열차·제설열차·공사열차 또는 시험운전열차를 운전하는 경우
> 5. 정거장과 그 정거장 외의 본선 도중에서 분기하는 측선과의 사이를 운전하는 경우
> 6. 그 밖에 특별한 사유가 있는 경우

55 도시철도운전규칙에서 정하고 있는 전차선로의 순회점검 주기로 맞는 것은?

① 매일 1회 이상

② 매주 1회 이상

③ 매월 1회 이상

④ 매분기 1회 이상

> **해설**
> 도시철도운전규칙 제14조
> 제14조(전차선로의 점검) 전차선로는 매일 한 번 이상 순회점검을 하여야 한다.

56 도시철도 운전규칙상 무인운전 시의 안전확보 사항으로 틀린 것은?

① 열차 내의 간이 운전대에는 비상시를 대비하여 개방하여 둘 것
② 관제실에서 열차의 운행상태를 실시간으로 감시 및 조치할 수 있을 것
③ 간이운전대의 운전모드의 변경은 관제실의 사전 승인을 받을 것
④ 운전모드를 변경하여 수동운전을 하려는 경우에는 관제실과의 통신에 이상이 없음을 먼저 확인할 것

> **해설**
> 도시철도운전규칙 제32조의2
> ① 열차 내의 간이 운전대는 승객이 임의로 다룰 수 없도록 잠금장치가 설치되어 있을 것

57 선로전환기 표지를 갖추지 않아도 되는 선로전환기는?

① 전기선로전환기
② 기계식 선로전환기
③ 추 붙은 선로전환기
④ 차상 전기 선로전환기

> **해설**
> 운전취급규정 제235조
> 선로전환기 표지를 갖추어야 하는 선로전환기
> 1. 기계식 선로전환기
> 2. 탈선 선로전환기(전기선로전환기 제외)
> 3. 추 붙은 선로전환기
> 4. 차상 전기 선로전환기

58 열차의 조성에 관한 설명으로 틀린 것은?

① 가급적 차량의 최고속도가 같은 차량으로 조성한다.
② 각 차량의 연결기를 완전히 연결하고 각 공기관을 연결한 후 즉시 전 차량에 공기를 관통시킨다.
③ 전기연결기의 분리는 역무원이 시행하며, 역무원이 없을 때에는 차량관리원을 출동 요청하여 시행한다.
④ 전기연결기가 설치된 각 차량을 상호 통전할 필요가 있는 차량은 전기가 통하도록 연결한다.

> **해설**
> 운전취급규정 제13조
> ③ 전기연결기의 분리 또는 연결은 차량관리원이 시행하고, 차량관리원이 없을 때는 역무원이 시행한다.

59 열차는 퇴행할 수 없는 것이 원칙이지만 몇 가지 경우에서 예외를 두고 있다. 예외사항이 아닌 것은?

① 철도사고(철도준사고 및 운행장애 포함) 및 재난 재해가 발생한 경우
② 시험운전열차를 운전하는 경우
③ 절연구간 정차 등 전도운전을 할 수 없는 운전상 부득이한 경우
④ 정지위치를 지나 정차한 전동열차(승강장을 완전히 벗어난 경우)

> **해설**
> ④ 전동열차가 승강장을 완전히 벗어난 경우라고 하더라도 관제사가 후속열차와의 운행간격 및 마지막 열차 등 운행상황을 감안하여 승인한 경우 퇴행할 수 있다.

60 지도통신식의 폐색협의와 관련된 설명으로 틀린 것은?

① 제어역과 제어역은 제어역장이 시행한다.
② 운전취급역으로 피제어역 간은 피제어역장이 시행한다.
③ 폐색협의는 관제승인에 따라 폐색구간 양쪽 역장이 시행한다.
④ 제어역과 피제어역은 제어역장과 피제어 역장이 시행한다.

해설

운전취급규정 제93조
④ 지도통신식 폐색협의 시 제어역과 피제어역은 제어역장 단독으로 시행한다.

교육이란 사람이 학교에서 배운 것을
잊어버린 후에 남은 것을 말한다.

−알버트 아인슈타인−

Win-Q

철도운송산업기사

PART

3

실기

필답형은 3과목 열차운전의 운전취급규정에서 80% 이상이 출제되고 있다. 필기시험을 준비하며 필답형에서 나오는 부분들은 더 꼼꼼히 보는 것을 추천한다. 또한 최근 시험에서는 기존에 나오지 않았던 조항이나 새로운 문제가 출제되는 경향을 보인다. 핵심이론을 완벽히 숙지하고 관련된 조항을 살펴보는 것을 추천한다.

1. 열차운행의 일시중지(운전취급규정 제5조)

① 정거장과 인접한 기상관측소의 기상청 자료 또는 철도기상정보 시스템에 따를 것

② 위에 의할 수 없는 경우 목측에 의한 풍속 측정 기준에 따를 것

[목측에 의한 풍속 측정 기준]

종별	풍속(m/s)	파도(m)	현상
센바람	14 이상~17 미만	4	나무전체가 흔들림. 바람을 안고서 걷기가 어려움
큰바람	17 이상~20 미만	5.5	작은 나무가 꺾임. 바람을 안고서는 걸을 수가 없음
큰센바람	20 이상~25 미만	7	가옥에 다소 손해가 있거나 굴뚝이 넘어지고 기와가 벗겨짐
노대바람	25 이상~30 미만	9	수목이 뿌리째 뽑히고 가옥에 큰 손해가 일어남
왕바람	30 이상~33 미만	12	광범위한 파괴가 생김
싹쓸바람	33 이상	12 이상	광범위한 파괴가 생김

Tip 센-큰-큰(센)-노-왕-싹으로 외울 것

2. 풍속에 따른 운전취급

① 역장은 풍속이 초속 20미터 이상으로 판단된 경우, 그 사실을 관제사에게 보고

② 역장은 풍속이 초속 25미터 이상으로 판단된 경우, 다음에 따른다.

　㉠ 열차운전에 위험이 우려되는 경우, 열차의 출발 또는 통과를 일시 중지

　㉡ 유치 차량에 대하여 구름방지 조치

③ 관제사는 기상자료 또는 역장 보고에 따라 풍속이 초속 30미터 이상인 경우 해당 구간의 열차운행을 일시중지 지시

3. 강우에 따른 운전취급

① 재해대책본부 근무자 또는 시설사령은 기상청 기상특보 관리 및 다음 표에 정한 강우수준일 경우 신속히 담당 관제사에게 통보

② 관제사는 해당 기상특보 접수 시 강우구간 운행열차에 대해 다음 표에 정한 운전취급 지시

③ 기관사는 현장상황이 기상특보와 다른 경우 관제사에게 보고 후 지시 따를 것

[강우량에 따른 운전취급 기준]

강우기준	운전취급
연속강우량 150mm 미만, 시간당 강우량 65mm 이상	운행정지
연속강우량 150mm~320mm 미만, 시간당 강우량 25mm 이상	
연속강우량 320mm 이상	
연속강우량 125mm 미만, 시간당 강우량 50mm 이상	서행운전 (45km/h)
연속강우량 125mm~250mm 미만, 시간당 강우량 20mm 이상	
연속강우량 250mm 이상	
연속강우량 100mm 미만, 시간당 강우량 40mm 이상	주의운전
연속강우량 100mm~210mm 미만, 시간당 강우량 10mm 이상	
연속강우량 210mm 이상	

4. 선로침수에 따른 운전취급

기관사 또는 선로순회 직원의 조치사항

① 선로침수 발견 시 즉시 열차정차 후 현장상황을 최근 역장 또는 관제사에게 통보

② 선로침수 통보받은 역장 또는 관제사는 관계부서에 통보하여 배수조치 의뢰 및 열차운행 일시 중지 등 지시

③ 기관사는 침수된 선로를 운전하는 경우 다음에 따른다.

　　㉠ 레일 면까지 침수된 경우에는 그 앞쪽 지점에 일단정차 후 선로상태를 확인하고 통과가 가능하다고 인정될 때는 시속 15킬로미터 이하의 속도로 주의운전

　　㉡ 레일 면을 초과하여 침수되었을 때에는 운전을 중지하고 관제사의 지시에 따를 것

5. 열차의 운전위치(운전취급규정 제11조)

① 원칙 : 열차 또는 구내운전을 하는 차량은 운전방향의 맨 앞 운전실 본선

② 맨 앞 운전실에서 운전하지 않아도 되는 경우

　　㉠ 추진운전을 하는 경우

　　㉡ 퇴행운전을 하는 경우

　　㉢ 보수장비 작업용 조작대에서 작업 운전을 하는 경우

6. 열차의 조성(운전취급규정 제17조)

① 열차의 조성 : 입환작업자의 열차 조성 시 준수사항

　　㉠ 가급적 차량의 최고속도가 같은 차량으로 조성할 것

　　㉡ 각 차량의 연결기를 완전히 연결하고 쇄정상태와 로크상태를 확인한 후 각 공기관 연결 및 전 차량에 공기를 관통시킬 것

　　㉢ 전기연결기가 설치된 각 차량 중 서로 통전할 필요가 있는 차량은 전기가 통하도록 연결해야 하며, 이 경우 전기연결기의 분리 또는 연결은 차량관리원이 시행하고, 차량관리원이 없을 때는 역무원이 시행할 것

㉣ 운행구간의 도중 정거장에서 차량의 연결 및 분리를 감안하여 편리한 위치에 연결

㉤ 연결차량 및 적재화물에 따른 속도제한으로 열차가 지연되지 않도록 할 것

7. 차량 적재 및 연결제한(운전취급규정 제22조)

① 화물 적재 및 운송 기준

㉠ 차량에 화물을 적재 시 최대적재량을 초과하지 않는 범위에서 중량의 부담이 균등히 되도록 적재

㉡ 차량한계를 초과하는 화물을 적재·운송할 수 없음. 단 안전운행에 필요한 조치를 하고 특대화물을 운송하는 경우 차량한계 초과 가능

② 전후동력형 새마을동차의 동력차 전두부와 다른 객차(발전차, 부수차 포함)를 연결할 수 없음

③ 화약류 등을 적재한 차량의 연결제한 및 격리를 하는 경우

[화약류 등 적재차량의 연결제한 및 격리]

격리, 연결제한할 경우	격리, 연결제한하는 화차	1. 화약류 적재화차	2. 위험물 적재화차	3. 불에 타기 쉬운 화물 적재화차	4. 특대화물 적재화차
1. 격리	가. 여객승용차량	3차 이상	1차 이상	1차 이상	1차 이상
	나. 동력을 가진 기관차	3차 이상	3차 이상	3차 이상	
	다. 화물호송인 승용차량	1차 이상	1차 이상	1차 이상	
	라. 열차승무원 또는 그 밖의 직원 승용차량	1차 이상			
	마. 불타기 쉬운 화물 적재화차	1차 이상	1차 이상		
	바. 불나기 쉬운 화물 적재화차 또는 폭발 염려 있는 화물 적재화차	3차 이상	3차 이상	1차 이상	
	사. 위험물 적재화차	1차 이상		1차 이상	
	아. 특대화물 적재화차	1차 이상			
	자. 인접차량에 충격 염려 화물 적재화차	1차 이상			
2. 연결제한	가. 여객열차 이상의 열차	연결 불가 (화물열차 미운행 구간 또는 운송상 특별한 사유 시 화약류 적재 화차 1량 연결 가능. 다만, 3차 이상 격리)			
	나. 그 밖의 열차	5차(다만, 군사 수송은 열차 중간에 연속하여 10차)	연결	열차 뒤 쪽에 연결	
	다. 군용열차	연결			

8. 운전시각 및 순서(운전취급규정 제28조)

① 열차의 운전은 미리 정한 시각 및 순서에 따라 운행함

② 관제사가 승인에 의해 지정된 시각보다 일찍 또는 늦게 출발시킬 수 있는 경우

㉠ 여객을 취급하지 않는 열차의 일찍 출발

㉡ 운전정리에 지장이 없는 전동열차로서 5분 이내의 일찍 출발

㉢ 여객접속 역에서 여객 계승을 위하여 지연열차의 도착을 기다리는 아래의 경우

ⓐ 고속·준고속 여객열차의 늦게 출발

ⓑ 고속·준고속 여객열차 이외 여객열차의 5분 이상 늦게 출발

③ ②의 경우 복선구간 및 CTC구간에서는 관제사의 승인을 관제사 지시에 의할 수 있음

④ 여객을 취급하지 않는 열차의 5분 이내 일찍 출발은 관제사 승인 없이 역장이 출발 가능

⑤ 구원열차 등 긴급한 운전이 필요한 임시열차는 현 시각으로 운전할 수 있으며, 정차할 필요가 없는 정거장은 통과시켜야 함

⑥ 트롤리 사용 중에 있는 구간을 진입하는 열차는 일찍 출발 및 조상운전을 할 수 없다.

9. 열차의 착발시각의 보고 및 통보(운전취급규정 제30조)

① 역장은 열차가 도착, 출발 또는 통과할 때는 그 시각을 차세대 철도운영정보시스템(이하 "XROIS"라 한다)에 입력하거나 관제사에게 보고하여야 하며 열차를 처음 출발시키는 역은 그 시각을 관제사에게 보고하여야 함

② 역장의 보고 내용

　　㉠ 열차가 지연하였을 때에는 그 사유

　　㉡ 열차의 연발이 예상될 때는 그 사유와 출발 예정시각

　　㉢ 지연운전이 예상될 때는 그 사유와 지연 예상시간

③ 역장은 열차가 출발 또는 통과한 때에는 즉시 앞쪽의 인접 정거장 또는 신호소 역장에게 열차번호 및 시각을 통보하여야 함. 다만, 정해진 시각(스케줄)에 운행하는 전동열차의 경우에 인접 정거장 역장에 대한 통보는 생략할 수 있음

④ 열차의 도착·출발 및 통과시각의 기준

　　㉠ 도착시각 : 열차가 정해진 위치에 정차한 때

　　㉡ 출발시각 : 열차가 출발하기 위하여 진행을 개시한 때

　　㉢ 통과시각 : 열차의 앞부분이 정거장의 본 역사 중앙을 통과한 때. 고속선은 열차의 앞부분이 절대표지(출발)를 통과한 때

⑤ 기관사가 열차운전 중 차량상태 또는 기후상태 등으로 열차를 정상속도로 운전할 수 없다고 인정한 경우, 그 사유 및 전도 지연 예상시간을 역장에게 통보

10. 열차의 동시진입 및 동시진출(운전취급규정 제32조)

① 정거장에서 2 이상의 열차착발에 있어서 상호 지장할 염려 있는 때에는 동시에 이를 진입 또는 진출시킬 수 없다.

② 예외

　　㉠ 안전측선, 탈선선로전환기, 탈선기가 설치된 경우

　　㉡ 열차를 유도하여 진입시킬 경우

　　㉢ 단행열차를 진입시킬 경우

　　㉣ 열차의 진입선로에 대한 출발신호기 또는 정차위치로부터 200m(동차·전동열차의 경우는 150m) 이상의 여유거리가 있는 경우

　　㉤ 동일방향에서 동시에 진입하는 열차 쌍방이 정차위치를 지나서 진행할 경우 상호 접촉되는 배선에서는 그 정차위치에서 100m 이상의 여유거리가 있는 경우

　　㉥ 차내신호 "25" 신호(구내폐색 포함)에 의해 진입시킬 경우

11. 선행열차 발견 시 조치(운전취급규정 제34조)

① 조치대상 : 차내신호폐색식(자동폐색식 포함) 구간의 같은 폐색구간에서 뒤 열차가 앞 열차에 접근하는 때

② 기관사 조치사항

　㉠ 뒤 열차의 기관사는 앞 열차의 기관사에게 열차의 접근을 알림과 동시에 열차를 즉시 정차시켜야 한다.

　㉡ 뒤 열차는 앞 열차의 운행상황 등을 고려하여, 1분 이상 지난 후에 다시 진행할 수 있다.

12. 열차의 착발선 지정 및 운용(운전취급규정 제36조)

① 관제사는 고속선, 역장은 일반선에 대하여 운영열차의 착발선 또는 통과선(이하 "착발선"이라 함)을 지정 운영하여야 함

② 정거장 내로 진입하는 열차의 착발선 취급방법

　㉠ 1개 열차만 취급하는 경우에는 같은 방향의 가장 주요한 본선. 다만, 여객 취급에 유리한 경우 다른 본선

　㉡ 같은 방향으로 2 이상의 열차를 취급하는 경우에 상위열차는 같은 방향의 가장 주요한 본선, 그 밖의 열차는 같은 방향의 다른 본선

　㉢ 여객취급을 하지 않는 열차로서 시발·종착역 또는 조성 정거장에서 착발, 운전 정리, 그 외의 사유로 따를 수 없을 때에는 그 외의 선로

③ 역장 및 관제사는 사고 등 부득이한 사유로 지정된 착발선을 변경할 경우, 선로 및 열차의 운행상태 등을 확인하여 열차승무원과 기관사에게 그 내용을 통보, 여객승하차 및 운전취급에 지장이 없도록 조치하여야 함

13. 열차의 감시(운전취급규정 제37조)

① 열차가 정거장에 도착·출발 또는 통과할 때와 운행 중인 열차의 감시

　㉠ 동력차 승무원

　　ⓐ 견인력 저하 등 차량 이상을 감지하거나 연락받은 경우 열차의 상태를 확인할 것

　　ⓑ 열차운행 시 무선전화기 수신에 주의할 것

　　ⓒ 지역본부장이 지정한 구간에서 열차의 뒤를 확인할 것

　　ⓓ 정거장을 출발하거나 통과할 경우 열차의 뒤를 확인하여 열차의 상태와 역장 또는 열차 승무원의 동작에 주의. 다만, 정거장 통과 시 뒤를 확인하기 어려운 구조는 생략할 수 있음

　　ⓔ 동력차 1인 승무인 경우 열차의 뒤 확인은 생략할 것

　㉡ 열차승무원

　　ⓐ 열차가 도착 또는 출발할 경우 : 정지위치의 적정여부, 뒤표지, 여객의 타고 내림, 출발신호기의 현시 상태 등을 확인할 것. 다만, 열차출발 후 열차감시를 할 수 없는 차량 구조인 열차의 감시는 생략할 것

　　ⓑ 전철차장이 열차 감시할 경우 : 열차가 정거장에 도착한 다음부터 열차 맨 뒤가 고상홈 끝 지점을 진출할 때까지 감시

　　　• 승강장 안전문이 설치된 정거장의 경우 : 열차가 정거장에 정차하고 있을 때에는 열차의 정지위치, 열차의 상태, 승객의 승하차 등을 확인

　　　• 열차가 출발하였을 경우 : 열차의 맨 뒤가 고상홈 끝을 벗어날 때까지 뒤쪽을 감시할 것

ⓒ 역장

　　ⓐ ㉠의 ⓐ~ⓓ에 해당하는 경우 승강장의 적당한 위치에서 장내 신호기 진입부터 맨 바깥쪽 선로전환기를 진출할 때까지 신호・선로의 상태 및 여객의 타고 내림, 뒤표지, 완해불량 등 열차의 상태를 확인

　　ⓑ 기관사가 열차에 이상이 있음을 감지하여 열차 감시를 요구하는 경우

　　ⓒ 여객을 취급하는 고정편성열차의 승강문이 연동 개폐되지 않을 경우. 다만, 감시자를 배치하거나 승강문 잠금의 경우 생략

　　ⓓ 관제사가 열차감시를 지시한 경우

ⓓ 철도 종사자는 열차의 이상소음, 불꽃 및 매연 발생 등 이상 발견 시 해당 열차의 기관사 및 관계역장에게 즉시 연락하여야 함

14. 유도신호의 지시(운전취급규정 제43조)

① 열차는 앞쪽 선로에 지장 있을 것을 예측하고, 일단 정차 후 그 현시지점을 지나 25km/h 이하의 속도로 진행할 수 있음

② 역장은 유도신호에 따라 열차를 도착시키는 경우 정차위치에서 정지수신호 현시

③ 이 경우에 수신호 현시위치에 열차정지표지 또는 출발신호기가 설치된 경우 정지 수신호 현시하지 않을 수 있음

15. 경계신호의 지시(운전취급규정 제44조)

① 열차는 다음 상치신호기에 정지신호의 현시 있을 것을 예측하고, 그 현시지점부터 25km/h 이하의 속도로 운전

② 다만, 신호 5현시 구간에서 경계신호가 현시된 경우 아래의 경우 65km/h 이하의 속도로 운전할 수 있음

　　㉠ 각선 각역의 장내신호기. 다만, 구내폐색신호기가 설치된 선로 제외

　　㉡ 인접역의 장내신호기까지 도중폐색신호기가 없는 출발신호기

16. 주의신호의 지시(운전취급규정 제45조)

① 열차는 다음 상치신호기에 정지신호 또는 경계신호 현시될 것을 예측하고, 그 현시지점을 지나 45km/h 이하의 속도로 진행 가능

② 신호 5현시구간은 65km/h 이하의 속도로 진행 가능

17. 감속신호의 지시(운전취급규정 제47조)

① 열차는 다음 상치신호기에 주의신호 현시될 것을 예측하고, 그 현시지점을 지나 65km/h 이하의 속도로 진행할 수 있음

② 신호 5현시 구간은 105km/h 이하의 속도로 운행

18. 관제사의 운전정리(운전취급규정 제53조)

① 관제사는 열차운행에 혼란이 발생되거나 예상되는 경우 운전정리를 시행함

② 운전정리 시 고려사항 : 열차의 종류·등급·목적지 및 연계수송 등

③ 관제사의 운전정리 사항

    ㉠ 교행변경 : 단선운전 구간에서 열차교행을 할 정거장을 변경

    ㉡ 순서변경 : 선발로 할 열차의 운전시각을 변경하지 않고 열차 운행순서 변경

    ㉢ 조상운전 : 열차의 계획된 운전시각을 앞당겨 운전

    ㉣ 조하운전 : 열차의 계획된 운전시각을 늦추어 운전

    ㉤ 일찍출발 : 열차가 정거장에서 계획된 시각보다 미리 출발

    ㉥ 속도변경 : 견인정수 변동에 따라 운전속도가 변경

    ㉦ 열차 합병운전 : 열차운전 중 2 이상의 열차를 합병하여 1개 열차로 운전

    ㉧ 특발 : 지연열차의 도착을 기다리지 않고 따로 열차를 조성하여 출발

    ㉨ 운전휴지(운휴) : 열차의 운행을 일시 중지하는 것을 말하며 전 구간 운휴 또는 구간운휴로 구분

    ㉩ 선로변경 : 선로의 정해진 운전방향을 변경하지 않고 열차의 운전선로를 변경

    ㉪ 단선운전 : 복선운전을 하는 구간에서 한쪽 방향의 선로에 열차사고·선로고장 또는 작업 등으로 그 선로로 열차를 운전할 수 없는 경우 다른 방향의 선로를 사용하여 상·하 열차를 운전

    ㉫ 그 밖에 사항 : 운전정리에 따른 임시열차의 운전, 편성차량의 변경·증감 등 그 밖의 조치

19. 역장의 운전정리(운전취급규정 제54조)

① 조건 : 운전정리가 유리하지만 통신불능으로 관제사에게 통보할 수 없는 경우

② 방법 : 관계역장과 협의하여 운전정리 시행

③ 역장이 할 수 있는 운전정리 : ㉠ 교행변경 ㉡ 순서변경

④ 통신기능 복구 시 통신불능 기간 동안의 운전정리에 관한 사항 즉시 보고

20. 열차의 등급(운전취급규정 제55조)

① 고속여객열차 : KTX, KTX-산천

② 준고속여객열차 : KTX-이음

③ 특급여객열차 : ITX-청춘

④ 급행여객열차 : ITX-새마을, 새마을호열차, 무궁화호열차, 누리로열차, 특급·급행 전동열차

⑤ 보통여객열차 : 통근열차, 일반전동열차

⑥ 급행화물열차

⑦ 화물열차 : 일반화물열차

⑧ 공사열차

⑨ 회송열차

⑩ 단행열차

⑪ 시험운전열차

21. 운전정리 사항의 통고(운전취급규정 제56조)

열차 운전정리를 하는 경우의 통고 대상 소속

[열차 운전정리 통고 소속]

정리 종별	관계 정거장(역)	관계열차 기관사 · 열차승무원에 통고할 담당 정거장(역)	관계 소속
교행변경	원교행역 및 임시교행역을 포함하여 그 역 사이에 있는 역	지연열차에는 임시교행역의 전 역, 대향열차에는 원 교행역	
순서변경	변경구간 내의 각 역 및 그 전 역	임시대피 또는 선행하게 되는 역의 전 역(단선구간) 또는 해당 역(복선구간)	
조상운전 조하운전	시각변경 구간 내의 각 역	시각변경 구간의 최초 역	승무원 및 동력차의 충당 승무사업소 및 차량사업소
속도변경	변경구간 내의 각 역	속도변경 구간의 최초 역 또는 관제사가 지정한 역	변경열차와 관계열차의 승무원 소속 승무사업소 및 차량사업소
운전휴지 합병운전	운휴 또는 합병구간 내의 각 역	운휴 또는 합병할 역. 다만, 미리 통고할 수 있는 경우에 편의역장을 통하여 통고	승무원 및 기관차의 충당 승무사업소 · 차량사업소와 승무원 소속 승무사업소
특발	관제사가 지정한 역에서 특발 역까지의 각 역, 특발열차 운전구간 내의 역	지연열차에는 관제사가 지정한 역, 특발열차에는 특발 역	위와 같음
선로변경	변경구간 내의 각 역	관제사가 지정한 역	필요한 소속
단선운전	위와 같음	단선운전구간 내 진입열차에 는 그 구간 최초의 역	선로고장에 기인할 때에는 관할 시설처
그 밖의 사항	관제사가 필요하다고 인정하는 역	관제사가 지정한 역	필요한 소속

22. 운전명령(운전취급규정 제57조)

① 운전명령 : 사장(열차운영단장, 관제실장) 또는 관제사가 열차 및 차량의 운전취급에 관련되는 상례 이외의 상황을 특별히 지시하는 것을 말함

② 정규 운전명령 : 수송수요. 수송시설 및 장비의 상황에 따라 상당시간 이전에 XROIS 또는 공문으로 발령

③ 임시 운전명령 : 열차 또는 차량의 운전정리 사항과 긴급히 발령하는 운전취급에 관한 지시 XROIS 또는 전화(무선전화기를 포함한다)로서 발령

④ 운전명령 요청 시행부서 : XROIS 또는 공문에 의한 운전명령 내용을 확인하여 시행

23. 운전명령의 주지(운전취급규정 제58조)

① 사업소장 및 역장의 주지사항

  ㉠ 정거장 또는 신호소 및 관계 사업소에서는 운전명령의 내용을 관계 직원이 출근하기 전에 게시판에 게시할 것

  ㉡ 운전관계승무원이 승무일지에 기입이 쉽도록 「운전장표취급 내규」 운전시행전달부에 구간별로 구분하여 열람시킬 것

ⓒ 운전명령 사항에 변동이 있을 때마다 이를 정리하고, 소속직원이 출근 후에 접수한 운전명령은 즉시 그 내용을 해당 직원에게 알리는 동시에 게시판과 운전시행전달부에 붉은 글씨로 기입할 것

② 관계 직원이 출근하는 때는 운전명령을 열람하고, 담당 업무에 필요한 사항을 기록 또는 숙지하여야 한다.

③ 운전관계승무원

　　ⓐ 승무담당 노선의 운전명령을 승무일지에 기입하고, 이를 당무팀장에게 제시하여 점검을 받은 후 승무 시 휴대할 것

　　ⓑ 열차출발 전 또는 승무 중 수시로 승무일지의 운전명령사항을 열람하여 숙지할 것

24. 임시운전명령 통고 의뢰 및 통고(운전취급규정 제59조)

① 임시운전명령의 종류

　　ⓐ 폐색방식 또는 폐색구간의 변경

　　ⓑ 열차 운전시각의 변경

　　ⓒ 열차 견인정수의 임시변경

　　ⓓ 열차의 운전선로의 변경

　　ⓔ 열차의 임시교행 또는 대피

　　ⓕ 열차의 임시서행 또는 정차

　　ⓖ 신호기 고장의 통보

　　ⓗ 수신호 현시

　　ⓘ 열차번호 변경

　　ⓙ 그 밖의 필요한 사항

② 임시운전명령 통고를 의뢰받은 운전취급담당자는 해당 운전관계승무원에게 임시 운전명령 번호 및 내용을 통고

③ 열차의 임시교행 또는 대피의 경우에 복선운전구간과 CTC구간은 관제사 : 운전명령번호를 생략

④ 운전취급담당자는 기관사에게 임시운전명령을 통고하는 경우 : 무선전화기 3회 호출에도 응답이 없을 때 상치신호기 정지신호 현시 및 열차승무원의 비상정차 지시 등의 조치를 하여야 함

⑤ ④와 관련하여 운전취급담당자는 열차승무원 또는 역무원이 해당 열차의 이상 유무 확인 및 운전명령 통고 후 운행하도록 함

⑥ 임시운전명령을 통고 받은 운전관계승무원은 해당열차 및 관계열차의 운전관계 승무원과 그 내용을 상호 통보

25. 본선지장 입환(운전취급규정 제75조)

① 입환작업자는 정거장 내·외의 본선을 지장하는 입환을 할 필요가 있을 때마다 역장의 승인을 받아야 함

② 다만, 정거장 내 주본선 이외의 본선지장 입환 시 해당 본선의 관계열차 착발시각과 입환 종료시각까지 10분 이상의 시간이 있을 때는 본선지장 입환 승인을 생략할 수 있음

③ 승인을 요청받은 역장은 열차의 운행상황을 확인, 정거장 밖에서 입환할 때는 인접역장과 협의. 열차에 지장 없는 범위에서 입환 승인하고 다음을 따름

    ㉠ 본선지장승인 기록부에 승인내용 기록, 관계 직원에게 통보할 것

    ㉡ 해당 조작반(표시제어부, 폐색기 포함)에 "본선지장입환 중"임을 표시 정거장 바깥쪽에 걸친 입환인 경우에는 받은 인접 역장 또한 같음

    ㉢ 지장시간, 지장열차, 지장본선, 내용 등을 입환작업계획서에 간략하게 붉은 글씨로 기재, 통고할 것

26. 열차 및 차량의 운전속도 기준(운전취급규정 제83조)

① 열차 및 차량의 운전속도 기준

    ㉠ 차량최고속도

    ㉡ 선로최고속도

    ㉢ 하구배속도

    ㉣ 곡선속도

    ㉤ 분기기속도

    ㉥ 열차제어장치가 현시하는 허용속도

27. 각종 속도제한(운전취급규정 제84조)

속도를 제한하는 사항	속도(km/h)	예외 사항 및 조치 사항
1. 열차퇴행 운전		
가. 관제사 승인(유)	25	위험물 수송열차 15km/h 이하
나. 관제사 승인(무)	15	전동열차의 정차위치 조정에 한함

2. 장내·출발 진행수신호 운전	25	1) 수신호등을 설치한 경우 45km/h 이하 운전
		2) 장내 진행수신호는 다음 신호현시위치 또는 정차위치까지 운전
		3) 출발 진행 수신호
		  가) 맨 바깥쪽 선로전환기까지
		  나) 자동폐색식구간 : 기관사는 맨 바깥쪽 선로전환기부터 다음 신호기 위치까지 열차 없음이 확인될 때는 45km/h 이하 운전(그 밖에는 25km/h 이하 운전)

3. 선로전환기 대향운전	25	연동장치 또는 잠금장치로 잠겨있는 경우 제외
4. 추진운전	25	뒤 보조기관차가 견인형태가 될 경우 45km/h
5. 차량입환	25	특히 지정한 경우 예외
6. 뒤 운전실 운전	45	전기기관차, 고정편성열차의 앞 운전실 고장으로 뒤 운전실에서 운전하여 최근 정거장까지 운전할 때를 포함
7. 입환신호기에 의한 열차출발	45	1) 도중 폐색신호 없는 구간 : 제외 2) 도중 폐색신호 있는 구간 : 다음 신호기까지

28. 폐색방식의 시행 및 종류(운전취급규정 제100조)

① 1폐색구간에 1개 열차를 운전시키기 위하여 시행하는 방법

    ㉠ 상용폐색방식

    ㉡ 대용폐색방식

② 상용폐색방식

    ㉠ 복선구간 : 자동폐색식, 차내신호폐색식, 연동폐색식

    ㉡ 단선구간 : 자동폐색식, 차내신호폐색식, 연동폐색식, 통표폐색식

③ 대용폐색방식

    ㉠ 복선운전 : 지령식, 통신식

    ㉡ 단선운전 : 지령식, 지도통신식, 지도식

29. 폐색준용법의 시행 및 종류(운전취급규정 제101조)

① 폐색방식준용법의 시행시기 : 폐색방식을 시행할 수 없는 경우 이에 준하여 열차를 운전시킬 필요가 있는 경우

② 폐색준용법의 종류 : 전령법

30. 폐색방식 변경 및 복귀(운전취급규정 제102조)

① 역장이 폐색변경(대용폐색방식 또는 폐색준용법)을 위한 조치

    ㉠ 요지를 관제사에게 보고 후 승인 받은 후

    ㉡ 그 구간을 운전할 열차의 기관사에게 통보 사항

    이 경우 통신 불능으로 관제사에게 보고하지 못한 경우 먼저 시행한 다음 그 내용을 보고

      ⓐ 시행구간

      ⓑ 시행방식

      ⓒ 시행사유

31. 운전취급 담당자의 자격(운전취급규정 제108조)

① 운전취급담당자는 「철도안전법」 제23조 및 같은 법 시행령 제21조에 의한 적성검사와 신체검사에 합격하여야 한다.

② 운전취급담당자는 ①에서 정한 검사를 합격한 자로서, 다음과 같이 구분한다.

    ㉠ 운전취급책임자

      ⓐ 역장, 부역장 또는 역무팀장의 직에 있는 자 또는 그 경력이 있는 자

      ⓑ 로컬관제원

        • ⓐ에 해당하는 자

        • 로컬관제원의 경력이 있는 자

        • 열차팀장 또는 여객전무의 직에 있는 자 또는 그 경력이 있는 자

        • 영업분야 3년 이상 또는 총 근무경력 5년 이상인 자로서 교육훈련기관에서 시행하는 운전취급 및 신호취급에 관한 교육을 2주 이상(소집교육, 사이버교육) 이수한 자

      ⓒ 선임전기장, 전기장, 전기원(이하 "전기원"이라 한다) 또는 차량사업소의 역무원, 차량관리팀장, 선임차량관리장, 차량관리원(이하 "차량관리원"이라 한다) 경력 2년 이상인 자로서 교육훈련기관에서 시행하는 운전취급 및 신호취급 교육(3주일, 실기 포함)을 이수한 자

   ⓛ 운전취급자

      ⓐ ⓛ의 자격이 있는 자

      ⓑ 역무원 재직 6개월(수송업무 전담 역무원은 그 직 3개월) 이상인 자로서 역장(역장이 배치되지 않은 역은 관리역장)이 시행하는 운전취급 및 신호취급에 관한 교육을 1주일 이상 이수한 자

      ⓒ 전기원 또는 차량관리원 경력 1년 이상인 자로서 교육훈련기관에서 시행하는 운전취급 및 신호취급 교육(3주일, 실기포함)을 이수한 자

③ 로컬관제원은 교육이수일 기준으로 5년마다 교육훈련기관에서 시행하는 운전취급 및 신호취급에 관한 교육을 2주 이상(소집교육, 사이버교육) 받아야 한다.

④ 로컬관제원 경력이 없는 자가 최초 로컬관제원으로 인사발령 시 소속장은 현장실무교육 40시간 이상을 시행하여야 한다.

32. 운전허가증의 종류(운전취급규정 제116조)

① 통표폐색식 시행구간 : 통표
② 지도통신식 시행구간 : 지도표 또는 지도권
③ 지도식 시행구간 : 지도표
④ 전령법 시행구간 : 전령자

33. 자동폐색식(운전취급규정 제121조)

폐색구간에 설치한 궤도회로를 이용하여 열차 또는 차량의 점유에 따라 자동적으로 폐색 및 신호를 제어하여 열차를 운행시키는 폐색방식

34. 차내신호폐색식(운전취급규정 제123조)

차내신호(KTCS-2, ATC, ATP) 현시에 따라 열차를 운행시키는 폐색방식으로 지시속도보다 낮은 속도로 열차의 속도를 제한하면서 열차를 운행할 수 있도록 하는 폐색방식

35. 연동폐색식(운전취급규정 제125조)

폐색구간 양끝 정거장 또는 신호소에 설치한 연동폐색장치와 출발신호기를 양쪽 역장이 협의 취급하여 열차를 운행시키는 폐색방식

36. 통표폐색식(운전취급규정 제128조)

폐색구간 양끝의 정거장 또는 신호소에 통표폐색 장치를 설치하여 양끝의 역장이 상호 협의하여 한쪽의 정거장 또는 신호소에서 통표를 꺼내어 기관사에게 휴대하도록 하여 열차를 운행하는 폐색방식

37. 지령식(운전취급규정 제136, 137조)

① 지령식은 CTC구간에서 관제사의 승인에 의해 운전하는 폐색방식

② 조건

　　㉠ 관제사가 조작반으로 열차운행상태 확인이 가능할 것

　　㉡ 운전용 통신장치 기능이 정상인 경우에 우선 적용

③ 지령식의 시행

　　㉠ 관제사 및 상시로컬역장은 신호장치 고장 및 궤도회로 단락 등의 사유로 지령식을 시행하는 경우에는 해당 구간에 열차 또는 차량 없음을 확인한 후 시행

　　㉡ 관제사는 지령식 시행의 경우 관계 열차의 기관사에게 열차무선전화기로 관제사 승인번호, 시행구간, 시행방식, 시행사유 등 운전주의사항을 통보 후 출발 지시. 다만, 열차무선전화기로 직접 통보할 수 없는 경우에는 관계역장으로 하여금 내용을 통보할 수 있음

　　㉢ 지령식 운용구간의 폐색구간 경계는 정거장과 정거장까지를 원칙으로 관제사가 지정함

　　㉣ 기관사는 지령식 시행구간 정거장 진입 전 장내신호 현시 상태를 확인

38. 통신식(운전취급규정 제139조)

① 복선 운전구간에서 대용폐색방식 시행의 경우 : 폐색구간 양끝 역장은 전용전화기를 사용하여 협의한 후 통신식을 시행

② 통신식을 시행하는 경우

　　㉠ CTC구간에서 CTC장애, 신호장치 고장 또는 열차무선전화기 고장 등으로 지령식을 시행할 수 없을 경우

　　㉡ CTC 이외의 구간에서 신호장치 고장 등으로 상용폐색방식을 시행할 수 없는 경우

39. 지도통신식(운전취급규정 제144조)

단선구간(복선구간의 일시 단선운전을 하는 구간 포함)에서 대용폐색방식을 시행

① 폐색구간 양끝의 역장이 협의한 후 시행하는 경우

　　㉠ CTC구간에서 CTC장애, 신호장치 또는 열차무선전화기 고장 등으로 지령식을 시행할 수 없을 경우

　　㉡ CTC 이외 구간에서 신호장치 고장 등으로 상용폐색방식을 시행할 수 없는 경우

② 지도통신식을 시행하지 않는 경우(예외)

　　㉠ ATP구간의 양방향 운전취급

　　㉡ 복선구간의 단선운전 시 폐색방식의 병용

　　㉢ CTC제어 복선구간에서 작업시간대 단선운전 시 폐색방식의 시행

40. 지도식(운전취급규정 제147조)

단선운전 구간에서 열차사고 또는 선로고장 등으로 현장과 최근 정거장 또는 신호소 간을 1폐색구간으로 하고 열차를 운전하는 경우로서 후속열차의 운전이 필요 없는 경우에는 지도식 시행

① 지도식 구간 열차이 출발 및 도착 취급
    ㉠ 정거장 또는 신호소에서 열차를 폐색구간에 진입시키는 역장은 그 구간에 열차 없음을 확인한 후 기관사에게 통보하고 지도표 배부
    ㉡ ㉠의 경우 지도표는 열차를 폐색구간에 진입시킬 시각 10분 이전에 이를 기관사에게 교부할 수 없음
    ㉢ 지도식 구간에서 열차가 폐색구간 한끝의 정거장 또는 신호소에 도착하는 때에 역장은 기관사로부터 지도표 회수

41. 지도표의 발행(운전취급규정 제154조)

① 지도통신식을 시행하는 경우 : 폐색구간 양끝 역장이 협의한 후 열차를 진입시키는 역장이 발행
    ㉠ 지도표
        ⓐ 1폐색구간 1매로하고 지도통신식 시행 중 이를 순환 사용
        ⓑ 발행번호 : 1호부터 10호까지

42. 지도권의 발행(운전취급규정 제155조)

① 지도통신식을 시행하는 경우 : 폐색구간 양끝 역장이 협의한 후 지도표가 존재하는 역장이 발행
    ㉠ 지도권
        ⓐ 1폐색구간 1매로하고 1개 열차만 사용
        ⓑ 발행번호 : 51호부터 100호까지

43. 지도표와 지도권 관리 및 처리(운전취급규정 제157조)

① 발행하지 않은 지도표 및 지도권은 이를 보관함에 넣어 폐색장치 부근의 적당한 장소에 보관
② 지도권 발행하기 위하여 사용 중인 지도표는 휴대기에 넣어 폐색장치 부근의 적당한 장소에 보관
③ 역장은 사용을 폐지한 지도표 및 지도권은 1개월간 보존하고 폐기. 다만, 사고와 관련된 지도표 및 지도권은 1년간 보존

44. 전령법의 시행(운전취급규정 제162조)

① 폐색구간 양끝의 역장이 협의하여 전령법을 시행하는 경우
    ㉠ 고장열차 있는 폐색구간에 폐색구간을 변경하지 않고 구원열차를 운전하는 경우
    ㉡ 정거장 또는 신호소 바깥으로 차량이 굴러갔거나 차량을 남겨놓은 폐색구간에 폐색구간을 변경하지 않고 그 차량을 회수하기 위해 구원열차를 운전하는 경우
    ㉢ 선로고장의 경우에 전화불통으로 관제사의 지시를 받지 못할 경우
    ㉣ 현장에 있는 공사열차 이외에 재료수송, 그 밖에 다른 공사열차를 운전하는 경우
    ㉤ 중단운전구간에서 재차 사고발생으로 구원열차를 운전하는 경우

ⓑ 전령법에 따라 구원열차 또는 공사열차 운전 중 사고, 그 밖의 다른 구원열차 또는 공사열차를 동일 폐색구간에 운전할 필요 있는 경우

② ①에도 불구하고 폐색구간 한 끝의 역장이 시행하는 경우

ㄱ 중단운전 시 대용폐색방식 시행 폐색구간에 전령법을 시행하는 경우

ㄴ 전화불통으로 양끝 역장이 폐색협의를 할 수 없어 열차를 폐색구간에 정상 진입시키는 역장이 전령법을 시행하는 경우(이 경우 현장을 넘어서 열차를 운전할 수 없음)

ㄷ 전령법을 시행하는 경우에 현장에 있는 고장열차, 남겨 놓은 차량, 굴러간 차량 외 그 폐색구간에 열차 없음을 확인하여야 하며, 열차를 그 폐색구간에 정상 진입시키는 역장은 현장 간에 열차 없음을 확인하여야 함

45. 주간·야간의 신호 현시방식(운전취급규정 제167조)

① 주간방식과 야간방식이 다른 신호, 전호 및 표지

ㄱ 주간 방식 : 일출부터 일몰까지

ㄴ 야간 방식 : 일몰부터 일출까지

② 주간이라도 야간 방식에 의하는 경우

ㄱ 기후상태로 200m 거리에서 인식할 수 없는 경우에 진행 중의 열차에 대한 신호의 현시

ㄴ 지하구간 및 터널 내 신호·전호·표지

ㄷ 선상역사로 전호 및 표지를 확인할 수 없는 때

46. 상치신호기의 종류 및 용도(운전취급규정 제171조)

① 주신호기

ㄱ 장내신호기 : 정거장에 진입하려는 열차에 대하는 것으로서 그 신호기의 안쪽으로 진입의 가부를 지시

ㄴ 출발신호기 : 정거장에서 진출하려는 열차에 대하는 것으로서 그 신호기의 안쪽으로 진입의 가부를 지시

ㄷ 폐색신호기 : 폐색구간에 진입하려는 열차에 대하는 것으로서 그 신호기의 안쪽으로 진입의 가부를 지시. 다만, 정거장내에 설치된 폐색신호기는 구내폐색신호기라고 함

ㄹ 엄호신호기 : 정거장 외에 있어서 방호를 요하는 지점을 통과하려는 열차에 대하는 것으로서 그 신호기의 안쪽으로 진입의 가부를 지시

ㅁ 유도신호기 : 장내신호기에 진행을 지시하는 신호를 현시할 수 없는 경우 유도를 받을 열차에 대하는 것으로서 그 신호기의 안쪽으로 진입할 수 있는 것을 지시

ㅂ 입환신호기 : 입환차량에 대하는 것으로서 그 신호기의 안쪽으로 진입의 가부를 지시. 다만, 「열차운전 시행철도 사고조사 및 피해구상세칙」에 따로 정한 경우에는 출발신호기에 준용

② 종속신호기

ㄱ 원방신호기 : 장내신호기, 출발신호기, 폐색신호기, 엄호신호기에 종속하여 열차에 대하여 주신호기가 현시하는 신호를 예고하는 신호를 현시

ㄴ 통과신호기 : 출발신호기에 종속하여 정거장에 진입하는 열차에 대하여 신호기가 현시하는 신호를 예고하며, 정거장을 통과할 수 있는지의 여부에 대한 신호를 현시

  ⓒ 중계신호기 : ①의 ㉠부터 ㉣의 신호기에 종속하여 열차에 대하여 주신호기가 현시하는 신호를 중계하는 신호를 현시

  ⓒ 보조신호기 : ①의 ㉠부터 ㉢의 신호기에 현시상태를 확인하기 곤란한 경우 그 신호기에 종속하여 해당선로 좌측 신호기 안쪽에 선치하여 동인한 신호를 현시

③ 신호부속기

  ㉠ 진로표시기 : 장내신호기, 출발신호기, 진로개통표시기 및 입환신호기에 부속하여 열차 또는 차량에 대하여 그 진로를 표시

  ⓒ 진로예고표시기 : 장내신호기, 출발신호기에 종속하여 그 신호기의 현시하는 진로를 예고

  ⓒ 진로개통표시기 : 차내신호기를 사용하는 본 선로의 분기부에 설치하여 진로의 개통상태를 표시

  ㉣ 입환신호중계기 : 입환표지 또는 입환신호기의 신호현시 상태를 확인할 수 없는 곡선선로 등에 설치하여, 입환표지 또는 입환신호기의 현시 상태를 중계

④ 그 밖의 표시등 또는 경고등

  ㉠ 신호기 반응표시등

  ⓒ 입환표지 및 선로별표시등

  ⓒ 수신호등

  ㉣ 기외정차 경고등

  ㉤ 건널목지장 경고등

  ㉥ 승강장비상정지 경고등

47. 신호현시 방식(운전취급규정 제173조)

① 유도신호기(유도신호) : 주간·야간 백색등열 좌하향 45도

② 입환신호기

구분	현시방식				비고
	단등식		다등식		
정지 신호	주·야간 적색등 무유도등 소등		지상	주·야간 적색등 무유도등 소등		1. 지상구간의 다진로에는 자호식 진로 표지 덧붙임 2. 지하구간에는 화살표시 방식 진로 표지 덧붙임 3. 지상구간의 경우 무유도 표지 소등 시에는 입환표지로 사용할 수 있다.
			지하	적색등		
진행 신호	주·야간 청색등 무유도등 백색등 점등		지상	주·야간 청색등 무유도등 백색등 점등		
			지하	등황색등 점등		

③ 원방신호기

구분	색등식	
	신호현시	현시방식
가. 주체의 신호기가 정지신호를 현시하는 경우	주의신호	주야간 : 등황색등
나. 주체의 신호기가 주의 신호 또는 진행신호를 현시하는 경우	진행신호	주야간 : 녹색등

④ 중계신호기

  ㉠ 정지중계 : 백색등열 (3등) 수평

  ㉡ 제한중계 : 백색등열 (3등) 좌하향 45도

  ㉢ 진행중계 : 백색등열 (3등) 수직

진행중계　　　제한중계　　　정지중계

48. 상치신호기의 정위(운전취급규정 제174조)

① 장내·출발 신호기 : 정지신호. 다만 CTC열차운행스케줄 설정에 따라 진행지시신호를 현시하는 경우는 그러하지 아니함

② 엄호신호기 : 정지신호

③ 유도신호기 : 신호를 현시하지 않음

④ 입환신호기 : 정지신호

⑤ 원방신호기 : 주의신호

⑥ 폐색신호기

  ㉠ 복선구간 : 진행지시신호

  ㉡ 단선구간 : 정지신호

49. 승강장 비상정지 경고등(운전취급규정 제184조)

① 설치 장소 : 역구내 승강장에서 승객의 선로추락, 화재, 테러, 독가스 유포 등의 사유가 발생하였을 경우에 승강장을 향하는 열차 또는 차량의 기관사에게 경고할 필요가 있는 지점

② 작동 방법 : 평상시 소등되어 있다가 승강장의 비상정지버튼을 작동시키면 적색등이 점등되어 약 1초 간격으로 점멸

③ 작동 후 조치사항

  ㉠ 기관사는 승강장 비상정지 경고등의 점등을 확인한 때에는 즉시 정차조치하고 역장 및 관제사에게 통보하여야 한다.

  ㉡ 역장(대매소 포함)은 승강장 비상정지 경고등이 동작하였을 때에는 기관사 및 관제사에게 통보하고 현장에 출동하여 적절한 조치를 하여야 하며, 열차운행에 지장 없음을 확인한 다음 관제사에게 보고하여야 한다.

50. 임시신호기(운전취급규정 제189조)

① **서행신호기** : 서행운전할 필요가 있는 구간에 진입하려는 열차 또는 차량에 대하여 그 구간을 서행할 것을 지시하는 신호기

② **서행예고신호기** : 서행신호기를 향하는 열차 또는 차량에 대하여 그 앞쪽에 서행신호이 현시 있음은 예고하는 신호기

③ **서행해제신호기** : 서행구역을 진출하려는 열차 또는 차량에 대한 것으로서 서행해제 되었음을 지시하는 신호기

④ **서행발리스** : 서행 운전할 필요가 있는 구간의 전방에 설치하는 송·수신용 안테나로 지상 정보를 열차로 보내 자동으로 열차의 감속을 유도하는 것

51. 진행 지시신호의 현시시기(운전취급규정 제198조)

① 장내신호기, 출발신호기 또는 엄호신호기는 열차가 그 안쪽에 진입할 시각 10분 이전에 진행지시신호를 현시할 수 없음. 다만, CTC열차운행스케줄 설정에 따라 진행지시신호를 현시하는 경우는 그러하지 아니함

② 전동열차에 대한 시발역 출발신호기의 진행지시신호는 열차가 그 안쪽에 진입할 시각 3분 이전에 이를 현시할 수 없음

52. 신호 확인을 할 수 없을 때 조치(운전취급규정 제202조)

짙은 안개 또는 눈보라 등 악천후로 신호현시 상태를 확인을 할 수 없을 때의 조치

① 역장

ㄱ 폐색승인을 한 후에는 열차의 진로를 지장하지 말 것

ㄴ 짙은 안개 또는 눈보라 등 기후상태를 관제사에게 보고할 것

ㄷ 장내신호기 또는 엄호신호기에 정지신호를 현시하였으나 200m의 거리에서 이를 확인할 수 없는 경우에는 이 상태를 인접역장에게 통보할 것

ㄹ 통보를 받은 인접역장은 그 역을 향하여 운행할 열차의 기관사에게 이를 통보하여야 하며, 통보를 못한 경우에는 통과할 열차라도 정차시켜 통보할 것

ㅁ 열차를 출발시킬 때에는 그 열차에 대한 출발신호기에 진행 지시신호가 현시된 것을 조작반으로 확인한 후 신호현시 상태를 기관사에게 통보할 것

② 기관사

ㄱ ⓐ 신호를 주시하여 신호기 앞에서 정차할 수 있는 속도로 주의운전, ⓑ 신호현시 상태를 확인할 수 없는 경우에는 일단 정차, ⓒ 역장과 운전정보를 교환하여 그 열차의 전방에 있는 폐색구간에 열차가 없음을 확인한 경우에는 정차하지 않을 수 있음

ㄴ 출발신호기의 신호현시 상태를 확인할 수 없는 경우에 역장으로부터 진행지시 신호가 현시되었음을 통보 받았을 때에는 신호기의 현시상태를 확인할 때까지 주의운전

ㄷ 열차운전 중 악천후의 경우에는 최근 역장에게 통보할 것

53. 열차의 방호(운전취급규정 제269조)

① 철도교통사고(충돌, 탈선, 열차화재) 및 건널목사고 발생 또는 발견 시 즉시 열차방호를 시행하고 인접선 지장 여부 확인

② 이외의 경우라도 철도사고, 철도준사고, 운행장애 등으로 관계열차를 급히 정차시킬 필요가 있을 경우에는 열차방호 시행, 기관사는 즉시 정차하여야 함

54. 열차방호의 종류 및 시행방법(운전취급규정 제270조)

① 열차방호의 종류

  ㉠ 열차무선방호장치 방호 : 지장열차의 기관사 또는 역장이 시행하는 방호로서 상황발생스위치를 동작시키고, 후속열차 및 인접 운행열차가 정차하였음이 확실한 경우 즉시 열차무선방호장치의 동작을 해제시켜야 함

  ㉡ 무선전화기 방호 : 지장열차의 기관사 또는 선로 순회 직원이 시행하는 방호로서 지장 즉시 무선전화기의 채널을 비상통화위치(채널 2번) 또는 상용채널(채널1번 : 감청수신기 미설치 차량에 한함)에 놓고 "비상, 비상, 비상, ○○~△△역간 상(하)선 무선방호!"라고 3~5회 반복 통보, 관계 열차 또는 관계 정거장을 호출하여 지장 내용을 통보

  ㉢ 열차표지 방호 : 지장 고정편성열차의 기관사 또는 열차승무원이 뒤 운전실의 전조등을 점등시켜 시행하는 방호. 이 경우에 KTX 열차는 기장이 비상경보버튼을 눌러 열차의 진행방향 적색등을 점멸시킬 것

  ㉣ 정지수신호 방호 : 지장열차의 열차승무원 또는 기관사가 시행하는 방호는 지장지점으로부터 정지수신호를 현시하면서 이동하여 400미터 이상(수도권 전동열차 구간은 200미터)의 지점에 정지수신호를 현시할 것

  ㉤ 방호스위치 방호 : 고속선에서 KTX기장, 열차승무원, 유지보수 직원이 시행하는 방호, 선로변에 설치된 폐색방호스위치(CPT) 또는 역구내방호스위치(TZEP)로 구분

  ㉥ 역구내 신호기 일괄제어 방호 : 역장이 시행하는 방호, 역구내 열차방호를 의뢰받은 경우 또는 열차방호 상황발생 시 '신호기 일괄정지' 취급

55. 열차분리한 경우의 조치(운전취급규정 제277조)

① 열차운전 중 그 일부차량이 분리한 경우

  ㉠ 열차무선방호장치 방호를 시행한 후 분리차량은 수제동기를 사용하는 등 속히 정차시키고 연결할 것

  ㉡ 분리차량이 이동 중에는 이동구간의 양끝 역장 또는 기관사에게 이를 급보하여야 하며 충돌을 피하기 위하여 상호 적당한 거리를 확보할 것

  ㉢ 분리차량의 정차가 불가능한 경우 열차승무원 또는 기관사는 그 요지를 해당 역장에게 급보할 것

② 기관사는 연결기 고장으로 분리차량을 연결할 수 없는 경우

  ㉠ 분리차량의 구름방지

  ㉡ 분리차량의 차량상태를 확인하고 보고

  ㉢ 구원열차 및 적임자 출동을 요청

③ 분리차량을 연결한 구원열차의 기관사는 관제사의 지시에 따라야 함

56. 구원열차 요구 후 이동 금지(운전취급규정 제279조)

① 철도사고 등의 발생으로 열차가 정차하여 구원열차를 요구하였거나 구원열차 운전의 통보가 있는 경우에는 해당 열차를 이동하여서는 안 됨

② 구원열차 요구 후 열차 또는 차량을 이동할 수 있는 경우는 아래와 같고, 이 경우 지체 없이 구원열차의 기관사와 관제사 또는 역장에게 사유와 정차지점, 열차방호 및 구름방지 등 안전조치를 할 것

　　㉠ 철도사고 등이 확대될 염려가 있는 경우

　　㉡ 응급작업을 수행하기 위하여 다른 장소로 이동이 필요한 경우

57. 화재발생 시 필요한 조치사항(운전취급규정 제282조)

① 열차에 화재가 발생하였을 때에는 즉시 소화의 조치를 하고 여객의 대피 유도 또는 화재차량을 다른 차량에서 격리하는 등 필요한 조치를 하여야 함

② 화재발생 장소가 교량 또는 터널 내일 때에는 일단 그 밖까지 운전하는 것을 원칙으로 하고 지하구간일 경우에는 최근 역 또는 지하구간의 밖으로 운전할 것

③ 유류열차 운전 중 폐색구간 도중에서 화재 또는 화재 발생 우려가 있을 때는 일반인의 접근을 금지하고 소화에 노력하며, 열차에서 분리하여 30미터 이상 격리, 인접선 지장 우려가 있는 경우 방호를 할 것

58. 정거장 구내 열차방호(운전취급규정 제283조)

① 운전관계승무원은 열차방호를 하여야 할 지점이 상치신호기를 취급하는 정거장(신호소 포함) 구내 또는 피제어역인 경우에는 해당 역장 또는 제어역장에게 열차방호를 의뢰하고 의뢰방향에 대한 열차방호는 생략할 수 있다.

② 열차방호를 의뢰받은 역장은 해당 선로의 상치신호기 정지신호 현시 및 무선전화기 방호를 시행하여야 한다.

③ ②의 열차방호를 시행하는 경우 역구내 신호기 일괄제어장치 또는 열차무선방호장치가 설치된 역의 역장은 이를 우선 사용할 수 있다.

59. 열차승무원 및 기관사의 방호 협조(운전취급규정 제284조)

① 철도사고 등으로 열차가 정차한 경우 또는 차량을 남겨놓았을 때의 방호는 열차승무원이 하여야 한다. 다만, 열차승무원이 방호할 수 없거나 기관사가 조치함이 신속하고 유리하다고 판단할 경우에는 기관사와 협의하여 시행할 수 있다.

② 열차 전복 등으로 인접선로를 지장한 경우, 그 인접선로를 운전하는 열차에 대한 방호가 필요할 때는 열차승무원 및 기관사가 조치하여야 한다.

60. 기적고장 시 조치(운전취급규정 제291조)

① 열차운행 중 기적의 고장이 발생하면 구원을 요구하여야 함. 다만, 관제기적이 정상일 경우에는 계속 운행할 수 있음

② 구원요구 후 기관사는 동력차를 교체할 수 있는 최근 정거장까지 30km/h 이하의 속도로 주의운전하여야 함

61. 차량이 굴러간 경우의 조치(운전취급규정 제296조)

① 차량이 정거장 밖으로 굴러갔을 경우 역장은 즉시 그 구간의 상대역장에게 그 요지를 급보하고 이를 정차시킬 조치를 할 것

② 급보 받은 상대역장은 차량의 정차에 노력하고 필요하다고 인정하였을 때는 인접역장에게 통보

③ 역장은 인접선로를 운행하는 열차를 정차시키고 열차승무원과 기관사에게 통보

62. 건널목보안장치 장애 시 조치(운전취급규정 제302조)

① **역장** : 건널목보안장치가 고압배전선로 단전 또는 장치고장으로 정상작동이 불가한 것을 인지한 경우 관계처(건널목관리원, 유지보수소속, 관제사, 기관사)에 해당 건널목을 통보하고 건널목관리원이 없는 경우 신속히 지정 감시자를 배치하여야 한다.

② **장애 건널목을 운행하는 기관사** : 건널목 앞쪽부터 시속 25킬로미터 이하의 속도로 주의운전 한다. 다만, 건널목 감시자를 배치한 경우에는 그러하지 아니하다.

③ **지역본부장** : 관내 무인건널목의 장애에 대비한 감시자 지정 및 운용절차를 수립하여야 하며 건널목 감시자는 반드시 양 인접역장과 열차 운행상황 협의 후 건널목차단기 수동취급을 시행하여야 한다.

63. 운전허가증을 휴대하지 않은 경우의 조치(운전취급규정 제308조)

① 열차 운전 중 정당한 운전허가증을 휴대하지 않았거나 전령자가 승차하지 않은 것을 발견한 기관사는 속히 열차를 정차시키고 열차승무원 또는 뒤쪽 역장에게 그 사유를 보고하여야 한다.

② 정차한 기관사는 즉시 열차무선방호장치 방호를 하고 관제사 또는 가장 가까운 역장의 지시를 받아야 한다.

③ 보고를 받은 관제사 또는 역장은 열차의 운행상태를 확인하고 열차 기관사에게 현장 대기, 계속운전, 열차퇴행 등의 지시를 하여야 한다.

④ 기관사는 무선전화기 통신 불능일 경우 다른 통신수단을 사용하여 관제사 또는 역장의 지시를 받아야 하며, 관제사 또는 역장의 지시를 받기 위해 무선전화기 상태를 수시로 확인하여야 한다.

64. 정의(철도사고조사 및 피해구상세칙 제3조)

① "철도사고"란 철도운영 또는 철도시설관리와 관련하여 사람이 죽거나 다치거나 물건이 파손되는 사고를 말하며(다만, 전용철도에서 발생한 사고는 제외한다), 철도교통사고와 철도안전사고로 구분한다.

② "철도교통사고"란 철도차량의 운행과 관련된 사고로서 충돌사고, 탈선사고, 열차화재사고, 기타철도교통사고를 말한다.

③ "철도안전사고"란 철도차량의 운행과 직접적인 관련 없이 철도 운영 또는 철도시설관리와 관련하여 사람이 죽거나 다치거나 물건이 파손되는 사고를 말하며 철도화재사고, 철도시설파손사고, 기타철도안전사고로 구분한다.

④ "철도준사고"란 철도안전에 중대한 위해를 끼쳐 철도사고로 이어질 수 있었던 사건을 말한다.

⑤ "운행장애"란 철도사고 및 철도준사고 외에 철도차량의 운행에 지장을 주는 것으로서 무정차통과와 운행지연으로 구분한다.

⑥ "무정차통과"란 관제사의 사전승인 없이 기관사(KTX기장 포함)가 정차하여야 할 역을 통과한 것을 말한다.

⑦ "운행지연"이란 고속열차 및 전동열차는 20분, 일반여객열차는 30분, 화물열차 및 기타열차는 60분 이상 지연하여 운행한 경우를 말한다. 다만, 관제업무종사자가 철도사고 및 운행장애가 발생한 열차의 운전정리로 지장 받은 열차의 지연시간과 안전확보를 위해 선제적으로 시행한 운전정리로 지장 받은 열차의 지연시간은 제외한다.

⑧ "관리장애"란 운행장애의 범주에 해당하지 않은 것으로서 안전 확보를 위해 관리가 필요한 장애를 말하며, 공사(公社) 이외의 자가 관리하는 사업구간에서 발생한 장애를 포함한다.

⑨ "재난"이란 태풍, 폭우, 호우, 대설, 홍수, 지진, 낙뢰 등 자연현상으로, 「재난 및 안전관리 기본법」 제3조제1호가목에 따른 자연재난으로서 철도시설 또는 철도차량에 피해를 준 것을 말한다. 또한, 「감염병 예방 및 관리에 관한 법률」 제2조제1호에 따른 감염병 등으로 인해 열차운행에 지장을 받은 경우도 포함한다.

⑩ "사상자"란 철도사고에 따른 다음의 어느 하나에 해당하는 사람을 말하며 개인의 지병에 따른 사상자는 제외한다.
   ㉠ 사망자 : 사고로 즉시 사망하거나 30일 이내에 사망한 사람을 말한다.
   ㉡ 부상자 : 24시간 이상 입원치료를 한 사람을 말한다. 다만, 24시간 이상 입원치료를 받았더라도 의사의 진단결과 "정상" 판정을 받은 사람은 부상자에 포함하지 않는다.

⑪ "작업원"이란 공사(公社)의 운영 및 철도시설관리와 관련하여 공사(公社)와 직접 계약하여 업무를 수행하는 업체의 직원을 말한다. 다만, 공사와 직접 계약한 업체가 계약한 하도급업체의 작업원 및 작업과 관련 없는 행위를 한 작업원, 승인작업 시간 및 개소를 벗어난 작업원은 공중으로 분류한다.

⑫ "근무시간 내"란 「취업규칙」 제11조제2항에서 정한 통상근무자의 근무시간을 말한다.

⑬ "안전경영시스템"이란 KOVIS 내 안전·조사·산업안전보건업무를 지원하는 전산시스템(이하 "시스템"이라 한다)을 말한다.

⑭ "철도사고 등"이란 철도운영 또는 철도시설 관리와 관련하여 사람이 죽거나 다치거나 물건이 파손되는 사고를 말하는 '철도사고'와 철도안전에 중대한 위해를 끼쳐 철도사고로 이어질 수 있었던 것을 말하는 '철도준사고' 및 철도차량의 운행에 지장을 초래한 것으로서 철도사고 및 철도준사고에 해당하지 않는 '운행장애'를 말한다.

⑮ "가해자"란 철도사고 등을 유발한 사람 또는 기관 중 공사(公社) 직원이 아닌 경우를 말한다.

⑯ "이해관계자"란 가해자의 가족, 소속회사 또는 보험사 등 가해자와 직·간접적으로 이해관계가 있는 사람 또는 기관을 말한다.

⑰ "피해액"이란 철도사고 등의 발생으로 인하여 공사(公社)가 입은 총 손실액을 말한다.

⑱ "신청인"이란 철도장비 사용을 신청한 사람 또는 기관을 말한다.

65. 철도교통사고 등의 분류기준 및 종류(철도사고조사 및 피해구상세칙 제3,4,5조)

철도사고	철도교통사고 : 철도차량의 운행과 관련된 사고	충돌사고 : 철도차량이 다른 철도차량 또는 장애물(동물 및 조류는 제외한다)과 충돌하거나 접촉한 사고		
		탈선사고 : 철도차량이 궤도를 이탈한 사고		
		열차화재사고 : 철도차량에서 화재가 발생하는 사고		
		기타철도교통사고	위험물사고	
			건널목사고	
			철도교통사상사고	여객
				공중(公衆)
				직원
	철도안전사고 : 철도차량의 운행과 직접적인 관련 없이 철도 운영 또는 철도시설관리와 관련하여 사람이 죽거나 다치거나 물건이 파손되는 사고	철도화재사고		
		철도시설파손사고		
		기타철도안전사고	철도안전사상사고	여객
				공중(公衆)
				직원
			기타안전사고	
철도준사고	철도안전에 중대한 위해를 끼쳐 철도사고로 이어질 수 있었던 사건			
운행장애	무정차통과 : 관제사의 사전승인 없이 기관사(KTX기장 포함)가 정차하여야 할 역을 통과한 것 운행지연 : 고속열차 및 전동열차는 20분, 일반여객열차는 30분, 화물열차 및 기타열차는 60분 이상 지연하여 운행한 경우			
관리장애	운행장애의 범주에 해당하지 않은 것으로서 안전 확보를 위해 관리가 필요한 장애를 말하며, 공사(公社) 이외의 자가 관리하는 사업구간에서 발생한 장애를 포함			
철도재난				

66. 철도사고 등에 대한 조치(철도사고조사 및 피해구상세칙 제9조)

① 사고수습 또는 복구작업을 하는 경우에는 인명의 구조와 보호에 가장 우선순위를 둘 것
② 사상자가 발생한 경우에는 「비상대응계획」에서 정한 절차에 따라 응급처치, 의료기관으로 긴급이송, 관계기관과의 협조 등 필요한 조치를 신속히 할 것
③ 철도차량 운행이 곤란한 경우에는 비상대응절차에 따라 대체수단을 마련하는 등 필요한 조치를 할 것
④ 신속한 연락체계를 구축하고 병발사고를 예방할 것

67. 철도사고 등의 보고(철도사고조사 및 피해구상세칙 제11조)

① 사고발생 일시 및 장소
② 사상자 등 피해사항
③ 사고발생 경위
④ 사고수습 및 복구계획 등
을 안전총괄본부장에게 보고하여야 한다.

68. 급보책임자(철도사고조사 및 피해구상세칙 제12조)

① 정거장 안에서 발생한 경우 : 역장(신호소, 신호장에 근무하는 선임전기장, 전기장, 전기원, 간이역에 근무하는 역무원 포함). 다만, 위탁역의 급보책임자는 관리역장으로 한다.

② 정거장 밖에서 발생한 경우 : 기관사(KTX 기장을 포함)

③ 위 각 호 이외의 장소에서 발생한 경우 : 발생장소의 장 또는 발견자

69. 급보계통(철도사고조사 및 피해구상세칙 제13조)

급보책임자 → 인접 역장 → 철도교통관제센터장 → 본사 및 지역본부, 철도차량정비단, 고속시설사업단, 고속전기사업단(다만, 고속선의 경우 KTX 기장이 직접 관제센터장에게 급보)

70. 보고종류별 보고시기 및 보고내용(철도사고조사 및 피해구상세칙 제15조 별표 3)

보고별	보고시기	보고자	보고내용
최초보고 (급보)	발생즉시	사고·장애 해당자 (기관사, KTX기장, 여객전무, 열차팀장 또는 기타)	1. 일시 2. 장소 3. 열차 4. 개황 5. 사상자 발생여부 6. 인접선로 지장여부 7. 기타 인지된 사항
중간보고	현장 도착즉시	임시복구 지휘자	1. 사고·장애현장 상황 2. 피해 개황 3. 인접선로 지장 여부 4. 사고·장애원인 5. 사상자 수 및 후송관계 6. 복구작업 계획
진행보고 (필요에 따라 2,3차 순으로 보고)	현장도착 즉시 및 수시	복구지휘자	1. 복구작업 계획 및 진척상황 2. 밝혀진 사고·장애 조사내용 3. 복구장비 및 요원 출동 현황 4. 복구 예정 시각 5. 기타 필요사항
최종보고	복구작업 완료 후	복구지휘자	1. 차량, 선로, 전차선의 복구완료 시각 2. 복구 후의 안전 확인사항 및 조치 3. 최초 운행 열차 4. 피해 내용 5. 정상회복의 시기

71. 사고발생 후 30분 이내 보고하여야 하는 철도사고(철도사고조사 및 피해구상세칙 제16조)

① 열차의 충돌·탈선사고

② 철도차량 또는 열차에서 화재가 발생하여 운행을 중지시킨 사고

③ 철도차량 또는 열차의 운행과 관련하여 3명 이상의 사상자가 발생한 사고

④ 철도차량 또는 열차의 운행과 관련하여 5천만 원 이상의 재산피해가 발생한 사고

72. 이의신청(철도사고조사 및 피해구상세칙 제31조)

① 철도사고 등의 조사처리 결과가 사실과 다른 경우 : 관계 직원 및 그 밖의 관계인은 조사처리 결과를 통보받은 날부터 15일 이내에 이의신청서를 작성한 후, 사고조사부서의 장에게 제출하여야 한다.

② 이의신청의 처리기간(철도사고조사 및 피해구상세칙 제32조) : 접수일로부터 1개월 이내에 처리

73. 철도사고복구 장비종류(비상대응시행세칙 제3조)

"복구장비"란 기중기, 재크키트 및 모터카 등 사고복구를 위한 장비를 말한다.

Tip 유니목은 사고복구장비에서 제외됐다.

2020년 제1회 과년도 기출복원문제

01 다음은 무엇에 대한 설명인가?

> 열차 또는 차량의 운전정리 사항과 긴급히 발령하는 운전취급에 관한 지시를 말하며, XROIS 또는 전화로 발령한다.

정답

임시운전명령

해설

운전취급규정 제57조

정규 운전명령은 수송수요, 수송시설 및 장비의 상황에 따라 상당 시간 이전에 XROIS 또는 공문으로 발령한다.

02 다음 빈칸에 들어갈 알맞은 답을 쓰시오.

> 지도통신식을 시행하는 경우에 폐색구간 양끝 역장이 협의한 후 폐색구간의 양끝에서 교대로 열차를 구간에 진입시킬 때는 각 열차에 발행하는 운전허가증은 (㉠)이며, 연속하여 2 이상의 열차를 동일방향의 폐색구간에 연속 진입시킬 때는 맨 뒤의 열차 이외의 열차에는 (㉡)을 발행한다.

정답

㉠ 지도표

㉡ 지도권

해설

운전취급규정 제154,155,156조

지도표 사용에 해당하는 경우

• 폐색구간의 양끝에서 교대로 열차를 구간에 진입시킬 때에는 각 열차

• 연속하여 2 이상의 열차를 동일방향의 폐색구간에 연속 진입시킬 때는 맨 뒤의 열차

• 정거장 외에서 퇴행할 열차

Tip 지도표 사용에 해당하는 경우 제외하고는 모두 지도권 사용

03 상치신호기의 종류 4가지를 적으시오.

정답
- 장내신호기
- 출발신호기
- 폐색신호기
- 엄호신호기

해설
운전취급규정 제171조
- 주신호기 : 장내, 출발, 폐색, 엄호, 유도, 입환
- 종속신호기 : 원방, 통과, 중계, 보조
- 신호부속기 : 진로표시기, 진로예고표시기, 진로개통표시기, 입환신호중계기

04 사고복구장비 3가지를 쓰시오.

정답
- 모터카
- 재크키트
- 기중기

해설
비상대응시행세칙 〈개정 2022.06.15.〉
'복구장비'란 기중기, 재크키트 및 모터카 등 사고복구를 위한 장비를 말한다.
철도사고조사 및 피해구상세칙 〈2022.12.21. 기준〉
복구장비 : 기중기, 유니목, 재크키트
※ 2020년 당시 이 문제가 출제됐을 때 답은 유니목, 재크키트, 기중기였다. 세칙 개정이 정밀하게 되지 않아 논란의 여지가 있는 문제다.

05 열차운전정리 시 열차등급순서대로 나열하시오.

㉠ 공사열차	㉡ 시험운전열차	㉢ 단행열차
㉣ 회송열차	㉤ 급행화물열차	㉥ 일반화물열차
㉦ 고속여객열차	㉧ 특급여객열차	㉨ 급행여객열차
㉩ 보통여객열차		

정답
㉦ – ㉧ – ㉨ – ㉩ – ㉤ – ㉥ – ㉠ – ㉣ – ㉢ – ㉡

해설
운전취급규정 제55조
여객 다음 화물이 온다는 것은 상식으로 알고, 뒤에 익숙지 않은 열차들은 '공회단시'로 앞글자만 따서 외우도록 하자.

06 관제사의 운전정리 중 열차의 계획된 운전시각을 앞당겨 운전하는 것은 무엇인가?

정답
조상운전

해설
운전취급규정 제53조
관제사의 운전정리 시행에 대한 문제는 단골 출제내용으로 모든 사항의 정의를 숙지해놓기를 추천한다. 조상운전, 조하운전, 일찍출발의 정의를 구별할 수 있어야 한다.

07 철도차량이 궤도를 이탈한 사고를 무엇이라고 하는가?

정답
탈선사고

해설
철도사고조사 및 피해구상 세칙 제4조
철도교통사고의 종류
• 충돌사고 : 철도차량이 다른 철도차량 또는 장애물(동물 및 조류는 제외한다)과 충돌하거나 접촉한 사고
• 탈선사고 : 철도차량이 궤도를 이탈한 사고
• 열차화재사고 : 철도차량에서 화재가 발생하는 사고
• 기타철도교통사고 : 기타 철도차량의 운행과 관련된 사고

08 복선운전구간에서 대용폐색방식 시행의 경우로서 폐색구간 양끝 역장이 전용전화기를 사용하여 협의한 후에 시행하는 대용폐색방식은?

정답
통신식

해설
운전취급규정 제139조
통신식
• 복선 운전구간에서 대용폐색방식 시행의 경우 : 폐색구간 양끝 역장은 전용전화기를 사용하여 협의한 후 통신식을 시행
• 통신식을 시행하는 경우
 − CTC구간에서 CTC장애, 신호장치 고장 또는 열차무선전화기 고장 등으로 지령식을 시행할 수 없을 경우
 − CTC 이외의 구간에서 신호장치 고장 등으로 상용폐색방식을 시행할 수 없는 경우

09 고장열차 있는 폐색구간에 폐색구간을 변경하지 않고 구원열차를 운전하는 경우 또는 정거장 또는 신호소 바깥으로 차량이 굴러갔거나 차량을 남겨놓은 폐색구간에 폐색구간을 변경하지 않고 그 차량을 회수하기 위하여 구원열차를 운전하는 경우의 폐색준용법은?

정답
전령법

해설
운전취급규정 제162조
전령법을 시행하는 경우
• 고장열차 있는 폐색구간에 폐색구간을 변경하지 않고 구원열차를 운전하는 경우
• 정거장 또는 신호소 바깥으로 차량이 굴러갔거나 차량을 남겨놓은 폐색구간에 폐색구간을 변경하지 않고 그 차량을 회수하기 위해 구원열차를 운전하는 경우
• 선로고장의 경우에 전화불통으로 관제사의 지시를 받지 못할 경우
• 현장에 있는 공사열차 이외에 재료수송, 그 밖에 다른 공사열차를 운전하는 경우
• 중단운전구간에서 재차 사고발생으로 구원열차를 운전하는 경우
• 전령법에 따라 구원열차 또는 공사열차 운전 중 사고, 그 밖의 다른 구원열차 또는 공사열차를 동일 폐색구간에 운전할 필요 있는 경우

10 다음이 설명하는 용어를 쓰시오.

(1) 단선운전 구간에서 열차교행을 할 정거장 변경
(2) 선발로 할 열차의 운전시각을 변경하지 않고 열차의 운행순서를 변경

정답
(1) 교행변경
(2) 순서변경

해설
운전취급규정 제53조
관제사의 운전정리 시행에 대한 문제! 필수로 암기하도록 하자.

※ 11~13 다음 ( ) 안에 들어갈 알맞은 내용을 쓰시오.

11 철도교통사고 및 운행장애(관리장애 포함)가 발생하면 급보책임자는 즉시 인접역장에게, 역장은 (　　　)에게 급보하여야 한다

정답
철도교통관제센터장

해설
철도사고조사 및 피해구상 세칙 제13조
철도교통사고, 철도준사고 및 운행장애(관리장애 포함)가 발생하면 급보책임자는 즉시 인접 역장에게, 역장은 철도교통관제센터장에게 급보하여야 하며(다만, 고속선의 경우 KTX기장이 직접 관제센터장에게 급보), 관제센터장은 다음과 같이 본사 및 지역본부, 철도차량정비단, 고속시설사업단, 고속전기사업단에 급보하여야 한다.
• 본사 : 관제운영실장
• 담당 지역본부, 철도차량정비단, 고속시설사업단, 고속전기사업단
　- 근무시간 내 : 안전보건처장, 품질안전처장, 안전기술부장
　- 근무시간 외 : 당직책임자

12 출발신호기에는 열차가 그 안쪽에 진입할 시각 (　　)분 전에 진행지시신호를 현시할 수 없다.

정답
10

13 운전정리에 지장이 없는 전동열차는 미리 정한 시각보다 (　　)분 이내 일찍 출발할 수 있다.

정답
5

해설
운전취급규정 제28조
관제사가 승인에 의해 지정된 시각보다 일찍 또는 늦게 출발시킬 수 있는 경우
• 여객을 취급하지 않는 열차의 일찍 출발
• 운전정리에 지장이 없는 전동열차로서 5분 이내의 일찍 출발
• 여객접속 역에서 여객 계승을 위하여 지연열차의 도착을 기다리는 아래의 경우
　- 고속 · 준고속 여객열차의 늦게 출발
　- 고속 · 준고속 여객열차 이외 여객열차의 5분 이상 늦게 출발

14 강우량에 따른 관제사의 규제종별 3가지를 쓰시오.

• 운행정지
• 서행운전
• 주의운전

운전취급규정 제5조 별표 1
[강우량에 따른 운전취급 기준]

강우기준	운전취급
연속강우량 150mm 미만, 시간당 강우량 65mm 이상	운행정지
연속강우량 150mm~320mm 미만, 시간당 강우량 25mm 이상	
연속강우량 320mm 이상	
연속강우량 125mm 미만, 시간당 강우량 50mm 이상	서행운전 (45km/h)
연속강우량 125mm~250mm 미만, 시간당 강우량 20mm 이상	
연속강우량 250mm 이상	
연속강우량 100mm 미만, 시간당 강우량 40mm 이상	주의운전
연속강우량 100mm~210mm 미만, 시간당 강우량 10mm 이상	
연속강우량 210mm 이상	

2020년 제3회 과년도 기출복원문제

01 다음의 설명에 대한 답은?

> 열차 또는 차량의 운전정리 사항과 긴급히 발령하는 운전취급에 관한 지시를 말하며, XROIS 또는 전화로 발령한다.

정답
임시운전명령

해설
운전취급규정 제57조
정규 운전명령은 수송수요, 수송시설 및 장비의 상황에 따라 상당 시간 이전에 XROIS 또는 공문으로 발령한다.

02 사장 또는 관제사가 열차 및 차량의 운전취급에 관련되는 상례 이외의 상황을 특별히 지시하는 것은 무엇인가?

정답
운전명령

해설
운전취급규정 제57조
운전명령이란 사장 또는 관제사가 열차 및 차량의 운전취급에 관련되는 상례 이외의 상황을 특별히 지시하는 것을 말한다.

03 위험물 적재화차는 동력을 가진 시관차로부터 몇 차를 격리시켜야 하는가?

정답

3차 이상

해설

운전취급규정 제22조

[화약류 등 적재차량의 연결제한 및 격리]

격리, 연결제한할 경우		격리, 연결제한하는 화차 1. 화약류 적재화차	2. 위험물 적재화차	3. 불에 타기 쉬운 화물 적재화차	4. 특대화물 적재화차
1. 격리	가. 여객승용차량	3차 이상	1차 이상	1차 이상	1차 이상
	나. 동력을 가진 기관차	3차 이상	3차 이상	3차 이상	
	다. 화물호송인 승용차량	1차 이상	1차 이상	1차 이상	
	라. 열차승무원 또는 그 밖의 직원 승용차량	1차 이상			
	마. 불타기 쉬운 화물 적재화차	1차 이상	1차 이상		
	바. 불나기 쉬운 화물 적재화차 또는 폭발 염려 있는 화물 적재화차	3차 이상	3차 이상	1차 이상	
	사. 위험물 적재화차	1차 이상		1차 이상	
	아. 특대화물 적재화차	1차 이상			
	자. 인접차량에 충격 염려 화물 적재화차	1차 이상			
2. 연결제한	가. 여객열차 이상의 열차	연결 불가 (화물열차 미운행 구간 또는 운송상 특별한 사유 시 화약류 적재 화차 1량 연결 가능. 다만, 3차 이상 격리)			
	나. 그 밖의 열차	5차(다만, 군사 수송은 열차 중간에 연속하여 10차)	연결	열차 뒤 쪽에 연결	
	다. 군용열차	연결			

04 열차사고 및 건널목 사고 등이 발생했을 경우 즉시 행해야 하는 방호는 무엇인가?

정답

열차방호

해설

운전취급규정 제269조

철도교통사고(충돌, 탈선, 열차화재) 및 건널목사고 발생 또는 발견 시 즉시 열차무선방호
장치방호를 시행하고 인접선 지장 여부 확인

※ 2021.12.22. 개정된 내용으로 2020년 출제당시 정답은 '열차무선방호장치 방호'이다.

05 단선구간에서 사용하는 대용폐색방식 3가지는?

정답

지령식, 지도식, 지도통신식

해설

운전취급규정 제100조

대용폐색방식

• 복선운전 : 지령식, 통신식
• 단선운전 : 지령식, 지도통신식, 지도식

Tip '지도'가 들어가면 단선운전에서의 대용폐색방식

06 복선구간에서 사용하는 상용폐색방식 3가지는?

정답

자동폐색식, 차내신호폐색식, 연동폐색식

해설

운전취급규정 제100조

상용폐색방식

• 복선구간 : 자동폐색식, 차내신호폐색식, 연동폐색식
• 단선구간 : 자동폐색식, 차내신호폐색식, 연동폐색식, 통표폐색식

07 신호기에 유도신호가 현시된 때에는 시속 몇 킬로미터 이하로 운전해야 하는가?

정답

25km/h 이하

해설

운전취급규정 제43조

유도신호의 지시가 있을 때 열차는 앞쪽 선로에 지장 있을 것을 예측하고, 일단 정차 후 그 현시지점을 지나 25km/h 이하의 속도로 진행할 수 있다.

유도	경계	주의
25km/h	25km/h *5현시의 경우 65km/h	45km/h *5현시의 경우 65km/h

08 빈칸에 들어갈 알맞은 내용을 쓰시오.

> (   )는/은 열차운행에 혼란이 발생되거나 예상되는 경우 열차의 종류·등급·목적지 및 연계수송 등을 고려하여
> 열차가 정상적으로 운행할 수 있도록 운전정리를 시행하여야 한다.

정답
관제사

해설
운전취급규정 제53조
※ 2020.04.11. 개정된 조문으로 출제 당시 조문은 '관제사는 열차운행에 혼란이 있거나 혼란이 예상되는 때에는 관계자에게 알려 운전정리를
   하여야 한다'였다.

09 빈칸에 들어갈 말로 알맞은 것은?

> (   )는/은 짙은 안개, 눈보라 등 악천후로 신호현시 상태를 확인할 수 없을 때에는 신호를 주시하여 신호기 앞에서
> 정차 할 수 있는 속도로 주의운전을 하여야 한다.

정답
기관사

해설
운전취급규정 제202조
기관사
• 신호를 주시하여 신호기 앞에서 정차할 수 있는 속도로 주의운전하여야 하며, 신호현시 상태를 확인할 수 없는 경우에는 일단 정차할 것.
  다만, 역장과 운전정보를 교환하여 그 열차의 전방에 있는 폐색구간에 열차가 없음을 확인한 경우에는 정차하지 않을 수 있다.
• 출발신호기의 신호현시 상태를 확인할 수 없는 경우에 역장으로부터 진행 지시신호가 현시되었음을 통보 받았을 때에는 신호기의 현시상태를
  확인할 때까지 주의운전할 것
• 열차운전 중 악천후의 경우에는 최근 역장에게 통보할 것

10 열차의 도착시각을 정하는 기준은 무엇인가?

정답
열차가 정해진 위치에 정차한 때

해설
운전취급규정 제30조
• 도착시각 : 열차가 정해진 위치에 정차한 때
• 출발시각 : 열차가 출발하기 위하여 진행을 개시한 때
• 통과시각 : 열차의 앞부분이 정거장의 본 역사 중앙을 통과한 때. 고속선은 열차의 앞부분이 절대표지(출발)를 통과한 때

11 조상운전과 조하운전의 정의는 무엇인가?

> **정답**
> • 조상운전 : 열차의 계획된 운전시각을 앞당겨 운전
> • 조하운전 : 열차의 계획된 운전시각을 늦추어 운전

> **해설**
> 운전취급규정 제53조

12 열차 화재 발생 장소가 교량 또는 터널 내일 때의 조치 원칙은 무엇인가?

> **정답**
> 교량 또는 터널 밖까지 운전

> **해설**
> 운전취급규정 제282조
> 화재발생 시 필요한 조치사항
> • 열차에 화재가 발생하였을 때에는 즉시 소화의 조치를 하고 여객의 대피 유도 또는 화재차량을 다른 차량에서 격리하는 등 필요한 조치를 하여야 함
> • 화재발생 장소가 교량 또는 터널 내일 때에는 일단 그 밖까지 운전하는 것을 원칙으로 하고 지하구간일 경우에는 최근 역 또는 지하구간의 밖으로 운전할 것
> • 유류열차 운전 중 폐색구간 도중에서 화재 또는 화재 발생 우려가 있을 때는 일반인의 접근을 금지하고 소화에 노력하며, 열차에서 분리하여 30미터 이상 격리, 인접선 지장 우려가 있는 경우 방호를 할 것

13 운전취급담당자는 임시운전명령을 통고하는 경우 무선전화기 3회 호출에도 응답이 없을 때 조치사항 2가지는 무엇인가?

> **정답**
> • 상치신호기 정지신호 현시
> • 열차승무원의 비상정차 지시

> **해설**
> 운전취급규정 제59조
> 운전취급담당자는 기관사에게 임시운전명령을 통고하는 경우
> 무선전화기 3회 호출에도 응답이 없을 때 상치신호기 정지신호 현시 및 열차승무원의 비상정차 지시 등의 조치를 하여야 함

14 정거장 내에서 철도사고 발생 시 급보 책임자는?

> **정답**
> 역장

> **해설**
> 철도사고조사 및 피해구상 세칙 제12조
> 정거장 안에서 발생한 경우(전용선 안에서 공사(公社) 소속의 동력차 또는 직원에 의해 발생한 경우 포함) : 역장(신호소, 신호장에 근무하는 선임전기장, 전기장, 전기원, 간이역에 근무하는 역무원 포함). 다만, 위탁역의 급보책임자는 관리역장으로 한다.

2021년 제1회 과년도 기출복원문제

01 열차방호 종류 6가지 중 4가지를 적으시오.

정답
- 열차무선방호장치 방호
- 무선전화기 방호
- 열차표지 방호
- 정지수신호 방호
- 방호스위치 방호
- 역구내 신호기 일괄제어 방호

해설
운전취급규정 제270조

02 관제사의 운전정리 중 '교행변경'과 '조상운전'의 정의를 적으시오.

정답
- 교행운전 : 단선운전 구간에서 열차교행을 할 정거장을 변경
- 조상운전 : 열차의 계획된 운전시각을 앞당겨 운전

해설
운전취급규정 제53조
Tip 운전취급규정 제53조는 단골 출제조문이기 때문에 잘 외워두는 것이 좋지만, 시험 때 생각이 나지 않더라도 절대 빈칸으로 남겨두지 말고 핵심키워드라도 적기를 추천한다.

03 관제사의 운전정리 중 다음 보기에 해당하는 것으로 알맞은 것은?

> 선발로 할 열차의 운전시각을 변경하지 않고 열차의 운행순서를 변경

정답
순서변경

해설
운전취급규정 제53조

04 CTC구간에서 관제사가 조작반으로 열차 운행상태 확인이 가능하고, 운전용 통신장치 기능이 정상인 경우에 우선 적용하며 관제사의 승인에 의해 운전하는 대용폐색방식은 무엇인가?

정답
지령식

해설
운전취급규정 제136조
지령식은 CTC구간에서 관제사가 조작반으로 열차운행상태 확인이 가능하고, 운전용 통신장치 기능이 정상인 경우에 우선 적용하며 관제사의 승인에 의해 운전하는 대용폐색방식을 말한다.

05 상용폐색방식을 사용할 수 없는 경우에 대용폐색방식을 사용하여야 한다. 이때, 복선운전을 하는 경우 대용폐색방식의 종류는 무엇인가?

정답
지령식, 통신식

해설
운전취급규정 제100조
대용폐색방식
• 복선운전 : 지령식, 통신식
• 단선운전 : 지령식, 지도통신식, 지도식

06 다음 중 빈칸에 들어갈 말로 알맞은 것은?

> 역장은 대용폐색방식 또는 폐색준용법을 시행할 경우 먼저 그 요지를 관제사에게 보고하고 승인을 받은 다음 그 구간을 운전할 열차의 기관사에게 (   ), (   ), (   )를 알려야 한다.

정답
시행구간, 시행방식, 시행사유

해설
운전취급규정 제102조
역장은 대용폐색방식 또는 폐색준용법을 시행할 경우에는 먼저 그 요지를 관제사에게 보고하고 승인을 받은 다음 그 구간을 운전할 열차의 기관사에게 다음의 사항을 알려야 한다. 이 경우에 통신 불능으로 관제사에게 보고하지 못한 경우는 먼저 시행한 다음에 그 내용을 보고하여야 한다.
• 시행구간
• 시행방식
• 시행사유

07 다음 신호기의 정위는 무엇인가?

1. 엄호신호기
2. 유도신호기
3. 입환신호기
4. 원방신호기

정답
1. 엄호신호기 : 정지신호
2. 유도신호기 : 신호를 현시하지 않음
3. 입환신호기 : 정지신호
4. 원방신호기 : 주의신호

해설
운전취급규정 제174조
- 장내·출발 신호기 : 정지신호. 다만 CTC열차운행스케줄 설정에 따라 진행지시신호를 현시하는 경우에는 그러하지 아니하다.
- 엄호신호기 : 정지신호
- 유도신호기 : 신호를 현시하지 않음
- 입환신호기 : 정지신호
- 원방신호기 : 주의신호
- 폐색신호기
  - 복선구간 : 진행 지시신호
  - 단선구간 : 정지신호

08 열차 또는 차량을 진행방향 앞 운전실에서 운전하지 않아도 되는 경우 3가지는 언제인가?

정답
- 추진운전을 하는 경우
- 퇴행운전을 하는 경우
- 보수장비 작업용 조작대에서 작업 운전을 하는 경우

해설
운전취급규정 제11조
열차 또는 구내운전을 하는 차량은 운전방향 맨 앞 운전실에서 운전하여야 한다. 다만, 운전방향의 맨 앞 운전실에서 운전하지 않아도 되는 경우는 다음과 같으며 구내운전의 경우에는 역장과 협의하여 차량입환에 따른다.
- 추진운전을 하는 경우
- 퇴행운전을 하는 경우
- 보수장비 작업용 조작대에서 작업 운전을 하는 경우

09 다음 (   )에 들어갈 용어로 알맞은 것은?

(1) (   )은 수송수요·수송시설 및 장비의 상황에 따라 상당시간 이전에 XROIS 또는 공문으로서 발령한다.

(2) (   )은 열차 또는 차량의 운전정리 사항과 긴급히 발령하는 운전취급에 관한 지시를 말하며 XROIS 또는 전화(무선전화기를 포함한다)로서 발령한다.

정답
(1) 정규 운전명령
(2) 임시 운전명령

해설
운전취급규정 제57조

10 유류열차 화재 발생 시 열차와 몇 m 이상 격리시켜야 하는가?

정답
30

해설
운전취급규정 제282조
유류열차 운전 중 폐색구간 도중에서 화재 또는 화재 발생 우려가 있을 때는 일반인의 접근을 금지하고 소화에 노력하며, 열차에서 분리하여 30미터 이상 격리, 인접선 지장 우려가 있는 경우 방호를 할 것

11 다음 빈칸에 들어갈 용어로 알맞은 것은?

역장은 열차가 출발 또는 통과한 때에는 즉시 앞쪽의 인접 정거장 또는 신호소 역장에게 (   ) 및 (   )을 통보하여야 한다. 다만, 정해진 시각(스케줄)에 운행하는 전동열차의 경우에 인접 정거장 역장에 대한 통보는 생략할 수 있다.

정답
열차번호, 시각

해설
운전취급규정 제30조

12 역장은 차량이 정거장 바깥으로 굴러갔을 경우 누구에게 급보하여야 하는가?

정답

그 구간의 상대역장

해설

운전취급규정 제296조

차량이 굴러간 경우의 조치

㉠ 차량이 정거장 밖으로 굴러갔을 경우 역장은 즉시 그 구간의 상대역장에게 그 요지를 급보하고 이를 정차시킬 조치를 하여야 한다.

㉡ ㉠의 급보를 받은 상대역장은 차량의 정차에 노력하고 필요하다고 인정하였을 때는 인접 역장에게 통보하여야 한다.

㉢ ㉠ 및 ㉡의 역장은 인접선로를 운행하는 열차를 정차시키고 열차승무원과 기관사에게 통보하여야 한다.

13 관제사는 기상자료 또는 역장으로부터의 보고에 따라 해당구간의 열차운행을 일시중지 할 수 있는 풍속은 얼마인가?

정답

30m/s 이상

해설

운전취급규정 제5조

풍속에 따른 운전취급

• 역장은 풍속이 초속 20미터 이상으로 판단된 경우, 그 사실을 관제사에게 보고

• 역장은 풍속이 초속 25미터 이상으로 판단된 경우, 다음에 따른다.

  – 열차운전에 위험이 우려되는 경우, 열차의 출발 또는 통과를 일시 중지

  – 유치 차량에 대하여 구름방지 조치

• 관제사는 기상자료 또는 역장 보고에 따라 풍속이 초속 30미터 이상인 경우 해당구간의 열차운행을 일시중지 지시

14 철도사고 발생 등으로 철도차량의 운행이 곤란할 경우에 대체수단을 마련하는 등 필요한 조치를 하는 근거는 무엇인가?

정답

비상대응절차

해설

철도사고조사 및 피해구상 세칙 제9조

• 사고수습 또는 복구작업을 하는 경우에는 인명의 구조와 보호에 가장 우선순위를 둘 것

• 사상자가 발생한 경우에는 「비상대응계획」에서 정한 절차에 따라 응급처치, 의료기관으로 긴급이송, 관계기관과의 협조 등 필요한 조치를 신속히 할 것

• 철도차량 운행이 곤란한 경우에는 비상대응절차에 따라 대체수단을 마련하는 등 필요한 조치를 할 것

• 신속한 연락체계를 구축하고 병발사고를 예방할 것

2021년 제3회 과년도 기출복원문제

01 복선구간에서의 상용폐색 3가지를 쓰시오.

정답
• 자동폐색식
• 차내신호폐색식
• 연동폐색식

해설
운전취급규정 제100조
상용폐색방식
• 복선구간 : 자동폐색식, 차내신호폐색식, 연동폐색식
• 단선구간 : 자동폐색식, 차내신호폐색식, 연동폐색식, 통표폐색식

02 복선구간에서의 대용폐색 2가지를 쓰시오.

정답
• 지령식
• 통신식

해설
운전취급규정 제100조
대용폐색방식
• 복선운전 : 지령식, 통신식
• 단선운전 : 지령식, 지도통신식, 지도식

03 관제사의 운전정리 중 보기가 설명하는 용어로 알맞은 것은?

선로의 정해진 운전방향을 변경하지 않고 열차의 운전선로를 변경

정답
선로변경

해설
운전취급규정 제53조

04 다음 빈칸에 들어갈 용어로 알맞은 것은?

(1) ( )은 수송수요·수송시설 및 장비의 상황에 따라 상당시간 이전에 XROIS 또는 공문으로서 발령한다.

(2) ( )은 열차 또는 차량의 운전정리 사항과 긴급히 발령하는 운전취급에 관한 지시를 말하며 XROIS 또는 전화(무선전화기를 포함한다)로서 발령한다.

정답
(1) 정규 운전명령
(2) 임시 운전명령

해설
운전취급규정 제57조

05 열차방호 종류 6가지 중 3가지를 적으시오.

정답
• 열차무선방호장치 방호
• 무선전화기 방호
• 열차표지 방호
• 정지수신호 방호
• 방호스위치 방호
• 역구내 신호기 일괄제어 방호

해설
운전취급규정 제270조

06 열차 화재 발생 장소가 교량 또는 터널 내일 때의 조치 원칙은 무엇인가?

정답
교량 또는 터널 밖까지 운전

해설
운전취급규정 제282조
화재발생 시 필요한 조치사항
• 열차에 화재가 발생하였을 때에는 즉시 소화의 조치를 하고 여객의 대피 유도 또는 화재차량을 다른 차량에서 격리하는 등 필요한 조치를 하여야 함
• 화재발생 장소가 교량 또는 터널 내일 때에는 일단 그 밖까지 운전하는 것을 원칙으로 하고 지하구간일 경우에는 최근 역 또는 지하구간의 밖으로 운전할 것
• 유류열차 운전 중 폐색구간 도중에서 화재 또는 화재 발생 우려가 있을 때는 일반인의 접근을 금지하고 소화에 노력하며, 열차에서 분리하여 30미터 이상 격리, 인접선 지장 우려가 있는 경우 방호를 할 것

07 다음 열차의 등급을 순서대로 나열하시오.

㉠ 공사열차	㉡ 시험운전열차	㉢ 단행열차
㉣ 회송열차	㉤ 급행화물열차	㉥ 일반화물열차
㉦ 고속여객열차	㉧ 특급여객열차	㉨ 급행여객열차
㉩ 보통여객열차		

정답

㉦ – ㉧ – ㉨ – ㉩ – ㉤ – ㉥ – ㉠ – ㉣ – ㉢ – ㉡

해설

운전취급규정 제55조

여객 다음 화물이 온다는 것은 상식으로 알고, 뒤에 익숙지 않은 열차들은 '공회단시'로 앞글자만 따서 외우도록 하자.

08 다음 빈칸에 들어갈 내용을 차례대로 쓰시오.

> 열차의 착발선을 지정하여 운용할 때 일반선은 (   ), 고속선은 (   )가 지정한다.

정답

역장, 관제사

해설

운전취급규정 제36조

관제사는 고속선, 역장은 일반선에 대하여 운행열차의 착발 또는 통과선을 지정하여 운용하여야 한다.

09 다음 빈칸에 들어갈 내용으로 알맞은 것은?

(1) 풍속 (   ) 이상 시 역장은 관제사에게 보고

(2) 풍속 (   ) 이상 시 역장은 유치차량에 대한 구름방지 조치

(3) 풍속 (   ) 이상 시 관제사는 해당구간의 열차

정답

(1) 20m/s

(2) 25m/s

(3) 30m/s

해설

운전취급규정 제5조

풍속에 따른 운전취급

• 역장은 풍속이 초속 20미터 이상으로 판단된 경우, 그 사실을 관제사에게 보고

• 역장은 풍속이 초속 25미터 이상으로 판단된 경우, 다음에 따른다.

 – 열차운전에 위험이 우려되는 경우, 열차의 출발 또는 통과를 일시 중지

 – 유치 차량에 대하여 구름방지 조치

• 관제사는 기상자료 또는 역장 보고에 따라 풍속이 초속 30미터 이상인 경우 해당구간의 열차운행을 일시중지 지시

10 차내신호폐색식(자동폐색식) 구간에서 같은 폐색구간에 앞 열차에 접근하는 때 기관사의 조치사항은?

> **정답**
>
> 앞 열차의 기관사에게 열차의 접근을 알림과 동시에 열차를 즉시 정차시켜야 한다.

> **해설**
>
> 운전취급규정 제34조
> ㉠ 차내신호폐색식(자동폐색식 포함) 구간의 같은 폐색구간에서 뒤 열차가 앞 열차에 접근하는 때 뒤 열차의 기관사는 앞 열차의 기관사에게 열차의 접근을 알림과 동시에 열차를 즉시 정차시켜야 한다.
> ㉡ ㉠의 경우에 뒤의 열차는 앞 열차의 운행상황 등을 고려하여, 1분 이상 지난 후에 다시 진행할 수 있다.

11 철도사고조사 및 피해구상 세칙에서 빈칸에 들어갈 운행지연에 해당하는 열차별 지연시간의 기준은 무엇인가?

- 고속열차 및 전동열차 (㉠)분 이상
- 일반여객열차 (㉡)분 이상
- 화물열차 및 기타열차 (㉢)분 이상

> **정답**
>
> ㉠ 20
> ㉡ 30
> ㉢ 60

> **해설**
>
> 철도사고조사 및 피해구상 제3조
> "운행지연"이란 고속열차 및 전동열차는 20분, 일반여객열차는 30분, 화물열차 및 기타열차는 60분 이상 지연하여 운행한 경우를 말한다. 다만, 관제업무종사자가 철도사고 및 운행장애가 발생한 열차의 운전정리로 지장 받은 열차의 지연시간과 안전확보를 위해 선제적으로 시행한 운전정리로 지장 받은 열차의 지연시간은 제외한다.

12 주간이라도 야간의 신호 현시방식을 따르는 경우 2가지는 무엇인가?

> **정답**
>
> - 기후상태로 200m 거리에서 인식할 수 없는 경우에 진행 중의 열차에 대한 신호의 현시
> - 지하구간 및 터널 내 신호·전호·표지

> **해설**
>
> 운전취급규정 제167조
> 주간이라도 야간 방식에 의하는 경우
> - 기후상태로 200m 거리에서 인식할 수 없는 경우에 진행 중의 열차에 대한 신호의 현시
> - 지하구간 및 터널 내 신호·전호·표지
> - 선상역사로 전호 및 표지를 확인할 수 없는 때

13 다음이 설명하는 내용을 쓰시오.

(1) CTC구간에서 관제사가 조작반으로 열차운행상태 확인이 가능하고, 운전용 통신장치 기능이 정상인 경우에 우선 적용하며 관제사의 승인에 의해 운전하는 대용폐색방식

(2) (1)의 방식으로 시행구간 정거장 진입 전 기관사가 확인해야 하는 것

정답

(1) 지령식

(2) 장내신호 현시상태

해설

운전취급규정 제136,137조

(1) 지령식은 CTC구간에서 관제사가 조작반으로 열차운행상태 확인이 가능하고, 운전용 통신장치 기능이 정상인 경우에 우선 적용하며 관제사의 승인에 의해 운전하는 대용폐색방식을 말한다.

(2) ① 관제사 및 상시로컬역장은 신호장치 고장 및 궤도회로 단락 등의 사유로 지령식을 시행하는 경우에는 해당 구간에 열차 또는 차량 없음을 확인한 후 시행하여야 한다.

② 관제사는 지령식 시행의 경우 관계 열차의 기관사에게 열차무선전화기로 관제사 승인번호, 시행구간, 시행방식, 시행사유 등 운전주의사항을 통보 후 출발지시를 하여야 한다. 다만, 열차무선전화기로 직접 통보할 수 없는 경우에는 관계역장으로 하여금 그 내용을 통보할 수 있다.

③ 지령식 운용구간의 폐색구간 경계는 정거장과 정거장까지를 원칙으로 하며 관제사가 지정한다.

④ 기관사는 지령식 시행구간 정거장 진입 전 장내신호 현시상태를 확인하여야 한다.

14 열차를 감시할 때 기관사가 뒤를 확인하지 않아도 되는 경우는 언제인가?

정답

동력차 1인 승무열차

해설

운전취급규정 제37조

열차가 정거장에 도착·출발 또는 통과할 때와 운행 중인 열차의 감시

동력차 승무원

• 견인력 저하 등 차량 이상을 감지하거나 연락받은 경우 열차의 상태를 확인할 것

• 열차운행 시 무선전화기 수신에 주의할 것

• 지역본부장이 지정한 구간에서 열차의 뒤를 확인할 것

• 정거장을 출발하거나 통과할 경우 열차의 뒤를 확인하여 열차의 상태와 역장 또는 열차 승무원의 동작에 주의 다만, 정거장 통과 시 뒤를 확인하기 어려운 구조는 생략할 수 있음

• 동력차 1인 승무인 경우 열차의 뒤 확인은 생략할 것

2022년 제1회 과년도 기출복원문제

01 운전명령의 정의와 정규운전명령의 발령방법 2가지를 쓰시오.

정답
- 운전명령 : 사장 또는 관제사가 열차 및 차량의 운전취급에 관련되는 상례 이외의 상황을 특별히 지시하는 것
- 정규운전명령 발령방법 : XROIS, 공문

해설
운전취급규정 제57조
- 운전명령이란 사장(열차운영단장, 관제실장) 또는 관제사가 열차 및 차량의 운전취급에 관련되는 상례 이외의 상황을 특별히 지시하는 것을 말한다.
- 정규 운전명령은 수송수요·수송시설 및 장비의 상황에 따라 상당시간 이전에 XROIS 또는 공문으로서 발령한다.

02 관제사의 운전정리 중 다음 용어의 정의를 적으시오.

(1) 조상운전　　　　(2) 특발
(3) 선로변경　　　　(4) 단선운전

정답
(1) 열차의 계획된 운전시각을 앞당겨 운전
(2) 지연열차를 도착을 기다리지 않고 따로 조성하여 출발
(3) 선로의 정해진 운행 방향을 변경하지 않고 열차의 운전선로를 변경
(4) 복선운전을 하는 구간에서 한쪽 방향의 선로에 열차사고·선로고장 또는 작업 등으로 그 선로로 열차를 운전할 수 없는 경우 다른 방향의 선로를 사용하여 상·하 열차를 운전

해설
운전취급규정 제53조

03 다음 빈칸에 들어갈 알맞은 내용을 쓰시오.

역장은 열차지연으로 (㉠) 또는 (㉡)의 운전정리가 유리하다고 판단되나 통신 불능으로 (㉢)에게 통보할 수 없을 때에는 관계 역장과 협의하여 운전정리를 할 수 있다.

정답
㉠ 교행변경
㉡ 순서변경
㉢ 관제사

해설
운전취급규정 제54조

04 역 구내에서 기관사가 역장에게 방호 요청 시 역장이 시행하여야 할 사항 2가지는 무엇인가?(단, 역 구내 신호기 일괄제어장치 또는 열차무선방호장치가 설치되지 않은 역의 경우)

정답
• 상치신호기 정지신호 현시
• 무선전화기 방호

해설
운전취급규정 제283조
㉠ 운전관계승무원은 열차방호를 하여야 할 지점이 상치신호기를 취급하는 정거장(신호소 포함) 구내 또는 피제어역인 경우에는 해당 역장 또는 제어역장에게 열차방호를 의뢰하고 의뢰방향에 대한 열차방호는 생략할 수 있다. 〈개정 2020.06.26.〉
㉡ 열차방호를 의뢰받은 역장은 해당 선로의 상치신호기 정지신호 현시 및 무선전화기 방호를 시행하여야 한다.
㉢ ㉡의 열차방호를 시행하는 경우 역구내 신호기 일괄제어장치 또는 열차무선방호장치가 설치된 역의 역장은 이를 우선 사용할 수 있다.

05 다음 (   )에 들어갈 알맞은 숫자를 쓰시오.

> 지도표는 1폐색구간 (㉠)매로 하며, 지도표의 발행번호는 1호부터 (㉡)호까지로 한다.

정답
㉠ 1
㉡ 10

해설
운전취급규정 제154조
① 지도통신식을 시행하는 경우에 폐색구간 양끝 역장이 협의한 후 열차를 진입시키는 역장이 발행하여야 한다.
② 지도표는 1폐색구간 1매로 하고 지도통신식 시행 중 이를 순환 사용한다.
③ 지도표를 발행하는 경우에 지도표 발행 역장이 지도표의 양면에 필요사항을 기입하고 서명하여야 한다. 이 경우에 폐색구간 양끝 역장은 지도표의 최초 열차명 및 지도표 번호를 전화기로 상호 복창하고 기록하여야 한다.
④ ③의 지도표를 최초열차에 사용하여 상대 정거장 또는 신호소에 도착하는 때에 그 역장은 지도표의 기재사항을 점검하고 상대 역장란에 역명을 기입하고 서명하여야 한다.
⑤ 지도표의 발행번호는 1호부터 10호까지로 한다.

06 다음 바람의 세기 중 풍속이 약한 바람에서 큰 바람 순서대로 나열하시오.

㉠ 큰센바람	㉡ 센바람	㉢ 큰바람
㉣ 왕바람	㉤ 노대바람	㉥ 싹쓸바람

정답

㉡ - ㉢ - ㉠ - ㉤ - ㉣ - ㉥

해설

운전취급규정 제5조 별표 1

[목측에 의한 풍속 측정 기준]

종별	풍속(m/s)	파도(m)	현상
센바람	14 이상~17 미만	4	나무전체가 흔들림. 바람을 안고서 걷기가 어려움
큰바람	17 이상~20 미만	5.5	작은 나무가 꺾임. 바람을 안고서는 걸을 수가 없음
큰센바람	20 이상~25 미만	7	가옥에 다소 손해가 있거나 굴뚝이 넘어지고 기와가 벗겨짐
노대바람	25 이상~30 미만	9	수목이 뿌리째 뽑히고 가옥에 큰 손해가 일어남
왕바람	30 이상~33 미만	12	광범위한 파괴가 생김
싹쓸바람	33 이상	12 이상	광범위한 파괴가 생김

07 철도사고 중 발생 즉시(사고 발생 후 30분 이내) 국토교통부장관 및 관련기관에 보고하여야 하는 3가지를 서술하시오.

정답

- 열차의 충돌·탈선사고
- 철도차량 또는 열차에서 화재가 발생하여 운행을 중지시킨 사고
- 철도차량 또는 열차의 운행과 관련하여 3명 이상의 사상자가 발생한 사고
- 철도차량 또는 열차의 운행과 관련하여 5천만원 이상의 재산피해가 발생한 사고

해설

철도사고조사 및 피해구상 세칙 제16조

㉠ 「철도안전법 시행령」 제57조에 해당하는 철도사고 등이 발생한 경우에는 다음의 대외기관에 즉시(사고발생 후 30분 이내) 보고하여야 한다.
- 국토교통부(관련과) 및 항공·철도사고조사위원회 다만, 근무시간 이외에는 국토교통부 당직실로 보고
- 그 밖에 필요한 관계기관

㉡ ㉠에 해당하는 철도사고 등은 다음과 같다.
- 열차의 충돌·탈선사고
- 철도차량 또는 열차에서 화재가 발생하여 운행을 중지시킨 사고
- 철도차량 또는 열차의 운행과 관련하여 3명 이상의 사상자가 발생한 사고
- 철도차량 또는 열차의 운행과 관련하여 5천만원 이상의 재산피해가 발생한 사고

08 철도교통사고와 철도안전사고의 정의와 차이점은 무엇인가?

정답
- 철도교통사고 : 열차 또는 철도차량의 운행으로 발생된 사고
- 철도안전사고 : 열차 또는 철도차량의 운행과 관련 없는 철도운영 또는 시설 관리와 관련하여 사람이 죽거나 다치거나 물건이 파손되는 사고

해설
철도사고조사 및 피해구상 세칙 제3조

09 철도사고로 인한 구원열차 요구 후 열차를 움직일 수 있는 조건 2가지는 무엇인가?

정답
- 철도사고 등이 확대될 염려가 있는 경우
- 응급작업을 수행하기 위해 다른 장소로 이동이 필요한 경우

해설
운전취급규정 제297조
구원열차 요구 후 열차 또는 차량을 이동할 수 있는 경우는 아래와 같고, 이 경우 지체 없이 구원열차의 기관사와 관제사 또는 역장에게 사유와 정차지점, 열차방호 및 구름방지 등 안전조치를 할 것
- 철도사고 등이 확대될 염려가 있는 경우
- 응급작업을 수행하기 위하여 다른 장소로 이동이 필요한 경우

10 다음 빈칸에 들어갈 알맞은 숫자를 쓰시오.

> 정거장에서 2 이상의 열차 착발에 있어서 상호 지장할 염려가 있을 때에는 동시에 이를 진입 또는 진출시킬 경우에 동일방향에서 동시에 진입하는 열차 쌍방이 정차위치를 지나서 진행할 경우 상호 접촉되는 배선에서는 그 정차위치에서 (   )미터 이상의 여유거리가 필요하다.

정답
100

해설
운전취급규정 제32조
정거장에서 2 이상의 열차착발에 있어서 상호 지장할 염려가 있을 때에는 동시에 이를 진입 또는 진출시킬 수 없다. 다만 다음의 어느 하나에 해당하는 경우에는 그러하지 아니하다.
- 안전측선, 탈선선로전환기, 탈선기가 설치된 경우
- 열차를 유도하여 진입시킬 경우
- 단행열차를 진입시킬 경우
- 열차의 진입선로에 대한 출발신호기 또는 정차위치로부터 200미터(동차·전동열차의 경우는 150미터) 이상의 여유거리가 있는 경우
- 동일방향에서 동시에 진입하는 열차 쌍방이 정차위치를 지나서 진행할 경우 상호 접촉되는 배선에서는 그 정차위치에서 100미터 이상의 여유거리가 있는 경우
- 차내신호 "25" 신호(구내폐색 포함)에 의해 진입시킬 경우

11 임시신호기의 종류 4가지는 무엇인가?

정답

• 서행신호기
• 서행예고신호기
• 서행해제신호기
• 서행발리스

해설

운전취급규정 제189조
임시신호기의 종류

• 서행신호기 : 서행운전할 필요가 있는 구간에 진입하려는 열차 또는 차량에 대하여 그 구간을 서행할 것을 지시하는 신호기
• 서행예고신호기 : 서행신호기를 향하는 열차 또는 차량에 대하여 그 앞쪽에 서행신호의 현시 있음을 예고하는 신호기
• 서행해제신호기 : 서행구역을 진출하려는 열차 또는 차량에 대한 것으로서 서행해제 되었음을 지시하는 신호기
• 서행발리스 : 서행 운전할 필요가 있는 구간의 전방에 설치하는 송·수신용 안테나로 지상 정보를 열차로 보내 자동으로 열차의 감속을 유도하는 것

12 다음 ( )에 들어갈 알맞은 숫자를 쓰시오.

> 철도사고로 사망자는 사고로 즉시 사망하거나 (㉠)일 이내에 사망한 사람을 말하며, 부상자는 (㉡)시간 이상 입원치료를 한 사람을 말한다. 다만, (㉡)시간 이상 입원치료를 받았더라도 의사의 진단결과 '정상' 판정을 받은 사람은 부상자에 포함하지 않는다.

정답

㉠ 30
㉡ 24

해설

철도사고조사 및 피해구상 세칙 제3조
"사상자"란 철도사고에 따른 다음의 어느 하나에 해당하는 사람을 말하며 개인의 지병에 따른 사상자는 제외한다.

• 사망자 : 사고로 즉시 사망하거나 30일 이내에 사망한 사람을 말한다.
• 부상자 : 24시간 이상 입원치료를 한 사람을 말한다. 다만, 24시간 이상 입원치료를 받았더라도 의사의 진단결과 "정상" 판정을 받은 사람은 부상자에 포함하지 않는다.

13 다음 보기가 설명하는 용어는 무엇인가?

> 폐색방식을 시행할 수 없는 경우에 이에 준하여 열차를 운전시킬 필요가 있는 경우 쓰는 폐색준용법

정답
전령법

해설
운전취급규정 제101조

14 열차를 분리한 경우 연결기 고장으로 분리차량을 연결할 수 없을 경우에 기관사가 조치하여 할 사항 3가지는 무엇인가?

정답
- 분리차량의 구름방지를 할 것
- 분리차량의 차량상태를 확인하고 보고할 것
- 구원열차 및 적임자 출동을 요청할 것

해설
운전취급규정 제277조

2022년 제3회 과년도 기출복원문제

01 임시운전명령 사항 4가지를 적으시오.

정답
- 폐색방식 또는 폐색구간의 변경
- 열차 운전시각의 변경
- 열차 견인정수의 임시변경
- 열차의 운전선로의 변경
- 열차의 임시교행 또는 대피
- 열차의 임시서행 또는 정차
- 신호기 고장의 통보
- 수신호 현시
- 열차번호 변경
- 열차 또는 차량의 임시입환

해설
운전취급규정 제59조

02 열차방호의 종류 4가지를 적으시오.

정답
- 열차무선방호장치 방호
- 무선전화기 방호
- 열차표지 방호
- 정지수신호 방호
- 방호스위치 방호
- 역구내 신호기 일괄제어 방호

해설
운전취급규정 제270조
열차방호의 종류
- 열차무선방호장치 방호 : 지장열차의 기관사 또는 역장이 시행하는 방호로서 상황발생스위치를 동작시키고, 후속열차 및 인접 운행열차가 정차하였음이 확실한 경우 즉시 열차무선방호장치의 동작을 해제시켜야 함
- 무선전화기 방호 : 지장열차의 기관사 또는 선로 순회 직원이 시행하는 방호로서 지장 즉시 무선전화기의 채널을 비상통화위치(채널 2번) 또는 상용채널(채널 1번 : 감청수신기 미설치 차량에 한함)에 놓고 "비상, 비상, 비상, ○○~△△역간 상(하)선 무선방호!"라고 3~5회 반복 통보, 관계 열차 또는 관계 정거장을 호출하여 지장 내용을 통보
- 열차표지 방호 : 지장 고정편성열차의 기관사 또는 열차승무원이 뒤 운전실의 전조등을 점등시켜 시행하는 방호. 이 경우에 KTX열차는 기장이 비상경보버튼을 눌러 열차의 진행방향 적색등을 점멸시킬 것
- 정지수신호 방호 : 지장열차의 열차승무원 또는 기관사가 시행하는 방호는 지장지점으로부터 정지수신호를 현시하면서 이동하여 400미터 이상(수도권 전동열차 구간은 200미터)의 지점에 정지수신호를 현시할 것
- 방호스위치 방호 : 고속선에서 KTX기장, 열차승무원, 유지보수 직원이 시행하는 방호, 선로변에 설치된 폐색방호스위치(CPT) 또는 역구내방호스위치(TZEP)로 구분
- 역구내 신호기 일괄제어 방호 : 역장이 시행하는 방호, 역구내 열차방호를 의뢰받은 경우 또는 열차방호 상황발생시 '신호기 일괄정지' 취급

03 역장이 시행할 수 있는 운전정리 2가지를 쓰시오.

정답
- 교행변경
- 순서변경

해설
운전취급규정 제54조
- 역장은 열차지연으로 교행변경 또는 순서변경의 운전정리가 유리하다고 판단되나 통신 불능으로 관제사에게 통보할 수 없을 때에는 관계 역장과 협의하여 운전정리를 할 수 있다.
- 통신기능이 복구되었을 때 역장은 통신 불능 기간 동안의 운전정리에 관한 사항을 관제사에게 즉시 보고하여야 한다.

04 복선구간의 상용폐색방식 3가지는 무엇인가?

정답
- 자동폐색식
- 차내신호폐색식
- 연동폐색식

해설
운전취급규정 제100조
상용폐색방식
- 복선구간 : 자동폐색식, 차내신호폐색식, 연동폐색식
- 단선구간 : 자동폐색식, 차내신호폐색식, 연동폐색식, 통표폐색식

05 기관사가 열차운전 중 차량상태 또는 기후상태 등으로 열차를 정상속도로 운전할 수 없다고 인정한 경우에는 그 사유 및 전도 지연예상시간을 누구에게 통보하여야 하는가?

정답
역장

해설
운전취급규정 제30조

06 다음 폐색방식의 운전허가증은 무엇인가?

(1) 통표폐색식

(2) 지도통신식

(3) 지도식

(4) 전령법

정답

(1) 통표

(2) 지도표 또는 지도권

(3) 지도표

(4) 전령자

해설

운전취급규정 제116조

07 관제사의 운전정리 중 운전휴지의 정의는 무엇인가?

정답

열차 운행을 일시 중지하는 것을 말하며 전구간 운휴 또는 구간운휴로 구분

해설

운전취급규정 제53조

08 철도사고 등으로 열차가 정차한 경우 또는 차량을 남겨놓았을 때 가장 먼저 방호하여야 할 사람은 누구인가?

정답

열차승무원

해설

운전취급규정 제284조

• 철도사고 등으로 열차가 정차한 경우 또는 차량을 남겨놓았을 때의 방호는 열차승무원이 하여야 한다. 다만, 열차승무원이 방호할 수 없거나 기관사가 조치함이 신속하고 유리하다고 판단할 경우에는 기관사와 협의하여 시행할 수 있다.

• 열차 전복 등으로 인접선로를 지장한 경우, 그 인접선로를 운전하는 열차에 대한 방호가 필요할 때는 열차승무원 및 기관사가 조치하여야 한다.

09 운전정리 중 선로변경을 할 경우 운전정리 사항 통고대상 소속은 무엇인가?

정답
• 관계정거장 : 변경구간 내의 각 역
• 관계열차 기관사, 열차승무원에게 통고할 담당 정거장 : 관제사가 지정한 역

해설
운전취급규정 제56조 별표 4
[열차 운전정리 통고 소속]

정리 종별	관계 정거장(역)	관계열차 기관사 · 열차승무원에 통고할 담당 정거장(역)	관계 소속
교행변경	원교행역 및 임시교행역을 포함하여 그 역 사이에 있는 역	지연열차에는 임시교행역의 전 역, 대향열차에는 원 교행역	
순서변경	변경구간 내의 각 역 및 그 전 역	임시대피 또는 선행하게 되는 역의 전 역(단선구간) 또는 해당 역(복선구간)	
조상운전 조하운전	시각변경 구간 내의 각 역	시각변경 구간의 최초 역	승무원 및 동력차의 충당 승무사업소 및 차량사업소
속도변경	변경구간 내의 각 역	속도변경 구간의 최초 역 또는 관제사가 지정한 역	변경열차와 관계열차의 승무원 소속 승무사업소 및 차량사업소
운전휴지 합병운전	운휴 또는 합병구간 내의 각 역	운휴 또는 합병할 역. 다만, 미리 통고할 수 있는 경우에 편의역장을 통하여 통고	승무원 및 기관차의 충당 승무사업소 · 차량사업소와 승무원 소속 승무사업소
특발	관제사가 지정한 역에서 특발 역까지의 각 역, 특발열차 운전구간 내의 역	지연열차에는 관제사가 지정한 역, 특발열차에는 특발 역	위와 같음
선로변경	변경구간 내의 각 역	관제사가 지정한 역	필요한 소속
단선운전	위와 같음	단선운전구간 내 진입열차에 는 그 구간 최초의 역	선로고장에 기인할 때에는 관할 시설처
그 밖의 사항	관제사가 필요하다고 인정하는 역	관제사가 지정한 역	필요한 소속

10 유도신호기(유도신호)의 주간, 야간 현시방식은 무엇인가?

정답
백색등열 좌하향 45도

해설
운전취급규정 제173조

11 다음 빈칸에 들어갈 알맞은 숫자를 쓰시오.

> 열차의 진입선로에 대한 출발신호기 또는 정차위치로부터 동차, 전동열차의 경우는 (　　)미터 이상의 여유거리가 있는 경우에 동시 진입 및 동시 진출시킬 수 있다.

정답

150

해설

운전취급규정 제32조

정거장에서 2 이상의 열차착발에 있어서 상호 지장할 염려가 있을 때에는 동시에 이를 진입 또는 진출시킬 수 없다. 다만 다음의 어느 하나에 해당하는 경우에는 그러하지 아니하다.

• 안전측선, 탈선선로전환기, 탈선기가 설치된 경우
• 열차를 유도하여 진입시킬 경우
• 단행열차를 진입시킬 경우
• 열차의 진입선로에 대한 출발신호기 또는 정차위치로부터 200미터(동차·전동열차의 경우는 150미터) 이상의 여유거리가 있는 경우
• 동일방향에서 동시에 진입하는 열차 쌍방이 정차위치를 지나서 진행할 경우 상호 접촉되는 배선에서는 그 정차위치에서 100미터 이상의 여유거리가 있는 경우
• 차내신호 "25" 신호(구내폐색 포함)에 의해 진입시킬 경우

12 열차운전 중 그 일부차량을 분리한 경우에 분리차량의 정차가 불가능한 경우 열차승무원 또는 기관사가 조치할 사항은 무엇인가?

정답

그 요지를 해당 역장에게 급보할 것

해설

운전취급규정 제277조

열차운전 중 그 일부의 차량이 분리한 경우에는 다음에 따라 조치하여야 한다.

• 열차무선방호장치 방호를 시행한 후 분리차량 수제동기를 사용하는 등 속히 정차시키고 이를 연결할 것
• 분리차량이 이동 중에는 이동구간의 양끝 역장 또는 기관사에게 이를 급보하여야 하며 충돌을 피하기 위하여 상호 적당한 거리를 확보할 것
• 분리차량의 정차가 불가능한 경우 열차승무원 또는 기관사는 그 요지를 해당 역장에게 급보할 것

13 다음 (   )에 들어갈 알맞은 내용을 쓰시오.

> 철도차량의 운행이 곤란한 경우에는 (㉠)에 따라 대체 수단을 마련하는 등 필요한 조치를 하고, 사상자가 발생한 경우에는 (㉡)에서 정한 절차에 따라 응급처치, 의료기관으로 긴급이송을 하는 등 필요한 조치를 한다.

정답
㉠ 비상대응절차
㉡ 비상대응계획

해설
철도사고조사 및 피해구상세칙 제9조
각 본부·실·단장 및 소속기관의 장은 철도사고 등이 발생한 때에는 다음의 사항을 준수하여 인명 및 재산피해를 최소화하고 열차를 정상적으로 운행할 수 있도록 필요한 조치를 하여야 한다.
• 사고수습 또는 복구작업을 하는 경우에는 인명의 구조와 보호에 가장 우선순위를 둘 것
• 사상자가 발생한 경우에는 「비상대응계획」에서 정한 절차에 따라 응급처치, 의료기관으로 긴급이송, 관계기관과의 협조 등 필요한 조치를 신속히 할 것
• 철도차량 운행이 곤란한 경우에는 비상대응절차에 따라 대체수단을 마련하는 등 필요한 조치를 할 것
• 신속한 연락체계를 구축하고 병발사고를 예방할 것

14 다음 (   )에 들어갈 알맞은 내용을 쓰시오.

> '철도교통사고'란 철도차량의 운행과 관련된 사고로서 충돌사고, (㉠), (㉡), 기타철도교통사고를 말한다.

정답
㉠ 탈선사고
㉡ 열차화재사고

해설
철도사고조사 및 피해구상세칙 제3조

2023년 제1회 최근 기출복원문제

01 복선구간에서의 상용폐색방식 3가지는 무엇인가?

정답
- 자동폐색식
- 차내신호폐색식
- 연동폐색식

해설
운전취급규정 제100조
상용폐색방식
- 복선구간 : 자동폐색식, 차내신호폐색식, 연동폐색식
- 단선구간 : 자동폐색식, 차내신호폐색식, 연동폐색식, 통표폐색식

02 다음 보기가 설명하는 용어는 무엇인가?

> 열차가 정거장에서 계획된 시각보다 미리 출발

정답
일찍출발

해설
운전취급규정 제53조

03 다음 보기가 설명하는 용어는 무엇인가?

> 사장 또는 관제사가 열차 및 차량의 운전취급에 관련되는 상례 이외의 상황을 특별히 지시하는 것

정답
운전명령

해설
운전취급규정 제57조
- 운전명령이란 사장(열차운영단장, 관제실장) 또는 관제사가 열차 및 차량의 운전취급에 관련되는 상례 이외의 상황을 특별히 지시하는 것을 말한다.
- 정규 운전명령은 수송수요·수송시설 및 장비의 상황에 따라 상당시간 이전에 XROIS 또는 공문으로서 발령한다.
- 임시 운전명령은 열차 또는 차량의 운전정리 사항과 긴급히 발령하는 운전취급에 관한 지시를 말하며 XROIS 또는 전화(무선전화기를 포함한다)로서 발령한다.

04 역장이 시행하는 운전정리 중 교행변경과 순서변경의 정의를 쓰시오.

> **정답**
> • 교행변경 : 단선운전 구간에서 열차교행을 할 정거장을 변경
> • 순서변경 : 선발로 할 열차의 운전시각을 변경하지 않고 열차의 운행순서를 변경

05 다음 보기가 설명하는 용어는 무엇인가?

> 단선운전 구간에서 열차사고 또는 선로고장 등으로 현장과 최근 정거장 또는 신호소 간을 1폐색구간으로 하고 열차를 운전하는 경우로서 후속열차의 운전이 필요 없는 경우에 시행하는 대용폐색식

> **정답**
> 지도식
> **해설**
> 운전취급규정 제147조

06 열차방호의 종류 4가지를 쓰시오.

> **정답**
> • 열차무선방호장치 방호
> • 무선전화기 반호, 열차표지 방호
> • 정지수신호 방호
> • 방호스위치 방호
> • 역구내 신호기 일괄제어 방호
> **해설**
> 운전취급규정 제270조

07 빈칸에 들어갈 알맞은 숫자를 쓰시오.

> 지장열차의 열차승무원 또는 기관사는 지장지점으로부터 정지수신호를 현시하면서 이동하여 (　　)m 이상의 지점에 정지수신호를 현시할 것

정답
400

해설
운전취급규정 제270조
열차방호의 종류와 방법은 다음과 같으며 현장상황에 따라 신속히 시행하여야 한다.
- 열차무선방호장치 방호 : 지장열차의 기관사 또는 역장은 열차방호상황발생 시 상황발생스위치를 동작시키고, 후속열차 및 인접 운행열차가 정차하였음이 확실한 경우 또는 그 방호 사유가 없어진 경우에는 즉시 열차무선방호장치의 동작을 해제시킬 것
- 무선전화기 방호 : 지장열차의 기관사 또는 선로 순회 직원은 지장 즉시 무선전화기의 채널을 비상통화위치(채널 2번) 또는 상용채널(채널 1번 : 감청수신기 미설치 차량에 한함)에 놓고 "비상, 비상, 비상, ○○~△△역간 상(하)선 무선방호(단선 운전구간의 경우에는 상·하선 구분생략)"라고 3~5회 반복 통보하고, 관계 열차 또는 관계 정거장을 호출하여 지장 내용을 통보할 것. 이 경우에 기관사는 열차승무원에게도 통보할 것
- 열차표지 방호 : 지장 고정편성열차의 기관사 또는 열차승무원은 뒤 운전실의 전조등을 점등시킬 것(ITX-새마을 제외). 이 경우에 KTX열차는 기장이 비상경보버튼을 눌러 열차의 진행방향 적색등을 점멸시킬 것
- 정지수신호 방호 : 지장열차의 열차승무원 또는 기관사는 지장지점으로부터 정지수신호를 현시하면서 이동하여 400미터 이상의 지점에 정지수신호를 현시할 것. 수도권 전동열차 구간의 경우에는 200미터 이상의 지점에 정지수신호를 현시할 것
- 방호스위치 방호 : 고속선에서 KTX기장, 열차승무원, 유지보수 직원은 선로변에 설치된 폐색방호스위치(CPT) 또는 역구내방호스위치(TZEP)를 방호위치로 전환시킬 것
- 역구내 신호기 일괄제어 방호 : 역장은 역구내 열차방호를 의뢰받은 경우 또는 열차방호 상황발생시 '신호기 일괄정지' 취급 후 관제 및 관계직원에 사유를 통보하여야 하며 방호사유가 없어진 경우에는 운전보안장치취급매뉴얼에 따라 방호를 해제시킬 것

08 빈칸에 들어갈 알맞은 숫자를 쓰시오.

> 기적고장 시 구원요구 후 기관사는 동력차를 교체할 수 있는 최근 정거장까지 (　　)km/h 이하의 속도로 주의운전하여야 한다.

정답
30

해설
운전취급규정 제291조
㉠ 열차운행 중 기적의 고장이 발생하면 구원을 요구하여야 한다. 다만, 관제기적이 정상일 경우에는 계속 운행할 수 있다.
㉡ ㉠에 따라 구원요구 후 기관사는 동력차를 교체할 수 있는 최근 정거장까지 시속 30킬로미터 이하의 속도로 주의운전하여야 한다.

09 장애건널목을 운행하는 기관사는 건널목 앞쪽부터 몇 km/h 이하의 속도로 주의운전해야 하는가?

정답

25km/h

해설

운전취급규정 제302조

- 역장은 건널목보안장치가 고압배전선로 단전 또는 장치고장으로 정상작동이 불가한 것을 인지한 경우 관계처(건널목관리원, 유지보수소속, 관제사, 기관사)에 해당 건널목을 통보하고 건널목관리원이 없는 경우 신속히 지정 감시자를 배치하여야 한다.
- 장애 건널목을 운행하는 기관사는 건널목 앞쪽부터 시속 25킬로미터 이하의 속도로 주의운전한다. 다만, 건널목 감시자를 배치한 경우에는 그러하지 아니하다.
- 지역본부장은 관내 무인건널목의 장애에 대비한 감시자 지정 및 운용절차를 수립하여야 하며 건널목 감시자는 반드시 양 인접역장과 열차 운행상황 협의 후 건널목차단기 수동취급을 시행하여야 한다.

10 구내 승강장에서 승객의 선로추락, 화재, 테러, 독가스 유포 등의 사유가 발생하였을 경우에 승강장을 향하는 열차 또는 차량의 기관사에게 경고할 필요가 있는 지점에 설치해야 하는 것은 무엇인가?

정답

승강장 비상정지 경고등

해설

운전취급규정 제184조

- 역구내 승강장에서 승객의 선로추락, 화재, 테러, 독가스 유포 등의 사유가 발생하였을 경우에 승강장을 향하는 열차 또는 차량의 기관사에게 경고할 필요가 있는 지점에 승강장 비상정지 경고등을 설치하여야 한다.
- 승강장 비상정지 경고등은 평상시 소등되어 있다가 승강장의 비상정지버튼을 작동시키면 적색등이 점등되어 약 1초 간격으로 점멸하여야 한다.
- 기관사는 승강장 비상정지 경고등의 점등을 확인한 때에는 즉시 정차조치하고 역장 및 관제사에게 통보하여야 한다.
- 역장(대매소 포함)은 승강장 비상정지 경고등이 동작하였을 때에는 기관사 및 관제사에게 통보하고 현장에 출동하여 적절한 조치를 하여야 하며, 열차운행에 지장 없음을 확인한 다음 관제사에게 보고하여야 한다.

11 빈칸에 들어갈 알맞은 숫자를 쓰시오.

> 동일방향에서 동시에 진입하는 열차 쌍방이 정차위치를 지나서 진행할 경우 상호 접촉되는 배선에서는 그 정차위치
> (   )m 이상의 여유거리

정답

100

해설

운전취급규정 제32조

정거장에서 2 이상의 열차착발에 있어서 상호 지장할 염려가 있을 때에는 동시에 이를 진입 또는 진출시킬 수 없다. 다만, 다음의 어느 하나에 해당하는 경우에는 그러하지 아니하다.

• 안전측선, 탈선선로전환기, 탈선기가 설치된 경우
• 열차를 유도하여 진입시킬 경우
• 단행열차를 진입시킬 경우
• 열차의 진입선로에 대한 출발신호기 또는 정차위치로부터 200미터(동차 · 전동열차의 경우는 150미터) 이상의 여유거리가 있는 경우
• 동일방향에서 동시에 진입하는 열차 쌍방이 정차위치를 지나서 진행할 경우 상호 접촉되는 배선에서는 그 정차위치에서 100미터 이상의 여유거리가 있는 경우
• 차내신호 "25" 신호(구내폐색 포함)에 의해 진입시킬 경우

12 역장이 열차의 출발 또는 통과를 일시 중지하는 최소 풍속은 얼마인가?

정답

25m/s

해설

운전취급규정 제5조

• 역장은 풍속이 초속 20미터 이상으로 판단된 경우에는 그 사실을 관제사에게 보고하여야 한다.
• 역장은 풍속이 초속 25미터 이상으로 판단된 경우에는 다음에 따른다.
  – 열차운전에 위험이 우려되는 경우에는 열차의 출발 또는 통과를 일시 중지할 것
  – 유치 차량에 대하여 구름방지의 조치를 할 것
• 관제사는 기상자료 또는 역장으로부터의 보고에 따라 풍속이 초속 30미터 이상으로 판단될 때에는 해당구간의 열차운행을 일시중지하는 지시를 하여야 한다.

13 다음 ( )에 들어갈 알맞은 내용을 쓰시오.

> 운전취급담당자는 철도안전법 제23조 및 같은 법 시행령 제21조에 의한 (㉠)와 (㉡)에 합격하여야 한다.

정답

㉠ 적성검사

㉡ 신체검사

해설

운전취급규정 제108조

1. 운전취급담당자는 「철도안전법」 제23조 및 같은 법 시행령 제21조에 의한 적성검사와 신체검사에 합격하여야 한다.
2. 운전취급담당자는 1에 정한 검사를 합격한 자로서, 다음과 같이 구분한다.
   ㉠ 운전취급책임자
   ⓐ 역장, 부역장 또는 역무팀장의 직에 있는 자 또는 그 경력이 있는 자
   ⓑ 로컬관제원
   　• ⓐ에 해당하는 자
   　• 로컬관제원의 경력이 있는 자
   　• 열차팀장 또는 여객전무의 직에 있는 자 또는 그 경력이 있는 자
   　• 영업분야 3년 이상 또는 총 근무경력 5년 이상인 자로서 교육훈련기관에서 시행하는 운전취급 및 신호취급에 관한 교육을 2주 이상(소집교육, 사이버교육) 이수한 자
   ⓒ 선임전기장, 전기장, 전기원(이하 "전기원"이라 한다) 또는 차량사업소의 역무원, 차량관리팀장, 선임차량관리장, 차량관리원(이하 "차량관리원"이라 한다) 경력 2년 이상인 자로서 교육훈련기관에서 시행하는 운전취급 및 신호취급 교육(3주일, 실기 포함)을 이수한 자
   ㉡ 운전취급자
   ⓐ ㉠의 자격이 있는 자
   ⓑ 역무원 재직 6개월(수송업무 전담 역무원은 그 직 3개월) 이상인 자로서 역장(역장이 배치되지 않은 역은 관리역장)이 시행하는 운전취급 및 신호취급에 관한 교육을 1주일 이상 이수한 자
   ⓒ 전기원 또는 차량관리원 경력 1년 이상인 자로서 교육훈련기관에서 시행하는 운전취급 및 신호취급 교육(3주일, 실기 포함)을 이수한 자
3. 로컬관제원은 교육이수일 기준으로 5년마다 교육훈련기관에서 시행하는 운전취급 및 신호취급에 관한 교육을 2주 이상(소집교육, 사이버교육) 받아야 한다.
4. 로컬관제원 경력이 없는 자가 최초 로컬관제원으로 인사발령 시 소속장은 현장실무교육 40시간 이상을 시행하여야 한다.

14 정거장 내에서 철도사고 발생 시 급보 책임자는 누구인가?

정답

역장

해설

철도사고조사 및 피해구상 세칙 제12조

㉠ 정거장 안에서 발생한 경우(전용선 안에서 공사(公社) 소속의 동력차 또는 직원에 의해 발생한 경우 포함) : 역장(신호소, 신호장에 근무하는 선임전기장, 전기장, 전기원, 간이역에 근무하는 역무원 포함). 다만, 위탁역의 급보책임자는 관리역장으로 한다.

㉡ 정거장 밖에서 발생한 경우(자갈선 안에서의 입환을 포함한다) : 기관사(KTX기장을 포함한다. 이하 같다) 다만, 여객전무, 열차팀장 또는 전철차장은 기관사가 급보를 했는지의 여부를 확인하고 필요시 직접 급보를 하는 등 적극 협조 및 조치하여야 한다.

㉢ ㉠, ㉡ 이외의 장소에서 발생한 경우 : 발생장소의 장 또는 발견자

2023년 제3회 최근 기출복원문제

01 다음 ( )에 들어갈 알맞은 내용을 쓰시오.

> 역장은 사용을 폐지한 지도표 및 지도권은 (㉠) 동안 보존하고 폐기하여야 하며, 사고와 관련된 지도표 및 지도권은 (㉡)간 보존하여야 한다.

정답

㉠ 1개월
㉡ 1년

해설

운전취급규정 제161조

• 발행하지 않은 지도표 및 지도권은 이를 보관함에 넣어 폐색장치 부근의 적당한 장소에 보관하여야 한다.
• 지도권을 발행하기 위하여 사용 중인 지도표는 휴대기에 넣어 폐색장치 부근의 적당한 장소에 보관하여야 한다.
• 역장은 사용을 폐지한 지도표 및 지도권은 1개월간 보존하고 폐기하여야 한다. 다만, 사고와 관련된 지도표 및 지도권은 1년간 보존하여야 한다.
• 역장은 분실한 지도표 또는 지도권을 발견한 경우에는 상대역장에게 그 사실을 통보한 후 지도표 또는 지도권의 앞면에 무효기호(×)를 하여 이를 폐지하여야 하며 그 뒷면에 발견일시, 장소 및 발견자의 성명을 기록하여야 한다.

02 다음 빈칸에 들어갈 알맞은 단어를 쓰시오.

> 철도종사자는 열차의 이상소음, 불꽃 및 매연발생 등 이상을 발견하면 해당 열차의 기관사 및 관계 ( )에게 즉시 연락하여야 한다.

정답

역장

해설

운전취급규정 제37조

• 철도종사자는 열차의 이상소음, 불꽃 및 매연발생 등 이상을 발견하면 해당 열차의 기관사 및 관계역장에게 즉시 연락하여야 한다.
• 열차감시 중 열차상태 이상을 발견하거나 연락받은 경우 정차조치를 하고 관계자(기관사, 역장 또는 관제사)에게 연락 및 보고하여야 하며 고장처리지침에 따라 조치하여야 한다.

03 다음이 설명하는 용어를 쓰시오.

(1) 단선 구간에서 열차가 교행하는 정거장 변경

(2) 열차가 정거장에서 계획된 시각보다 미리 출발

(3) 열차의 계획된 운전시간을 늦추어 출발

(4) 선발로 할 열차의 운전시각을 변경하지 않고 열차의 운행순서를 변경

정답
(1) 교행변경
(2) 일찍출발
(3) 조하운전
(4) 순서변경

해설
운전취급규정 제53조

04 다음 시행구간에서의 운전허가증은 무엇인가?

(1) 지도통신식

(2) 지도식

정답
(1) 지도표 또는 지도권
(2) 지도표

해설
운전취급규정 제116조
운전허가증이라 함은 다음에 해당하는 것을 말한다.
• 통표폐색식 시행구간에서는 통표
• 지도통신식 시행구간에서는 지도표 또는 지도권
• 지도식 시행구간에서는 지도표
• 전령법 시행구간에서는 전령자

05 다음이 설명하는 용어를 쓰시오.

> 사장 또는 관제사가 열차 및 차량의 운전취급에 관련되는 상례 이외의 상황을 특별히 지시하는 것

정답

운전명령

해설

운전취급규정 제57조
- 운전명령이란 사장(열차운영단장, 관제실장) 또는 관제사가 열차 및 차량의 운전취급에 관련되는 상례 이외의 상황을 특별히 지시하는 것을 말한다.
- 정규 운전명령은 수송수요·수송시설 및 장비의 상황에 따라 상당시간 이전에 XROIS 또는 공문으로서 발령한다.
- 임시 운전명령은 열차 또는 차량의 운전정리 사항과 긴급히 발령하는 운전취급에 관한 지시를 말하며 XROIS 또는 전화(무선전화기를 포함한다)로서 발령한다.
- 운전명령 요청 및 시행 부서는 XROIS 또는 공문에 의한 운전명령 내용을 확인하여 운전명령이 차질 없이 시행할 수 있도록 하여야 한다.

06 기관사가 정당한 운전허가증을 소지하지 않았거나 전령자 미승차 시 해야 될 조치사항은 무엇인가?

정답

속히 열차를 정차시키고 열차승무원 또는 뒤쪽 역장에게 그 사유를 보고하여야 한다.

해설

운전취급규정 제308조
㉠ 열차 운전 중 정당한 운전허가증을 휴대하지 않았거나 전령자가 승차하지 않은 것을 발견한 기관사는 속히 열차를 정차시키고 열차승무원 또는 뒤쪽 역장에게 그 사유를 보고하여야 한다.
㉡ ㉠에 따라 정차한 기관사는 즉시 열차무선방호장치 방호를 하고 관제사 또는 가장 가까운 역장의 지시를 받아야 한다.
㉢ ㉡의 보고를 받은 관제사 또는 역장은 열차의 운행상태를 확인하고 ㉠의 열차 기관사에게 현장 대기, 계속운전, 열차퇴행 등의 지시를 하여야 한다.
㉣ 기관사는 무선전화기 통신 불능일 경우 다른 통신수단을 사용하여 관제사 또는 역장의 지시를 받아야 하며, 관제사 또는 역장의 지시를 받기 위해 무선전화기 상태를 수시로 확인하여야 한다.

07 임시 운전명령 발령하는 방법 2가지는 무엇인가?

정답
- XROIS
- 전화

해설

운전취급규정 제57조

08 다음 빈칸에 들어갈 알맞은 내용을 쓰시오.

> 역장은 풍속이 초속 (   )미터 이상으로 판단된 경우에는 그 사실을 관제사에게 보고하여야 한다.

정답
20

해설
운전취급규정 제5조
풍속에 따른 운전취급은 다음과 같다.
• 역장은 풍속이 초속 20미터 이상으로 판단된 경우에는 그 사실을 관제사에게 보고하여야 한다.
• 역장은 풍속이 초속 25미터 이상으로 판단된 경우에는 다음에 따른다.
  – 열차운전에 위험이 우려되는 경우에는 열차의 출발 또는 통과를 일시 중지할 것
  – 유치 차량에 대하여 구름방지의 조치를 할 것
• 관제사는 기상자료 또는 역장으로부터의 보고에 따라 풍속이 초속 30미터 이상으로 판단될 때에는 해당구간의 열차운행을 일시중지하는 지시를 하여야 한다.

09 다음 빈칸에 들어갈 알맞은 단어를 쓰시오.

> 화재 발생 장소가 교량 또는 터널 내일 때에는 일단 그 밖까지 운전하는 것을 원칙으로 하고 지하구간일 경우에도 최근 역 또는 (   )의 밖으로 운전하는 것으로 한다.

정답
지하구간

해설
운전취급규정 제282조
• 열차에 화재가 발생하였을 때에는 즉시 소화의 조치를 하고 여객의 대피 유도 또는 화재차량을 다른 차량에서 격리하는 등 필요한 조치를 하여야 한다.
• 화재 발생 장소가 교량 또는 터널 내일 때에는 일단 그 밖까지 운전하는 것을 원칙으로 하고 지하구간일 경우에는 최근 역 또는 지하구간의 밖으로 운전하는 것으로 한다.

10 신호 5현시 구간에서의 감속신호 운전속도는 얼마 이하로 운행하여야 하는가?

정답
105km/h

해설
운전취급규정 제47조
열차는 신호기에 감속신호가 현시되면 다음 상치신호기에 주의신호 현시될 것을 예측하고, 그 현시지점을 지나 시속 65킬로미터 이하의 속도로 진행할 수 있다. 이 경우에 신호 5현시 구간은 시속 105킬로미터 이하의 속도로 운행한다.

11 운전명령 사항에 변동이 있을 때마다 이를 정리하고, 소속직원이 출근 후에 접수한 운전명령은 즉시 그 내용을 해당 직원에게 알리는 동시에 게시판과 운전시행전달부에 무슨 색으로 기입하여야 하는가?

정답

붉은색, 적색, 빨간색 등

해설

운전취급규정 제58조
운전명령 사항에 변동이 있을 때마다 이를 정리하고, 소속직원이 출근 후에 접수한 운전명령은 즉시 그 내용을 해당 직원에게 알리는 동시에 게시판과 운전시행전달부에 붉은 글씨로 기입할 것

12 다음 ( )에 들어갈 알맞은 내용을 쓰시오.

차내신호폐색식은 차내신호 (㉠), (㉡), ATP, 현시에 따라 열차를 운행시키는 폐색방식으로 지시속도보다 낮은 속도로 열차의 속도를 제한하면서 열차를 운행할 수 있도록 하는 폐색방식을 말한다.

정답

㉠ KTCS-2
㉡ ATC

해설

운전취급규정 제123조

13 철도사고 보고의 종류 3가지는 무엇인가?

정답
- 최초보고
- 중간보고
- 진행보고
- 최종보고

해설
철도사고조사 및 피해구상 세칙 제15조 별표 3
[보고종류별 보고시기 및 내용]

보고별	보고시기	보고자	보고내용
최초보고 (급보)	발생즉시	사고·장애 해당자 (기관사, KTX기장, 여객전무, 열차팀장 또는 기타)	1. 일시 2. 장소 3. 열차 4. 개황 5. 사상자 발생여부 6. 인접선로 지장여부 7. 기타 인지된 사항
중간보고	현장 도착즉시	임시복구 지휘자	1. 사고·장애현장 상황 2. 피해 개황 3. 인접선로 지장 여부 4. 사고·장애원인 5. 사상자 수 및 후송관계 6. 복구작업 계획
진행보고 (필요에 따라 2,3차 순으로 보고)	현장도착 즉시 및 수시	복구지휘자	1. 복구작업 계획 및 진척상황 2. 밝혀진 사고·장애 조사내용 3. 복구장비 및 요원 출동 현황 4. 복구 예정 시각 5. 기타 필요사항
최종보고	복구작업 완료 후	복구지휘자	1. 차량, 선로, 전차선의 복구완료 시각 2. 복구 후의 안전 확인사항 및 조치 3. 최초 운행 열차 4. 피해 내용 5. 정상회복의 시기

14 다음이 설명하는 단어를 쓰시오.

(1) 철도사고로 즉시 사망하거나 30일 이내 사망한 사람
(2) 철도사고로 24시간 이상 입원치료를 한 사람

정답
(1) 사망자
(2) 부상자

해설
철도사고조사 및 피해구상 세칙 제3조
"사상자"란 철도사고에 따른 다음의 어느 하나에 해당하는 사람을 말하며 개인의 지병에 따른 사상자는 제외한다.
- 사망자 : 사고로 즉시 사망하거나 30일 이내에 사망한 사람을 말한다.
- 부상자 : 24시간 이상 입원치료를 한 사람을 말한다. 다만, 24시간 이상 입원치료를 받았더라도 의사의 진단결과 "정상" 판정을 받은 사람은 부상자에 포함하지 않는다.

작업형 안내

■ 복합형 : 필답형 50점 + 작업형 50점 = 100점

1. 필답형 : 1시간 정도(50점)

① 출제문항 : 14~15 문항 출제

② 출제방식 : 단답형, 설명하기(주관식)

③ 출제범위 : 한국철도공사(코레일)의 사규에서 출제

    ㉠ 「운전취급규정」에서 12~13문항 정도 : 필기 CHAPTER 03 열차운전

    ㉡ 「철도사고조사 및 피해구상 세칙」에서 1~2문항 정도

2. 작업형 : 1시간 정도 작업수행 과정평가(50점)

① 전호(20점) : 입환전호(5점), 상황별전호(5점), 기적전호(5점), 버저전호(5점)

    ㉠ 각종 전호(7개) → 입환전호(16개) → 기적전호(17개) → 버저전호(12개)

    ㉡ 각 전호별로 3~4개(총 20개)를 실제로 전호시행 지시

      • 각종전호 : 6개(주간 및 야간 3개, 무선전호 3개)

      • 입환전호 : 6개(주간 및 야간 3개, 무선전호 3개)

      • 기적전호 : 5개

      • 버저전호 : 5개

        → 시험감독관에 따라 기적전호, 버저전호를 언제(왜) 시행하는지 질문할 수도 있음

② 선로전환기 취급(15점) : 외관점검(5점), 선로전환기 전환(5점), 키볼트 쇄정(5점)

    ㉠ 외관상 점점 시행 : 각 부위 명칭 및 점검방법(점검망치 있을 때는 사용)

    ㉡ 선로전환작업 시행

    ㉢ 잠금조치 : 키볼트 체결작업(몽키스패너 사용)

③ 차량해결(15점) : 연결작업(10점), 분리(해방)작업(3점), 구름막이 설치(2점)

    ㉠ 차량의 연결·분리(해방)작업 시행

    ㉡ 구름방지 조치작업 시행 : 수제동기, 수용바퀴 구름막이 사용법

4. 합격결정

필답형과 작업형 평가를 합하여 100점 만점으로 60점 이상

5 시험에 임하는 자세

① 지적 확인 환호는 우렁차고, 절도 있게 한다.

② 표정은 여유 있고 자신감 있게 대답한다.

③ 질문 확인 시 "다시 한 번 말씀해 주시겠습니까?"라고 정중하게 요청한다.

[입환전호]

순번	전호 종류	전호 구분	전호 현시방식
1	오너라 (접근)	주간	녹색기를 좌우로 움직인다. 다만, 한 팔을 좌우로 움직여 이에 대용할 수 있다.
		야간	녹색등을 좌우로 움직인다.
		무선	접근
2	가거라 (퇴거)	주간	녹색기를 상하로 움직인다. 다만, 한 팔을 상하로 움직여 이에 대용할 수 있다.
		야간	녹색등을 상하로 움직인다.
		무선	퇴거
3	속도를 절제하라 (속도절제)	주간	녹색기로 「가거라」 또는 「오너라」 전호를 하다가 크게 상하로 1회 움직인다. 다만, 한 팔을 상하 또는 좌우로 움직이다가 크게 상하로 1회 움직여 이에 대용할 수 있다.
		야간	녹색등으로 「가거라」또는 「오너라」 전호를 하다가 크게 상하로 1회 움직인다.
		무선	속도절제
4	조금 진퇴하라 (조금 접근 또는 조금 퇴거)	주간	적색기 폭을 걷어잡고 머리 위에서 움직이며 「오너라」 또는 「가거라」 전호를 한다. 다만, 한 팔을 머리 위에서 움직이며 다른 한 팔로 「오너라」 또는 「가거라」의 전호를 하여 이에 대용할 수 있다.
		야간	적색등을 상하로 움직인 후 「오너라」 또는 「가거라」의 전호를 한다.
		무선	조금 접근 또는 조금 퇴거
5	정지하라 (정지)	주간	적색기를 현시한다. 다만, 양팔을 높이 들어 이에 대용할 수 있다.
		야간	적색등을 현시한다.
		무선	정지
6	연결	주간	머리 위 높이 수평으로 깃대 끝을 접한다.
		야간	적색등과 녹색등을 번갈아 가면서 여러 번 현시한다.
7	1번선	주간	양팔을 좌우 수평으로 뻗는다.
		야간	백색등으로 좌우로 움직인다.
8	2번선	주간	왼팔을 내리고 오른팔을 수직으로 올린다.
		야간	백색등을 좌우로 움직인 후 높게 든다.
9	3번선	주간	양팔을 수직으로 올린다.
		야간	백색등을 상하로 움직인다.
10	4번선	주간	오른팔을 우측 수평 위 45도, 왼팔을 좌측 수평 하 45도로 뻗는다.
		야간	백색등을 높게 들고 작게 흔든다.
11	5번선	주간	양팔을 머리 위에서 교차시킨다.
		야간	백색등으로 원형을 그린다.
12	6번선	주간	양팔을 좌우 아래 45도로 뻗는다.
		야간	백색등으로 원형을 그린 후 좌우로 움직인다.
13	7번선	주간	오른팔을 수직으로 올리고 왼팔을 왼쪽 수평으로 뻗는다.
		야간	백색등으로 원형을 그린 후 좌우로 움직이고 높게 든다.
14	8번선	주간	왼팔을 내리고 오른쪽 수평으로 뻗는다.
		야간	백색등으로 원형을 그린 후 상하로 움직인다.
15	9번선	주간	오른팔을 오른쪽 수평으로 왼팔을 오른팔 아래 약 35도로 뻗는다.
		야간	백색등으로 원형을 그린 후 높게 들고 작게 흔든다.
16	10번선	주간	양팔을 좌우 위 45도의 각도로 올린다.
		야간	백색등을 좌우로 움직인 후 상하로 움직인다.

※ 10번선 이상은 10번선에 추가로 0번을 하면 된다.
　예 14번선 주간방식은? 주간 10번선을 시행한 후 바로 4번선을 한다.

[상황별 전호]

순번	전호 종류	전호 구분	전호 현시방식
1	비상전호	주간	양팔을 높이 들거나 녹색기 이외의 물건을 휘두른다.
		야간	녹색등 이외의 등을 급격히 휘두르거나 양팔을 높이 든다.
		무선	○○열차 또는 ○○차 비상정차
2	추진운전전호		
	가. 전도지장 없음	주간	녹색기를 현시한다.
		야간	녹색등을 현시한다.
		무선	전도양호
	나. 정차하라	주간	적색기를 현시한다.
		야간	적색등을 현시한다.
		무선	정차 또는 ○○m 전방정차
	다. 주의기적을 울려라	주간	녹색기 폭을 걷어잡고 상하로 수차 크게 움직인다.
		야간	백색등을 상하로 크게 움직인다.
		무선	○○열차 기적
	라. 서행신호의 현시 있음	주간	녹색기를 어깨와 수평의 위치에 현시하면서 하방 45도의 위치까지 수차 움직인다.
		야간	깜박이는 녹색등
		무선	전방 ○○m 서행 ○○킬로
3	정지위치 지시전호	주간	녹색기를 좌우로 움직이면서 열차가 상당위치에 도달하였을 때 적색기를 높이 든다.
		야간	녹색등을 좌우로 움직이면서 열차가 상당위치에 도달하였을 때 적색등을 높이 든다.
		무선	전호자 위치 정차
4	자동승강문 열고 닫음 전호		
	가. 문을 닫아라	주간	한 팔을 천천히 상하로 움직인다.
		야간	백색등을 천천히 상하로 움직인다.
		무선	출입문 폐쇄
	나. 문을 열어라	주간	한 팔을 높이 들어 급격히 좌우로 움직인다.
		야간	백색등을 높이 들어 급격히 좌우로 움직인다.
		무선	출입문 개방
5	수신호 현시 통보전호		
	가. 진행수신호를 현시하라	주간	녹색기를 천천히 상하로 움직인다.
		야간	녹색등을 천천히 상하로 움직인다.
		무선	○번선 ○○신호 녹색기(등) 현시
	나. 정지수신호를 현시하라	주간	적색기를 천천히 상하로 움직인다.
		야간	적색등을 천천히 상하로 움직인다.
		무선	○번선 ○○신호 적색기(등) 현시
6	제동시험 전호		
	가. 제동을 체결하라	주간	한 팔을 상하로 움직인다.
		야간	백색등을 천천히 상하로 움직인다.
		무선	○○열차 제동
	나. 제동을 완해하라	주간	한 팔을 높이 들어 좌우로 움직인다.
		야간	백색등을 높이 들어 좌우로 움직인다.
		무선	○○열차 제동 완해
	다. 제동시험 완료	주간	한 팔을 높이 들어 원형을 그린다.
		야간	백색등을 높이 들어 원형을 그린다.
		무선	○○열차 제동 완료
7	이동금지 전호	주간	적색기를 게출한다.
		야간	적색등을 게출한다.

Tip 기적전호와 버저전호는 실제시험에서 보통 1번, 짧게 2번 등 현시방식을 말로 설명해야 한다.

[기적전호]

순번	전호 종류	전호 현시방식
1	운전을 개시	─
2	정거장 또는 운전상 주의를 요하는 지점에 접근 통고	─────
3	전호담당자 호출	─ ─
4	역무원 호출	─ ─ ─
5	차량관리원 호출	─ ─ ─ ─
6	시설관리원 또는 전기원 호출	───── (여러 번)
7	제동시험 완료의 전호에 응답	●
8	비상사고발생 또는 위험을 경고	● ● ● ● ● (여러 번)
9	방호를 독촉하거나 사고 기타로 정지 통고 (정거장 내에서 차량고장으로 즉시 출발할 수 없는 경우)	● ───── ●
10	사고 복구한 것 또는 방호 해제할 것을 통고할 때	───── ●
11	구름방지 조치	● ● ●
12	구름방지 조치 해제	─ ─
13	통과열차로서 운전명령서 받음	─ ─ ─
14	기관차 2 이상 연결하고 역행운전을 개시	●
15	기관차 2 이상 연결하고 타행운전을 개시	─ ●
16	기관차 2 이상 연결하고 퇴행운전을 개시	● ● ─
17	열차발차 독촉	● ─

주) ● : 짧게(0.5초간)

─ : 보통으로(2초간)

───── : 길게(5초간)

[버저전호]

순번	전호 종류	전호 현시방식
1	지내진회 요구	● ● ●
2	차내전화 응답	●
3	출발전호 또는 시동전호	―
4	전도지장 없음	● ●, ● ●, ● ●
5	정지신호 현시 있음 또는 비상정차	● ● ● ● ● (여러 번, 정차 시까지)
6	주의기적 울려라	― ―
7	서행신호 현시 있음	● ● ― ● ● (서행 시까지)
8	속도를 낮추어라	―― ―― (서행 시까지)
9	진행 지시신호 현시 있음	● ●, ● ●
10	건널목 있음	● ―, ● ―, ● ― (건널목 통과 시까지)

주) ● : 짧게(0.5초간)

― : 보통으로(2초간)

――― : 길게(5초간)

선로전환기

[선로전환기 외관 점검]

시험감독관 요구사항) 선로전환기 점검 요령을 설명하시오(시험감독관에 따라 생략될 수 있음).

① 점검순서 및 범위

　㉠ 점검범위 : 게이지타이롯트부터 → 크로싱 후단부 이음매까지

　㉡ 점검순서 : 게이지타이롯트부 → 첨단간부 → 연결간부 → 텅레일부 → 휠부 → 크로싱부

　㉢ 점검방법

　　각 부위 명칭을 지적하며 "게이지타이롯트 양호", "할핀각도 양호"등을 환호하며 점검

　　－ 점검범위 내의 명칭 호칭하고 양호, 불량, 탈락 등으로 점검

　　－ 할핀 탈락, 할핀 불량 등등

　　　※ 시험관이 볼트, 너트를 풀어놓거나 할핀 각도를 불량하게 조정하거나 불량상태를 만들어 놓고 제대로
　　　　점검하는지 확인

　　　※ 선로전환기의 각 부위의 명칭 및 역할 등을 직접 질문하기도 함

　　　　예 목핀을 지적하며 "이것의 명칭과 어떤 상황에서 사용하는가?"

　　　　예 밀착검지기를 지적하며 "이것의 명칭과 왜 설치하였는가?"

② 점검의 종류

　㉠ 일상점검 : 각부의 균열, 절손, 탈락, 이완 등의 유무와 청소 및 급유의 적부 점검

　㉡ 기능점검 : 동작부분의 기능 및 조절상태 점검

③ 청소 및 급유주기 : 적어도 2일에 1회 이상 청소 및 급유

④ 선로전환기의 명칭

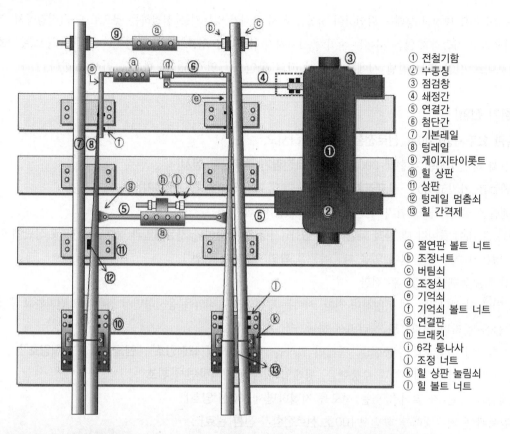

① 전철기함
② 부싱
③ 점검창
④ 쇄정간
⑤ 연결간
⑥ 첨단간
⑦ 기본레일
⑧ 텅레일
⑨ 게이지타이롯트
⑩ 힐 상판
⑪ 상판
⑫ 텅레일 멈춤쇠
⑬ 힐 간격제

ⓐ 절연판 볼트 너트
ⓑ 조정너트
ⓒ 버팀쇠
ⓓ 조정쇠
ⓔ 기억쇠
ⓕ 기억쇠 볼트 너트
ⓖ 연결판
ⓗ 브래킷
ⓘ 6각 통나사
ⓙ 조정 너트
ⓚ 힐 상판 눌림쇠
ⓛ 힐 볼트 너트

① 기억쇠
② 기억쇠조판
③ 절연 볼트 너트
④ 조정쇠
⑤ 밀착감지기
⑥ 조정 너트
⑦ 쇄정간
⑧ 기억쇠 볼트 너트
⑨ 브래킷
⑩ 절연판 볼트 너트
⑪ 6각 나사
⑫ 밀착조정간
⑬ 연결간
⑭ 연결간 볼트 너트
⑮ 조정판 볼트 너트

(요령)

선로전환기의 주요 명칭과 상태를 확인하여 정상동작 시 문제가 없는지를 점검하는 것으로 도구(점검망치) 지급 시에는 도구를 사용하고 지급하지 않을 시에는 손가락으로 지적하며 "000 양호" "000 불량" "000 탈락" 등으로 환호를 하여야 한다. 선로내로 진입 또는 건널 시에는 반드시 지적 확인 후 "열차 없음" 환호를 하여야 한다.

[선로전환기 전환]

시험감독관 요구사항) 00호 선로전환기를 전환하시오.

① 거수경례 하며 [00번 수험생 000, 00호 선로전환기 수동전환 실시]

② 수동핸들을 가지고 00호 선로전환기 앞에서 지적 확인 [00호 선로전환기]

③ 수동핸들을 놓고 선로전환기 전환에 문제가 없는지 점검

　주의) 선로 내에 들어갈 때 지적 확인 "열차 없음" 시행 후 상판이나 기본레일과 텅레일 사이 및 상판에 이물질(돌)이 없는지 확인(이물질이 있을 때 "이물질 확인 및 제거 확인")

④ 수동창에 수동핸들 삽입 후 전환

　주의) 전환 시 하나, 둘, 셋 복창하며 전환, 시야는 텅레일의 움직임을 응시하면서 전환하고 전환완료 후 확인(수동핸들을 돌리던 방향으로 돌리면서 하나, 둘, 셋 복창)

⑤ 선로전환기의 점검창과 수동핸들, 텅레일 밀착을 지적 확인 ["쇄정양호", "핸들삽입", "밀착양호"]

　주의) 지적 확인 시 쇄정창과 수동핸들, 텅레일 밀착을 지적하면서 환호

⑥ 기본레일과 첨단 간 떨어져 있는 선로를 지적하면서 [00선 양호]

⑦ 시험감독관에 거수경례를 하면서 [00호 선로전환기 전환 완료]

[키볼트 쇄정]

시험감독관 요구사항) 00호 선로전환기를 키볼트로 쇄정하시오.

① 시험장소에 놓여 있는 키볼트와 몽키스패너를 들고 기본레일과 텅레일이 밀착되어 있는 부분에서 체결할 수 있는 공간이 있는 제일 가까운 장소에 설치한다.

　주의) 선로를 건널 때는 반드시 "열차 없음" 지적 확인한다.

② 키볼트의 조임나사를 손으로 돌려 기본레일과 텅레일이 밀착된 부분에 고정시킨 후 몽키스패너로 조여 고정시킨다.

　※ 선로전환기 장애 시(불일치) 선로전환기의 방향을 한 방향으로 고정시켜 열차(차량)를 운행시키기 위해 기본레일과 텅레일이 움직이지 못하게 체결하는 것이 키볼트 쇄정의 목적이다.

[키볼트]

차량 연결, 분리(해방), 구름막이 작업

[차량 연결작업]

시험감독권 요구시항) 유치차량과 00광 떨어져 있는 차량과 연결 작업을 시행하시오.

① 거수경례 하며 [00번 수험생 차량연결 작업 실시]

② 유치차량에 수용바퀴 구름막이, 수제동기 체결여부 확인

  주의) 구름막이는 2개가 유치차량에 체결되어 있음(상황에 따라 1개)

③ 전호기를 휴대하고 연결차량 기관사를 보면서 전호 시행

  주의) 전호시행 시 구두로 시험관이 들을 수 있도록 시행

  ㉠ 연결전호를 시행하면서 [연결, 연결]

  ㉡ 오너라 전호를 하면서 [연결 10량, 9량, 8량 ~~]

  ㉢ 3량 접근 시 [3량 속도절제 전호 시행], 2량, 1량, 반량 전호시행

  ㉣ 조금 접근하라 전호 시행하면서 3m 접근 시 [정지 전호시행]

  ㉤ 연결전호 시행 후 조금 접근하라 전호 후 연결되면 [정지 전호시행]

  ㉥ 연결확인을 위해 조금 퇴거하라 전호하여 확인 후 [정지 전호시행]

④ 연결 후 지적 확인 ["연결기 높이 양호", "쇄정양호"]

⑤ 차량 측면에 적색기를 게출하고 지적 확인 [적색기 게출 확인]

⑥ 제동관에 연결된 호스걸이 풀고 [호스걸이 양호]

  주의) 제동관에 연결된 호스걸이 풀고 반드시 고리에 고정시킨다.

⑦ 차량 반대편으로 이동 ["열차 없음" 지적 확인 환호 시행 후 하차]

  주의) "열차 없음" 시행 시에는 차량에서 내리기 전에 시행하고 차량을 돌아서 반대편 이동 시에는 선로를 건너기
        전에 시행

⑧ 호스걸이 풀고 [호스걸이 양호]

  주의) 제동관에 연결된 호스걸이 풀고 반드시 고리에 고정시킨다.

⑨ 제동관을 연결하고 [제동관 연결 양호]

⑩ 제동관 코크를 하나, 둘, 셋 나누어 개방하고 [코크개방]

⑪ 차량 반대편으로 이동 ["열차 없음" 환호 시행 후 하차]

⑫ 제동관 코크를 하나, 둘, 셋 나누어 개방하고 [코크개방]

⑬ 차량 측면의 적색기를 철거하고 지적 확인 [적색기 철거 확인]

⑭ 기관사를 향하여 연결완료 전호 시행 (원형을 그린다)

⑮ 시험감독관을 향하여 거수경례를 하며 [차량연결 작업 완료]

[차량 분리작업]

시험감독관 요구사항) 차량해방 작업을 시행하시오.

① 차량 측면에 적색기를 게출하고 지적 확인 [적색기 게출 확인]

② 제동관 코크 차단하고 [코크차단]

③ 차량 반대편으로 이동 ["열차 없음" 지적 확인 환호 시행 후 하차]

    주의) "열차 없음" 시행 시에는 차량에서 내리기 전에 시행하고 차량을 돌아서 반대편 이동 시에는 선로를 건너기
          전에 시행

④ 제동관 코크 차단하고 [코크차단]

⑤ 제동관을 분리하고 [제동관 분리 양호]

⑥ 분리된 제동관에 호스걸이 연결 [호스걸이 양호]

⑦ 차량 반대편으로 이동 ["열차 없음" 지적 확인 환호 시행 후 하차]

    주의) "열차 없음" 시행 시에는 차량에서 내리기 전에 시행하고 차량을 돌아서 반대편 이동 시에는 선로를 건너기
          전에 시행

⑧ 분리된 제동관에 호스걸이 연결 [호스걸이 양호]

⑨ 차량 측면의 적색기를 철거하고 지적 확인 [적색기 철거 확인]

⑩ 연결분리 레버를 들어 올린 후 기관사에게 "가거라" 전호시행 및 정지전호 시행

⑪ 기관사를 향하여 해방작업 완료 전호 시행 (원형을 그린다)

⑫ 분리된 차량에 수용바퀴 구름막이 설치 (1개의 차륜에 양쪽으로 설치)

⑬ 시험감독관을 향하여 거수경례를 하며 [차량해방 작업 완료]

[구름막이]

시험감독관 요구사항) 유치된 차량을 가리키며 "이 차량의 수제동기를 체결하시오."

① 유치된 차량의 전면 또는 후면에 설치되어 있는 원형의 수제동기를 찾아 발판을 밟고 올라가서 핸들을 우측으로
    돌리면 수제동기를 체결할 수 있으며, 해방 시에는 핸들을 좌측으로 돌리면 된다.

    주의) 수제동기는 1개의 화차에 1개가 설치(전면에 없으면 후면)되어 있으며, 그 형태는 원형, 레버형 등으로 구성되
          어 있으나 시험장소에서는 원형의 수제동기가 대부분이다.

교육은 우리 자신의 무지를 점차 발견해 가는 과정이다.

– 윌 듀란트 –

얼마나 많은 사람들이
책 한 권을 읽음으로써
인생에 새로운 전기를 맞이했던가.

헨리 데이비드 소로

Win-Q 철도운송산업기사 필기+실기

초 판 발 행	2024년 03월 05일 (인쇄 2024년 02월 07일)
발 행 인	박영일
책 임 편 집	이해욱
편 저	김구영
편 집 진 행	윤진영, 김경숙
표지디자인	권은경, 길전홍선
편집디자인	정경일, 박동진
발 행 처	(주)시대고시기획
출 판 등 록	제10-1521호
주 소	서울시 마포구 큰우물로 75 [도화동 538 성지 B/D] 9F
전 화	1600-3600
팩 스	02-701-8823
홈 페 이 지	www.sdedu.co.kr
I S B N	979-11-383-6699-1(13530)
정 가	32,000원

한눈에 이해할 수 있도록
체계적으로 정리한 **핵심이론**

철저한 시험유형 파악으로
만든 **필수확인문제**

국가직 · 지방직 등
최신 기출문제와 상세 해설

기술직 공무원 기계일반
별판 | 24,000원

기술직 공무원 기계설계
별판 | 23,000원

기술직 공무원 물리
별판 | 22,000원

기술직 공무원 생물
별판 | 20,000원

기술직 공무원 임업경영
별판 | 20,000원

기술직 공무원 조림
별판 | 20,000원

※도서의 이미지와 가격은 변경될 수 있습니다.